ENCYCLOPÉDIE AGRICOLE

Publiée sous la direction de G. WERY

EUGÈNE BOULLANGER

INDUSTRIES AGRICOLES DE FERMENTATION

DISTILLERIE

Encyclopédie Agricole

40 volumes in-18 de chacun 400 à 500 pages, illustrés de nombreuses figures.
Chaque volume : broché, **5** fr. ; cartonné, **6** fr.

I. — CULTURE ET AMÉLIORATION DU SOL

Agriculture générale, 2 vol. : 1. *Le sol et les labours*. 2. *Les semailles et les récoltes*	M. P. Diffloth, professeur spécial d'agriculture.
Engrais	M. Garola, prof. départ. d'agricult. d'Eure-et-Loir.

II. — PRODUCTION ET CULTURE DES PLANTES

Botanique agricole	MM. Schribaux et Nanot.
Céréales *Prairies et plantes fourragères*	M. Garola, prof. départ. d'agricult. d'Eure-et-Loir.
Plantes industrielles	M. Hitier, maître de conf. à l'Inst. agron.
Culture potagère	M. Léon Bussard, s.-directeur de la station d'essais de semences à l'Institut agronomique.
Arboriculture fruitière	MM. Léon Bussard et G. Duval.
Sylviculture	M. Fron, inspecteur adjoint des eaux et forêts.
Viticulture	M. Pacottet, répétiteur à l'Institut agronomique.
Cultures méridionales	MM. Rivière, directeur du jardin d'essais, à Alger, et Lecq, insp. de l'agric.
Maladies des plantes cultivées : *Malad. non parasitaires*. *Malad. parasitaires*	MM. G. Delacroix et A. Maublanc.

III. — ZOOLOGIE, PRODUCTION ET ÉLEVAGE DES ANIMAUX, CHASSE ET PÊCHE

Zoologie agricole *Entomologie et Parasitologie agric.*	M. G. Guénaux, répétiteur à l'Institut agronomique.
Zootechnie générale — *spéciale* — *Races bovines* — *Races chevalines* — *Moutons, Chèvres, Porcs.*	M. P. Diffloth, professeur spécial d'agriculture.
Alimentation des Animaux	M. R. Gouin, ing. agronome.
Aquiculture	M. G. Guénaux.
Apiculture	M. Hommell, professeur régional d'apiculture.
Aviculture	M. Voitellier, prof. spécial d'agriculture à Meaux
Sériciculture	M. Vieil, ancien sous-directeur du Rousset.
Chasse. Élevage. Piégeage	M. A. de Lesse, ing. agronome.
Élevage et Dressage du Cheval	M. G. Bonnefont, officier des haras.

IV. — TECHNOLOGIE AGRICOLE

Technologie agricole (Sucrerie, Meunerie, Boulangerie, Féculerie, Amidonnerie, Glucoserie)	M. Saillard, professeur à l'École des industries agricoles de Douai.
Industries agric. de fermentation, La Brasserie	M. Boullanger, chef de Laboratoire à l'Institut Pasteur de Lille.
La pomme à cidre et la cidrerie.	M. Warcollier, dir. de la stat. pomolog. de Caen.
Vinification	M. Pacottet, répétiteur à l'Institut agronomique.
Laiterie	M. Ch. Martin, ancien directeur de Mamirolle.
Microbiologie agricole	M. Kayser, maître de conf. à l'Inst. agronomique.

V. — GÉNIE RURAL

Machines agricoles, 2 vol. *Moteurs agricoles*	M. Coupan, répétiteur à l'Institut agronomique.
Constructions rurales	M. Danguy, direct. des études de l'École de Grignon.
Arpentage et Nivellement	M. Muret, professeur à l'Institut agronomique.
Drainage et Irrigations	M. Risler, directeur hon. de l'Institut agronomique. M. Wery, s.-directeur de l'Institut agronomique.
Électricité agricole	M. Petit, ingénieur électricien.
Hydrologie agricole	M. Dienert.
Chimie agricole, 2 vol.	M. André.

VI. — ÉCONOMIE ET LÉGISLATION RURALES

Économie rurale *Législation rurale*	M. Jouzier, professeur à l'École d'agriculture de Rennes.
Comptabilité agricole	M. Convert, professeur à l'Institut agronomique.
Associations agricoles	M. Tardy, répétiteur à l'Institut agronomique.
Hygiène de la ferme	M. le Dr Regnard, dir. de l'Inst. agronomique. M. le Dr Portier, répétiteur à l'Inst. agronomique.
Le Livre de la Fermière	Mme O. Bussard.
Le Livre agricole des Instituteurs.	M. Charles Seltensperger, professeur d'agric.

ENCYCLOPÉDIE AGRICOLE
Publiée par une réunion d'Ingénieurs agronomes
SOUS LA DIRECTION DE G. WERY

INDUSTRIES AGRICOLES DE FERMENTATION

DISTILLERIE
AGRICOLE ET INDUSTRIELLE

ALCOOLS, EAUX-DE-VIE DE FRUITS, RHUMS

PAR

Eugène BOULLANGER

INGÉNIEUR AGRONOME
CHEF DE LABORATOIRE A L'INSTITUT PASTEUR DE LILLE

Introduction par le Dr P. REGNARD
DIRECTEUR DE L'INSTITUT NATIONAL AGRONOMIQUE
MEMBRE DE LA SOCIÉTÉ Nle D'AGRICULTURE DE FRANCE

PARIS
LIBRAIRIE J.-B. BAILLIÈRE ET FILS
19, rue Hautefeuille, près du boulevard Saint-Germain

1909

INTRODUCTION

Si les choses se passaient en toute justice, ce n'est pas moi qui devrais signer cette préface.

L'honneur en reviendrait bien plus naturellement à l'un de mes deux éminents prédécesseurs :

A Eugène Tisserand, que nous devons considérer comme le véritable créateur en France de l'enseignement supérieur de l'agriculture : n'est-ce pas lui qui, pendant de longues années, a pesé de toute sa valeur scientifique sur nos gouvernements et obtenu qu'il fût créé à Paris un Institut agronomique comparable à ceux dont nos voisins se montraient fiers depuis déjà longtemps?

Eugène Risler, lui aussi, aurait dû, plutôt que moi, présenter au public agricole ses anciens élèves devenus des maîtres. Près de douze cents ingénieurs agronomes, répandus sur le territoire français, ont été façonnés par lui : il est aujourd'hui notre vénéré doyen, et je me souviens toujours avec une douce reconnaissance du jour où j'ai débuté sous ses ordres et de celui, proche encore, où il m'a désigné pour être son successeur (1).

Mais, puisque les éditeurs de cette collection ont voulu que ce fût le directeur en exercice de l'Institut agronomique qui présentât aux lecteurs la nouvelle *Encyclopédie*, je vais tâcher de dire brièvement dans quel esprit elle a été conçue.

Des Ingénieurs agronomes, presque tous professeurs d'agriculture, tous anciens élèves de l'Institut national agronomique, se sont donné la mission de résumer, dans une série de volumes, les connaissances pratiques absolument nécessaires aujourd'hui pour la culture rationnelle du sol. Ils ont choisi pour distribuer, régler et diriger la besogne de chacun, Georges WERY, que j'ai le plaisir et la chance d'avoir pour collaborateur et pour ami.

L'idée directrice de l'œuvre commune a été celle-ci : extraire de notre enseignement supérieur la partie immédiatement utilisable par l'exploitant du domaine rural et faire connaître du même coup à celui-ci les données scientifiques définitivement acquises sur lesquelles la pratique actuelle est basée.

Ce ne sont donc pas de simples Manuels, des Formulaires irraisonnés que nous offrons aux cultivateurs ; ce sont de brefs Traités, dans lesquels les résultats incontestables sont mis en évidence, à côté des bases scientifiques qui ont permis de les assurer.

Je voudrais qu'on puisse dire qu'ils représentent le véritable esprit de notre Institut, avec cette restriction qu'ils ne doivent ni ne peuvent contenir les discus-

(1) Depuis que ces lignes ont été écrites, nous avons eu la douleur de perdre notre éminent maître, M. Risler, décédé, le 6 août 1905, à Calèves (Suisse). Nous tenons à exprimer ici les regrets profonds que nous cause cette perte. M. Eugène Risler laisse dans la science agronomique une œuvre impérissable.

sions, les erreurs de route, les rectifications qui ont fini par établir la vérité telle qu'elle est, toutes choses que l'on développe longuement dans notre enseignement, puisque nous ne devons pas seulement faire des praticiens, mais former aussi des intelligences élevées, capables de faire avancer la science au laboratoire et sur le domaine.

Je conseille donc la lecture de ces petits volumes à nos anciens élèves, qui y retrouveront la trace de leur première éducation agricole.

Je la conseille aussi à leurs jeunes camarades actuels, qui trouveront là, condensées en un court espace, bien des notions qui pourront leur servir dans leurs études.

J'imagine que les élèves de nos Écoles nationales d'agriculture pourront y trouver quelque profit, et que ceux des Écoles pratiques devront aussi les consulter utilement.

Enfin, c'est au grand public agricole, aux cultivateurs, que je les offre avec confiance. Ils nous diront, après les avoir parcourus, si, comme on l'a quelquefois prétendu, l'enseignement supérieur agronomique est exclusif de tout esprit pratique. Cette critique, usée, disparaîtra définitivement, je l'espère. Elle n'a d'ailleurs jamais été accueillie par nos rivaux d'Allemagne et d'Angleterre, qui ont si magnifiquement développé chez eux l'enseignement supérieur de l'agriculture.

Successivement, nous mettons sous les yeux du lecteur des volumes qui traitent du sol et des façons qu'il doit subir, de sa nature chimique, de la manière de la corriger ou de la compléter, des plantes comestibles ou industrielles qu'on peut lui faire produire, des animaux qu'il peut nourrir, de ceux qui lui nuisent.

Nous étudions les manipulations et les transformations que subissent, par notre industrie, les produits de la terre : la vinification, la distillerie, la panification, la fabrication des sucres, des beurres, des fromages.

Nous terminons en nous occupant des lois sociales qui régissent la possession et l'exploitation de la propriété rurale.

Nous avons le ferme espoir que les agriculteurs feront un bon accueil à l'œuvre que nous leur offrons.

Dr Paul Regnard,

Membre de la Société nationale d'Agriculture de France,

Directeur de l'Institut national agronomique.

PRÉFACE

L'accueil favorable fait à mon ouvrage : *Industries agricoles de fermentation*, a engagé les éditeurs de l'*Encyclopédie agricole* et l'auteur à donner à ce travail une forme plus étendue et à réserver, dans l'*Encyclopédie*, trois volumes aux industries de fermentation : *Brasserie et hydromels* ; *Distillerie agricole et industrielle ; Pomologie et Cidrerie.*

Le présent ouvrage est consacré à l'étude de la *Distillerie agricole* et *industrielle*, des *Eaux-de-vie de fruits* et des *Rhums*. Il est divisé en huit parties principales.

La première comprend les notions générales sur l'industrie de la distillerie et sur la production et le commerce des alcools.

La seconde est consacrée à l'examen des propriétés et des usages de l'alcool et à l'alcoométrie.

Dans la troisième, nous avons étudié les diverses matières premières de l'industrie de la distillerie : betteraves, mélasses, matières amylacées, fruits, etc., au point de vue de leurs caractères, de leur composition chimique et de leur analyse.

La quatrième partie comprend la préparation des moûts de betteraves, de mélasses, de topinambours, de fruits, de matières amylacées, la description du matériel employé pour cette préparation, l'étude et la comparaison des divers modes de travail, les méthodes d'analyse des moûts et des pulpes.

La cinquième partie est consacrée à la fermentation de ces divers moûts et à la description de certains procédés spéciaux tels que le procédé Amylo et les méthodes de fabrication de la levure pressée. Dans la sixième partie, nous avons étudié la distillation et la rectification de l'alcool au point de vue théorique ; cette étude est suivie de la description des appareils de distillation et de rectification et de l'exposé es méthodes d'analyse des alcools. La septième partie comprend le contrôle du travail et la détermination du rendement en alcool. Enfin la huitième partie est consacrée à l'étude des résidus de la distillerie au point de vue de leur composition et de leur utilisation agricole. Nous avons tout particulièrement insisté sur les vinasses de betteraves, dont l'emploi en distillerie agricole présente un grand intérêt.

Dans chacune de ces parties, nous avons cherché à mettre d'abord en évidence les bases théoriques sur lesquelles reposent les méthodes de travail, et à appliquer ensuite à la pratique les conclusions fournies par l'étude scientifique. Dans chaque opération, un chapitre spécial a été consacré au matériel, et nous sommes heureux de remercier ici MM. les constructeurs et notamment MM. Barbet, Crépelle-Fontaine, Deroy, Eckert, Egrot et Grangé, Lepage, Pampe, Paucksch, Venuleth et Ellenberger, et Wauquier, qui nous ont très aimablement fourni les dessins utiles pour compléter la description des appareils. Nous avons en outre cherché, dans chaque phase de la fabrication, à donner à l'industriel les renseignements nécessaires pour l'appréciation et le contrôle de son travail et notamment les méthodes d'analyse chimique et bactériologique à adopter dans chaque cas.

Nous avons enfin réuni, en *appendice*, les tables de la force réelle, des richesses alcooliques et de mouillage des alcools.

Nous avons dû supposer connues du lecteur les notions indispensables de bactériologie générale et industrielle que nous avons exposées au début de notre ouvrage : *Brasserie, Hydromels*, de cette *Encyclopédie*. Le maltage a été également très brièvement traité, cette partie de la fabrication ayant été étudiée dans l'ouvrage ci-dessus.

Nous espérons que ce travail pourra rendre quelques services non seulement aux élèves qui désirent acquérir les connaissances théoriques et pratiques indispensables pour aborder l'industrie, mais aussi aux distillateurs et aux agriculteurs, en leur permettant de comparer entre elles les diverses méthodes de fabrication et en leur montrant les services que peuvent se rendre mutuellement la science et la pratique.

Lille, le 15 août 1908.

Eugène BOULLANGER.

INDUSTRIES AGRICOLES DE FERMENTATION

DISTILLERIE
AGRICOLE ET INDUSTRIELLE
EAUX-DE-VIE DE FRUITS, RHUMS

I. — NOTIONS GÉNÉRALES

L'industrie de la distillerie a pour objet la production de l'alcool par la distillation des moûts fermentés. Ces moûts peuvent s'obtenir aux dépens d'un grand nombre de matières premières. On réserve ordinairement le nom d'*eaux-de-vie* aux alcools qui proviennent de la distillation des vins, cidres et fruits et on désigne sous le nom plus général d'*alcools* les produits obtenus par la fermentation et la distillation des betteraves, des mélasses, des grains, etc. Les eaux-de-vie servent exclusivement à la consommation de bouche ; les alcools sont employés, non seulement pour la consommation, mais aussi pour d'autres usages industriels tels que la fabrication des vinaigres, l'éclairage, le chauffage, la force motrice, etc.

Les principales matières utilisées en France pour la fabrication des alcools sont la betterave, la mélasse de betteraves et les substances farineuses telles que le maïs, l'orge, le seigle, le riz et le manioc. En Allemagne, la matière première la plus importante est la pomme de terre, puis le seigle, l'orge, l'avoine et le maïs ; il en est de même en Autriche-Hongrie et en Russie. L'Italie et l'Angleterre travaillent surtout le maïs. La transformation de ces diverses matières premières donne lieu à des industries également très diverses, dont quelques-unes présentent, pour l'agriculteur, le plus haut intérêt.

Distillerie de betteraves. — Il y a environ cinquante ans, les alcools provenaient, pour la plupart, de la distillation du vin. Vers 1854, la crise de l'oïdium vint diminuer dans de grandes proportions la production des vins ; le prix de l'alcool s'éleva à plus de 200 francs l'hectolitre, et on chercha à appliquer à l'industrie les recherches de Dubrunfaut, qui dès 1824 avait signalé la possibilité d'obtenir de l'alcool par fermentation et distillation du jus de betteraves acidulé par l'acide sulfurique. Les études de Champonnois sur la macération à la vinasse et sur la fermentation des moûts de betteraves furent le point de départ de la nouvelle industrie, et en quelques années on vit s'établir de nombreuses distilleries agricoles, produisant l'alcool avec la betterave et utilisant les résidus pour l'alimentation du bétail.

Cette industrie présente une haute importance agricole et économique. C'est en effet essentiellement une industrie annexe de la ferme, mettant en œuvre les betteraves récoltées sur le domaine. L'alcool, qui provient de la fermentation du sucre, est le seul produit exporté : or le sucre est formé par la betterave aux dépens de l'eau et de l'acide carbonique de l'atmosphère, grâce à la chlorophylle des feuilles. Les matières azotées et salines enlevées au sol lui sont rendues en grande partie sous forme de fumiers ou de vinasses. L'autre partie est utilisée par les animaux pour leur alimentation et leur engraissement. La culture de la betterave n'appauvrit donc pas le sol, et comme elle exige des soins minutieux, des labours profonds, des fumures copieuses, des sarclages fréquents, elle contribue sans cesse à accroître la fertilité de la terre et élève ainsi le rendement des plantes qui lui succèdent dans l'assolement. L'extension de la culture de la betterave a permis en outre aux exploitations agricoles d'entretenir et d'engraisser un nombre de têtes de gros bétail beaucoup plus considérable, grâce à la production des pulpes qui constituent un résidu de très grande valeur pour l'alimentation des animaux. Les ouvriers agricoles trouvent enfin dans cette industrie une main-d'œuvre abondante.

Jusqu'en 1878, la distillerie de betteraves s'est peu développée, à cause de la concurrence des distilleries de grains et de mélasses. Mais à partir de 1880, la production des alcools de betteraves a augmenté rapidement ; elle a passé de 430 000 hectolitres en 1880 à 1 047 000 hectolitres en 1899. Mais par suite de l'extension de l'industrie sucrière, les distillateurs de mélasses avaient à cette époque beaucoup augmenté leur production, car ils disposaient d'une matière première abondante et à bas prix. En outre, la production élevée des vins en 1901 et la difficulté de leur écoulement forcèrent beaucoup de viticulteurs à les soumettre à la distillation. Ces circonstances eurent leur répercussion sur le cours des alcools : le prix moyen de l'hectolitre d'alcool, qui était de 46 fr. 66 en août 1899, s'abaissa peu à peu pour atteindre 25 fr. 47 en mars 1902. Dans ces conditions, la distillation des betteraves fut abandonnée dans un grand nombre de fermes et la production des alcools de betteraves tomba à 520 707 hectolitres en 1902. Cette crise passagère est aujourd'hui surmontée. Le prix moyen de l'hectolitre d'alcool s'est relevé à 43 francs en 1903, à 44 francs en 1904, à 45 fr. 13 en 1905, à 42 fr. 10 en 1906 ; en outre l'industrie sucrière a traversé dans ces dernières années une période difficile, consécutive à la suppression des primes et à la surproduction du sucre, crise qui a amené la transformation d'un certain nombre de sucreries en distilleries de betteraves et qui a réduit considérablement la production des alcools de mélasses. La distillerie de betteraves s'est ainsi trouvée de nouveau dans une situation excellente et sa production est remontée en 1906 à 1 160 554 hectolitres, ce qui représente près de la moitié de la production totale française.

Distillerie de mélasses. — Cette industrie ne présente pour l'agriculture qu'une importance secondaire, car elle est surtout localisée dans de grandes usines qui tirent leur matière première des sucreries et dans lesquelles l'agriculteur n'a aucun intérêt direct. Les salins qu'on extrait des vinasses constituent cependant des engrais potassiques importants.

En 1901 et 1902, la mélasse fournissait près d'un million d'hectolitres d'alcool. Depuis 1903, la production a fortement diminué jusqu'en 1905 où elle est tombée à 516 173 hectolitres, par suite de la crise sucrière. Un relèvement sensible s'est manifesté en 1906, et la production, toujours inférieure à celle de 1901, a cependant atteint 772 485 hectolitres. Mais cette industrie est nettement en décroissance : la matière première devient de plus en plus rare par suite de son emploi dans l'alimentation du bétail.

Distillerie de matières amylacées. — La distillerie de matières amylacées a subi en France de grandes variations par suite de l'établissement, à diverses reprises, de droits d'accises sur les maïs étrangers. Fortement diminuée en 1891, la production des alcools de substances farineuses a pris jusqu'en 1900 un développement considérable et elle est passée de 292 000 hectolitres en 1891 à 714 000 hectolitres en 1899. L'établissement de nouveaux droits sur les maïs et le bas prix de l'alcool ont fait retomber la production à 219 339 hectolitres en 1902. Par suite du relèvement des cours, la production est remontée à 589 344 hectolitres en 1905, pour redescendre à 358 759 hectolitres en 1906. A l'heure actuelle, un nouveau relèvement se manifeste.

Le tableau suivant indique la répartition des principales matières premières amylacées employées en France pour la distillerie depuis 1898 :

Quantités, en quintaux métriques, mises en œuvre dans les distilleries.

ANNÉES.	ORGE.	SEIGLE.	AVOINE.	MAÏS.	AUTRES GRAINS.	TOTAL.
1898	187.877	332.845	41.476	1.477.712	125.884	2.165.794
1899	200.935	354.117	219	1.411.302	264.112	2.230.685
1900	216.158	369.235	218	1.046.003	113.191	1.744.805
1901	112.009	298.426	105	393.894	90.650	895.084
1902	113.233	287.247	92	204.313	146.956	751.841
1903	93.312	311.242	150	469.576	289.311	1.163.591
1904	227.718	358.215	163	591.276	106.682	1.284.054
1905	262.347	372.832	139	635.917	516.894	1.788.129
1906	228.126	374.822	6.830	398.570	152.097	1.160.445

On voit que l'orge, qui est employée pour la préparation du malt, donne lieu à une consommation moyenne annuelle de 285 000 quintaux environ. Le seigle est surtout utilisé dans les fabriques de levure pressée ; sa consommation est par ce fait même plus régulière et atteint en moyenne annuellement 340 000 quintaux. L'avoine est très peu employée. Le maïs constitue la principale matière première de la distillerie de substances farineuses, mais son utilisation a varié beaucoup avec l'établissement des droits d'accises sur les maïs étrangers ; elle a atteint près de 1 500 000 quintaux en 1898, pour retomber après quelques fluctuations à 398 570 quintaux en 1906. Les autres matières amylacées sont surtout constituées par le riz, le manioc et le blé : leur consommation, qui est variable, est en moyenne de 200 000 quintaux.

La distillerie de pommes de terre n'existe pour ainsi dire pas en France, mais elle a pris une extension considérable en Allemagne où la culture de la pomme de terre occupe plus de 3 000 000 d'hectares et a produit en 1900 près de 3 000 000 d'hectolitres d'alcool. En Russie, la majeure partie de l'alcool provient également de la distillation des pommes de terre. Les causes du développement de la distillerie de pommes de terre en Allemagne sont assez nombreuses, mais elles résident surtout dans la législation de l'alcool. Les distilleries agricoles allemandes bénéficient d'une réduction de l'impôt quand elles utilisent, comme matières premières, des pommes de terre et des grains, et tant que leur production ne dépasse pas un chiffre déterminé. Cette réduction de l'impôt n'existe pas pour la distillerie de betteraves et de mélasses ; aussi la distillerie de pommes de terre a-t-elle pris, chez nos voisins, une extension considérable, tandis que la distillerie de betteraves y reste sans importance.

En France, quelques tentatives très intéressantes ont été faites dans le but de fabriquer de l'alcool avec les pommes de terre, mais cette industrie ne s'est pas développée et, depuis quelques années, les statistiques du ministère des finances ne signalent plus aucune production d'alcool aux dépens de cette matière première. Cependant, depuis les beaux travaux d'Aimé Girard, on sait que le climat de notre pays est aussi favorable que celui de l'Allemagne à la culture de la pomme de terre et qu'en observant des règles précises pour la culture de ce tubercule et en utilisant des variétés sélectionnées riches en fécule, on peut obtenir des rendements beaucoup plus élevés que ceux qu'on a obtenus pendant longtemps.

Cultivée ainsi d'une façon rationnelle, la pomme de terre est une matière première excellente pour la distillerie agricole. Elle peut fournir un haut rendement en alcool, et livre en outre des drèches excellentes qui permettent de nourrir deux fois plus d'animaux, par hectolitre d'alcool produit, que la pulpe de betteraves.

Distillerie de topinambours. — Cette industrie est peu répandue en France et elle ne se rencontre que dans quelques distilleries qui travaillent successivement des betteraves et des topinambours. Le topinambour a été considéré avec raison comme la betterave des pays pauvres ; il fournit un rendement élevé en alcool et donne naissance à des pulpes de très bonne qualité. Dans les sols pauvres où la betterave vient mal, le topinambour est susceptible de devenir une bonne matière première pour les distilleries agricoles, si le développement des usages industriels de l'alcool permet une augmentation de la production.

Eaux-de-vie. — Les eaux-de-vie proviennent de la distillation des vins, des cidres, des marcs, des lies, des fruits et des miels. La production des eaux-de-vie de vin, de marcs et de lies est très variable suivant l'importance de la récolte des vins : quand les vins sont abondants, on en distille une grande partie et la production des alcools de vin, de marcs et de lies s'élève dans de grandes proportions. Ainsi ces matières premières ont fourni plus de 450 000 hectolitres d'alcool en 1901, tandis qu'elles n'ont livré en 1903 que 95 000 hectolitres. Il en est de même des eaux-de-vie de cidres dont la production varie avec celle du cidre lui-même, entre des limites très étendues. Cette production des eaux-de-vie de cidres a été ainsi en moyenne de 9 000 hectolitres en 1898, de 115 000 hectolitres en 1901, de 8 500 hectolitres en 1903, et de 46 000 hectolitres en 1906.

La production annuelle des alcools de fruits est également

très variable suivant la récolte des fruits et peut passer du simple au décuple d'une année à l'autre. Dans les dix dernières années, le chiffre le plus faible a été de 2893 hectolitres en 1899 et le chiffre le plus fort de 33 147 hectolitres en 1900. Les principaux fruits utilisés pour la fabrication des eaux-de-vie sont les cerises, les prunes, les myrtilles, les mûres et les framboises.

Production et commerce des alcools en France. — La production moyenne des alcools et eaux-de-vie en France varie de 2 000 000 à 2 700 000 hectolitres. Le tableau de la page 8 indique les variations de cette production par nature de substances mises en œuvre, depuis 1897. Il est facile de suivre sur ce tableau les variations que nous avons déjà signalées plus haut dans la production des alcools aux dépens des diverses matières premières. En 1906, la quantité d'alcool produite par 17 627 bouilleurs et distillateurs de profession et par 123 404 bouilleurs de cru dont la production est contrôlée, s'est élevée à 2 500 000 hectolitres environ. On doit ajouter à ce chiffre la production des bouilleurs de cru qui ont distillé en dehors de toute vérification du service. Cette production serait de 199 000 hectolitres en 1906, mais il convient de remarquer qu'il ne s'agit dans ce cas que de simples évaluations approchées, reposant sur les déclarations des bouilleurs ambulants et sur les chiffres établis par les agents locaux en ce qui concerne les récoltants qui n'ont pas recours aux loueurs. Ce chiffre de 199 000 hectolitres constitue donc un minimum de la production des bouilleurs de cru.

En 1906, 43 distilleries seulement ont eu une production supérieure à 10 000 hectolitres d'alcool. Ces distilleries se répartissent de la façon suivante :

12	ont eu une production de...	10.000	à	15.000	hectolitres.
9	— ...	15.001	à	20.000	—
7	— ...	20.001	à	30.000	—
3	— ...	30.001	à	40.000	—
3	— ...	40.001	à	50.000	—
3	— ...	60.001	à	70.000	—
1	— ...	70.001	à	80.000	—
5	— ...	80.001	à	100.000	—

ANNÉES.	ALCOOL PROVENANT DE LA DISTILLATION DES :								TOTAL.
	Substances farineuses.	Mélasses.	Betteraves.	Vins.	Cidres.	Marcs, lies, etc.	Fruits.	Substances diverses.	
1897	484.837	734.819	798.484	83 719	26.579	72 909	6.311	682	2.208.140
1898	683.566	708.270	897.542	45.975	9.352	55.207	4.781	7.767	2.412.460
1899	714.774	667.493	1.047.320	77.006	19.760	68 788	2.893	1.544	2.599.558
1900	562.455	796.675	973.225	149.407	47.043	93.460	33.147	856	2.656.268
1901	269.074	1.006.933	578.628	330.966	115.220	114.893	21.557	693	2.437.564
1902	219.339	914.898	520.707	105.745	33.609	80.237	11.941	278	1.886.754
1903	352.928	670.969	926.159	30.208	8.507	54.903	3.159	207	2.047.040
1904	380.710	626.722	992 149	88.756	22.586	121.006	25.144	175	2.257.248
1905	589.344	516.173	1.002.429	262.725	71.380	141.025	24.323	1.227	2.608.626
1906	358.759	772.485	1.460.554	234.213	46.368	125.065	11.244	1.143	2.709.831

Ces usines se trouvaient dans les départements suivants :

Nord	16 usines.
Pas-de-Calais	6 —
Aisne	4 —
Somme	4 —
Seine-et-Oise	3 —
Autres départements possédant chacun une usine importante	10 —

On voit qu'elles sont presque toutes situées dans la région du Nord de la France.

Les tableaux suivants indiquent l'importation et l'exportation des alcools dans les trois dernières années :

Importation en hectolitres.

		1904	1905	1906
Alcool pur provenant de :	Allemagne....	395	440	556
	Angleterre....	3.008	2.678	2.402
	Autres pays...	110.202	177.587	141.121
		113.605	180.705	144.079

Exportation en hectolitres.

		1904	1905	1906
Alcool pur à destination de :	Allemagne....	7.119	8.371	7.468
	Angleterre....	79.079	98.723	85.256
	Autres pays...	165 247	164.893	174.269
		251.445	271.987	266.933

On voit que l'importation n'atteint en moyenne que 145000 hectolitres, tandis que l'exportation s'élève à 260000 hectolitres par an. Ces chiffres ne comprennent pas les importations et exportations de liqueurs qui se sont élevées respectivement, en 1906, à 3830 hectolitres (importation) et 38501 hectolitres (exportation). On voit que la balance est nettement en faveur de l'exportation, aussi bien pour les alcools que pour les liqueurs.

II. — L'ALCOOL. — ALCOOMÉTRIE

L'alcool s'obtient industriellement par fermentation alcoolique de jus sucrés et distillation. On prépare d'abord un moût, soit avec des matières sucrées (betteraves, mélasses), soit avec des matières amylacées qu'on saccharifie (substances farineuses). On soumet ce moût à la fermentation alcoolique, puis à la distillation. On obtient ainsi d'une part un alcool à titre plus ou moins élevé qu'on appelle *flegme* et un résidu épuisé qui est la *vinasse*. Le flegme est alors soumis à la rectification qui l'épure et le transforme en alcool marchand.

Propriétés de l'alcool — L'alcool est un corps ternaire répondant à la formule C^2H^6O, et renfermant par suite, 52,17 p. 100 de carbone, 13,04 p. 100 d'hydrogène et 34,78 p. 100 d'oxygène. C'est un liquide incolore, très mobile, d'une saveur brûlante, et facilement inflammable. Il brûle avec une flamme peu éclairante et très chaude.

Sa densité est de 0,80667 à 0° et de 0,79425 à 15°. Il se solidifie à — 130° sous forme d'une masse blanche. Il bout à 78°,4 sous la pression de 760 millimètres de mercure. Le point d'ébullition des mélanges d'eau et d'alcool s'élève à mesure que la proportion d'eau augmente en se rapprochant de plus en plus de 100° qui correspond au point d'ébullition de l'eau pure. La teneur en alcool de la vapeur produite par l'ébullition des liquides alcooliques est plus élevée que la teneur en alcool du liquide bouillant. Ce fait a pour conséquence l'appauvrissement du mélange en alcool jusqu'à ce qu'il ne soit plus composé que d'eau pure. Nous retrouverons cette question en étudiant la distillation.

La distillation ne permet cependant pas d'obtenir l'alcool anhydre : on ne peut pas, par cette méthode, dépasser le titre de 97^d à 98^d. Pour enlever les 2 à 3 p. 100 d'eau qui restent, on laisse digérer pendant douze heures de l'alcool à 95^d sur de la chaux vive qui le déshydrate et on soumet ce produit à deux distillations successives pour obtenir l'alcool dit *absolu*.

L'alcool est très avide d'eau, à laquelle il se mélange en toutes proportions. Ce mélange est accompagné d'un dégagement de chaleur et d'une contraction de volume. La contraction, très faible quand la proportion d'eau est élevée, croît rapidement à mesure que le mélange contient plus d'alcool, et a atteint un maximum pour 54 centimètres cubes d'alcool et $49^{cc},722$ d'eau. Le volume total forme alors non pas $103^{cc},722$, mais 100 centimètres cubes, et la contraction atteint $3^{cc},722$. A partir de ce chiffre, la contraction devient plus faible à mesure que le taux d'alcool s'élève et que celui de l'eau diminue; elle tombe à $2^{cc},419$ pour 85 centimètres cubes d'alcool et $17^{cc},419$ d'eau, qui donnent 100 centimètres cubes au lieu de $102^{cc},419$, et elle n'est plus que de $0^{cc},285$ pour 99 centimètres cubes d'alcool et $1^{cc},285$ d'eau. Les tables de Brix donnent la valeur de cette contraction pour tous les mélanges alcooliques de 1^d à 99^d.

D'après Jamin et Amaury, la chaleur spécifique moyenne de l'alcool pur, entre 0 et 2 t° est de $0,580 + 0,00350$ t. Sa chaleur de vaporisation est de 209 calories. Il faut donc dépenser $254^{cal},48$ pour transformer 1 kilogramme d'alcool à 0° en vapeur à 78°,4. Les mêmes auteurs ont étudié également les variations de la chaleur spécifique des divers mélanges d'eau et d'alcool; pour une même température, elle croît avec la proportion d'alcool jusqu'à 20^d, puis décroît jusqu'à 100^d.

Usages de l'alcool. — Si on se rapporte aux statistiques des divers emplois de l'alcool dans ces dernières années, on constate que les principaux débouchés de l'alcool sont, par ordre d'importance : 1° la consommation de bouche; 2° l'emploi sous la forme d'alcool dénaturé pour l'éclairage, le chauffage et la force motrice, pour la fabrication de l'éther, des fulminates explosifs, du celluloïd, des vernis et de certains produits chimiques; 3° la préparation des vinaigres; 4° le vinage des vins de liqueurs. Le tableau suivant indique la répartition de ces divers emplois de l'alcool dans les trois dernières années :

	1904	1905	1906
Quantités soumises au droit général de consommation........	1.514.309	1.381.761	1.378.194
Quantités soumises à la dénaturation.......................	423.561	472.239	545.467
Quantités converties en vinaigres.	53.298	51.975	50.200
Quantités représentant les manquants couverts par la déduction chez les marchands en gros.	88.418	81.771	94.667
Quantités déclarées pour le vinage.	33.910	34.817	42.080
Quantités exportées (liqueurs comptées à 50 p. 100 d'alcool pur en moyenne)...............	289.571	311.364	311.908
Décharges pour creux de route..	3.246	2.863	2.351
Décharges pour pertes accidentelles, avaries, etc............	1.505	1.678	1.657
Décharges à titre de déficits de rendements ou déchets de rectification....................	5.307	5.592	6.413
Quantités en cours de transport, en transit, etc., à la fin de l'année.........................	22.269	21.737	21.761
Quantités consommées en franchise chez les bouilleurs de cru (évaluation)..................	101.013	123.014	180.000
Total des emplois en hectolitres.	2.536.407	2.488.811	2.634.398

Consommation de bouche. — On voit que la consommation de bouche en alcool distillé est voisine en France de 4 litres et demi à 100ᵈ par habitant et par an. Cette consommation n'était que d'un litre en 1830 et de 3^lit^,64 en 1880. Elle a donc considérablement augmenté ; depuis quelques année elle est à peu près stationnaire avec une tendance à la diminution. La consommation est d'ailleurs très variable suivant les diverses régions de la France : elle est très élevée dans le Nord-Ouest, où elle dépasse 7 litres par tête et où elle atteint 15 à 16 litres dans certaines villes comme Rouen et le Havre ; elle est faible au contraire dans le Sud-Ouest où elle descend au-dessous de 2 litres.

Alcool dénaturé. — Les quantités soumises à la dénaturation ont beaucoup augmenté depuis 1890, par suite de l'extension des emplois industriels de l'alcool. La consommation d'alcool dénaturé, qui était d'environ 110000 hectolitres

DÉSIGNATION des PRODUITS.	QUANTITÉS TOTALES SOUMISES A LA DÉNATURATION PENDANT LES ANNÉES :						
	1900	1901	1902	1903	1904	1905	1906
Gazogènes pour l'éclairage et le chauffage.	125 648	153.005	227.253	262.036	289.748	315.079	374.500
Éthers, fulminates explosifs.........	64.873	69.584	69.996	63.879	89.917	112.121	128.954
Matières plastiques (celluloïd, etc.)...... ..	7.198	5.069	782	20.095	18.771	21.293	14.589
Vernis............ ...	14.762	13.481	10.903	11.580	12.433	11.544	13.444
Produits chimiques, savons, alcaloïdes.....	3.863	2.202	6.071	11.381	6 905	6.770	6.865
Usages scientifiques...	386	429	406	519	864	1.193	2.457
Alcools blancs pour l'éclaircissage des vernis.................	2.750	2.9[illegible]2	2.996	2.502	1.890	1.757	1.702
Teintures et couleurs..	156	196	41	532	391	554	1.[illegible]71
Collodion.............	186	3.586	3.181	146	272	417	697
Tanins...............	496	228	287	798	1.549	567	484
Chloral...............	308	240	218	246	302	382	227
Chloroforme..........	52	96	119	377	174	186	146
Présure liquide.......	123	128	118	142	111	148	139
Total...... ...	221.214	251.565	326.660	374.598	423 561	472.239	545.467

en 1890, s'est élevée peu à peu jusqu'en 1903 à 375 000 hectolitres, et a atteint en 1906 près de 550 000 hectolitres. Le tableau de la page 13 donne, d'après les statistiques du ministère des finances, les variations de la consommation de l'alcool dénaturé pour les divers usages, depuis 1900.

On voit que l'emploi de l'alcool pour l'éclairage et le chauffage a beaucoup augmenté dans ces dernières années et a triplé depuis 1900. L'emploi pour les explosifs a également doublé : il en est de même de l'alcool utilisé pour les matières plastiques (celluloïd, etc.), pour les produits chimiques et pour les usages scientifiques. L'emploi dans la fabrication des vernis, et la consommation pour les tanins, le chloral, le chloroforme, la présure liquide restent au contraire sensiblement stationnaires.

Les principaux débouchés de l'alcool industriel sont donc l'éclairage, le chauffage et la production de la force motrice. Les études entreprises depuis une dizaine d'années ont démontré que l'alcool peut avantageusement remplacer le pétrole aussi bien pour l'éclairage et le chauffage que pour l'alimentation des moteurs.

Les lampes à alcool donnent une lumière vive et agréable et ne répandent aucune odeur. Certains types de lampes brûlent l'alcool liquide à flamme libre; mais comme l'alcool pur ne donne qu'une flamme peu éclairante, on doit brûler dans ces lampes de l'alcool carburé, c'est-à-dire additionné d'une certaine proportion de benzine. D'autres lampes, bien meilleures, font passer d'abord l'alcool à l'état de vapeurs, puis ces vapeurs sont brûlées par un courant d'air au contact d'un manchon d'incandescence. Ces lampes ont été très perfectionnées dans ces dernières années, et l'éclairage à l'alcool est aujourd'hui plus économique que l'éclairage au pétrole. Il est certain que l'extension de cet emploi de l'alcool serait aujourd'hui beaucoup plus considérable sans les frais de remplacement des verres, manchons et mèches qui ont souvent déterminé le retour provisoire à l'éclairage au pétrole. L'emploi des verres de mica, les progrès réalisés dans la préparation des manchons d'incandescence, permettront certainement le développement de ce débouché pour l'alcool industriel.

Les poêles pour le chauffage, les réchauds pour les cuisines sont aujourd'hui très répandus et ont largement contribué à la progression de la consommation de l'alcool dénaturé dans ces dernières années.

L'emploi de l'alcool pour la production de la force motrice a été au début très discuté, mais les études effectuées sur cette question et les résultats fournis par les concours récents ont établi nettement les avantages que présente l'alcool pour l'alimentation des moteurs. Le rapport de M. Brillié sur la marche des autobus dans Paris a fourni récemment une démonstration indiscutable de ces avantages. Du 11 juin au 1er novembre 1907, les autobus ont parcouru 3 570 000 kilomètres; 22000 hectolitres d'alcool ont été consommés, et les économies réalisées sur l'emploi de l'essence ont atteint 300 000 francs. L'alcool n'occasionne aucune attaque et aucune usure anormale des soupapes, la marche des moteurs est parfaitement régulière, le rendement thermique est élevé, et l'échappement ne donne naissance à aucune autre odeur que celle du graissage.

L'utilisation de l'alcool dénaturé intéresse notre industrie de la distillerie au plus haut degré, et il est à souhaiter que toutes les facilités soient offertes pour étendre cette consommation. Un certain nombre d'obstacles s'opposent encore à l'extension désirée : d'abord le prix du dénaturant de l'alcool et sa composition, ensuite les variations des cours de l'alcool, le prix de vente trop élevé, et les difficultés qu'on éprouve à se procurer en cours de route l'alcool nécessaire pour les moteurs.

Le mode de dénaturation actuellement en vigueur comporte l'addition, pour 100 litres d'alcool à 90^{d}, de 10 litres de méthylène type régie auxquels sont ajoutés 0^{lit},500 de benzine lourde pour les alcools destinés au chauffage, à l'éclairage et à la production de la force motrice. Il serait d'abord nécessaire d'abaisser le prix de ce dénaturant et de réduire la proportion de méthylène. M. Lindet a proposé notamment d'abaisser à 2$_{lit}$,5 la quantité de méthylène employée pour la dénaturation, et de compléter la formule par 0^{lit},5 de benzine, 0^{lit},5 de formol à 33 p. 100 d'aldéhyde formique et 0^{lit},5 de pyridine. Cette mesure est d'autant plus justifiée que la production française de méthylène est actuellement insuffisante et que nous devons acheter partiellement ce produit à l'étranger. En outre, la benzine lourde donne des quantités importantes de produits acides, et provoque dans les becs et dans les mèches, des dépôts gras et charbonneux qui nuisent au bon fonctionnement des appareils d'éclairage et de chauffage. Il serait donc nécessaire de remplacer la benzine par une autre substance qui ne présente pas ces inconvénients. Ces demandes sont restées jusqu'ici sans résultat, parce que la question de l'utilisation de l'alcool industriel se complique d'une question fiscale très importante, car le Trésor, par crainte de voir l'alcool retourner, par voie de fraude, à la consommation de bouche, hésite à modifier le procédé de dénaturation actuel.

Pour que l'alcool industriel puisse se développer, il serait en outre nécessaire que son prix de vente fût régulier et bas. La question de la fixité du prix a été très discutée et plusieurs systèmes ont été proposés pour atteindre ce but. M. Alglave a préconisé notamment l'établissement d'un monopole d'État, mais cette idée a rencontré chez les intéressés une grande opposition, et ce projet a été écarté récemment par la section économique du récent congrès des applications de l'alcool dénaturé en 1907. M. Petit a proposé la création, sous le contrôle de l'État, d'une société coopérative pour l'achat de l'alcool devant être dénaturé et la vente de cet alcool : cette société serait autorisée à percevoir chez les producteurs d'alcool à la fabrication une taxe calculée de telle façon que son prix d'achat soit ramené à 25 francs. M. Léon Martin a émis l'idée d'envoyer obligatoirement à la dénaturation une partie de l'alcool fabriqué. Il est à souhaiter que les études entreprises sur ce sujet aboutissent et permettent d'obtenir, soit par voie législative, soit par toute autre voie, la fixité des prix de l'alcool. Pour ce qui concerne l'abaissement du prix de vente de l'alcool dénaturé, le Congrès de 1907 a adopté un projet susceptible d'atteindre le but désiré, en donnant des allocations spéciales aux dénaturateurs, allocations provenant du produit de la taxe de fabrication imposée aux alcools autres que ceux qui viennent des vins, cidres et fruits.

Il serait enfin nécessaire, pour assurer l'extension de l'emploi de l'alcool pour la production de la force motrice, qu'on puisse trouver facilement partout des bidons d'alcool dénaturé comme on trouve des bidons d'essence. Il est actuellement beaucoup trop difficile pour les automobilistes de se procurer l'alcool en cours de route. Sous ce rapport, il est à souhaiter que les débitants de tabac soient autorisés par le ministre des finances, moyennant une légère rétribution, à tenir un dépôt de bidons d'alcool carburé destiné à l'automobilisme.

Quand ces divers problèmes auront reçu leur solution, il est certain que l'alcool industriel trouvera de larges débouchés et que sa consommation augmentera en France dans de fortes proportions.

Emploi de l'alcool pour la préparation des vinaigres et pour le vinage. — La préparation des vinaigres entraîne chaque année une consommation d'alcool voisine de 50 000 hectolitres ; elle est sensiblement constante depuis une vingtaine d'années. Il en est de même des quantités d'alcool utilisées pour le vinage des vins de liqueurs, qui sont voisines de 40 000 hectolitres. Ces deux débouchés ne sont pas susceptibles de prendre une extension plus considérable.

ALCOOMÉTRIE

L'alcoométrie a pour objet la détermination de la richesse alcoolique des mélanges d'eau et d'alcool. Elle est basée sur le principe suivant. La densité de l'alcool pur est, à 15°, de 0,7947 d'après Gay-Lussac, de 0,7939 d'après Tralles, et de 0,7943 d'après les dernières expériences effectuées par les régies de France et d'Allemagne. La densité des mélanges d'alcool et d'eau s'élève au fur et à mesure que la proportion d'alcool s'abaisse, et on se base ordinairement sur cette constatation pour déterminer la teneur en alcool.

Cette richesse alcoolique peut être évaluée de deux manières, *en volumes* ou *en poids*. Dans le premier cas, on exprime le volume d'alcool contenu dans 100 volumes du liquide alcoolique. Dans le second cas, on exprime le poids d'alcool contenu dans 100 parties en poids du mélange.

L'alcoométrie volumétrique est la méthode adoptée par la régie française.

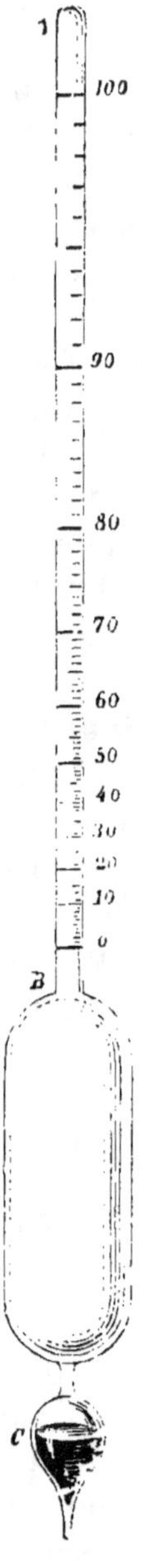

Fig. 1. — Alcoomètre centésimal de Gay-Lussac.

L'alcoomètre centésimal de Gay-Lussac (fig. 1) qui sert à la détermination du degré d'alcool, est un appareil qui, plongé dans un mélange d'alcool et d'eau à la température de 15°, indique directement, par la graduation de sa tige et son point d'affleurement, le volume d'alcool pur contenu dans 100 volumes du liquide. Si, par exemple, l'alcoomètre, plongé à 15° dans un mélange d'eau et d'alcool, affleure au chiffre de 50^d, on en conclut que 100 centimètres cubes du mélange contiennent 50 centimètres cubes d'alcool et on dit que l'alcool est à 50 degrés Gay-Lussac, ce que nous représenterons par le symbole 50^d, pour éviter la confusion avec les degrés de température. L'instrument est réglé de telle sorte que dans l'eau pure, il affleure au point zéro, et dans l'alcool absolu au point 100. Les degrés intermédiaires indiquent le volume d'alcool pur contenu dans 100 volumes du liquide.

Il importe de remarquer que le volume de l'eau ne peut se déduire par différence du chiffre donné pour l'alcool par l'alcoomètre, à cause de la contraction de volume qui accompagne le mélange.

La détermination ne souffre aucune difficulté si la température du mélange alcoolique est de 15° C. Il suffit de plonger l'instrument dans l'alcool et de lire le point d'affleurement. Mais, en pratique, il n'est pas commode de ramener exactement l'échantillon à la température de 15° C. et alors le problème se complique singulièrement.

Quand la température est différente de 15° C., l'alcoomètre ne donne plus qu'un degré *apparent* qui doit être corrigé pour obtenir le degré véritable. A cet effet, Gay-Lussac a dressé une table appelée *table de la force réelle des liquides alcooliques*, que nous donnons en appendice et qui fait connaître l'indication que donnerait l'alcoomètre si le liquide alcoolique était ramené à la température de 15° C. avant d'en effectuer la pesée. Cette table porte en outre, en dessous du chiffre qui donne la force réelle, le volume réel qu'occuperaient 1 000 litres de l'alcool expérimenté s'il était à 15° C. au lieu d'être à la température d'expérience. Si le chiffre qui indique ce volume fait défaut, on doit prendre le premier nombre qu'on rencontre vers la gauche sur la même ligne.

Par exemple, si l'alcoomètre marque 82^d à la température de 20° C., la table fait connaître que la force réelle du liquide est de 80^d,5, c'est-à-dire qu'on aurait obtenu 80^d,5 si on avait pris la précaution de refroidir à 15° C. le liquide avant d'en prendre le titre.

Mais nous commettrions une grave erreur si nous nous servions de ce chiffre pour calculer directement la quantité d'alcool pur contenu dans le volume de liquide alcoolique que nous analysons. Supposons que nous ayons 200 litres de liquide marquant 82^d à 20° C. La table précédente nous a bien indiqué la force réelle du liquide si nous l'avions refroidi à 15° C. pour l'examen. Cette force est de 80^d,5. Mais, par ce refroidissement, il se serait produit une contraction de volume. Au lieu de 200 litres, nous n'en aurions plus que 199. La quantité totale d'alcool pur contenu dans nos 200 litres de liquide n'est donc pas de $200 \times 80,5 = 161$ litres d'alcool pur, mais bien de $199 \times 80,5 = 160^{lit}.19$.

Il est donc nécessaire de faire une deuxième correction relative au volume pour obtenir la richesse alcoolique réelle du liquide, c'est-à-dire le nombre de litres d'alcool contenus dans 100 litres du liquide essayé.

La régie française a dressé une seconde table, appelée *table des richesses alcooliques*, que nous donnons également en appendice et qui tient compte de cette double correction. Mais il importe de bien remarquer que cette table ne donne pas le degré alcoolique réel du liquide : celui-ci s'obtient par la table des forces réelles de Gay-Lussac. Les chiffres qu'indique la table de la régie ne sont que des facteurs par lesquels il faut multiplier le volume observé à une température donnée pour obtenir le volume d'alcool pur à 15° qui s'y trouve contenu. Dans l'exemple cité plus haut, la table de la régie donne comme richesse alcoolique du liquide titrant 82^d à 20° C. le chiffre 80,1, ce qui veut dire qu'il suffit de multiplier ce chiffre par le volume, c'est-à-dire 200 litres dans notre exemple actuel, pour connaître la quantité réelle d'alcool pur contenu dans nos 200 litres de liquide, $200 \times 80{,}1 = 160^{lit},2$. Nous retrouvons ainsi, à très peu près, le chiffre de $160^{lit},19$ obtenu plus haut par la double correction de température et de volume. Mais la force réelle du liquide n'est pas de 80^d,1, mais bien de 80^d,5, chiffre fourni par la table des forces réelles de Gay-Lussac.

La confusion entre la table des richesses alcooliques et la table des forces réelles cause fréquemment des erreurs. Nous empruntons à M. Barbet l'exemple suivant : si on veut connaître le degré de l'alcool fourni par un rectificateur, on devra recourir à la table des forces réelles, puisqu'on veut connaître ce degré d'une façon indépendante des volumes d'alcool distillés. Si donc un rectificateur donne de l'alcool marquant en hiver 94^d,4 à 5°, au printemps, 96^{d}5 à 15°, en été, 98^d,6 à 25°, la table des forces réelles nous indique que cet appareil donne uniformément, en toute saison, de l'alcool à 96^d,5 à 15°. Si nous utilisons au contraire par erreur la table de la régie, nous trouvons que cet appareil donne de l'alcool à 97^d,5 en hiver, à 96^d,5 au printemps, à 95^d,6 en été ; d'où la créance, fortement enracinée dans l'esprit des praticiens, qu'un rectificateur donne deux degrés de moins en été qu'en hiver.

Inversement, si un chimiste a distillé au laboratoire un liquide alcoolique quelconque, préalablement mesuré, et s'il veut savoir la quantité réelle d'alcool que contenait son liquide, il devra recourir à la table des richesses alcooliques et non pas à la table des forces réelles qui ne tient pas compte de la correction relative au volume.

L'alcoométrie volumétrique présente de gros inconvénients. Les contractions de volume que subissent les mélanges d'eau et d'alcool, les dilatations sous l'action de la chaleur compliquent beaucoup le problème. La confusion entre les tables des richesses alcooliques et des forces réelles occasionne souvent des erreurs et des contestations. Aussi M. Lejeune en 1872 et M. Barbet en 1893 ont-ils proposé la substitution de l'alcoométrie pondérale à l'alcoométrie volumétrique. Le problème est dans ce cas beaucoup plus simple, car les poids d'alcool sont invariables, quelle que soit la température. Il s'agit alors de déterminer le poids d'alcool contenu dans 100 parties en poids du mélange. Cette méthode est employée en Allemagne depuis 1887. L'alcoomètre pondéral allemand est muni d'un thermomètre, et la température normale pour la pesée de l'alcool est de 15° C. Des tables spéciales, dressées par la commission impériale des poids et mesures, donnent la force alcoolique vraie d'après les indications de l'alcoomètre pondéral à diverses températures.

Mouillage de l'alcool. — Quand on veut ramener un alcool donné à un degré alcoolique inférieur, il faut lui ajouter une quantité d'eau assez difficile à déterminer exactement, à cause des contractions qui se produisent et du dégagement de chaleur qui accompagne le mélange de l'eau et de l'alcool. Des tables ont été dressées qui donnent la quantité d'eau à ajouter à un alcool de titre donné pour le ramener à un autre titre. Nous donnons ces tables, dues à M. Guillemin, en appendice : elles ne sont exactes qu'à la température de 15° à laquelle elles ont été établies. Par exemple, pour ramener un alcool à 96^d à 45^d, on cherche dans la colonne verticale marquée 96 le chiffre correspondant à la ligne horizontale marquée 45 ; on trouve ainsi 120,03, ce qui veut dire qu'à 100 volumes d'alcool à 96^d, il faut ajouter $120^{vol},03$ d'eau pour obtenir de l'alcool à 45^d.

III. — MATIÈRES PREMIÈRES DE LA DISTILLERIE

On peut diviser les matières premières employées en distillerie en deux grandes classes : les *matières sucrées*, telles que la betterave à sucre, la mélasse, les fruits et miels, et les *matières amylacées* telles que les grains et les pommes de terre. Avec les matières sucrées, le problème de l'alcoolisation est simple. Ces substances contiennent en effet des sucres fermentescibles par la levure, soit directement, soit par inversion par une diastase hydrolysante sécrétée par la cellule de levure. La transformation des matières amylacées en alcool est plus complexe, car l'amidon doit être, au préalable, transformé en sucre, qui subit alors la fermentation alcoolique.

I. — BETTERAVE.

Caractères botaniques et variétés (1). — La betterave appartient à la famille des Chénopodées, genre *Beta*. La betterave cultivée (*Beta vulgaris*) est une plante bisannuelle, qui ne produit, la première année, que son pivot charnu et qui donne, dans une deuxième année de végétation, des tiges florifères et des graines.

Les fleurs sont réunies en glomérules assemblés eux-mêmes en épis. Chaque glomérule renferme un certain nombre de fleurs qui se soudent, après la fécondation, en un groupement unique, renfermant plusieurs graines, qui constitue ce qu'on appelle la graine de betterave. La teinte de ces glomérules varie du brun verdâtre au brun jaunâtre.

Le développement de la betterave a été étudié par Aimé Girard. Les expériences de ce savant ont montré que dans les deux premiers mois de culture, la betterave constitue surtout son appareil foliacé : le pivot reste faible, et l'appareil radiculaire, qui représente au début une proportion notable du

(1) Pour plus de détails, consulter l'ouvrage de l'Encyclopédie agricole : *Plantes industrielles*, de M. Hitier.

poids de la plante, diminue rapidement. Dans les deux derniers mois de la végétation au contraire, l'appareil foliacé reste sensiblement stationnaire, le pivot charnu augmente et représente à maturité environ les deux tiers du poids de la plante.

Le sucre qui s'accumule dans la betterave est élaboré dans les feuilles sous l'influence de la lumière solaire, et sa production est d'autant plus grande que l'intensité lumineuse est plus forte. La plus grande partie du sucre ainsi formé dans les feuilles pendant le jour va pendant la nuit s'emmagasiner dans la souche. Cette accumulation ne se fait pas également dans toutes les parties du pivot. Le sucre est inégalement réparti aussi bien dans les différentes zones d'une section perpendiculaire à l'axe que dans celles d'une section longitudinale suivant toute la longueur de la racine. La richesse en sucre est surtout élevée au tiers de la hauteur à partir du collet, elle va en diminuant vers le collet et vers le pivot.

Les variétés de betteraves sont extrêmement nombreuses, car cette plante a subi sous l'influence de la sélection des transformations profondes surtout au point de vue du rendement cultural et de la richesse en sucre. La forme et la couleur des racines sont variables suivant l'espèce : la forme est tantôt ronde, tantôt ovale, tantôt pivotante ; la couleur est tantôt blanche, tantôt jaune, tantôt rouge. Le pivot est parfois entièrement souterrain ; parfois il émerge au contraire plus ou moins en dehors du sol.

On utilise en distillerie deux classes de variétés de betteraves : 1° les betteraves riches ou sucrières, dont la richesse en sucre varie de 14 à 15,5 p. 100 et dont le rendement cultural oscille entre 25 000 et 30 000 kilogrammes à l'hectare ; 2° les betteraves demi-sucrières, dont la richesse en sucre varie de 10 à 13 p. 100 et dont le rendement cultural oscille entre 35 000 et 50 000 kilogrammes à l'hectare.

Les principales variétés de betteraves riches utilisées en France sont la betterave blanche améliorée Vilmorin, la betterave de Klein-Wanzeleben et la betterave française riche ou race Fouquier d'Hérouel. La betterave blanche améliorée

Vilmorin (fig. 2) se distingue par sa racine mince, tout à fait enterrée, son collet court, ses feuilles petites, planes ou légèrement ondulées sur les bords, et sa peau rugueuse. La

Fig. 2. — Betterave blanche française riche, Vilmorin.

richesse en sucre est de 15 à 16 p. 100 et sa conservation est parfaite.

La betterave de Klein-Wanzeleben (fig. 3), sélectionnée en Allemagne, est la plus répandue en France. Elle se distingue surtout par son collet large et court, son feuillage frisé et fortement ondulé sur les bords. C'est une race productive, dont la richesse en sucre est de 14 à 15 p. 100.

La betterave française riche ou race Fouquier d'Hérouel est une betterave de forme très longue et effilée, à collet très étroit, et dont le feuillage est dressé et uni sans frisures. Sa richesse en sucre varie de 14 à 16 p. 100, mais ses caractères sont moins bien fixés que ceux des variétés précédentes, et elle présente souvent d'assez grandes irrégularités dans sa composition chimique.

A côté de ces variétés, on peut citer aussi les excellentes

betteraves des producteurs français Simon Legrand, Eloir, Hary, Gorain, Hélot, etc. qui fournissent d'excellents résultats sous le rapport de la richesse et du rendement.

Parmi les variétés demi-sucrières ou de distillerie, deux

Fig. 3. — Betterave blanche à sucre, Klein-Wanzeleben.

sont particulièrement importantes, la betterave Brabant et la betterave à sucre à collet rose.

La betterave Brabant à collet vert (fig. 4) est une race à fort rendement cultural, dont la richesse en sucre est de 12 à 13 p. 100. Sa forme est longue, son collet vert. Elle était autrefois employée pour la sucrerie ; aujourd'hui, elle n'est plus utilisée que pour la distillerie.

La betterave blanche à sucre à collet rose (fig. 5) est très voisine de la précédente par ses caractères. Elle est plus arrondie que la Brabant, et s'en distingue aussi par la couleur de son collet. Elle est utilisée aujourd'hui comme race de distillerie.

On peut signaler encore, parmi les betteraves dites de distillerie, la betterave à sucre à collet gris, la Desprez, la géante blanche demi-sucrière, etc.

Parmi ces nombreuses variétés de betteraves, le distillateur a choisi jusqu'à présent surtout les variétés demi-sucrières,

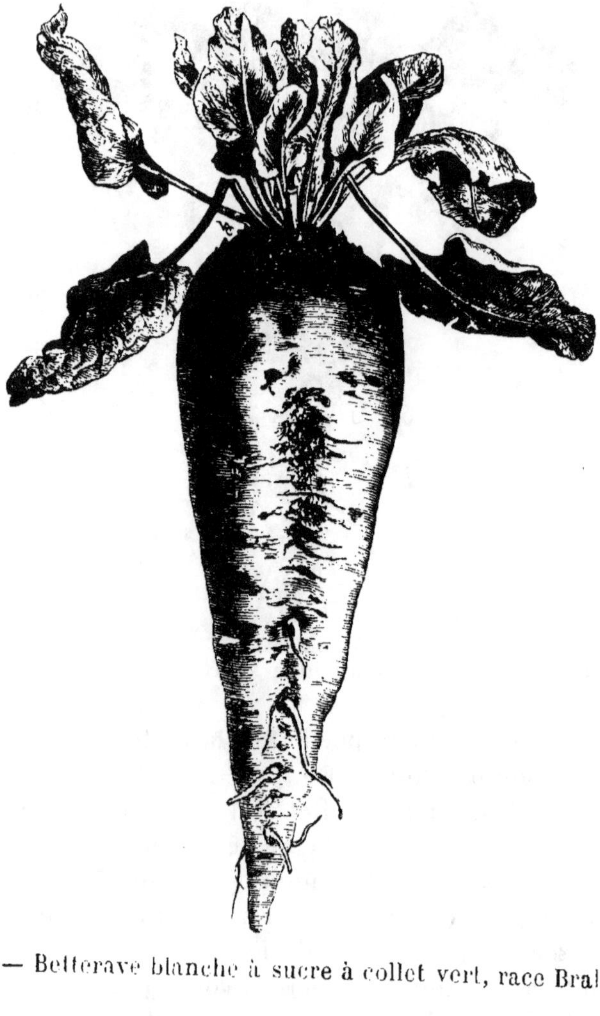

Fig. 4. — Betterave blanche à sucre à collet vert, race Brabant.

de richesse moyenne en sucre et de rendement cultural élevé. En effet, le problème ne semble pas se poser, à première vue, en distillerie comme en sucrerie. On cherche surtout, en distillerie agricole, à produire le maximum de pulpes pour l'alimentation des animaux. Il en résulte qu'une betterave de richesse moyenne en sucre, mais à grand rendement à l'hectare, semble préférable à une betterave très riche à rendement plus faible, puisqu'elle peut donner le même rendement en

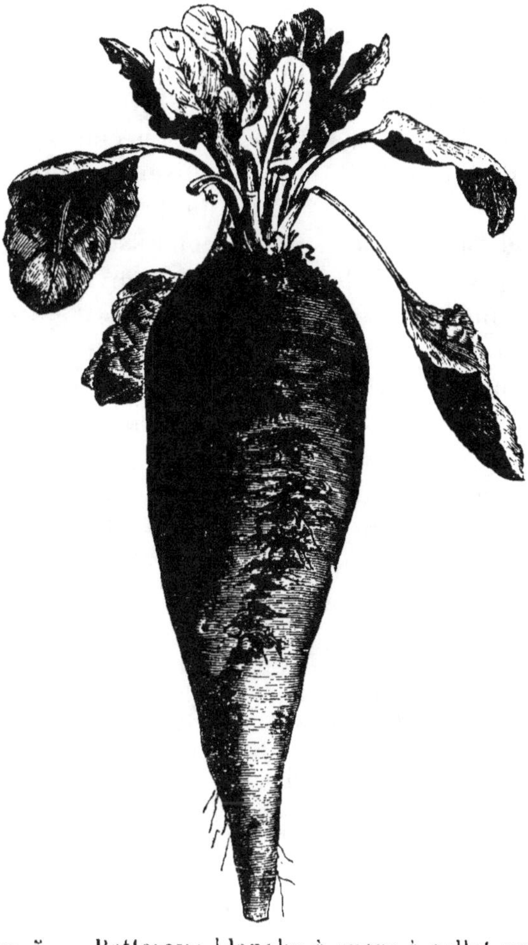

Fig. 5. — Betterave blanche à sucre à collet rose.

alcool à l'hectare et fournir des résidus beaucoup plus abondants. Le distillateur préfère donc les variétés de richesse moyenne qui donnent par hectare le plus fort rendement en alcool et en pulpe, sans viser à obtenir les hautes richesses saccharines des betteraves destinées à la sucrerie.

Toutefois, la question semble aujourd'hui changer de face à la suite des expériences entreprises dans ces dernières années sur les deux groupes de betteraves, sucrières et demi-sucrières, et les résultats obtenus par les sucreries qui se sont transformées en distilleries au moment de la crise sucrière et qui travaillent des betteraves riches pour la fabrication de l'alcool. M. Saillard a notamment comparé, au point de vue de la sucrerie, les deux groupes de betteraves, en tenant compte de la production de sucre à l'hectare, des frais de transport et de fabrication, et de l'épuisement du sol en principes nutritifs. Il a constaté, comme des travaux de MM. Champion et Pellet l'avaient déjà montré en 1880, que les variétés riches et les variétés demi-sucrières peuvent donner par hectare la même quantité de sucre, la richesse des unes étant compensée par l'augmentation de production des autres. Les betteraves demi-sucrières n'ont donc pas l'avantage de donner un rendement plus élevé en sucre et par suite en alcool à l'hectare.

Les expériences de M. Vuaflard ont conduit à des conclusions analogues, comme l'indique le tableau suivant que nous empruntons à un rapport de M. Pellet.

Betteraves riches.

Graines Klein.........	36.000 kg. × 14,47 sucre = 5.209 kg. sucre.
Hary n° 1.............	36.000 kg. × 14,26 sucre = 5.133 kg. sucre.
— n° 2.............	35.000 kg. × 14,42 sucre = 5.047 kg. sucre.
Dennetière............	31.000 kg. × 14,00 sucre = 4.340 kg. sucre.
Fouquier d'Hérouel...	33.000 kg. × 14,00 sucre = 4.620 kg. sucre.
Eloir E.-W	34.000 kg. × 14,66 sucre = 4.984 kg. sucre.
Laurent Mouchon.....	31.000 kg. × 15,00 sucre = 4.650 kg. sucre.
	Moyenne............. 4.855 kg. sucre.

Betteraves pauvres.

Simon Legrand.......	45.000 kg. × 11,21 sucre = 5.044 kg. sucre.
—	47.000 kg. × 10.28 sucre = 4.831 kg. sucre.
	Moyenne............. 4.935 kg. sucre.

On peut donc obtenir, avec la betterave sucrière, autant d'alcool à l'hectare qu'avec la betterave demi-sucrière

Les frais de transport de la betterave riche à l'usine sont

naturellement beaucoup moins élevés que ceux de la betterave pauvre. Pour une même production de sucre, le rendement de la betterave demi-sucrière est en effet supérieur d'environ un tiers à celui de la betterave riche, et les frais de transport augmentent donc sensiblement avec les betteraves demi-sucrières.

Enfin, la betterave riche épuise beaucoup moins le sol que la betterave demi-sucrière pour la même quantité de sucre produit à l'hectare, comme l'ont montré les travaux de MM. Champion et Pellet, Saillard, Vuaflard, etc. L'exemple suivant, tiré par M. Pellet d'un rapport de M. Vuaflard, montre nettement cet avantage de la betterave riche.

		Betterave riche.	Betterave demi-sucrière.	Différence en moins pour les betteraves riches.
Matières fertilisantes enlevées par hectare pour un même poids de 4.500 kg. de sucre produit.	Azote......	65,5	83.7	18.8
	Acide phosphorique.	27.9	39.6	11.7
	Potasse....	74.7	127.8	53.1

L'agriculteur a donc intérêt, au point de vue de l'exportation des éléments fertilisants, à donner la préférence à la betterave riche qui épuise moins le sol.

Le rendement en pulpe est naturellement plus élevé avec la betterave demi-sucrière qu'avec la betterave riche, mais cet avantage doit être mis en balance avec tous les inconvénients qu'entraîne l'emploi de la betterave pauvre, c'est-à-dire l'augmentation des frais de transport, l'épuisement plus considérable du sol en principes nutritifs, la prolongation de la durée de fabrication, l'augmentation de tous les frais généraux qu'entraînent cette prolongation et le travail des moûts peu concentrés. Pour les petites distilleries agricoles, le rendement en pulpe constitue un des éléments les plus importants de l'industrie, et la betterave demi-sucrière peut rester dans ce cas la plus avantageuse. Mais pour les grandes distilleries industrielles et pour les sucreries transformées pour la production de l'alcool, nous nous rangeons à l'opinion récemment émise par M. Saillard qui prévoit un avenir prochain où la betterave riche sera préférée, à cause de ses multiples avantages. Cette conclusion suppose évidemment, ce qui est le cas général, que ces usines possèdent un outillage qui leur permet de travailler, avec un bon épuisement, les betteraves riches et un procédé de levurage approprié à la fermentation des jus de ces betteraves.

Composition chimique de la betterave. — La composition chimique de la betterave est extrêmement complexe. D'une manière générale, on peut dire que la betterave se compose d'un *jus* renfermant toutes les matières solubles et d'un *marc* ou d'une *pulpe* constitué par les matières insolubles. Dans la betterave, ce marc n'est pas anhydre. Payen a signalé en effet pour la première fois, en 1867, que la betterave contient, en dehors du jus, de l'eau combinée au marc et non chargée de sucre, et Scheibler a donné à cette eau le nom d'*eau colloïdale*. Les analyses de betteraves confirment l'exactitude de ce fait. M. Pagnoul a par exemple déterminé la quantité de jus contenu dans les betteraves en dosant le sucre *s* dans la racine et le sucre S dans le jus et en employant la formule de Jicinsky qui donne le jus *J* p. 100.

$$J = 100 \frac{s}{S}.$$

Il a d'autre part déterminé directement le marc et le jus par épuisement à l'eau et il a obtenu dans ce second cas pour le jus des chiffres plus élevés de 1,7 p. 100 en moyenne. Cette quantité 1,7 représenterait donc l'eau colloïdale.

La proportion de marc contenu dans la betterave varie assez peu : elle est en général de 4,5 à 5 p. 100. Les 95,5 p. 100 qui restent constituent le jus *total*, dont la proportion oscille également entre des limites étroites. Le jus *extractible*, c'est-à-dire, d'après M. Pagnoul, le poids de jus identique avec le jus extrait qu'il faudrait obtenir pour avoir la totalité du sucre contenu dans la betterave, varie davantage, mais ses variations sont également faibles pour un même type de betteraves et sa proportion est voisine de 93 p. 100 pour les betteraves riches. Toutefois ce coefficient n'est pas absolument fixe : il est plus élevé pour les betteraves pauvres que pour les betteraves sucrières et M. Vuaflard a constaté qu'il peut varier de 98,4 pour la betterave à 7 p. 100 de sucre à 92,3 pour la betterave à 16 p. 100 de sucre. On voit donc qu'il ne peut exister de coefficient exact pour passer de la teneur en sucre du jus à la teneur en sucre de la betterave et que la richesse saccharine de la betterave ne peut être déterminée que par le dosage direct du sucre dans la racine.

Les proportions relatives d'eau et de matières sèches contenues dans la betterave sont très variables. La proportion d'eau oscille de 77 à 88 p. 100, l'extrait de 12 à 23 p. 100. Ces variations proviennent surtout de la teneur différente en sucre, car la somme eau + sucre reste relativement constante dans tous les cas.

Le marc est constitué principalement par des matières pectiques (pararabine, métarabine, acide arabique), de la cellulose, des matières azotées insolubles (caséine végétale, légumine, etc.) et des sels minéraux (silice, sels de chaux, de magnésie, phosphates). D'après Schwackhöfer le marc contiendrait :

Pararabine...........	Environ	2,4 p. 100	de la betterave.
Acide arabique........	—	1,6	—
Cellulose..............	—	0,7	—
Matières azotées.......	—	0,1	—
Matières minérales....	—	0,1	—
Total du marc.....		4,9	—

Considérées dans leur ensemble, les matières solubles et insolubles qui composent la betterave sont d'abord des matières hydrocarbonées, notamment le saccharose, le sucre interverti, le raffinose, des pentosanes (arabanes, xylanes), des hexosanes (galactanes), des matières pectiques, des celluloses, des matières grasses ; puis des matières organiques azotées, notamment des matières albuminoïdes (albumine, légumine, etc.), des peptones, des nucléines, l'asparagine, la glutamine, la bétaïne, la leucine, la tyrosine, la lécithine, la choline ; enfin des matières minérales, notamment la potasse, la soude, la chaux, la magnésie combinées à des acides minéraux tels que les acides phosphorique, nitrique, sulfurique, chlorhydrique, silicique et à des acides organiques tels que les acides oxalique, malonique, succinique, malique, tartrique, citrique et glycolique.

Le saccharose est l'élément le plus important de la betterave industrielle. Nous ne reviendrons pas ici sur ses principaux caractères chimiques que nous avons exposés au début de notre volume consacré à la brasserie (1). Sa proportion dans la betterave peut varier de 3 p. 100 dans certaines races fourragères à 18-20 p. 100 dans certaines betteraves exceptionnellement riches. Le présence du sucre interverti, avant l'arrachage, dans le pivot des betteraves normales n'est pas certaine, mais les betteraves conservées pendant quelque temps en renferment toujours plus ou moins : cette proportion de sucre interverti est alors très variable ; on peut en trouver de grandes quantités quand la racine est altérée ou pourrie ; la moyenne oscille ordinairement entre 0,10 et 0,40 p. 100 de la betterave. La raffinose se trouve également dans la betterave en proportions variables suivant les conditions de végétation et de température ; il y en a en moyenne 0,03 à 0,04 p. 100 d'après Lippmann, mais cette proportion peut s'élever dans certains cas jusqu'à 0,08 p. 100.

Les pentosanes (arabanes, xylanes) sont assez abondants dans la betterave. Stoklasa a obtenu en effet, par hydrolyse à l'acide chlorhydrique, 3gr,68 de furfurol par 100 grammes d'extrait sec dans une betterave après quatre mois de végétation. Des hexosanes, et notamment des galactanes, accompagnent le plus souvent ces pentosanes dans la betterave.

La présence des matières pectiques dans la betterave a été signalée pour la première fois par Payen. Fremy a montré que la betterave renferme de la *pectose*, insoluble dans l'eau, l'alcool et l'éther. Braconnot a vu que cette pectose se transforme sous l'action de la chaleur et des acides de la plante en *pectine*, soluble dans l'eau, à laquelle elle communique de la viscosité et non précipitable par l'acétate neutre de plomb. Soumise à l'ébullition, la pectine se transforme d'abord en

(1) Voir l'ouvrage de l'ENCYCLOPÉDIE AGRICOLE : *Industries agricoles de fermentation : Brasserie, hydromels*, par E. BOULLANGER.

parapectine qui précipite par l'acétate neutre de plomb, puis en *métapectine* soluble dans l'eau. Sous l'influence d'une diastase coagulante, la *pectase*, la pectine se coagule en une masse gélatineuse épaisse qui est constituée par l'*acide pectosique* de Frémy. Cette coagulation est favorisée par la présence des sels de chaux. L'acide pectosique est à peine soluble dans l'eau froide ; à l'ébullition ou sous l'action des alcalis, il se transforme en *acide pectique* insoluble dans l'eau froide. L'acide pectique se dissout par longue ébullition dans l'eau et se transforme en *acide parapectique*, précipitable par l'eau de baryte, puis en *acide métapectique*, non précipitable par l'eau de baryte. Des travaux plus récents ont permis de caractériser quelques matières pectiques de la betterave, et notamment l'*acide arabique*, identique à l'acide métapectique de Frémy, donnant par hydrolyse un mélange d'arabinose et de galactose ; la *pararabine*, isolée par Reichardt, modification de l'arabine ; la *métarabine* de Scheibler. Toutes ces matières pectiques paraissent constituées par un mélange d'arabanes et de galactanes et donnent par hydrolyse les sucres réducteurs correspondants.

Les celluloses et hémi-celluloses forment avec les substances ligneuses le tissu cellulaire de la betterave. Quant aux matières grasses, elles sont peu abondantes et ne représente en moyenne que 0,1 p. 100 du poids de la betterave.

Les matières organiques azotées de la betterave sont extrêmement nombreuses. La richesse du pivot en azote total peut varier entre des limites assez étendues, de 0,08 à 0,5 p. 100. Cet azote provient d'abord des matières albuminoïdes solubles et insolubles et des peptones dont nous avons donné les caractères généraux dans notre volume consacré à la brasserie. Urban a constaté que l'azote albuminoïde peut représenter dans la betterave 30 à 35 p. 100 de l'azote total. D'après Wendeler, l'azote des albuminoïdes représente, dans les jus de betteraves pressées, 0,385, et celui des peptones et propeptones 0,026 p. 100 de sucre. Les nucléines, composés organiques phosphorés, insolubles dans l'eau froide, se rencontrent dans le marc. Ce sont ces substances qui donnent très probablement, par leur décomposition, certains produits azotés qu'on retrouve seulement dans les mélasses, et dont l'existence dans la betterave même est douteuse, notamment la guanine, la xanthine, l'hypoxanthine, l'adénine, la carnine et l'hétéroxanthine.

Les acides amidés sont représentés dans la betterave principalement par l'asparagine $(C^2H^3)(AzH^2)(COAzH^2)(CO^2H)$, et son homologue supérieur, la glutamine $(C^3H^5)(AzH^2)(COAzH^2)(CO^2H)$. On trouve enfin, parmi les matières organiques azotées, la bétaïne ou triméthylglycocolle $(CO.O)CH^2Az(CH^3)^3$, la choline $Az(CH^3)^3(C^2H^4OH)OH$, un peu de leucine ou acide α-amidocaproïque $(CH^3)(CH^2)^3 — CH(AzH^2)(CO^2H)$, de tyrosine ou oxyphénylalanine $C^6H^4(OH) — CH^2 — CH(AzH^2)(CO^2H)$, et plusieurs lécithines, combinaisons organiques azotées et phosphorées qui se forment dans les feuilles sous l'influence de la lumière solaire et s'accumulent ensuite dans la racine, comme l'ont montré les expériences de Stoklasa.

La richesse moyenne des betteraves sucrières et demi-sucrières en matières minérales est de 0,76 p. 100 d'après M. Vivien. Ce chiffre peut d'ailleurs varier de 0,5 à 1,0 et représenter 2 à 7 p. 100 de la matière sèche. Chez les betteraves pauvres, la teneur en cendres est beaucoup plus élevée ; elle est en moyenne de 1,36 p. 100 et peut représenter jusqu'à 10 à 20 p. 100 de la matière sèche. Les betteraves à grande richesse saccharine sont en général des espèces pauvres en cendres.

Les matières minérales de la betterave sont constituées par de la potasse, de la soude, de la chaux, de la magnésie, de l'oxyde de fer, des phosphates, des sulfates, de la silice et des chlorures. Le tableau suivant, dû à Rümpler, indique les variations de ces divers éléments dans le pivot des betteraves à sucre.

	Potasse.	Soude.	Chaux.	Magnésie.	Oxyde de fer.	Acide phosphorique.	Acide sulfurique.	Silice.	Chlore.
Maximum.	78,1	24,0	17,8	11,9	4,9	27,1	14,3	12,1	18,4
Minimum.	26,9	0,0	1,6	2,3	0,2	3,4	1,3	0,0	0,2

Les betteraves contiennent en outre des nitrates en quantités variables suivant les conditions de culture. En général, la proportion de nitrates est faible et ne représente qu'environ 2 à 3 p. 100 de l'azote total.

II. — MÉLASSES DE BETTERAVES.

La mélasse est un résidu de la fabrication du sucre de betteraves. Elle contient une forte proportion de saccharose, qui ne peut cristalliser, à cause de la grande quantité de matières salines et organiques qui l'accompagnent.

Composition de la mélasse de betteraves. — La composition moyenne de la mélasse de betteraves est la suivante :

Eau	16 à 20	p. 100.
Saccharose	44 à 52	—
Non-sucre	30 à 36	—

En dehors du saccharose, la mélasse renferme un peu de sucre interverti et de raffinose en proportions variables.

Le non-sucre est constitué en moyenne par 11 p. 100 de matières organiques non azotées, 11 p. 100 de matières organiques azotées, et 11 p. 100 de matières minérales.

Les matières organiques non azotées comprennent d'abord des acides organiques nombreux tels que les acides tartrique, malique, citrique, pectique, lactique, arabique, succinique, formique, acétique, butyrique, etc. Ces acides forment la majeure partie du non-sucre organique non azoté. Le reste est constitué par de la pectine, de la pectose et des gommes.

Les matières organiques azotées sont constituées surtout par de la bétaïne et des acides amidés. On trouve en outre des matières albuminoïdes, des peptones et propeptones. La richesse des mélasses en azote total varie de 1, 2 à 2,3 p. 100, soit en moyenne 1,7 p. 100, en comprenant dans ce chiffre l'azote nitrique et ammoniacal. D'après Andrlik, Urban et Stanek, la bétaïne et les acides amidés représentent environ 90 p. 100 de ce chiffre ; l'azote des albuminoïdes et des propeptones 3 p. 100, l'azote des peptones 1,9 p. 100, l'azote ammoniacal 3,2 p. 100 et l'azote nitrique 1,9 p. 100. La quantité d'albumine et de peptones contenues dans les mélasses est donc très faible.

Les matières minérales varient de 9 à 13 p. 100. Elles sont constituées surtout de potasse, de soude et de chaux, combinées à l'acide carbonique provenant de la décomposition des sels organiques pendant la calcination. On y trouve en outre des phosphates, des sulfates, des chlorures. Voici les résultats obtenus pour quelques mélasses par Andrlik, Urban et Stanek :

	Dans 100 de cendres.
Potasse	50,36 à 56,98
Soude	5,85 à 10,74
Chaux	0,39 à 1,92
Magnésie	0,21 à 0,39
Oxyde de fer et alumine	0,84 à 0,09
Insoluble dans l'acide chlorhydrique	0,14 à 0,53
Acide phosphorique	0,13 à 0,90
Acide sulfurique	1,43 à 4,52
Chlore	3,27 à 3,86
Acide carbonique	27,34 à 30,06

On voit que ces cendres sont surtout constituées par du carbonate de potasse. Voici d'autre part, d'après Wolff, la composition de ces cendres, privées d'acide carbonique.

	Maximum.	Minimum.	Moyenne.
Potasse	72,74	66,15	69,85
Soude	15,86	9,42	12,17
Chaux	7,09	4,37	5,70
Magnésie	0,78	0,00	0,39
Oxyde de fer	0,45	0,08	0,26
Acide phosphorique	0,80	0,23	0,60
Acide sulfurique	2,56	1,59	2,04
Silice	1,45	0,00	0,72
Chlore	11,32	8,51	10,26

La teneur moyenne des cendres en acide carbonique étant de 27 à 28 p. 100, on peut compter que les cendres renferment environ 80 p. 100 de carbonates provenant des sels organiques de la betterave décomposés lors de la calcination.

III. — MÉLASSES DE CANNES.

La mélasse de cannes est utilisée pour la fabrication du rhum de mélasses ou *tafia*. Elle constitue un résidu de la sucrerie de cannes.

Composition de la mélasse de cannes. — La composition de cette mélasse est assez variable. D'après M. Pairault, la composition moyenne de la mélasse de cannes serait la suivante, pour 100 grammes de produit :

Eau et matières organiques indéterminées (non sucre)	32 à 34
Saccharose	30 à 40
Sucres réducteurs	22 à 32
Matières minérales	4 à 6

On voit que la composition de cette mélasse est très différente de celle de la mélasse de betteraves. Elle est moins riche en saccharose et en sels et beaucoup plus riche en sucres réducteurs.

D'après M. Pellet, les variations du saccharose et des sucres réducteurs sont très considérables, suivant la qualité de la canne et le mode de travail des sucreries. On trouve ainsi des mélasses ayant 40 à 45 p. 100 de saccharose et 10 à 15 p. 100 de sucres réducteurs, et d'autres mélasses contenant 25 à 30 p. 100 de sucres réducteurs et 25 à 30 p. 100 de saccharose. Voici une analyse de mélasses de cannes de sucrerie d'Égypte, due à MM. Pellet et Meunier :

Matières sèches	73,28
Eau	26,72
Saccharose	36,40
Dextrose	6,10
Lévulose	8,48
Glutose	2,40
Mannose	0,20
Matières minérales (sans acide carbonique)	8,40
Matières organiques	11,30
	100,00

On voit que les sucres réducteurs sont composés principalement de glucose et de lévulose en proportions inégales, qui ne correspondent pas par suite à celles qu'on trouve dans le sucre inverti. On rencontre en outre un peu de mannose et une quantité sensible de glutose. Ce dernier sucre, infermentescible, reste dans les moûts après fermentation, ce qui explique la proportion assez considérable de sucres réducteurs qu'on retrouve dans les moûts fermentés de mélasses de cannes.

Ces mélasses renferment enfin, d'après M. Pairault, 0,2 à 0,3 p. 100 d'azote total. Elles ne contiennent pas de nitrates. Contrairement aux mélasses de betteraves qui sont presque toujours neutres ou alcalines, les mélasses de cannes sont le plus souvent légèrement acides (3 à 4 grammes par litre en acide sulfurique).

IV. — FRUITS, MIELS ET MATIÈRES SUCRÉES DIVERSES.

Les principaux fruits employés pour la fabrication d'eaux-de-vie sont les cerises qui servent à préparer le *kirsch*, les prunes dont la distillation fournit le *quetsch*, les groseilles, les myrtilles, les mûres, les framboises, les figues, les dattes. Nous ne nous occuperons pas ici du raisin, des pommes et des poires dont les eaux-de-vie sont traitées dans des volumes spéciaux (1).

La composition chimique des fruits est extrêmement variable suivant les conditions météorologiques et suivant l'état de maturité ; il est donc difficile de donner sous ce rapport des chiffres précis. En moyenne, on peut admettre pour les divers fruits la richesse suivante en sucre :

Cerises douces	9 à 10	p. 100.
Prunes	6,5	—
Groseilles	6	—
Framboises	5 à 6	—
Figues	10 à 12	—
Dattes	50 à 65	—

Les sucres contenus dans ces fruits sont constitués le plus souvent par un mélange de glucose, de lévulose et de saccharose.

On fabrique également des eaux-de-vie avec le miel. Le

(1) Voir *Vinification*, par P. Pacottet, et *Pomologie et Cidrerie*, par G. Warcollier.

miel se compose en moyenne de 65 à 75 p. 100 de glucose et de lévulose, de 2 à 10 p. 100 de saccharose et de 22 à 25 p. 100 d'eau. Il est très pauvre en matières azotées et en matières minérales.

En dehors des fruits et des miels, on a recommandé un certain nombre d'autres substances sucrées pour la fabrication de l'alcool, notamment le sorgho sucré, les caroubes, les tiges vertes de maïs, la racine de chicorée, la racine de garance, etc. Les tiges du sorgho sucré renferment, à maturité, de 12 à 16 p. 100 de saccharose, et les tiges vertes de maïs, de 5 à 10 p. 100 de sucres fermentescibles. Les caroubes contiennent de 32 à 40 p. 100 de sucres, constitués pour les trois quarts par du saccharose et pour un quart par du glucose. On y trouve en outre en moyenne 1,3 p. 100 d'acide butyrique qui rend la fermentation difficile et donne à l'alcool un goût désagréable. Cette matière première est surtout employée en Portugal. Enfin la racine de chicorée renferme en moyenne 3 à 4 p. 100 de sucre et 16 à 23 p. 100 de matières saccharifiables par l'acide sulfurique étendu.

V. — TOPINAMBOURS.

Le topinambour est une plante vivace de la famille des Composées, dont les tubercules souterrains peuvent être utilisés pour la préparation de l'alcool. Les principales variétés sont le topinambour commun à peau rose, le topinambour jaune et le topinambour patate de H. de Vilmorin, à tubercules plus gros et plus réguliers que les deux précédents.

Composition du topinambour. — MM. Müntz et Girard donnent pour les topinambours de diverses provenances la composition moyenne suivante :

	Dordogne.	Charente.	Seine.
Eau	77,18	79,60	80,30
Sucres et inuline	14,27	13,40	12,42
Matières azotées	2,03	2,00	2,27
Matières grasses	0,12	0,11	0,11
Cellulose	0,88	0,86	0,66
Corps pectiques, etc.	4,09	2,64	2,59
Matières minérales	1,43	1,39	1,65
	100,00	100,00	100,00

D'autre part, Petermann a trouvé les chiffres suivants :

Eau	75,04 à 79,43
Hydrates de carbone saccharifiables	12,72 à 16,37
Hydrates de carbone non saccharifiables	3,93 à 7,42
Matières grasses	0,11 à 0,26
Protéine	1,06 à 1,56
Cendres	0,92 à 1,39

Les hydrates de carbone du topinambour sont constitués, d'après M. Tanret, d'inuline et d'un corps complexe appelé *lévuline* ou *synanthrose* qui est un mélange de saccharose et de différentes lévulosanes telles que l'inulénine, l'hélianthénine et la synanthrine. Le topinambour contient également de la pseudo-inuline ; tous ces corps se transforment, sous l'action des acides, soit en lévulose, soit en glucose et lévulose.

Le topinambour renferme peu de matières azotées : leur proportion varie de 1 à 2,5 p. 100. Elles sont formées environ de 60 p. 100 d'albuminoïdes et de 40 p. 100 de composés amidés, de sels ammoniacaux et de nitrates.

VI. — MATIÈRES AMYLACÉES.

Les principales matières amylacées employées en France pour la fabrication de l'alcool sont, comme nous l'avons vu, l'orge, le maïs, le seigle et le manioc ; on travaille en outre parfois le riz et on utilise aussi de petites quantités de blé et d'avoine. La pomme de terre est très rarement employée.

Nous avons étudié, dans un autre volume (1), la composition chimique de l'orge, du maïs et du riz. Nous n'y reviendrons donc pas ici, et nous nous bornerons à rappeler, dans le tableau suivant, les limites entre lesquelles oscillent les diverses matières qui composent ces grains, d'après Dietrich et Kœnig.

(1) Voir E. Boullanger, *Industries de fermentation : Brasserie, Hydromels* (Encyclopédie agricole).

		EAU.	AMIDON et SUCRES.	MATIÈRES azotées.	CEL-LULOSE.	MATIÈRES grasses.	MATIÈRES minérales.
Orge.	Maximum....	20,88	74,70	18,27	10,80	3,24	»
	Moyenne.....	13,78	65,51	11,16	4,80	2,12	»
	Minimum....	8,34	56,10	6,19	2,22	1,02	»
Maïs.	Maximum....	22,40	72,69	15,12	8,50	9,16	4,09
	Moyenne.....	13,88	66,78	10,05	4,59	4,76	3,23
	Minimum....	8,09	59,03	5,82	0,99	1,54	0,62
Riz décortiqué		13,11	76,75	7,85	0,63	0,63	1,01
Riz non décortiqué...		9,55	75,85	5,87	5,80	1,84	1,09

Il nous reste à indiquer la composition du seigle, du blé, de l'avoine, du manioc et de la pomme de terre.

Seigle. — Le seigle est utilisé principalement dans les fabriques de levure pressée.

D'après Kœnig, sa composition est la suivante :

Eau..............................	8,51 à 19,43
Matières hydrocarbonées solubles..	60,91 à 72,61
Protéine brute...................	7,91 à 16,93
Matières grasses..................	0,90 à 2,86
Cellulose..........................	1,04 à 4,25
Cendres...........................	1,45 à 2,93

Les matières hydrocarbonées solubles sont composées en majeure partie d'amidon, environ 62 p. 100, et d'un peu de sucres et de dextrines (4 à 5 p. 100).

Le seigle est très riche en matières azotées, et c'est à cette richesse qu'il doit ses propriétés avantageuses pour la fabrication de la levure pressée.

Blé. — Le blé est rarement employé pour la fabrication de l'alcool : on l'utilise cependant en Belgique pour la préparation du malt. Voici, d'après Kœnig, sa composition moyenne :

Eau..............................	5,33 à 19,10
Matières hydrocarbonées solubles..	59,90 à 73,77
Protéine brute...................	7,61 à 21,37
Matières grasses..................	1,00 à 3,57
Cellulose..........................	1,24 à 6,34
Cendres...........................	0,52 à 2,68

Les matières hydrocarbonées solubles sont constituées, comme dans le seigle, en majeure partie par de l'amidon, en moyenne 64 p. 100, et par 3 à 4 p. 100 de sucres et de dextrines. Le gluten forme la plus grande partie des matières azotées.

Avoine. — L'avoine est très peu employée en France, mais son emploi est au contraire assez répandu en Allemagne et en Hongrie pour la préparation du malt dans les fabriques de levure pressée. L'avoine est moins riche en amidon que le seigle, mais beaucoup plus riche en matières grasses, comme le montrent les chiffres suivants, dus à Kœnig et Dietrich :

Eau	7,6 à 18,46
Matières hydrocarbonées solubles	42,82 à 65,45
— azotées	6,25 à 19,15
— grasses	2,76 à 7,31
Cellulose	6,66 à 20,02
Cendres	1,61 à 6,11

Les matières hydrocarbonées solubles sont composées surtout d'amidon, environ 51 p. 100, et de 4 p. 100 en moyenne de sucres, gommes et dextrines. Les matières azotées sont constituées principalement par de la caséine végétale et par un peu de gliadine.

Manioc. — Les racines de manioc, importées en France, sont employées depuis quelques années en assez grande quantité pour la fabrication de l'alcool. L'analyse suivante, due à l'obligeance de M. Boidin, indique la composition d'un manioc de la Réunion :

Eau	13,30 p. 100.
Amidon	68,57 —
Sucre interverti	1,72 —
Autres sucres réducteurs	1,39 —
Azote total	0,18 —
Cendres	1,87 —
Alcalinité des cendres p. 100 de manioc	1gr,40 (SO^4H^2)
Acide phosphorique	0,337 p. 100.

La composition du manioc est d'ailleurs assez variable : certains échantillons possèdent plus de 80 p. 100 d'amidon et de sucres. Le manioc est très pauvre en matières azotées et doit être mélangé dans le travail à des grains qui apportent la quantité d'azote nécessaire pour le bon développement de la levure.

Pomme de terre. — La pomme de terre (*Solanum tuberosum*) est une plante de la famille des Solanées, dont les tubercules renferment une forte proportion de fécule. Il en existe un grand nombre de variétés, qui présentent entre elles de très grandes différences sous le rapport du rendement à l'hectare et de la richesse en fécule. Les meilleures variétés pour les distillateurs sont celles qui fournissent à la fois un haut rendement cultural avec une forte richesse en fécule. Ces variétés ont été particulièrement sélectionnées par les agronomes allemands, à cause de l'intérêt qui s'attache dans leur pays à la pomme de terre comme matière première des distilleries agricoles. Une station spéciale a été créée pour l'étude des variétés les plus productives, les plus riches en fécule et les moins sensibles aux maladies ; on a pu déterminer ainsi en outre les espèces qui conviennent à chaque nature de sol. La culture de la pomme de terre a été ainsi puissamment développée, et les agriculteurs allemands obtiennent aujourd'hui aisément de hauts rendements culturaux et de riches tubercules.

Nous avons déjà signalé les beaux travaux de M. A. Girard en France sur cette importante question. Grâce à ses études, nous connaissons aujourd'hui les procédés de culture favorables à la pomme de terre et les moyens d'obtenir de forts rendements. En utilisant ces moyens et en cultivant des variétés productives et riches en fécule, la pomme de terre peut devenir une matière première aussi avantageuse que la betterave pour la production de l'alcool.

Parmi les variétés industrielles allemandes, on peut citer : *Richters Imperator*, dont A. Girard a propagé la culture en France, *Professeur Maercker*, *Président Krüger*, *Fürst Bismarck*, *Bund d. Landwirthe*, *Boncza*, *Unica*, etc. Le rendement moyen de ces variétés est de 27000 kilogrammes à l'hectare et la richesse moyenne en fécule de 18,4 p. 100. Parmi les variétés françaises, on peut citer : *Institut de Beauvais*, *Magnum Bonum*, etc.

Maercker donne, d'après Morgen, les chiffres suivants pour la composition de la pomme de terre :

	Maximum.	Moyenne.	Minimum.
Eau	79,67	74,43	69,61
Matière sèche	30,39	25,57	20,33
Azote total	0,489	0,324	0,229
— soluble	0,446	0,270	0,202
— — albuminoïde	0,225	0,141	0,099
— — amidé	0,219	0,118	0,073
— — indéterminé	0,033	0,012	0,002
— insoluble	0,100	0,056	0,009
Hydrates de carbone évalués en sucre	27,283	22,237	16,730
Dont : Amidon	24,26	16,615	14,532
Sucre	1,08	0,267	0,073
Dextrines	0,276	0,164	0,049
Cendres totales	1,208	1,076	0,650
— solubles	0,948	0,730	0,503
— insolubles	0,477	0,262	0,079

On voit que l'humidité est très variable dans la pomme de terre. Certains tubercules sont très aqueux, surtout dans les années humides : la proportion d'eau est alors voisine de 80 p. 100. Dans d'autres cas au contraire la teneur en eau s'abaisse à 68-70 p. 100.

Les hydrates de carbone saccharifiables de la pomme de terre sont presque entièrement constitués par la fécule. On trouve en outre un peu de sucre inverti et de glucose, et aussi, d'après Morgen, un peu de dextrines. La proportion de fécule varie beaucoup avec la nature du sol, la variété, le mode de culture, les engrais et les conditions climatériques. On peut ainsi trouver de 16 à 25 p. 100 de fécule. La richesse en fécule est surtout considérable dans les années sèches et chaudes.

Les matières azotées de la pomme de terre sont constituées, d'après Schultze et Barbieri, par 44 à 65 p. 100 de matières albuminoïdes et 34,5 à 56 p. 100 de composés amidés. Maercker a montré que les pommes de terre riches en azote contiennent proportionnellement plus de matières amidées que les pommes de terre pauvres, et que les variétés pauvres en amidon sont en général pauvres en amides. Une proportion élevée d'amides et d'azote total dans la pomme de terre est ordinairement un signe d'insuffisance de maturité.

Le suc de la pomme de terre a une réaction acide : il renferme en effet des sels organiques acides, notamment des citrates, des oxalates, des lactates et de l'acide pectique soluble.

Les matières minérales sont constituées en moyenne pour les trois quarts par des sels solubles et pour un quart par des sels insolubles.

Autres matières amylacées. — On peut signaler encore, parmi les matières amylacées utilisées pour la fabrication de l'alcool, le dari, le sarrasin et les patates douces.

La composition du dari est la suivante, d'après de Bibra :

Eau	11,95
Amidon et balles	70,23
Sucre	1,46
Albumine	»
Glyadine et caséine	4,58
Matières azotées insolubles dans l'eau et l'alcool	4,06
Matières grasses	3,90
Gommes	3,82

La teneur en amidon varie de 63 à 71 p. 100. Cette matière première donne un alcool très pur.

Le sarrasin ou blé noir est peu employé pour la distillerie, mais on l'utilise fréquemment en Allemagne dans les fabriques de levure pressée. Sa composition, d'après Kœnig, est la suivante :

	Grains non mondés.	Grains mondés.	Farine.
Eau	11,93	12,63	14,27
Mat. hydrocarbonées	55,81	72,45 (amidon 63,81)	72,46
Mat. azotées	10,30	10,19	9,28
Mat. grasses	2,81	1,28	1,89
Cellulose	16,44	1,51	0,89
Cendres	2,12	2,24	1,21

D'autres auteurs donnent pour la teneur en amidon des chiffres plus faibles. En réalité, la richesse du sarrasin en amidon est variable et peut osciller entre 45 et 65 p. 100.

Enfin les patates douces produisent des rhizomes qui renferment environ 20 à 25 p. 100 de matières hydrocarbonées saccharifiables quand ils sont riches, et 16 à 19 p. 100 quand ils sont pauvres. Ces hydrates de carbone sont constitués par 14 à 22 p. 100 d'amidon et 2 à 10 p. 100 de sucres, parmi lesquels le saccharose domine.

VII. — ANALYSE DES PRINCIPALES MATIÈRES PREMIÈRES.

Analyse de la betterave

Cette opération présente une grande importance pour le distillateur. Il importe d'abord de prendre un échantillon bien homogène. A cet effet, on prend soit dans le champ, soit dans le chariot de transport, un certain nombre de betteraves à divers points, en choisissant des grosses, des moyennes et des petites. Le lot doit être assez considérable pour que l'analyse représente bien un échantillon moyen. On brosse alors les betteraves, on enlève la terre adhérente et les radicelles, on coupe le collet et on soumet les betteraves au râpage pour les transformer en pulpe. Cette opération se fait ordinairement sur une partie de la betterave au moyen de la râpe conique de MM. Pellet et Lomont.

L'analyse de la betterave peut être faite soit par voie indirecte, soit par voie directe. Dans le premier cas, on se rend compte approximativement de la composition de la betterave par l'analyse du jus qu'on en extrait par pression. Dans le second cas, on procède à l'analyse directement sur la betterave.

Méthode indirecte. — Cette méthode n'est qu'approchée, car nous avons vu qu'il n'y a pas de coefficient fixe pour passer de la richesse du jus à celle de la betterave.

Densité. — On introduit la râpure dans un sac en toile fine et on presse. Le jus est recueilli et après quelques instants de repos, on y plonge le saccharomètre et on obtient ainsi les matières sèches totales contenues dans 100 grammes de jus. En se reportant aux tables de Scheibler, on en tire la densité correspondante et la quantité de matière sèche contenue dans 100 centimètres cubes de jus. On peut également prendre la densité au moyen d'un densimètre sensible ou par le pycnomètre. Le saccharomètre est gradué à la température de 17°,5, les densimètres le plus souvent à 15°. Si la température de la prise de densité est différente de celle qui correspond à la graduation de l'instrument, on doit faire une correction dont la valeur est indiquée par des tables spéciales.

Il importe de remarquer que les résultats obtenus pour la densité sont variables avec le type de râpe employé, l'intensité et la durée de la pression, la finesse de la râpure, etc. Il faut donc opérer toujours dans les mêmes conditions si on veut obtenir des résultats comparables.

Saccharose. — On peut passer de la densité à la richesse saccharine du jus en multipliant par 2 la densité ayant pour unité le troisième chiffre de la densité absolue. Une densité de 1,077 correspondra par exemple à $7,7 \times 2 = 15,4$ p. 100 de sucre. Cette méthode est inexacte, car les expériences de M. Pellet ont montré que le coefficient multiplicateur de la densité peut varier de 1,71 à 2,36 suivant la richesse de la betterave: le coefficient est d'autant plus faible que la betterave est plus pauvre. Il est donc nécessaire de doser directement le sucre pour connaître la richesse du jus. Pour faire ce dosage, on mesure 100 centimètres cubes de jus, on ajoute 10 centimètres cubes de sous-acétate de plomb, on agite, on filtre, on acidifie par une ou deux gouttes d'acide acétique cristallisable et on polarise dans le tube de 22 centimètres. Le chiffre obtenu, multiplié par 0,1629 donne le sucre pour 100 centimètres cubes de jus. Pour avoir le sucre pour 100 grammes de jus, il suffit de diviser ce chiffre par la densité du jus.

Pour passer approximativement de la richesse en sucre du jus à celle de la betterave, on multiplie ordinairement le chiffre qui donne le sucre pour 100 grammes de jus par 0,95, en admettant par suite que la betterave renferme 95 p. 100 de jus. Nous avons vu plus haut que les variations de ce coefficient 0,95 rendent cette méthode inexacte.

Sucres réducteurs. — On mesure 100 centimètres cubes de jus, on les additionne de 10 centimètres cubes d'acétate neutre de plomb et on filtre. Dans le liquide filtré on dose les sucres réducteurs au moyen de la liqueur cupropotassique, soit en précipitant à l'état d'oxyde tout le cuivre de la liqueur et en la décolorant par suite complètement, soit, ce qui est préférable, en employant un excès de liqueur cuprique pour ne précipiter qu'une partie du cuivre et en pesant le cuivre précipité ou en dosant le cuivre restant non précipité.

La première méthode, *par décoloration* ou *méthode Violette*, présente l'avantage d'être rapide, mais elle n'est qu'approximative. On étend d'abord la liqueur avec une quantité suffisante d'eau distillée pour qu'elle contienne, au maximum, 1 p. 100 de sucre réducteur ; on détermine cette dilution par un essai préalable. On mesure alors 10 centimètres cubes de liqueur cupropotassique, on les place dans un tube assez large avec 20 centimètres cubes d'eau et on porte à l'ébullition. On fait tomber dans ce liquide, goutte à goutte, la solution sucrée diluée, en entretenant sans cesse l'ébullition, jusqu'à ce que la décoloration de la liqueur soit complète. Le volume V de liqueur sucrée versé renferme alors un poids de sucre interverti, égal à celui qui est nécessaire pour décolorer les 10 centimètres cubes de liqueur. Ce poids constitue le *titre* qu'on détermine au préalable, de la même manière, avec une solution à 1 p. 100 de sucre interverti : T étant ce titre, V le volume versé, le sucre interverti pour 100 centimètres cubes de jus sera :

$$S = \frac{T}{V} \times 100.$$

Les méthodes basées sur la pesée du cuivre précipité ou sur le dosage du cuivre restant dans la liqueur sont plus exactes que la précédente. Il est préférable dans ce cas de ne pas déféquer. On opère alors soit par la méthode de Soxhlet, soit par celle de Lehmann modifiée par Maquenne, soit par celle de Mohr modifiée par Bertrand, soit enfin par celle de Weill modifiée par Pellet. Nous avons exposé les deux premières méthodes dans notre ouvrage consacré à la brasserie (1), nous indiquerons brièvement le principe des deux dernières.

La méthode de Mohr consiste à recueillir l'oxydule de cuivre précipité et à dissoudre cet oxydule par une solution acide de sulfate ferrique. L'oxydule se dissout à l'état de sulfate de cuivre, tandis qu'une proportion correspondante de sel ferrique passe à l'état de sel ferreux :

$$Cu^2O + (SO^4)^3Fe^2 + SO^4H^2 = 2SO^4Cu + 2SO^4Fe + H^2O.$$

On dose le sel ferreux au permanganate de potassium, et on en déduit, d'après l'équation ci-dessus, le cuivre précipité.

Les liqueurs à employer sont les suivantes : A) sulfate de cuivre pur : 40 grammes ; eau pour faire un litre ; B) Sel de Seignette, 200 grammes ; soude caustique en plaques, 150 grammes ; eau pour faire un litre ; C) Sulfate ferrique, 50 grammes ; Acide sulfurique, 200 grammes ; eau pour faire un litre ; D) Permanganate de potasse, 5 grammes ; eau pour faire un litre.

Voici comment on doit opérer, d'après M. Bertrand. Dans une fiole conique de 125 centimètres cubes on place 20 centimètres cubes de solution sucrée contenant au maximum 0,5 p. 100 de sucre réducteur, 20 centimètres cubes de liqueur cuprique A, et 20 centimètres cubes de liqueur alcaline B. On chauffe, on fait bouillir trois minutes, on filtre rapidement par le vide sur un tube de Soxhlet garni d'amiante, en évitant d'entraîner le précipité, on lave, puis on ajoute la liqueur ferrique C sur le précipité, après avoir vidé et lavé la fiole de filtration. On filtre sur le tube d'amiante, on lave, on titre le liquide au permanganate. La solution de permanganate est titrée au préalable à l'oxalate d'ammoniaque. On connaît ainsi son titre en fer, d'où on passe facilement au titre en cuivre par l'équation ci-dessus. Connaissant le cuivre réduit, les tableaux de M. Bertrand (Bulletin de l'Association des chimistes de sucrerie et de distillerie, t. 24, 1906-1907, p. 1017) donnent immédiatement le sucre réducteur correspondant.

La méthode de Weill modifiée par M. Pellet consiste à

(1) Voir Boullanger. *Industries de fermentation : Brasserie, hydromels.*

recueillir l'oxydule de cuivre, à le transformer en oxyde cuivrique par calcination, à le dissoudre par l'acide chlorhydrique et à le titrer par le chlorure stanneux.

On prend 40 centimètres cubes de liqueur de Fehling, 20 centimètres cubes de liqueur sucrée renfermant environ 0gr,100 de sucre réducteur et 20 centimètres cubes d'eau. On met au bain-marie bouillant, et on chauffe jusqu'à ce qu'un thermomètre plongé dans la liqueur marque 87-88°. On prolonge le chauffage pendant trois minutes en agitant, on retire le vase, on verse 50 centimètres cubes d'eau froide, on agite et on filtre. On lave à l'eau bouillante, puis on calcine le résidu pour le transformer en oxyde cuivrique. On dissout le précipité par l'acide chlorhydrique pur, il se forme du chlorure cuivrique ; on recueille le liquide dans un ballon de 150 à 200 centimètres cubes, on ajoute un grain de chlorate de potasse et on porte à l'ébullition. L'acide chlorhydrique donne avec le chlorate de potasse du chlore qui transforme en chlorure cuivrique le peu de chlorure cuivreux qui pourrait exister. Le chlore étant bien chassé par l'ébullition, on verse peu à peu dans la liqueur, en maintenant l'ébullition, une liqueur titrée de protochlorure d'étain. Le chlorure stanneux ramène la liqueur verte de chlorure cuivrique à l'état de chlorure cuivreux incolore, tandis qu'il passe lui-même à l'état de chlorure stannique également incolore. La décoloration effectuée, on lit le volume de chlorure stanneux versé et on en déduit la proportion de sucres réducteurs. Il faut avoir soin de faire simultanément un dosage à blanc avec 40 centimètres cubes de liqueur de Fehling et 40 centimètres cubes d'eau. Le chiffre obtenu dans ce dosage est retranché du premier.

La liqueur de protochlorure d'étain se prépare avec 10 grammes de protochlorure, 50 centimètres cubes d'acide chlorhydrique et 200 centimètres cubes d'eau. On fait un premier titrage avec 10 centimètres cubes de liqueur de Fehling, 10 centimètres cubes d'acide chlorhydrique pur et 10 centimètres cubes d'eau, on fait bouillir et on verse le chlorure stanneux dans le ballon jusqu'à décoloration exacte. On étend alors la liqueur de manière à verser 10 centimètres cubes de liqueur d'étain pour 10^{cc} de liqueur de Fehling titrée par rapport au sucre inverti. La liqueur de chlorure stanneux s'altère rapidement ; on doit donc déterminer son titre à chaque opération.

Cendres. — On mesure 10 centimètres cubes de jus, on dessèche, on ajoute quelques gouttes d'acide sulfurique et on incinère au moufle. En multipliant le chiffre de cendres obtenues par 0,9, on obtient les cendres, car on admet que l'addition d'acide sulfurique, en donnant naissance à des sulfates, a augmenté le poids des cendres et que 10 de cendres sulfatées représentent 9 de cendres réelles. Ce procédé n'est évidemment pas rigoureux, mais il donne des indications suffisantes pour la pratique.

Méthodes directes. — Ces méthodes, qui sont les seules exactes, consistent à doser directement le sucre dans la betterave. Les procédés les plus employés dans ce but sont ceux de digestion aqueuse et alcoolique. Les méthodes de digestion aqueuse à chaud et à froid, dues à M. Pellet, sont les plus pratiques et les plus usitées en France.

Digestion aqueuse à chaud. — On réduit la betterave en râpure au moyen de la râpe à dents de scie ou de la râpe Pellet et Lomont. On pèse 16^{gr},29 de râpure, on l'introduit dans un ballon Pellet jaugé à 200 centimètres cubes et 200^{cc},5. On ajoute de l'eau, puis 6 à 7 centimètres cubes de sous-acétate de plomb, et on amène avec de l'eau à un volume aussi voisin que possible de 200 centimètres cubes. On place le ballon au bain-marie bouillant pendant une demi-heure. On refroidit à 15°, puis on affleure à 200^{cc},5. Les 0^{cc},5 d'excédent représentent le volume occupé par le marc. On filtre, on acidifie par 1 ou 2 gouttes d'acide acétique et on polarise au tube de 40 centimètres. On obtient ainsi directement, par la lecture du degré saccharimétrique, la teneur en sucre pour 100 grammes de betteraves.

Il importe de remarquer que la quantité d'eau ajoutée dans le ballon au moment du chauffage a une influence sur le résultat, surtout si la râpure n'est pas très fine ; aussi est-il préférable d'amener le liquide pour le chauffage à un volume voisin de 200 centimètres cubes. Si le ballon ne porte pas la graduation à 200^{cc},5, on pèsera 16^{gr},24 au lieu de

$16^{gr},29$ et on on amènera à 200 centimètres cubes après chauffage.

Digestion aqueuse instantanée à froid. — La même méthode peut être employée à froid, à condition d'opérer sur de la pulpe très fine et très régulière. Cette pulpe peut s'obtenir avec la râpe conique de Pellet, dans laquelle les lames à dents de scie sont remplacées par des dents analogues à celles d'une lime à bois. On peut utiliser également le foret-râpe, ou encore passer la betterave au hache-viande, puis traiter la pulpe ainsi obtenue à la presse Sans-Pareille de MM. Mastain et Delfosse. Cette presse se compose d'un cylindre dans lequel on introduit la pulpe ou les fragments de cossettes. Le pourtour inférieur de ce cylindre est muni de fines arêtes vives. Un piston, mû par un volant, s'engage dans le cylindre, y comprime la matière qui s'échappe en passant par la fraisure et sort sous forme de pulpe extrêmement fine et analysable à froid.

On peut également opérer par la méthode de Kaiser-Sachs. Cette méthode est basée sur ce fait que $32^{gr},58$ de râpure renferment en moyenne $1^{gr},54$ de marc et $28^{cc},7$ de jus. En ajoutant à $32^{gr},58$ de pulpe, à l'aide d'une pipette automatique, $171^{cc},3$ d'eau contenant 5 centimètres cubes de sous-acétate de plomb, on obtient donc exactement 200 centimètres cubes de liquide. On filtre et on polarise. On évite ainsi le transvasement de la pulpe et l'affleurement à 200 centimètres cubes.

Extraction alcoolique. — Cette méthode est surtout pratiquée en Allemagne. On place la râpure dans un appareil Soxhlet et on y extrait le sucre par l'alcool. A cet effet, les vapeurs alcooliques provenant d'un ballon vont se condenser dans un réfrigérant, retombent sur la râpure, puis rentrent dans le ballon par un siphon. L'extraction dure plusieurs heures. On refroidit le liquide, on ajoute 3 à 5 centimètres cubes de sous-acétate de plomb, on filtre et on polarise. On en déduit le sucre pour 100 grammes de betteraves.

Méthode par inversion. — Si on ne dispose pas d'un polarimètre, on peut employer la méthode par inversion. On pèse 5 grammes de betterave coupée en petits morceaux, on les place dans un ballon de 100 centimètres cubes avec 60 centimètres cubes d'eau et 10 centimètres cubes d'acide sulfurique au dixième, et on met le ballon pendant trente minutes au bain-marie à 67-70°. On neutralise avec de la soude, on refroidit, on affleure à 100 centimètres cubes et on filtre. Il ne reste plus qu'à doser le sucre interverti au moyen de la liqueur cupropotassique par une des méthodes exposées plus haut.

Dosage du marc. — Ce dosage se fait par la méthode de Pellet. On pèse 50 grammes de râpure extra-fine, on les triture avec de l'eau et on décante le liquide dans un petit panier en toile métallique très fine taré au préalable. On entraine toute la pulpe dans le panier et on fait l'épuisement en arrosant la pulpe à l'eau froide jusqu'à ce que le liquide qui passe ne contienne plus trace de sucre. Il faut faire passer généralement deux à trois litres d'eau. On presse alors la pulpe dans le panier à l'aide d'une petite plaque de cuivre, on lave à l'alcool, et on porte à l'étuve. Après dessiccation, on pèse de nouveau le panier, et on en déduit le marc pour 50 grammes de betteraves.

Détermination de la proportion de jus. — La proportion de jus pour 100 se détermine soit par différence, connaissant le poids du marc, soit au moyen de la formule :

$$J = 100 \frac{s}{S}$$

dans laquelle s est le sucre pour 100 grammes de betteraves et S le sucre pour 100 grammes de jus. Les résultats sont différents par les deux méthodes, comme nous l'avons vu, à cause de la présence de l'eau colloïdale.

Déterminations diverses. — Les résultats obtenus par l'analyse de la betterave permettent d'établir un certain nombre de chiffres qui présentent une grande importance pratique.

On appelle *quotient de pureté réel* la quantité de sucre contenue dans 100 grammes d'extrait réel : il est donc égal à $\frac{\text{sucre} \times 100}{\text{extrait réel}}$. On appelle de même *quotient de pureté apparent* le rapport $\frac{\text{sucre} \times 100}{\text{extrait apparent}}$. Le *coefficient salin* est représenté par le rapport $\frac{\text{sucre}}{\text{cendres}}$: c'est la quantité de sucre pour 1 de cendres. Enfin le *quotient d'impuretés* est la quantité de non-sucre pour 100 de sucre.

Analyse des mélasses de betteraves et de cannes.

Les principales déterminations à effectuer sont l'eau, le saccharose, les sucres réducteurs et les cendres.

Eau. — La meilleure méthode pour la détermination de l'eau est celle de Pellet. La dessiccation de la mélasse est très difficile à réaliser directement d'une façon complète. On la réalise facilement de la manière suivante. Sur le pourtour d'une capsule de nickel portant un évidement sur le côté, on verse environ 40 centimètres cubes de ponce fine fraîchement calcinée. On y place un petit agitateur, on couvre et on fait la tare. On met alors dans l'évidement 3 grammes de mélasse, on ajoute 5 centimètres cubes d'eau bouillante, on agite et, en inclinant la capsule, on fait absorber le liquide par la ponce. On lave l'évidement à deux reprises avec 3 centimètres cubes et 2 centimètres cubes d'eau, qu'on fait également absorber, puis on mélange intimement toute la masse. On dessèche à l'étuve à huile à 102°-105°; au bout de quatre heures au maximum le poids est devenu constant. On en déduit l'humidité de 3 grammes de mélasse.

Saccharose. — On ne peut se contenter, dans le cas des mélasses, d'une simple polarisation, à cause de la présence des sucres réducteurs en quantités sensibles, surtout dans les mélasses de cannes. On emploie la méthode Clerget.

On pèse 16gr,29 de mélasse, on les place dans un ballon jaugé de 200 centimètres cubes en les entrainant avec 50 centimètres cubes d'eau environ, puis on ajoute quelques centimètres cubes d'une solution de chlorure de chaux à 18° B. jusqu à décoloration. On dilue avec un peu d'eau, et on verse une solution d'acétate neutre de plomb (300 grammes d'acétate neutre amenés à un litre) en quantité égale au volume de chlorure de chaux versé. On complète à 200 centimètres cubes et on filtre ; on polarise dans le tube de 40 centimètres et on note le degré saccharimétrique P obtenu pour la polarisation directe.

On mesure, dans un ballon jaugé à 100-110 centimètres cubes, 100 centimètres cubes du liquide filtré qui a servi à la polarisation directe, on ajoute 10 centimètres cubes d'acide chlorhydrique pur, on agite et on place le flacon dans un bain-marie plein d'eau froide. On dispose à côté du ballon un deuxième ballon identique portant un thermomètre et 110 centimètres cubes d'eau. On chauffe de manière qu'au bout de douze minutes, le thermomètre placé dans la deuxième fiole marque 67-70°. L'inversion est alors achevée et on refroidit immédiatement dans un bain d'eau froide. On prend la température T et on polarise dans le tube de 22 centimètres. Cette lecture doit être multipliée par 2 puisque le liquide ne contient que la moitié du poids normal. On obtient ainsi le degré saccharimétrique P' après inversion. Le sucre cristallisable S est alors donné par la formule de Clerget :

$$S = \frac{100(P + P')}{144 - \frac{1}{2}T}.$$

Le facteur 144 est appelé *coefficient d'inversion* ; il peut varier avec les divers saccharimètres, et il est bon, comme le conseille Pellet, de le déterminer pour chaque instrument avec du sucre pur. En Allemagne, on adopte pour ce facteur le chiffre 142,6. Si la valeur de P est positive et celle de P' négative, on les additionne *sans tenir compte des signes* ; dans le cas contraire, si P' est également positif, on les retranche l'une de l'autre.

Sucres réducteurs. — M. Pellet a démontré, par de très nombreux travaux, que le sous-acétate de plomb précipite en quantités inégales certains sucres réducteurs, notamment le lévulose et le dextrose, et qu'il a en outre une influence considérable sur le pouvoir rotatoire du lévulose. L'acétate neutre de plomb n'a pas ces inconvénients, mais son pouvoir décolorant est trop faible pour les mélasses, de sorte que la méthode par décoloration exposée plus haut est difficilement applicable. Il est donc préférable de faire directement le dosage des sucres réducteurs à la liqueur cupropotassique sans l'addition d'aucun réactif déféquant, en employant soit la méthode de Soxhlet avec pesée du cuivre précipité, soit celles de Lehmann, de Mohr ou de Weill. Ces méthodes ont été décrites précédemment et nous n'y reviendrons pas. Il suffira donc de faire une dilution de mélasse dans l'eau, de manière à obtenir une solution sucrée renfermant, suivant les méthodes, de 0,3 à 0,5 p. 100 de sucre réducteur. Cette dilution se détermine aisément par un dosage approximatif par décoloration. Sur la liqueur étendue, on procédera au dosage exact.

Cendres. — On prend 3 grammes de mélasses, on ajoute 2 à 3 centimètres cubes d'acide sulfurique pur à 66° B., on chauffe légèrement pour carboniser la masse, et on porte au moufle, d'abord lentement au rouge sombre, puis plus fort. On obtient ainsi des cendres sulfatées bien blanches. Le résultat obtenu est multiplié par 0,9 pour avoir les cendres réelles.

Analyse des matières amylacées.

Analyse des grains. — L'analyse chimique des grains comporte les principales déterminations suivantes : l'eau, les cendres, les matières azotées, l'amidon et les matières grasses.

Eau. — L'eau se dose en desséchant à l'étuve à 100°, jusqu'à poids constant, 5 grammes de substance finement moulue.

Cendres. — On incinère au moufle 5 à 10 grammes de matière. L'augmentation de poids de la capsule tarée donne les cendres.

Matières azotées. — L'azote total se dose par la méthode de Kjeldahl, sur 1 gramme de substance moulue qu'on attaque par 20 centimètres cubes d'acide sulfurique pur, en présence d'une gouttelette de mercure, jusqu'à ce que le liquide soit décoloré. On laisse bouillir encore pendant une heure après la décoloration, puis on laisse refroidir, on ajoute 100 centimètres cubes d'eau environ et à peu près 1 gramme d'hypophosphite de soude qui précipite le mercure à l'état métallique. On sature alors l'acide par un excès de lessive de soude et on distille l'ammoniaque au serpentin ascendant d'Aubin. Le liquide qui distille est recueilli dans 10 centimètres cubes d'acide sulfurique titré décime ($4^{gr},9$ SO^4H^2 par litre), correspondant à 14 milligrammes d'azote. Un titrage à l'eau de chaux sur 10 centimètres cubes d'acide sulfurique décime donne un volume V d'eau de chaux ; le titrage du liquide distillé donne un volume V', et la formule $\frac{V - V'}{V} \times 0{,}014$ donne l'azote total contenu dans un gramme de grain.

Amidon. — Ce dosage est difficile et toutes les méthodes proposées comportent des causes d'erreurs plus ou moins grandes. La méthode la plus généralement adoptée consiste à saccharifier l'amidon par la diastase, à transformer par l'acide chlorhydrique en glucose les produits de la saccharification et à doser le glucose formé.

On pèse 2 grammes de substance finement moulue, on ajoute 100 centimètres cubes d'eau et on empèse par chauffage au bain-marie à 100°, puis à l'autoclave à 115°, pendant un quart d'heure. On refroidit à 68° et on ajoute 10 centimètres cubes d'une solution contenant environ $0^{gr},2$ de diastase absolue. On place au bain-marie réglé à 68° et on y maintient le ballon trente-six à quarante-huit heures, jusqu'à ce que la saccharification soit complète. On filtre, on lave à l'eau bouillante, on amène à 250 centimètres cubes, on prend 200 centimètres cubes de ce liquide, on ajoute 15 centimètres cubes d'acide chlorhydrique de densité 1,125, et on chauffe pendant deux heures au bain-marie à l'ébullition. On refroidit, on neutralise par la soude, on amène à 250 centimètres cubes et on dose le glucose au moyen de la liqueur cupropotassique par une des méthodes de Soxhlet, de Lehmann, de Mohr ou de Weill indiquées plus haut. En tenant compte des dilutions effectuées, il est facile de calculer la quantité de glucose total correspondant à 100 grammes de grain. Ce chiffre, multiplié par 0,9, donne le poids d'amidon.

Cette méthode présente l'inconvénient de ne pas doser les

hydrates de carbone rendus fermentescibles par l'action de la haute pression ; en outre il y a des pentosanes solubilisés, qui ne sont pas fermentescibles, et qu'on compte comme glucose ; enfin pendant l'hydrolyse à l'acide chlorhydrique, on détruit une notable partie du lévulose provenant de l'inversion du saccharose contenu dans le grain.

Le chiffre qui intéresse le distillateur est évidemment celui qui représente les matières fermentescibles, et l'analyse chimique est impuissante à discerner les composés fermentescibles de ceux qui ne le sont pas. Aussi MM. Boidin et de Lavallée ont-ils adopté une méthode de dosage de l'amidon par fermentation, qui est certainement la meilleure méthode dont nous disposons à l'heure actuelle pour le contrôle en distillerie. Cette méthode est basée sur l'emploi du mucor β, mucédinée saccharifiante dont nous étudierons plus loin les propriétés et l'application industrielle connue sous le le nom de procédé Amylo. Le grain est finement moulu ; on pèse 30 grammes de mouture à 0gr,01 près, on les place dans un ballon d'un demi-litre et on y ajoute 20 centimètres cubes d'une solution d'acide tartrique à 8,4 p. 100 et 100 centimètres cubes d'eau distillée ; on met la farine en suspension et on ferme le ballon à l'aide d'un bouchon traversé par un tube de verre de petit diamètre. On plonge le ballon dans un bain-marie bouillant, et, en tenant le tube de verre entre les doigts, on imprime au ballon un mouvement giratoire assez rapide de façon à étaler par la force centrifuge l'empois en une mince couche recouvrant les parois : on obtient ainsi un empois très homogène. L'empesage terminé, on bouche le ballon avec de l'ouate, on recouvre le col d'une capsule d'étain et on porte à l'autoclave pendant quarante minutes à 120°.

On stérilise en même temps des tubes à essai contenant chacun 1gr,25 de carbonate de chaux précipité pur, qui serviront à saturer l'acide tartrique du moût après la liquéfaction à l'autoclave. Quand le ballon est refroidi, on ajoute le carbonate de chaux et on ensemence des spores de mucor β cultivé à l'état pur.

Au-dessus du tampon d'ouate, on enfonce un bouchon

contenant un tube absorbeur à acide sulfurique, et on pèse le ballon sur une balance donnant le décigramme. On porte le ballon à l'étuve à 30°. Après vingt-quatre à trente-six heures, on ensemence avec une goutte de culture de levure pure. Quarante-huit heures après l'addition de levure pure, on pèse et quand le ballon ne change plus de poids pendant quarante-huit heures, on procède au dosage. On transvase le vin fermenté dans un ballon jaugé de 500 centimètres cubes, on complète à ce volume avec de l'eau, on mélange et on filtre. L'alcool est dosé sur 10 centimètres cubes de cette solution d'après la méthode de Nicloux modifiée par Martin (par le bichromate de potasse en présence d'acide sulfurique).

Au lieu d'ensemencer des spores de mucédinée, il est préférable d'ensemencer un mycélium poussé sur du moût ou des vinasses de grains. Il faut alors faire subir à ce mycélium trois lavages à l'eau stérile pour lui enlever toute trace d'alcool et de matières fermentescibles. Cette opération se fait à l'aide de ballons à tubulure inclinée par laquelle on fait passer l'eau d'un ballon dans un autre sans risque de contamination. Le mycélium lavé est transvasé dans le ballon contenant l'amidon à l'aide d'un gros fil de fer recourbé et flambé.

Pour vérifier si la fermentation a été complète, on fait les essais suivants : 1° le Balling, qui doit varier de — 0,75 à — 1 pour le riz et de — 0,25 à — 0,4 pour le maïs. Pour obtenir ce chiffre, on ramène par le calcul de 500 centimètres cubes à 150 centimètres cubes ; 2° 50 centimètres cubes de liquide filtré sont additionnés de 50 centimètres cubes de liqueur cupropotassique et portés à l'ébullition pendant deux minutes. La filtration ne doit pas donner trace d'oxydule de cuivre ; 3° une petite quantité de sons restée sur le filtre est traitée par l'iode et examinée au microscope. On ne doit trouver ni bactéries, ni amidon coloré en bleu ; 4° une pincée des sons est additionnée de 10 centimètres cubes de soude caustique à 10 p. 100. On attend une demi-heure, puis on acidifie légèrement et on ajoute de l'iode. S'il y a de l'amidon rétrogradé en quantité négligeable, on obtient ainsi une teinte bleue qui vire au jaune par addition de trois à quatre gouttes d'iode. Si la cuisson avait été insuffisante, la quantité d'iode pour obtenir la teinte jaune serait plus grande.

Si ces quatre conditions sont remplies, on peut considérer que la fermentation a été complète. Néanmoins, pour plus de certitude, on dose la dextrine et les pentosanes dans le liquide. Pour cela, on évapore au cinquième 250 centimètres cubes du liquide filtré, on traite par l'acide chlorhydrique à 16° B. et on dose le sucre à la liqueur cupropotassique. Avec le riz on obtient pour la somme des dextrines et pentosanes 0gr,20 pour 100 grammes de riz, ce qui est insignifiant.

Le résultat est exprimé en alcool pour 100 de matière première, puisque c'est ce chiffre que l'industriel cherche à connaître par le dosage de l'amidon. Cette méthode présente les avantages suivants: 1° elle donne des résultats presque constants. Avec la fécule pure, elle donne un rendement de 67 litres d'alcool pour 100 de fécule anhydre ; 2° on opère en milieu stérile, ce qui met totalement à l'abri des pertes dues aux bactéries ; 3° le mucor β saccharifie complètement l'amidon, et par addition de levure on obtient des moûts fermentés à fond, ne contenant plus trace d'amidon ou de sucres fermentescibles ; 4° on ne compte pas comme sucres fermentescibles les pentoses comme dans les autres méthodes.

Le mode opératoire indiqué a été choisi pour éviter la dissolution trop forte des pentosanes. En augmentant la durée ou la dose d'acide, le rendement diminue et des sucres réducteurs non fermentescibles apparaissent.

Matières grasses. — On pèse 5 grammes de matière moulue, on les place dans l'allonge d'un appareil à épuisement de Soxhlet ou de Schlœsing et on épuise la masse par l'éther pendant quelques heures. On recueille l'éther, on le distille, on transvase dans une capsule de porcelaine tarée quand le volume est assez réduit, on évapore à sec et on pèse.

Analyse de la pomme de terre. — La matière la plus importante à connaître est la fécule.

Il existe entre la densité de la pomme de terre et sa teneur en fécule un rapport qui permet de doser rapidement, d'une façon approximative, la fécule. Pour évaluer la densité, on peut se servir de la méthode de Krocker, de celle d'Aimé Girard ou de celle de Reimann.

La méthode de Krocker consiste à placer dans l'eau un certain nombre de pommes de terre et à ajouter ensuite peu à peu, en agitant, une solution saturée de sel marin.

Quand le liquide possède la même densité que les pommes de terre, celles-ci se soulèvent et se trouvent en équilibre indifférent. On prend alors la densité du liquide au densimètre.

La méthode A. Girard consiste à peser un poids déterminé P de pommes de terre, puis à mesurer le volume V de l'eau qu'elles déplacent. En divisant le poids par le volume on obtient la densité. Le féculomètre de A. Girard et Fleurent consiste en un grand vase cylindrique muni latéralement d'un tube de niveau et d'un robinet qui permet de faire écouler l'eau dans un ballon jaugé spécial dont le col porte une graduation de 875 à 935 centimètres cubes, par centimètre cube. On place dans l'appareil rempli d'eau un panier métallique mobile, puis on laisse écouler l'eau jusqu'à un trait d'affleurement marqué sur le tube de niveau. On pèse 1 kilogramme de pommes de terre sur une balance ordinaire et on les place délicatement dans le panier immergé. On dispose le ballon jaugé sous le robinet, et on fait écouler l'eau déplacée par le kilogramme de tubercules jusqu'à ce que le liquide revienne au trait d'affleurement dans le tube de niveau. On lit sur le col du ballon jaugé le volume d'eau déplacée. On pourrait dès lors calculer facilement la densité et en déduire la richesse en fécule, mais A. Girard a dressé des tables qui donnent directement la quantité de fécule pour 100 correspondant à la quantité d'eau écoulée dans le ballon.

La méthode de Reimann comporte l'emploi d'une balance spéciale ressemblant à une balance romaine. On suspend au crochet de cette balance, l'un au-dessus de l'autre, deux paniers identiques en fil de fer. On verse dans un seau de l'eau distillée ou de l'eau de pluie, on y immerge entièrement le panier inférieur et on établit l'équilibre de la balance à l'aide de la tige mobile qui est placée à la partie supérieure du fléau.

On place alors, dans le panier supérieur, des pommes de terre bien sèches et bien brossées, après avoir disposé le curseur de la balance à 5 kilogrammes. On rétablit l'équilibre et on pèse ainsi exactement 5 kilogrammes de tubercules. On transvase les pommes de terre dans le panier inférieur immergé, l'équilibre est rompu, et on le rétablit à l'aide de poids marqués. D'après le principe d'Archimède, ces poids représentent le poids des pommes de terre diminué de la poussée de l'eau qui est égale au poids de l'eau déplacée. On en déduit le poids de l'eau déplacée, et en divisant le poids des tubercules dans l'air par le poids de l'eau déplacée, on obtient la densité. Il existe d'ailleurs des tables qui donnent directement la richesse en fécule correspondant aux poids marqués ajoutés pour rétablir l'équilibre.

D'une façon générale, quand on détermine par une méthode quelconque la densité des pommes de terre, on trouve immédiatement leur teneur en fécule et en substance sèche en se reportant aux tables de Behrend, Maercker et Morgen, qui se trouvent dans tous les traités d'analyse.

Ces méthodes ne donnent que des résultats approchés, suffisants pour la pratique courante. Quand on veut déterminer avec précision la quantité de fécule, on doit employer une des méthodes de dosage d'amidon dans les grains.

IV. — PRÉPARATION DES MOUTS

I. — PRÉPARATION DES MOUTS DE BETTERAVES.

Nous diviserons en deux phases les opérations que doivent subir les betteraves destinées à la fabrication de l'alcool.

1° Les travaux préparatoires qui comprennent le transport et la conservation, l'alimentation de l'usine en betteraves, le lavage et l'épierrage ;

2° L'extraction du jus.

1. TRAVAUX PRÉPARATOIRES.

Transport et conservation. — Les betteraves sont amenées à l'usine, soit par chariots à traction animale, soit par chemin de fer, soit par tout autre moyen économique dans les conditions où se trouve la distillerie.

Après déchargement, les betteraves doivent être conservées jusqu'au moment de leur utilisation. Cette conservation se fait soit en tas ouverts établis sur les caniveaux hydrauliques, soit en silos. Pendant la conservation, il se produit des pertes en sucre inévitables. Ces pertes proviennent surtout de la respiration de la plante, et aussi d'altérations parasitaires causées par des microbes et des champignons. Il faut évidemment chercher à réduire ces pertes au minimum, ce qui n'est pas toujours facile, car les conditions climatériques et la nature même de la betterave jouent ici le rôle prépondérant. Quand les betteraves sont ensilées bien propres, peu humides et saines, quand les silos sont suffisamment aérés et quand la température est basse, les pertes par altérations parasitaires restent faibles. Pour atténuer les pertes par respiration, il faut évidemment placer les racines dans les conditions qui réduisent au minimum l'activité des phénomènes vitaux, ce qui exige une température basse et une aération modérée.

En pratique, on établit souvent les silos sur les transporteurs hydrauliques (fig. 6), ce qui facilite l'aération. On peut également employer la disposition Champonnois, recommandée par M. Vivien, qui consiste à couvrir le silo de paille et de terre battue et à établir dans l'axe une fosse qu'on remplit de rondins qui livrent passage à l'air. Pour faciliter la distribution de l'air, on dispose des tranchées transversales également garnies de rondins, mais sans dégagement à l'extérieur. On peut aussi placer dans les tas de betteraves des cheminées en bois pour assurer la ventilation, ou bien procéder au retournement du silo pour aérer les racines et les refroidir. Le meilleur mode de conservation serait l'emploi des hangars refroidis artificiellement, mais le prix de revient trop élevé des installations frigorifiques s'est opposé jusqu'ici à l'extension de cette méthode.

D'après Claassen, la perte en sucre, pour une durée de conservation de fin octobre à décembre, est de 0,010 à 0,012 p. 100 et par jour dans les grands tas non couverts, et de

0,019 p. 100 dans les grands tas recouverts de terre. Il se produit aussi pendant la conservation, une perte de poids qui, d'après Claassen, est peu sensible dans les grands tas ouverts, mais qui atteint environ 5 p. 100 dans les grands tas recouverts de terre.

Alimentation de l'usine en betteraves. — Les bette-

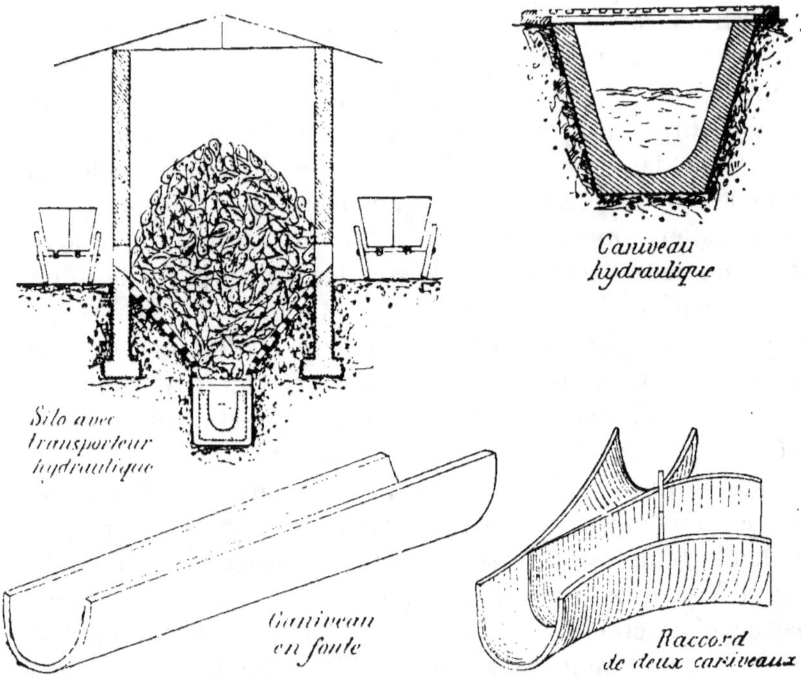

Fig. 6. — Silo de betteraves et transporteur hydraulique (d'après M. Saillard).

raves sont amenées des silos aux appareils de lavage parfois par des wagonnets et le plus souvent par les transporteurs hydrauliques. Ces derniers dispositifs (fig. 6) consistent en caniveaux à fond incurvé, munis d'une légère pente et parcourus par un courant d'eau. Leurs dimensions ordinaires sont de 40 centimètres de profondeur sur 35 centimètres de largeur; leur pente est en moyenne de 10 à 13 millimètres par mètre. On les construit, soit en béton, soit en fonte, soit, ce qui est plus économique, en chaux et mâchefer. Les transporteurs sont le plus souvent placés au fond des silos; un plancher mobile à claire-voie les ferme à la partie supérieure et maintient au-dessus les betteraves. Le fonctionnement est très simple : il suffit d'y faire tomber les racines qui sont entraînées par le courant d'eau jusqu'aux appareils d'élévation et de lavage. Les eaux, séparées des betteraves par une tôle perforée, sont alors reprises par une pompe qui les envoie dans un bassin de décantation situé au point le plus élevé. Elles y abandonnent les particules terreuses entraînées et reviennent en tête des caniveaux pour servir de nouveau.

Ce dispositif réalise une économie considérable de main-d'œuvre et effectue un premier lavage qui enlève la majeure partie de la terre adhérente aux racines. Les pertes en sucre qui se produisent pendant le transport hydraulique sont faibles ; elles ne dépassent pas, d'après M. Saillard, 0,17 pour 100 kilogrammes de betteraves.

Les betteraves ainsi amenées à l'usine sont alors élevées jusqu'aux laveurs, soit par une roue élévatrice, soit par un élévateur à palettes, soit par une vis d'Archimède. On emploie souvent ce dernier appareil (fig. 7) constitué par une hélice qui tourne lentement dans une auge hémi-cylindrique inclinée. L'hélice se continue vers le bas par des bras épierreurs qui soulèvent les betteraves et séparent les pierres. Les racines arrivent dans une auge placée au bas de l'appareil ; elles sont entraînées par le mouvement de rotation de la vis, et remontent ainsi jusqu'à la partie supérieure où elles sont déversées dans le laveur.

Lavage et épierrage. — Le lavage des betteraves présente une très grande importance. Les procédés de macération et de diffusion, qui sont aujourd'hui les plus employés pour l'extraction du jus, exigent en effet le découpage des betteraves en cossettes au moyen de coupe-racines. Le fonctionnement de ces appareils découpeurs n'est régulier et économique que si la betterave est parfaitement nettoyée, afin d'éviter l'encrassement et la rupture des couteaux sous l'action de la terre ou des pierres. La terre amène en outre un grand nombre de microbes nuisibles. Enfin, quand elle est calcaire, elle neutralise une partie de l'acide sulfurique qu'on ajoute

4.

dans les jus de betteraves, ce qui peut occasionner, par la suite, des accidents dans la fermentation alcoolique.

Le lavage a pour but d'éviter ces inconvénients en enlevant la terre adhérente à la betterave et en la débarrassant des pierres. Les laveurs (fig. 8) se composent ordinairement d'un arbre qui tourne dans une auge demi-cylindrique en tôle perforée. Cet arbre porte des bras en hélice. Les betteraves

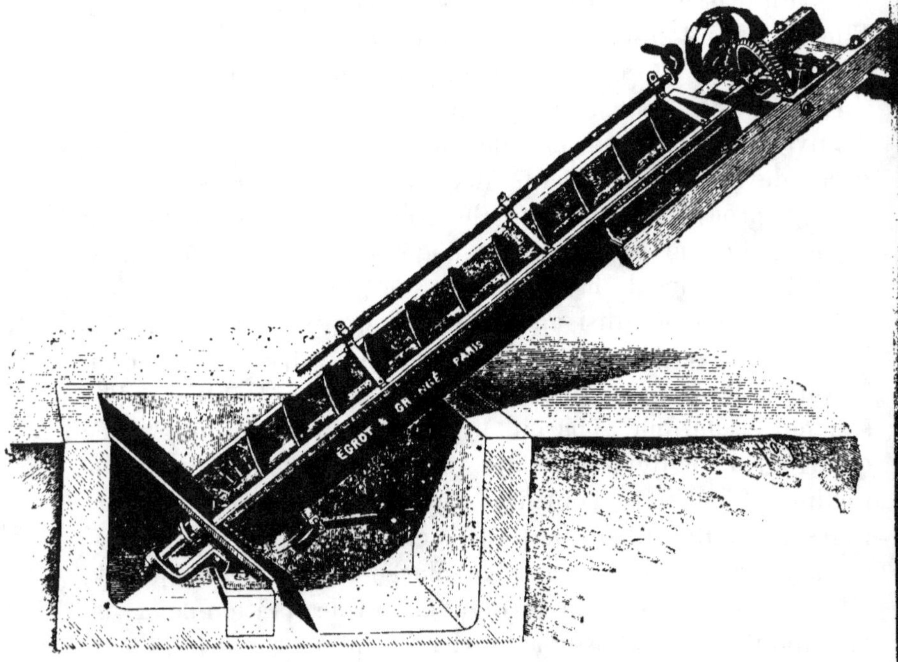

Fig. 7. — Élévateur à vis pour betteraves (Egrot et Grangé, constructeurs, à Paris.)

arrivent à une extrémité et sont poussées vers l'extrémité opposée. L'eau circule en sens contraire; son niveau est maintenu constant par un tube d'évacuation. Les racines sont ainsi énergiquement frottées les unes contre les autres dans le courant d'eau. Les particules terreuses qui se détachent passent à travers la tôle perforée et peuvent être évacuées par une porte de vidange.

L'épierrage des betteraves est complété soit par un épierreur à peignes, soit par un épierreur Loze. L'épierreur à peignes est constitué par un arbre portant des bras formant

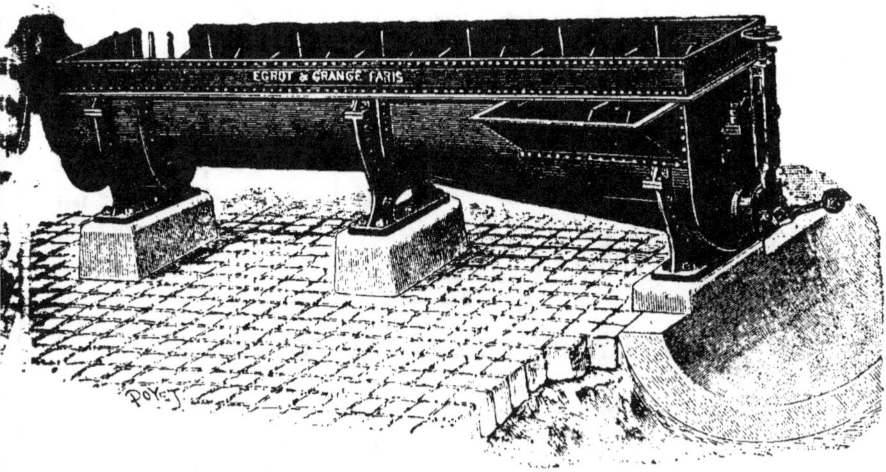

Fig. 8. — Laveur à betteraves.
(Egrot et Grangé, constructeurs, à Paris.)

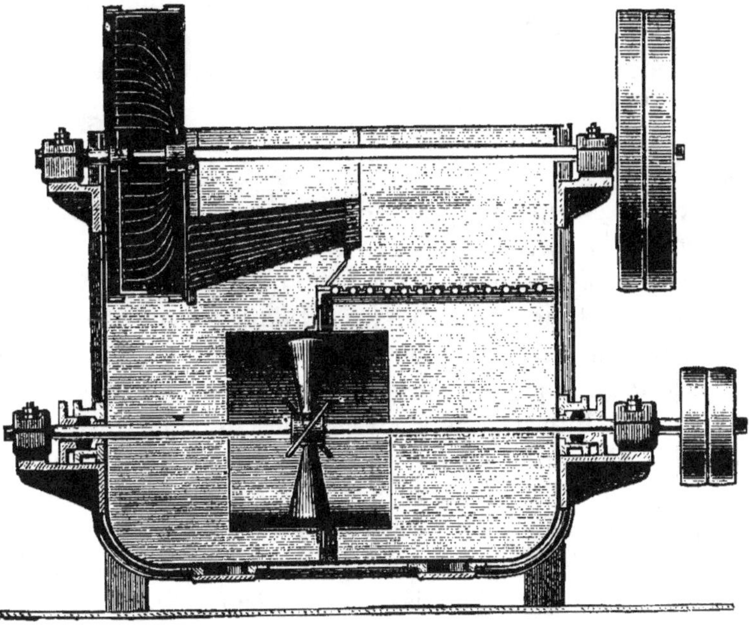

Fig. 9. — Épierreur Lozé.

peignes qui soulèvent les betteraves et laissent passer les

pierres entre les dents. L'épierreur Loze (fig. 9) effectue l'épierrage au moyen d'un courant d'eau. Il se compose d'une auge munie à la partie inférieure d'un arbre horizontal portant en son milieu des ailettes. La rotation de cet arbre détermine un courant d'eau de gauche à droite. Les betteraves qui arrivent à la partie supérieure de l'appareil sont soulevées par le courant d'eau et rejetées au dehors par un tambour. Les pierres, plus denses, tombent au fond. Cet appareil est excellent et épierre parfaitement les betteraves.

2. EXTRACTION DU JUS DE BETTERAVES.

Toutes les méthodes employées pour l'extraction du jus de betteraves reposent en somme sur les phénomènes de diffusion dont nous allons donner les principes. Toutefois la betterave soumise à ces phénomènes de diffusion peut être soit découpée en lanières ou *cossettes*, soit râpée à l'état de pulpe, et les modes de travail sont naturellement très différents dans ces deux cas. Nous distinguerons donc :

1° Les méthodes de traitement de la betterave à l'état de cossettes ;

2° Les méthodes de traitement de la betterave à l'état de pulpe râpée.

Le premier groupe comprend deux procédés : la *macération*, et la *diffusion proprement dite*. La méthode d'extraction du jus de betteraves par macération est très ancienne. Elle est basée sur les observations de Mathieu de Dombasle qui, dès 1831, avait cherché à extraire le sucre de la betterave en la découpant en tranches minces qu'il épuisait par l'eau chaude. D'autre part, en 1824, Dubrunfaut avait signalé l'influence favorable de l'acide sulfurique sur la fermentation du jus de betteraves. Cependant ces deux découvertes ne furent appliquées dans la pratique que plus tard, vers 1852, par Dubrunfaut et par Champonnois. En 1853, Champonnois eut l'idée de substituer à l'eau pure, pour l'épuisement des betteraves, la vinasse provenant de la distillation des jus fermentés, et à partir de cette époque, le procédé d'extraction du jus par macération prit un grand développement dans les distilleries agricoles. La méthode d'extraction du jus par diffusion, qui repose sur les mêmes principes que la méthode précédente, n'est qu'une macération perfectionnée en vase clos et sous pression. Cette méthode, introduite en France en sucrerie vers 1878, ne s'est répandue en distillerie que beaucoup plus tard, vers 1890, après de nombreux essais. Elle est aujourd'hui adoptée par la plupart des grandes distilleries, à cause des multiples avantages qu'elle présente.

Le deuxième groupe comprend les méthodes basées sur le traitement de la betterave à l'état de pulpe râpée. Parmi ces méthodes, nous distinguerons d'abord le procédé par râpage, malaxage et pressurages aux presses continues, qui est une méthode d'extraction basée à la fois sur la diffusion et sur la pression, et ensuite le nouveau procédé Collette pour la diffusion continue de pulpe râpée.

Principes théoriques de la diffusion.

Phénomènes osmotiques. — On sait que quand on place deux solutions salines ou sucrées de concentration différente de part et d'autre d'une membrane de parchemin, il y a diffusion à travers la membrane, une partie des matières salines ou du sucre passe de la solution la plus concentrée à la solution la plus pauvre, et inversement une partie de l'eau de la solution pauvre vient diluer le liquide concentré. L'équilibre est atteint quand la concentration saline ou sucrée est devenue identique de chaque côté de la membrane.

Des phénomènes analogues se produisent quand on plonge dans une solution saline ou sucrée des betteraves découpées en minces lanières ou *cossettes*, ou de la pulpe râpée qui renferme toujours beaucoup de cellules non déchirées. Toutefois, il est nécessaire, pour que ces phénomènes se manifestent, que les cellules végétales de la betterave soient tuées par un chauffage à 70°-80°. Avec les cellules vivantes, les phénomènes osmotiques se réduisent à de simples échanges d'eau : les cellules se gonflent d'eau si la solution qui les entoure est moins concentrée que le jus qu'elles renferment ; elles se rétractent et laissent échapper de l'eau si cette solution est plus concentrée.

Si donc le travail pratique est conduit de telle sorte que les cellules de la betterave soient tuées par le chauffage, les diverses substances qui composent le jus diffuseront à travers les membranes cellulaires dans le liquide qui les entoure, si la concentration de ce liquide vis-à-vis de ces diverses substances est plus faible que dans le jus. Les quantités de substances diffusées sont variables d'une substance à l'autre : la diffusion est rapide avec les matières salines, moins rapide, mais encore active avec les matières organiques cristallisables telles que le sucre, lente avec les matières organiques incristallisables telles que les matières pectiques et les matières albuminoïdes. Avec une même substance, les quantités diffusées augmentent avec la température et avec la différence de concentration de part et d'autre de la membrane.

Il résulte de ce qui précède que si on fait arriver un liquide diffuseur chaud constitué par de l'eau, du jus faible ou de la vinasse sur des cossettes fraîches ou sur de la pulpe de betteraves, les phénomènes de diffusion se produisent et on obtient un jus d'abord très riche, dont la densité va en diminuant de plus en plus au fur et à mesure que la matière s'épuise. Cette méthode exige évidemment des quantités d'eau très considérables pour conduire à un épuisement suffisant, et fournit des jus très dilués. Pour éviter cet inconvénient, on a souvent recours à la diffusion méthodique qui consiste en principe à faire arriver le liquide diffuseur sur la cuve la plus anciennement chargée, qui contient des cossettes ou des pulpes presque épuisées, et à faire circuler le liquide diffuseur dans les cuves suivantes contenant des cossettes ou des pulpes de plus en plus riches. Le jus devient ainsi de plus en plus concentré et passe finalement sur la cuve la plus récemment chargée de cossettes ou de pulpes fraîches : le jus soutiré sur cette cuve constitue le jus fort qu'on envoie à la fermentation. Nous verrons plus loin comment on réalise ce mode de travail dans la pratique.

Emploi de la vinasse. — L'emploi de la vinasse chaude au lieu d'eau comme liquide diffuseur a été préconisé par Champonnois dès 1853. Cette méthode présente plusieurs avantages. Elle économise d'abord les frais de chauffage de l'eau et permet de récupérer le sucre non fermenté qui reste dans les vinasses. Celles-ci constituent en outre une véritable décoction de levure qui apporte des matières azotées très favorables au développement du ferment alcoolique et qui facilite beaucoup la fermentation des jus. Enfin les vinasses renferment encore la majeure partie des éléments non fermentescibles contenus dans les moûts. En épuisant les cossettes par un liquide à peu près exempt de sucre, mais déjà chargé de matières minérales et azotées, la diffusion du sucre se fait aisément, tandis que celle des matières étrangères est très réduite à cause de l'abondance de ces matières dans le liquide diffuseur. Les pulpes épuisées par macération à la vinasse ont donc une valeur nutritive plus considérable que les pulpes épuisées par macération à l'eau. Toutefois, au bout d'un certain nombre de macérations, les vinasses finissent par contenir trop de matières étrangères et les fermentations deviennent irrégulières. Aussi est-il nécessaire de les mélanger de temps en temps avec une certaine quantité d'eau chaude.

Emploi de l'acide sulfurique. — Dubrunfaut avait reconnu dès 1824 les avantages de l'emploi de l'acide sulfurique dans la fermentation des jus de betteraves. L'acide sulfurique déplace en effet les acides organiques du jus de betteraves de leurs combinaisons, les met en liberté, ce qui rend le milieu plus favorable au bon développement de la levure. Il gène la multiplication des ferments de maladie, qui redoutent en général l'acidité et permet d'obtenir ainsi des fermentations plus pures et un plus haut rendement en alcool. Enfin il facilite la diffusion du sucre et l'épuisement de la betterave par le liquide diffuseur.

A. — Méthodes de traitement des betteraves à l'état de cossettes.

Ces méthodes comprennent, comme nous l'avons vu, les procédés par macération et par diffusion.

Matériel de macération et de diffusion. — Le matériel employé pour l'extraction du jus de betteraves par macération ou par diffusion comprend d'abord les appareils de découpage de la betterave ou *coupe-racines*, puis les appareils de macération et de diffusion et enfin les appareils de pressurage des cossettes épuisées.

Coupe-racines. — Les coupe-racines employés en distillerie de betteraves sont de plusieurs types, parmi lesquels on peut distinguer : les coupe-racines centrifuges, employés surtout en macération, les coupe-racines à plateau horizontal et à tambour tournant employés en macération et en diffusion.

Les principaux coupe-racines centrifuges sont ceux de Champonnois et de Stephen David. Le coupe-racines Champonnois, qu'on rencontre encore dans un grand nombre de distilleries agricoles, se compose d'une boîte légèrement conique munie de six ouvertures dans lesquelles viennent se placer les couteaux. Dans l'intérieur se trouve un pousseur animé d'un mouvement de rotation rapide, qui entraîne les betteraves et les applique contre la boîte. Les betteraves sont ainsi découpées en lanières contre les couteaux.

Ce système a été perfectionné par M. Barbet qui y a adapté des porte-couteaux démontables.

Dans le coupe-racines Stephen David, l'axe moteur et le tambour sont verticaux au lieu d'être horizontaux comme dans le coupe-racines Champonnois. Le tambour est percé de fenêtres dans lesquelles on place des porte-couteaux munis de lames tranchantes. Les betteraves sont introduites dans le tambour par une ouverture ménagée à la partie supérieure de l'appareil. Des pousseurs animés d'un mouvement de rotation rapide, entraînent les betteraves qui se découpent contre les lames. Les cossettes s'échappent au dehors.

Les coupe-racines centrifuges ont l'inconvénient de donner des cossettes trop courtes, irrégulières, et de se bourrer facilement. Aussi emploie-t-on aujourd'hui de plus en plus les coupe-racines à plateau horizontal. Mais ces derniers appareils exigent un lavage et un épierrage parfait de la betterave, afin d'éviter les arrêts dus aux obstructions et aux avaries des couteaux.

Le coupe-racines à plateau horizontal (fig. 10 et 11) se compose d'un disque horizontal tournant à une vitesse de 60 à

120 tours à la minute. Ce plateau porte de 6 à 16 fenêtres

Fig. 10. — Coupe-racines à plateau horizontal (Maguin, constructeur, à Charmes).

dans lesquelles sont placés les porte-couteaux. Sur ceux-ci sont fixés les couteaux, qui dépassent légèrement le plan du plateau. Le disque est surmonté d'une trémie dans laquelle arrivent les betteraves. Celles-ci se trouvent maintenues par leur propre poids au contact du plateau et se trouvent ainsi découpées en cossettes qui s'échappent à la partie inférieure de l'appareil.

On rencontre aussi quelquefois, notamment dans les sucre-

Fig. 11. — Coupe-racines fixe à plateau horizontal. (Egrot et Grangé, constructeurs, à Paris.)

ries transformées en distilleries, le coupe-racines à tambour tournant. Il se compose d'un cylindre tournant qui porte suivant ses génératrices des boîtes porte-couteaux dont les arêtes coupantes sont dirigées vers l'intérieur. Les betteraves arrivent à l'intérieur du cylindre et sont découpées en cossettes qui s'échappent hors du tambour.

La forme de l'arête coupante des couteaux est variable. Elle est parfois constituée par une ligne brisée, mais le plus souvent, cette ligne brisée porte des arêtes coupantes secondaires normales au plan du couteau. Cette forme, dite *faitière*, donne des cossettes dont la section ressemble à un V.

Elle a l'avantage d'offrir une large surface et de ne pas se coller dans les macérateurs ou les diffuseurs, ce qui assure la circulation uniforme du liquide.

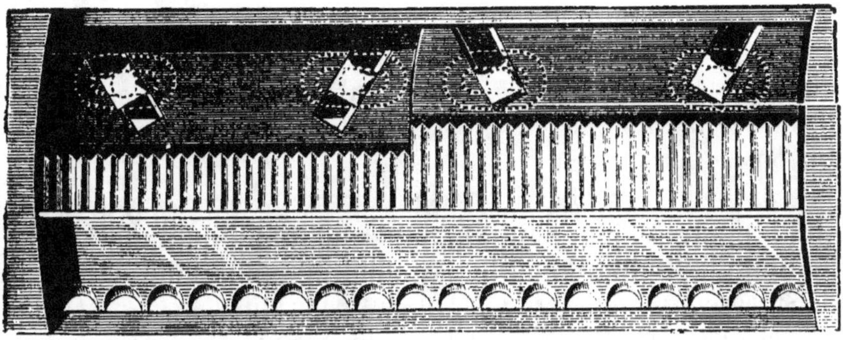

Fig. 12. — Porte-couteaux en épierreur.

Les couteaux sont fixés par des boulons dans des boîtes porte-couteaux (fig. 12 et 13). Vis-à-vis des couteaux se trouve placée une contre-plaque, portant fréquemment des alvéoles épierreurs. La grosseur des cossettes se trouve réglée par la

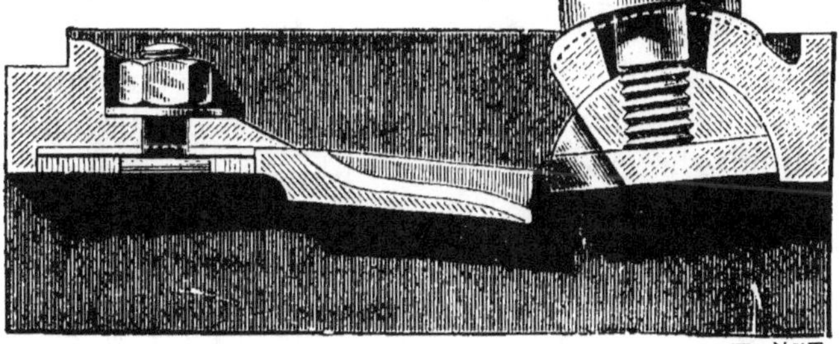

Fig. 13. — Porte-couteaux, coupe transversale.

hauteur du couteau au-dessus de cette contre-plaque et par l'écartement de la contre-plaque au couteau.

Appareils de macération. — Les macérateurs sont constitués par de grandes cuves en bois ouvertes à la partie supérieure et munies à la partie inférieure d'un faux-fond perforé. Au-dessous de ce faux-fond se trouve une ouverture d'évacuation des jus. Une porte latérale sert à la vidange des cossettes épuisées.

Quand on opère dans des macérateurs isolés, on place les cuves les unes à côté des autres, soit en ligne, soit en demi-cercle. Souvent le coupe-racines est mobile et peut être amené successivement au-dessus de chaque macérateur, ou bien, dans les batteries demi-circulaires, il est fixé au centre et la distribution des cossettes s'effectue par une nochère tournante.

Quand on emploie la macération méthodique, chaque macérateur est relié au suivant par un tuyau qui prend naissance entre le fond et le faux-fond, et qui aboutit à la partie supérieure du macérateur suivant (voir plus loin, fig. 21). Un deuxième tuyau part du fond de chaque macérateur et se rend à une canalisation inférieure de vidange des petits jus. Au-dessus des cuves se trouvent deux autres tuyaux qui amènent l'un les vinasses, l'autre les petits jus. Chacun de ces tuyaux porte un robinet au-dessus de chaque macérateur. Enfin les tuyaux de communication placés entre les macérateurs consécutifs portent deux soupapes : l'une permet d'envoyer le liquide sur le macérateur suivant, l'autre permet d'évacuer les jus concentrés dans une rigole latérale. Le nombre des macérateurs varie de 4 à 8, et chacun contient de 1 000 à 2 000 kilogrammes de cossettes. Pour activer la circulation à travers les cuves, certains constructeurs munissent les tuyaux de communication de petits injecteurs de vapeur qui rendent la circulation plus rapide, et régularisent la marche du liquide dans les macérateurs.

La figure 14 représente une fraction d'une batterie de macérateurs P. Barbier. Ces macérateurs sont ordinairement en fonte, montés sur pieds pour faciliter la vidange qui s'effectue au moyen d'une porte à bascule. Le fond des macérateurs est conique et garni d'une tôle perforée. Un coupe-racines A fournit les cossettes qui sont distribuées aux macérateurs par un transporteur horizontal B.

Appareils de diffusion. — Les diffuseurs (fig. 15) sont constitués par des récipients en tôle ou en fonte, soit cylindriques, soit cylindro-coniques. La tôle est rapidement

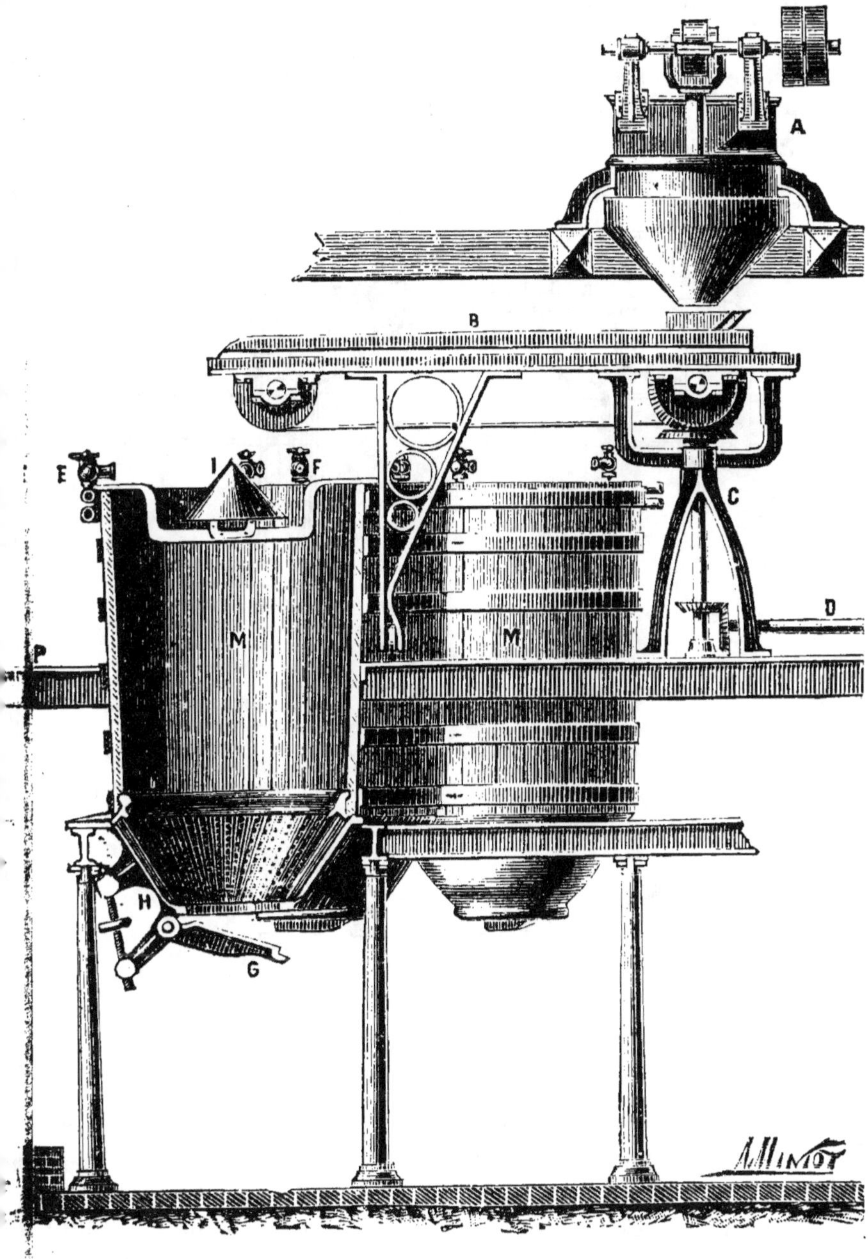

Fig. 14. — Macérateurs-diffuseurs. — Élévation. (P. Barbier, constructeur, à Paris.)

attaquée par les jus acides, aussi est-il nécessaire de la protéger au moyen d'un vernis résistant aux acides. La fonte n'est que faiblement attaquée, et au bout d'un certain temps, il se forme à l'intérieur du diffuseur une croûte qui arrête complètement l'attaque par l'acide. A la partie supérieure se

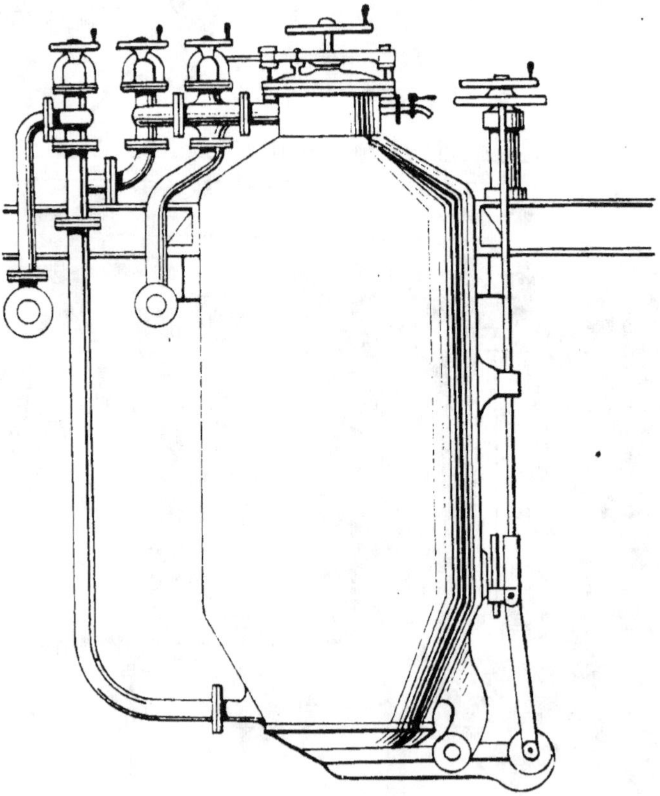

Fig. 15. — Diffuseur.
(Crépelle-Fontaine, constructeur, à la Madeleine-lès-Lille.)

trouve un couvercle circulaire assujetti par une vis de pression : ce couvercle est muni d'un robinet pour l'échappement de l'air lors du meichage. A la partie inférieure se trouve la porte de vidange. Tantôt cette porte forme le fond du diffuseur : elle est alors à bascule et à contre-poids et s'ouvre au moyen d'un volant mû à la main ; le joint est rendu étanche au moyen d'un tuyau qu'on gonfle par l'eau ou la vapeur sous pression. Tantôt la porte est latérale : elle est alors assujettie par une vis de pression. A la partie inférieure du diffuseur et à l'intérieur, se trouve une plaque percée de trous qui maintient les cossettes et tamise le jus.

Le chauffage du jus se fait entre chaque diffuseur, soit au moyen d'un calorisateur, soit au moyen d'un injecteur de vapeur. Le calorisateur est placé sur le tuyau de communication qui relie deux diffuseurs voisins. Il est constitué par un cylindre portant un serpentin dans lequel circule de la vapeur, ou un faisceau tubulaire qui reçoit de la vapeur entre les tubes tandis que le jus circule dans les tubes. L'injecteur de vapeur, placé à la partie inférieure du tuyau de communication, est préférable, car il accélère la circulation et réduit l'espace dans lequel le jus n'est pas en contact avec les cossettes.

Le bas de chaque diffuseur communique avec le haut du diffuseur suivant (voir fig. 22) par un tuyau sur lequel est placé le calorisateur ou l'injecteur de vapeur. Avant d'arriver à la partie supérieure du diffuseur, le tuyau porte trois soupapes : une soupape de circulation qui permet de faire communiquer le diffuseur avec son voisin, une soupape de jus qui est reliée au tuyau des jus et qui sert à évacuer les jus concentrés, et une soupape d'eau ou de vinasse par laquelle on peut faire arriver sur le diffuseur l'eau ou la vinasse sous pression.

L'ensemble des diffuseurs et des calorisateurs, au nombre de 8 à 14, constitue la batterie de diffusion. La disposition des batteries de diffusion est assez variable : tantôt la batterie est disposée en ligne ou sur deux lignes parallèles, tantôt elle est circulaire. Les cossettes sont amenées aux diffuseurs par un transporteur à courroie, par une vis d'Archimède ou par une nochère tournante.

La figure 16 représente une batterie de diffusion à la vinasse construite par la maison Wauquier. Les betteraves sont amenées au coupe-racines par un élévateur à palettes, et une nochère tournante permet la distribution des cossettes dans tous les diffuseurs. La batterie est disposée en cercle : elle comprend de 8 à 12 diffuseurs entièrement en fonte, dont la capacité varie suivant l'importance de l'usine. Les soupapes de chaque diffuseur sont disposées selon des rayons ; toutes les tuyau-

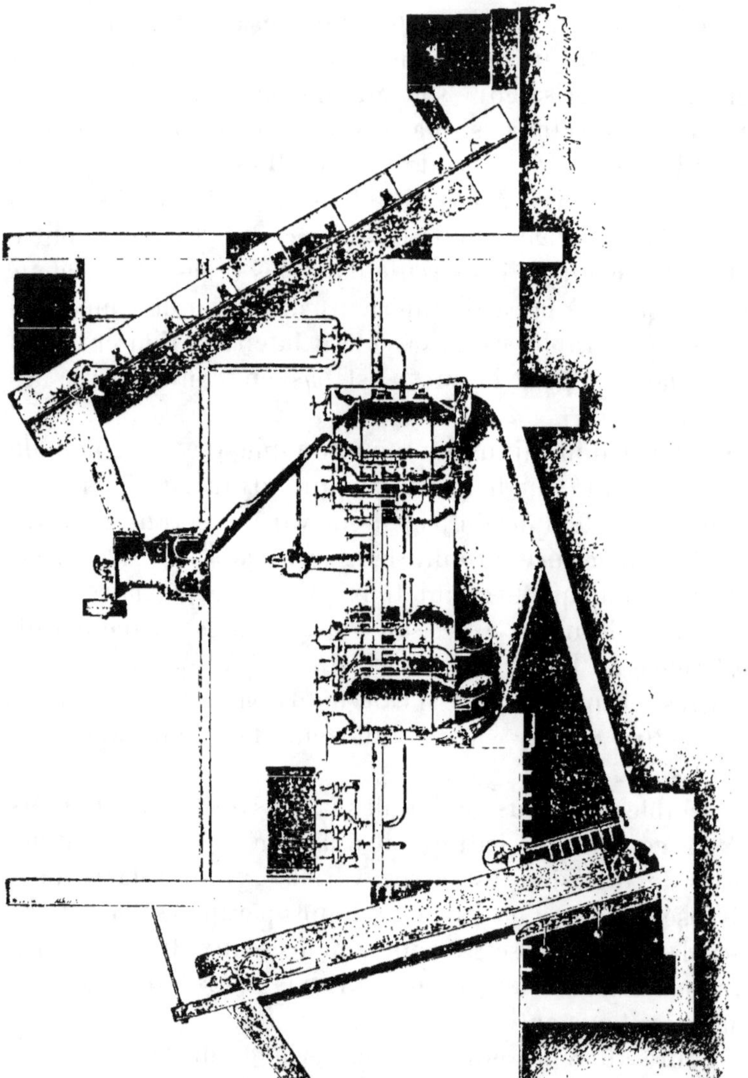

Fig. 16. — Batterie de diffusion à la vinasse. (Wauquier et Cie, constructeurs, à Lille.)

teries sont situées au-dessous du plancher de la batterie, ce qui permet un libre accès autour des diffuseurs. Les portes de vidange sont manœuvrées du plancher de la batterie. Les jus sont chauffés par des injecteurs qui aident en même temps à la circulation. Au centre de la batterie se trouve la distribution d'acide sulfurique, comprenant un réservoir

Fig. 17. — Batterie de diffusion circulaire avec vidange latérale. (Egrot et Grangé, constructeurs, à Paris.)

gradué dans lequel on mesure la quantité voulue d'acide. Cet acide est envoyé dans la batterie au fur et à mesure de la descente des cossettes par l'intermédiaire de la nochère. Deux bacs mesureurs, installés à proximité, permettent de se rendre compte de la quantité de jus tiré sur chaque diffuseur. Les cossettes épuisées tombent dans une fosse d'où un élévateur à godets les conduit aux presses.

La figure 17 représente une vue d'ensemble d'une batterie de diffusion à vidange latérale, système Egrot et Grangé. Les diffuseurs, en fonte, reposent directement sur un massif de maçonnerie et portent chacun une ouverture latérale qui permet l'évacuation des cossettes épuisées dans des wagonnets roulant sur rails; la distribution des cossettes se fait par nochère tournante.

La figure 18 représente une installation complète d'une distillerie de betteraves avec extraction du jus par diffusion, montée par la maison Crépelle-Fontaine.

La diffusion simplifiée (fig. 19), système Guillaume, Egrot et Grangé, comporte seulement 2, 3 ou 4 diffuseurs selon l'importance du travail. Dans ce procédé, le diffuseur est idéalement fractionné dans sa hauteur en cinq parties, de manière à répartir et à fractionner la circulation des jus dans la batterie d'une façon correspondante et à faire en sorte que chaque tranche de cossettes dans chacun des diffuseurs se trouve en contact avec la fraction correspondante du jus en circulation pendant un même temps pour chaque période de stationnement. Les diffuseurs ont une hauteur de 4 mètres : ils sont cylindriques ou très légèrement coniques, le plus grand diamètre étant en bas. Le fond de chaque diffuseur est entièrement constitué par la porte de vidange qui est manœuvrée du haut par l'ouvrier qui conduit la diffusion : la vidange se fait directement dans un wagonnet amené au-dessous. Un robinet à trois eaux, pour chaque diffuseur, permet à volonté de recevoir la vinasse, d'établir la circulation avec le diffuseur voisin ou de pousser les jus au bac mesureur. Un robinet de vapeur sert à chauffer les liquides à la température voulue avant leur rentrée dans les diffuseurs. La conduite est donc extrêmement simple et la surface couverte est très faible.

Appareils de pressurage des cossettes épuisées. —

Le pressurage des cossettes épuisées se fait à la presse Klusemann ou à la presse Bergreen.

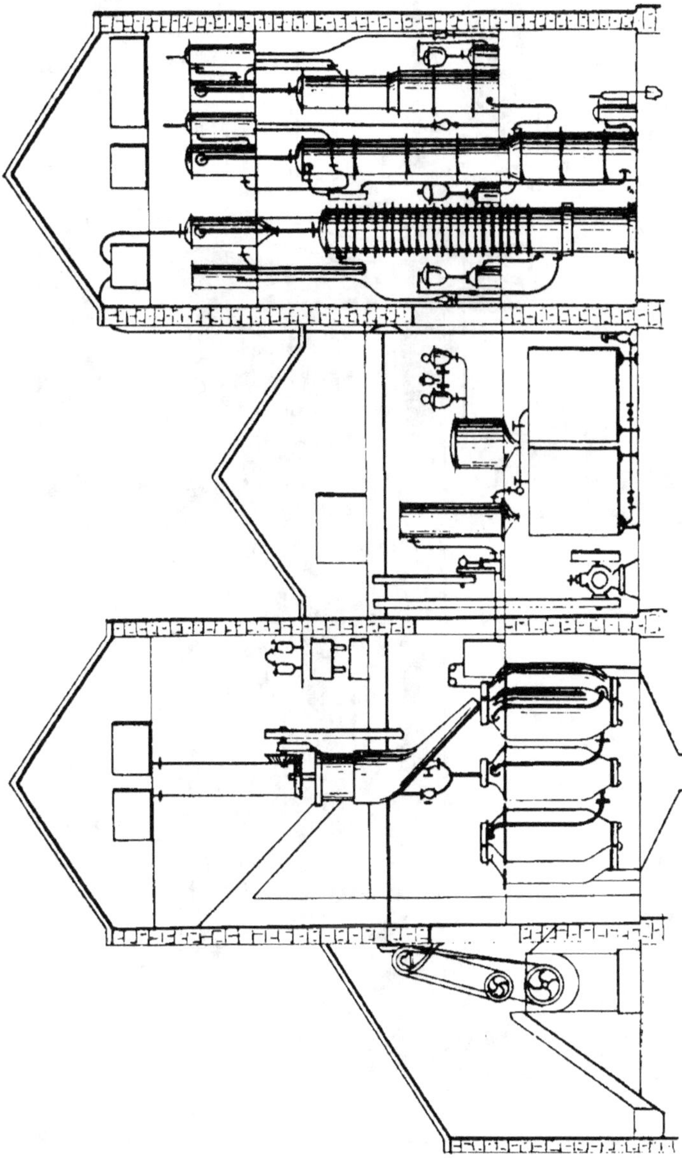

Fig. 18. — Installation d'une distillerie de betteraves avec extraction du jus par diffusion. (Crépelle-Fontaine, constructeur, à La Madeleine-lès-Lille.)

La presse Klusemann se compose d'un arbre conique en fonte muni de fortes palettes disposées en hélice et tournant

Fig. 19. — Diffusion simplifiée, système Guillaume, Egrot et Grangé.
(Egrot et Grangé, constructeurs, à Paris.)

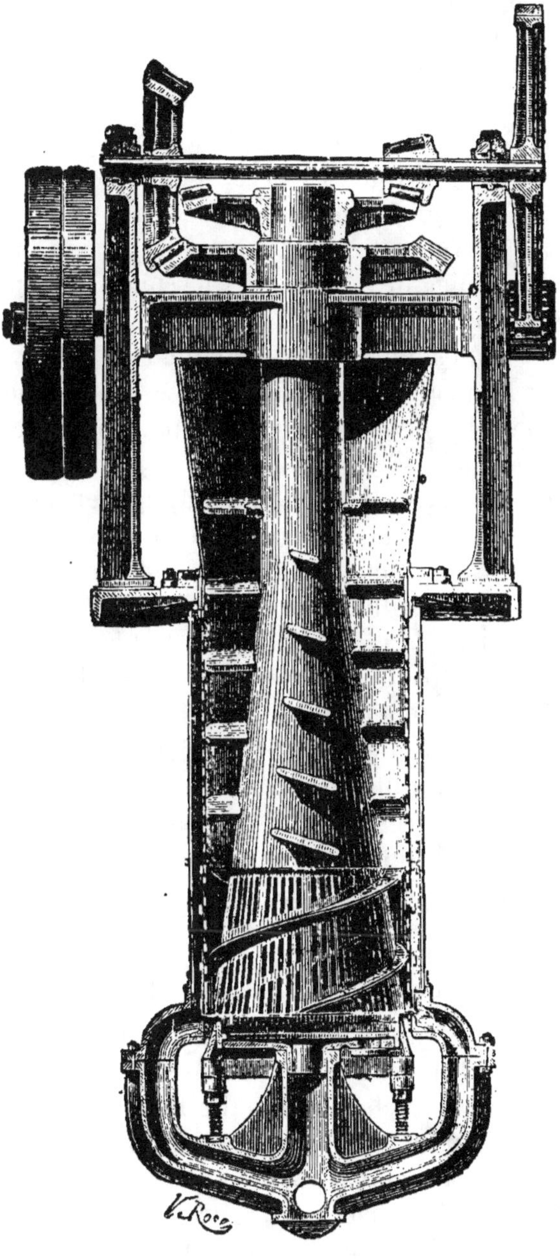

Fig. 20. — Presse Bergreen. (Anciens Établissements Cail, à Douai.)

au milieu d'un tambour en tôle perforée. Les cossettes arrivent par la partie supérieure, descendent dans l'espace compris entre l'arbre conique et le tambour où elles sont poussées par les palettes. Elles occupent ainsi un espace de plus en plus réduit et sont énergiquement pressées. L'eau s'écoule à travers la tôle perforée, tandis que les cossettes pressées s'échappent par le bas.

La presse Bergreen (fig. 20) est analogue à la précédente, mais elle est formée de deux troncs de cône tournant en sens inverse. Le tronc de cône supérieur porte des palettes, le tronc de cône inférieur est entouré d'une lame contournée en hélice et porte des lumières longitudinales. Le fonctionnement est le même que celui de la presse Klusemann, mais la pression est plus énergique.

Pratique du travail. — A) ***Découpage en cossettes.*** — Un bon découpage de la betterave en cossettes est une condition indispensable pour obtenir avec la macération ou la diffusion de bons résultats. Le degré d'épuisement en sucre dépend en effet de la régularité et de la forme des cossettes. Celles-ci doivent être très régulières et offrir le maximum de surface pour l'épuisement par le liquide. Elles ne doivent pas être trop larges, car elles s'appliqueraient les unes contre les autres et rendraient difficile la circulation du liquide diffuseur.

Pour arriver à ce résultat, on doit employer un bon coupe-racines, ne pas lui donner une vitesse de rotation exagérée, bien laver et bien épierrer la betterave, et entretenir les couteaux dans un parfait état. L'affûtage des couteaux se fait aujourd'hui mécaniquement. On rend d'abord le plan du couteau horizontal au moyen d'un premier appareil, puis on passe le tranchant du couteau devant une meule tournante pour rendre rectiligne la partie coupante. Enfin on fait entrer dans toutes les encoches une petite lime, mue mécaniquement, pour aiguiser les parties coupantes.

B) ***Travail par macération.*** — La macération peut se faire, soit dans des macérateurs travaillant isolément, soit méthodiquement dans une batterie de macérateurs.

La première méthode est très imparfaite : elle est cependant employée par un grand nombre de petites distilleries. Les cossettes, en arrivant dans le macérateur, sont d'abord acidulées par de l'acide sulfurique au dixième. La dose d'acide à employer est variable avec l'acidité finale qu'on désire obtenir et avec le degré de dilution du moût. Au début de la campagne, quand on commence la macération avec de l'eau, il faut évidemment employer une dose d'acide plus forte que dans le cours du travail, quand on utilise la vinasse, qui est elle-même déjà acide. Il suffit, dans ce dernier cas, d'ajouter la proportion d'acide nécessaire pour que le jus, après addition de vinasse, possède l'acidité voulue. Cette acidité est variable avec les usines et les conditions de travail entre 1 gramme et 3 grammes d'acide sulfurique par litre. Il n'est pas possible d'indiquer d'une façon précise quelle est la meilleure acidité à adopter. Elle dépend de la nature de la betterave, du mode d'extraction du jus, de la quantité de vinasse employée, de la fermentation, etc., et chaque distillateur doit déterminer lui-même, par quelques tâtonnements, l'acidité qui correspond à ses conditions de travail et de matières premières. Cette question de l'acidification étant en relation directe avec celle de la fermentation, nous l'examinerons plus loin, à propos de la mise en fermentation des jus de betteraves.

M. Sidersky estime que la quantité d'acide sulfurique à ajouter à la macération, calculée en grammes par litre de jus soutiré, doit représenter au moins les deux tiers de l'acidité moyenne de ce jus, constatée par l'essai, l'autre tiers étant apporté par la vinasse. Si cette condition n'est pas remplie, il faut chercher à rétablir la proportion en diluant légèrement la vinasse.

Le chargement du macérateur et l'acidification étant effectués, on recouvre les cossettes d'un couvercle perforé, puis on remplit le macérateur avec du jus faible provenant d'un macérateur précédemment épuisé et on y envoie de la vinasse bouillante.

Les premiers jus qui passent sont très riches et sont envoyés à la fermentation tant qu'ils possèdent la densité voulue. Quand la densité baisse au-dessous de la limite, on continue à envoyer de la vinasse, mais le jus obtenu ainsi, appelé *petit-*

jus, est envoyé sur une nouvelle cuve chargée de cossettes neuves jusqu'à épuisement de la première. Pour avoir un jus de richesse moyenne et constante, il faut travailler simultanément avec plusieurs macérateurs à différents degrés d'épuisement. Quand le contenu d'un macérateur est épuisé, on vide la cuve et on la remplit de cossettes fraîches.

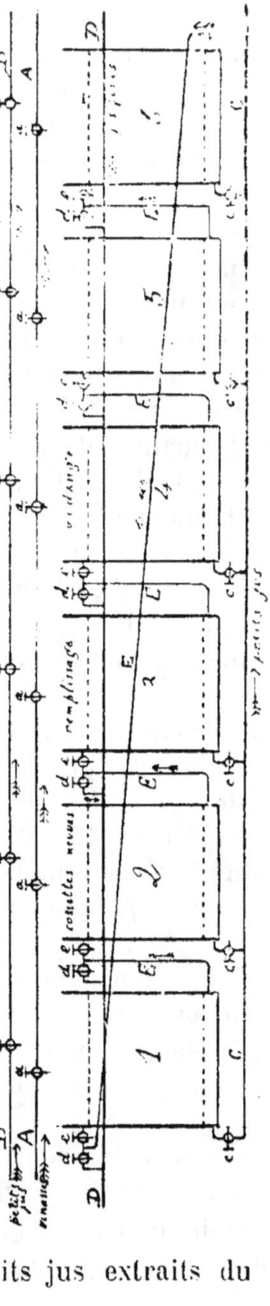

Fig. 21. — Schéma d'une batterie de macérateurs.

Cette méthode de macération dans des vases travaillant isolément est défectueuse et il est bien préférable d'avoir recours à la *macération méthodique*.

La marche schématique du travail est alors la suivante (fig. 21). Prenons comme exemple une batterie de six macérateurs en marche. Les macérateurs 3 et 4 sont arrêtés, l'un se remplit de cossettes fraîches, l'autre est en vidange de ses cossettes épuisées. Le macérateur le plus anciennement chargé, qui contient les cossettes les plus pauvres, est le macérateur 5; celui qui vient d'être chargé de cossettes fraîches est le macérateur 2. La richesse des cossettes va donc en croissant du macérateur 5 au macérateur 2 dans l'ordre 5, 6, 1, 2. On ouvre le robinet *b* du macérateur 5 et on fait couler sur ce macérateur les petits jus extraits du macérateur 4 immédiatement avant sa vidange. Puis on ouvre le robinet *a* du macérateur 5 et on fait couler de la vinasse chaude. Celle-ci déplace le liquide contenu dans ce macérateur, et le liquide déplacé passe dans le macérateur 6 par le tuyau E. Il y rencontre des cossettes moins épuisées et par conséquent s'enrichit. Le liquide déplacé du macérateur 6 passe de même dans le macérateur 1, et celui du macérateur 1 dans le macérateur 2 en s'enrichissant de plus en plus, puisque les cossettes sont de plus en plus riches. Le robinet *e* du macérateur 3 en chargement étant fermé et le robinet *d* de ce même macérateur étant ouvert, le liquide du macérateur 2, déplacé par celui du macérateur 1, s'écoule par ce robinet *d* dans une rigole DD et constitue le jus concentré qu'on envoie à la fermentation.

La proportion de jus ainsi soutirée est variable avec les usines. Dans certaines distilleries, on ne soutire que 140 à 150 litres de jus par 100 kilogrammes de betteraves, mais ordinairement on adopte le chiffre de 180 à 200 litres; quand le nombre des macérateurs est faible, ce chiffre est porté à 200-220 litres.

Quand le volume de jus à soutirer est atteint, on ferme le robinet *a* du macérateur 5 qui est maintenant épuisé, et le robinet *e* du macérateur 6. Le macérateur 5 se trouve ainsi isolé. On ouvre alors le robinet inférieur *c* de ce macérateur et le petit jus qu'il contient s'écoule par le tuyau CC. Ce petit jus est envoyé dans un bac à jus et vient se déverser sur le macérateur 6 qui est maintenant le macérateur le plus anciennement chargé, contenant les cossettes les plus pauvres. La même opération recommence alors sur ce macérateur 6 qui reçoit la vinasse chaude. Les jus concentrés sont maintenant soutirés sur le macérateur 3 dont le remplissage avec des cossettes fraîches vient d'être achevé. La même opération se renouvelle ensuite avec le macérateur 1 comme macérateur de queue, et ainsi de suite, chaque cuve devenant successivement première, deuxième, troisième, etc., dernière de la batterie.

Dans beaucoup d'usines, on coule les petits jus sur l'avant-dernier macérateur et les vinasses sur le dernier macérateur, qui contient les cossettes les plus épuisées. Le petit jus est ainsi envoyé sur la cuve qui renferme un liquide dont la densité est très voisine de celle du petit jus, la vinasse coulant sur les cossettes les plus pauvres.

On doit utiliser la vinasse très chaude, pour qu'elle ne se refroidisse pas trop pendant sa circulation dans les vases, et pour que l'épuisement se fasse bien. On coule ordinairement la vinasse à 90°-92° : le refroidissement qui se produit dans le macérateur de queue donne une température moyenne de 80°. Il ne faut pas, autant que possible, dépasser cette température, car les cossettes se trouveraient complètement ramollies, surtout si elles sont fines : la circulation du liquide deviendrait difficile et l'épuisement serait défectueux. Il est bon en outre de ne pas utiliser trop longtemps les mêmes vinasses ; elles finissent par contenir trop de matières étrangères et donnent des jus dont la fermentation est difficile. On évite cet inconvénient en les mélangeant avec de l'eau chaude, ordinairement dans la proportion d'un tiers d'eau pour deux tiers de vinasses.

L'acidification par l'acide sulfurique se fait au moment du chargement des macérateurs. L'acide sulfurique dilué est ajouté en quantité voulue sur les cossettes fraîches qu'on introduit sur le macérateur de tête. Cet acide doit être réparti régulièrement sur les cossettes, soit dans la nochère d'alimentation, soit dans le macérateur même au moyen d'un tuyau muni d'une pomme d'arrosoir. L'acide ainsi employé protège les cossettes fraîches contre les altérations microbiennes qui sont particulièrement à craindre à la basse température du macérateur de tête, et permet d'obtenir des pulpes moins acides et de meilleure qualité.

Les cuves et les rigoles doivent être maintenues dans le plus grand état de propreté. On doit éviter soigneusement les arrêts et stagnations de la batterie qui peuvent occasionner des infections microbiennes si la température s'abaisse suffisamment.

L'épuisement dépend beaucoup de la régularité des cossettes, de la forme des macérateurs, de la quantité de jus soutiré par 100 kilogrammes de betteraves, de la marche du travail, etc. En marche normale, les pulpes de macération renferment environ 0,5 p. 100 de sucre; ce chiffre peut descendre à 0,25-0,40 p. 100 dans des conditions excellentes de travail, mais peut dépasser 1 p. 100 dans des conditions mauvaises.

C) ***Travail par diffusion.*** — La marche des jus dans la batterie de diffusion se fait d'après les mêmes principes que dans la macération méthodique.

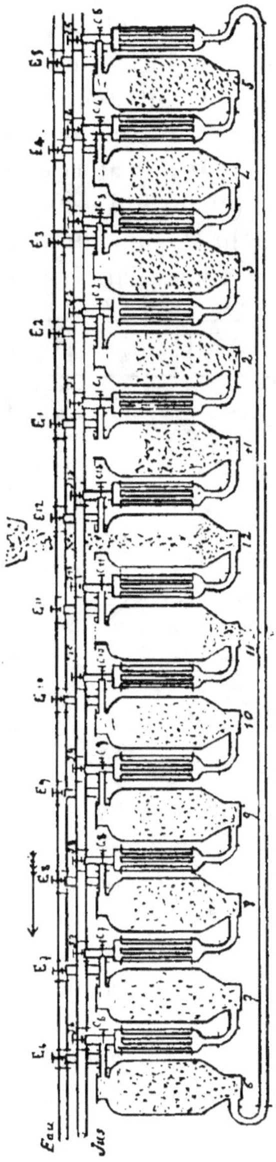

Fig. 22. — Schéma d'une batterie de diffuseurs.

Le diffuseur de tête est celui qui vient de recevoir des cossettes fraîches et sur lequel on tire le jus fort; le diffuseur de queue est celui qui contient les cossettes les plus épuisées et qui reçoit l'eau ou la vinasse. Prenons comme exemple une batterie de douze diffuseurs (fig. 22), et supposons la batterie en plein travail. Sur douze diffuseurs, neuf sont pleins et en fonctionnement, le diffuseur 11 se vide, le diffuseur 12 se remplit de cossettes fraîches, le diffuseur 1 vient d'être rempli de cossettes et n'a pas encore de liquide. Toutes les soupapes de circulation C qui font communiquer chaque diffuseur avec son voisin sont ouvertes, sauf les soupapes C_{10}, C_{11}, C_{12} et C_1 du diffuseur 10 de queue, du diffuseur 11 en vidange, du diffuseur 12 en remplissage et du diffuseur 1 récemment chargé, qui sont fermées. Toutes les soupapes de jus J sont fermées, sauf les soupapes J_1 et J_{12} des diffuseurs 1 et 12 qui sont ouvertes. Toutes les soupapes de vinasses E étant fermées, on ouvre la soupape de vinasses E_{10} sur le diffuseur 10 de queue. La vinasse sous pression arrive dans ce diffuseur, déplace le liquide qui s'y trouve, qui remonte le calorisateur 9 et va déplacer le liquide du diffuseur 9; le liquide du diffuseur 9 déplace de même celui du diffuseur 8, et ainsi de suite. On voit que sous la pression de la vinasse, le liquide se met en mouvement, descendant les diffuseurs et remontant les calorisateurs. Le liquide du diffuseur 2, déplacé par celui du diffuseur 3, ne peut entrer dans le diffuseur 1 par le haut, puisque la soupape de circulation C_1 est fermée. Il passe donc par la soupape de jus J_1, emprunte le tuyau des

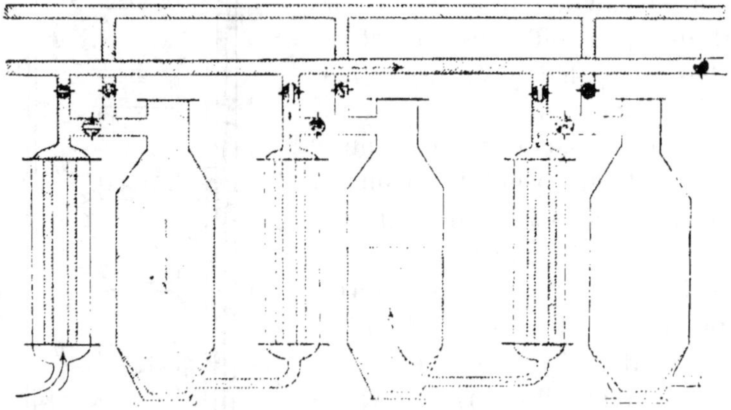

Fig. 23. — Schéma du meichage.

jus entre J_1 et J_{12}, entre dans le calorisateur 12 par la soupape J_{12}, descend ce calorisateur et pénètre dans le diffuseur 1 par le bas. Cette manœuvre, qui porte le nom de *meichage*, permet le remplissage régulier du diffuseur nouvellement chargé, car le liquide, en arrivant par le bas, déplace peu à peu l'air qui se trouve entre les cossettes et qui est évacué par le robinet du couvercle, tandis que si le liquide arrivait par la partie supérieure comme dans les autres diffuseurs, l'air ne pourrait s'échapper. On voit donc que la circulation est inverse dans le diffuseur de tête: le liquide circule de haut en bas dans le calorisateur et de bas en haut dans le diffuseur, tandis que dans tous les autres il circule de haut en bas dans les diffuseurs et de bas en haut dans les calorisateurs. La figure 23 indique schématiquement la position des soupapes et la marche des jus dans cette opération du meichage.

Quand le diffuseur 1 est rempli par le jus, celui-ci s'échappe par le robinet du couvercle. On ferme aussitôt ce robinet et on procède au soutirage du jus riche. Il suffit pour cela de rétablir la circulation normale en fermant la soupape de jus J_1 et en ouvrant la soupape de circulation C_1 du diffuseur 1. On ouvre aussi la soupape générale des jus placée à l'extrémité du tuyau des jus. La circulation normale se trouve rétablie et la pression de la vinasse déplace de haut en bas le jus concentré du diffuseur 1. Ce jus remonte le calorisateur 12, s'échappe dans le tuyau par la soupape J_{12} restée ouverte et s'écoule à l'extrémité du tuyau des jus par la soupape générale. Quand on a ainsi soutiré le volume de jus correspondant à la charge du diffuseur, on referme la soupape générale des jus et la circulation se trouve arrêtée.

La même opération recommence alors avec le diffuseur 9 comme diffuseur de queue et le diffuseur 12, dont le remplissage est achevé, comme diffuseur de tête. Le diffuseur 11 se remplit de cossettes et le diffuseur 10 est prêt à être vidé. On isole d'abord ce diffuseur 10 en fermant la soupape de circulation C_9, la soupape C_{10} étant déjà fermée dans l'opération précédente. On ouvre la soupape de vinasses E_9 qui donne la pression, et pour meicher le diffuseur 12, il suffit d'ouvrir la soupape de jus J_{11}, la soupape de jus J_{12} étant déjà ouverte lors du meichage précédent et les soupapes de circulation C_{11} et C_{12} déjà fermées. La circulation se trouve rétablie et le meichage du diffuseur 12 s'effectue. Cette opération terminée, le rétablissement de la circulation normale permet le tirage du jus concentré sur le diffuseur 12. Chaque diffuseur devient ainsi successivement, premier, deuxième, troisième, etc., dernier de la série ; il reçoit la pression de la vinasse quand il est dernier ou diffuseur de queue ; il fournit le jus concentré quand il est premier ou diffuseur de tête.

Pour vider un diffuseur épuisé, on l'isole en fermant les deux soupapes de circulation à droite et à gauche ; on diminue la pression à l'intérieur en laissant écouler une partie du liquide, puis on fait basculer la porte de vidange en même temps qu'on ouvre le couvercle supérieur du diffuseur. Les cossettes épuisées sont évacuées dans la fosse inférieure ou dans des wagonnets; on rince le diffuseur, on le referme à la partie inférieure et il est alors prêt à être rempli.

La circulation des jus dans la batterie est assurée par la pression que donne l'eau ou la vinasse qui se trouve dans un bac situé à quelques mètres de hauteur. La circulation est lente quand la hauteur est faible (4 ou 5 mètres); elle est plus rapide avec une hauteur plus grande (8 à 10 mètres), mais les fortes pressions peuvent gêner le bon fonctionnement de la batterie en occasionnant des collages des cossettes dans les diffuseurs.

La mise en route de la batterie se fait en remplissant d'eau par meichage les cinq ou six premiers diffuseurs, en chauffant l'eau au passage dans les calorisateurs. Après chaque meichage, la circulation normale est rétablie. On place alors des cossettes successivement dans les diffuseurs suivants qu'on meiche; on soutire d'abord sur le deuxième diffuseur chargé une faible quantité de jus, puis on augmente la quantité soutirée sur les diffuseurs suivants jusqu'à ce qu'on arrive à la marche normale, tous les diffuseurs étant remplis et en fonctionnement.

La marche exposée ci-dessus présente un inconvénient : quand on soutire, en rétablissant la circulation normale, le diffuseur qui vient d'être meiché, le jus le moins riche qui se trouve en bas sort le premier sans passer sur les cossettes fraîches et le jus le plus riche qui se trouve en haut passe de nouveau sur les cossettes moins riches qui sont au-dessous. Pour éviter cet inconvénient, on peut soit supprimer l'opération du meichage, comme dans la diffusion Boullenger dans laquelle le jus peut se répandre sur le diffuseur par le haut, grâce à un dispositif spécial, soit ne rétablir la circulation normale qu'après le soutirage et soutirer par suite dans le sens du meichage, ce qui force le jus à traverser le diffuseur de tête. Cette dernière méthode exige une tuyauterie supplémentaire pour le soutirage des jus et l'établissement d'un tamis filtrant à la partie supérieure du diffuseur. On peut également adopter la circulation renversée dans laquelle la pression du liquide diffuseur s'exerce de bas en haut sur le diffuseur de queue par l'intermédiaire du calorisateur : la marche devient ainsi l'inverse de la marche précédente ; le jus descend les calorisateurs et remonte les diffuseurs, le meichage est supprimé et le soutirage se fait directement sans changement dans le sens de la circulation. Cette méthode exige également la présence de tamis filtrants à la partie supérieure des diffuseurs. Ces modifications ont peu d'intérêt en distillerie où la parfaite homogénéité des jus au point de vue de la densité a beaucoup moins d'importance qu'en sucrerie.

Dans certaines distilleries, pour économiser l'eau, on se sert de l'air comprimé ou de petits jus pour produire la pression pendant une partie du meichage et du soutirage.

La température des jus est maintenue, soit au moyen des calorisateurs, soit au moyen des injecteurs de vapeur placés dans les tuyaux de communication. Elle ne doit jamais dépasser 75° à 80°, pour qu'on puisse presser facilement les pulpes et pour qu'il ne se produise pas de collages dans les diffuseurs. La vinasse est employée à une température de 50° à 70°, concurremment avec de l'eau tiède ou des petits jus. La température s'élève à partir du diffuseur de queue en suivant l'ordre des diffuseurs; elle s'abaisse ensuite à la tête à cause du contact du jus avec les cossettes fraîches.

La charge moyenne des diffuseurs est de 54 à 56 kilogrammes de cossettes par hectolitre de capacité comprise entre les faux fonds perforés. La quantité de jus soutiré varie, suivant la richesse de la betterave, de 130 à 140 litres par 100 kilogrammes de cossettes. Dans un bon travail, les cossettes ne renferment plus que 0,20 à 0,30 p. 100 de sucre.

On emploie le plus souvent comme liquide diffuseur la vinasse. Elle peut être employée en mélange avec de l'eau ou des jus faibles, ou sans mélange alternativement avec de l'eau ou des jus faibles.

Quand on utilise la vinasse en mélange avec de l'eau ou avec les petits jus, on ajoute à la vinasse, dans le bac, les jus faibles ou de l'eau tiède en proportions voulues. Quand on marche alternativement à la vinasse et à l'eau, on peut adopter la méthode suivante préconisée par M. Barbet. Les vinasses, sortant à 50° du récupérateur de chaleur de la colonne rectificatrice, sont remontées par une pompe dans un bac placé à côté du bac à eau de diffusion. A l'entrée de la batterie est une soupape à deux sièges; lorsqu'on procède au meichage, on ouvre la soupape du côté de la vinasse; après meichage, pour pousser le jus au bac, on invertit la soupape, de telle façon que l'eau vient déplacer la vinasse et la pousse dans la circulation. La cossette se trouve en dernier lieu au contact de l'eau, qui opère un vrai rinçage, et c'est à

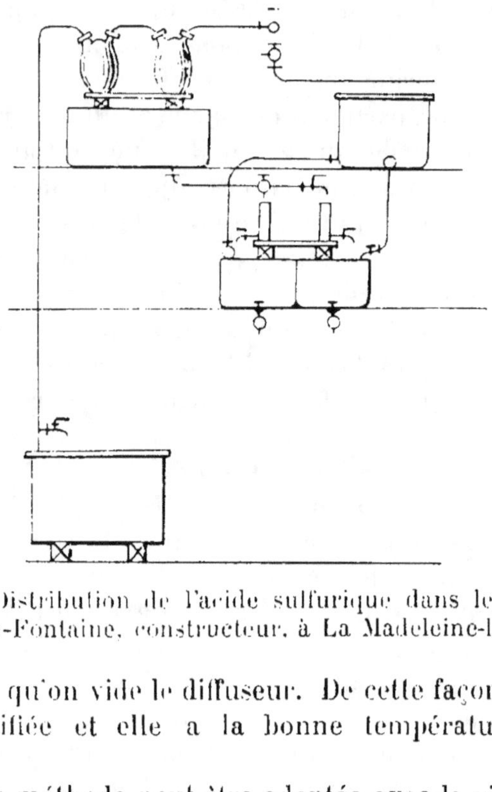

Fig. 24. — Distribution de l'acide sulfurique dans les diffuseurs. (Crépelle-Fontaine, constructeur, à La Madeleine-lès-Lille.)

ce moment qu'on vide le diffuseur. De cette façon la cossette est désacidifiée et elle a la bonne température pour la pression.

La même méthode peut être adoptée avec la vinasse et les jus faibles. L'acidification par l'acide sulfurique doit se faire sur le diffuseur de tête, en répartissant le mieux possible cet acide dilué sur les cossettes fraîches soit dans le diffuseur même, soit dans la nochère d'alimentation. On combat ainsi les fermentations secondaires qui prennent facilement naissance dans le premier diffuseur, où la température n'est pas assez élevée pour s'opposer au développement des ferments.

La figure 24 représente une installation de la maison Crépelle-Fontaine pour la distribution régulière de l'acide sulfurique sur les cossettes dans une distillerie de betteraves par diffusion. Un aspirateur de vapeur, placé à la partie supérieure, aspire par le tuyau de gauche l'acide sulfurique dans les deux ballons de poterie supérieurs. Les robinets en grès de ces ballons laissent écouler l'acide sulfurique dans le bac en plomb situé au-dessous. Ce bac alimente deux jauges en verre gradué, qui se déversent dans un bac en plomb à deux compartiments. De ce bac, une tuyauterie en plomb conduit l'acide aux diffuseurs.

D) *Pressurage des cossettes épuisées.* — Les cossettes épuisées tombent dans la fosse inférieure ou dans des wagonnets et sont envoyées au pressurage. On emploie à cet effet la presse Klusemann ou la presse Bergreen précédemment décrites. Les cossettes qui sortent des diffuseurs renferment environ 95 p. 100 d'eau : le pressurage les ramène à 86-90 p. 100 d'eau, ce qui correspond à 35-50 p. 100 de la pulpe initiale non pressée. La vitesse de rotation de l'arbre des presses est en moyenne de trois tours à la minute.

B. — Méthodes de traitement de la betterave à l'état de pulpe rapée.

Nous distinguerons parmi ces méthodes : 1° la méthode d'extraction du jus de betteraves par râpage, malaxages et pressurages, 2° la méthode de diffusion continue de pulpe râpée de A.G. et R. Collette.

1° Extraction du jus de betteraves par râpage, malaxages et pressurages. — Ce procédé, autrefois employé en sucrerie est encore adopté aujourd'hui dans un assez grand nombre d'usines, notamment dans la région du Nord.

Il consiste à transformer d'abord la betterave en pulpe par le râpage, à acidifier la râpure par l'acide sulfurique et à la soumettre au pressurage, dans des presses continues, après l'avoir intimement malaxée pour permettre aux phénomènes de diffusion de se produire. C'est donc à la fois un procédé mécanique qui extrait le jus des cellules déchirées par le râpage, et un procédé de diffusion qui permet par le malaxage l'épuisement des cellules non déchirées. Comme une seule pression ne suffit pas pour épuiser suffisamment la pulpe, on délaie la pulpe pressée avec de l'eau ou de la vinasse chaude, on la malaxe de nouveau et on la presse une seconde fois. Le jus de deuxième pression, ainsi obtenu, va diluer la râpure, et on n'envoie à la fermentation que le jus de première pression.

Le râpage a pour but le déchirement de la majeure partie des cellules de la betterave : le jus contenu dans ces cellules peut ainsi se répandre aisément dans le liquide de dilution de la râpure. Ce déchirement doit donc être aussi complet que possible sans cependant avoir pour résultat de transformer la betterave en fine bouillie, car la pression deviendrait difficile et les pulpes folles seraient très abondantes. Les phénomènes de diffusion interviennent pour compléter l'extraction du jus. L'addition des petits jus à la râpure rend sa consistance moins pâteuse, et pendant le malaxage, les cellules non déchirées laissent diffuser leur sucre et l'épuisement se continue. Il y a donc intérêt, pour avoir une bonne extraction, à employer des malaxeurs de grandes dimensions, dans lesquels la pulpe se trouve en contact avec le liquide pendant un temps suffisant pour utiliser au maximum les phénomènes de diffusion. Ces phénomènes se produisent surtout avant la deuxième pression, lors du délayage et du malaxage des pulpes de première pression avec de l'eau ou de la vinasse chaude.

L'emploi de l'acide sulfurique présente les mêmes avantages que ceux que nous avons exposés au sujet de la macération et de la diffusion et nous n'y reviendrons pas. L'acidification se fait sur la râpure qui s'échappe des appareils de râpage.

Matériel employé pour l'extraction du jus de betteraves par râpage et pressurages. — Le matériel employé pour l'extraction du jus de betteraves par râpage et pressurages comprend les appareils de râpage, les malaxeurs, les pompes à pulpes, les presses continues et les épulpeurs.

Appareils de râpage. — Les râpes employées en distillerie de betteraves sont la râpe à pousseurs et la râpe centrifuge.

La râpe à pousseurs se compose d'un tambour portant à sa surface externe des lames de scie, disposées suivant les génératrices du tambour et séparées par des lattes en bois. Le

Fig. 25. — Râpe centrifuge. (Wauquier et Cie, constructeurs, à Lille.)

tambour est animé d'un mouvement de rotation rapide, voisin de 800 tours à la minute, et la betterave est appliquée contre les dents de scie au moyen d'un pousseur. Il y a ainsi deux, trois ou quatre pousseurs correspondant chacun à une fraction du tambour râpeur. Les betteraves, poussées par ces pousseurs, sont retenues contre le tambour par une plaque métallique qui empêche leur entraînement par le mouvement de rotation du cylindre.

La râpe centrifuge (fig. 25) est constituée par un tambour fixe garni de lames dentelées maintenues par des latteaux laissant entre eux un vide suffisant pour le passage de la pulpe. A l'intérieur de ce tambour se meut, à la vitesse de 800 tours environ, un disque à trois bras, calé sur un arbre recevant la commande. Les betteraves pénètrent dans le tambour par un entonnoir et sont projetées par la force centrifuge sur la garniture dentelée. Une enveloppe en tôle entoure le tambour afin d'éviter les projections de la pulpe qui tombe dans le bac de râpe situé au-dessous.

La râpe à pousseurs a sur la râpe centrifuge l'avantage de prendre moins de force, d'être moins sensible aux corps étrangers, et de permettre facilement la réparation des lames de scie. Elle a l'inconvénient de ne pas fournir toujours une râpure bien homogène ; il reste parfois des morceaux de betteraves incomplètement râpés ou *semelles*, qui sont entraînés par le tambour. Aussi préfère-t-on ordinairement la râpe centrifuge qui donne une râpure plus régulière et un rendement plus élevé.

Malaxeurs. — Le *bac de râpe* est constitué par une bâche en fonte ; il est muni d'un couvercle et porte un agitateur qui mélange la râpure avec l'eau acidulée qu'on fait arriver pendant l'opération. Il doit être de dimensions suffisantes pour que l'épuisement y soit facilité par les phénomènes de diffusion.

Les malaxeurs servent au délayage des pulpes déjà pressées, qui doivent subir une deuxième ou une troisième pression. Ils sont constitués par de longs bacs demi-cylindriques dans lesquels tourne un arbre muni de palettes disposées en hélice. Cet arbre fait avancer lentement la pulpe d'un bout à l'autre du malaxeur. Les dimensions des malaxeurs ont une grande influence sur l'épuisement : avec des malaxeurs dont la longueur atteint 7 à 8 mètres, on peut employer un liquide plus chaud et favoriser beaucoup les phénomènes de diffusion et par suite l'épuisement de la pulpe. La nécessité d'avoir de longs malaxeurs se fait surtout sentir pour les usines qui doivent travailler des betteraves riches.

Pompes à pulpes. — La pompe à pulpes (fig. 26), type Dujardin, est une pompe à double ou quadruple effet dont les soupapes d'aspiration et de refoulement sont constituées par des boulets en bronze d'une visite très facile. Le corps de pompe est formé d'un cylindre en fonte doublé d'un tube en cuivre rouge dans lequel se déplace un piston en bronze avec

Fig. 26. — Pompe à pulpe, type Dujardin. (Wauquier et Cie, constructeurs, à Lille.)

garniture en caoutchouc. La commande est donnée par un double train d'engrenages, l'arbre du pignon portant les poulies fixe et folle. Chaque pompe est munie d'une soupape de sûreté pour limiter la pression.

Presses continues. — Les presses hydrauliques autrefois

employées pour l'extraction du jus ont aujourd'hui disparu et on utilise maintenant les presses continues.

La presse continue, type Dujardin (fig. 27), se compose de

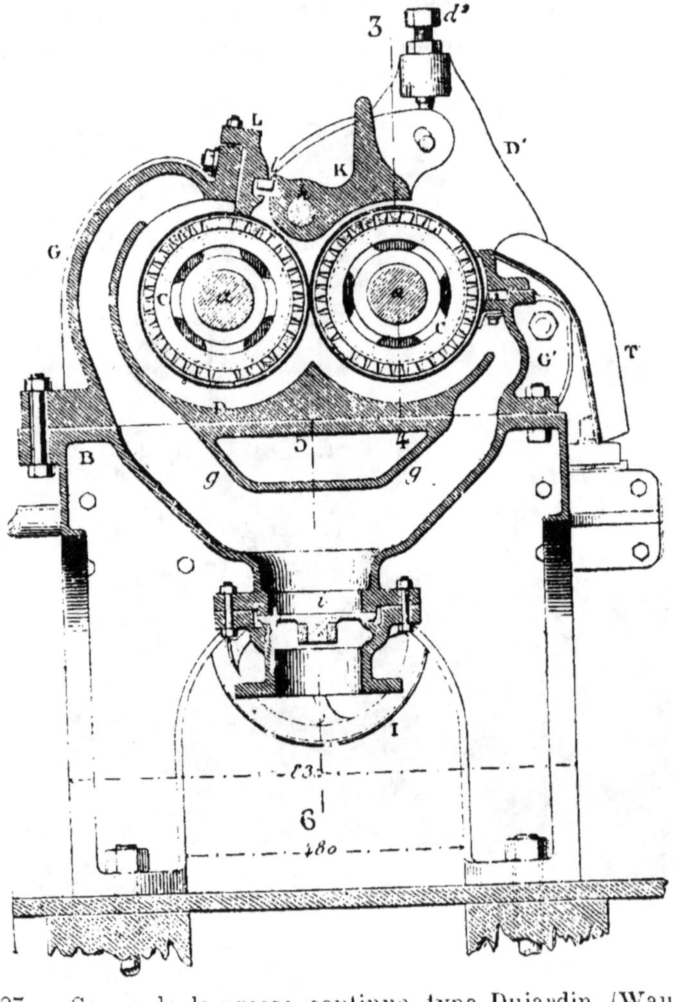

Fig. 27. — Coupe de la presse continue, type Dujardin. (Wauquier et Cie, constructeurs, à Lille.)

deux rouleaux ou cylindres creux en bronze, cannelés et recouverts d'une surface filtrante formée de tôles en cuivre de 2 millimètres d'épaisseur, percés de petits trous évasés vers l'intérieur. Des panneaux en fonte entourent ces cylindres qu'une commande par vis sans fin et engrenage anime d'un mouvement de rotation en sens contraire. La pompe à pulpe refoule la matière par un tuyau dans la presse : la pulpe passe par des conduits *gg* et arrive contre les tambours. Sous l'action de la pression et du laminage entre les deux cylindres qui tournent à quelques millimètres d'écartement, la majeure partie du jus traverse la surface filtrante des tambours et s'écoule hors de la presse. La pulpe se trouve finalement comprimée entre le cylindre C et le volet de compression K, dont on peut faire varier l'écartement à volonté pour régler la sortie de la pulpe pressée. Celle-ci s'échappe en T d'une façon continue sur toute la longueur du cylindre, sous la forme d'une nappe d'égale épaisseur.

Dans d'autres systèmes, la sortie de la pulpe se fait à la partie supérieure entre les deux cylindres au lieu de se faire latéralement. On utilise ainsi une portion plus grande de la surface filtrante des tambours.

Cet appareil permet de traiter 40 000 à 50 000 kilogrammes de betteraves par vingt-quatre heures.

Épulpeur. — L'épulpeur a pour but de retenir les pulpes folles entraînées par les jus qui sortent des presses. Il se compose en général d'un simple cylindre perforé, ouvert aux deux extrémités et légèrement incliné. Ce cylindre est animé d'un mouvement de rotation. Le jus entre à une extrémité et traverse la tôle perforée tandis que la pulpe folle est retenue et s'échappe à l'autre bout du cylindre.

Pratique du travail de l'extraction des jus de betteraves par râpage malaxages et pressurages. — L'extraction du jus de betteraves par râpage et pressurages comprend les opérations suivantes : le râpage de la betterave, l'acidification, les pressurages et malaxages et l'épulpage.

a) *Râpage.* — Les betteraves lavées et épierrées arrivent d'abord soit à la râpe à pousseurs, soit à la râpe centrifuge qui les transforment en râpure. L'état de la râpure a une grande influence sur la facilité des pressurages et sur le degré d'épuisement. Pour avoir un épuisement excellent, il serait nécessaire d'avoir une râpure aussi fine que possible, mais une pulpe trop fine se presse difficilement. Il faut donc recourir à une râpure moyenne, assez fine pour permettre un bon épuisement, sans cependant former une bouillie, ce qui amènerait des difficultés dans les pressurages. La pulpe ne doit pas contenir de semelles non râpées dont l'épuisement dans les opérations ultérieures resterait forcément imparfait.

b) *Acidification.* — La râpure ainsi obtenue est très pâteuse et contient de grandes quantités de bulles d'air en suspension. Pour favoriser la diffusion et pour pouvoir pomper la matière, on la dilue avec de petits jus provenant de la deuxième pression des pulpes qu'on fait arriver soit sur la râpe, soit dans le bac de râpe. L'acidification par l'acide sulfurique se fait également dans le bac de râpe, en ajoutant la quantité voulue d'acide sulfurique étendu. La masse est malaxée intimement par l'agitateur du bac de râpe. Elle est alors aspirée par la pompe à pulpes qui la refoule dans les presses continues de première pression.

c) *Pressurages et malaxages.* — La pulpe refoulée par la pompe passe entre les cylindres des presses continues : le jus s'écoule à travers les tambours perforés, et se rend à l'épulpeur. La pulpe pressée qui s'échappe retient encore 4 à 6 p. 100 de sucre, et il est nécessaire, pour l'épuiser plus complètement, de lui faire subir une seconde pression. A cet effet, la pulpe de première pression est envoyée dans des malaxeurs où elle est délayée avec de l'eau ou de la vinasse chaude. Il serait avantageux d'opérer à une haute température pour faciliter la diffusion du sucre et éviter les fermentations secondaires, mais quand la température des pulpes envoyées à la deuxième pression est trop élevée, les presses crachent et leur fonctionnement laisse à désirer. Il est donc préférable d'avoir dans le malaxeur une température de 60° à 70°. Après malaxage, la pulpe est aspirée à l'extrémité du bac par une pompe et envoyée dans des presses de deuxième pression analogues aux premières. On obtient ainsi d'une part la pulpe épuisée et d'autre part des petits jus qui servent en grande partie, sinon en totalité, à diluer la râpure qui va subir la première pression. Le reste des petits jus est joint, s'il y a lieu, aux jus de première pression. Les pulpes obtenues ne renferment plus que 75 à 80 p. 100 d'eau et on en obtient de 25 à 33 p. 100 du poids de la betterave.

L'interposition, entre la pompe à pulpe et les presses de première pression, d'un macérateur extracteur de jus, permet un épuisement plus parfait. Dans le macérateur extracteur Dujardin-Cuvelier, construit par la maison Wauquier à Lille, la râpure refoulée par la pompe pénètre d'abord dans un extracteur en forme de disque vertical et constitué de deux parties sur lesquelles reposent des tôles filtrantes en laiton. Le jus passe à travers ces tôles et va à l'épulpeur; la pulpe passe dans un cylindre vertical où elle est additionnée d'eau chaude ou de petits jus et malaxée intimement par un arbre muni de palettes. Elle sort finalement par la tubulure supérieure de l'appareil et va aux presses de première pression. On facilite ainsi beaucoup le travail des presses, et on peut en outre utiliser tous les petits jus à la râpe.

Pour épuiser plus complètement encore la pulpe, on la soumet, dans un assez grand nombre d'usines, à une troisième pression. Dans ce cas, les jus de première pression sont envoyés en fermentation, ceux de deuxième pression vont diluer la râpure, ceux de troisième pression servent à diluer la pulpe obtenue après la première pression, et la pulpe de deuxième pression est malaxée avec de l'eau ou de la vinasse. On obtient ainsi un très bon épuisement, mais le système est assez compliqué; en outre le rendement en pulpe est souvent mauvais et peut absorber le bénéfice de l'épuisement meilleur par rapport à la double pression.

Quand on travaille par double pression, la pulpe contient encore de 1,5 à 3 p. 100 de sucre, suivant la perfection du travail. La quantité de pulpe produite représente environ 33 p. 100 du poids des betteraves : la perte en sucre est donc de $0^{kg},5$ à 1 kilogramme pour 100 kilogrammes de betteraves. Le chiffre le plus bas correspond aux usines qui ont des malaxeurs de grandes dimensions, et qui utilisent le macérateur extracteur de jus. Avec le travail par triple pression, on peut arriver à ne laisser que 0,80 p. 100 de sucre dans la pulpe, ce qui correspond à une perte de sucre de $0^{kg},20$ par 100 kilogrammes de betteraves. L'épuisement est donc voisin de celui qu'on obtient par diffusion.

Épulpage. — Les jus qui sortent des presses continues

contiennent une assez forte proportion de pulpe folle qu'on doit retenir, car elle fait mousser les moûts et salit les colonnes à distiller. Cette séparation des pulpes folles s'effectue par un simple passage du jus à travers l'épulpeur que nous avons décrit précédemment. La pulpe folle recueillie retourne au bac de râpe. Les jus qui s'écoulent des presses de première pression sont seuls envoyés à la fermentation ; on y joint cependant, s'il y a lieu, les petits jus qui ne sont pas rentrés au bac de râpe dans le travail.

2° **Diffusion continue de pulpe râpée système A. G. et R. Collette, de Seclin (Nord).** — Cette méthode, toute nouvelle, a pour but l'extraction complète du jus de betteraves par lavage méthodique de la pulpe pressée, comme la diffusion habituelle lave les cossettes, tout en conservant à la pulpe la forme mieux conservable et plus condensée de pulpe de presses continues.

Ce travail est réalisé dans un appareil beaucoup plus réduit, plus simple et moins coûteux qu'une diffusion ordinaire de cossettes ; la marche est continue et automatique : la pulpe riche entre continuellement à un bout de l'appareil et sort à l'autre bout épuisée. Les diffuseurs sont de simples bacs juxtaposés, sans aucun agencement mécanique, sans portes de vidange ou d'emplissage et sans soupapes. Le rang de ces diffuseurs dans la batterie ne change pas comme dans la diffusion ordinaire : on a toujours les mêmes diffuseurs en tête et toujours les mêmes en queue, car l'eau entre toujours au même endroit, en queue de batterie, et traverse successivement tous les diffuseurs pour sortir en tête sous forme de jus riche, tout à fait comme dans la diffusion ordinaire ; la pulpe riche entre aussi toujours au même endroit, en tête de la batterie, et *traverse elle aussi tous les diffuseurs, en sens inverse de l'eau*, pour sortir épuisée en queue. Cette double circulation, grâce à laquelle la diffusion devient une opération vraiment continue, sans changements ni déchargements intermittents en des endroits successifs, s'opère de la façon suivante : le mélange de pulpe et de jus d'un diffuseur en sort continuellement et passe dans un tamiseur qui sépare la pulpe du jus : la pulpe va ensuite dans le diffuseur voisin plus pauvre en sucre, le jus va dans le diffuseur voisin plus riche en sucre, et, par réciprocité, chaque diffuseur reçoit continuellement de la pulpe de son voisin plus riche en sucre et du jus de son voisin plus pauvre en sucre. Les tamiseurs sont des cylindres de tôle perforée, tournant autour de leur axe qui est un peu incliné sur l'horizontale. Ce sont les seules pièces en mouvement de tout l'appareil. Ils sont placés en ligne, au-dessus de la ligne des diffuseurs, de telle sorte que la pulpe sortant du bout de chacun d'eux, tombe dans le diffuseur voulu. Quant au jus filtré à travers les trous du tamiseur, il est ramené au diffuseur voulu par une rigole appropriée. Des *émulseurs*, ou simples tuyaux verticaux plongés dans le liquide des diffuseurs et à la base desquels on insuffle de l'air, se chargent d'élever ce liquide, mélange de jus et de pulpe, au niveau des tamiseurs. Une pompe à air met en mouvement tous les émulseurs.

Après cette diffusion, la pulpe épuisée est pressée par des presses continues, et le jus des presses rentre dans la diffusion avec l'eau. On n'a donc, ni jus de presses, ni petites eaux à épandre sur les champs, comme dans la diffusion ordinaire.

Cette méthode, très ingénieuse et très avantageuse, permet d'épuiser plus rapidement et plus complètement la pulpe, grâce à son extrême division sous forme de râpure, que la diffusion n'épuise les cossettes. Le peu de sucre que l'analyse peut encore déceler dans la pulpe épuisée n'est qu'à compter sur le poids de la pulpe pressée, soit sur un tiers ou un quart du poids des betteraves, puisque tous les jus de presses rentrent à la diffusion. Cent kilogrammes de betteraves, contenant 14 kilogrammes de sucre, donnent à la sortie des presses environ 33 kilogrammes de pulpes contenant 0,30 p. 100 du sucre, soit 0^{kg},10 de sucre. La perte totale est donc de 0,71 p. 100 de sucre de la betterave, ou de 0^{kg},10 par 100 kilogrammes de betteraves.

Nous avons vu qu'avec la diffusion, la perte dans les cossettes est environ de 0^{kg},20 par 100 kilogrammes de betteraves ; à ce chiffre il faut ajouter environ 0^{kg},10 perdus dans les petites eaux, de sorte que la perte totale est de 0^{kg},3 par 100 kilogrammes de betteraves. Avec la méthode par double pression, nous avons vu que la perte varie de 0kg,5 à 1 kilogramme, soit en moyenne 0kg,75 par 100 kilogrammes de betteraves. Enfin avec la méthode par triple pression, on peut arriver à réduire la perte à 0kg,20. Par conséquent la méthode Collette est celle qui conduit à l'épuisement le plus parfait.

Comparaison des divers modes d'extraction du jus de betteraves.

Il résulte des chiffres qui précèdent qu'au point de vue de l'épuisement, la méthode la plus parfaite est la diffusion continue de pulpe râpée de MM. Collette, puis viennent successivement la méthode par râpage, malaxages et triple pression, la méthode par diffusion ordinaire, la macération et la méthode par râpage, malaxages et double pression.

Les méthodes de traitement de la pulpe râpée par malaxage et double ou triple pression sont encore employées dans beaucoup de distilleries, dans lesquelles on conserve ce matériel ancien à cause des frais considérables qu'entraînerait la transformation radicale du mode d'extraction en adoptant les procédés de macération ou de diffusion à l'état de cossettes. Mais les distilleries nouvellement installées renoncent de plus en plus à ces méthodes et se montent aujourd'hui par macération ou diffusion en cossettes. L'extraction du jus par râpage, malaxages et pressurages présente en effet de gros inconvénients. L'épuisement en sucre n'est pas aussi complet, comme nous l'avons vu, qu'avec la diffusion en cossettes, à moins d'adopter le travail à trois pressions, compliqué et onéreux par le matériel qu'il exige, et conduisant souvent à un mauvais rendement en pulpe. Les jus renferment toujours beaucoup de pulpes folles, malgré leur passage à travers l'épulpeur : ces pulpes gênent la fermentation, occasionnent des mousses et salissent les appareils. L'installation est compliquée, les frais d'entretien du matériel de presses sont élevés et ils sont d'autant plus coûteux que le matériel fonctionne dans une matière plus chaude et plus acide. Les distillateurs qui chauffent beaucoup pour bien épuiser, estiment l'entretien d'une presse à 500 francs par an, et à 300 francs si le chauffage est moins énergique. Les presses occasionnent en outre une dépense considérable de force motrice et sont difficiles à maintenir propres. Les avantages de la méthode d'extraction par râpage, malaxages et pressurages sont les suivants : toute la betterave est utilisée, et il n'y a pas de rejet de radicelles (1 à 3 p. 100 du poids de la betterave) comme en diffusion; le travail est plus facile avec les betteraves gelées, les mélanges de betteraves riches et pauvres ; la fermentation du jus est plus facile qu'en diffusion, car le jus est plus riche et plus chargé d'air; enfin la pulpe obtenue est beaucoup moins aqueuse que la pulpe de macération ou de diffusion; elle se transporte plus aisément, se conserve bien en silos tassés à l'abri de l'air; elle est très recherchée par les cultivateurs et se vend plus facilement et à un prix plus élevé.

La nouvelle méthode de MM. Collette, basée sur la diffusion de la pulpe râpée, présente tous les avantages de la méthode précédente, et en fait disparaître les principaux inconvénients. L'épuisement est excellent, meilleur même qu'en diffusion, l'installation est simple et peu coûteuse ; les presses sont en grande partie supprimées et il reste à entretenir une seule pression, dont les appareils se détériorent peu car ils travaillent une matière qui n'est presque plus acide, et à une température peu élevée. Toute la pulpe est obtenue intégralement, sans être abîmée par les pressions et le chauffage excessif. Il semble donc que les distilleries actuellement montées par râpage, malaxages et double ou triple pression ont le plus grand intérêt à transformer leur mode de travail en adoptant la diffusion continue de pulpe râpée de MM. Collette.

La macération méthodique et la diffusion de la betterave à l'état de cossettes présentent sur l'ancienne méthode par râpage, malaxages et pressurages de grands avantages. L'épuisement est meilleur qu'en double pression ; on peut travailler facilement des betteraves riches ; les jus sont propres et on peut les obtenir à plus haute densité. Les frais d'entretien du matériel sont faibles; la dépense en force motrice et en main-d'œuvre est minime. Enfin les appareils sont faciles à maintenir en bon état de propreté. Par contre, la diffusion présente quelques inconvénients : la pulpe est plus aqueuse, se conserve mal et s'altère en silo ; la fermentation des jus est moins facile ; enfin les petites eaux et jus de presses forment un volume encombrant dont il faut se débarrasser par épandage ou par un traitement d'épuration quelconque.

Les petites usines préfèrent ordinairement la macération, dont l'installation est moins coûteuse et qui donne d'excellents résultats quand elle est bien pratiquée. M. Arachequesne, qui a comparé au point de vue de la dépense en charbon la macération, la diffusion à la vinasse et petits jus et la diffusion à la vinasse et eau froide, est arrivé aux résultats suivants par tonne de betteraves, d'après Bücheler et Légier.

Modes de travail.	Dépense de la batterie en kg. de vapeur.	Dépense de la colonne en kg. de vapeur.	Dépense totale en kg. de vapeur.	Dépense totale en kg. de charbon.
Macération ou diffusion Boullenger...........	110,0	190,0	300,0	42,9
Diffusion à la vinasse 70° et petits jus..........	39,2	117,0	155,2	22,3
Diffusion à la vinasse et eau froide............	92,0	70,4	162,4	23,2

On voit que la diffusion, soit avec la vinasse et les petits jus, soit avec la vinasse et l'eau froide, présente sur la macération un avantage d'environ 20 kilogrammes de charbon par tonne de betteraves. Les deux modes de travail par diffusion sont sensiblement égaux : la diffusion à la vinasse avec petits jus, qui est plus simple et qui exige moins d'eau, est surtout applicable aux distilleries agricoles ; la diffusion à la vinasse et à l'eau convient aux grandes installations.

II. — PRÉPARATION DES MOUTS DE MÉLASSES DE BETTERAVES ET DE CANNES.

Moûts de mélasses de betteraves.

Les mélasses qui arrivent à l'usine sont d'abord vidées dans des réservoirs constitués par des citernes soigneusement cimentées dans le sol. Ces citernes doivent être couvertes pour garantir la mélasse contre la pluie. La mélasse est alors envoyée dans des réservoirs en tôle au moyen d'une pompe à chaînes.

Principes théoriques sur lesquels reposent les méthodes de préparation des moûts de mélasses. — Les mélasses ont presque toujours une réaction nettement alcaline. Cette réaction est due à la présence de carbonates alcalins, qui se forment au moment du traitement des jus par la chaux et l'acide carbonique en sucrerie pour leur épuration. La chaux déplace de leurs combinaisons la potasse et la soude en précipitant les acides auxquels elles sont combinées, et, au moment de la carbonatation, ces alcalis se combinent à l'acide carbonique pour former les carbonates. Cette réaction alcaline est défavorable à la levure ; il est donc nécessaire de neutraliser la mélasse.

En outre, les mélasses contiennent un grand nombre de sels organiques, formés par la combinaison de la potasse, de la soude et de la chaux avec des acides gras volatils, tels que les acides formique, acétique, butyrique, propionique, valérianique ou avec des acides organiques fixes, tels que les acides tartrique, citrique, malique, etc. Les acides gras volatils sont facilement mis en liberté par les acides plus énergiques : ils sont nuisibles pour la fermentation alcoolique. Au contraire les acides tartrique, malique, citrique, lactique, etc., favorisent la marche de la levure à dose convenable.

Les mélasses contiennent enfin des nitrites provenant de la réduction des nitrates dans les fermentations ou réactions qui se passent dans le travail de la sucrerie, et des sulfites provenant du traitement des jus par l'acide sulfureux.

Quand on ajoute à la mélasse de l'acide sulfurique étendu, cet acide se porte d'abord sur les alcalis et neutralise l'alcalinité, puis il met en liberté les acides gras volatils et décompose les nitrites et les sulfites en donnant du bioxyde d'azote et de l'acide sulfureux. Si la dose d'acide sulfurique ajouté est suffisante les acides organiques fixes sont déplacés à leur tour, et l'excès d'acide sulfurique reste ensuite, s'il y a lieu, à l'état libre. Si on porte à l'ébullition un moût ainsi acidifié, l'acide sulfureux et le bioxyde d'azote provenant des sulfites et des nitrites sont éliminés, ainsi que les acides gras volatils qui s'en vont partiellement par distillation. La masse se trouve en outre stérilisée. Enfin il se produit une légère interversion du saccharose sous l'action des acides organiques mis en liberté par l'acide sulfurique. Mais cette interversion est faible et elle s'achève seulement en cuve de fermentation sous l'action de la sucrase sécrétée par la levure.

Jusqu'à ces dernières années, on a utilisé pour la préparation des moûts de mélasse une méthode basée sur le principe suivant. Pour protéger le moût contre les fermentations secondaires, et favoriser le développement de la levure, on acidifie la mélasse par l'acide sulfurique, on porte à l'ébullition pour éliminer les acides volatils nuisibles et décomposer les nitrites et les sulfites, tout en stérilisant la masse, et on donne au moût une acidité finale qui était autrefois de 2 grammes à 2gr,5 par litre, évaluée en acide sulfurique, mais qui a été abaissée aujourd'hui à 0gr,5-1 gramme par litre. Il est évidemment avantageux d'employer une dose d'acide sulfurique aussi faible que possible, tout en effectuant les réactions indiquées plus haut. L'acide sulfurique, en mettant en liberté les acides organiques fixes, transforme en effet les sels organiques en sulfates, et il en résulte une diminution dans la valeur des salins qui proviennent de la calcination des vinasses. La valeur de ces salins dépend surtout de leur richesse en carbonate de potasse ; et ce sel se forme précisément par décomposition des sels organiques sous l'action de la chaleur. Il importe donc de déplacer le moins possible ces acides organiques. L'acidité obtenue par addition d'acide sulfurique est donc une acidité organique due aux acides déplacés et non pas une acidité minérale libre. Il est facile de voir d'ailleurs que pour avoir une acidité sulfurique libre, il faudrait ajouter une quantité d'acide sulfurique beaucoup plus considérable, puisque la mélasse renferme de 9 à 13 p. 100 de cendres, dont les quatre cinquièmes au moins proviennent des sels organiques, comme nous l'avons vu en étudiant la composition chimique de la mélasse.

On tend aujourd'hui de plus en plus à simplifier beaucoup

ce mode de travail en supprimant le chauffage et en se bornant à diluer au degré voulu la mélasse préalablement neutralisée ou légèrement acidifiée. Nous verrons plus loin comment les progrès réalisés dans la préparation des levains et dans le mode de fermentation ont pu rendre possible cette méthode très simple de préparation des moûts.

Appareils employés pour la préparation des moûts de mélasses. — Les appareils employés pour la préparation des moûts de mélasses sont très simples. Quand on opère par chauffage, on fait l'acidification et le chauffage dans un grand bac, appelé *dénitreur*, muni d'un chauffage par serpentin ou barboteur. On y adjoint un tuyau perforé pour l'injection d'air comprimé, ou bien on emploie un injecteur souffleur à vapeur qui agit à la fois par barbotage de vapeur et par injection d'air. A la partie supérieure se trouve une hotte destinée à entraîner les gaz et les vapeurs qui se dégagent au moment du chauffage.

M. Barbet a imaginé un dénitreur continu pour les moûts de mélasses. Il se compose d'un dénitreur entièrement en cuivre, de forme un peu élevée, et divisé sur sa hauteur par quelques cloisons transversales qui forcent la mélasse entrant par le haut à faire un certain circuit avant de gagner le tuyau de sortie placé à la partie inférieure et relevé en col de cygne. La mélasse diluée traverse d'abord les tubes d'un récupérateur tubulaire où elle s'échauffe, en refroidissant la mélasse chaude sortant du dénitreur et qui vient circuler autour des tubes. Cet appareil, qui réduit beaucoup la dépense en combustible, a été récemment perfectionné. Le dénitreur est devenu une véritable colonne distillatoire méthodique permettant d'expulser le gaz sulfureux. En outre l'appareil est disposé de façon à éliminer les précipités de sulfite et de sulfate de chaux, en vue de l'évaporation ultérieure des vinasses à triple effet.

Pour la dilution de la mélasse, on utilise de simples cuves de mélange munies souvent d'agitateurs mécaniques.

La figure 28 représente une installation de distillerie de mélasses faite par la maison Crépelle-Fontaine.

Pratique du travail dans la préparation du moût de

mélasses avec chauffage. — Cette méthode comprend deux opérations : *a*) la dilution de la mélasse et l'acidification, *b*) le chauffage ou *dénitrage*.

a) ***Dilution et acidification de la mélasse.*** — La mélasse doit d'abord être diluée avec de l'eau pour éviter la décomposition qui se produirait aux dépens du sucre avec la mélasse concentrée, au moment des opérations de l'acidification et du chauffage. Cette dilution peut se faire soit dans un bac mélangeur spécial muni d'un agitateur mécanique, soit dans le bac dénitreur. On y place de l'eau en quantité suffisante pour obtenir, après l'addition de mélasse, une densité de 25° Baumé en moyenne. On y ajoute l'acide sulfurique en proportion voulue. La dose d'acide se calcule d'après l'alcalinité de la mélasse et d'après l'acidité qu'on veut avoir après le traitement préliminaire et après dilution à la densité adoptée pour le chargement des cuves, acidité généralement comprise entre 0gr,5 et 1 gramme par litre, évaluée en acide sulfurique. On doit également tenir compte de l'acide apporté par le levain dans la cuve de fermentation quand on emploie des levains lactiques. La quantité d'acide sulfurique à ajouter doit donc être déterminée par un essai préalable.

b) ***Chauffage ou dénitrage.*** — On porte à l'ébullition, dans le bac dénitreur, la masse ainsi diluée et acidifiée. L'ébullition doit durer en moyenne quinze minutes, mais avec certaines mélasses on doit faire bouillir un peu plus longtemps. Il est bon de faire fonctionner pendant toute l'opération un courant d'air qui entraîne les acides volatils, l'acide sulfureux et le bioxyde d'azote dans la hotte qui surmonte le bac.

La mélasse ainsi acidifiée et dénitrée est alors refroidie à la température favorable à la fermentation alcoolique et amenée à la concentration voulue. Nous étudierons plus loin le refroidissement des moûts. La dilution se fait en ajoutant de l'eau de manière à obtenir finalement une densité de 1075 à 1105, suivant les modes de travail.

Pratique du travail de la préparation des moûts de mélasses sans chauffage. — La méthode précédente est coûteuse, car elle exige de fortes dépenses de vapeur et d'acide. Depuis quelques années, on a beaucoup simplifié le travail en supprimant le dénitrage. On se contente de diluer

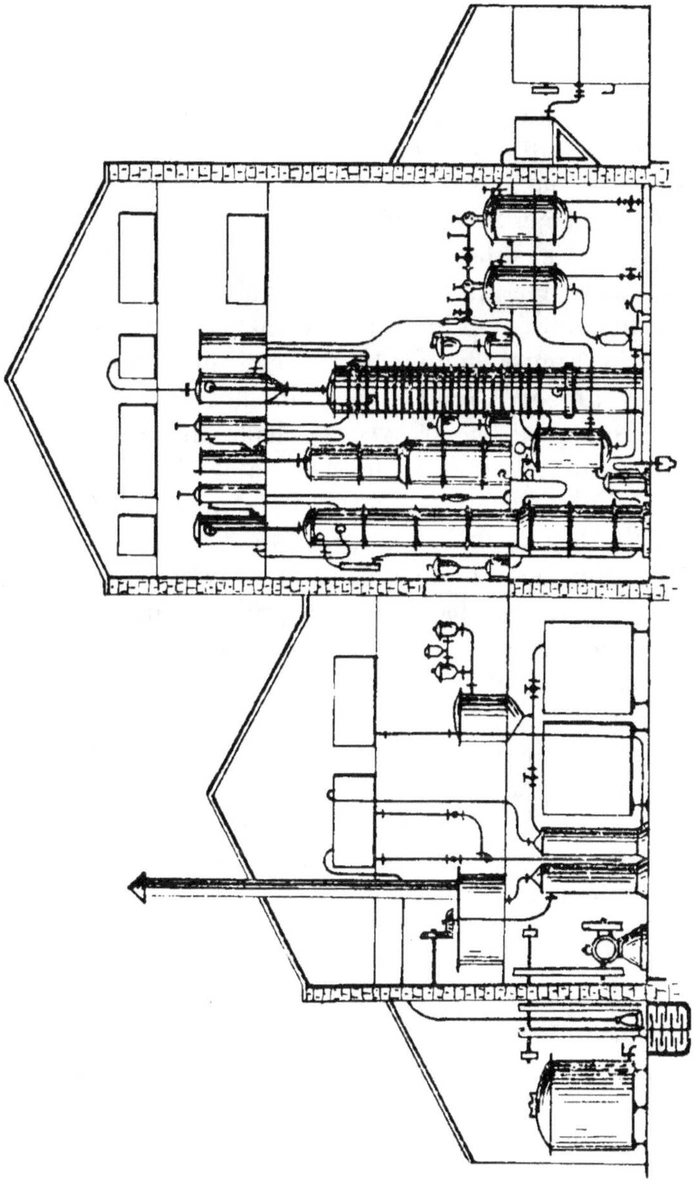

Fig. 28. — Vue d'ensemble d'une distillerie de mélasses de betteraves. (Crépelle-Fontaine, constructeur, à La Madeleine-lès-Lille.)

la mélasse après l'avoir simplement neutralisée ou légèrement acidifiée. On adopte le plus souvent une acidité voisine de $0^{gr},5$

à 0gr,8 par litre, évaluée en acide sulfurique ; parfois on se borne même à neutraliser l'alcalinité. On peut arriver à ce résultat en employant des levains purs très actifs, ou en adoptant certaines méthodes de fermentation spéciales telles que celles d'Effront à l'acide fluorhydrique et à la colophane, que nous étudierons plus loin. Les fermentations secondaires sont ainsi beaucoup moins à craindre et il est inutile dans ce cas de stériliser la masse et de l'acidifier fortement pour la préserver des ferments nuisibles.

On a proposé de substituer à l'acide sulfurique les acides organiques fixes, tels que l'acide tartrique, afin d'augmenter la richesse des salins en carbonate de potasse. MM. Collette et Boidin ont préconisé l'emploi de l'acide phosphorique qui présente l'avantage de rendre les fermentations plus faciles, car les mélasses sont très pauvres en acide phosphorique qui est un des aliments minéraux indispensables à la levure. En outre l'addition d'acide phosphorique précipite les sels de fer et de cuivre de la mélasse, qui gênent la fermentation. L'acide phosphorique employé peut être régénéré en neutralisant les vinasses par la chaux : le précipité qui se forme renferme l'acide phosphorique ; on le sépare et on le décompose par l'acide sulfurique. L'acide phosphorique ainsi régénéré est utilisé de nouveau pour l'acidification des mélasses. La fermentation des mélasses traitées à l'acide phosphorique se fait aisément, sans addition de levains coûteux au moût de grains, même en ensemençant avec de faibles quantités de levure, et on supprime la formation de sulfates qui déprécient les salins.

De Cuyper neutralise l'alcalinité de la mélasse avec de la tourbe sèche finement divisée. Après quelques heures de contact, on sépare le liquide, qui présente alors une réaction acide et peut être envoyé directement à la fermentation.

On a aussi préconisé le traitement électrolytique des mélasses en vue de leur acidification pour la fermentation. La mélasse diluée à 25° Baumé et chauffée à 45° est traitée à l'anode dans des électrolyseurs où le bain de cathode est de l'eau ou de la vinasse ; les sels sont décomposés, une partie des bases est enlevée à la mélasse qui devient acide.

Cette méthode permet la suppression complète de l'acide et semble exercer en outre une action stérilisante sur la masse, de sorte que la fermentation ultérieure est très pure.

M. Rivière a proposé la précipitation de la potasse dans les moûts de mélasses au moyen de l'acide hydrofluosilicique ou des fluosilicates solubles, en particulier celui de zinc. Cette précipitation permet une réduction notable des volumes des liquides à traiter, car on peut fermenter couramment à 12° Baumé et au delà. Les moûts de mélasses à 14° B. sont ramenés à 12° B. par le dépotassage, et l'acidité obtenue par le déplacement des divers acides par l'acide hydrofluosilicique est si forte qu'on est parfois obligé de la neutraliser partiellement. Le mélange des fluosilicates potassique et sodique peut être traité par le bisulfate de sodium pour régénérer l'acide hydrofluosilicique. On peut aussi, après l'avoir façonné en briquettes, le décomposer par la vapeur d'eau surchauffée.

La rentrée d'une certaine quantité de vinasses dans le travail de préparation des moûts peut se faire quand on emploie des levains très actifs, comme nous le verrons en étudiant la fermentation des moûts de mélasses. Les vinasses sont alors plus concentrées et l'évaporation demande moins de charbon.

Moûts de mélasses de cannes.

La mélasse de cannes peut servir à la fabrication de plusieurs sortes d'alcools. On fait parfois des alcools neutres, souvent du rhum d'exportation, et souvent aussi un tafia très coloré qui sert à couper les alcools d'industrie et à produire ainsi des rhums de consommation courante en Europe.

Nous empruntons à M. Pairault, qui a très soigneusement étudié aux Antilles la fabrication du rhum et dont le nom fait autorité en la matière, les renseignements suivants sur la préparation des moûts de mélasses de cannes (1). La mélasse est d'abord déversée dans des fosses en maçonnerie, pour être envoyée ensuite, au moyen de pompes, dans des bacs en tôle

(1) Pairault, *Le rhum et sa fabrication*, 1 vol., C. Naud, 1903.

situés à quelques mètres de hauteur, qui servent à distribuer la mélasse dans la rhummerie. Le moût se prépare le plus souvent en diluant la mélasse avec de l'eau et des vinasses. L'emploi de la vinasse est indispensable aux Antilles pour produire les rhums d'exportation à fort arome recherchés en Europe pour les coupages. Aussi en utilise-t-on jusqu'à 70 p. 100 en volume. Ces vinasses sont très fortement colorées en brun, leur densité varie de 6 à 7° Baumé ; elles renferment 10 à 12 p. 100 d'extrait, 3 p. 100 de cendres et leur acidité, très élevée, atteint 10 à 14 grammes d'acide sulfurique par litre. On y trouve enfin des matières azotées en proportions qui varient de 4 grammes à 9 grammes par litre, des sucres réducteurs qui ont échappé à la fermentation alcoolique, et les sucres non fermentescibles de la mélasse de cannes, notamment le glutose. Cette vinasse, sortant des appareils à distiller, est reçue le plus souvent dans des grands bacs en maçonnerie où elle se refroidit en s'étalant sur une large surface.

Dans les rhummeries de la Martinique, qui toutes ont disparu dans la terrible catastrophe de Saint-Pierre en mai 1902, la préparation du moût s'effectuait dans une fosse en maçonnerie cimentée, appelée fosse à composition, dans laquelle on mélangeait la mélasse, l'eau et la vinasse dans les proportions suivantes : Mélasse, 10 à 15 litres ; eau, 20 à 35 litres ; vinasse, 70 à 50 litres. La densité de la composition ne dépassait pas 11° Baumé, et le chiffre adopté était ordinairement de 9 à 9°,5. Ce liquide était envoyé à la fermentation. A la Jamaïque, la composition est la suivante : mélasse, 100 litres ; vinasse, 400 litres ; eau de lavage des appareils, 250 litres ; eau, 250 litres. A Haïti, on utilise 12 litres de mélasse pour 55 litres d'eau et 33 litres de vinasse. A la Trinitad, aux Guyanes anglaise et hollandaise, à l'île Maurice, la préparation des moûts se fait sans addition de vinasse, en étendant simplement la mélasse dans la proportion de 1 litre de mélasse pour 6 litres d'eau. Il en est de même à la Réunion, où on ajoute cependant parfois un peu de vinasse, sans dépasser la proportion de 30 à 35 p. 100.

Beaucoup de distilleries ajoutent un peu d'acide sulfurique

et de sulfate d'ammoniaque. L'acide sulfurique, à la dose de 200 à 250 grammes par 1 000 litres de composition, agit comme antiseptique en gênant le développement des bactéries; mais son emploi ne paraît pas utile quand la composition contient de la vinasse. Le sulfate d'ammoniaque, employé souvent à dose exagérée, sert à l'alimentation azotée de la levure : une dose de 150 à 200 grammes par 1 000 litres suffit largement.

M. Pairault fait suivre ces indications d'excellents conseils que les fabricants de rhum auront grand avantage à suivre pour la préparation de leurs moûts.

« Il est nécessaire de prendre plus de soin de la matière première, de n'employer pour recevoir la mélasse, que des fûts parfaitement nettoyés, dès qu'ils sont vides, à l'eau chaude, puis à la vapeur, et bien séchés avant l'emploi. Les fûts pleins qui arrivent à la rhummerie doivent être transportés sur un dépotoir facilement nettoyable, d'où leur contenu sera amené dans une citerne couverte. Les bacs à mélasses doivent être également couverts pour les mettre à l'abri des poussières. La fosse à composition doit être cimentée, le fond établi en pente vers l'un de ses angles dans lequel vient aboutir le tuyau de la pompe à composition. Il importe en effet que la fosse soit bien entièrement vidée à chaque opération, et particulièrement qu'on ait le soin de ne pas y laisser séjourner de composition du soir au lendemain. Il est nécessaire que cette fosse soit au moins une fois par semaine lavée à fond avec la brosse et à grande eau, puis passée à l'eau de chaux. Enfin quand la vinasse sortant des chaudières se décante et se refroidit lentement dans les grands bassins en maçonnerie, elle devient le siège d'abondants développements de bactéries. Il serait fort utile de refroidir la vinasse au sortir de la chaudière au moyen de réfrigérants tubulaires et de l'envoyer dans des bassins de décantation moins vastes où elle achèverait de se refroidir à 28-30°. On pourrait d'ailleurs se contenter de ne recueillir et refroidir que la quantité nécessaire pour un jour ou deux jours de fabrication. »

Les mélasses de cannes renferment parfois de grandes quantités d'acides volatils dus à une fermentation qui s'effectue pendant la conservation. Ces mélasses sont alors très chargées de microbes nuisibles et fermentent difficilement. M. Barbet conseille dans ce cas de leur faire subir un chauffage analogue au dénitrage pour enlever les acides volatils et opérer une stérilisation. Cette opération peut se faire sans acide sulfurique dans le dénitreur continu que nous avons décrit précédemment, en forçant le barbotage d'air, ou plus simplement avec l'acide sulfurique si le prix de cet acide n'est pas trop élevé dans le pays. Les moûts ainsi stérilisés entrent plus difficilement en fermentation spontanée, et il est nécessaire de les ensemencer par pied de cuve au début de la campagne.

III. — PRÉPARATION DES MOUTS DE TOPINAMBOURS.

La préparation des moûts de topinambours peut se diviser, comme celle des moûts de betteraves, en deux phases : 1° les travaux préparatoires qui comprennent le transport et la conservation, le lavage et l'épierrage ; 2° l'extraction du jus.

1. TRAVAUX PRÉPARATOIRES.

Transport et conservation. — Les tubercules de topinambours, une fois arrachés, se conservent très difficilement : au bout d'une semaine, ils commencent à s'altérer et pourrissent. Comme ils résistent parfaitement à la gelée quand on les laisse en terre, on peut ne procéder à la récolte et au transport à l'usine qu'au fur et à mesure des besoins, mais cette méthode n'est applicable que quand les périodes de gelée sont de courte durée et ne durcissent pas suffisamment la terre pour empêcher l'arrachage, c'est-à-dire principalement dans les pays du Centre, du Midi de la France et en Bretagne. Dans la région du Nord, la fabrication serait sans cesse arrêtée. M. le Dr Cathelineau conseille d'arracher les tubercules en les laissant enveloppés de terre et de les ensiler dans de petits silos, creusés à 30-50 centimètres de profondeur, dont le fond est garni de fagots, et portant de distance en distance des cheminées d'aération. On y dispose les tubercules en couches de 30 centimètres alternant avec des couches de terre de quelques centimètres, puis on recouvre de terre le silo sur les côtés. Dans ces conditions, les tubercules se conservent parfaitement.

Lavage et épierrage. — Le lavage du topinambour est rendu assez difficile par les aspérités que présentent les tubercules et les creux dans lesquels se logent la terre et les pierres. Cette opération doit donc être pratiquée avec plus de soin encore que pour la betterave : elle se fait dans des laveurs et épierreurs analogues à ceux qui sont utilisés en distillerie de betteraves. On doit laver énergiquement, avec une grande quantité d'eau. Pour économiser l'eau, on peut envoyer les eaux boueuses dans des bassins de décantation, d'où elles retournent au laveur.

2. EXTRACTION DU JUS.

Comme pour la betterave, l'extraction du jus peut se faire de plusieurs manières : par râpage et pressurages, par macération ou par diffusion, par cuisson sous pression, etc.

Principes théoriques sur lesquels repose l'extraction du jus de topinambours. — Si nous nous reportons à la composition chimique du topinambour, nous constatons qu'il contient une certaine proportion d'inuline qui n'est pas directement fermentescible, mais qui peut être hydrolysée et fermenter ensuite. Cette inuline est très peu soluble dans l'eau froide et sa solubilité croît à mesure que la température s'élève. L'extraction du jus devra donc avoir lieu à chaud, pour dissoudre cette matière alcoolisable : l'extraction à froid laisserait l'inuline dans les tubercules et le rendement en alcool serait fortement diminué. Le procédé par râpage et pressurages à froid n'est donc pas rationnel et ne peut conduire qu'à des résultats médiocres. Le râpage et le pressurage à chaud présentent de nombreuses difficultés. Les meilleures méthodes d'extraction du jus sont donc la macération et la diffusion.

Le jus de topinambours renferme un grand nombre

d'hydrates de carbone qui ne sont pas directement fermentescibles, notamment l'inuline, la pseudoinuline, l'inulénine, etc. Certaines levures sécrètent bien des diastases capables de les hydrolyser et de les transformer en sucres fermentescibles, mais cette action est trop lente pour pouvoir être utilisée dans la pratique. Tous ces corps donnent, quand on les chauffe avec un acide étendu, soit du lévulose, soit un mélange en proportions variables de glucose et de lévulose. Les jus devront donc subir cette saccharification par chauffage à l'ébullition en milieu acide, avant d'être envoyés à la cuve de fermentation.

Matériel employé pour l'extraction du jus de topinambours. — L'extraction par râpage et pressurages demande le même matériel qu'en distillerie de betteraves, c'est-à-dire la râpe centrifuge, les presses continues, les malaxeurs et l'épulpeur.

L'extraction par macération ou diffusion exige le découpage des topinambours en cossettes. On emploie ordinairement le coupe-racines centrifuge précédemment décrit. La macération doit se faire méthodiquement dans une batterie de macérateurs analogues à ceux qu'on emploie pour la betterave. Toutefois, comme la température doit être maintenue très élevée pour éviter la précipitation de l'inuline, il est nécessaire de munir les macérateurs d'injecteurs de vapeur ou de calorisateurs. La batterie de macérateurs ne diffère donc plus dans ce cas de la batterie de diffuseurs que par ce fait que dans la macération les vases sont ouverts, tandis qu'ils sont fermés dans la diffusion.

La diffusion à la vinasse s'opère dans les appareils employés pour la betterave.

La saccharification du jus s'effectue dans une grande cuve, munie d'un barboteur de vapeur, d'un serpentin de chauffage ou d'un injecteur souffleur d'air. Cette cuve porte parfois un serpentin réfrigérant où on peut faire circuler de l'eau froide pour refroidir le moût après saccharification. On doit installer deux ou trois cuves de manière à en avoir une en remplissage, une en marche et une en vidange.

Les pulpes de topinambours peuvent se traiter comme les

pulpes de betteraves dans des presses à cossettes du type Klusemann ou du type Bergreen.

Pratique du travail de l'extraction du jus de topinambours. — Les méthodes proposées pour l'extraction du jus de topinambours sont extrêmement nombreuses.

On peut utiliser le râpage et les presses continues, mais ce procédé n'est pas recommandable à cause de l'insolubilité de l'inuline à froid et des difficultés qu'on rencontre à presser à chaud. Aussi cette méthode est-elle abandonnée en France.

La macération et la diffusion à la vinasse sont les procédés les plus recommandables. Les topinambours sont d'abord découpés en cossettes. Cette opération est rendue délicate par l'irrégularité de la forme des tubercules et par les pierres qui peuvent rester dans les parties creuses. Elle se fait ordinairement au coupe-racines centrifuge. La batterie de macérateurs fonctionne comme nous l'avons vu en distillerie de betteraves, mais la température doit être maintenue très élevée, à 85-90°, dans tous les macérateurs, pour assurer la solubilisation de l'inuline. Le même mode de travail doit être adopté en diffusion.

On titre l'acidité du jus extrait sur le macérateur ou le diffuseur de tête, et on y ajoute la quantité d'acide sulfurique nécessaire pour avoir une acidité de 2gr,5 par litre évaluée en acide sulfurique, puis on envoie le jus à la cuve de saccharification où il est porté à l'ébullition pendant une heure. Quand on dispose d'un injecteur souffleur, il est bon de faire passer dans la masse un courant d'air qui entraîne certains produits volatils à odeur désagréable. Il ne reste plus qu'à refroidir le jus à la température favorable pour la fermentation alcoolique, soit au moyen du serpentin réfrigérant placé dans la cuve de saccharification, soit par une des méthodes que nous étudierons plus loin.

On a recommandé également, pour la préparation des moûts de topinambours, la cuisson des tubercules sous pression sans acide. La cuisson sous pression hydrolyse l'inuline, mais les autres lévulosanes telles que l'inulénine, l'hélianthénine, sont incomplètement saccharifiées. On a également préconisé la cuisson des jus sous pression avec de petites quantités d'acide sulfurique étendu, le traitement des jus par l'acide sulfureux mélangé d'acide carbonique pour les épurer et les saccharifier. La méthode la plus simple et la plus rationnelle est encore l'extraction par macération ou mieux par diffusion, avec saccharification ultérieure des jus par l'acide sulfurique en cuve ouverte, ou en autoclave sous pression.

IV. — PRÉPARATION DES MOUTS DE CANNES A SUCRE, DE FRUITS, DE MIELS ET DE MATIÈRES SUCRÉES DIVERSES.

Moûts de cannes à sucre.

La canne à sucre sert à préparer le rhum de vesou, excellent produit à peu près inconnu en Europe et entièrement consommé sur place dans les pays de production. Le rhum de vesou a un parfum beaucoup moins intense, mais beaucoup plus fin que le rhum de mélasses.

Les cannes à sucre doivent d'abord être broyées. Ce broyage s'effectue au moyen de moulins de types très variés. Le plus souvent, ils consistent en deux ou trois cylindres horizontaux mus par une roue hydraulique. Les cannes passent entre les cylindres, sont pressées, et le jus de cannes ou *vesou* s'écoule dans les cuves de fermentation. Certaines grandes rhummeries emploient les moulins mus à la vapeur.

La canne pressée, ou *bagasse*, qui sort des cylindres contient encore une forte proportion de jus sucré, d'autant plus considérable que le moulin employé est plus rudimentaire. D'après M. Pairault, 1 000 kilogrammes de cannes ne donnent, dans les moulins ordinaires, que 600 kilogrammes de jus, et la bagasse obtenue peut contenir encore jusqu'à 10 p. 100 de sucre fermentescible total. Pour réduire cette perte, certains fabricants imbibent la bagasse avec de l'eau et la pressent une seconde fois au moulin.

La densité du vesou ainsi obtenu est variable avec la qualité de la canne et son état de maturité : elle est en moyenne de 9 à 10° Baumé. L'acidité du vesou est faible et sa richesse en sucre fermentescible total est d'environ 18 p. 100 d'après

M. Pairault. Ce jus est additionné d'eau et de vinasse dans les proportions suivantes :

Vesou	800 litres,	soit	66 p. 100.	
Eau ou liquide de repression..	200	—	17	—
Vinasse	200	—	17	—
	1200	—	100	—

La densité du mélange est alors de 6 à 7° Baumé. Il se fait ordinairement dans la cuve de fermentation elle-même, où on brasse la masse à la main au moyen d'une perche.

La vinasse de vesou qu'on emploie dans cette fabrication est beaucoup moins colorée et moins dense que la vinasse de mélasses. La densité est de 1007 à 1010, son acidité de 6 à 7 grammes par litre en acide sulfurique, son extrait sec de 30 à 40 grammes par litre, et elle ne renferme plus que des traces de sucre. Son rôle est d'apporter aux fermentations l'acidité nécessaire, en même temps qu'un peu de matières azotées et de matières minérales utiles à la levure, et de donner au produit un arome plus accentué. Aussi ne l'emploie-t-on que pour les rhums ordinaires, et en quantité beaucoup plus faible qu'en rhummerie de mélasses. Souvent, pour la production du rhum fin, les distillateurs n'en emploient pas.

On utilise parfois aussi, pour la préparation des moûts de cannes, le *sirop batterie*, qui est du vesou déféqué à la chaux et concentré à consistance de sirop.

Moûts de fruits.

Les moûts de merises et cerises destinées à la fabrication du kirsch, de prunes pour la fabrication du quetsch, de groseilles, de myrtilles, de mûres, de framboises se préparent par les mêmes méthodes. On peut, soit fouler les fruits entiers et mettre en fermentation la masse pâteuse, soit extraire le jus sucré et le faire fermenter.

La première méthode est la plus employée. On procède à la cueillette quand les fruits sont parfaitement murs, puis on trie soigneusement ceux qui sont pourris pour ne conserver que ceux qui sont tout à fait sains, et on enlève les queues qui donneraient aux produits trop d'âpreté. Les fruits sont alors placés dans des fûts ouverts à leur partie supérieure ; on malaxe, et on abandonne la masse pâteuse à la fermentation. Dans les installations plus importantes, on foule les fruits au moyen de cylindres de bois, puis on ajoute un peu d'eau tiède pour rendre la masse moins pâteuse, on brasse et on abandonne à la fermentation. On doit éviter de briser les noyaux des merises ou des prunes, bien qu'un certain nombre de fabricants aient l'habitude d'en broyer quelques-uns. Les noyaux brisés donnent bien au liquide un arome plus prononcé, mais qui n'a jamais la finesse de celui des produits qui ont été fabriqués sans écraser les noyaux.

La seconde méthode, beaucoup moins répandue, consiste à faire macérer les fruits dans l'eau et à les presser pour en extraire le jus.

Les moûts de fruits ainsi obtenus ont une densité variable de 1040 à 1100 suivant l'état de maturité des fruits et leur richesse en sucre. L'acidité varie également beaucoup ; elle est faible quand les fruits sont très murs, et élevée quand ils sont verts. Quand la densité dépasse 1060, il est préférable de diluer la masse avec de l'eau pour faciliter la fermentation et éviter qu'il ne reste du sucre non fermenté. L'acidité la plus favorable correspond environ à 5 grammes par litre, évaluée en acide sulfurique. Si ce titre n'est pas atteint, il est bon de renforcer l'acidité par une légère addition d'acide tartrique.

Ces méthodes de préparation des moûts de fruits peuvent être utilisées pour les merises, les cerises, les prunes, les mûres, les myrtilles, les framboises, les groseilles, les figues, etc..

La préparation de l'alcool avec les dattes exige une dilution considérable du moût, le fruit étant très riche en sucre. La préparation de ce moût peut se faire soit en foulant les dattes avec de l'eau de manière à avoir finalement une densité de 1060, soit en extrayant le jus au moyen de presses hydrauliques après dénoyautage et en amenant le jus à la densité voulue, soit enfin en malaxant les dattes et en arrosant ensuite la pulpe avec de l'eau dans une cuve munie d'un faux fond perforé, qui laisse passer le moût sucré qu'on envoie à la fermentation.

Moûts de miel.

Les eaux-de-vie de miels proviennent de la distillation des produits fermentés à base de miel. On peut distiller, soit des hydromels à haut degré alcoolique, soit des vins de miel préparés spécialement pour la distillation et titrant seulement 7 à 8° d'alcool. Il est avant tout nécessaire de n'opérer que sur des liquides complètement fermentés. On obtient ainsi une eau-de-vie plus fine et un rendement plus considérable. La première précaution à prendre consiste donc à préparer un moût de miel qui puisse fermenter facilement et régulièrement. Il suffit, pour atteindre ce but, de suivre les principes que nous avons exposés dans un précédent ouvrage au sujet de la fabrication des hydromels (1). Il est donc indispensable d'additionner le moût d'une certaine quantité de matières nutritives pour la levure. L'emploi de maltopeptone, à la dose de 1^{cc},5 par litre de moût, est particulièrement recommandable pour la préparation des moûts dont la richesse en alcool, après fermentation, ne doit pas dépasser 7 à 8°. Il faut, en outre, donner au moût la concentration voulue, qui ne doit pas dépasser 6 à 8° Baumé pour les moûts de miel préparés spécialement pour la distillation, et additionner le liquide de 250 grammes d'acide tartrique par hectolitre pour faciliter la fermentation alcoolique et gêner le développement des ferments de maladie. Il est bon d'enlever enfin, avant la mise en fermentation, la cire qui donnerait mauvais goût au produit. On peut arriver à ce résultat, soit en écumant la surface du moût, soit en tamisant ou en filtrant le liquide avant fermentation.

Moûts de matières sucrées diverses.

Les moûts de caroubes se préparent le plus souvent par macération. Les caroubes sont d'abord déchiquetées en

(1) Voir E. Boullanger, *Industries de fermentation : Brasserie, hydromels* (Encyclopédie agricole).

parties fines au moyen d'un déchiqueteur à cylindre garni de couteaux ; la masse est introduite dans des macérateurs et épuisée d'abord par coulage de jus faibles acidifiés par l'acide sulfurique, puis de vinasse à 50-60°. La densité du jus ainsi obtenu varie de 1050 à 1055. Les fragments de caroubes se gonflent fortement dans le macérateur et augmentent beaucoup de volume, de sorte que le passage du liquide diffuseur se fait bientôt avec difficulté. L'épuisement dure par suite très longtemps.

Les tiges de sorgho sucré, de maïs vert peuvent se travailler par écrasement suivi de pressurages. On peut également employer la macération ou la diffusion après découpage des tiges en cossettes.

Le travail de la racine de chicorée se fait par cuisson à trois atmosphères pendant trois heures avec une petite quantité d'acide sulfurique.

V. — PRÉPARATION DES MOUTS DE MATIÈRES AMYLACÉES

Les matières amylacées renferment, comme principal produit alcoolisable, de l'amidon, qui doit être au préalable transformé en sucre pour subir ensuite la fermentation alcoolique. La préparation des moûts aux dépens des matières amylacées est donc plus complexe qu'avec les matières sucrées, telles que la betterave et la mélasse, puisqu'il est nécessaire d'effectuer une opération supplémentaire, celle de la saccharification de l'amidon.

Cette saccharification peut s'opérer de deux manières : par la diastase du malt ou par les acides. La seconde méthode n'est plus employée aujourd'hui que dans quelques cas spéciaux, et on utilise toujours soit la diastase du malt, soit, comme nous le verrons plus loin, la diastase sécrétée par certaines mucédinées. La préparation du moût sucré doit donc, en général, être précédée de la fabrication du malt.

1. MALTAGE.

Nous avons étudié en détail, dans notre ouvrage consacré à la brasserie, la préparation du malt. Nous y renverrons donc le lecteur et nous nous bornerons à indiquer brièvement ici les principes qui doivent guider le distillateur dans la fabrication de son malt, les modifications qu'on fait subir au mode de maltage utilisé en brasserie, et les diverses sortes de malts employés en distillerie.

Principes du maltage en distillerie. — Le maltage a uniquement pour but, en distillerie, la production des diastases nécessaires au travail ultérieur des matières amylacées en cuve matière, et notamment la production de l'amylase qui doit saccharifier l'amidon et des diastases peptiques qui doivent dégrader les matières azotées et les rendre assimilables pour la levure. La question de la désagrégation du grain, capitale en brasserie au point de vue du rendement, a beaucoup moins d'importance en distillerie, où la proportion de malt employé ne dépasse guère 15 p. 100 du poids du grain mis en œuvre, tandis qu'en brasserie la majeure partie, sinon la totalité de la matière première est constituée par le malt. En outre, la saccharification complémentaire ne peut exister en brasserie à cause de la cuisson du moût ; tout l'amidon doit donc être transformé en cuve matière, ce qui exige une désagrégation parfaite du grain. En distillerie, la saccharification complémentaire qui se produit pendant la fermentation permet la transformation de l'amidon non saccharifié en cuve. Enfin le distillateur ne cherche pas à obtenir dans le malt l'arome particulier que demande le brasseur pour donner à la bière son cachet et son parfum.

La fabrication du malt est donc beaucoup plus simple en distillerie qu'en brasserie. Le but du distillateur doit être de produire avant tout le maximum de diastase, car plus le malt est diastasique, moins on doit en employer pour la saccharification des autres grains dont le prix est moins élevé. Il suffit donc de soumettre l'orge trempée à la germination pour produire les diastases utiles, et on supprime le plus souvent la phase du touraillage en utilisant le malt vert au lieu du malt sec, afin de ne pas détruire de diastase et de conserver au malt tout son pouvoir saccharifiant.

Les principes exposés en brasserie pour le trempage du grain sont également applicables à la distillerie. Il importe d'abord de ne mettre en œuvre qu'un grain parfaitement nettoyé. Le trempage a pour but de faire absorber au grain la quantité d'eau nécessaire pour le travail industriel de la germination. Cette opération effectuée, le grain est soumis à la germination pendant laquelle les diastases nécessaires se produisent. Cette production de diastases doit être aussi forte que possible et la germination doit donc être conduite de manière à favoriser au maximum les sécrétions diastasiques. Pour arriver à ce résultat, il est nécessaire de germer lentement, à basse température, et pendant longtemps. On a cru d'abord que le pouvoir diastasique maximum d'un malt est atteint après sept à huit jours de germination, mais les expériences de Delbrück et de Hayduck ont montré que le pouvoir diastasique continue à croître quand on prolonge la germination froide jusqu'à dix-huit et vingt jours. La plumule atteint alors deux à trois fois la longueur du grain, et ce malt appelé *malt long*, possède un pouvoir saccharifiant beaucoup plus élevé que le malt court.

Il est évident qu'un tel mode de germination amène des pertes plus considérables que celles qu'on observe avec une durée de sept à huit jours. D'après Hayduck, la perte atteint 17 p. 100 de la matière sèche, au lieu de 6 p. 100. Mais le pouvoir saccharifiant du malt long est à celui du malt court comme 100 est à 63. Si on rapporte ce pouvoir saccharifiant à l'orge initiale en tenant compte des pertes en substance sèche, on trouve que le rapport est encore de 90 à 63. Il en résulte une économie considérable de malt puisqu'il suffit du malt long provenant de 63 kilogrammes d'orge pour avoir le même pouvoir saccharifiant qu'avec le malt court provenant de 90 kilogrammes d'orge.

Puisque le but du maltage en distillerie est la production des diastases, il y a intérêt, aussi bien au point de vue de la fabrication qu'au point de vue économique, à supprimer la phase du touraillage et à utiliser le malt vert au lieu du malt sec. Le malt vert possède en effet un pouvoir diastasique presque double de celui du malt sec, comme le montrent les chiffres suivants, dus à Kjeldahl :

	Matière sèche dans le malt.	Pouvoir diastasique relatif de la matière sèche.
Malt vert	56,5 p. 100.	100,0
Malt séché à 50°	69,5 —	88,2
— à 60°	92,9 —	78,3
— à 70°	96,6 —	52,9

Ces différences dans le pouvoir diastasique du malt vert et du malt touraillé peuvent être encore plus considérables, ainsi qu'il résulte des expériences de Bungener et Fries :

	Pouvoir diastasique.
Malt vert	100
— touraillé à 85°	58
— — à 110°	20
— vert séché à 30°	85

En supprimant le touraillage, on évite donc en grande partie la destruction et l'affaiblissement des diastases.

L'emploi du malt vert présente cependant quelques inconvénients. Sa conservation est difficile à cause de la grande quantité d'eau qu'il contient et il doit être employé aussitôt après sa préparation. En outre le maltage au germoir devient difficile en été, à cause de l'invasion des moisissures et des bactéries, et si on ne dispose pas de la germination pneumatique, on est obligé d'avoir recours au malt sec. Dans ce cas, la dessiccation du malt doit se faire à la plus basse température possible, afin de ne pas affaiblir les diastases. Si donc on a recours au traitement à la touraille pour effectuer cette dessiccation, il faudra chauffer très lentement et ne pas dépasser une température de 50°.

Enfin, l'utilisation du malt vert exige un broyage préalable qui a pour but de mettre à nu l'amidon du grain et de permettre la diffusion de la diastase dans le liquide à saccharifier. On utilise dans ce but des broyeurs spéciaux que nous étudierons plus loin.

Modes de maltage et appareils employés. — Le maltage peut se faire, comme en brasserie, soit sur germoirs, soit dans les appareils pneumatiques. Le maltage pneumatique rend possible pendant toute l'année un travail régulier avec le malt vert ; il est donc particulièrement avantageux pour les grandes usines qui peuvent supporter l'installation du matériel coûteux qu'il exige. On peut employer soit le maltage en cases, soit le maltage en tambours.

Le matériel utilisé en distillerie pour la préparation du malt est semblable à celui qu'on emploie en brasserie et que nous avons décrit en étudiant cette industrie. Les appareils de nettoyage, les cuves mouilloires sont les mêmes. La disposition des germoirs est identique, et on doit prendre les mêmes précautions pour leur établissement. On doit surtout veiller à leur donner les dimensions suffisantes pour qu'on ne soit pas obligé de malter trop vite et à haute température, ce qui diminue le pouvoir diastasique et augmente le développement des organismes nuisibles. La température la plus favorable de l'air des germoirs est de 10 à 13°. Les tourailles doivent être construites de manière à permettre une dessiccation rapide du malt à basse température et sous forte ventilation : les tourailles à air chaud sont donc préférables aux tourailles à feu direct, dont le tirage est souvent insuffisant.

Le broyage du malt sec se fait au moyen de concasseurs analogues à ceux que nous avons étudiés en brasserie.

Pour le malt vert, on doit employer des broyeurs spéciaux à cause de la grande quantité d'eau qu'il contient. Les broyeurs de malt vert sont en général constitués par deux cylindres lisses en fonte, tournant en sens contraire avec des vitesses différentes. Le malt passe entre les deux cylindres et se trouve broyé et moulu en légers flocons très fins. Le broyage doit être très uniforme si on veut obtenir un bon rendement et une bonne action de la diastase. Pour dissoudre le mieux possible la diastase que contient le malt, on le triture et on le broie avec de l'eau de manière à constituer un *lait de malt*. Il existe un grand nombre d'appareils à préparer le lait de malt. Certains broyeurs, comme celui de Paucksch (fig. 29), sont constitués par des meules qui permettent de broyer à volonté le malt sec sans eau ou le malt vert avec addition d'eau. La meule supérieure est fixe, la meule inférieure est mobile. Le malt arrive par la trémie supérieure, et passe entre les meules ; le degré de broyage est déterminé par l'écartement variable des deux meules, et on utilise la quantité d'eau nécessaire pour avoir la concentration voulue.

La figure 30 représenteun appareil très simple pour la pré-

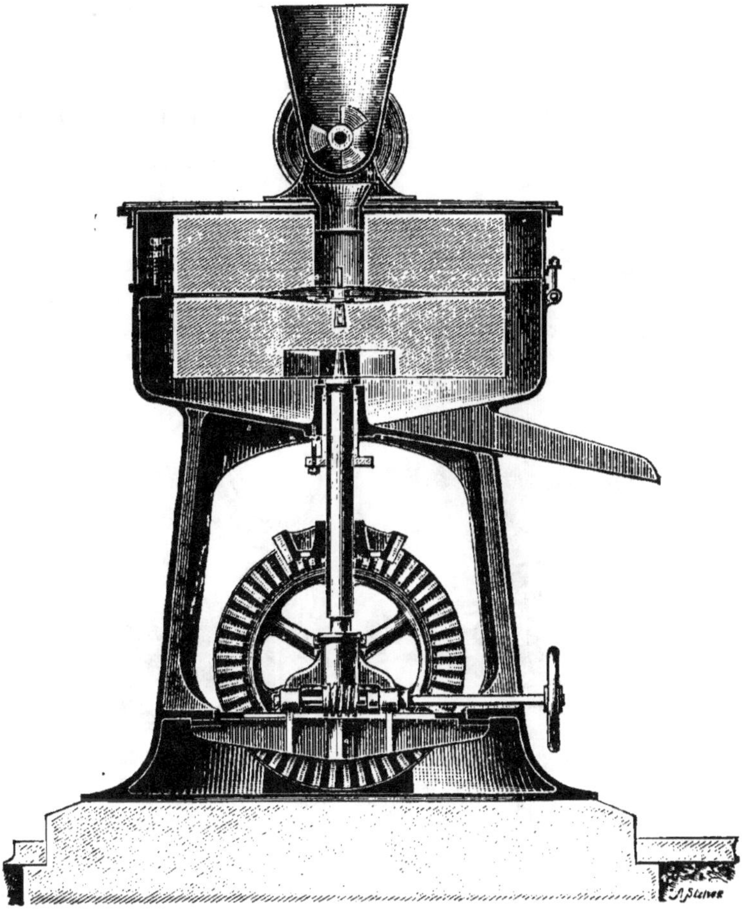

Fig. 29. — Appareil à lait de malt et moulin à malt avec meules françaises.(H.Paucksch, constructeur, à Landsberg a. d. Warthe).

paration du lait de malt, et qui est très employé dans les distilleries françaises. Il se compose d'une cuve cylindro-conique dans laquelle on place l'eau et le malt. Cette cuve communique à la partie inférieure avec un broyeur centrifuge appelé dépèleur, qui aspire continuellement dans la cuve le mélange d'eau et de malt et le refoule dans cette même cuve par le tuyau supérieur. La masse forme ainsi un lait dans lequel l'amidon est mis à nu et la diastase dissoute. Quand ce lait de malt est préparé, on l'envoie au macérateur ou à la cuve matière en fermant le robinet du tuyau supérieur, situé à gauche, qui va à la cuve à lait de malt, et en ouvrant le robinet du tuyau placé à droite, qui se rend au macérateur ou à la cuve matière.

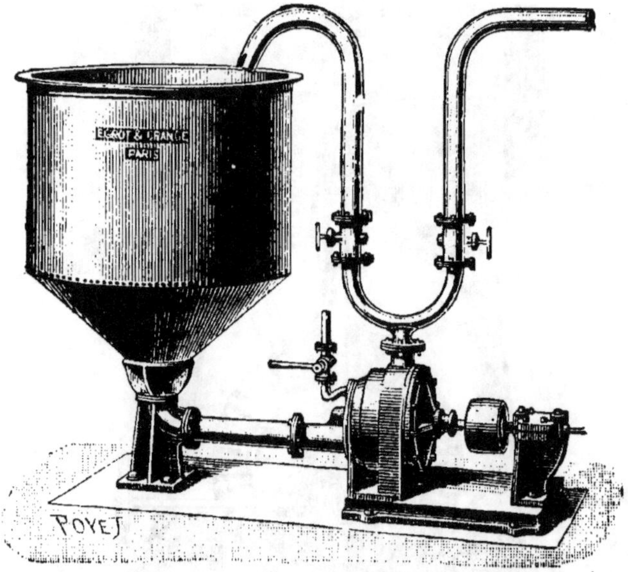

Fig. 30. — Appareil centrifuge à préparer le lait de malt. (Egrot et Grangé, constructeurs, à Paris.)

Le dépèleur centrifuge (fig. 31) se compose de deux disques coniques en fonte dure, munis de cannelures formant meules et pouvant être rapprochés ou écartés à volonté à l'aide d'un volant de manœuvre. L'un de ces disques est mobile et tourne à une très grande vitesse. Il porte une turbine à palettes, formant pompe centrifuge et permettant d'obtenir une circulation et une élévation du moût. L'ensemble est enfermé dans une enveloppe en fonte portant une tubulure d'aspiration arrivant au centre des meules et une tubulure de refoulement partant de la périphérie. Cet appareil se combine, comme nous l'avons vu, avec la cuve à lait de malt. On peut le combiner aussi avec la cuve matière, pour assurer le mélange intime du lait de malt et de l'empois, et pour refouler le moût dans les cuves de fermentation quand la saccharification est terminée.

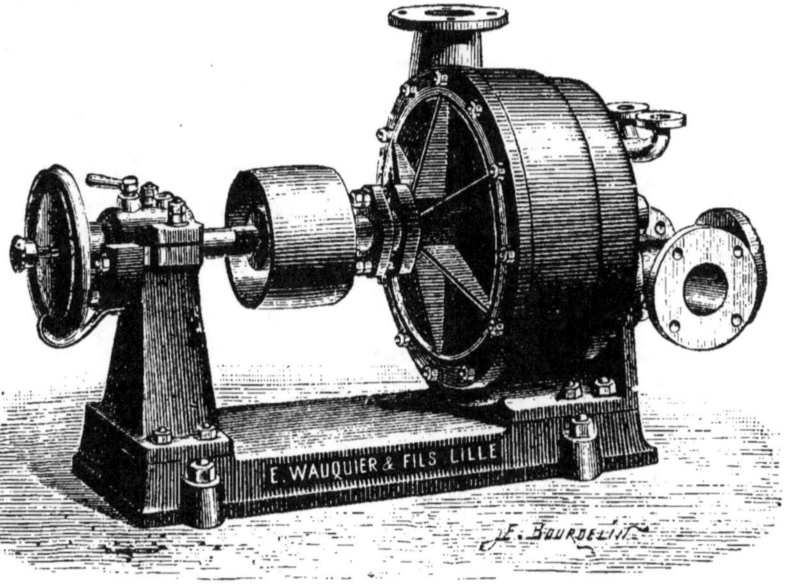

Fig. 31. — Dépéleur centrifuge. (Wauquier et Cie, constructeurs, à Lille.)

Maltage de l'orge. — Nous résumerons brièvement ici les principales opérations du maltage de l'orge, en renvoyant, pour plus de détails, le lecteur à notre ouvrage consacré à la brasserie.

Appréciation de la valeur de l'orge pour le maltage en distillerie. — Les bases d'appréciation de la valeur de l'orge en distillerie ne sont pas absolument les mêmes qu'en brasserie. En distillerie, la meilleure orge est celle qui est susceptible de donner le maximum de diastase dans le maltage. Ce sont généralement les orges à petits grains, légères et riches en azote, c'est-à-dire des orges qui présentent des caractères inverses de ceux qui sont recherchés par le brasseur. On sait en effet que les orges riches en azote donnent des malts plus diastasiques que les orges pauvres, et les expériences de Lintner ont montré que le malt est d'autant plus diastasique qu'il contient plus d'azote soluble, comme le montrent, d'après Maercker, les chiffres suivants dus à Lintner :

	Azote insoluble.		Azote soluble.		Azote total.	
Malt le plus actif.......	1,58	p. 100.	0,80	p. 100.	2,38	p. 100.
— plus faible.........	1,48	—	0,68	—	2,16	—
— encore plus faible..	1,33	—	0,64	—	1,97	—
— le plus faible......	1,42	—	0,64	—	2,06	—

Une orge riche en azote soluble donne un malt plus diastasique qu'une orge pauvre. L'appréciation de l'orge au point de vue de l'azote est donc très différente en distillerie de l'appréciation en brasserie.

Le caractère le plus important pour l'examen de la valeur d'une orge est ensuite le pouvoir germinatif. Il doit être très élevé et ne pas descendre au-dessous de 95 p. 100. La proportion de malt à employer est en effet d'autant plus faible que le nombre de grains germés est plus considérable. Il y a lieu de tenir compte aussi de l'énergie germinative, car les orges qui possèdent des embryons gros et vigoureux donnent des malts riches en diastase.

L'humidité ne doit pas dépasser 12 p. 100, car les orges trop humides se trempent irrégulièrement, germent mal et éprouvent par respiration des pertes plus grandes que les orges sèches.

L'uniformité dans les dimensions des grains présente la même importance qu'en brasserie, car une orge dont les grains sont tous de la même grosseur, se trempe et germe beaucoup plus régulièrement.

Les autres caractères relatifs à l'aspect intérieur du grain, au poids de l'hectolitre et de cent grains, etc., sont beaucoup moins importants en distillerie qu'en brasserie.

Travail de l'orge pour la préparation du malt. — Il est nécessaire, comme en brasserie, de faire d'abord subir à l'orge un nettoyage pour la débarrasser de ses poussières et de ses impuretés.

Le trempage se fait par une des méthodes étudiées en brasserie. Le trempage avec aération est ici particulièrement recommandable, car il exalte la vitalité du germe et favorise ainsi par la suite les sécrétions diastasiques. L'emploi d'antiseptiques à la trempe constitue une bonne précaution quand on doit faire subir à l'orge une germination prolongée. On réduit ainsi les dangers de développement des moisissures au germoir. Windisch, Maercker recommandent l'emploi d'eau de chaux pour le premier mouillage. Le chlorure de chaux en solution neutre est encore préférable, ainsi qu'il résulte des expériences d'Effront, qui ont montré que cet antiseptique favorise la germination et améliore le pouvoir diastasique.

Pour avoir un malt riche en diastase, il importe de germer lentement, longtemps et à basse température. Le maximum de diastase n'est pas atteint avec le malt court, dans lequel la plumule atteint les trois quarts de la longueur du grain. Aussi beaucoup d'auteurs conseillent-ils de prolonger la germination pendant au moins dix jours à 15° (Effront), et même dix-huit à vingt jours (Delbrück, Maercker), de manière à obtenir une plumule qui fait saillie au dehors et dont la longueur atteint deux à trois fois celle du grain. La préparation de ce malt long exige un bon trempage, sans excès, une température de germination modérée pour ne pas pousser à une végétation trop rapide, une aération abondante, et une durée de maltage de vingt jours au lieu de six à sept. Ce malt est beaucoup plus diastasique ; on peut en employer, comme nous l'avons vu plus haut, une proportion beaucoup moindre, et on obtient une saccharification et une fermentation complémentaire meilleures. En outre, d'après Maercker, plus le malt est germé longtemps au contact de l'oxygène, plus les organismes anaérobies nuisibles disparaissent, de sorte que le malt long est non seulement riche en diastase, mais pauvre en microbes.

Il n'y a pas toujours une relation exacte entre la longueur de la plumule et le pouvoir diastasique. Comme le fait très justement remarquer Effront, un malt à plumule longue n'accuse pas le maximum de diastase si la croissance a été forcée, et d'autre part, un malt à plumule courte n'accuse pas non plus le maximum de diastase, même si la germination a été prolongée très longtemps. La quantité de diastase développée est donc en relation directe à la fois avec la durée de la germination et avec le développement des plumules.

Pour maintenir une humidité suffisante dans le grain pendant cette longue germination, il est nécessaire de pratiquer des arrosages de la couche. L'emploi de chlorure de chaux dans les eaux d'arrosage favorise, d'après Effront, le pouvoir diastasique.

Si le malt doit être desséché, cette dessiccation doit se faire à basse température, soit par fanage, soit par touraillage. Le fanage consiste à étendre le malt en couches minces dans un local bien aéré, où il perd rapidement une grande quantité d'eau. Cette méthode ne permet qu'une dessiccation très imparfaite et ne convient que pour le malt qui doit être conservé peu de temps. Quand on dessèche par touraillage, il faut avoir soin de chauffer très lentement entre 30° et 40°, jusqu'à ce que l'humidité soit en grande partie évaporée, car nous savons que les diastases sont facilement détruites à l'état humide par le chauffage. Quand le malt est presque sec, on termine l'opération à 50°. Certains auteurs recommandent un touraillage à 85-90° du malt préalablement bien desséché à basse température. Ce mode de travail a l'avantage de détruire une grande partie des microbes qui se trouvent à la surface des grains, mais il a l'inconvénient de diminuer le pouvoir diastasique du malt, car même avec un malt déjà bien desséché, le chauffage à 85-90° entraîne toujours une destruction de diastase.

Pour ce qui concerne les détails relatifs à cette opération du maltage, il suffira de se reporter à notre ouvrage consacré à la brasserie.

Malt d'avoine. — Le malt d'avoine est très peu employé en France : on l'utilise surtout en Hongrie pour activer la fermentation. La trempe doit être de courte durée, environ trente heures. On place le grain en couche épaisse sur le germoir, la température s'élève et le malt est fait au bout de cinq jours.

Le pouvoir diastasique du malt d'avoine est faible et

atteint à peine en moyenne 30 p. 100 de celui de l'orge.

Malt de seigle. — Le malt de seigle est très employé pour la fabrication des eaux-de-vie de grains et pour la préparation de la levure. Il renferme en effet beaucoup de matières azotées qui favorisent le développement de la levure. Le pouvoir saccharifiant du malt de seigle bien préparé peut être aussi fort que celui du malt d'orge.

On doit choisir pour le maltage les seigles les plus riches en matières azotées. La trempe est de courte durée et ne dépasse pas quarante-huit heures. Il est bon d'employer des antiseptiques au trempage, car le seigle est sujet à l'invasion par les moisissures au germoir. Pour la germination, on dispose le grain en tas de 8 à 12 centimètres, on le retourne toutes les six à huit heures et le malt est achevé au bout de cinq jours. Maercker recommande de préparer avec le seigle du malt long comme avec l'orge, en germant lentement et à basse température. Dans ce cas, il est préférable de malter le seigle en mélange avec de l'orge dans les proportions d'une partie d'orge pour trois parties de seigle. On évite ainsi l'échauffement considérable qui se produit avec le seigle seul. L'orge et le seigle doivent être trempés séparément, car l'orge demande un trempage plus prolongé que le seigle.

Malt de blé. — Le malt de blé est beaucoup employé dans les distilleries de Belgique. Le travail du blé ne diffère pas beaucoup de celui de l'orge, cependant la trempe est plus courte et la germination est plus rapide.

La trempe est de douze à quinze heures pour les blés farineux, de trente-six à quarante heures pour les blés glacés. Il faut avoir soin de ne pas tremper le grain trop fortement, car quand il a absorbé un excès d'eau, il s'acidifie très facilement, et moisit très vite. Le grain trempé est étalé en couches de 15 à 20 centimètres, puis, quand il commence à pointer, on forme des couches de 10 à 15 centimètres qu'on retourne trois à quatre fois par jour. Le malt est mûr au bout de trois jours quand la température moyenne est environ de 20°. Un maltage plus prolongé expose à l'envahissement par les moisissures, à moins que la température ne soit maintenue très basse. Il est nécessaire d'arroser légèrement la couche au bout du deuxième jour, à cause de la dessiccation rapide du grain.

Le pouvoir saccharifiant du malt de blé bien préparé est au moins égal à celui du malt d'orge. Comme pour le seigle et l'orge, les grains les plus riches en azote fournissent les malts les plus diastasiques.

Malt de maïs. — Le malt de maïs est employé surtout en Hongrie et en Amérique, on l'utilise parfois en France et en Allemagne pour la fabrication de la levure pressée. Le maïs demanderait une longue durée de trempage, à cause de la dureté de l'enveloppe, si on voulait le faire tremper à fond. En pratique, on se contente le plus souvent d'une trempe de quarante heures, dans une eau à 20 ou 25°, et on achève le mouillage en arrosant les couches. Comme la germination se fait ordinairement à haute température qui expose à l'infection par les moisissures, il est bon d'employer des antiseptiques au trempage.

Le maïs ainsi trempé est mis d'abord en couches épaisses qu'on retourne d'abord au bout de vingt-quatre heures, en diminuant légèrement l'épaisseur de la couche. Le second retournement se fait trente-six heures après le premier, et on dispose alors le maïs en couches de 30 centimètres qu'on abandonne pendant quarante-huit heures à la germination. Les couches sont arrosées avec de l'eau pour éviter la dessiccation qui se produit facilement à cette haute température. On maintient dans les couches une température de 26 à 30° en aérant par des pelletages trois ou quatre fois par jour, et le malt est mûr quand les pointes des radicelles se colorent en jaune et quand la plumule a atteint trois ou quatre fois la longueur du grain.

Le pouvoir saccharifiant du malt de maïs est faible et atteint au maximum la moitié du pouvoir saccharifiant du malt d'orge.

2. PRÉPARATION DES MOUTS DE MATIÈRES AMYLACÉES

La préparation des moûts aux dépens des matières amylacées exige d'abord la transformation de l'amidon en empois par la cuisson, puis la saccharification de cet amidon sous l'action de la diastase du malt.

Principes théoriques de la cuisson et de la saccharification en distillerie.

On sait, par les expériences de Lintner, que l'amidon de certains grains, notamment du riz et du maïs, n'est que très faiblement attaqué par la diastase au-dessous de sa température d'empesage. Il en résulte que la transformation préalable de l'amidon de ces grains en empois est indispensable pour assurer sa saccharification complète. D'autres matières amylacées, comme le seigle, l'orge, l'avoine, le blé, ont un amidon plus attaquable, et une forte proportion de cet amidon peut déjà être dissoute par la diastase au-dessous de la température d'empesage, mais l'action diastasique est d'autant plus rapide et plus complète que la transformation en empois est plus parfaite. Enfin la fécule de la pomme de terre n'est fortement attaquée par la diastase que quand la température de formation de l'empois est atteinte. En outre, l'amidon est enfermé dans des cellules, et il est nécessaire de le mettre à nu, car la saccharification ne peut s'exercer dans de bonnes conditions que si l'amidon est bien en contact avec la diastase.

L'amidon doit donc être transformé en empois et les cellules qui le contiennent doivent être disloquées. Ces conditions sont réalisées par la cuisson.

Étude théorique de la cuisson. — Examinons d'abord le cas du chauffage de l'amidon mis en suspension dans l'eau. On sait que dans ces conditions l'amidon se gonfle et se transforme en une gelée qu'on appelle empois. Quand le chauffage a lieu à haute température, sous pression, l'empois se liquéfie plus ou moins complètement. Maercker et Stumpf ont vu ainsi qu'un chauffage à 125° sous pression suffit pour liquéfier un empois contenant une partie d'amidon pour deux parties d'eau. La liquéfaction est d'autant plus facile que la proportion d'eau est plus abondante.

Les expériences de M. Boidin et de MM. Fernbach et Wolff ont montré que la viscosité des empois est influencée par des modifications très minimes dans la nature des sels qui accompagnent l'amidon et dans la réaction du milieu. M. Boidin a constaté que si on additionne de phosphate neutre de potasse PO^4K^2H l'eau contenant la fécule en suspension, on obtient un empois très brun, encore visqueux après un chauffage de trois heures à quatre atmosphères, qui se fige par le refroidissement, bleuit par l'iode et ne réduit pas la liqueur de Fehling. Si on ajoute maintenant au liquide, avant la transformation en empois, la quantité d'acide suffisante pour transformer le phosphate bipotassique en phosphate acide PO^4KH^2 on obtient par le chauffage sous pression un liquide presque incolore, très fluide, riche en dextrines et contenant jusqu'à 15 p. 100 de glucose. On obtient les mêmes résultats avec de l'eau distillée si la fécule a été purifiée. Si, à l'eau distillée, on ajoute du phosphate tricalcique $(PO^4)^2Ca^3$, le chauffage sous pression donne un empois très fluide composé de dextrines et de sucre, et on obtient ainsi jusqu'à 33 de glucose pour 100 de fécule. Enfin si on traite des grains moulus, maïs, riz, par de l'eau de manière à éliminer les phosphates et si on cuit sous pression la farine lavée, on obtient un moût fluide sans l'addition d'aucun acide. L'échantillon non traité par l'eau est brun après chauffage et se prend en masse par le refroidissement. Ces expériences permettent de conclure que le phosphate bipotassique nuit à la fois à la cuisson, à la liquéfaction, à la saccharification et à la conservation du sucre lors de la cuisson sous pression. Il suffit de le détruire pour que tous ces phénomènes disparaissent. Nous verrons plus tard la remarquable application pratique que M. Boidin a tirée de ses observations, pour l'industrie de la production de l'alcool de grains par les mucédinées.

MM. Fernbach et Wolff ont constaté de leur côté l'influence considérable de la chaux contenue dans la fécule sur la viscosité des empois qu'elle fournit : une fécule débarrassée de chaux se solubilise avec la plus grande facilité. La soude, la magnésie, l'ammoniaque agissent de la même manière. Si on ajoute dans l'empois un acide fort pour ramener la réaction au voisinage de la neutralité au méthylorange, on observe que l'empois dont la réaction a été ainsi modifiée perd très facilement sa viscosité quand on le chauffe sous pression et que la présence des sels formés avec l'acide n'a aucune influence. MM. Fernbach et Wolff ont constaté ainsi que les sels neutres au méthylorange n'ont aucune influence sur la perte de viscosité des empois chauffés sous pression, et que par contre les sels alcalins à ce réactif gênent beaucoup la liquéfaction et qu'il suffit de traces d'alcalis libres pour l'empêcher.

Ces expériences montrent que la liquéfaction de l'empois dans le chauffage sous pression dépend surtout de la nature des sels qui accompagnent les grains et de la réaction du milieu. La caramélisation des sucres, qui se produit par le chauffage sous pression à haute température paraît dépendre aussi des sels et de la réaction du milieu, comme nous l'avons vu plus haut par les expériences de M. Boidin.

Examinons maintenant ce qui se passe dans le chauffage des matières amylacées telles que les grains ou les pommes de terre. Dans la pomme de terre, les grains de fécule nagent dans le liquide des cellules qui les renferment. Par le chauffage, la substance intercellulaire qui réunit les cellules entre elles se ramollit, et se dissout même si le chauffage a lieu sous pression. Les grains d'amidon se gonflent et absorbent tout le liquide qui les entoure. Si la cuisson a eu lieu à 100°, on constate que les grains de fécule ont rempli entièrement les cellules. Celles-ci se séparent les unes des autres par suite du ramollissement de la substance intercellulaire, mais les parois des cellules sont conservées. Le liquide qui se trouve entre les cellules est clair et ne bleuit pas à l'iode. Si la cuisson a eu lieu sous pression, on constate, si on a eu le soin de laisser échapper lentement la vapeur pour ramener la masse à la pression normale, que la substance intercellulaire est entièrement dissoute et que le liquide dans lequel nagent les cellules est troublé par des granulations et bleuit à l'iode. L'amidon a donc été liquéfié et a traversé les parois cellulaires. Si on examine enfin la masse après la vidange brusque du cuiseur à haute pression, on voit que les cellules sont divisées et déchirées en majeure partie, de sorte que le contact de l'empois avec la diastase se trouve parfait.

Dans le maïs, les grains d'amidon sont renfermés dans des

cellules polygonales. Il est d'abord nécessaire de donner au grain la quantité d'eau voulue pour que son amidon puisse se transformer en empois, car le maïs ne possède pas, comme la pomme de terre, assez d'eau pour pouvoir être travaillé seul. Si on chauffe à 3kg,5 le mélange de grain et d'eau, on constate après chauffage que les grains d'amidon se sont gonflés dans les cellules, mais que celles-ci sont restées entières et ne se sont pas séparées. La division de la masse se produit seulement au moment de la vidange à haute pression.

Enfin pendant la cuisson des matières amylacées, les pentosanes qui constituent les membranes intercellulaires sont décomposés partiellement et donnent naissance à du xylose et à de l'arabinose, sucres réducteurs, mais non fermentescibles. Les matières azotées coagulables s'insolubilisent d'abord par le chauffage, puis sous l'action des hautes températures, elles se dissolvent de nouveau en partie et se dégradent à l'état d'amides.

Les observations qui précèdent nous indiquent les conditions dans lesquelles on doit se placer pour la cuisson des matières amylacées destinées à la saccharification par le malt. Il faut donner, s'il y a lieu, à la matière première l'eau qui est nécessaire pour la transformation de l'amidon en empois, maintenir la masse constamment en mouvement et vider enfin l'appareil brusquement à haute pression de manière à diviser finement la masse.

Quand les conditions de fabrication exigent la conservation des matières azotées du grain, ce qui est le cas dans les fabriques de levure pressée, la cuisson ne peut se faire à haute température : la transformation de l'amidon en empois n'est jamais absolument complète et la saccharification laisse toujours de l'amidon inattaqué.

Étude théorique de la saccharification diastasique en distillerie. — Nous avons étudié, au début de notre volume consacré à la brasserie, la saccharification de l'amidon par l'amylase. Nous nous bornerons à appliquer ici à la distillerie des matières amylacées, les notions théoriques précédemment exposées.

L'amidon se transforme sous l'action de l'amylase en maltose et en dextrines. Le maltose est fermentescible ; les dextrines fermentent plus ou moins suivant leur nature et suivant la nature des levures. Il y a des levures qui n'attaquent que certaines dextrines, d'autres n'en attaquent aucune. En pratique, il se produit toujours une certaine proportion de dextrines non fermentescibles par les levures ordinairement employées en distillerie. La proportion relative de maltose et de dextrines formés est variable avec la dilution du liquide, la durée de l'action diastasique, la proportion de diastase, la réaction du milieu et surtout la température. Il se forme d'autant plus de maltose que la solution est plus diluée, car nous savons que le maltose formé gène la saccharification et cette action est d'autant moins sensible que le liquide est plus étendu. Le maltose est d'autant plus abondant que la saccharification a une plus longue durée et que la quantité de diastase présente est plus abondante. MM. Maquenne et Roux ont montré en outre qu'on augmente beaucoup la proportion de maltose formée, en neutralisant l'alcalinité de l'empois d'amidon, et en ajoutant ensuite au milieu les deux tiers de la quantité d'acide sulfurique nécessaire pour le rendre neutre à l'hélianthine. Dans ces conditions, en conservant une réaction légèrement alcaline à l'hélianthine, on peut arriver à obtenir une proportion de maltose qui atteint à peu près le chiffre théorique que peut donner l'amidon, la proportion de dextrine résiduelle étant extrêmement faible.

La température est le facteur principal de la variation des produits de l'action diastasique : au-dessous de 60°, il se forme beaucoup de maltose et peu de dextrines, et la proportion de maltose diminue de plus en plus au fur et à mesure qu'on s'approche davantage de 80°, température à laquelle la diastase est détruite. A 50-55°, il se forme environ, en moûts dilués, 81 p. 100 de maltose et 19 p. 100 de dextrines. Les recherches de MM. Maquenne et Roux ont montré que cette proportion de maltose qui se forme à 50° peut être beaucoup plus considérable et atteindre presque la quantité théorique que peut donner l'amidon, dans les conditions de réaction de milieu signalées plus haut. Dans les moûts très concentrés, la proportion de maltose formé à 50° s'abaisse à 66-68 p. 100 de l'amidon, à cause de l'action paralysante du maltose sur la diastase.

L'amylase subit pendant le chauffage un affaiblissement plus ou moins marqué suivant la température et la composition chimique du liquide. La diminution d'activité est très faible au-dessous de 55° ; au-dessus de 60° et jusqu'à 65-68°, la diastase se trouve sensiblement affaiblie ; au-dessus de 68°, l'affaiblissement est beaucoup plus prononcé et la formation de maltose est arrêtée à 75°. Petzhold a montré que l'action nuisible d'une température élevée est d'autant moins accentuée que le moût est plus concentré et plus riche en maltose.

Les expériences de M. Fernbach ont démontré que les acides *libres* gênent nettement la saccharification, et que celle-ci s'effectue dans les conditions optima quand on rend le milieu neutre à l'hélianthine. De faibles doses d'acide favorisent cependant la saccharification en effectuant la transformation des phosphates neutres qui retardent le phénomène, en phosphates acides qui le favorisent, mais la réaction ne doit jamais être acide à l'hélianthine.

Dans les conditions ordinaires de la pratique, il reste toujours dans le liquide saccharifié une certaine proportion de dextrines qui ne se transforment pas en maltose. Brown et Morris expliquent ce phénomène par la formation d'une dextrine stable qui résiste, au moins dans les conditions ordinaires, à l'action de la diastase. Duclaux l'attribue d'une part à l'action paralysante du maltose formé sur la diastase et d'autre part à l'hétérogénéité des dextrines présentes. Le maltose formé exerce bien une action paralysante sur la marche de la diastase, car si on fait disparaître le maltose par la fermentation alcoolique, l'action diastasique reprend.

Appliquons maintenant ces notions théoriques au travail industriel. En distillerie, il faut d'abord produire le maximum de maltose possible et le minimum de dextrines, et utiliser ensuite la saccharification complémentaire qui se produit quand le maltose disparaît par la fermentation alcoolique pour transformer les dextrines en sucre fermentescible et obtenir ainsi le maximum de rendement aux dépens de l'amidon.

Le principal moyen pratique dont dispose le distillateur pour augmenter la quantité de maltose est la température de saccharification. Les observations de MM. Maquenne et Roux relatives à l'influence de la réaction du milieu, se rapportent en effet à des moûts très dilués, obtenus avec une quantité énorme de diastase et une faible quantité d'amidon, et à une saccharification beaucoup trop longue pour qu'elles puissent avoir une application réellement pratique. La température optima de saccharification devrait donc être de 50 à 55°. Mais à cette basse température, la saccharification de l'amidon du malt, qui n'est pas transformé en empois, est imparfaite. En outre, cette température est insuffisante pour affaiblir les ferments nuisibles qui sont apportés par le malt, l'eau et les matières premières qui pourraient ultérieurement compromettre la bonne marche de la fermentation et de la saccharification complémentaires. Donc, en pratique, on devra dépasser cette température optima de 50 à 55° et atteindre celle de 60-65° qui permet une meilleure utilisation de l'amidon du malt et la destruction ou, au moins, l'affaiblissement des ferments nuisibles.

Pour réaliser ce chauffage sans trop affaiblir la diastase, on utilisera l'observation de Petzhold signalée plus haut. Puisque la diastase supporte beaucoup mieux les hautes températures quand le moût est concentré et riche en maltose, on procédera d'abord à la saccharification à 55°, pour produire beaucoup de maltose, et vers la fin de l'opération, on élèvera la température à 60-63° pour faciliter la destruction des microbes et l'utilisation de l'amidon du malt. L'emploi d'un malt très diastasique réduira en outre les dangers de l'affaiblissement du pouvoir saccharifiant du moût par le chauffage.

Pour pouvoir utiliser les dextrines produites, il importe de conserver la diastase active dans le moût pendant la fermentation pour que cette diastase puisse continuer son action au fur et à mesure de la disparition du maltose. Il faut donc éviter d'affaiblir la diastase dans le travail de la saccharification et de la fermentation. Ce fait a pour résultat l'impossibilité de chauffer le moût au-dessus de 65° dans la distillerie de matières amylacées, et nous verrons bientôt, en étudiant la fermentation de ces moûts, les conséquences importantes de ce mode de travail. En outre, puisque l'acidité libre est nuisible à la diastase, il faudra éviter soigneusement pendant la fermentation complémentaire, la formation d'acides lactique, butyrique, acétique par les microbes, car cette acidité pourrait paralyser la saccharification complémentaire et amener ainsi une forte diminution du rendement en alcool.

Tels sont les principes généraux qui doivent guider le distillateur dans la préparation des moûts de matières amylacées. Pour que la saccharification ait lieu dans de bonnes conditions, il est en outre nécessaire que le malt et la matière pâteuse soient intimement mélangés pendant la macération, et que la température soit bien maintenue au degré voulu. Il importe donc de munir les appareils d'un bon thermomètre qu'il faut avoir soin de vérifier de temps à autre, en le comparant avec un thermomètre exact de laboratoire. De faibles variations dans la température de saccharification peuvent avoir en effet une influence considérable sur la composition chimique du moût et sur le rendement.

Matériel employé pour la cuisson et la saccharification.

Appareils de cuisson. — Dans l'ancienne méthode employée autrefois pour la cuisson des pommes de terre, cette opération se faisait à l'air libre, dans une cuve en bois portant à la partie inférieure un faux-fond perforé. La cuve portait latéralement et au dessus du faux-fond une ouverture de déchargement des pommes de terre cuites, fermée par un étrier à vis. Sur le fond supérieur se trouvait une autre ouverture servant au chargement et semblable à la précédente. La vapeur arrivait par un tuyau au milieu de la cuve, et une ouverture ménagée immédiatement au-dessus du fond inférieur permettait l'écoulement de l'eau condensée. Un autre petit orifice placé au-dessus du faux-fond servait à introduire dans l'appareil une sonde en fer pour s'assurer de l'état de cuisson des tubercules.

La matière cuite dans cette cuve passait alors au broyeur.

Les broyeurs de pommes de terre étaient constitués par deux cylindres lisses en fonte, surmontés parfois de deux cylindres cannelés pour faciliter l'introduction des pommes de terre; on employait aussi les broyeurs à cylindres cannelés, les cannelures d'un cylindre pénétrant dans celles de l'autre. Ces broyeurs étaient mus à la main dans les petites distilleries, et à la vapeur dans les installations plus importantes.

Cette méthode de travail est aujourd'hui à peu près complètement abandonnée et elle a été remplacée par la cuisson sous pression.

Cette dernière méthode a été mise en pratique pour la première fois par Hollefreund qui réalisa dans un même appareil la cuisson sous pression, le broyage et la saccharification. Cet appareil se compose d'un réservoir cylindrique horizontal muni d'un arbre à palettes. A la partie supérieure se trouve un trou d'homme et une ouverture de chargement, et à la partie inférieure une soupape de vidange du moût. Le réservoir cylindrique est surmonté d'un dôme portant un tuyau qui conduit à un condenseur. La vapeur arrive dans l'appareil par six ouvertures, et l'eau de condensation s'écoule au dehors par un clapet. On peut ainsi cuire les pommes de terre à 2kg,5-3 kilogrammes de pression, en injectant de la vapeur dans l'appareil fermé, malaxer la masse avec l'agitateur; puis, après retour à la pression normale, on met en communication le dôme supérieur de l'appareil avec le condenseur à eau froide, de manière à produire un vide dans le cylindre et une vaporisation qui abaisse la température au degré voulu pour la saccharification.

L'appareil de Bohm était basé sur le même principe, mais au lieu d'employer le vide pour la réfrigération, il employait l'eau qui circulait dans l'agitateur dont l'arbre et les palettes étaient creuses.

Ces appareils ont aujourd'hui à peu près disparu et ont été remplacés par le cuiseur conique dont le principe est dû à Henze. Il consiste à cuire les matières amylacées dans un récipient en fer, par la vapeur à haute pression, sans agitateur destiné au broyage, et à vider la masse sous pression de vapeur par une étroite ouverture, ce qui assure une désagrégation parfaite.

Le cuiseur Henze se compose en principe d'un réservoir conique ou cylindro-conique en tôle qui peut résister à une pression de vapeur de 4 atmosphères. Ce réservoir porte un trou d'homme pour le remplissage, une tubulure de vidange qui permet d'évacuer la masse dans le macérateur, une admission de vapeur par le haut et par le bas, un manomètre, une soupape de sûreté, un robinet pour l'évacuation de l'eau condensée, et une valve d'ouverture et de fermeture du tuyau de vidange.

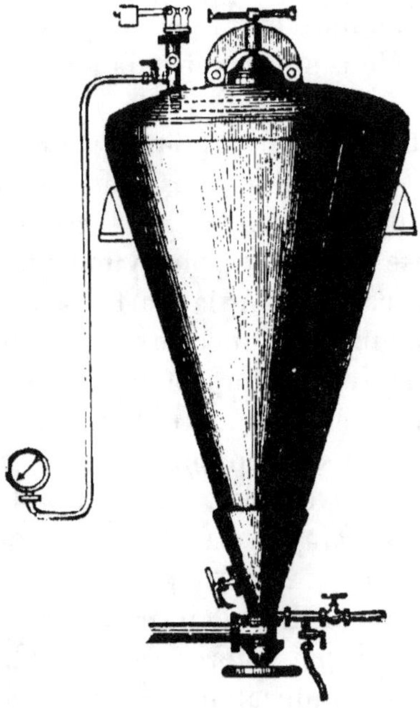

Fig. 32. — Cuiseur conique. (H. Paucksch, constructeur à Landsberg a. d. Warthe.)

La forme du cuiseur, d'abord cylindrique, est aujourd'hui cylindro-conique ou entièrement conique.

Le cuiseur conique de Paucksch (fig. 32) se compose d'un réservoir en tôle entièrement conique : seule la pointe inférieure est en fonte. Il est muni d'un trou d'homme, en fonte, pour le chargement de la matière première, d'un tampon de nettoyage et d'une fermeture d'autoclave en fonte. L'appareil porte en outre un tuyau de décharge, un robinet de contrôle, une soupape d'évacuation des eaux condensées, une valve de fermeture, une soupape de sûreté, un tuyau muni de brides et boulons à la partie supérieure pour la réception du tuyau d'admission de vapeur et du manomètre, un tuyau d'admission de vapeur dans l'intérieur de l'appareil et une grille. L'appareil est éprouvé à une pression d'eau de huit atmosphères.

La distribution de la vapeur dans les cuiseurs sans agitateurs présente une grande importance, car c'est elle qui doit mettre en mouvement le contenu du cuiseur et rendre la masse homogène. Les anciens appareils ne possédaient qu'un seul tuyau de vapeur qui débouchait au milieu du cuiseur ; mais ce dispositif se montra insuffisant, avec les cuiseurs cylindro-coniques de l'époque, pour le travail du maïs et des grains. On chercha alors à donner à la masse un mouvement giratoire dans l'appareil en modifiant l'injection de vapeur. Tels sont les dispositifs d'Avenarius et de Biesdorf. Dans le dispositif d'Avenarius, la vapeur arrive dans trois rangées superposées constituées chacune par six doubles tubes dont les orifices sont voisins, et qui sont recourbés dans le même sens. La vapeur injectée produit ainsi dans l'appareil un mouvement de rotation de la masse. La distribution Biesdorf se compose de cinq à six admissions de vapeur, dans le cône du cuiseur, qui sont recourbées et un peu inclinées vers le haut. L'injection est ainsi tangentielle et produit un tourbillon giratoire qui se propage vers le haut.

Avec les cuiseurs entièrement coniques, ces dispositifs ne sont plus nécessaires et il suffit de deux injections de vapeur, une à la partie inférieure, l'autre à la partie supérieure.

Pour que la division de la masse soit parfaite, on munit souvent la soupape ou le tuyau de vidange de dispositifs particuliers. La soupape à arêtes vives d'Avenarius force la masse à suivre un chemin qui présente des angles vifs : on obtient ainsi un empois plus homogène. Le tube de Barthel se compose d'une boîte raccordée au tube de vidange : entre la boîte et le tube se trouve une grille qui retient les corps étrangers; le tuyau de vidange est muni de chicanes en hélice : une injection horizontale de vapeur dans ce tuyau active le courant du liquide qui se brise contre les chicanes et prend un mouvement de rotation par suite de leur disposition en hélice.

On dispose aussi parfois des grilles à la partie inférieure du cône.

D'après Delbrück et Maercker, ces dispositifs sont inutiles quand on travaille des matières normales, quand la cuisson et la vidange sont bien conduites et quand l'appareil possède une bonne soupape à arêtes vives. Ils sont avantageux au contraire pour le travail des matières premières défectueuses, car ils permettent une division plus parfaite de la masse.

La figure 33 représente le cuiseur cylindro-conique Wauquier. Cet appareil est construit en tôle de fer avec fond conique en fonte. Il est timbré à 3 kilogrammes et il est muni d'une soupape d'entrée de vapeur, d'une soupape de sûreté, d'un manomètre et d'une soupape de vidange. L'entrée de la vapeur se fait par un système diviseur produisant une vive agitation dans la masse soumise à la cuisson, et permettant ainsi la suppression de l'agitateur.

Dans le cuiseur cylindro-conique de Pampe, la distribution de la vapeur se fait par un système amovible de tuyères, monté au sommet du cône du cuiseur. La vapeur s'échappe à pleine pression des tuyères dans le liquide et monte verticalement en produisant un violent courant de liquide de bas en haut dans le milieu de l'appareil. Ce courant est visible à la partie supérieure du liquide et produit un vif mouvement du centre à la périphérie. Parvenu à la paroi, le liquide descend et il rencontre des jets de vapeur tangentiels qui lui impriment un mouvement vers le bas et vers le centre et le renvoient en face des tuyères. Celles-ci le font de nouveau entrer dans le courant, et ainsi de suite. Cette disposition sert pour le travail des grains. Pour la pomme de terre, il suffit d'enlever le système de tuyères monté à la partie inférieure du cône et à le remplacer par l'obturateur spécial pour la pomme de terre.

Dans les grandes usines, on peut disposer les cuiseurs en batterie, à double ou à triple effet, de façon que la vapeur qui entre dans un cuiseur en venant du générateur traverse toute la batterie et soit complètement utilisée. Chaque cuiseur doit alors pouvoir être mis en tête de batterie et recevoir la vapeur directe qui, en s'échappant de ce cuiseur, est utilisée dans les deux autres. On économise ainsi une notable quantité de vapeur.

On voit qu'avec les cuiseurs sans agitateurs, et surtout avec les cuiseurs cylindro-coniques, le contenu est mis en mouvement grâce aux dispositifs spéciaux adoptés pour l'injection de vapeur et grâce à l'emploi de fortes pressions. Pour le

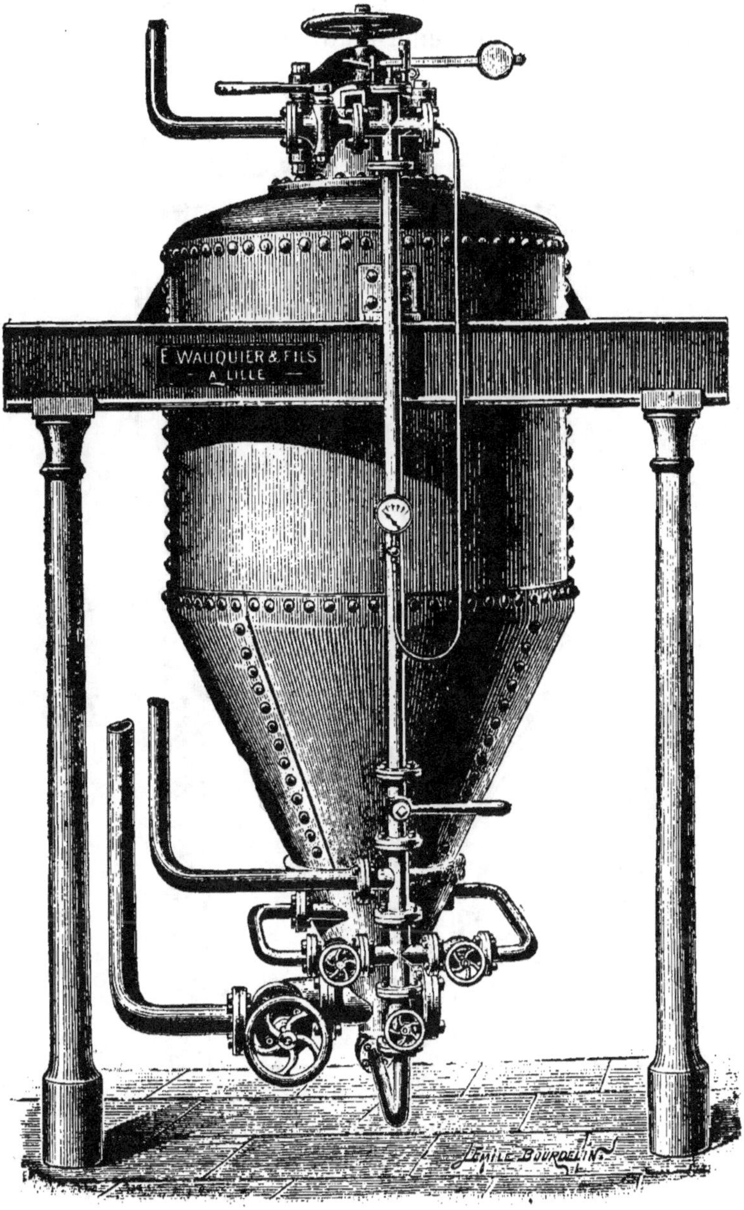

Fig. 33. — Cuiseur cylindro-conique.
Wauquier et Cie, constructeurs, à Lille.)

travail des grains difficiles à désagréger, tels que le maïs, le riz, etc, on préfère en général aujourd'hui les cuiseurs munis d'agitateurs, car ces appareils assurent une circulation conti-

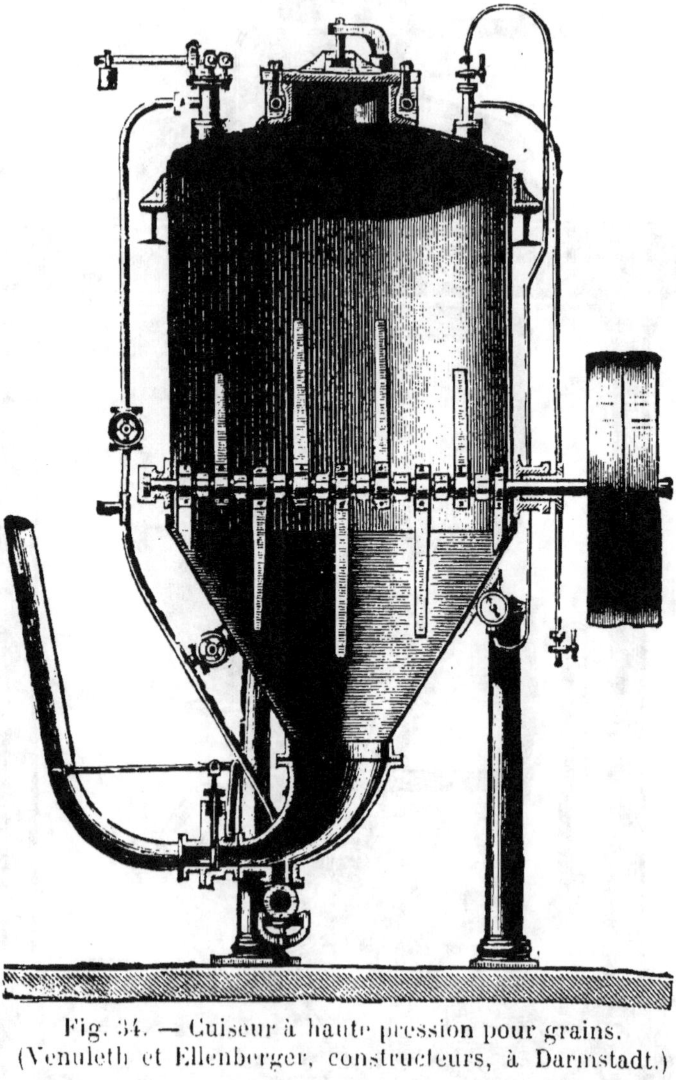

Fig. 34. — Cuiseur à haute pression pour grains.
(Venuleth et Ellenberger, constructeurs, à Darmstadt.)

nuelle de la masse et rendent la matière très homogène. On peut en outre y introduire la vapeur à une pression plus faible.

Le cuiseur Venuleth et Ellenberger (fig. 34) se compose

d'un cylindre joint par le bas à une pointe conique en tôle très forte, calculée pour une pression d'épreuve de dix atmosphères. Il porte un agitateur horizontal à palettes, destiné à brasser et à diviser la masse. Le chargement se fait par le trou d'homme placé à la partie supérieure du cuiseur. La vidange s'opère par la pression de vapeur et la matière est évacuée par la partie conique munie d'un tiroir. A ce tiroir est relié le tuyau d'évacuation qui conduit la matière cuite au macérateur. L'appareil porte en outre un robinet d'air, un manomètre métallique, une soupape de sûreté qui s'ouvre à quatre atmosphères, et des soupapes qui servent à la distribution de la vapeur dans le cuiseur.

Avec ces cuiseurs à agitateurs, la forme conique n'est plus nécessaire et on adopte plutôt la forme cylindrique qui permet un chargement beaucoup plus fort pour une même longueur. Le cuiseur Joly (à Blanc-Misseron) se compose par exemple d'un récipient cylindrique vertical pouvant supporter une pression de vapeur de quatre atmosphères et muni de tous les organes des cuiseurs ordinaires. Il porte un agitateur formé par un arbre vertical muni de palettes à la partie inférieure; cet arbre porte en outre sur une de ses parties une hélice qui est entourée d'un manchon fixe percé d'ouvertures. La matière amylacée se trouve ainsi agitée, et tend à remonter à l'intérieur du manchon pour s'échapper par les ouvertures. Cet appareil, dont le fonctionnement est excellent, est utilisé pour la cuisson des grains.

La disposition du couvercle des cuiseurs présente une grande importance, car de nombreux accidents ont été occasionnés par la rupture de ce couvercle. La vis de pression ne doit pas être trop fortement serrée, car elle pourrait faire plier le couvercle ou arracher les boulons de l'étrier.

Appareils de saccharification. — Il existe un grand nombre d'appareils destinés à la saccharification par le malt.

Dans certaines distilleries, on emploie une cuve matière analogue à celle que nous avons étudiée en brasserie, avec un agitateur plus ou moins puissant destiné à mélanger intimement la masse. Nous ne reviendrons pas ici sur la disposition de ces cuves que nous avons décrites dans un précédent ouvrage (1). Dans les méthodes de préparation des moûts par cuisson sous pression, on refroidit la masse qui sort du

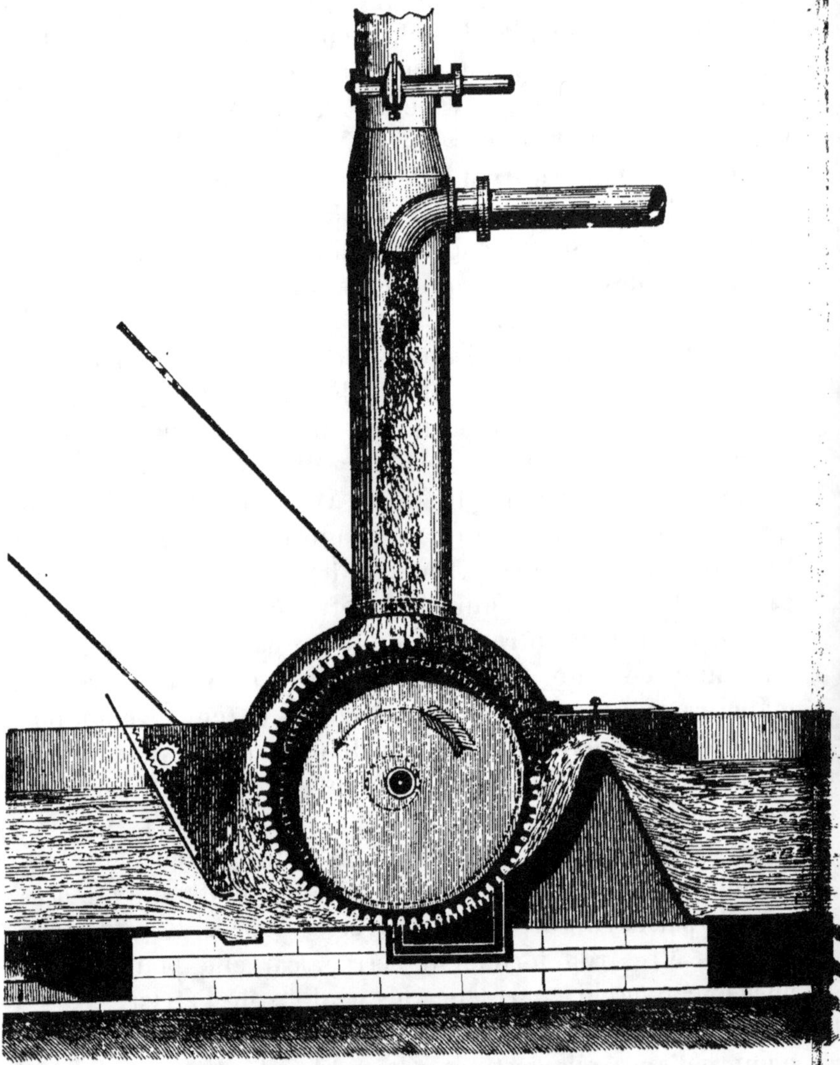

Fig. 35. — Macérateur-broyeur Ellenberger.
(Venuleth et Ellenberger, constructeurs, à Darmstadt.)

cuiseur à haute température par passage dans un appareil

(1) Voy. E. Boullanger, *Brasserie, hydromels* (Encyclopédie agricole).

spécial appelé exhausteur. L'exhausteur (Voy. fig. 35) se compose d'une simple cheminée de tôle dans laquelle débouche le tuyau de décharge du cuiseur. On provoque dans cette cheminée un violent courant d'air en plaçant au haut de l'appareil un injecteur de vapeur dont l'ouverture est tournée vers le haut. Le jet de matière amylacée se pulvérise contre une plaque de tôle et se refroidit en tombant dans la cheminée au contact de l'air froid aspiré par la vapeur.

Cet appareil a l'inconvénient d'être difficile à nettoyer, aussi est-il aujourd'hui de moins en moins utilisé par suite de l'emploi de macérateurs perfectionnés qui permettent la réfrigération par l'eau et une agitation parfaite de la masse, de sorte que le refroidissement préalable de la matière amylacée qui sort du cuiseur n'est plus nécessaire, l'égalité de température se produisant instantanément dans ces nouveaux appareils, ce qui évite toute altération de la diastase du malt. Cependant on n'a pas abandonné aujourd'hui complètement l'exhausteur, car il est toujours bon d'avoir un dispositif qui divise la masse en fines particules, afin de diminuer encore les dangers de destruction de la diastase. En outre la cheminée sert à l'évacuation rapide des vapeurs.

Pour compléter le broyage de la matière amylacée après la cuisson, on a utilisé un certain nombre de dispositifs, notamment le broyeur Ellenberger et le broyeur Bohm.

Le macérateur-broyeur Ellenberger (fig. 35) est une cuve ovale en tôle, divisée en deux parties par une cloison sur les deux tiers de sa longueur. Dans l'une d'elles se trouve l'appareil broyeur qui se compose d'un tambour cannelé tournant à une très petite distance au-dessus d'une plaque également cannelée et fixée au fond. Les cannelures ont une direction oblique par rapport à l'axe de rotation, de sorte que les cannelures du tambour et de la plaque se croisent comme les lames d'une paire de ciseaux. La matière cuite tombe directement de la cheminée d'aspiration sur le tambour, passe entre ce dernier et la plaque cannelée du fond et se trouve ainsi finement broyée et déchiquetée. Elle est rejetée au-dessus du déversoir disposé derrière le tambour. Sous l'action de la rotation du tambour, le moût prend dans la cuve un mouvement giratoire et vient repasser sans cesse entre le tambour et sa patine. En avant du tambour broyeur se trouve une vanne qui empêche l'arrivée trop considérable de moût et rend la marche de l'appareil plus facile. Il y a en outre, près du tam-

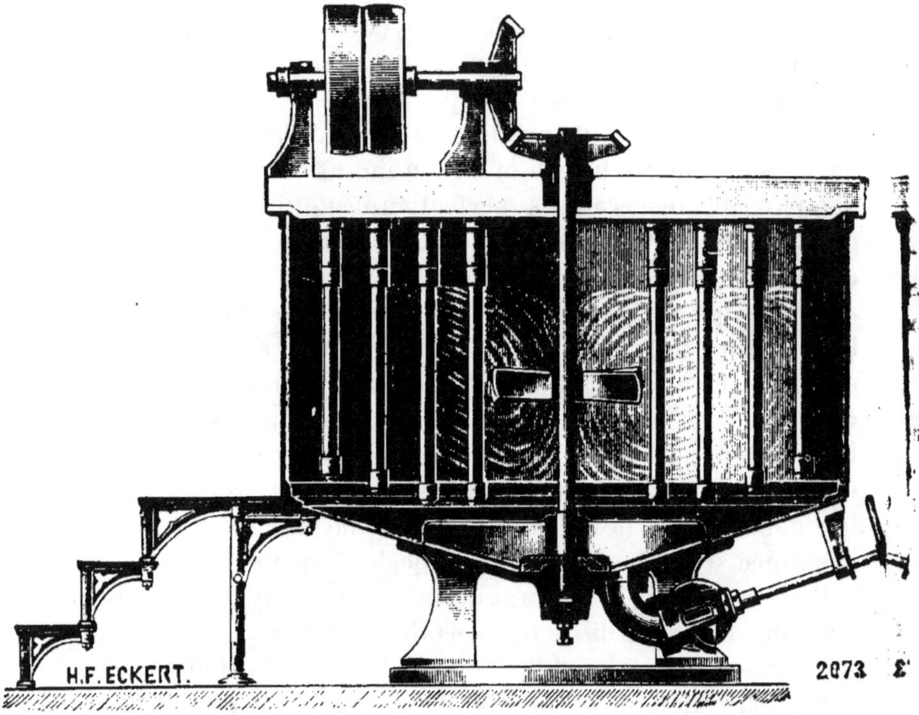

Fig. 36. — Macérateur centrifuge pour moûts clairs. (Eckert, constructeur, à Berlin.)

bour, une petite excavation qui sert à retenir les pierres et les autres corps durs.

Le broyeur Bohm est un dépèleur qui aspire le moût au fond du macérateur, le broie et le rejette dans le macérateur à la partie supérieure. La construction de cet appareil se rapproche de celle du dépèleur Wauquier que nous avons décrit plus haut.

Ces dispositifs de broyage consomment beaucoup de force et sont inutiles quand on travaille de bonnes matières premières et quand la cuisson est bien conduite. Si on travaille des matières premières défectueuses, ils peuvent améliorer le rendement en facilitant la division de la masse, mais, même dans ce cas, ils ne sont pas indispensables.

Les macérateurs employés aujourd'hui sont extrêmement nombreux. Ils sont constitués en principe par une cuve dans laquelle se trouve un puissant agitateur et un réfrigérant, de manière à assurer instantanément l'homogénéité du mélange et la répartition égale des températures.

Un premier groupe d'appareils est formé par les macérateurs centrifuges, utilisés surtout pour la préparation des moûts clairs.

Le macérateur centrifuge de Eckert (fig. 36) se compose d'une cuve cylindrique à fond conique, muni d'un arbre vertical portant un agitateur à palettes qui communique à la masse un mouvement de rotation comme l'indiquent les lignes blanches à l'intérieur de la cuve. Pour le refroidissement du moût, on a disposé dans l'appareil un système de réfrigération spécial (fig. 37). L'eau entre par la partie supérieure dans un sommier x, circule dans les tubes p qu'elle remonte et descend alternativement et s'écoule à l'autre extrémité. Cet appareil, simple et facile à nettoyer, donne d'excellents résultats. Il est utilisé pour la préparation des moûts clairs.

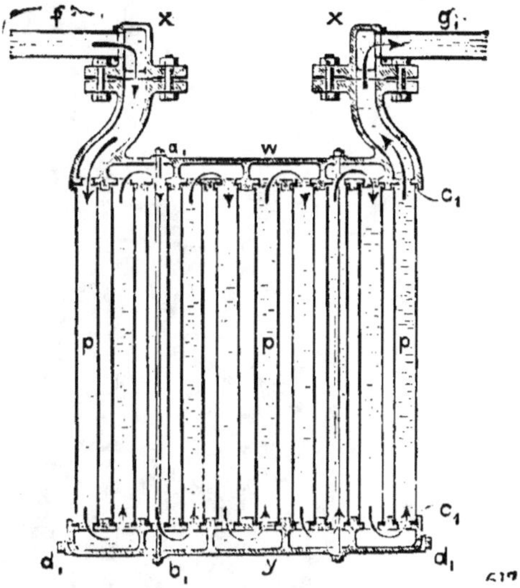

Fig. 37. — Réfrigérant du macérateur Eckert. (Eckert, constructeur, à Berlin.)

Le macérateur universel de Paucksch se compose également d'une cuve métallique munie d'un agitateur centrifuge qui communique à la masse un mouvement de rotation. Pour mieux diviser la masse, la paroi de la cuve porte quelques plaques rigides contre lesquelles le courant de liquide vient se briser.

Dans ces appareils, le moût se meut en formant à droite et à gauche de l'arbre comme un anneau liquide dans lequel la

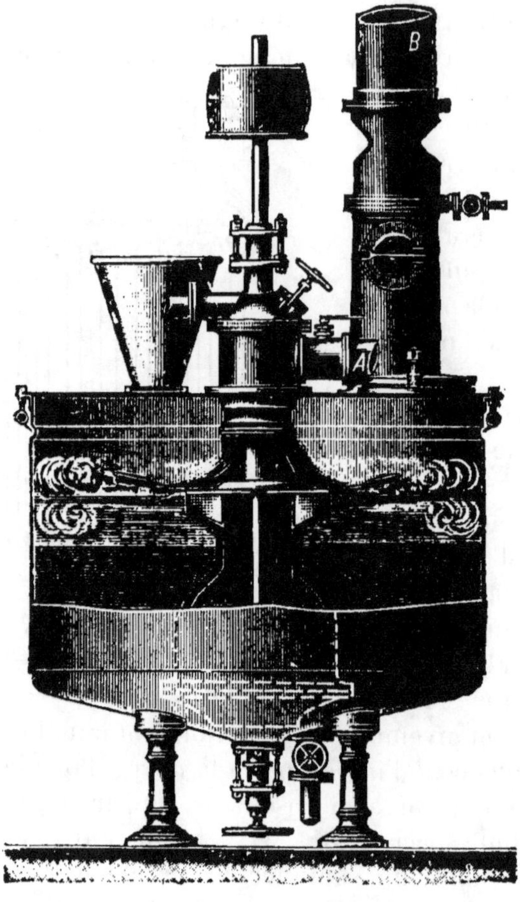

Fig. 38. — Macérateur réfrigérant de Pampe.
(H. Pampe, constructeur, à Halle-sur-Saale.)

vitesse des particules va en diminuant à mesure qu'on s'approche du centre de l'anneau. La diminution de la vitesse est d'autant plus rapide que les moûts sont plus concentrés, aussi est-il préférable, pour les moûts épais, d'avoir recours aux macérateurs réfrigérants que nous décrirons plus loin.

Le macérateur réfrigérant de Pampe repose sur un principe différent. Le mélange intime de l'empois est obtenu en le projetant dans un espace vide au moyen d'un disque horizontal. On obtient ainsi un mélange plus complet avec une faible dépense de travail mécanique : en outre, le mouvement méthodique ainsi obtenu réduit la durée de la réfrigération. Le macérateur réfrigérant de Pampe (fig. 38) se compose d'une

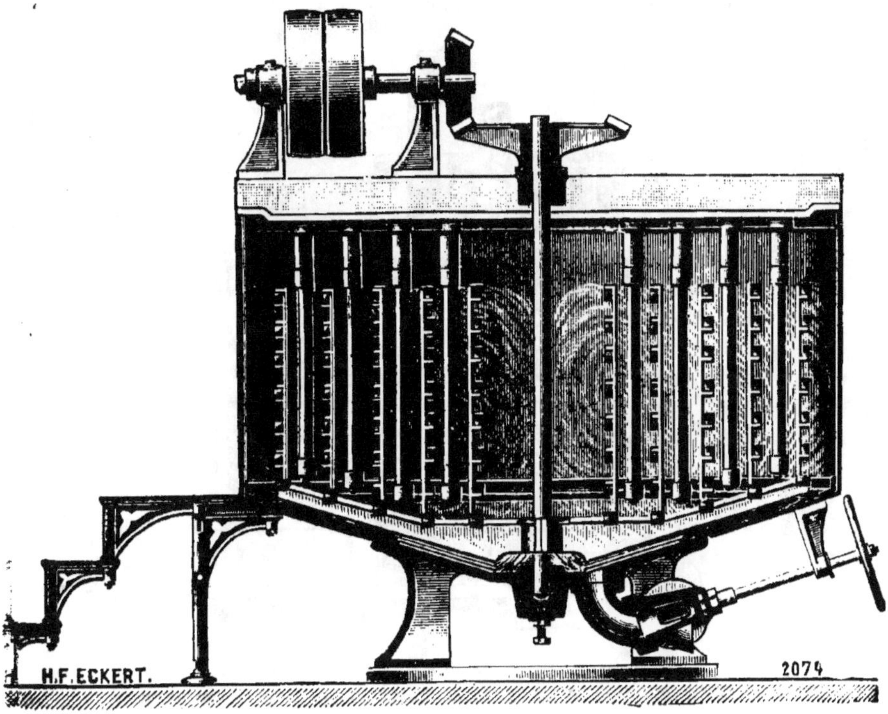

Fig. 39. — Macérateur réfrigérant pour moûts épais. (Eckert, constructeur, à Berlin.)

cuve cylindrique en cuivre au milieu de laquelle se trouve un récipient vertical en fonte, en forme de poire, dont les deux ouvertures, en haut et en bas, sont munies de turbines analogues à celles des pompes centrifuges et mues par un axe vertical. Au-dessus de la turbine supérieure se trouve un disque de cuivre également fixé sur l'arbre. La matière amylacée tombe sur le disque supérieur qui la projette par la force centrifuge sur les parois de la cuve. Elle redescend au fond de l'appareil, est reprise par la turbine inférieure, remonte le tube en forme de poire et est projetée de nouveau contre les parois par la turbine supérieure.

Le malt broyé est introduit par un entonnoir ; il tombe sur le disque qui le projette contre les parois de la cuve refroidie à l'extérieur par ruissellement d'eau, et il se mélange au moût refroidi. Cet appareil donne d'excellents résultats.

Le macérateur réfrigérant Eckert (fig. 39) se compose d'une

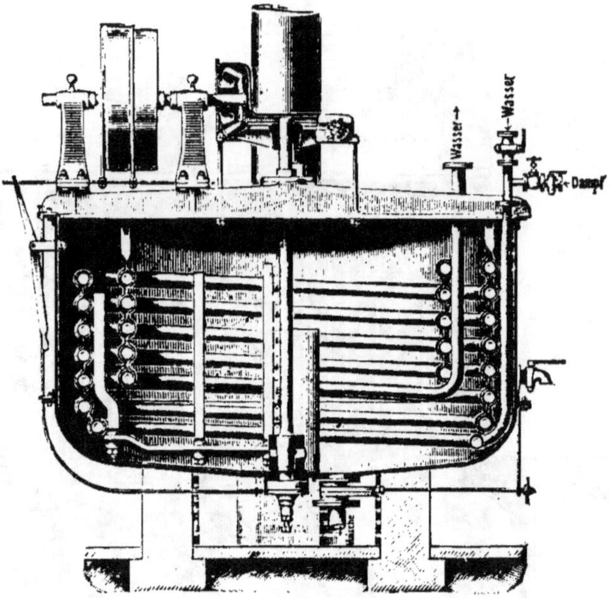

Fig. 40. — Macérateur réfrigérant.
(Paucksch, constructeur, à Landsberg a. d. Warthe.)

cuve cylindrique terminée par une partie conique. Au lieu de l'agitateur centrifuge, cette cuve porte un agitateur formé de deux bras horizontaux sur lesquels s'élèvent des tiges verticales cannelées. Les bras horizontaux se meuvent sur une plaque également cannelée dont on peut les approcher plus ou moins. L'appareil porte en outre le réfrigérant que nous avons décrit plus haut. Grâce au puissant agitateur, la masse se trouve parfaitement divisée et l'homogénéité est complète. Ce macérateur est utilisé pour la préparation des moûts épais.

Le macérateur réfrigérant de Paucksch (fig. 40) se compose

d'une cuve cylindrique munie d'un puissant agitateur constitué par deux bras horizontaux incurvés en S et portant des tiges verticales. Le réfrigérant est formé par deux serpentins concentriques en cuivre rouge, dans lesquels on peut faire circuler de l'eau. L'agitateur attire le liquide vers le fond de la cuve, le pousse vers la périphérie contre le serpentin et le ramène de nouveau vers le centre.

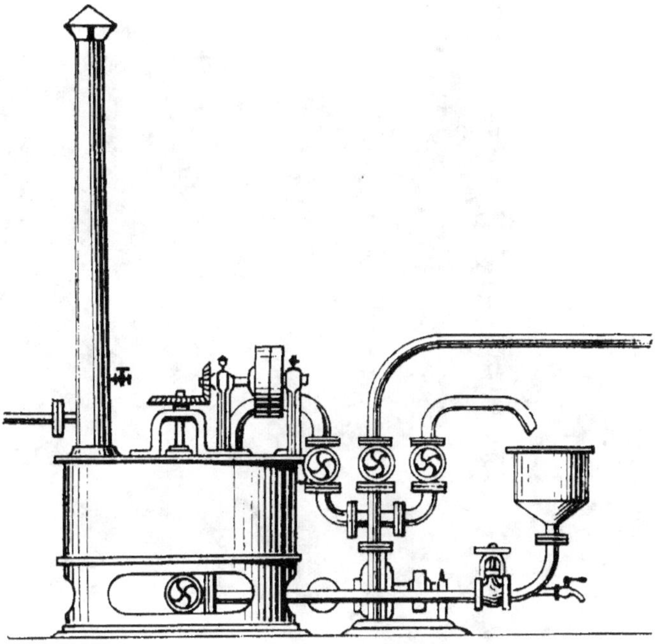

Fig. 41. — Macérateur et dépèleur.
(Crépelle-Fontaine, constructeur, à La Madeleine-lès-Lille.)

La figure 41 représente l'installation d'un macérateur avec son dépèleur. Le macérateur se compose d'une cuve cylindrique munie d'un exhausteur et portant un réfrigérant de grande puissance et un agitateur. Le broyage de la masse est assuré par le dépèleur qui aspire la matière dans le macérateur et la refoule à la partie supérieure.

D'autres macérateurs ont une forme allongée, par exemple le macérateur La Cambre, le macérateur horizontal Egrot et Grangé, et le macérateur réfrigérant horizontal système d'Heureuse, construit par la maison Eckert. Le macérateur La Cambre est constitué par une auge cylindrique ouverte à sa partie supérieure et munie d'une double enveloppe dans laquelle on peut envoyer à volonté de l'eau froide, de l'eau chaude ou de la vapeur. A l'intérieur de cette cuve se meut un agitateur formé d'un arbre horizontal portant des bras

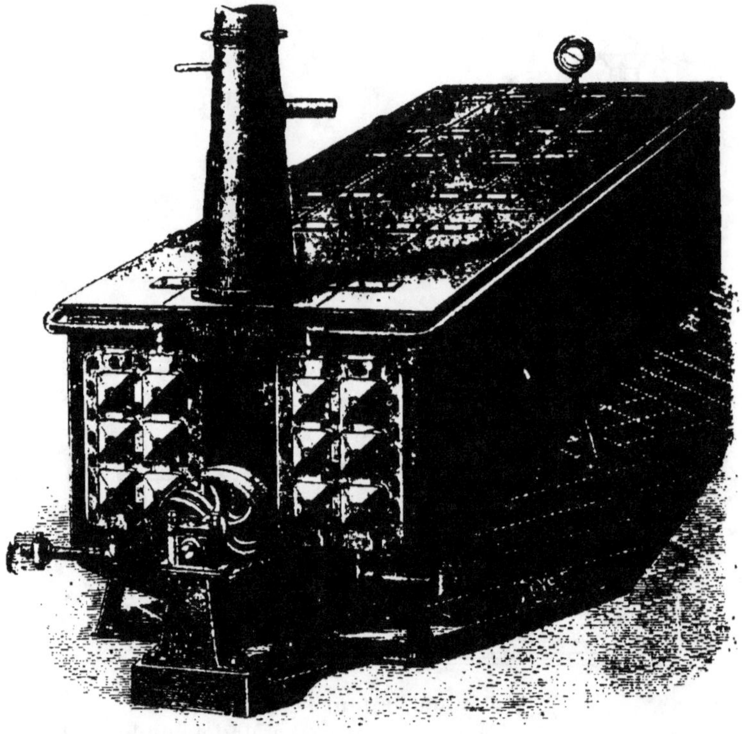

Fig. 42. — Macérateur horizontal.
(Egrot et Grangé, constructeurs, à Paris.)

disposés en hélice. Ces bras portent eux-mêmes des tringles transversales qui les font ressembler à des râteaux.

Le macérateur horizontal Egrot et Grangé (fig. 42) se compose d'une cuve horizontale dont le fond présente une double inclinaison pour rendre plus facile l'écoulement de la matière. A l'intérieur se trouvent des faisceaux de tubes en laiton; ces faisceaux sont fermés à leur extrémité par de petits couvercles.

L'eau entre dans les faisceaux tubulaires du bas, traverse successivement tous ces faisceaux et sort à la partie supé-

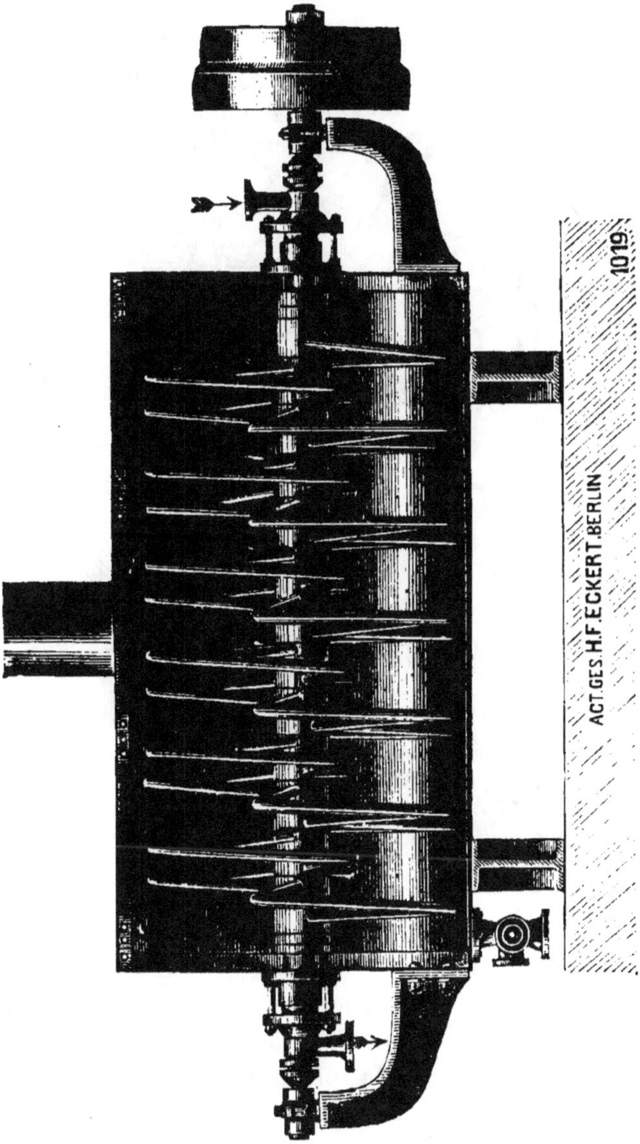

Fig. 43. — Macérateur réfrigérant horizontal, système d'Heureuse. Eckert, constructeur, à Berlin.

rieure par deux tubes qui longent les bords du macérateur. Entre ces faisceaux tubulaires se meut un agitateur constitué par une hélice tournant très rapidement dans un tube garni de dents. Il se produit ainsi un broyage énergique et une circulation du liquide autour des tubes. L'appareil est fermé par un couvercle muni de six trappes et porte un exhausteur en tôle avec éjecteur de vapeur.

Le macérateur réfrigérant horizontal système d'Heureuse (fig. 43), construit par la maison Eckert, se compose d'une auge cylindrique munie d'un agitateur constitué par un sys-

Fig. 44. — Saccharificateur par l'acide.
(Égrot et Grangé, constructeurs, à Paris.)

tème de tubes recourbés en serpentins, dans lesquels on peut faire circuler de l'eau froide. L'agitateur sert donc à la fois au brassage de la masse et à la réfrigération.

Pour la saccharification par les acides à l'air libre, on utilise de solides cuves en bois, munies d'un barboteur de vapeur et d'un agitateur. La saccharification par l'acide sous pression s'effectue le plus souvent dans un autoclave vertical (fig. 44) appelé *Krüger*. Cet appareil, entièrement en cuivre très épais, se compose d'un cylindre vertical A portant à la partie supérieure un trou d'homme B pour le chargement, une soupape de sûreté I, un manomètre K, un tuyau D pour l'introduction de l'eau acidulée et un tuyau H pour l'évacuation de l'air. Sur le corps du cylindre se trouvent un trou de nettoyage C, une éprouvette G pour la prise des échantillons, un tuyau L pour l'injection de vapeur et un volant de manœuvre E du robinet d'évacuation. Enfin à la partie inférieure arrive un tuyau de vapeur L'; le fond de l'appareil est muni d'un tuyau de vidange qui se relève verticalement et qui porte un robinet de nettoyage F.

On utilise aussi, pour la saccharification par l'acide sous pression, des autoclaves horizontaux. Le cuiseur saccharificateur Warein et Defrance, par exemple, est constitué par un cylindre horizontal muni d'un agitateur à râteaux. On peut cuire dans cet appareil les grains sous pression, puis faire arriver l'acide dans l'empois au moyen d'un ballon qui est relié à la partie supérieure du cuiseur, et qui reçoit la pression du générateur.

Travail du maïs.

Les procédés de traitement du maïs sont très nombreux et on peut les diviser en trois classes : 1° les procédés *sans* pression avec saccharification par le malt, 2° les procédés *sous* pression, avec saccharification par le malt, 3° les procédés avec ou sans pression, avec saccharification par les acides. Le procédé Collette et Boidin, qui utilise la cuisson sous pression et la saccharification par les mucédinées, sera étudié dans le chapitre consacré à la fermentation.

1° Procédés de travail du maïs sans pression. — ***Ancien procédé.*** — Cette méthode, autrefois employée dans les distilleries belges lorsque l'impôt était perçu sur la capacité des cuves, consiste à transformer l'amidon du maïs en empois par chauffage à 90-100°, et à refroidir ensuite la masse à la température de saccharification. On fait arriver le maïs, finement moulu, dans le macérateur où se trouve de l'eau à 55-60°, en agitant fortement pour éviter la formation de pelotes. Il faut employer environ 400 litres d'eau pour 100 kilogrammes de maïs. On chauffe alors, lentement, soit par injection de vapeur, soit par le double fond du macérateur de manière à atteindre environ 95° ; on maintient cette température pendant une heure et on refroidit ensuite à la température de saccharification, c'est-à-dire 63 à 64°, et on introduit le lait de malt. La quantité de malt employée varie de 8 à 15 p. 100, suivant l'état du malt (malt vert ou malt sec) et suivant sa qualité. On maintient la température au degré voulu, en agitant constamment, jusqu'à ce que la saccharification soit suffisante, puis on refroidit par une des méthodes que nous étudierons plus loin. La durée de la saccharification est d'une heure à une heure et demie.

Ce procédé peut subir quelques modifications. On peut par exemple préparer l'empois de maïs dans une cuve spéciale, et faire rentrer peu à peu cet empois dans le macérateur où se trouve le lait de malt fabriqué à part, ce qui fait monter la température au degré convenable pour la saccharification. L'addition de 1 à 2 p. 100 de malt à la farine de maïs soumise à l'empesage est également à conseiller ; cette addition empêche un empâtement trop fort de la masse par suite de la liquéfaction partielle qu'elle entraîne, et le refroidissement de la matière amylacée à la température de saccharification est plus facile.

Cette méthode de travail est encore adoptée dans les fabriques de levure pressée, et dans quelques distilleries. Dans les grandes fabriques d'alcool, elle a été remplacée par la cuisson sous pression.

Travail du maïs malté. — Cette méthode, préconisée en Allemagne par Gontard, ne s'est pas répandue en France. Elle consiste à malter le maïs en opérant comme nous l'avons vu précédemment, puis à broyer finement le malt obtenu et à l'empâter avec de l'eau à 75°. On refroidit à 62° par addition d'eau et on abandonne à la saccharification. On obtient de meilleurs résultats en empâtant le malt de maïs dans le macérateur, en laissant déposer et en soutirant le liquide diastasique. La masse restée dans le macérateur est traitée à 100° pour transformer l'amidon en empois, puis refroidie à la température de saccharification. On y ajoute alors l'extrait diastasique soutiré.

Travail à l'acide sulfureux. — Cette méthode a été employée en Hongrie, en Italie et en Belgique, mais elle est de plus en plus abandonnée aujourd'hui. Elle consiste en principe à ramollir et à désagréger les grains d'amidon et les cellules qui les contiennent par trempage dans de l'eau additionnée de sulfites ou d'acide sulfureux. En Hongrie, on fait tremper le maïs en le couvrant d'eau dans laquelle on ajoute 2 kilogrammes de bisulfite de soude par 100 kilogrammes de maïs; après la trempe, on ajoute la quantité d'acide sulfurique nécessaire pour mettre l'acide sulfureux en liberté, qui agit sur les parois des cellules et sur l'amidon et favorise ainsi le travail ultérieur de la saccharification.

Quand on emploie l'acide sulfureux libre, on utilise soit de l'acide dissous, soit de l'acide produit par la combustion du soufre dans un four. Les gaz qui sortent du four reçoivent de l'eau en pluie fine et on obtient ainsi une solution qui marque 0°,3 à 0°,4 Baumé. On emploie de 90 à 100 grammes de soufre par 100 kilogrammes de maïs. La trempe dure dix-huit à vingt heures; on évacue alors le liquide, on chauffe à 90° pour transformer l'amidon en empois, puis on fait arriver l'empois dans le lait de malt préparé à part, de manière à obtenir finalement la température de 62-63° pour la saccharification.

L'acide sulfureux agit comme antiseptique dans la fermentation et diminue les dangers d'infection. En outre, il ramollit les parois des cellules qui englobent les grains d'amidon et facilite la désagrégation du maïs. Mais les flegmes obtenus par cette méthode ont un goût assez désagréable.

2° Procédés de travail du maïs sous pression. — Le traitement du maïs par la cuisson sous pression peut s'effectuer de deux manières différentes : *a*, sur les grains entiers; *b*, sur les grains concassés ou moulus.

a. Travail du maïs en grains entiers. — Cette méthode est presque exclusivement employée en Allemagne et on l'a adoptée aussi dans la plupart des distilleries françaises.

La cuisson s'opère soit dans les cuiseurs coniques sans agitateurs, soit dans les cuiseurs à agitateurs précédemment décrits. Pour que la cuisson se fasse bien, on doit tout d'abord réaliser certaines conditions. Comme le maïs contient peu d'eau, il est nécessaire de lui donner la quantité d'eau nécessaire pour que son amidon puisse se transformer en empois. Cette quantité est de 150 à 180 litres par 100 kilogrammes de maïs. La capacité nécessaire pour 100 kilogrammes de maïs est d'environ 400 litres, car le mélange de 100 kilogrammes de maïs avec 150 à 180 litres d'eau occupe un volume de 300 litres environ, et ce chiffre doit être augmenté d'un tiers pour le gonflement pendant la cuisson et pour le volume de l'eau condensée. La masse doit en outre être maintenue constamment en mouvement pendant la cuisson. On arrive à ce résultat d'abord en portant l'eau à l'ébullition, en maintenant cette ébullition pendant toute la durée du chargement, et même en cuisant pendant une heure avant de laisser monter la pression, de manière à ramollir complètement le maïs avant de le cuire sous pression.

La distribution de la vapeur dans les cuiseurs coniques, qui se fait par injection tangentielle au sommet du cône, comme nous l'avons vu, assure le mouvement continuel de la masse pendant la cuisson sous pression dans les cuiseurs qui ne sont pas munis d'agitateurs. Ce mouvement s'obtient aisément, sans dispositif spécial pour l'injection de la vapeur, au moyen des cuiseurs à agitateurs, mais ces appareils ont l'inconvénient d'entraîner une dépense assez élevée de force motrice. Enfin pour assurer au contenu un mouvement constant, on laisse échapper continuellement un filet de vapeur par la soupape de sûreté : c'est ce qu'on appelle travailler à *soupape soufflante*. La vidange doit avoir lieu à haute pression, par une soupape à arêtes vives, de manière à diviser finement la masse, et à favoriser ainsi l'attaque de l'amidon par la diastase dans le macérateur.

L'état de l'empois obtenu par la cuisson du maïs sous pression est variable avec la nature du maïs, la durée du travail, la pression finale atteinte, la nature des sels contenus dans les grains et dans l'eau de cuisson. Les maïs humides se cuisent et se désagrègent plus difficilement que les maïs secs, et certaines variétés sont plus résistantes que d'autres. La pression doit monter très lentement, et il ne faut pas employer pour la cuisson du maïs des pressions trop élevées. En effet, les fortes pressions produisent une caramélisation partielle des hydrates de carbone et une décomposition de l'huile du maïs. On doit donc cuire le plus possible à faible pression et ne maintenir l'empois à $3^{kg},5$-4 kilogrammes que pendant le temps strictement nécessaire pour assurer la transformation complète de l'amidon en empois. Enfin nous avons vu précédemment, par les expériences de M. Boidin et de MM. Fernbach et Wolff, l'influence des sels sur la viscosité et la composition des empois obtenus par cuisson sous pression. La nature de l'eau modifie plus ou moins la réaction du milieu; les eaux riches en bicarbonates de chaux agissent comme neutralisantes et retardent la liquéfaction de l'empois. Kusserow a ainsi préconisé le traitement des eaux calcaires par l'acide sulfurique pour faire disparaître cette action nuisible. Nous verrons plus loin, en étudiant spécialement le procédé de saccharification et fermentation par les mucédinées, comment MM. Collette et Boidin ont également utilisé l'action favorisante des phosphates acides pour la liquéfaction de l'amidon pendant la cuisson. Dans tous les cas, l'addition à l'eau de la quantité d'acide sulfurique suffisante pour transformer en phosphates acides les phosphates neutres des grains, tout en laissant le milieu neutre à l'hélianthine, nous semble particulièrement recommandable, car on diminue ainsi la caramélisation, on liquéfie l'amidon et on obtient une matière fluide, beaucoup plus facile à saccharifier, et qui présente la réaction optima pour le travail de la diastase.

En pratique, le travail du maïs s'effectue de la façon suivante: on introduit dans le cuiseur la quantité d'eau nécessaire, déterminée comme nous l'avons vu plus haut, et on la porte à l'ébullition. On fait alors arriver lentement le maïs en maintenant l'ébullition jusqu'à ce que le chargement soit complet, on ferme le trou d'homme supérieur, et on continue l'admission de vapeur en laissant échapper par la soupape un jet de vapeur, de manière à monter lentement en pression. On atteint en une demi-heure la pression de 2 kilogrammes à 2kg,5, qu'on maintient pendant une heure en travaillant sans cesse à soupape soufflante; puis on ferme le robinet soufflant, on monte à 3kg,5-4 kilogrammes et on maintient cette pression un quart d'heure à une demi-heure. La cuisson dure donc trois heures environ. Quand elle est terminée, on vide brusquement le cuiseur sous la pression finale de 3kg,5 à 4 kilogrammes.

Cette méthode de travail peut subir quelques modifications. On peut par exemple faire bouillir pendant une heure le mélange de maïs et d'eau, avec le trou d'homme fermé pour éviter les projections, mais en laissant échapper la vapeur par une tubulure assez large pour qu'aucune pression ne puisse s'accumuler dans l'appareil. Au bout d'une heure, on ferme partiellement le robinet de la tubulure, de manière à laisser toujours échapper un jet de vapeur qui assure le mouvement de la masse dans le cuiseur, on monte à une pression de 2 kilogrammes à 2kg,5 qu'on maintient une heure, et on termine la cuisson à 3kg,5-4 kilogrammes de pression.

On peut également faire tremper le maïs dans l'eau chaude du soir au lendemain matin, ce qui réduit ultérieurement la durée de la cuisson, ou commencer la cuisson dès le soir et laisser le cuiseur en pression pendant toute la nuit, sans dépasser 2 atmosphères. Il ne reste plus qu'à compléter rapidement la cuisson le matin en portant quelques instants la masse à 3 ou 4 atmosphères, ce qui permet d'économiser beaucoup de temps.

L'emploi de dépéleurs et d'appareils broyeurs pour compléter la division de la masse n'est pas nécessaire si la cuisson est bien conduite et si la construction du cuiseur est rationnelle. Toutefois on peut, en recourant à ces appareils, cuire à une pression moins élevée et pendant un temps plus faible pour réduire la caramélisation.

La disposition des cuiseurs en batterie, décrite précédemment, permet une grande économie de vapeur. On peut d'ailleurs utiliser, dans le cas contraire, la vapeur d'échappement des cuiseurs pour chauffer l'eau qui alimente les générateurs ou obtenir de l'eau stérilisée pour la dilution des moûts.

Quand la cuisson du grain est terminée, on vide brusquement le cuiseur dans le macérateur, au contact du lait de malt préparé à l'avance. Cette vidange doit avoir lieu avec quelques précautions. On commence par fabriquer le lait de malt à l'aide des appareils étudiés plus haut ; la proportion de malt employé varie de 10 à 15 p. 100 du poids du grain, suivant la nature du malt. Il importe d'éviter le plus possible, pendant la vidange du cuiseur, de détruire partiellement la diastase par suite de la température élevée de l'empois qui arrive dans le macérateur. Autrefois, avec les cuves matières ordinaires, dans lesquelles la réfrigération et l'agitation laissent à désirer, le danger d'altérer la diastase était considérable : et la vidange devait avoir lieu, à travers l'exhausteur, en veillant avec grand soin à modérer la vitesse de manière à ne pas élever trop rapidement la température et à ne pas dépasser 65°. Aujourd'hui, avec les macérateurs perfectionnés munis d'un agitateur et d'un réfrigérant très puissants, le travail est beaucoup plus facile ; il suffit d'agiter fortement la masse pendant la vidange afin d'égaliser instantanément les températures, et de régler les quantités d'empois et d'eau de refroidissement, de manière à ne pas dépasser pendant l'évacuation de la majeure partie du cuiseur, la température de 55°. Quand la vidange est très avancée, on laisse monter la température au degré final choisi, qui est ordinairement de 60 à 62°, pour les raisons que nous avons exposées plus haut ; avec certaines matières premières, on doit cependant atteindre 66-67°. Dans ce cas, il est plus que jamais nécessaire de faire la majeure partie du travail de saccharification à 55°, afin de produire une forte quantité de maltose qui préserve ensuite la diastase contre le chauffage à 66-67°, qu'on réalise seulement à la fin de l'opération. La durée de la saccharification est très variable ; il est en général préférable de prolonger le travail pendant un temps suffisant pour que la température finale puisse produire l'affaiblissement des organismes nuisibles et augmenter le rendement du malt en extrait, c'est-à-dire pendant une heure environ.

Le malt doit être employé en totalité dès le début de la saccharification, car son utilisation comme matière amylacée est d'autant plus parfaite que la durée de contact avec la diastase est plus grande. Il n'est donc pas recommandable d'ajouter le malt en deux ou trois portions, à moins que la disposition des appareils ne rende ce mode de travail indispensable.

Pour éviter toute crainte de destruction de diastase pendant la vidange, certaines grandes usines vident le cuiseur brusquement dans un récipient spécial formé par un cylindre métallique horizontal, d'où on laisse couler avec la vitesse voulue la masse dans le macérateur. Cette méthode a l'avantage de permettre une vidange très brutale qui divise très finement la matière, par suite de la diminution soudaine de la pression, de supprimer l'exhausteur et la vapeur qu'il dépense, et de permettre la récupération de la vapeur qui s'échappe de la matière en vidange pour le chauffage de l'eau destinée à la cuisson.

Le mode de cuisson du maïs, spécial au procédé Collette et Boidin, sera étudié au chapitre consacré à ce procédé.

b. Travail du maïs concassé. — La méthode de travail du maïs en grains entiers a l'inconvénient de consommer beaucoup de vapeur, de durer longtemps, d'occasionner une caramélisation sensible des hydrates de carbone, et une décomposition de l'huile du maïs, et de fournir des drèches dont la valeur nutritive est inférieure aux drèches obtenues par le travail sans pression. Aussi il s'est produit dans ces dernières années un mouvement sensible de retour vers le procédé de travail du maïs concassé ou moulu.

Cette méthode avait été d'abord réalisée par Hollefreund dans son appareil que nous avons décrit plus haut, puis on a travaillé le maïs concassé dans les cuiseurs coniques sans agitateurs. On s'est aujourd'hui rendu compte que l'emploi rationnel de ce procédé exige l'utilisation d'un cuiseur à agitateur. Quand l'appareil à cuire n'est pas muni d'agitateurs il se forme des pelotes au moment de l'empâtage et pendant la cuisson la masse se transforme en un empois très épais dans lequel la distribution régulière de la vapeur est impossible. Ces inconvénients sont d'autant plus sensibles que le maïs est plus finement concassé ; on peut cependant les réduire en ajoutant dans le cuiseur 1 à 1,5 p. 100 de malt afin de liquéfier partiellement la masse à 67°-70°, comme l'a

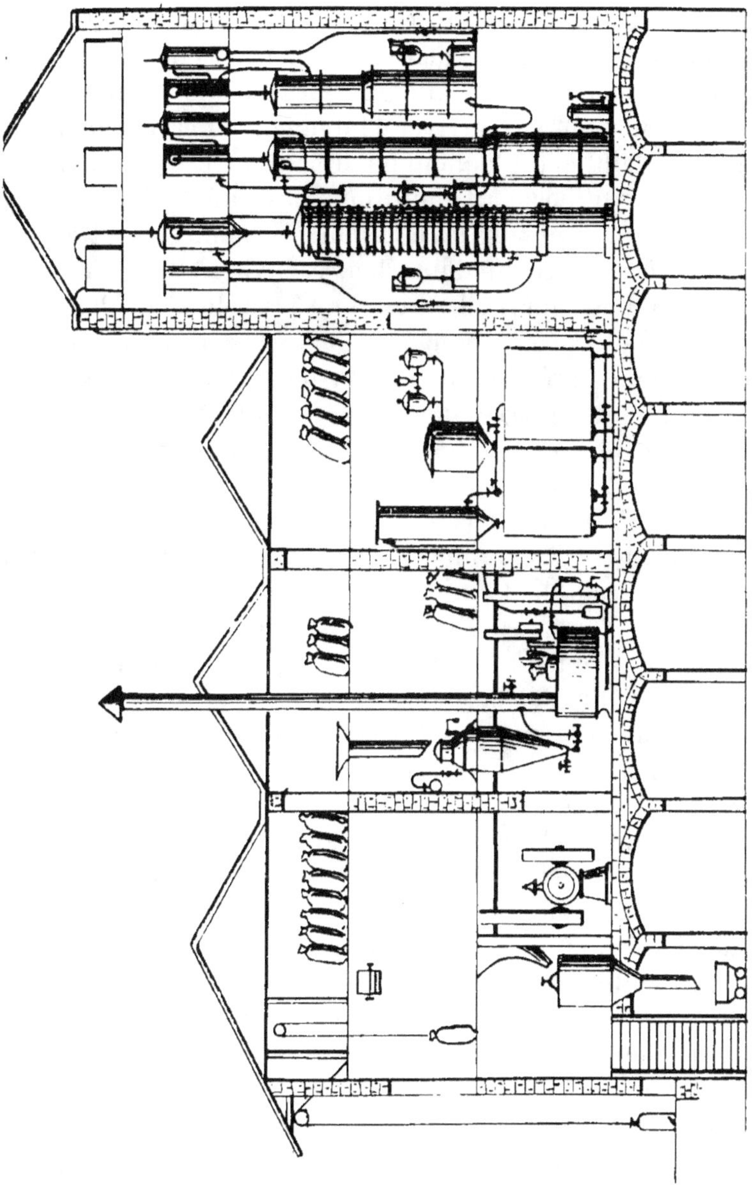

Fig. 15. — Installation d'une distillerie de grains avec travail par cuisson sous pression.
(Crépelle-Fontaine, constructeur, à La Madeleine-lès-Lille.)

recommandé Riebe, en Allemagne, mais cette dernière méthode offre le désavantage d'exposer à la caramélisation petite quantité de maltose qui se forme inévitablement pendant ce traitement.

Le grain est d'abord concassé au moyen de moulins ou broyé par des meules. On place alors dans le cuiseur environ 200 litres d'eau par 100 kilogrammes de maïs, on chauffe à 60-65°, puis on fait arriver lentement le grain finement moulu en maintenant l'agitateur du cuiseur constamment en mouvement. On porte à l'ébullition, on ferme le cuiseur et on fait monter doucement la pression de manière à atteindre 3 atmosphères au bout d'une heure environ. On maintient cette pression un quart d'heure, et on procède à la vidange du cuiseur dans le macérateur, et à la saccharification comme nous l'avons vu précédemment. On obtient ainsi une masse beaucoup moins colorée qu'avec le travail en grains entiers, l'alcool produit a plus de finesse, la cuisson est plus courte et la drèche obtenue est beaucoup mieux acceptée par les animaux. En outre, la fermentation des moûts ainsi préparés est plus facile, car ils renferment beaucoup moins de produits de décomposition de l'huile et des matières hydrocarbonées, produits qui exercent toujours une action plus ou moins antiseptique. Par contre, l'emploi de l'agitateur dans le cuiseur occasionne une dépense sensible de force motrice ; la mouture exige du personnel et un matériel supplémentaire ; il y a des pertes sous la forme de folle farine. Cette méthode est donc assez coûteuse.

La pratique de la cuisson est variable suivant l'état de division du grain. La méthode décrite ci-dessus s'applique au grain finement moulu ; si le grain est plus grossièrement concassé, on doit augmenter la durée de la cuisson.

On peut enfin adopter le mode de travail exposé à propos de la cuisson du maïs entier, mais en employant du maïs concassé simplement en trois ou quatre fragments. Cette dernière méthode est avantageuse, car elle n'exige pas l'emploi d'un cuiseur à agitateur ; en outre la durée de la cuisson est plus faible et il n'est pas nécessaire d'atteindre une pression aussi élevée que dans le travail en grains entiers.

Dans les distilleries belges, on employait autrefois une méthode, aujourd'hui abandonnée, qui permettait la préparation de moûts extrêmement concentrés, à cause de la législation adoptée à cette époque. Le maïs, préalablement trempé dans de l'eau additionnée d'acide sulfureux était ensuite desséché à la touraille de manière à abaisser sa teneur en eau à 7-8 p. 100. Le maïs ainsi traité était moulu, et empâté dans le cuiseur avec 115 litres d'eau à 60° par 100 kilogrammes de matière première, et 5 p. 100 de malt moulu. La cuisson se faisait dans un cuiseur à agitateur à une pression de 2 à 3 atmosphères; la masse était alors vidée dans le macérateur, refroidie à 75°, et additionnée de farine de malt de manière à obtenir finalement la température de 63° nécessaire à la saccharification.

Procédé Mandl. — Ce procédé a pour but d'éviter la caramélisation qui se produit aux hautes températures, tout en maintenant la forte pression nécessaire à la désagrégation du grain au moyen d'une injection d'air comprimé. Le maïs moulu est chauffé d'abord pendant deux heures à 1 kilogramme 1kg,5 de pression de vapeur, puis on porte la pression à 4 kilogrammes pendant deux heures au moyen d'air comprimé. La méthode a donné de bons résultats, mais l'influence de l'air comprimé y est plus que douteuse; et le procédé Mandl n'est en réalité qu'un procédé de travail du maïs moulu avec cuisson à faible pression prolongée pendant quatre heures, ce qui permet d'obtenir des moûts moins caramélisés et un alcool de meilleure qualité. La méthode ne s'est pas répandue dans la pratique.

3° Procédés de travail du maïs avec saccharification par les acides. — Dans les méthodes exposées jusqu'ici, on opère la saccharification au moyen du malt. On peut également saccharifier l'amidon par les acides. Les acides étendus, à l'ébullition, transforment en effet l'amidon d'abord en amidon soluble, puis en dextrines et enfin en glucose. Cette méthode a le grand avantage de permettre une stérilisation parfaite du moût, impossible à réaliser dans le travail avec le malt. Cependant la méthode est aujourd'hui assez peu employée, car elle fournit un rendement plus faible en alcool et elle entraîne une grande diminution de la valeur des drèches. On l'applique cependant encore dans quelques distilleries, notamment dans les pays chauds, où la production du malt est difficile ; on l'emploie aussi dans certaines distilleries françaises de mélasses, pour la préparation de moûts de levains à base de grains.

La saccharification du maïs par l'acide peut se faire soit à l'air libre, soit sous pression.

Saccharification par l'acide à l'air libre. — Le maïs concassé ou moulu est travaillé dans une solide cuve en bois munie d'un barboteur de vapeur et d'un agitateur. On commence par placer de l'eau dans la cuve, à raison de 300 à 400 litres par 100 kilogrammes de maïs ; puis on additionne cette eau d'acide sulfurique (environ 5 p. 100 du poids du grain) ou mieux d'acide chlorhydrique (environ 10 p. 100 du poids du grain). On fait barboter la vapeur, et dès que le liquide est en ébullition, on introduit le maïs concassé. On maintient l'ébullition jusqu'à ce que la saccharification soit complète, ce qui demande de huit à douze heures.

Il est assez difficile de déterminer le point où on doit arrêter la saccharification. Théoriquement, on devrait prolonger l'ébullition jusqu'à ce que tout l'amidon soit transformé en glucose fermentescible. Mais un deuxième phénomène intervient alors : l'ébullition prolongée en présence d'acide détruit partiellement le glucose formé, le liquide noircit et il se produit du caramel qui gêne la fermentation. On doit donc s'arrêter assez tôt pour détruire aussi peu que possible le glucose formé, et prolonger cependant le traitement assez longtemps pour que la saccharification soit suffisante. La pratique seule permet de déterminer les meilleures conditions pour chaque mode de travail. On a cependant l'habitude de prendre de temps à autre un échantillon de moût, de le filtrer et d'additionner le liquide filtré de trois fois son volume d'alcool à 95ᵈ. Dans ces conditions les dextrines se précipitent sous la forme floconneuse. On considère la saccharification comme terminée quand il ne se produit plus qu'un très léger louche, ce qui indique que toutes les dextrines ont été transformées en glucose. Mais ce procédé ne peut donner que des renseignements peu précis.

La saccharification terminée, on neutralise à chaud la majeure partie de l'acidité au moyen du carbonate de chaux, ou à froid au moyen de la chaux, en laissant dans le moût une acidité de 1 gramme à 1gr,5 par litre, évaluée en acide sulfurique. Si la neutralisation a eu lieu à chaud, on refroidit alors la masse à la température de fermentation, par une des méthodes que nous étudierons plus loin.

Cette méthode de saccharification par l'acide à l'air libre peut subir quelques modifications. On peut par exemple transformer au préalable la farine de maïs en empois dans un macérateur et saccharifier par l'acide l'empois ainsi obtenu. On peut également cuire d'abord sous pression le maïs entier ou concassé, vider la matière cuite dans la cuve au contact de l'eau acidulée et saccharifier l'amidon en faisant bouillir pendant le temps voulu.

Saccharification par l'acide sous pression. — La méthode précédente est très coûteuse à cause de la grande proportion d'acide qu'on emploie et de la forte dépense de vapeur nécessitée par la longue ébullition du liquide. La saccharification par l'acide sous pression permet de réaliser une grande économie de vapeur, d'acide et de temps.

Cette opération s'effectue dans le Krüger ou dans un autoclave horizontal analogue à ceux que nous avons décrits plus haut. On place d'abord dans l'appareil de l'eau acidulée par de l'acide chlorhydrique à raison de 200 litres d'eau et de 4 kilogrammes à 4kg,5 d'acide par 100 kilogrammes de maïs. On chauffe à l'ébullition en injectant de la vapeur et on fait arriver peu à peu le maïs sans interrompre l'ébullition. On ferme alors le trou d'homme et on injecte plus fortement la vapeur en laissant ouvert le robinet d'air. Quand l'air est chassé, on ferme ce robinet et on laisse monter la pression à 3 kilogrammes. Au bout de quarante à cinquante minutes, la saccharification est terminée. On ouvre alors le robinet de vidange et on envoie le liquide dans une cuve où il est neutralisé, comme nous l'avons vu plus haut. Il est préférable de cuire un peu plus longtemps, par exemple pendant une heure un quart à une heure et demie, à une pression de 2 kilogrammes, plutôt que de chercher à réduire la durée de l'opération en saccharifiant à haute pression. La caramélisation est moins à craindre avec les faibles pressions et le rendement est meilleur.

Le travail peut également se faire après transformation de l'amidon en empois. Dans ce cas, on empèse d'abord la farine de maïs dans un macérateur, et on fait couler ensuite la masse dans le saccharificateur, ou bien on cuit le maïs sous pression, on vide, on mélange l'empois avec l'eau acidulée et on saccharifie dans le Krüger. Rappelons enfin qu'avec le saccharificateur horizontal de Warein et Defrance, on peut d'abord cuire le maïs sous pression, puis faire arriver, par la pression du générateur, l'acide chlorhydrique dans le cuiseur au contact de l'empois. La durée de l'action de l'acide est ainsi considérablement diminuée et la saccharification est complète en vingt minutes.

Travail du seigle, de l'orge et du blé.

On peut diviser les méthodes de traitement de ces céréales en trois classes, comme nous l'avons fait pour le maïs :

1° Les méthodes de travail sans pression avec saccharification par le malt ;

2° Les méthodes de travail sous pression avec saccharification par le malt ;

3° Les méthodes de travail avec ou sans pression avec saccharification par les acides.

1° **Travail sans cuisson sous pression avec saccharification par le malt.** — Les procédés de traitement des céréales sans pression sont encore employés aujourd'hui dans les distilleries anglaises et allemandes qui produisent des eaux-de-vie de grains, dans les fabriques de genièvre en France, et dans les fabriques de levure pressée.

Le travail peut se faire soit à moûts clairs, soit à moûts troubles. Dans le premier cas, on sépare toutes les parties insolubles du moût avant de l'envoyer en fermentation ; dans le second cas, on fait fermenter le moût avec toutes ces parties insolubles.

*a. **Travail à moûts clairs.*** — Les méthodes de travail à moûts clairs sont surtout employées dans les distilleries anglaises et dans les fabriques belges, allemandes et autrichiennes qui produisent la levure pressée par travail en moûts clairs avec aération.

La méthode anglaise a été autrefois très employée en France, mais elle est aujourd'hui complètement abandonnée. L'opération se fait dans une cuve matière munie d'un agitateur et d'un faux-fond perforé destiné à retenir la drèche. Le grain est d'abord moulu par des meules, et mélangé avec une proportion de malt concassé très variable, qui oscille entre 8 et 50 p. 100 du poids de la mouture. La mouture passe dans un hydrateur qui la transforme en une pâte homogène et tombe dans la cuve matière ; on fait alors arriver de l'eau à 70-75°, et après quelque temps d'agitation, on monte à 65° par addition d'eau presque bouillante. La saccharification s'opère à cette température. On laisse en repos pendant deux heures, puis on soutire le moût clair par le faux-fond de la cuve matière. On trempe de nouveau avec de l'eau très chaude, et après agitation, on abandonne au repos pendant une heure et on soutire de nouveau. Cette eau ainsi soutirée sert à empâter l'opération suivante ; mais, pour améliorer le rendement, certaines distilleries mélangent les deux premiers moûts et font encore un, deux ou trois lavages complémentaires qui servent pour le traitement suivant. On obtient ainsi un rendement plus élevé; mais les moûts sont plus dilués et le travail est plus compliqué.

Ce mode de travail à moûts clairs a l'avantage de donner des alcools très purs et de permettre la distillation à feu nu, à cause de la limpidité des moûts qu'il fournit. Par contre, le rendement qu'il donne est inférieur à celui qu'on obtient avec les moûts épais, car jamais l'amidon ne peut être entièrement saccharifié par cette méthode. En outre, comme on ne peut employer de la farine fine qui rendrait les filtrations difficiles, les quantités d'amidon non dissoutes sont assez considérables. Enfin le lavage est toujours imparfait et les drèches retiennent forcément une proportion de sucre fermentescible variable avec le degré d'épuisement.

La méthode de préparation des moûts clairs pour la fabrication de la levure pressée sera étudiée plus loin, dans le chapitre consacré à cette fabrication.

b. Travail à moûts épais. — Ce mode de travail est encore répandu en Allemagne et en Belgique pour la fabrication des eaux-de-vie de grains, mais il est peu répandu en France. Cependant on l'utilise dans les distilleries de genièvre, dans les fabriques de levure qui travaillent par la méthode viennoise, et en général pour la préparation des levains par la méthode allemande.

La préparation du moût peut se faire par plusieurs méthodes. Le procédé le plus simple consiste à placer dans la cuve matière de l'eau à la température de 70° et à y introduire peu à peu la mouture de grains et de malt en agitant constamment. La température s'abaisse, et on ajoute au besoin de l'eau chaude pour élever de nouveau la température à 65°. Cette méthode est très primitive, la trempe du grain n'y est pas uniforme et il se produit facilement des grumeaux.

Un procédé plus parfait consiste à empâter au préalable la farine dans la cuve matière avec de l'eau à 50-60°, de manière à avoir une température finale de 45° environ. On monte alors à 63-65° par addition d'eau chaude, et on abandonne le moût à la saccharification. On peut, avec avantage, remplacer l'addition d'eau chaude par une injection de vapeur à condition de mélanger intimement la masse. On obtient ainsi un moût plus concentré qu'avec l'addition d'eau chaude.

Dans ces méthodes, la dissolution de l'amidon du seigle, du blé et de l'orge ne peut pas être complète. Cependant Lintner a montré que l'amidon de ces céréales peut être dissous à la température de 65°, soit 15 ou 20 degrés au-dessous du point d'empesage, dans la proportion de 95 p. 100 environ, tandis que celui du maïs et du riz n'est dissous que dans la proportion de 30 à 50 p. 100. Ces méthodes sont donc applicables au seigle, à l'orge, au blé, à l'avoine ; mais avec le maïs et le riz, il serait nécessaire, pour avoir un rendement satisfaisant, de chauffer au préalable la farine à la température de formation d'empois, soit 80-85°, de refroidir à la température de saccharification et d'ajouter ensuite le malt, ou de faire tomber cet empois dans le lait de malt préparé à part, ce qui fait monter la température au degré convenable pour la saccharification.

Voici, d'après Maercker et Delbrück, le mode de travail adopté dans les fabriques allemandes d'eaux-de-vie de grains. Les matières premières employées sont le seigle ou le froment seuls ou mélangés au maïs, et on utilise pour la saccharification le malt d'orge touraillé, dans la proportion de 5 à 25 p. 100 du poids du grain, suivant les usines et la qualité de l'eau-de-vie à produire. Les céréales sont d'abord finement moulues, puis trempées pendant plusieurs heures dans l'eau froide additionnée de 100 à 150 centimètres cubes d'acide sulfurique à 66° B. par 100 kilogrammes de farine. La masse pâteuse est alors portée lentement à 45° au moyen de la vapeur, en agitant constamment ; on ajoute les deux tiers du malt, et on monte alors à la température de 50° qu'on maintient pendant trente minutes. Le reste du malt est introduit quand la température de saccharification est atteinte, soit 63-65°. Parfois cependant on ajoute tout le malt à 48°, ou bien on en réserve une faible partie qu'on introduit après saccharification, pendant le refroidissement, afin de favoriser la fermentation complémentaire.

Les méthodes spéciales de préparation des moûts épais pour la production des levains par le procédé allemand et dans les fabriques de levure viennoise seront étudiées dans le chapitre consacré à ces fabrications.

Les appareils employés pour le travail des céréales à moûts épais sont très variables. Dans les petites distilleries, on se sert de cuves matières en bois, dans lesquelles l'agitation se fait à bras d'homme. Dans les usines plus grandes, on emploie les cuves matières en bois, avec agitateurs mécaniques plus ou moins compliqués. Enfin les distilleries modernes emploient les macérateurs perfectionnés que nous avons décrits précédemment.

3° Travail avec cuisson sous pression et saccharification par le malt. — La cuisson du seigle, du blé et de l'orge peut se faire en grains entiers en suivant les principes exposés pour le traitement du maïs par cuisson sous pression. On travaille surtout le seigle par cette méthode.

On place dans le cuiseur 150 à 200 litres d'eau par 100 kilogrammes de seigle et on porte à l'ébullition. On y fait arriver peu à peu le seigle, sans que l'eau cesse de bouillir, et on continue l'ébullition sous pression très faible jusqu'à ce que le grain soit bien ramolli. On élève alors peu à peu la pression, en travaillant à soupape soufflante, pendant une heure à une heure et demie, puis on ferme la soupape, on monte à la pression de 4 atmosphères qu'on maintient une demi-heure, et on vide sous cette pression l'empois dans le macérateur au contact du malt.

Si les grains ont été récoltés dans de mauvaises conditions et sont humides, Delbrück conseille de les faire tremper au préalable pendant douze heures dans de l'eau à 50°, à raison de 80 litres d'eau par 100 kilogrammes de seigle. Il est nécessaire d'ajouter à cette eau un sixième de litre d'acide sulfurique pour éviter toute altération de l'eau pendant cette trempe prolongée. On fait alors écouler l'eau acidulée, on introduit le seigle dans le cuiseur, on y ajoute la quantité d'eau nécessaire, on chauffe à soupape soufflante pendant une heure, puis on ferme la soupape, et on maintient encore une heure sous forte pression avant de vider le cuiseur.

Quand le seigle est très humide, sa trempe est difficile; mais il suffit de le dessécher au préalable sur le plateau d'une touraille pour qu'il se travaille ensuite sans aucune difficulté.

La cuisson sous pression peut également s'effectuer avec avantage sur les grains concassés ou moulus, dans les cuiseurs munis d'agitateurs, comme nous l'avons vu pour le maïs.

3° **Travail avec ou sans pression et saccharification par les acides.** — Les céréales peuvent enfin être traitées par les acides ; toutefois ce mode de travail, appliqué au maïs, est rarement employé pour les autres grains. La saccharification peut se faire soit à l'air libre, soit sous pression, par les méthodes que nous avons exposées pour le traitement du maïs. Toutefois, le blé, le seigle peuvent être travaillés en grains entiers par l'acide. Dans le travail sous pression, il suffit de monter à 2 atmosphères et de maintenir cette pression pendant une heure et demie pour avoir une saccharification complète.

Travail des pommes de terre.

Les pommes de terre doivent subir d'abord un lavage, puis la cuisson qui transforme la fécule en empois et enfin la saccharification par le malt.

Lavage des pommes de terre. — Il est d'abord nécessaire de débarrasser la pomme de terre des particules terreuses qui la recouvrent. La terre, le sable et les pierres occasionnent en effet des accidents dans les cuiseurs à haute pression et salissent les appareils. Ce lavage peut s'effectuer dans les laveurs ordinaires composés d'une bâche dans laquelle tourne un arbre horizontal muni de bras. La bâche porte un faux-fond à travers lequel passe la boue, et les bras de l'agitateur viennent passer près de ce faux-fond en assurant le brassage des tubercules. L'eau circule en sens inverse des pommes de terre, comme dans les laveurs à betteraves, auxquels il suffira de se reporter pour plus de détails.

La figure 46 représente le laveur Eckert, qui est très employé dans les distilleries agricoles allemandes. Ce laveur est muni à l'avant d'un crible qui aboutit dans un tambour à claies qui tourne et dans lequel passent les pommes de terre avant d'entrer dans le laveur. Elles sont ainsi frottées les unes contre les autres et nettoyées d'abord à sec, ce qui élimine la majeure partie de la terre qui adhère aux tubercules. Le tambour porte deux ouvertures vis-à-vis desquelles se trouvent deux éléments de vis qui déversent les pommes de terre dans le laveur où elles sont frottées dans l'eau par les bras de l'arbre horizontal, et poussées vers l'extrémité du laveur. Deux grandes palettes perforées les enlèvent alors et les jettent dans l'élévateur. L'appareil porte en outre une ouverture d'évacuation des dépôts ; l'eau arrive au point de sortie des pommes de terre et s'écoule par un trop-plein placé à l'arrivée.

Le laveur Venuleth et Ellenberger (fig. 47) est entièrement

en fer. Il se compose d'une auge demi-cylindrique dans laquelle tourne un arbre muni d'ailettes. Cette auge porte un grillage formé par des tringles juxtaposées, à travers

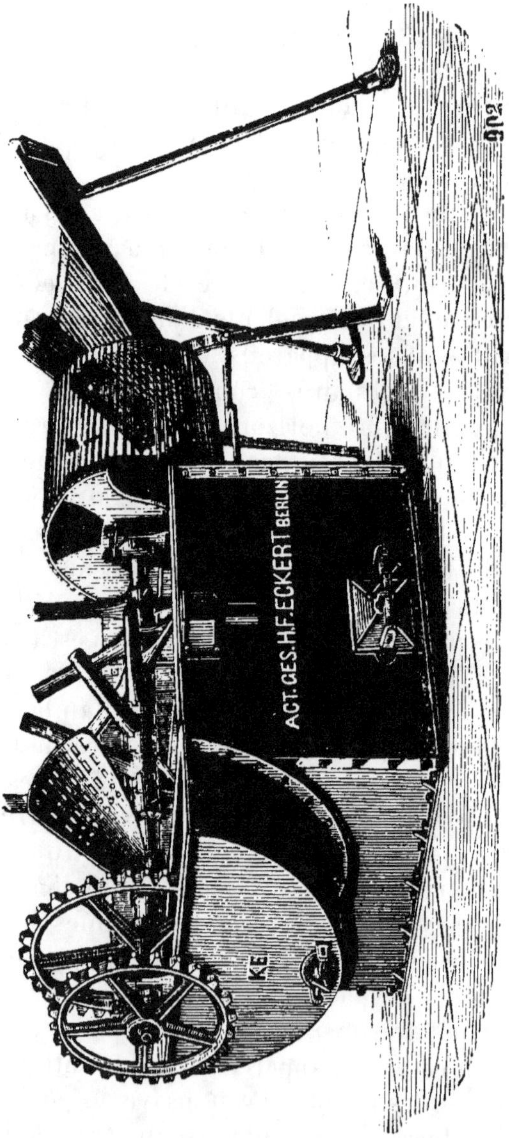

Fig. 46. — Laveur à pommes de terre.
(Eckert, constructeur, à Berlin-Friedrichsberg.)

lesquelles passent les dépôts qui se réunissent au fond et qui peuvent être évacués par une porte de vidange. Toutes les pierres sont retenues dans l'appareil. Les pommes de terre, envoyées dans l'appareil rempli d'eau, sont frottées les unes contre les autres et poussées vers l'extrémité, en passant par les différents épierreurs. Une roue à godets, située à droite, s'empare

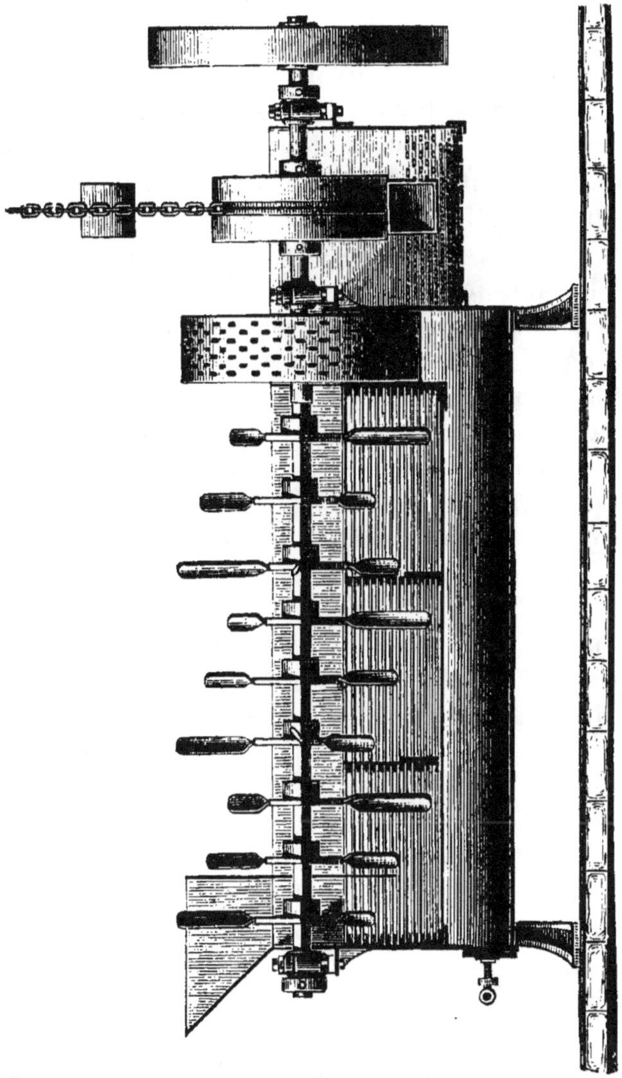

Fig. 47. — Laveur à pommes de terre.
(Venuleth et Ellenberger, constructeurs, à Darmstadt.)

des pommes de terre et les conduit dans le récipient égoutteur de l'élévateur.

Les pommes de terre lavées sont reprises par une chaîne à godets. Les godets sont munis de fentes pour laisser échapper l'eau, et fixés sur une forte chaîne mise en marche par le haut au moyen d'un engrenage. Un dispositif spécial assure la tension de la chaîne. Les pommes de terre sont alors déversées dans un récipient en bois ou en fer, placé au-dessus du cuiseur. Il est très recommandable de disposer ce récipient sur une bascule, afin de pouvoir contrôler exactement les quantités de pommes de terre introduites dans le cuiseur. Certains constructeurs installent cette bascule de telle sorte qu'elle arrête automatiquement le laveur et l'élévateur quand le poids voulu est atteint. En ouvrant la porte inférieure du récipient, les pommes de terre s'échappent par une rigole dans le cuiseur placé au-dessous.

Cuisson de la pomme de terre. — Pendant longtemps, la cuisson de la pomme de terre s'est effectuée à l'air libre. On plaçait les tubercules dans la cuve en bois que nous avons précédemment décrite, et on faisait arriver la vapeur. L'eau condensée s'écoulait au-dessous du faux-fond. La cuisson demandait environ trois heures, et quand elle était suffisante, on faisait passer la masse dans le broyeur à cylindres, et la matière broyée tombait dans la cuve matière au contact du malt.

Cette méthode est aujourd'hui complètement abandonnée et remplacée par la cuisson sous pression. On emploie pour ce travail les cuiseurs coniques ou cylindro-coniques sans agitateurs, dont nous avons déjà décrit les principaux modèles. La cuisson des pommes de terre normales dans le cuiseur conique se fait de la façon suivante : les générateurs étant bien alimentés et la pression élevée, on remplit le cuiseur de pommes de terre, sans ajouter d'eau, car les tubercules en contiennent assez pour la cuisson. Cent kilogrammes de pommes de terre demandent 140 à 170 litres de capacité, suivant la richesse en fécule, soit en moyenne 155 litres. On ferme le cuiseur et on fait arriver la vapeur seulement par la partie supérieure, en laissant ouvert à la partie inférieure le robinet de purge qui sert à l'évacuation de l'air et de l'eau condensée. La masse s'échauffe progressivement jusqu'en bas. Quand la vapeur se dégage par le robinet de purge, on ferme celui-ci et on continue l'injection de vapeur par la partie supérieure de manière à monter jusqu'à une pression de 2 atmosphères. On ferme alors la soupape supérieure de vapeur, et on monte jusqu'à 3 atmosphères en envoyant de la vapeur par la soupape inférieure. On maintient cette pression dix à quinze minutes, puis on vide en ouvrant en même temps la soupape supérieure de vapeur. Il est nécessaire d'effectuer la vidange à haute pression, afin d'assurer la division parfaite de la masse. La durée de l'opération est d'environ une heure.

Si les pommes de terre sont très riches en amidon, il est préférable de monter d'abord à 1 atmosphère en faisant arriver la vapeur par le haut, puis on ferme la soupape supérieure et on injecte la vapeur par le bas en montant très lentement en pression jusqu'à 3-3,5 atmosphères, et en travaillant à soupape soufflante, et on vide à 4 atmosphères.

Si les pommes de terre sont gelées ou pourries, il est nécessaire de cuire très lentement pour éviter la formation d'une masse compacte dans laquelle la répartition de la vapeur serait très inégale. On cuit d'abord pendant une heure sans pression, en faisant passer la vapeur dans l'appareil; on monte ensuite à la pression de 3 atmosphères qu'on maintient pendant un quart d'heure, puis on vide à 4 atmosphères.

Avant la vidange de l'empois, on place dans le macérateur la quantité de malt nécessaire à la saccharification, et on procède à la préparation du lait de malt. La proportion de malt à employer varie avec le matériel utilisé pour la saccharification et avec le pouvoir diastasique du malt. Avec les anciennes cuves matières où l'agitation laisse à désirer et où la destruction de diastase est à craindre, on employait 5 à 6 kilogrammes d'orge sous forme de malt par 100 kilogrammes de pommes de terre. Grâce à l'emploi de l'exhausteur et des macérateurs perfectionnés, on a pu abaisser cette quantité à 2,5-3 kilogrammes de malt vert par 100 kilogrammes de pommes de terre pour la saccharification. Si on y ajoute une quantité de malt à peu près égale pour la préparation du moût de levain, on voit qu'on consomme environ 5 à 6 kilogrammes de malt vert, c'est-à-dire 4 à 4,5 kilogrammes d'orge par quintal de matière première.

En employant le malt long, on peut réduire cette quantité à 2,5 kilogrammes.

Le lait de malt doit avoir dans le macérateur un volume suffisant pour que l'agitateur puisse brasser la masse dès le début du travail. La cuisson étant terminée, on vide le cuiseur dans le macérateur, sous forte agitation, en ayant soin de ne pas dépasser, pendant la majeure partie de la vidange, la température de 55 à 56°. On se sert à cet effet du réfrigérant du macérateur. Quand la plus grande partie du cuiseur est évacuée, on monte à 60 ou 62°, si le malt est de bonne qualité, et à 66-67° s'il est mauvais et chargé de bactéries. La durée de saccharification est variable ; on peut obtenir d'excellents résultats avec une durée de dix à quinze minutes ; dans d'autres cas, il faut prolonger la saccharification pendant une heure à une heure et demie, surtout si le moût contient beaucoup d'organismes nuisibles par suite de la qualité défectueuse du malt.

Le moût ainsi préparé doit alors être refroidi à la température convenable pour la fermentation alcoolique. Nous exposerons plus loin les méthodes et les appareils employés pour ce refroidissement.

Travail des autres matières amylacées.

Le riz peut être travaillé comme le maïs ; toutefois la cuisson sous pression en grains entiers est difficile, et il est préférable de le travailler moulu, dans un cuiseur à agitateur. On peut employer aussi la méthode de cuisson sans pression, mais il ne faut pas perdre de vue, dans ce cas, que l'amidon de riz n'est bien attaqué par la diastase que quand il a été chauffé au moins à 70-75°, température à laquelle il se transforme en empois. Il est donc nécessaire d'empâter au préalable le riz avec de l'eau tiède, de chauffer à 75°, puis de refroidir à 50-55° avant d'ajouter le malt. Ce travail doit naturellement se faire avec le riz finement moulu. On traite enfin le riz, en Italie, par le procédé de saccharification à l'acide.

Le travail du dari se fait également comme celui du maïs. Le sarrasin est utilisé assez fréquemment dans les fabriques de levure pressée : on doit l'employer décortiqué et moulu et on le traite comme les céréales, par les procédés de travail sans pression et à moût trouble.

Depuis quelques mois, on travaille en France beaucoup de manioc. Les rhizomes de manioc sont très irréguliers : ils renferment parfois beaucoup de fibres ligneuses et d'impuretés. On les réduit en farine par passage à la râpe centrifuge décrite en distillerie de betteraves, puis on cuit la farine sous pression avec quatre fois son poids d'eau. La cuisson doit être de courte durée. L'amidon de manioc ne s'empèse qu'à 69°, mais à cette température l'empesage se fait très vite. L'empois obtenu est alors saccharifié par le malt.

Travail simultané des diverses matières amylacées.

Maïs et pommes de terre. — Le plus souvent, on se sert pour la cuisson du maïs d'un petit cuiseur spécial, et on vide la masse après cuisson dans le macérateur où se trouve le moût de pommes de terre. On peut cependant travailler ensemble le maïs et les pommes de terre dans le même cuiseur. Delbrück conseille dans ce cas d'opérer de la façon suivante. Si les pommes de terre sont riches en fécule, on place au fond du cuiseur 125 kilogrammes de pommes de terre, puis 200 kilogrammes de maïs entier, et on ajoute 60 à 80 litres d'eau par 100 kilogrammes de maïs. On chauffe, et on ajoute peu à peu le reste des pommes de terre (1 500 kilogrammes) sur le maïs. On ferme le trou d'homme, on chasse l'air et on monte rapidement à 3,5-4 atmosphères. On maintient la pression pendant une heure avec les maïs tendres et une heure et demie avec les maïs durs. Si les pommes de terre sont pauvres en amidon, on trempe d'abord le maïs pendant vingt-quatre heures dans l'eau chaude dont la température ne doit pas descendre au-dessous de 62-63°. Le maïs ainsi trempé est alors introduit dans le cuiseur avec les pommes de terre en plaçant au fond une couche de 200 kilogrammes de tubercules, et ensuite le maïs trempé bien mélangé aux pommes de terre. On cuit alors à une très forte pression, qui peut atteindre $4^{kg}5$, et on procède à la vidange.

Seigle et pommes de terre. — Quand on travaille du seigle, du blé ou de l'orge avec des pommes de terre, on doit faire tremper le grain pendant douze heures dans de l'eau à 50°, additionnée d'un peu d'acide sulfurique pour éviter toute altération. On place alors dans le cuiseur une couche de pommes de terre destinée à retenir le grain, puis on introduit le grain trempé et on achève de remplir l'appareil avec des pommes de terre. On cuit alors comme s'il s'agissait de pommes de terres seules, en maintenant cependant la pression plus élevée et pendant plus longtemps. Il faut ordinairement monter à 3, puis à 4 atmosphères pendant environ une heure et demie. La vidange se fait à 4 atmosphères et l'emploi du tube de Barthel donne ici d'excellents résultats.

VI. — ÉPULPAGE ET REFROIDISSEMENT DES MOUTS.

Épulpage des moûts. — Nous avons déjà étudié précédemment l'épulpage des moûts de betteraves. L'épulpage des moûts de matières amylacées est employé dans les pays où l'impôt est établi sur la capacité des cuves. Cette opération a l'avantage de rendre le moût moins épais et de faciliter par suite la fermentation, de permettre une meilleure utilisation du volume des cuves et un fonctionnement plus régulier des appareils de distillation. On utilise dans ce but en Allemagne de nombreux appareils épulpeurs, parmi lesquels on peut citer notamment l'épulpeur Müller-Eberhardt, la presse à hélice Müller, les épulpeurs Kletsch, Bohm, et Paucksch. Ces appareils n'étant pas utilisés en France, nous ne les décrirons que très brièvement.

L'épulpeur Müller se compose d'un tambour tournant et d'un cylindre de pression ; à l'intérieur se trouve une vis de propulsion. Le moût arrive dans le tambour ; les particules de drèches qui y sont retenues sont poussées dans le cylindre de pression où la vis les conduit vers l'extrémité en les comprimant contre les parois. Le moût passe à travers le tambour, se rassemble dans une auge inférieure et s'écoule au dehors.

La presse à hélice Müller se compose en principe d'un tronc

de cône tamiseur à l'intérieur duquel tourne une vis de pression et de propulsion. Le moût à épulper arrive dans le tronc de cône au niveau de la grande base ; le liquide traverse le tamis et s'écoule au dehors, tandis que la drèche, poussée par la vis, occupe un espace de plus en plus étroit, se trouve ainsi pressée et s'échappe à l'extrémité.

L'épulpeur Kletsch se place sur le macérateur même. Il se compose d'un cylindre tamiseur vertical dont la partie inférieure plonge dans le macérateur, tandis que la partie supérieure s'élève au-dessus de la cuve. Ce cylindre porte un agitateur en hélice qui aspire le moût ; la drèche sort à la partie supérieure, tandis que le liquide qui traverse le tamis retourne dans le macérateur. Cet appareil n'exige donc ni pompe, ni tuyauterie spéciale.

L'épulpeur Bohm se compose d'un cylindre muni de trous sur toute sa surface et dans lequel se meut une vis. Le moût arrive à l'intérieur du cylindre, le liquide traverse le tamis tandis que la vis pousse la drèche vers l'extrémité fermée par un clapet à contrepoids que la matière soulève pour s'échapper au dehors.

Enfin l'épulpeur Paucksch est constitué par un bac fixe en fonte dans lequel se trouve un tambour tamiseur tournant. Le moût arrive dans ce tambour, il y abandonne ses drèches et s'écoule dans le bac d'où il est repris par une pompe. Les drèches gagnent la paroi du tambour où elles sont pressées et reprises par une vis qui les conduit au dehors.

Refroidissement des moûts. — Les moûts sucrés ainsi préparés aux dépens des betteraves, des mélasses ou des matières amylacées doivent être refroidis à la température favorable à la fermentation alcoolique.

La température des moûts de betteraves, à la sortie des appareils de préparation, est variable avec les modes de travail. Tantôt le jus est soutiré à une température très voisine de celle de la fermentation, tantôt il est soutiré plus ou moins tiède et il est alors nécessaire de le refroidir. Dans tous les cas, on a intérêt à avoir en distillerie de betteraves un puissant réfrigérant à jus qui amène rapidement le moût à la température voulue, et on doit assurer en même temps une bonne aération du liquide pour favoriser la multiplication de la levure.

Les moûts de mélasses préparés par les méthodes qui comportent le chauffage doivent également être refroidis au degré voulu.

Enfin les moûts de matières amylacées se trouvent, à la fin de la saccharification, à une température de 63-65° et doivent être amenés au degré convenable pour qu'ils puissent être ensemencés par la levure.

La stérilisation des moûts avant le refroidissement ne se fait qu'exceptionnellement, dans certaines méthodes spéciales de travail. La stérilisation des moûts de matières amylacées est impossible à cause de la nécessité de conserver la diastase intacte pour la saccharification complémentaire pendant la fermentation; nous verrons cependant plus loin comment cette stérilisation peut être réalisée dans le procédé Collette et Boidin à l'amylomyces. Les moûts de mélasses préparés avec chauffage sont stérilisés par l'opération du dénitrage. Pour les moûts de mélasses obtenus sans chauffage et pour les moûts de betteraves, on peut réaliser la stérilisation des jus au moyen du stérilisateur récupérateur automatique Houdart, Egrot et Grangé, ou du stérilisateur récupérateur réfrigérant Guillaume, Egrot et Grangé.

Le stérilisateur récupérateur automatique Houdart, Egrot et Grangé se compose d'un faisceau tubulaire qui comprend à la fois le récupérateur et le caléfacteur et qui est formé d'une série de tubes droits qui contiennent eux-mêmes un faisceau amovible de tubes plus petits. Les tubes communiquent à leurs extrémités par des boites qui mettent en communication l'intérieur de deux faisceaux consécutifs. Le récupérateur comprend donc ainsi deux canalisations, l'une extérieure aux tubes du faisceau, l'autre intérieure qui communique par les boîtes des extrémités. La partie supérieure du faisceau tubulaire est occupée par les caléfacteurs, dans lesquels le chauffage est obtenu soit par l'eau chaude, soit par la vapeur. La partie inférieure est employée à l'achèvement du refroidissement par l'eau. Les moûts à stériliser arrivent dans l'appareil à la partie inférieure et s'élèvent en s'échauffant graduellement au contact du liquide déjà stérilisé qui circule en sens inverse de l'autre côté des surfaces tubulaires. L'appareil comprend en outre une batterie de pompes actionnées directement par un cylindre moteur à vapeur, et des régulateurs automatiques qui mettent en marche ou arrêtent l'appareil selon l'arrivée ou l'arrêt du moût, et qui diminuent ou augmentent le débit des pompes suivant la quantité à traiter.

Le stérilisateur récupérateur réfrigérant Guillaume, Egrot et Grangé se compose d'un long cylindre placé verticalement. La partie inférieure est occupée par le serpentin récupérateur de chaleur ; la partie du milieu est vide; la partie supérieure renferme le serpentin chauffé par la vapeur. Le jus à stériliser est refoulé par une pompe dans le serpentin récupérateur de chaleur, puis il s'élève dans la partie supérieure où il est porté à l'ébullition ou même à une température supérieure qu'on peut régler à volonté ; il redescend dans la partie médiane vide où il séjourne assez longtemps pour assurer la parfaite stérilisation. Continuant à descendre, le jus stérilisé remonte le serpentin récupérateur rempli de jus neuf auquel il cède une partie de sa température. Il sort par la partie inférieure et se rend alors à un réfrigérant tubulaire que nous retrouverons plus loin. Certains appareils annexes permettent de régler automatiquement le débit et la température.

Les conditions théoriques à réaliser dans l'opération du refroidissement des moûts sont les suivantes : le travail doit se faire le plus rapidement possible, à l'abri des infections, dans des appareils dont le nettoyage doit être très facile. En pratique, ce résultat peut être obtenu soit au moyen de l'air seul, soit au moyen de l'eau seule, soit au moyen de l'air et de l'eau combinés, soit enfin parfois au moyen de la glace.

Refroidissement par l'air. — Cette méthode a été longtemps employée pour les moûts de matières amylacées, quand on voulait éviter la dilution des moûts occasionnée par le refroidissement par addition d'eau froide. Elle est aujourd'hui à peu près abandonnée, sauf dans les petites distilleries. Le réfrigérant employé (fig. 48) est formé par une large cuve plate, dans laquelle le moût se trouve exposé en couche mince. Cette cuve est munie d'un agitateur qui brasse la masse et renouvelle sans cesse la surface du liquide. Au-dessus se trouve un ventilateur à palettes, tournant rapidement à une faible distance du moût. Il se produit ainsi une évaporation active qui refroidit la masse, mais ce refroidissement est

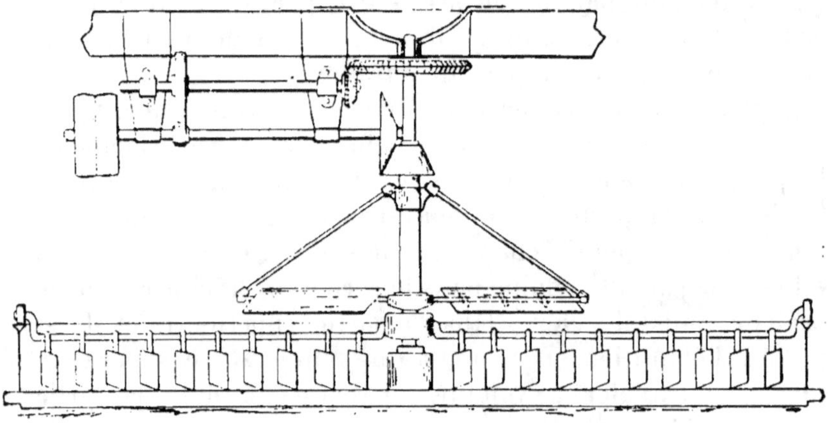

Fig. 48. — Ancien réfrigérant plat pour moûts de grains.

long, et pendant toute sa durée, le moût est exposé à la contamination par les ferments de l'air et par le développement des microbes qu'il contient déjà.

Refroidissement par l'eau. — Le refroidissement par l'eau est bien préférable et il existe un grand nombre d'appareils basés sur ce principe. Ce refroidissement peut s'obtenir soit dans les réfrigérants tubulaires dans lesquels le moût circule au contact de tubes parcourus par un courant d'eau froide, soit au moyen des réfrigérants placés dans les appareils de préparation des moûts et plongés dans le liquide à refroidir.

Le principe des réfrigérants tubulaires est le suivant : on fait circuler le moût à refroidir dans des tubes, tandis qu'on fait passer de l'eau froide dans l'espace intertubulaire, et en sens inverse de la marche du moût. L'eau froide arrive donc au contact du moût refroidi, s'échauffe en refroidissant le liquide et s'échappe de l'appareil au point d'entrée du moût à refroidir. Il suffit par suite de régler la longueur des tubes et la vitesse du courant pour que le moût chaud sorte de l'appareil complètement refroidi.

Parmi les appareils utilisés dans ce but, nous citerons le réfrigérant multibulaire de Venuleth et Ellenberger, les réfrigérants tubulaires d'Egrot et Grangé, le réfrigérant multitubulaire de Paucksch, le réfrigérant Hentschel, etc. Le réfrigérant multitubulaire de Venuleth et Ellenberger se compose d'une caisse en forte tôle divisée par des chicanes horizontales en compartiments que l'eau parcourt en zigzag de bas en haut. Dans chaque compartiment se trouvent trois tubes posés côte à côte, et ces trois tubes communiquent, au moyen de pièces en fonte ayant la forme de fers à cheval, avec les tuyaux des compartiments du dessus et du dessous. Le moût qui arrive dans les tuyaux du compartiment supérieur parcourt en zigzag toute la tuyauterie en sens inverse de l'eau réfrigérante et s'écoule à la partie inférieure.

Le réfrigérant automatique à grand rendement, système Egrot et Grangé, se compose d'un faisceau tubulaire formé des mêmes éléments que celui du stérilisateur récupérateur décrit plus haut. Il est parcouru d'un côté par le liquide à refroidir et de l'autre par l'eau employée au refroidissement. Ces deux liquides sont refoulés dans leurs circuits respectifs par deux pompes actionnées par le même moteur à action directe. Les deux pompes sont montées sur une cuve métallique, formant socle, qui reçoit le moût à refroidir, et comportant un dispositif destiné à débarrasser le moût des matières étrangères qu'il aurait pu entraîner, et à l'aérer en même temps. Quand on emploie le stérilisateur récupérateur réfrigérant décrit précédemment, on dispose à la sortie de l'appareil un réfrigérant tubulaire constitué par un faisceau tubulaire vertical. Le liquide à refroidir circule dans les tubes, tandis que l'eau froide circule dans l'espace intertubulaire. A sa sortie du réfrigérant, le moût reçoit une injection d'air qui assure son aération parfaite.

Le réfrigérant multitubulaire de Paucksch (fig. 49 et 50) se compose d'un certain nombre de cylindres horizontaux, placés les uns au-dessus des autres, et en nombre variable suivant l'importance de l'usine et la température de l'eau de réfrigération. Chaque cylindre est fermé à ses deux extrémités par un couvercle, et il est divisé en trois parties, suivant la

Fig. 49. — Réfrigérant tubulaire, coupe longitudinale. (H. Paucksch, constructeur, à Landsberg a. d. Warthe.)

longueur, par des cloisons. Chaque partie contient un faisceau tubulaire de cinq tubes parallèles aux parois. Le cylindre dépasse à chaque extrémité légèrement la plaque tubulaire, et forme ainsi une chambre fermée par le couvercle, et également divisée en trois parties par les deux cloisons transversales. Le moût arrive dans le cylindre supérieur, circule dans les cinq tubes de la chambre supérieure du cylindre, parcourt en sens inverse les cinq tubes de la chambre centrale, puis encore en sens inverse les cinq tubes de la chambre inférieure ; il passe dans le cylindre situé au-dessous qu'il parcourt de la même manière, et ainsi de suite. Il s'écoule finalement à la partie inférieure. L'eau circule dans l'espace intertubulaire, mais en sens inverse ; elle arrive par le bas et s'écoule à la partie supérieure.

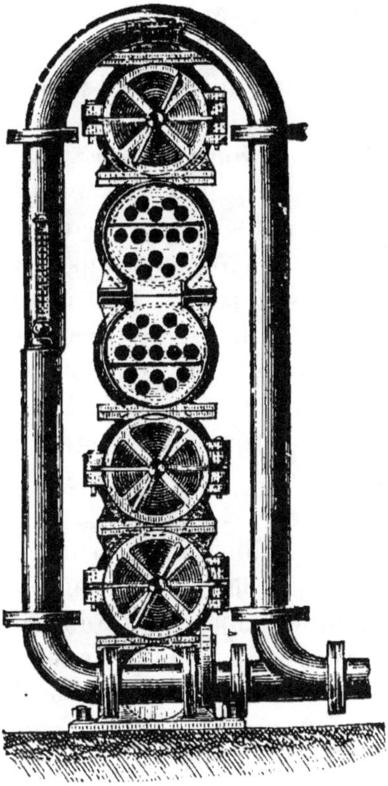

Fig. 50. — Réfrigérant multitubulaire, coupe transversale. (H. Paucksch, constructeur, à Landsberg a. d. Warthe.)

Le nettoyage de l'appareil se fait très aisément, grâce aux couvercles mobiles dont les extrémités des cylindres sont munies. On remplit les tubes avec une solution de carbonate de soude, on injecte de la vapeur dans l'espace intertubulaire pendant deux ou trois heures pour détacher les dépôts extérieurs aux tubes ; puis on maintient pendant huit à dix heures la solution alcaline chaude dans les tubes, et on évacue ensuite cette solution. Chaque tube est alors nettoyé intérieurement en y passant une brosse emmanchée au bout d'un bâton, et on rince finalement l'appareil à l'eau pure.

Le réfrigérant Hentschel se compose d'une auge fermée dans laquelle se trouve un arbre creux sur lequel est fixée une hélice également creuse. L'eau entre à une des extrémités de l'arbre creux, traverse toutes les spires de l'hélice et s'échappe à l'autre extrémité. Le moût à refroidir circule en sens inverse, dans l'intérieur de l'auge. L'appareil porte en outre une double paroi dans laquelle on peut faire circuler de l'eau froide.

Tous les constructeurs fabriquent d'ailleurs aujourd'hui des réfrigérants tubulaires constitués par un faisceau de tubes à l'intérieur desquels circule le moût à refroidir, tandis que l'eau froide circule en sens inverse dans l'espace intertubulaire. Tous ces appareils sont recommandables, à condition d'être solides et de permettre un nettoyage facile de l'intérieur et de l'extérieur des tubes.

Ces réfrigérants tubulaires sont utilisés pour le refroidissement des moûts de betteraves, de mélasses, et de matières amylacées, principalement dans les fabriques de levure pressée.

Le refroidissement peut également s'opérer au moyen de dispositifs de réfrigération placés dans les appareils de préparation des moûts. Cette méthode est employée pour le refroidissement des moûts de mélasses après chauffage, et surtout des moûts de grains après saccharification, grâce aux perfectionnements apportés dans la construction des macérateurs. Nous avons vu, en décrivant ces appareils, les principaux systèmes employés pour le refroidissement. On atteint le résultat cherché soit au moyen de poches d'eau qui plongent dans le macérateur, soit au moyen de serpentins, et on y adjoint parfois, dans certains appareils, le ruissellement de l'eau sur les parois extérieures du macérateur. Les poches d'eau ont été beaucoup utilisées autrefois; elles se font en cuivre ou en fonte : la tôle n'offre pas assez de résistance et s'use trop vite. La fonte donne de meilleurs résultats, mais elle est attaquée également au bout de quelque temps, à cause du frottement continuel et violent que provoquent les puissants agitateurs des macérateurs actuels. Le cuivre est encore le plus économique, car sa durée est beaucoup plus grande. On abandonne de plus en plus aujourd-hui les poches d'eau pour recourir aux serpentins dont la solidité est plus grande et dont l'usure est beaucoup moins rapide.

Quel que soit le dispositif adopté, il est nécessaire que les appareils soient construits de manière à pouvoir être démontés et nettoyés très facilement. Il se produit en effet très rapidement des dépôts à la surface des poches et des serpentins, et ces dépôts, mauvais conducteurs de la chaleur, diminuent beaucoup la puissance de réfrigération de l'organe. Aussi dans tous les macérateurs nouveaux, le serpentin est démontable, de manière à permettre un nettoyage facile.

D'après Delbrück, pour refroidir en un temps maximum d'une heure à une heure et demie un moût de 65° à 15-17°, un bon appareil ne doit pas consommer plus de 2 litres à 2 litres et demi d'eau à 10° par litre de moût.

Cette méthode du refroidissement dans le macérateur même présente de gros avantages; elle réduit beaucoup les dangers d'infection, et diminue le matériel; aussi, dans la plupart des cas, elle est adoptée par les distilleries de matières amylacées. Le moût qui sort du macérateur peut être alors envoyé directement aux cuves. Dans les grandes distilleries où il est nécessaire de rendre très vite le macérateur libre pour l'opération suivante, on fait cependant la saccharification et la réfrigération dans deux appareils différents.

Le refroidissement des moûts de mélasses après chauffage peut s'effectuer dans la cuve même d'après les mêmes principes. On emploie alors un serpentin qu'on dispose dans la cuve et dans lequel on fait circuler un courant d'eau froide. Cette méthode assure le refroidissement à l'abri des germes de l'air, mais le serpentin fait perdre beaucoup de place dans l'appareil. Parfois on complète la réfrigération en faisant ruisseler de l'eau à la surface extérieure de la cuve.

Refroidissement par l'air et l'eau combinés. — On peut également utiliser, pour le refroidissement des moûts, les réfrigérants à ruissellement, dans lesquels on obtient l'effet voulu en faisant couler le moût en nappe mince sur une surface métallique refroidie par une circulation d'eau. Le refroidissement s'opère ainsi à la fois par l'évaporation au contact de l'air et par le contact avec la paroi froide. Nous avons étudié spécialement ces réfrigérants dans notre ouvrage consacré à la brasserie (1), et nous nous bornerons à signaler les réfrigérants du type Lawrence qui conviennent tout particulièrement pour le travail de la distillerie. Ces appareils peuvent être employés pour les moûts clairs, par exemple les moûts de mélasses et les moûts de grains préparés par la méthode anglaise ou destinés à la fabrication de l'aérolevure, mais ils se prêtent mal au travail des moûts épais. Ils ont l'avantage de consommer peu d'eau et de se nettoyer avec la plus grande facilité. Pour éviter l'infection par les microbes de l'air, on doit placer ces réfrigérants dans une chambre spéciale très propre, facile à laver, et dans laquelle on insuffle de l'air avec un ventilateur, en plaçant sur le refoulement du ventilateur un filtre à coton destiné à retenir toutes les poussières.

Refroidissement par la glace. — Le refroidissement par la glace est une opération trop coûteuse pour être pratique. Cette méthode est cependant employée parfois en été quand la température de l'eau de réfrigération est trop élevée pour amener le moût au degré voulu, ou pour refroidir le liquide dans les cuves de fermentation. Le meilleur procédé consiste, dans ce cas, à placer la glace dans les flotteurs qu'on plonge dans le liquide, comme on le fait pour le refroidissement des cuves en brasserie. Il faut éviter de placer directement la glace dans le moût, car elle contient toujours des bactéries qui viendraient souiller le liquide.

VII. — ANALYSE DES MOUTS ET DES PULPES.

Analyse des moûts de matières sucrées. — Les moûts de betteraves sont analysés par les méthodes exposées précédemment pour le jus dans l'analyse indirecte de la betterave. La densité se prend au densimètre et nous avons vu

(1) Voir E. Boullanger, *Brasserie, Hydromels* (Encyclopédie agricole).

comment elle peut servir pratiquement à connaître d'une façon approximative la richesse en sucre du jus. Mais quand on veut savoir exactement la teneur du moût en sucre, on doit opérer le dosage du sucre fermentescible total. La meilleure méthode consiste alors à procéder à l'inversion par la méthode de Clerget exposée à propos du dosage du saccharose dans les mélasses (10 p. 100 d'acide chlorhydrique pur et chauffage au bain-marie à 67-70° en douze minutes), et à doser le sucre interverti dans le liquide par une des méthodes de dosage des sucres réducteurs au moyen des liqueurs cupriques. Ce procédé fait connaître à la fois le sucre qui se trouve à l'état de saccharose et celui qui se trouve à l'état de glucose ou de sucre interverti, car il peut y avoir une inversion sensible du saccharose par l'acide sulfurique si le soutirage des moûts s'effectue à une température assez élevée.

Les moûts de mélasses s'analysent de la même manière. La densité se prend au densimètre, à l'aréomètre Baumé ou au flacon. Le sucre se dose par la méthode exposée ci-dessus. On peut procéder d'abord au dosage des sucres réducteurs au moyen de la liqueur cupropotassique, puis faire l'inversion Clerget et doser de nouveau les sucres réducteurs après inversion. La différence entre les deux chiffres trouvés donne le sucre interverti correspondant au saccharose et on obtient le saccharose en multipliant ce chiffre par 0,95.

Le dosage de l'acidité est particulièrement important dans les moûts de betteraves et de mélasses. On fait ce dosage sur 20 centimètres cubes de jus qu'on neutralise au moyen d'une solution de soude. On verse peu à peu la liqueur alcaline, et on examine de temps à autre si le liquide est neutralisé en prélevant une goutte qu'on porte sur un morceau de papier tournesol parfaitement neutre. Dès que le liquide ne donne plus sur le tournesol une coloration rouge, la neutralisation est complète. Si une auréole bleuâtre se manifeste, le point de saturation est dépassé. La solution de soude est titrée au préalable au moyen d'une liqueur sulfurique normale à 49 grammes par litre. Si V est le volume de la liqueur alcaline nécessaire pour saturer 10 centimètres cubes de cet acide, c'est-à-dire 490 milligrammes d'acide sulfurique, chaque cenlimètre cube de soude vaudra $\frac{0,490}{V}$ grammes d'acide sulfurique. On emploie souvent, pour éviter tout calcul, une solution de soude normale (40 grammes NaOH par litre); chaque centimètre cube de cette solution correspond alors à 49 milligrammes d'acide sulfurique. Dans ces conditions, on désigne aussi souvent sous le nom de degré d'acidité le nombre de centimètres cubes de soude normale employé pour 20 centimètres cubes de moût.

M. Sidersky a fait connaître une méthode qui permet d'évaluer séparément l'acidité minérale et l'acidité organique des moûts de betteraves. On se sert comme papier réactif, de papier à filtrer imbibé d'une solution aqueuse au millième de rouge de Congo 4 R. Une goutte d'acide minéral dilué produit sur le papier rouge une tache bleu foncé, tandis que les acides organiques sont sans action sur cette matière colorante. On verse donc peu à peu la liqueur de soude en faisant périodiquement des touches sur le papier Congo, dès que les taches bleues n'apparaissent plus, tout l'acide sulfurique libre est saturé. On continue, après lecture de la burette, à verser la liqueur alcaline en faisant des touches sur le papier tournesol jusqu'à neutralisation complète. La différence des deux lectures donne la quantité de liqueur de soude qui correspond à l'acidité organique. Il existe d'ailleurs une réaction, beaucoup plus sensible que la précédente, produite par la matière colorante contenue dans la betterave. En effet, dès que l'acidité minérale est saturée, la couleur du jus qui est jaune pâle ou rose vire au brun foncé, tandis que le jus se trouble légèrement. Ce point correspond à la saturation de l'acidité minérale. En continuant à verser la liqueur alcaline le jus noircit et se trouble de plus en plus jusqu'au point de neutralité complète qu'on reconnaît au papier tournesol.

Analyse des pulpes de betteraves. — L'analyse des pulpes épuisées est nécessaire pour contrôler la marche de l'extraction du jus. On prélève d'abord un échantillon de pulpe sur chaque diffuseur ou sur chaque macérateur au moment de la vidange. On recueille ces échantillons dans une terrine et on les mélange pour avoir un échantillon moyen.

Dans le travail par presses continues, on fait l'échantillonnage à la sortie des presses. Pour doser le sucre dans les pulpes, on peut employer plusieurs méthodes. Un premier procédé consiste à passer les cossettes ou la pulpe au hache-viande et à exprimer le jus. On mesure 100 centimètres cubes de ce jus, on ajoute 10 centimètres cubes d'acide sulfurique au dixième, et on chauffe au bain-marie pendant trente minutes à 70° pour transformer tout le sucre en sucre interverti. On neutralise, on refroidit, on amène à 110 centimètres cubes, puis on dose le sucre réducteur au moyen de la liqueur cupropotassique. On admet que 100 de cossettes de macération ou de diffusion renferment 95 de jus, et que 100 de pulpes de presses continues renferment 77 de jus. On obtient donc le sucre pour 100 de cossettes ou de pulpe en multipliant le chiffre obtenu par 0,95 ou 0,77 suivant le cas. Cette méthode a l'inconvénient d'exiger l'emploi d'un facteur qui n'est pas rigoureux, pour passer du jus à la pulpe.

On peut également peser 20 grammes de pulpe de presses, ou 40 grammes de cossettes, les placer dans un ballon jaugé de 200 centimètres cubes avec 120 centimètres cubes d'eau et 20 centimètres cubes d'acide sulfurique au dixième, chauffer pendant trente minutes au bain-marie à 70°, neutraliser, refroidir, amener 204 centimètres cubes s'il s'agit de pulpes de presses ou à 202 centimètres cubes s'il s'agit de cossettes (les 4 centimètres cubes et 2 centimètres cubes représentent le volume du marc), filtrer et doser le sucre réducteur par la liqueur cupropotassique. Cette méthode a l'inconvénient d'hydrolyser des pentosanes de la pulpe et de donner des chiffres trop forts. Pour éviter cet inconvénient, M. Verbièse a proposé de faire l'extraction du sucre de la pulpe par l'eau dans un appareil à épuisement de Soxhlet. On emploie alors 10 grammes de pulpe et on place dans le ballon de l'appareil 100 centimètres cubes d'acide sulfurique à 1 p. 100; on procède à l'extraction et on dose le sucre dans le liquide. Pour éviter tout entraînement de matières pectiques et de pentosanes, Weisberg conseille de substituer à l'extraction aqueuse l'extraction alcoolique, mais la méthode est alors plus longue et moins pratique.

Analyse des moûts de matières amylacées. — L'examen des moûts préparés aux dépens des matières amylacées comprend l'essai à l'iode, l'essai saccharométrique, les dosages du maltose, des dextrines, de l'amidon non désagrégé et de l'acidité, et la détermination de la force diastasique.

L'échantillonnage doit être fait dans le macérateur avant la mise en levain. On commence par filtrer le moût. Comme le papier à filtrer se bouche très rapidement, il est préférable d'opérer la filtration sur des chausses en laine, en faisant passer plusieurs fois le liquide filtré sur la chausse jusqu'à ce qu'il passe presque clair. Pour certaines déterminations où il est nécessaire d'avoir un liquide absolument limpide, on termine la filtration sur papier. Les chausses doivent être couvertes pour éviter la concentration, et on doit les laver et les sécher après chaque opération.

L'essai à l'iode s'effectue avec une solution contenant 1 gramme d'iode et 2 grammes d'iodure de potassium dans 100 centimètres cubes. On prend 10 centimètres cubes de moût filtré très clair et on ajoute 1 centimètre cube de solution d'iode. Si le moût est bien saccharifié, il ne doit contenir que du maltose et des achroodextrines sans action sur l'iode, de sorte que le liquide garde sa coloration jaune. Si la saccharification est défectueuse, l'iode donne une coloration rouge due aux érythrodextrines et même une coloration bleue due à l'amidon soluble. Il est indispensable, pour faire cet essai, de verser goutte à goutte la solution d'iode dans le liquide, et de n'opérer que sur le moût complètement refroidi.

L'essai saccharométrique a pour but la détermination approximative de l'extrait du moût, au moyen du saccharomètre de Balling. Ce saccharomètre est un aréomètre en verre qui, plongé dans un moût à la température de 17°,5, indique directement, par la graduation de sa tige supérieure, la teneur en extrait pour 100 grammes de liquide. Le chiffre obtenu n'est qu'approximatif, car l'instrument est gradué avec des solutions de sucre pur et les moûts contiennent, avec le sucre, d'autres substances dissoutes qui n'influent pas de la même manière que le sucre sur la densité du moût, et par suite sur le degré que marque le saccharomètre. L'essai saccharométrique doit être fait sur le moût filtré à clair, à 17°,5, en plongeant lentement le saccharomètre bien propre dans le moût, de manière à ne pas mouiller la portion de la tige qui doit rester hors du liquide. Si la température est différente de 17°,5, il est nécessaire de faire une correction qui est indiquée sur le thermomètre de l'appareil. Cette correction est d'environ 0°,1 du saccharomètre pour 2 degrés et demi de température.

On peut également déterminer la densité du moût par la méthode du flacon et se reporter aux tables spéciales de Balling, qu'on trouvera à la fin de notre volume consacré à la brasserie, et qui donnent l'extrait correspondant à la densité.

Le dosage du maltose et des dextrines fournit des renseignements précieux sur la marche de la saccharification. Le dosage du maltose se fait en étendant 10 ou 20 centimètres cubes de moût filtré à 200 centimètres cubes et en titrant le sucre réducteur à la liqueur cupropotassique. On peut employer dans ce cas, la méthode pondérale de Soxhlet qui conduit à l'usage des tables de Wein, ou celle de Mohr qui conduit aux tables de Bertrand et dont nous avons exposé le principe au sujet du dosage des sucres réducteurs dans le jus de betteraves. Cette méthode n'est qu'approchée, car les moûts renferment d'autres sucres réducteurs que le maltose. Pour avoir des résultats plus exacts, il faut recourir à la méthode de M. Petit que nous avons étudiée dans notre ouvrage consacré à la brasserie (1), mais cette dernière méthode a encore l'inconvénient de doser comme maltose les pentoses non fermentescibles tels que l'arabinose et le xylose qui existent en quantités très appréciables dans les moûts préparés par cuisson sous pression. M. Boidin a préconisé une méthode très élégante qui permet d'éviter toutes ces causes d'erreurs et de fournir en même temps des indications précises sur le rendement en alcool que peut donner le moût. Nous avons décrit cette méthode, qui repose sur l'emploi du mucor β, en étu-

(1) Voir E. Boullanger, *Brasserie, Hydromels* (Encyclopédie agricole, p. 355).

diant le dosage de l'amidon dans les matières amylacées, et il suffira de s'y reporter.

Le dosage des dextrines peut se faire en diluant à 200 centimètres cubes 10 centimètres cubes de moût et en transformant le maltose et les dextrines en glucose par addition de 15 centimètres cubes d'acide chlorhydrique à 1,125 de densité et par chauffage pendant deux heures et demie au bain-marie bouillant. Dans le liquide neutralisé, refroidi et amené à un volume connu, on dose le glucose total par une des méthodes indiquées précédemment. On retranche du chiffre obtenu le glucose correspondant au maltose, il reste le glucose correspondant à la dextrine, et on obtient la dextrine en multipliant le résultat par 0,9. La méthode n'est qu'approchée à cause de l'incertitude qui règne sur le chiffre du maltose et à cause de la destruction du lévulose pendant l'inversion.

Le dosage de l'amidon non désagrégé s'effectue de la façon suivante. On place 1 kilogramme de moût non filtré dans une grande bouteille de 10 litres, qu'on remplit ensuite d'eau. On agite et on laisse déposer vingt-quatre heures. On décante le liquide clair, et on répète l'opération encore neuf fois à raison de trois lavages par vingt-quatre heures. On jette le résidu sur un filtre, on le lave à l'alcool et à l'éther, on le détache du filtre avec soin, on le laisse évaporer et dessécher à l'air et on le pèse. On le pulvérise alors finement et on dose l'amidon sur 3 grammes de matière, par la méthode que nous avons indiquée pour l'analyse des grains.

On détermine l'acidité sur 20 centimètres cubes de moût filtré qu'on sature avec de la soude normale, comme nous l'avons vu pour le dosage de l'acidité des moûts de betteraves et de mélasses.

Il est également très important de connaître la force diastasique des moûts sucrés, c'est-à-dire l'activité de la diastase saccharifiante encore présente dans le moût. Cette détermination s'effectue ordinairement par la méthode d'Effront. On prépare une solution type d'empois d'amidon à 2 p. 100 et on en traite 10 centimètres cubes dans des tubes, pendant une heure au bain-marie à 60°, par des quantités croissantes de moût sucré $0^{cc},25$, $0^{cc},5$, $0^{cc},75$, 1 centimètre cube, etc. Dans le liquide refroidi, on ajoute un demi-centimètre cube de solution étendue d'iode. S'il se produit encore une coloration bleue, c'est qu'il y a de l'amidon non transformé. Dans un bon travail, 1 centimètre cube à $1^{cc},25$ de moût doit suffire pour saccharifier entièrement l'amidon.

On détermine souvent, au moyen des chiffres obtenus par l'analyse du moût, un facteur analogue au quotient de pureté de la betterave. Ce facteur est le nombre qui indique combien cent parties d'extrait déterminé par le saccharomètre contiennent de maltose et de dextrine. Si un moût renferme par exemple 16 p. 100 de maltose et 4 p. 100 de dextrine, le degré saccharométrique étant de 25 Balling, le quotient de pureté sera $\frac{(16+4)\,100}{25} = 80$ p. 100. Ce chiffre, introduit par Delbrück dans la pratique de la distillerie, peut également se calculer en évaluant le maltose et la dextrine en glucose, et on obtient ainsi le quotient apparent, le chiffre précédent constituant le quotient réel. Dans l'exemple ci-dessus, le quotient apparent serait donc $\frac{[16 \times 1{,}053 + 4 \times 1{,}11]\,100}{25} =$ 85,1 p. 100. D'après Delbrück, le quotient apparent varie dans les moûts de pommes de terre de 81 à 89 p. 100 ; d'après Behrend et Maercker, de 80 à 92 p. 100, suivant la richesse des pommes de terre en amidon ; dans les moûts de maïs, de 90 à 99 p. 100 ; dans les moûts de seigle, de 84 à 87 p. 100.

Analyse du malt. — Nous nous bornerons ici à indiquer le principe des déterminations à effectuer, l'analyse des malts ayant été traitée en détail dans notre ouvrage consacré à la brasserie.

Le dosage de l'extrait a beaucoup moins d'importance qu'en brasserie. On le fait en traitant le malt broyé par cinq fois son poids d'eau, et en saccharifiant à 65° jusqu'à disparition complète de l'amidon. On amène à un poids ou un volume connu et on détermine l'extrait au saccharomètre. Le calcul se fait comme nous l'avons vu en brasserie.

L'eau se dose sur 10 grammes de malt moulu qu'on dessèche à l'étuve à 105° jusqu'à poids constant.

La détermination la plus importante est celle du pouvoir

diastasique. On peut déterminer soit le pouvoir saccharifiant, soit le pouvoir liquéfiant du malt. La méthode la plus usitée pour la détermination du pouvoir saccharifiant du malt est celle de Lintner qui consiste à mesurer ce pouvoir en dosant la quantité de sucre que produit pendant un temps donné une quantité donnée d'extrait de malt sur une quantité donnée d'amidon. Pour la détermination du pouvoir liquéfiant, on emploie la méthode de Lintner et Sollied qui consiste à liquéfier un empois d'amidon avec des quantités croissantes d'extrait de malt et à rechercher la quantité d'extrait nécessaire pour liquéfier complètement 10 centimètres cubes de cet empois. Ces méthodes ont été décrites dans notre volume consacré à la brasserie et il suffira de s'y reporter (1).

V. — FERMENTATION DES MOUTS.

I. — GÉNÉRALITÉS.

Les moûts sucrés, refroidis à la température convenable, doivent subir la fermentation alcoolique sous l'action de la levure. Nous avons donné, au début de notre ouvrage sur la brasserie, des notions générales sur les fermentations industrielles et en particulier sur la morphologie et la physiologie de la levure. Nous n'y reviendrons donc pas ici et nous nous bornerons à rappeler brièvement les caractères des organismes qui jouent un rôle en distillerie, et les faits qui présentent une importance spéciale pour l'industrie qui nous occupe.

On utilise particulièrement, en distillerie, les levures, associées parfois aux mucédinées, pour la production de l'alcool, et les ferments lactiques pour la production de l'acide lactique dans certaines méthodes de préparation des levains. A côté de ces espèces utiles, beaucoup d'autres microbes peuvent également intervenir dans la fabrication comme ferments de maladie, notamment les ferments butyriques, acétiques, etc.

(1) Voir E. Boullanger, *Brasserie, Hydromels* (Encyclopédie agricole), p. 246 et 249.

Levures de distillerie. — *Variétés de levures.* — Les levures employées en distillerie sont nombreuses et possèdent des propriétés très différentes. Nous avons vu, dans notre ouvrage consacré à la brasserie, qu'on peut distinguer parmi les levures de culture les levures hautes et les levures basses, et qu'il existe, dans chacune de ces catégories, des levures de type Saaz à faible atténuation et des levures de type Frohberg à forte atténuation. Toutes les bonnes levures de distilleries de grains sont des levures hautes qui appartiennent au type Frohberg, et elles se différencient par leur activité plus ou moins grande, leur multiplication plus ou moins forte, etc.

Les levures de vin, convenablement choisies, peuvent être employées avec succès dans la fermentation des moûts de betteraves et de mélasses, comme nous le verrons plus loin.

Les Schizosaccharomycètes, ou levures qui se multiplient par scissiparité, présentent un certain intérêt pratique, car quelques races, notamment le Schizosaccharomyces Pombe de Lindner, ont la propriété de faire fermenter énergiquement les dextrines. Mais l'optimum de température de cette espèce est à 36°-37° C., c'est-à-dire trop élevé pour la bonne fermentation des moûts de distillerie, sa multiplication est faible et cette levure produit en outre une forte acidité dans le liquide fermenté. Aussi son utilisation dans la pratique courante est-elle difficile.

Les mycodermes ou levures de voile se rencontrent fréquemment à la surface des moûts en distillerie. Elles brûlent l'alcool, le sucre et les acides organiques. Vues au microscope, elles se présentent sous l'aspect de longues cellules à protoplasma homogène et non granuleux, portant souvent deux vacuoles aux extrémités. Elles n'ont pas grande influence dans un travail rapide et normal en distillerie, mais elles sont gênantes dans les fabriques de levure pressée.

Toutes les levures de culture utilisées en distillerie sécrètent les diastases nécessaires pour l'hydrolyse et la fermentation du saccharose et du maltose. La décomposition de ces sucres s'accompagne d'un dégagement de chaleur qui élève notablement la température du moût.

Action de l'oxygène. — L'action de l'oxygène sur la levure a donné lieu à un grand nombre de travaux contradictoires. Il est nécessaire d'envisager séparément l'action de l'oxygène sur la multiplication de la levure et sur la fermentation proprement dite. Il résulte de la plupart des recherches effectuées sur l'action de l'air sur la multiplication de la levure que la présence de l'oxygène favorise le phénomène. Pour ce qui concerne l'influence de l'oxygène sur l'activité de la levure comme ferment, beaucoup d'expérimentateurs, notamment Iwanowsky, Buchner et d'autres n'ont constaté aucune différence entre l'activité dans un liquide aéré et dans un liquide non aéré. L'oxygène ne semble donc pas avoir d'influence sur l'activité, avec cette restriction cependant que les cellules de levure qui fonctionnent d'une façon continue en l'absence de l'air subissent avec le temps une réduction de toutes leurs propriétés vitales et par conséquent de leur activité. Les recherches de Nathan et Fuchs ont montré en outre que dans une solution nutritive privée d'oxygène, l'introduction d'une petite quantité de ce gaz peut exciter à nouveau l'activité de la levure, sans qu'il y ait bourgeonnement.

L'agitation régulière et modérée du liquide active la fermentation et favorise la multiplication de la levure, comme l'ont montré les expériences de Delbrück et de Nathan et Fuchs ; toutefois lorsque l'agitation est trop violente, la levure perd la faculté de bourgeonner et meurt.

L'action de l'acide carbonique a été également étudiée par beaucoup d'expérimentateurs. Il paraît établi que l'acide carbonique produit au cours de la fermentation ralentit légèrement la multiplication de la levure, mais son action sur l'activité des cellules vigoureuses semble peu sensible.

Produits de la fermentation alcoolique. — Nous savons que les produits de la fermentation alcoolique sont principalement l'alcool et l'acide carbonique. A côté de ces substances, on rencontre aussi d'autres produits tels que la glycérine, l'acide succinique et des corps excrétés par la levure. On doit y ajouter aujourd'hui les alcools supérieurs : les expériences récentes de Pringsheim et d'Ehrlich ont montré en effet que la production de ces alcools est la conséquence de la synthèse de la matière albuminoïde par la cellule vivante de la levure. Elle dépend de la quantité d'azote que la levure emprunte pour ses besoins et pour sa production de zymase, à des acides aminés déterminés, notamment à la leucine, l'isoleucine et à la valine. Ces corps sont assimilés par la levure et se dédoublent en acide carbonique, ammoniaque et alcools supérieurs correspondants. L'ammoniaque est utilisée par la levure et les alcools restent comme résidus. La *l*-leucine donne ainsi de l'alcool isoamylique inactif; la *d*-leucine de l'alcool *d*-amylique actif; la valine, de l'alcool isobutylique. D'autres acides aminés sont probablement l'origine des autres alcools supérieurs. Le rendement en alcools supérieurs dépend autant de la quantité de leucine présente que de la quantité et de la nature des autres combinaisons azotées qui existent dans le liquide. Le rendement en « huiles de fusel » est maximum avec la leucine et le sucre pur sans autre matière azotée; en présence d'asparagine, de sels ammoniacaux ou d'autres matières azotées facilement assimilables, les huiles de fusel diminuent car la levure utilise ces composés azotés facilement assimilables et laisse intacte une partie de la leucine. Ces notions permettent de se rendre compte de la voie dans laquelle on doit diriger la fabrication en distillerie pour réduire au minimum la proportion des alcools supérieurs. En produisant des moûts riches en composés azotés assimilables ou en ajoutant ces composés dans le liquide fermentescible, on peut restreindre la production des huiles de fusel, même si les moûts renferment beaucoup de leucine.

Rendement en alcool dans la fermentation alcoolique. — La question de la quantité d'alcool que peut produire théoriquement la fermentation alcoolique d'un sucre est particulièrement intéressante pour le distillateur et pour le calcul du rendement. Si le glucose, le lévulose, le sucre interverti étaient transformés intégralement en alcool et en acide carbonique d'après l'équation :

$$C^6H^{12}O^6 = 2CO^2 + 2C^2H^6O,$$

on pourrait en déduire que 1 molécule de glucose pesant

180 donne deux molécules d'alcool pesant $2 \times 46 = 92$. Donc 100 kilogrammes de glucose, de lévulose, ou de sucre interverti pourraient donner théoriquement $51^{kg},11$ d'alcool pur à 100^{d}. Ce chiffre est appelé le rendement *idéal* du sucre considéré. De même, si le maltose et le saccharose étaient transformés d'après la formule :

$$C^{12}H^{22}O^{11} + H^{2}O = 4CO^{2} + 4C^{2}H^{6}O,$$

on pourrait en déduire que 342 parties en poids de maltose ou de saccharose donnent $4 \times 46 = 184$ parties en poids d'alcool, c'est-à-dire que le rendement idéal de ces sucres est de $53^{kg},80$ d'alcool par 100 kilogrammes de sucre. De même, 100 kilogrammes d'amidon $C^{6}H^{10}O^{5}$ pourraient donner un rendement idéal de $56^{kg},79$ d'alcool.

Si nous rapportons tous ces chiffres au volume, nous voyons donc que le rendement idéal pour 100 kilogrammes des divers sucres est le suivant :

Glucose, lévulose, sucre interverti.	$64^{lit},45$	d'alcool à 100^{d}.
Maltose, saccharose...............	67 ,87	—
Amidon.........................	71 ,60	—

Ces rendements sont évidemment impossibles à réaliser, car nous savons que le phénomène de la fermentation alcoolique est beaucoup plus complexe et ne peut pas être représenté par une formule simple. Pasteur a montré que 100 grammes de saccharose ne peuvent donner que $51^{gr},10$ d'alcool, dans des conditions rigoureuses de pureté de la fermentation. Ce rendement est le *rendement théorique maximum* qu'on puisse atteindre, avec toute la précision des expériences scientifiques et en évitant toute perte, de manière à avoir le bilan exact du phénomène de la fermentation. Il n'y a donc, sur 100 grammes de saccharose que 94 à 95 grammes qui subissent le dédoublement représenté par la formule écrite plus haut, le reste sert à la production des tissus de la levure, de la glycérine, de l'acide succinique, etc.

Le rendement théorique maximum est donc de $51^{gr},10$ d'alcool pour 100 grammes de saccharose, et comme à

100 grammes de saccharose correspondent 105gr,26 de glucose, et 94gr,74 d'amidon, le rendement théorique maximum de 100 grammes de glucose sera de 48gr,54 d'alcool à 100d, et le rendement théorique maximum de 100 grammes d'amidon sera de 53gr,94 d'alcool à 100d. En rapportant ces chiffres aux volumes, nous aurons donc, pour le rendement théorique maximum qu'on peut obtenir par 100 kilogrammes des divers sucres, les valeurs suivantes :

Glucose, lévulose, sucre interverti.	61lit,10	d'alcool à 100d.
Maltose, saccharose...............	64 ,33	—
Amidon..........................	67 ,90	—

Le rendement théorique maximum atteint donc environ 95 p. 100 du rendement idéal.

Levures employées en distillerie. — Pendant longtemps, on s'est servi exclusivement, en distillerie, de la levure de bière haute provenant des brasseries, pour la mise en fermentation des moûts. On l'utilise encore beaucoup en France, notamment pour les moûts de betteraves et de mélasses. La levure pressée venant des distilleries est également employée parfois pour la fermentation des betteraves ou des mélasses, et dans les fabriques de levure.

La levure de bière haute a l'inconvénient d'être souvent composée d'un mélange de races plus ou moins actives, de torulas, de mycodermes et parfois même de bactéries. Cette levure est cependant assez pure quand elle provient de brasseries où le travail se fait très proprement en cuve, et où les levains reçoivent tous les soins nécessaires. La levure pressée industrielle est moins pure et renferme toujours plus ou moins de bactéries.

Pour avoir des fermentations pures, on a songé à introduire en distillerie les principes de Pasteur, et à produire des levains purs provenant d'une race de levure bien appropriée et acclimatée à la nature du moût. Beaucoup de méthodes sont aujourd'hui employées pour la préparation des levains de levure pure ; nous les retrouverons en étudiant la fermentation des moûts. Dans toutes ces méthodes, il est nécessaire de se procurer la semence pure pour mettre en marche les appareils à levains. Ces levures sont fournies par les laboratoires spéciaux, ou peuvent être préparées à l'usine même au moyen d'un des appareils décrits dans notre ouvrage consacré à la brasserie, par exemple l'appareil de Fernbach ou l'appareil de Lindner, qu'on ensemence avec un ballon de culture pure préparée au laboratoire.

Mucédinées utilisées en distillerie. — On rencontre fréquemment des mucédinées en distillerie : elles se développent en parasites sur le malt vert, sur les murs, parfois même sur les appareils dans les usines mal tenues. Ces espèces doivent être considérées comme des ferments de maladie. Il existe cependant une classe de mucédinées qui est intéressante pour le distillateur, et dont les propriétés ont été appliquées dans ces dernières années avec le plus grand succès à la fabrication de l'alcool de grains. Cette classe est celle des *Mucors* qui ont à la fois la faculté de saccharifier l'amidon et de faire fermenter alcooliquement le sucre produit.

Pasteur a ainsi montré que le *Mucor racemosus*, cultivé à la surface d'un liquide sucré, se développe en donnant un mycélium formé de longs filaments peu cloisonnés et qui se couvre rapidement de spores aériennes. Dans ces conditions de vie très aérobie, le sucre est brûlé à l'état d'eau et d'acide carbonique, une autre portion subit la fermentation alcoolique. Mais si on vient à immerger complètement ce mycélium dans le liquide nutritif, de manière à éviter toute vie en surface, l'aspect de la culture se modifie : le mycélium se cloisonne et se renfle par places et forme bientôt des sortes de boules qu'on appelle *conidies mycéliennes*. Ces conidies se séparent bientôt du mycélium et bourgeonnent à la façon des levures. La plante se remplit de bulles de gaz carbonique et la fermentation alcoolique devient prépondérante. Les expériences de Wehmer ont montré que la production d'alcool n'est pas une conséquence de la privation d'oxygène et de la formation de ces boules bourgeonnantes. En présence de l'oxygène, le mycélium non cloisonné fonctionne aussi comme ferment alcoolique, mais le phénomène est moins visible. La production des formes levures paraît être plutôt la conséquence de la fermentation alcoolique active qui se manifeste en l'absence de l'air.

L'action saccharifiante de ces mucédinées vis-à-vis de l'amidon a été découverte par Atkinson, dans l'*Eurotium Orizae*, moisissure qui joue un rôle important dans la fabrication du saké ou bière de riz au Japon. Plus tard MM. Gayon et Dubourg étudièrent une autre mucédinée, le *Mucor alternans*, qui a la propriété de produire à la fois la saccharification de l'amidon et de la dextrine et la fermentation alcoolique. L'*Amylomyces Rouxii*, isolé par M. Calmette de la levure chinoise dont se servent les distillateurs de riz en Indo-Chine, est également une mucédinée du groupe des Mucors, capable de saccharifier l'amidon et de faire fermenter alcooliquement le sucre produit, quand on le cultive en profondeur. Nous verrons plus loin comment MM. Collette et Boidin ont pu réaliser l'application industrielle des propriétés de cette mucédinée à la fabrication de l'alcool de grains. Les Mucors β et Delebart sont également des mucédinées saccharifiantes, utilisées aujourd'hui dans l'industrie, et qui ont la propriété de pouvoir saccharifier des moûts plus concentrés que l'Amylomyces.

Ferments lactiques utilisés en distillerie. — Les ferments lactiques sont employés en distillerie pour la préparation des levains par la méthode allemande. Grâce à l'acide lactique qu'ils produisent, ils favorisent la fermentation alcoolique ultérieure et préservent la levure contre le développement des autres microbes nuisibles.

Les ferments lactiques employés en distillerie sont extrêmement nombreux, et dans un moût de grains abandonné à l'acidification lactique spontanée, il se développe un grand nombre d'espèces apportées par le malt, les matières premières, l'air, etc. Certaines espèces ont été isolées et introduites dans la pratique industrielle, comme nous le verrons plus loin. Ces espèces ont été particulièrement étudiées par Henneberg.

Lafar a isolé d'un levain lactique un ferment qu'il a appelé *Bacillus acidificans longissimus*, qui paraît le même que le microbe isolé par Leichmann d'un moût de distillerie et appelé *Bacillus Delbrücki*. Cet organisme se présente sous la forme de bâtonnets de 2 μ,7 à 8 μ de longueur sur 0,4-0,7 μ de largeur, soit isolés, soit réunis deux par deux ou en chaînes parfois très longues qui peuvent atteindre jusqu'à 100 μ. Les milieux artificiels lui sont peu favorables; il se développe surtout bien dans le moût de bière non houblonné et le moût de distillerie. Il ne pousse pas dans le lait. Son optimum de température est à 45°, il ne croît pas au-dessous de 18° et il est tué à l'état humide à 65-70°. La température la plus favorable pour l'acidification est à 46-47°; la production d'acide lactique cesse à 55°. Les quantités d'acide formé ont atteint au maximum 1,6 p. 100; une dose d'alcool de 4 p. 100 ralentit l'acidification, une dose de 10 p. 100 la supprime complètement.

Un deuxième organisme très répandu dans les moûts de distillerie est le *Pediococcus lactis acidi* de Lindner. Ce ferment se présente sous l'aspect de coccus isolés, parfois groupés par deux ou par quatre. L'acidité qu'il donne est beaucoup plus faible qu'avec le *Bacillus Delbrücki* : elle ne dépasse pas 0,2 p. 100 dans le moût de distillerie. L'optimum de température de l'espèce est à 34-40°, une température de 48° est déjà nuisible. Ce ferment est donc inutilisable en distillerie, car l'acidification doit se faire, comme nous le verrons, au-dessus de 50°, mais il n'est pas nuisible par lui-même. Le seul dommage à en attendre est son développement spontané qui pourrait gêner, par prépondérance, celui du *Bacillus Delbrücki*.

Les ferments lactiques du lait, de la bière, tels que le *Bacterium lactis acidi* de Leichmann, le *Saccharobacillus Pastorianus* Van Laer, le *Saccharobacillus Pastorianus*, variété *Berlinensis* ne peuvent être d'aucune utilité en distillerie, car leur optimum de température est compris entre 25 et 37°, et ils ne donnent plus d'acide aux températures adoptées dans la pratique pour la préparation des levains lactiques. Il existe cependant une espèce, le *Bacillus lactis acidi* Leichmann, isolé du lait, dont l'optimum de température est à 43-48°, et qui est très probablement l'espèce qui se développait dans les moûts lorsque le distillateur employait du lait aigri pour mettre en marche ses premiers levains. C'est un long bacille, ayant au moins 6 μ et se présentant souvent en files de 14 à 70 μ; sur le lait, on trouve des chaînes de plus de 300 μ. Les milieux artificiels ne lui conviennent pas ; il pousse bien dans le lait, le moût de distillerie, le moût de bière non houblonné. Il donne dans le moût de distillerie une acidité un peu plus faible que le *Bacillus Delbrücki* et qui atteint 1,3 p. 100. L'acidification est nulle au-dessous de 13°, elle est maxima à 41° et redevient très faible à 55°. Cette race devrait être employée plus souvent en distillerie.

En pratique, on abandonne les moûts à l'acidification lactique spontanée, ou bien on ensemence le liquide avec une culture pure des ferments lactiques appropriés décrits ci-dessus.

Ferments secondaires en distillerie. — D'autres microbes peuvent aussi se développer dans les moûts de distillerie et agir comme ferments de maladie. On peut citer notamment les ferments butyriques et acétiques, des bactéries de putréfaction, etc. Les ferments butyriques sont particulièrement nuisibles à la fermentation alcoolique, car leurs produits de sécrétion constituent des poisons violents pour la cellule de levure. Il existe de nombreuses variétés de ferments butyriques; ces êtres sont en général anaérobies, mais on rencontre aussi des races aérobies, par exemple le *Bacillus butylicus* de Hueppe. Ils se présentent sous l'aspect de bacilles, de vibrions ou de fuseaux : ils sont mobiles et donnent facilement des spores. Beijerinck range ces microbes dans le genre *Granulobacter*, qui se distingue par la présence de granulose, de sorte que les organismes qui appartiennent à ce genre se colorent en bleu par l'iode. Les produits qu'ils forment sont en général l'acide butyrique, l'alcool butylique, l'acide carbonique et l'hydrogène. Leur température optima est de 35 à 37°, les températures élevées leur sont défavorables et au-dessus de 50° leur action est paralysée. C'est pourquoi on choisit dans la pratique une température supérieure à 50° pour l'acidification des levains lactiques. Ils sont cependant très résistants à la chaleur, notamment à l'état de spores : celles-ci ne sont détruites qu'à 105-110°.

Les deux espèces qu'on rencontre le plus fréquemment en distillerie sont le *Granulobacter butylicum* qui donne de l'alcool butylique, de l'acide carbonique et de l'hydrogène, mais pas d'acide butyrique et le *Granulobacter Saccharobutylicum* qui fournit de l'acide butyrique à côté des autres produits. Ces bacilles se développent surtout dans les levains lactiques maintenus à trop basse température, et donnent naissance à des boursouflements et à des dégagements gazeux qui viennent rompre le chapeau du levain.

L'hydrogène dégagé par la fermentation butyrique peut réduire les nitrates contenus dans les moûts de mélasses en nitrites qui sont décomposés par les acides les plus faibles en donnant du bioxyde d'azote. Beaucoup de bactéries ont d'ailleurs la propriété de décomposer les nitrates en donnant soit de l'azote gazeux, soit du bioxyde d'azote. Nous retrouverons plus loin cette question de la fermentation nitreuse.

Les ferments acétiques, dont il existe un grand nombre d'espèces, peuvent se développer dans les moûts fermentés qui ne sont pas très riches en alcool, surtout quand on les laisse séjourner un certain temps en cuve avant de les distiller. Leur température optima varie de 20 à 30°. Ils produisent de l'acide acétique aux dépens de l'alcool, et donnent dans les moûts fermentés une teneur anormale en acides volatils.

On peut rencontrer enfin dans les moûts en distillerie le *Bacillus subtilis* ou bacille du foin qui se développe en donnant à la surface du liquide une peau légèrement plissée et en donnant à la masse une odeur fade et nauséabonde. C'est un bacille aérobie, mobile, très sensible aux acides qui, à dose faible, arrêtent son développement. Les ferments des matières albuminoïdes appartiennent à la même famille : ce sont des agents actifs de putréfaction, qui ne se développent bien que dans les milieux neutres et privés d'alcool, et contre lesquels il est facile de se préserver en distillerie par des soins de propreté convenables.

Conditions à réaliser dans la pratique de la fermentation en distillerie.

Le travail idéal en distillerie consisterait à stériliser complètement le moût sucré, à le refroidir à l'abri de toute contamination par les microbes, à l'ensemencer avec une culture pure de levure et à préserver le liquide, pendant toute la durée de la fermentation, contre l'accès des autres ferments.

Ce mode de travail est, à quelques exceptions près, beaucoup trop compliqué et trop coûteux pour pouvoir être adopté dans la pratique. Il n'est d'ailleurs pas indispensable, et on peut obtenir des rendements excellents par un travail bien approprié. En distillerie de betteraves et de mélasses, la stérilisation pourrait être appliquée, mais en distillerie de grains la nécessité de laisser la diastase active dans le moût pour la saccharification et la fermentation des dextrines exclut toute possibilité de stérilisation.

Il faut donc en général chercher à obtenir, sans stérilisation du moût, un milieu favorable à la levure, une bonne fermentation alcoolique et un haut rendement en alcool. On doit d'abord pour cela prendre dans la fabrication les plus grandes mesures de propreté, et nettoyer avec beaucoup de soin les appareils et les tuyauteries qui sont en contact avec les liquides fermentescibles. En outre, on doit adopter les modes de travail qui favorisent le plus possible le développement de la levure aux dépens des autres ferments : on emploie dans ce but les ensemencements copieux, ou l'introduction de levains actifs et purs, l'addition d'antiseptiques et de certaines substances telles que la colophane, qui agissent par voie physique. En outre, on maintient la levure aussi pure que possible dans la fermentation, et dans un état qui lui permettra de résister à l'infection, en suivant les règles qui ont été formulées par Delbrück dans son système de culture pure naturelle.

Ensemencement des moûts. — Il importe tout d'abord de placer dans la cuve au contact du moût sucré une grande quantité de cellules de levures bien vigoureuses, de manière à permettre au ferment alcoolique de s'emparer rapidement du terrain et d'étouffer par sa prolifération vigoureuse les microbes étrangers. Quand on travaille avec la levure de bière ou la levure pressée, il faut donc introduire dès le début une forte dose de levure pour assurer un départ rapide de la fermentation. La levure employée doit être naturellement aussi pure et aussi active que possible, et on doit avoir soin de bien l'aérer avant de l'incorporer au moût principal.

Quand on travaille par levains purs, il est nécessaire de choisir d'abord une levure bien appropriée aux conditions de travail de l'usine et de la multiplier dans des appareils spéciaux en employant du moût stérilisé, et additionné au besoin de matières nutritives pour favoriser le développement de la levure. Nous verrons plus loin les principales méthodes employées dans ce but. Quelle que soit la méthode adoptée, la préparation du levain permet de produire une forte quantité de levure pure et active qu'on introduit dans le moût sucré.

Addition d'acides et d'antiseptiques. — Pour protéger la levure contre le développement des microbes nuisibles, aussi bien dans le levain que dans le moût principal, on additionne le liquide de substances chimiques qui favorisent la fermentation alcoolique et gênent les ferments secondaires. On emploie dans ce but soit les acides minéraux et surtout l'acide sulfurique, soit les acides organiques, soit enfin les antiseptiques vrais. Nous avons vu, en étudiant la préparation des moûts de betteraves, que l'acide sulfurique rend le milieu plus favorable à la levure et gêne le développement des autres microbes. Dans les moûts de mélasses, il déplace les acides organiques du moût qui favorisent le travail de la levure et rendent le milieu peu favorable aux ferments secondaires.

L'addition d'acides minéraux libres en grande quantité est impossible en distillerie de matières amylacées quand on emploie la saccharification par le malt, car la diastase ne peut exercer son action complémentaire sur les dextrines en cuve de fermentation que si le milieu ne contient pas d'acide minéral libre. On peut cependant additionner les moûts, comme on le fait dans le procédé Bücheler, d'une quantité d'acide sulfurique suffisante pour mettre en liberté les acides organiques favorables à la levure. On peut également préserver la levure contre le développement des microbes nuisibles en faisant subir aux levains un commencement de fermentation lactique : l'acide lactique produit joue dans ce cas le rôle d'antiseptique vis-à-vis des ferments secondaires. On peut aussi employer, comme nous le verrons, l'acide lactique industriel. Delbrück a montré que l'acide butyrique, ajouté à une dose qui ne dépasse pas 0,18 p. 100, excite l'activité de la levure et gène les bactéries. Lange a préconisé l'emploi de l'acide formique et du formol pendant le refroidissement des levains préparés avec les ferments lactiques : on obtient ainsi une fermentation plus pure et l'activité de la levure augmente, mais cette méthode n'est évidemment pas applicable aux fabriques de levure pressée, car ces substances chimiques ont une action nuisible sur la multiplication de la levure.

L'emploi des vrais antiseptiques tels que l'acide fluorhydrique et les fluorures a permis de réaliser de grands progrès dans les fermentations en distillerie. Nous avons vu, dans notre volume consacré à la brasserie, qu'on peut acclimater les levures à certains antiseptiques. En introduisant ensuite cet antiseptique dans le moût ensemencé avec la levure acclimatée, l'antiseptique s'oppose au développement des ferments étrangers tout en permettant le travail de la levure accoutumée. Tel est le principe appliqué par Effront dans sa méthode à l'acide fluorhydrique.

Principes du procédé Effront. — Le procédé Effront est basé sur l'emploi de l'acide fluorhydrique, qui est un antiseptique très puissant contre les bactéries, même à très faible dose et qui exerce une action conservatrice sur la diastase du malt. En outre, il est possible d'acclimater peu à peu les levures à supporter de fortes doses d'acide fluorhydrique, en les faisant vivre en présence de quantités croissantes de cet acide, et on peut ainsi obtenir des fermentations très actives et très pures, tous les ferments étrangers étant paralysés par l'action de l'acide.

Les levures ainsi acclimatées gardent leur accoutumance même après une série de cultures ; en outre, elles donnent une fermentation plus rapide avec une multiplication plus faible. On augmente donc le rendement en alcool en réduisant la consommation de sucre occasionnée par la prolifération de la levure.

Le mécanisme de l'acclimatation des levures à l'acide fluorhydrique et aux fluorures a été étudié par Effront. Il a constaté que dans l'accoutumance aux fluorures, la cellule s'enrichit de plus en plus en substances minérales, et la chaux qui apparaît joue à l'intérieur de la cellule le rôle d'antitoxine en insolubilisant le fluor sous forme de sel de chaux.

Les avantages du travail à l'acide fluorhydrique sont nombreux. Le développement des ferments étrangers est paralysé par l'action antiseptique de l'acide, car une dose de 5 à 10 grammes d'acide fluorhydrique industriel à 30 p. 100 par hectolitre de moût suffit pour arrêter toute multiplication de ces organismes. Il en résulte qu'il n'est plus nécessaire, en distillerie de matières amylacées, de choisir une température de saccharification de 65° pour affaiblir le plus possible les ferments étrangers, on peut saccharifier ainsi à 58-60°, c'est-à-dire à une température voisine de l'optimum pour la production du maltose. En outre, l'acide fluorhydrique préserve la diastase contre la destruction, et les fermentations secondaires sont ainsi plus actives. Le travail à l'acide fluorhydrique permet enfin la suppression des levains lactiques et de toutes les difficultés qu'ils entraînent.

Il importe toutefois de remarquer que ces avantages sont surtout sensibles dans les usines où l'installation ne permet pas d'observer dans toutes les opérations une propreté rigoureuse, dans les distilleries qui ont fréquemment des accidents de fabrication ou qui emploient des matières premières de qualité défectueuse. Dans les usines où le travail est bon et régulier, les résultats obtenus avec l'acide fluorhydrique sont peu différents de ceux qu'on obtient avec les procédés ordinaires.

Nous étudierons spécialement plus loin l'application pratique de la méthode aux divers moûts de distillerie.

Certains sels de l'acide fluorhydrique possèdent les mêmes propriétés que l'acide lui-même : tels sont par exemple le fluorure d'ammonium et le fluorure d'aluminium. L'action de ce dernier sel a été étudiée par Cluss et Felber. Ces auteurs ont vu que le fluorure d'aluminium possède des propriétés antiseptiques analogues à celles de l'acide fluorhydrique ; il ne retarde pas le départ de la fermentation, et la levure en supporte des doses beaucoup plus considérables que celles qu'elle peut supporter sous la forme d'acide fluorhydrique. Il faut d'ailleurs employer ce sel en quantités beaucoup plus grandes, soit 35 à 40 grammes par hectolitre, pour obtenir le même résultat qu'avec 5 grammes d'acide fluorhydrique.

Emploi d'autres antiseptiques. — On a également tenté l'emploi des sulfites en distillerie. Les levures peuvent être parfaitement accoutumées à l'acide sulfureux, mais l'action de cet antiseptique est très inférieure à celle de l'acide fluorhydrique, et son utilisation présente des inconvénients pour les appareils et pour la qualité de l'alcool.

Les propriétés antiseptiques de l'aldéhyde formique ont fait songer à employer ce produit en distillerie. Delbrück, Clüss, Rothenbach, Lange ont notamment étudié cette question. Clüss a constaté que le formol est moins avantageux que l'acide fluorhydrique sous le rapport du rendement en alcool. D'après Lange, l'addition de $0^{cc},5$ de formol par litre dans les moûts de levains permet d'obtenir des fermentations très pures et un rendement en alcool plus régulier. A faible dose, le formol ne nuit pas à la levure et protège la diastase ; pour 3 000 litres de moût ou 200 litres de levain, on emploie 100 centimètres cubes de formol du commerce. Les levures peuvent s'acclimater au formol, et Effront a montré que dans cette acclimatation, la cellule est amenée à la production intensive d'un principe oxydant ayant une activité spécifique sur l'aldéhyde et qui joue le rôle d'anticorps.

Le lactoformol, combinaison d'aldéhyde formique avec la caséine du lait, a été préconisé par Jacquemin et Fritsche ; les levures s'acclimatent aisément à une dose de 5 p. 1 000 de ce produit, tandis que le développement des bactéries est arrêté par une dose de 3 p. 1 000.

Pozzi-Escot a étudié également l'action des sels de cuivre, et il a vu que le sulfate de cuivre hydraté, à une dose variable de 0gr,05 à 0gr,5 par litre favorise la multiplication et l'activité de la levure et gêne beaucoup les autres microbes. En pratique 100 milligrammes par litre suffisent pour obtenir des fermentations pures et actives.

Emploi de la colophane. — Pour favoriser la levure et lui permettre de lutter efficacement contre les microbes nuisibles, Effront a préconisé, dans ces dernières années, l'addition au moût de certaines substances telles que l'acide abiétique ou la colophane, qui agissent surtout par voie physique. Pour que les levures puissent lutter contre l'envahissement par les microbes étrangers, il faut que la levure soit répartie aussi également que possible dans toutes les parties de la cuve de fermentation, et que les cellules qui se trouvent en concurrence soient très rapprochées les unes des autres. Or, ces conditions ne sont pas réalisées dans les moûts clairs ; les ferments étrangers, plus légers, restent à la surface, les levures s'accumulent surtout au fond. Effront en a donné la preuve en plaçant dans un tube de 2 mètres de longueur du moût de mélasses ensemencé avec un mélange de levure et de ferment lactique. Si après quelque temps de séjour, on prélève des échantillons à différentes profondeurs du tube et si on compte les cellules, on trouve qu'au fond sur 100 cellules de levure il y a trois ou quatre bactéries, tandis qu'à la surface il y a 400 à 450 bactéries pour 100 cellules de levure. Une fermentation industrielle peut donc être considérée comme une série de cultures qui se produisent indépendamment les unes des autres dans les différentes couches du même liquide.

Pour entraîner les microbes plus légers au fond de la cuve au contact des levures, Effront a recours à la colophane. Cette substance a des propriétés antiseptiques presque nulles, et elle agit surtout physiquement. Elle vient se précipiter sur les bâtonnets, les alourdit et les entraine vers le fond. La dose à employer est de 20 à 40 grammes de colophane par hectolitre. On émulsionne cette résine dans dix fois son poids d'eau à 60° et on l'introduit dans le moût. Par cette méthode, la stérilisation des moûts de mélasses n'est plus nécessaire, il devient inutile d'ajouter de l'acide sulfurique en excès et il suffit de neutraliser simplement la mélasse, en outre l'emploi de doses massives de levure est évitée, et on peut réduire de moitié la quantité de levure employée pour la mise en levain. La diminution de la dose d'acide sulfurique entraîne une augmentation de richesse des salins en carbonate de potasse qui atteint 8 à 10 p. 100. Ces conclusions ont été vérifiées par les expériences de M. Lévy qui a constaté que sur des moûts de mélasses dénitrés, la colophane donne à la fermentation une avance de plusieurs heures sur la série non traitée, et que l'augmentation de l'acidité est plus faible avec emploi de la colophane. M. Lévy a même provoqué dans un moût de mélassse un accident de fermentation nitreuse en ajoutant du nitrate de magnésie et de la terre ; il a introduit la colophane quand l'accident a été bien déclaré ; deux heures après les vapeurs nitreuses avaient disparu et la cuve est parfaitement tombée, plus vite que les cuves qui n'avaient pas reçu de résine.

La simplicité de cette méthode d'Effront la rend très recommandable en distillerie de mélasses et de betteraves.

Culture pure naturelle. — On doit enfin maintenir, pendant le travail industriel, la levure aussi pure que possible et dans un état physiologique qui lui permette de résister à l'infection. On y arrive en suivant les règles qui ont été formulées par Delbrück dans son système de *culture pure naturelle*. Ces règles reposent toutes sur les propriétés spéciales à chaque espèce microbienne et elles ont pour but d'assurer dans la lutte des diverses races de levures et des microbes, la victoire définitive à la levure pure choisie et l'anéantissement des autres espèces. Il est indispensable, pour arriver à ce but, de tenir compte de tous les facteurs qui ont une influence sur la multiplication et le travail de la levure, et de placer sans cesse l'espèce à protéger dans les conditions optima qui lui assurent la prépondérance. On y arrive en préparant des levains concentrés, fortement acidifiés, en poussant très loin la fermentation de ces levains, la température s'élevant de plus en plus au cours de la fermentation. La levure resterait toujours victorieuse dans ces conditions si les bactéries ne possédaient pas la propriété de s'acclimater peu à peu au milieu dans lequel elles se trouvent. Il y a aussi les mycodermes, qui résistent mieux à ces conditions de culture que la levure elle-même. Dans la pratique, on arrive à triompher de ces difficultés en faisant subir de petites modifications à la composition du milieu, comme par exemple en changeant l'acidité ou la température de mise en levain, ou encore en laissant de temps à autre la fermentation du levain aller plus loin que la limite normale : on arrive ainsi à augmenter l'activité de la levure et à la purifier. L'emploi des antiseptiques, notamment de l'aldéhyde formique, de l'acide formique et de l'acide butyrique, que nous avons étudié plus haut, permet en outre d'exciter l'activité de la levure et de s'opposer au développement des microbes étrangers.

II. — MATÉRIEL ET SALLE DE FERMENTATION.

Les cuves de fermentation sont tantôt en bois, tantôt en tôle. Les cuves en bois sont surtout employées en distillerie de matières amylacées, et dans les fabriques de levure pressée ; on les fait soit en chêne, soit en sapin résineux. Leur section est ovale ou circulaire. Pour éviter l'absorption du moût par le bois, on a recommandé de les passer à l'huile de lin bouillante ; dans ce cas on doit au préalable bien chauffer l'intérieur de la cuve et la badigeonner ensuite avec un pinceau. On peut également employer le vernis à la gomme laque, à la colophane et à la térébenthine.

Les cuves en tôle sont aujourd'hui de plus en plus employées en France pour la fermentation des moûts de betteraves et de mélasses ; leur nettoyage est beaucoup plus facile et la réfrigération peut s'y faire par ruissellement extérieur, ce qui est impossible avec les cuves en bois. Le verre et la pierre ne sont utilisés qu'exceptionnellement.

La grandeur des cuves de fermentation varie avec les pays et les conditions de travail de l'usine. En Allemagne, on utilise de petites cuves en bois dont la capacité ne dépasse pas 50 hectolitres. En France on emploie des cuves beaucoup plus grandes, qui peuvent atteindre jusqu'à 1 000 à 1 500 hectolitres. Les petites cuves ont l'inconvénient de se refroidir facilement et d'occasionner beaucoup de main-d'œuvre. Les grandes cuves exposent à des pertes considérables en cas d'accident, elles ont une tendance à s'échauffer beaucoup pendant la fermentation, et le vin peut s'acidifier pendant la distillation et la vidange qui sont longues. Aussi est-il préférable de choisir des cuves de dimensions moyennes : dans les grandes usines, les cuves de 6 à 700 hectolitres paraissent être les meilleures.

L'alimentation des cuves se fait souvent par des goulottes en bois; mais il est préférable d'employer des tuyaux métalliques qu'on peut facilement laver et nettoyer à la vapeur. La vidange se fait par un tuyau muni d'un robinet d'évacuation. Les canalisations de cuivre sont les meilleures ; elles ont l'avantage d'être lisses et très faciles à laver. Le nettoyage des canalisations doit être fait avec le plus grand soin en y faisant passer la vapeur pendant au moins trois quarts d'heure, de manière à atteindre sûrement la température de destruction des microbes qui s'y trouvent. Pour faciliter l'opération et empêcher les accumulations de germes, il est bon de pouvoir démonter facilement les tuyauteries et d'éviter autant que possible les coudes brusques.

Le nettoyage des cuves de fermentation se fait ordinairement à la chaux ; on les brosse avec un lait de chaux, puis on rince à l'eau pure. Si la pureté des fermentations laisse à désirer, il est préférable de recourir à des antiseptiques, par exemple au chlorure de chaux à 1 kilogramme par hectolitre ou au bisulfite de chaux du commerce, étendu de dix fois son volume d'eau. Le traitement à l'antiseptique est suivi d'un rinçage à l'eau. Maercker recommande de passer d'abord la cuve à la soude et, après lavage, de la traiter par l'acide chlorhydrique ou l'acide sulfurique étendu.

Les cuves sont placées dans une salle spéciale, appelée *cuverie*, ordinairement disposée au rez-de-chaussée. La température doit y être aussi constante que possible en été comme en hiver, aussi est-il recommandable de construire les murs assez épais et de ne pas percer de trop grandes fenêtres. Le nettoyage de la salle doit être très facile : le sol doit être imperméable, dallé ou cimenté pour qu'on puisse le laver à grande eau et il faut avoir soin de réserver un écoulement facile aux eaux de lavage. Les murs sont ordinairement construits en briques : ils doivent être recouverts en bas d'un revêtement de ciment jusqu'à la hauteur des cuves. On peut également les peindre au goudron ou au vernis émail. Les cuves doivent être disposées sur des fers qui reposent sur des dés en maçonnerie ; on peut ainsi les visiter facilement en dessous et se rendre compte des fuites.

La cuverie doit être claire, assez haute et convenablement ventilée. L'élimination de l'acide carbonique se fait en réservant au niveau du sol des orifices en communication avec l'extérieur ou avec une canalisation de tirage. Ces orifices doivent être grillagés et on doit pouvoir les fermer par des petites trappes pour réduire la ventilation dans les grands froids.

D'une façon générale, il est indispensable de maintenir toute la cuverie dans le plus grand état de propreté ; les nettoyages constituent en effet une des premières conditions de la pureté des fermentations et de l'obtention de hauts rendements en alcool.

III. — FERMENTATION DES MOUTS DE BETTERAVES.

Réglage de la densité, de la température et de l'acidité du moût. — Il importe tout d'abord de ne mettre en fermentation qu'un jus à la densité, à la température et au degré d'acidité convenables. La densité doit d'abord être maintenue constante, et on arrive à ce résultat en réglant la marche des appareils extracteurs du jus de manière à obtenir un jus à la densité voulue. En outre la température des jus qui coulent sur les cuves en fermentation doit être réglée au moyen du réfrigérant et des cuves préparatoires, si elles existent, de telle sorte que les températures en cuve restent comprises entre 26 et 30°. On doit donc couler plus froid quand la température a une tendance à trop s'élever dans les cuves.

Le réglage de l'acidité est particulièrement important. Nous avons vu que le moût de betteraves est additionné d'acide sulfurique lors de l'extraction. Cet acide a pour résultat de déplacer d'abord les acides organiques de leurs combinaisons, et de les mettre en liberté, ce qui constitue un milieu favorable pour le développement et le travail de la levure. L'excès d'acide sulfurique employé reste à l'état libre dans le moût. Il est nécessaire d'ajouter une quantité d'acide sulfurique suffisante pour qu'il y ait dans le jus une certaine proportion d'acide sulfurique libre, car cet acide joue le rôle d'antiseptique vis-à-vis des ferments nuisibles, tandis que les acides organiques sont beaucoup moins actifs sous ce rapport. Mais la levure elle-même ne peut supporter les doses élevées d'acide sulfurique libre ; une dose de 2 grammes à 2gr,5 en acide sulfurique *libre* paralyse la levure. La quantité d'acide sulfurique libre doit donc être insuffisante pour gêner la fermentation alcoolique, et assez forte pour jouer le rôle d'antiseptique vis-à-vis des ferments plus sensibles à l'acidité. L'acidité à adopter dépend de la nature de la betterave, de la quantité de vinasse employée, de la pureté de la fermentation, etc. Si l'usine travaille dans de bonnes conditions, si les moûts sont peu chargés de bactéries et si les levains sont purs, il n'est pas nécessaire de choisir une acidité élevée et on peut avoir des fermentations excellentes en ne dépassant pas une dose de 1 gramme à 1gr,2 par litre, évaluée en acide sulfurique. Quand les conditions de travail sont moins favorables, il est préférable d'adopter une acidité plus élevée, voisine de 2 grammes par litre ; dans certaines distilleries, on travaille même avec une acidité qui atteint 3 grammes par litre. Il vaut bien mieux porter tous les soins dans l'extraction des moûts, dans la pureté des levains et dans la propreté de la cuverie de manière à pouvoir fermenter avec une acidité plus faible, que de combattre le développement des microbes nuisibles par de fortes doses d'acide sulfurique. Quoi qu'il en soit, le meilleur moyen dont dispose le distillateur pour fixer l'acidité la plus favorable consiste à faire quelques essais au laboratoire sur le moût fabriqué à l'usine. Après quelques tâtonnements, il trouvera rapidement la dose d'acide qui convient le mieux à ses conditions de travail et de matières premières.

Si on constate qu'avec la dose d'acide adoptée l'acidité monte peu à peu en cuve pendant la fermentation, il faut augmenter progressivement la dose d'acide sulfurique, tout au moins provisoirement, rechercher dans le travail les causes de cette production d'acide, soit dans la préparation des moûts ou des levains, soit dans la fermentation elle-même, et y remédier. Si l'acidité du jus fermenté est très élevée, et surtout si l'acidité volatile y est considérable, l'excès d'acidité pourrait paralyser de plus en plus la fermentation alcoolique, et il faut dans ce cas diluer fortement la vinasse avec de l'eau avant de la faire rentrer dans le travail, ou même rejeter cette vinasse et recommencer après nettoyage une extraction à l'eau pure.

Pour assurer la régularité de la densité, de la température et de l'acidité, on utilise fréquemment des cuves intermédiaires, appelées cuves préparatoires où se fait le réglage de la composition et de la température du moût. Ces cuves, au nombre de deux, sont placées entre les appareils d'extraction du jus et les cuves de fermentation : une des cuves s'emplit pendant qu'on titre l'acidité de l'autre. On peut ainsi corriger les défauts d'acidification. En outre, en plaçant un serpentin dans ces cuves, on peut amener exactement le jus à la température voulue. On obtient ainsi un jus bien mélangé, à une température et à une acidité toujours constantes.

Mise en fermentation et préparation des levains. — La mise en fermentation des moûts de betteraves peut se faire directement par addition de levure de bière ou de levure pressée de distillerie ou par des levains de levure pure.

Travail avec la levure de bière. — Quand on emploie la levure de bière ou la levure pressée, on commence par réveiller la levure dans une cuvelle de 1 ou 2 hectolitres contenant du jus à 30°. On place dans ce jus environ 50 kilogrammes de levure liquide ou 25 kilogrammes de levure pressée, on délaie, et on brasse pour aérer le mélange. Au bout de quelques instants, le liquide gonfle dans la cuvelle : on le déverse alors dans une des cuves de fermentation contenant du jus sur une hauteur de 30 à 40 centimètres. On agite fortement le pied de cuve, de manière à bien faire pénétrer l'air dans la masse. Quand la fermentation est active, on suit au densimètre la diminution de la densité et quand celle-ci est tombée à 1010-1015 on commence à couler lentement sur la cuve le jus qui vient des appareils d'extraction, de manière à maintenir constamment la densité au point choisi, 1010 par exemple. L'alimentation en jus doit donc apporter dans un temps donné la quantité de sucre que la levure fait disparaître dans le même temps. Dans ces conditions, le jus contient toujours un grand nombre de cellules de levure en activité qui peuvent lutter victorieusement contre les ferments apportés par le moût. L'alcool produit exerce d'ailleurs toujours ainsi son action antiseptique sur les microbes nuisibles. Il faut surtout avoir soin de ne pas couler trop rapidement, car le nombre des cellules de levure par litre de moût devient trop faible, la fermentation se ralentit ; la cuve est alors *noyée* et pendant cet arrêt d'activité les ferments secondaires peuvent se multiplier plus abondamment.

Quand la cuve est ainsi remplie de jus, elle sert alors de pied pour la fermentation des autres cuves, comme nous le verrons plus loin.

Le pied peut également être fait dans une cuve spéciale ; quand cette cuve est pleine, elle sert à ensemencer une première cuve sur laquelle on continue à couler le jus de betteraves. On peut également stériliser au préalable le moût, l'ensemencer avec la levure de bière et aérer avec de l'air filtré sur coton, pour activer la prolifération de la levure. Cette précaution est bonne, mais comme la levure de bière n'est jamais parfaitement pure, les ferments qu'elle contient se développent dans le moût et viennent faire concurrence à la levure ; aussi est-il préférable, si on veut recourir à ce mode de travail par stérilisation, d'employer les levains de levure pure.

Travail par levains de levure pure. — La pureté de la levure de bière est toujours douteuse. Pour avoir une fermentation aussi pure que possible, la première mesure à prendre consiste évidemment à partir d'un levain pur, complètement exempt de bactéries, et préparé avec une levure bien appropriée. Dans la suite des opérations industrielles, le moût n'étant pas stérilisé, la contamination de la levure pure ainsi préparée est inévitable, mais le point de départ étant maintenu soigneusement pur, les chances de contamination sont beaucoup moins grandes que dans le travail ordinaire, et l'introduction d'un nouveau levain aussi souvent qu'il est nécessaire permet de travailler sans cesse dans les meilleures conditions.

Le choix de la levure présente une importance considérable. La race adoptée doit être active, et bien appropriée aux conditions de travail de l'usine. Les levures de bière conviennent mal, car elles sont habituées à faire fermenter des moûts neutres, dont le sucre est constitué par du maltose, et à température assez basse, tandis qu'en distillerie de betteraves elles doivent travailler en milieu acide, s'attaquer au saccharose, et marcher à température beaucoup plus élevée. Certaines races de levures de vin conviennent très bien pour la fermentation des moûts de betteraves ; il en est de même de certaines levures acclimatées au moût de betteraves, qu'on peut isoler à l'état pur au laboratoire et multiplier ensuite à l'usine.

M. Jacquemin a appliqué le premier les levures pures de vin à la préparation des levains pour la fermentation des betteraves. Les appareils employés aujourd'hui par M. Jacquemin pour la production des levains continus sont constitués par des bassines métalliques hermétiquement closes et stérilisables. Une première cuvelle, de très petit volume, sert à l'introduction de la semence de levure pure. Deux autres petites cuves, beaucoup plus grandes que la cuvelle, sont placées à côté de celle-ci : la cuvelle et les deux cuves sont réunies par un tuyau stérilisable par la vapeur, de manière à pouvoir envoyer une partie du contenu de l'une dans l'autre. On peut injecter de la vapeur dans ces cuves, y faire arriver le moût, le stériliser par la vapeur, le refroidir par ruissellement d'eau froide à l'extérieur et faire passer dans le liquide de l'air stérilisé. Au-dessous de ces bassines de première propagation se trouvent deux cuves plus grandes, dans lesquelles on peut également stériliser du moût par la vapeur, et qu'on ensemence avec la levure multipliée dans les deux petites cuves.

Le travail s'effectue de la façon suivante. On commence par remplir une des deux petites cuves avec du moût de betteraves, on le stérilise par ébullition pendant une demi-heure au moyen de la vapeur, puis on remplace la vapeur par une injection d'air stérile, et on refroidit par ruissellement d'eau sur les parois extérieures de la cuve. Quand la température est descendue à 30°, on vide dans la petite cuvelle, préalablement stérilisée par la vapeur et parcourue par un courant d'air filtré, la semence de levure pure fournie par le laboratoire ; on ferme, et par pression d'air comprimé filtré, on fait passer la levure dans la petite cuve qui contient le moût stérilisé. Vingt-quatre heures plus tard, le levain de cette cuve est bon à prendre. On prépare alors dans la deuxième petite cuve située à côté de la première du moût stérilisé et refroidi à 30°, et on l'ensemence en refoulant avec l'air comprimé, par l'intermédiaire du tuyau de communication, quelques litres de la cuve voisine où la levure est développée. On fait alors descendre le levain de la première petite cuve dans une des deux grandes cuves inférieures où on a préparé du moût de betteraves stérilisé ; on laisse fermenter le moût pendant douze heures sous aération continue et on envoie alors le liquide dans les cuves à pied de la distillerie, où le moût n'est plus stérilisé, mais où il est fortement aéré, s'il s'agit d'une grande usine où les cuves ont plus de 300 hectolitres, ou bien on l'envoie dans une cuve ordinaire de distillerie si les cuves n'ont que 100 à 300 hectolitres. Le travail industriel s'effectue alors, comme nous le verrons plus loin, avec la levure ainsi préparée.

L'appareil est continu. En effet, avant de se servir d'une des petites cuves pour l'ensemencement d'une grande, on prépare dans l'autre du jus stérilisé et on l'ensemence en faisant passer quelques litres de jus de la première en fermentation. De même, on prépare alternativement du moût stérilisé dans chacune des grandes cuves qu'on ensemence avec l'une ou l'autre des petites cuves supérieures.

M. Fernbach opère dans une cuve métallique de dix hectolitres en cuivre étamé, fermée par un couvercle et stérilisable par la vapeur, et portant un serpentin dans lequel on peut faire passer soit de la vapeur, pour porter le moût à l'ébullition, soit de l'eau froide pour le refroidir. On introduit dans cette cuve du jus de betteraves dont l'acidité doit être environ de 1 gramme par litre, on porte le jus à l'ébullition, puis on le refroidit à 30°. Le réveil de la levure se fait dans un bac plat rectangulaire ouvert, placé immédiatement au-dessous de la cuve de stérilisation. Ce bac porte sur son fond un tube percé de trous, par lequel on peut injecter de la vapeur ou de l'air comprimé stérilisé par filtration sur coton. Après avoir nettoyé ce bac à fond avec des antiseptiques et de l'eau bouillante, on laisse tomber dans le bac 5 hectolitres de moût à 28° venant de la cuve de stérilisation, on y verse les bouteilles de levure pure venant du laboratoire, on injecte de l'air filtré et on laisse la fermentation partir. Au bout de quatre ou cinq heures, quand le bac de réveil est en pleine fermentation on y fait couler lentement 5 nouveaux hectolitres de moût à 26-28°, et quand les 10 hectolitres sont en fermentation active, on coule encore 10 hectolitres de moût bouilli préparé dans la cuve de stérilisation. Quand la fermentation est bien partie, on fait couler les $\frac{8}{10}$ du contenu du bac de réveil comme pied dans une cuve de fermentation ordinaire, et on alimente ce qui reste dans le bac avec du moût bouilli pour constituer un second pied de levain destiné à une autre cuve, et ainsi de suite.

M. Barbet n'utilise qu'un seul et unique appareil à levains, assez grand pour qu'à intervalles réguliers, une, deux ou même trois fois par vingt-quatre heures, on puisse en soutirer un levain pur, suffisamment riche en cellules acclimatées et actives pour servir directement de pied à une grande cuve de fermentation. Pour les très grandes distilleries, on maintient cependant l'usage d'une cuve à levain intermédiaire. Toutes les précautions sont prises contre les contaminations pour que l'appareil puisse produire des levains purs pendant plus d'un mois sans renouvellement de la semence. Dans cet appareil, M. Barbet a appliqué une idée due à M. Calmette et qui consiste à cultiver la levure sur de larges plateaux plats sur lesquels le moût est continuellement remonté par un émulseur à air comprimé stérilisé. On réalisé ainsi l'*aérobiose* recommandée par Pasteur pour favoriser la prolifération de la levure.

La figure 51 représente l'appareil breveté de M. Barbet, basé sur ces principes. Il est formé par un cylindre vertical, en cuivre ou en tôle et composé de deux parties distinctes : le bas fait réservoir de jus en fermentation pure, tandis que le haut comprend de quatre à six plateaux d'aérobiose sur lesquels le liquide forme une couche très mince d'environ 2 centi-

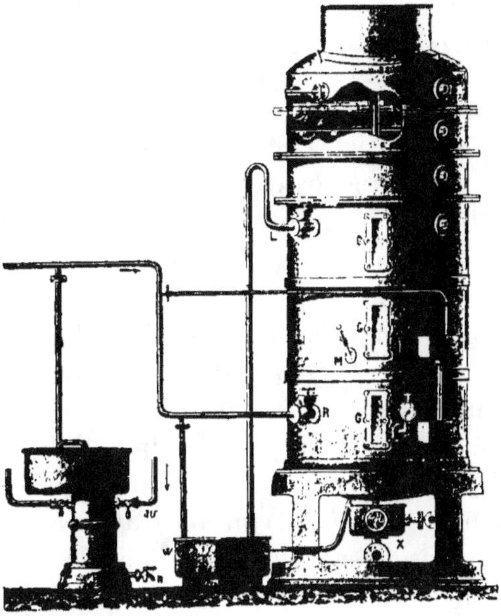

Fig. 51. — Appareil à production continue de levains purs par aérobiose. (Barbet, constructeur, à Paris.)

mètres d'épaisseur. Le liquide du réservoir inférieur est perpétuellement remonté sur le plateau supérieur au moyen d'une mulseur tubulaire intérieur fonctionnant par pression d'air stérilisé. Un axe vertical traverse l'appareil ; cet axe porte des brosses métalliques pour mettre en suspension les levures déposées sur les plateaux ; on les fait tourner par un mécanisme à la main. L'appareil porte en outre une tubulure d'évacuation de l'air et de l'acide carbonique, un robinet de vidange, un thermomètre, une entrée d'air stérilisé pour barbotage direct et une tubulure d'ensemencement de la levure pure.

Le stérilisateur d'air placé à gauche de la figure se compose d'un filtre à coton enfermé dans un autoclave à vapeur, de telle sorte qu'on peut de temps en temps stériliser le coton sans avoir aucune manœuvre délicate à effectuer.

M. Barbet applique son procédé aux distilleries de betteraves de la façon suivante. La totalité des jus de diffusion est stérilisée à une température très voisine de l'ébullition dans un bac en tôle. Le jus, avant d'entrer dans ce bac; traverse un appareil tubulaire où il reprend, par un échange méthodique, la chaleur du jus stérilisé qui sort du bac, un réfrigérant complète le refroidissement du jus. Le liquide stérile et refroidi est dirigé soit vers l'appareil à levains, soit vers la cuverie. Quand la fermentation est bien établie dans l'appareil à levains, on peut produire trois levains par vingt-quatre heures et on emploie un levain pour chaque cuve. Si les cuves sont nombreuses, on n'emploie qu'un levain pour deux ou trois cuves et on se sert de la cuve qui a reçu un levain pour transmettre la fermentation à la cuve voisine.

MM. Egrot et Grangé appliquent aux distilleries de betteraves le stérilisateur récupérateur automatique Houdart, Egrot et Grangé ou le stérilisateur récupérateur et réfrigérant Guillaume, Egrot et Grangé que nous avons décrits précédemment, dans le chapitre consacré au refroidissement des moûts. Ces appareils élèvent à l'ébullition ou même à 110-112° les moûts sucrés et les refroidissent ensuite à la température convenable pour la mise en fermentation. L'ensemencement du moût se fait au moyen d'une cuve à levain qui peut être stérilisée par la vapeur, et recevoir du moût qu'on y stérilise et qu'on ensemence avec la levure pure choisie. Le levain est alors introduit, après développement, dans une cuve spéciale de fermentation continue que nous retrouverons plus loin.

MM. Collette et Boidin ont appliqué enfin à la préparation des levains pour les jus de betteraves les cuves closes et stérilisables utilisées pour la fermentation et la saccharification simultanées des matières amylacées par le procédé Amylo. Nous décrirons ces cuves dans le chapitre consacré à ce procédé. On peut, dans ces cuves, stériliser le jus de betteraves en grande quantité, le refroidir à l'abri de toute contamination par les microbes étrangers, l'aérer avec de l'air filtré et l'ensemencer seulement avec un ballon d'un demi-litre de jus de betteraves fermenté par la levure pure choisie. Quand le levain est développé, il sert de pied pour une cuve de fermentation et on travaille alors par coupages, comme nous le verrons plus loin, jusqu'à ce qu'un nouveau levain soit nécessaire. En pratique, quand les jus sont préparés avec soin et peu contaminés, il suffit de faire un levain chaque semaine.

Levains à l'acide fluorhydrique. — On peut également, en distillerie de betteraves, préparer des levains par le procédé Effront étudié précédemment. Au début de la campagne, on prépare un levain constitué par du moût de malt saccharifié additionné d'une dose convenable d'acide fluorhydrique, et ensemencé avec la levure acclimatée. Au bout de vingt-quatre heures de séjour à 30°, on coule ce premier levain dans une seconde cuvelle où se trouve un volume de moût de malt quatre à cinq fois plus fort. Le troisième jour, on fait un troisième levain plus important, et ainsi de suite. Quand on a un levain dont le volume représente 10 à 15 p. 100 du volume de la cuve à fermenter, on l'utilise pour une cuve ; et dans la suite du travail, on peut procéder simplement par coupage des cuves, sans renouveler la levure, la dose d'acide fluorhydrique des moûts étant suffisante pour empêcher le développement des bactéries.

Pratique de la fermentation des moûts de betteraves. — La fermentation des moûts de betteraves peut se pratiquer par plusieurs méthodes. La plus répandue est la fermentation par *coupages* qui consiste en principe à se servir d'une cuve en fermentation pour transmettre la fermentation à la cuve suivante. On emploie aussi la fermentation sans coupages, chaque cuve étant ensemencée par un levain neuf. On peut enfin opérer par la méthode de fermentation continue en cuve de fermentation principale et cuve de chute, préconisée par MM. Guillaume, Egrot et Grangé.

Fermentation par coupage. — Il existe plusieurs modes de travail par coupages. Le plus répandu consiste à faire servir successivement chacune des cuves comme cuve mère pour fournir le coupage nécessaire à l'une des cuves suivantes. La mise en fermentation se fait comme nous l'avons vu plus haut, soit au moyen de la levure de bière, soit au moyen d'un levain pur préparé par une des méthodes précédemment étudiées. Quand la première cuve est pleine, on la partage avec une autre cuve vide, et on continue à couler les jus sur les deux cuves en maintenant toujours la densité à 1010-1015. Quand les deux cuves sont pleines, on les coupe avec une troisième, et ainsi de suite.

La plus ancienne cuve, emplie complètement, est isolée et abandonnée à la fermentation jusqu'à ce qu'elle soit tombée; on l'envoie alors à distillation. Le travail se continue ainsi régulièrement jusqu'à ce que la première cuve distillée et vide soit de nouveau ensemencée par le coupage d'une cuve précédente et rentre ainsi en série. Chaque cuve devient donc successivement cuve mère et fournit le liquide nécessaire pour l'ensemencement des autres cuves.

Pour pouvoir effectuer le coupage, toutes les cuves doivent communiquer entre elles par un tuyau de communication qui se trouve à peu près à la moitié de la hauteur des cuves et qui est relié à chacune d'elles par un robinet. Pour mettre deux cuves en communication il suffit d'ouvrir le robinet correspondant à chacune de ces deux cuves.

Une deuxième méthode de fermentation par coupages consiste à faire fournir les coupages par une cuve mère unique ou cuve nourrice. Cette cuve mère est mise en fermentation avec la levure de bière ou un levain de levure pure et elle a pour fonction de fournir tous les coupages nécessaires pour communiquer la fermentation aux cuves proprement dites. Le jus frais coule donc à la fois dans la cuve mère, pour l'entretenir, et dans les cuves de fermentation qui reçoivent les coupages de la cuve mère, pour les remplir. Cette méthode est moins employée que la précédente, et on la rencontre surtout dans les usines qui produisent de forts levains à la levure pure. Elle est excellente à condition d'employer une levure qui ne soit pas contaminée, et de liquider de temps à autre la cuve nourrice pour la remettre en marche avec un nouveau levain.

Certaines usines liquident ainsi leur cuve mère tous les jours, d'autres la conservent huit jours et plus. Il est préférable de renouveler le levain tous les deux ou trois jours au moins. Si on a le soin d'alimenter la cuve nourrice avec du jus stérilisé par passage dans les stérilisateurs récupérateurs décrits précédemment et si on l'ensemence avec un levain de levure pure, on peut avoir des fermentations d'une pureté parfaite.

Fermentation par levains. — On peut aussi produire la fermentation dans des cuves successives en la provoquant par un levain neuf pour chaque cuve.

Cette méthode peut être employée dans les usines qui sont outillées pour produire d'une façon continue des levains de levure pure. Les appareils de M. Barbet, précédemment décrits, conviennent tout particulièrement pour ce mode de travail où chaque cuve reçoit son levain pur. Ce procédé peut être combiné avec le procédé par coupages ; on utilise alors un levain pour deux ou trois cuves en communication et ce mode de travail rentre alors dans les méthodes ordinaires par cuve mère.

Fermentation continue aseptique, système Guillaume, Egrot et Grangé. — Cette méthode de fermentation comporte l'emploi d'une grande cuve, dite de fermentation principale, qui est ensemencée au début de la campagne par un levain de levure pure et qui est ensuite alimentée régulièrement et d'une façon continue par le jus sucré sortant du réfrigérant. Cette cuve n'est jamais vidée ni jamais mise en distillation, sauf en fin de campagne bien entendu ; elle supporte seule toute la fermentation et reçoit absolument tout le jus frais produit par la diffusion. Pour envoyer à la distillation le moût fermenté, un prélèvement continu est fait sur la cuve de fermentation principale, et le débit en est réglé de façon à toujours maintenir dans celle-ci le volume de jus convenable pour y assurer la fermentation au point voulu de tout le jus frais qu'elle reçoit. Ce jus fermenté est envoyé dans une cuve de chute et de liquidation dans laquelle la fermentation achève de tomber et d'où il passe à la distillation.

La figure 32 représente une installation de fermentation de jus de betteraves par cette méthode. La fermentation principale se fait dans deux cuves conjuguées A,A, et la liquidation du jus fermenté s'effectue au moyen de quatre cuves de chute B, B,B,B, de capacité beaucoup moindre. L'arrivée du jus frais se fait en *a*, les tuyaux *b* et *b'* servent à l'extraction latérale, et *c* et *c'* à l'extraction inférieure des cuves de fermentation principale. Le tuyau *d* amène les jus aux cuves de chute, et le tuyau *g* sert pour le départ des jus fermentés.

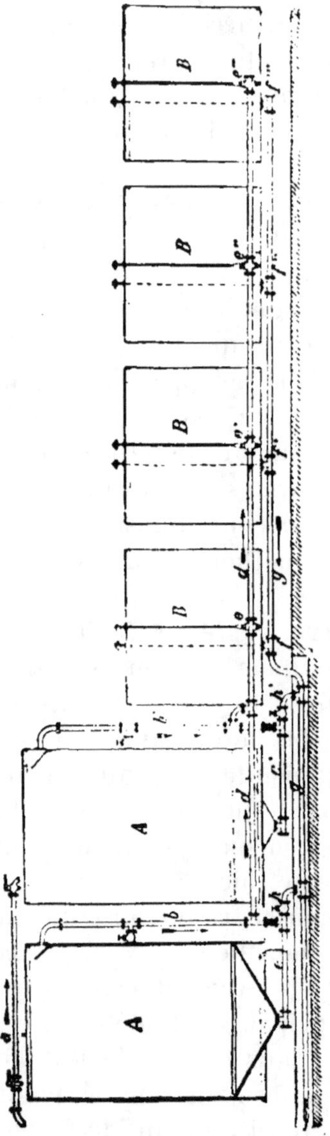

Fig. 32. — Schéma d'ensemble pour la fermentation continue aseptique (système Guillaume, Egrot et Grangé, constructeurs, à Paris.)

Marche de la fermentation. — La fermentation du jus de betteraves est très rapide, car il constitue un milieu excellent pour la prolifération de la levure. Les jus doivent arriver sur les cuves à 22-25° de manière à ne pas dépasser 30° autant que possible en cuve de fermentation. Les températures inférieures à 28° ralentissent la marche de la fermentation, et les températures plus élevées occasionnent une perte en alcool plus grande par évaporation. En outre, les hautes températures de 34-37° favorisent la multiplication des microbes nuisibles. Ce fait n'a pas grande importance dans les usines qui travaillent bien et qui produisent des moûts pauvres en bactéries, mais il devient très important pour les usines où la propreté laisse à désirer.

Quand la levure a terminé son action, le dégagement d'acide carbonique cesse brusquement, le liquide s'éclaircit et la cuve est prête à être distillée.

Pour pouvoir régler la température en cas d'échauffement ou de refroidissement, on installe parfois un serpentin réfrigérant dans la cuve. Cette disposition est assez peu recommandable, car ces serpentins sont gênants pour le nettoyage des cuves, et quand le travail est bien conduit, quand l'acidité et la température de coulage sont bien réglées, leur présence est absolument inutile. Il est bien préférable, dans tous les cas, quand on dispose de cuves en tôle, de recourir à la réfrigération par ruissellement d'eau à l'extérieur; mais cette mesure ne doit pas être nécessaire dans une cuverie bien conduite.

Il est indispensable, à la fin de la fermentation, de doser l'acidité du jus fermenté. Si la marche est bonne, l'augmentation de l'acidité doit être faible. On doit également contrôler la chute de densité et le sucre restant après fermentation. Nous étudierons spécialement cette question à propos du contrôle du travail.

Le procédé de fermentation par coupages réduit considérablement la dépense en levure; mais, en pratique, la pureté de la levure ne peut pas se conserver intacte. Au bout d'un certain temps, la fermentation se ralentit, le rendement en alcool baisse, l'acidité augmente et il est nécessaire de renouveler la levure. On prépare alors un nouveau levain soit avec la levure de bière, soit avec la levure pure et on recommence une nouvelle série de coupages avec le levain ainsi préparé.

Les jus produits par les diverses méthodes d'extraction ne fermentent pas tous de la même manière. Les jus qui fermentent le plus facilement sont les jus de presses continues, puis viennent les jus de macération; enfin les jus de diffusion à l'eau, préparés avec des betteraves riches, sont les plus difficiles à faire fermenter. Ce fait paraît tenir d'une part à la composition chimique du jus, et d'autre part aux conditions d'aération. Les moûts de betteraves préparés par diffusion à l'eau sont beaucoup plus purs que les jus de presses. Les jus de presses représentent le véritable jus de la betterave, tandis que dans l'extraction par diffusion à l'eau, certaines matières azotées peu diffusibles restent dans les cossettes et sont perdues pour l'alimentation de la levure. Le ferment alcoolique trouve donc dans les moûts de diffusion à l'eau beaucoup moins de matières azotées assimilables que dans les moûts de presses continues. En outre, si on n'a pas soin de bien aérer les moûts de diffusion, ces moûts renferment une quantité d'oxygène beaucoup plus faible que les moûts préparés par râpage et pressurages. Dans la diffusion ou la macération à la vinasse, les différences avec les moûts de presses sont moins grandes, car la vinasse constitue une véritable décoction de levure et renferme par suite beaucoup de matières azotées assimilables. Il est donc indispensable, dans le travail par diffusion à l'eau, d'employer une levure acclimatée à vivre dans ce moût pur, et peu exigeante sous le rapport de la nutrition azotée.

Accidents de fabrication dans la fermentation des jus de betteraves. — Les accidents qui se produisent dans la fermentation des jus de betteraves proviennent le plus souvent de l'envahissement des cuves par les ferments nuisibles. Le développement de ces ferments peut venir d'un manque de propreté dans le travail, d'une température de fermentation trop élevée, d'une acidification sulfurique insuffisante ou de la mauvaise qualité de la levure.

Le manque de propreté est la cause la plus fréquente des accidents de fermentation. Le lavage des betteraves peut être imparfait, les jus faibles qu'on emploie souvent en macération et en diffusion peuvent s'être altérés dans la citerne, les appareils où passe le jus sont parfois insuffisamment nettoyés ; enfin les cuves de fermentation elles-mêmes peuvent être malpropres. Donc, quand on se trouve en présence d'un accident, il faut aussitôt rechercher le foyer d'infection, le supprimer, procéder à un nettoyage général aux antiseptiques et recommencer le travail.

Une température trop élevée de fermentation (34-35°)

favorise le développement des microbes nuisibles, et même si les jus sont assez purs et bien préparés, la fermentation peut laisser à désirer au bout de quelque temps dans les usines qui travaillent par coupages sans renouveler fréquemment leur levure. Les bactéries se multiplient ainsi peu à peu et le travail devient défectueux. Le mal est beaucoup plus grave et plus rapide dans les distilleries où les soins de propreté sont insuffisants et où les jus sont riches en bactéries.

Le développement plus actif des ferments nuisibles peut venir aussi d'un défaut d'acidification sulfurique : ce fait peut s'observer surtout au début de la campagne, quand le distillateur doit régler par tâtonnements l'acidité la plus favorable pour ses conditions de travail et la nature de ses betteraves. Une fois l'acidité réglée, si on constate un dérangement dans le travail et une augmentation progressive de l'acidité pendant la fermentation, on peut provisoirement élever peu à peu la dose d'acide sulfurique, mais il est nécessaire de rechercher en même temps si une faute n'a pas été commise dans le travail et s'il n'y a pas eu une infection qu'il faut supprimer avant toute modification définitive dans le taux d'acide sulfurique.

Enfin la mauvaise qualité de la levure peut également occasionner des accidents. Ce fait se produit surtout dans les usines qui utilisent de la levure de bière altérée ou impure, ou qui, travaillant par levure pure, envoient sans contrôle microscopique dans une cuve un levain infecté à la suite d'une fausse manœuvre. Le seul remède dans ce cas est la liquidation rapide des cuves, et la mise en marche, après nettoyage, avec un autre levain de bonne qualité.

Un accident assez fréquent en distillerie de betteraves est la fermentation nitreuse. Cette fermentation résulte du développement de bactéries réductrices qui décomposent les nitrates de la betterave en donnant surtout des nitrites, et de l'azote gazeux. Les nitrites sont eux-mêmes décomposés par les acides en donnant du bioxyde d'azote qui se transforme au contact de l'air en vapeurs rutilantes de peroxyde d'azote, qui sont très antiseptiques pour la levure et ralentissent son développement. La cuve se couvre dans ce cas de bulles jaunâtres de peroxyde d'azote. La fermentation nitreuse se produit également dans les cuves infectées par le ferment butyrique : ce ferment dégage de l'hydrogène qui réduit les nitrates en nitrites; ceux-ci donnent du bioxyde d'azote. Quand on observe cette fermentation nitreuse, il faut procéder à la désinfection radicale du matériel au chlorure de chaux ou au bisulfite de chaux, et remettre en route en prenant tous les soins de propreté nécessaires. L'aération des cuves en fermentation nitreuse peut améliorer provisoirement le travail, mais cette mesure est insuffisante dans la plupart des cas pour faire disparaître complètement le mal, et un nettoyage rigoureux des appareils s'impose.

L'excès de rentrée des vinasses peut aussi amener des troubles dans la fermentation. Les sels et les matières organiques s'accumulant dans le jus, la chute de densité devient anormale et la fermentation se ralentit. Il suffit dans ce cas de diluer plus fortement la vinasse pour faire rentrer le travail dans la voie normale.

Il se produit fréquemment, pendant la fermentation, des mousses très abondantes qui s'élèvent de plus en plus et débordent hors de la cuve. On cherche à abattre ces mousses avec du dégras ou de l'huile, mais il faut ne faire usage de ces substances que le moins possible, car elles salissent les colonnes et donnent parfois mauvais goût à l'alcool. Quand les mousses se produisent dans les grandes cuves, le meilleur remède consiste à les abattre en dirigeant à la surface de la cuve, avec une lance, un fin jet d'eau froide; on évite ainsi tout débordement, sans modifier la marche de la fermentation, la quantité d'eau ajoutée étant négligeable par rapport au volume des cuves.

IV. — FERMENTATION DES MOUTS DE TOPINAMBOURS.

Les observations relatives à la fermentation des moûts de betteraves s'appliquent également à fermentation des topinambours. Le procédé le plus employé est le coupage, qui réussit très bien à cause de la grande pureté des jus. La préparation des moûts de topinambours exige en effet, comme nous l'avons vu, un chauffage prolongé en présence d'acide pour la saccharification de l'inuline et des lévulosanes. Ces moûts sont donc parfaitement stériles et la levure y trouve un terrain excellent pour son développement actif. L'emploi de levains de levure pure est ici particulièrement recommandable, car la fermentation mise en marche avec un levain peut se conserver pure pendant très longtemps, et il suffit de faire simplement deux à trois levains pendant toute la campagne, en procédant par coupages dans l'intervalle, pour obtenir des fermentations d'une pureté parfaite.

La prolifération de la levure dans les moûts de topinambours est très considérable, et les distillateurs ont l'habitude d'écumer une partie de cette levure et de la donner aux porcs. Mais comme cette multiplication du ferment alcoolique se fait aux dépens du sucre, on a intérêt à la réduire en ensemençant faiblement les cuves; la pureté du moût permet parfaitement ce mode de travail.

V. — FERMENTATION DES MOUTS DE MÉLASSES DE BETTERAVES ET DE CANNES.

Moûts de mélasses de betteraves.

Nous avons vu, en étudiant la préparation des moûts de mélasses de betteraves, qu'on amène aujourd'hui le moût à une densité qui varie de 1075 à 1105 et qu'on adopte en général une acidité faible qui oscille entre 0gr,5 à 1 gramme d'acide sulfurique par litre. Parfois on se contente même de neutraliser simplement l'alcalinité. Le moût ainsi préparé est alors envoyé à la fermentation.

Mise en fermentation et préparation des levains. — La mise en fermentation des moûts peut se faire soit directement avec la levure de bière, soit au moyen de levains lactiques, soit au moyen de levure pure.

Travail avec la levure de bière. — On place soit dans une cuve à levain spéciale, soit dans une cuve de fermentation, une certaine quantité de moût de mélasses dans lequel on délaie la levure nécessaire, et quand la fermentation est en pleine activité, on coule lentement le moût des mélasses sur la cuve jusqu'à remplissage. Cette méthode est aujourd'hui de moins en moins employée. La fermentation des mélasses exige en effet, comme nous le verrons, un pied pour chaque cuve ; on doit donc employer de très fortes quantités de levure qui n'arrivent pas toujours à temps et dans un état de pureté suffisante. Aussi tend-on aujourd'hui de plus en plus à substituer à la levure de bière les levains de levure pure.

Travail par levains lactiques. — Cette méthode, employée en Autriche, consiste à préparer un levain de moût de grains par le procédé allemand que nous étudierons plus loin à propos de la fermentation des matières amylacées. Ce mode de travail n'est pas recommandable, car les levains lactiques sont coûteux et difficiles à préparer, et comme on ne peut les chauffer à une température supérieure à 75°, on apporte forcément des bactéries dans le moût de mélasses, avec le levain. Le seul avantage de la méthode est qu'elle entraîne l'introduction dans le moût d'une grande quantité de matières nutritives favorables à l'activité de la levure. Mais ce résultat peut être aussi bien atteint par d'autres méthodes qui comportent l'emploi de la levure pure et que nous allons exposer.

Travail par levains de levure pure. — Les levains de levure pure peuvent être fabriqués soit avec des grains, soit avec de la mélasse.

Quand on prépare les levains avec des grains, on a recours au maïs qu'on saccharifie par les acides. On opère alors le plus souvent de la façon suivante. Le maïs concassé est d'abord empâté dans un malaxeur avec environ 350 litres d'eau et 4^{kg},5 d'acide sulfurique par 100 kilogrammes de grains ; on chauffe pendant une heure à 90°, puis on envoie la masse dans un Krüger où on la porte à 2 kilogrammes de pression. On évacue la masse dans une cuve, on neutralise partiellement avec de la soude de manière à ramener l'acidité du moût à 0^{gr},8 environ, la densité étant de 1 045. On charge avec ce moût un appareil métallique à culture pure, on stérilise par l'ébullition, puis on refroidit à 30-31° et on ensemence avec la levure choisie. Quand la densité est tombée à 1 025-1 030, on vide l'appareil dans une cuve de propagation qui est alimentée par du moût de mélasse; on y maintient la densité à 1,035 environ et la température à 28°; quand elle est pleine, on l'envoie comme pied dans une cuve de fermentation. Cette méthode est avantageuse quand le maïs n'est pas cher; les levains au maïs apportent dans le moût de mélasses des matières nutritives abondantes qui favorisent l'activité et la multiplication de la levure; en outre le moût de levain a subi une stérilisation parfaite pendant la saccharification par l'acide, de sorte qu'on peut obtenir ainsi des pieds très purs.

Quand on emploie la mélasse pour la préparation des levains, il est nécessaire de l'additionner de matières nutritives azotées et phosphatées pour permettre le développement normal de la levure. On peut utiliser dans ce but soit la maltopeptone, constituée par un extrait de radicelles de malt concentré dans le vide et additionné d'antiseptiques, soit de la levure de bière peptonisée sous l'influence des bactéries, soit le phosphate d'ammoniaque, soit du maïs saccharifié par les acides dans la proportion de 1,5 p. 100 de la mélasse, soit la levure résiduaire recueillie dans les fonds de cuves et peptonisée par cuisson sous pression avec un peu d'acide sulfurique.

Cette dernière méthode a été préconisée par M. Barbet pour faciliter la fermentation des moûts de mélasses. Le résidu boueux de levure est porté à l'ébullition dans un Krüger et distillé jusqu'à épuisement de l'alcool. On ajoute alors une dose d'acide sulfurique qui correspond justement à celle qui est nécessaire pour chaque cuve de fermentation, on ferme et on porte à une pression de 2 kilogrammes. Toutes les cellules de levure sont peu à peu dissoutes ainsi que leurs substances composantes, matières azotées, acide phosphorique, etc. Le mélange acide est refoulé dans la mélasse pour la diluer. On obtient ainsi un moût riche en matières nutritives, dans lequel les fermentations sont extrêmement actives.

Le procédé Bauer utilise la peptonisation de la levure de

bière par les bactéries. La levure de bière est abandonnée à elle-même pendant trois ou quatre semaines dans des petites cuves qui reçoivent chaque jour la quantité de levure correspondante à la consommation. Il faut environ 500 grammes de levure peptonisée par 100 kilogrammes de mélasse travaillée.

Dans les usines qui traitent en même temps les grains et la mélasse, la vinasse liquide de grains est la matière azotée la moins coûteuse et la meilleure à employer pour les pieds destinés à la fermentation des mélasses.

Quelle que soit la matière nutritive adoptée, la quantité de mélasse employée pour confectionner les pieds à 1 045-1 050 de densité est introduite dans un appareil métallique fermé et stérilisable par la vapeur; on stérilise le moût à 100°, l'acidité étant établie à 2gr,5 par litre environ. On refroidit par injection d'air filtré et ruissellement d'eau sur les parois extérieures de la cuve. Quand la température est descendue à 35°, on ensemence la levure pure choisie, et quand la densité est tombée environ à 1 020, on coule le levain dans une cuve à propagation qu'on alimente avec du moût de mélasses; on y maintient la densité à 1 030 environ et quand la cuve est pleine on l'envoie comme pied dans une grande cuve de fermentation. Si la cuve métallique est munie d'un second récipient destiné à préparer du moût stérile, on peut faire arriver de nouveau du moût dans la cuve et produire ainsi des levains purs continus. La capacité de la cuve à levain doit être environ d'un sixième de celle des cuves à pied et celle des cuves à pied de $\frac{1}{6}$ de celle des cuves de fermentation.

Les levures utilisées peuvent être soit des levures de vin, soit des levures sélectionnées de mélasses. Les levures de vin donnent d'excellents résultats par suite de leur activité, mais elles ont parfois l'inconvénient de donner des flegmes riches en produits de tête. Ce défaut se manifeste surtout avec les levures qui donnent beaucoup d'aldéhydes, d'éthers et en général d'éléments constitutifs du bouquet. Il y a donc un choix à faire sous ce rapport. Les levures sélectionnées après développement dans la mélasse peuvent aussi donner des résultats très satisfaisants quand elles sont convenablement choisies.

Les appareils de M. Jacquemin, décrits pour la préparation des levains en distillerie de betteraves, sont utilisés en distillerie de mélasses, d'après les mêmes principes. Chacune des deux cuves métalliques de propagation forme alternativement un levain pour une cuve à pied. Quand la densité est tombée environ des deux tiers dans la cuve à pied, la température étant de 30°, on vide cette cuve dans une cuve de fermentation sur laquelle on coule alors le moût de mélasses. Le moût des cuves à pied n'est pas stérilisé, mais on l'aère pendant les douze heures que dure sa fermentation. La levure employée est la levure pure de vin.

M. Barbet a également appliqué à la distillerie de mélasses son appareil à production continue de levains purs par aérobiose, que nous avons précédemment décrit. La mélasse diluée à 28-30° B. avec un peu d'eau et la totalité de l'acide sulfurique nécessaire à la fermentation passe dans un récupérateur qui l'échauffe à 80°, entre dans le dénitreur continu où elle subit une ébullition de quinze à vingt minutes, et sort pour se rendre dans un délayeur en cuivre fermé par un couvercle. Elle y reçoit l'eau chaude des condenseurs et même une certaine proportion de vinasse bouillante qui la diluent à 80°, de manière à avoir après refroidissement une densité de 1 080 environ. Le moût dilué passe alors au récupérateur où il échauffe la mélasse à dénitrer, puis au réfrigérant et va finalement à la cuverie. Pour les levains, on prélève directement sur le délayeur du moût qu'on réchauffe à 97-98°, on le refroidit dans un réfrigérant spécial, et on l'envoie dans l'appareil à levains purs par aérobiose que nous avons décrit à propos des levains purs en distillerie de betteraves. On ajoute dans le délayeur, soit un peu de sirop de maïs saccharifié et filtré, soit de la maltopeptone pour fournir à la levure quelques éléments plus favorables que ceux de la mélasse seule. L'appareil à levains fonctionne comme nous l'avons vu plus haut, et fournit pour chaque cuve un levain très actif qui permet de charger les cuves à très haute densité, jusqu'à 1 100, ou d'employer une certaine proportion de vinasses au délayeur, ce qui économise du charbon pour le travail de potasserie.

Levains de levures acclimatées aux antiseptiques. — La préparation des levains en distillerie de mélasses peut également se faire par le procédé Effront à l'acide fluorhydrique. Le moût de mélasses est additionné d'une dose convenable d'acide fluorhydrique pourempêcher le développement des bactéries, puis ensemencé avec une levure acclimatée à l'acide fluorhydrique et appropriée au travail des mélasses en moût concentré, c'est-à-dire aux substances minérales de ces moûts. Une fois le levain préparé, le travail se poursuit d'une façon continue, la cuve à pied fournissant la levure nécessaire.

Plusieurs expérimentateurs ont également acclimaté la levure aux sulfites qui se trouvent parfois en grandes quantités dans les mélasses. MM. Alliot et Gimel ont préconisé l'emploi de l'hypochlorite de chaux dans les levains; ce produit oxyde l'acide sulfureux et les sulfites pour les transformer en acide sulfurique et en sulfates; il a en outre une action bactéricide accentuée et accélère à faible dose la multiplication des cellules de levures. L'hypochlorite de chaux est ajouté après chauffage et refroidissement dans le moût stérilisé, à la dose de 50 grammes par hectolitre. On réduit ainsi la dose d'acide sulfureux au-dessous d'une limite à partir de laquelle il est sans influence sur les levures qui lui sont déjà acclimatées.

Pratique de la fermentation des mélasses de betteraves. — Le levain préparé par une des méthodes que nous venons d'exposer est envoyé dans une cuve de fermentation, et on y fait couler le moût de mélasse à la densité et à la température choisies. Avec des levains très actifs, on peut faire fermenter à fond des moûts à 1 095-1 105 de densité, ce qui réduit la dépense de la potasserie en combustible. Quand la qualité des mélasses est défectueuse, on adopte une densité de 1 075-1 095. La température du coulage des moûts varie généralement de 20 à 25°; on doit choisir la température plus élevée, quand la mélasse est médiocre. Pendant la fermentation, la température monte à 30-34°, mais elle ne doit pas dépasser 34°. Lorsque l'emplissage de la cuve est terminé, on laisse la fermentation s'achever, et on envoie la cuve à la distillation dès qu'elle est tombée. Il peut se produire des pertes en alcool importantes si la distillation de la cuve est retardée; on peut constater en une dizaine d'heures une augmentation d'acidité de 0gr,5 à 0gr,6 par litre, qui provient surtout de la transformation de l'alcool en acide acétique, et la perte de ce chef peut atteindre en pratique près de 2 p. 100.

Quand on emploie des matières nutritives abondantes pour rendre le moût de mélasses plus riche en substances assimilables pour la levure, et notamment quand on utilise les fonds de cuves par le procédé Barbet dont nous avons parlé plus haut, on obtient des fermentations extrêmement actives et les moûts ont une tendance à s'échauffer outre mesure. Pour éviter cet inconvénient, il ne faut pas pousser trop loin le degré de chargement des mélasses, car plus on a de densité initiale, plus on a de sucre sous un même volume et plus la température tend à s'élever. Grâce à la grande vitalité donnée à la fermentation par la peptonisation des fonds de cuves, on peut faire rentrer dans le délayage des mélasses une proportion importante de vinasses d'une fermentation précédente sans que la levure et sa sucrase en soient trop gênées, et par cet artifice on arrive à la même économie pour l'évaporation des vinasses que si on avait chargé à une densité plus élevée, et on évite les moûts trop riches en sucre, les fermentations trop chaudes et les pertes d'alcool qui les accompagnent.

Le procédé Effront à la colophane s'applique tout particulièrement aux moûts de mélasses et donne d'excellents résultats. On additionne le moût de 20 à 40 grammes de colophane par hectolitre, après l'avoir au préalable émulsionnée dans dix fois son poids d'eau à 60°. La fermentation est plus rapide, on peut réduire notablement la quantité de levure employée pour la mise en levain, et on peut travailler à une acidité sulfurique très faible, ce qui permet d'avoir des salins plus riches en carbonate de potasse.

Les moûts de mélasses sont beaucoup plus pauvres que les

moûts de betteraves en matières assimilables pour la levure; ils constituent donc un milieu moins favorable et la levure y dégénère rapidement. Aussi ces moûts se prêtent-ils mal à la fermentation par coupages, qui n'est pas à recommander, et on doit ensemencer chaque cuve avec un levain.

Accidents de fermentation des moûts de mélasses. — On peut observer, en distillerie de mélasses comme en distillerie de betteraves, des accidents de fermentation qui proviennent de la mauvaise qualité de la matière première ou de l'infection du moût par les microbes nuisibles. La fermentation nitreuse notamment peut se manifester dans les mêmes conditions et sous les mêmes influences qu'en distillerie de betteraves, et les remèdes à y opposer sont identiques.

Le phénomène qu'on observe le plus souvent est la langueur ou même l'arrêt de la fermentation avant la transformation complète du sucre en alcool. Certains auteurs, notamment M. Effront, ont attribué ces ralentissements à l'insuffisance de l'interversion du saccharose par la sucrase de la levure. Cette diastase serait en effet retardée dans son travail par les substances salines contenues dans la mélasse. D'autres auteurs, notamment M. Dejonghe, estiment que lorsque la fermentation languit, ce n'est pas parce que la sucrase est paralysée ou fait défaut, mais bien parce que la levure dégénère peu à peu dans un milieu pauvre en matières azotées assimilables. Ces divergences sont plus apparentes que réelles : il est très possible que dans certaines conditions la sécrétion de sucrase soit ralentie dans les milieux qui ne contiennent pas en quantité suffisante les aliments azotés convenables, mais il faut se garder de généraliser ces observations particulières. Dans les cuves dont la fermentation est anormale, on trouve tantôt du sucre inverti à côté du saccharose, tantôt le saccharose seul. Si l'arrêt de la fermentation était toujours dû à un manque d'inversion par la sucrase, on ne devrait pas trouver de sucre inverti. En réalité, beaucoup d'autres causes peuvent intervenir pour amener des ralentissements dans la chute de fermentation, et notamment une densité de chargement trop élevée, une température initiale trop faible, un coulage trop précipité, l'emploi d'un ferment contaminé avant ou pendant la préparation des moûts, etc. M. Sorel fait très justement remarquer que la cellule placée dans l'une de ces conditions défavorables languira, et celles qu'elle aura engendrées seront en dégénérescence. Les diastases sécrétées peuvent être alors en quantité insuffisante ; et c'est en recherchant les causes de cette dégénérescence qu'on peut enrayer toute tendance à la fermentation anormale.

Moûts de mélasses de cannes.

Les méthodes de fermentation des moûts de mélasses d cannes sont extrêmement variables suivant les usines. Dans les distilleries modernes, le travail se fait aujourd'hui scientifiquement, mais dans beaucoup de rhummeries industrielles des Antilles, on emploie encore des procédés tout à fait rudimentaires. Par exemple, on n'ensemence pas le moût de mélasse, on laisse la fermentation s'établir spontanément sous l'action des levures que contient toujours la mélasse, et qui restent sur les parois intérieures des cuves. La durée de la fermentation est naturellement variable, tantôt elle dure quatre à cinq jours, tantôt douze jours et plus. Quand la marche est normale, le moût tombe de 1 068-1 070 à 1 030-1 035. La température varie de 33 à 45°. Ce mode de travail rudimentaire entraîne forcément des pertes importantes : les bactéries pullulent dans les cuves, et la fermentation est livrée aux levures, d'activité très variable, que le hasard y amène. D'après M. Pairault, les pertes atteignent ainsi 25 à 30 p. 100. L'emploi de méthodes de travail plus raisonnées et scientifiques permet de rendre le travail beaucoup plus régulier et d'augmenter notablement les rendements : ce sont ces méthodes que nous allons indiquer maintenant.

Mise en fermentation et préparation des levains. — Le moût, convenablement préparé par les méthodes précédemment décrites, doit être ensemencé avec des levains de levure pure préparés dans les appareils spéciaux. Ces levains doivent être abondants, car en plaçant dans le liquide une grande quantité de cellules de levures bien vigoureuses, on permet à ces cellules de lutter victorieusement contre les bactéries et de s'emparer du terrain.

On peut employer pour la production des levains les appareils de propagation de Fernbach, représentés par la figure 53. Ces appareils se composent, dans leur disposition la plus simple, de deux cuves closes et stérilisables, en cuivre étamé intérieurement, dans lesquelles on introduit du moût qu'on y stérilise par ébullition au moyen d'un courant de vapeur. Le

Fig. 53. — Appareils à production continue de levains, de Fernbach. (Lepage, Urbain et Cie, constructeurs, à Paris.)

moût est ensuite refroidi vers 30°, et on évite sa contamination en y faisant barboter un courant d'air stérilisé, pur, envoyé par une pompe au travers d'un filtre spécial à coton. Dans l'une de ces cuves, par une manœuvre très simple, on introduit la semence de levure pure par une tubulure spéciale d'ensemencement. Au bout de vingt-quatre à quarante-huit heures, on a un levain pur prêt à être employé. On évacue la majeure partie de ce levain dans une cuve de fermentation puis on fait arriver, sur la petite portion de levain pur restée dans l'appareil, du moût stérile venant de l'autre appareil en exerçant dans celui-ci une pression d'air pur. Au bout de huit à neuf heures on peut soutirer un levain pur, et on continue ainsi le travail tant que le levain reste pur, ce qu'on vérifie au microscope.

Les appareils de M. Barbet pour la production continue des levains par aérobiose donnent également d'excellents résultats dans les distilleries de mélasses de cannes.

M. Pairault a préconisé un système beaucoup plus simple, mais inférieur aux précédents, qui consiste à préparer une cuve mère avec un fort pied de cuve de levure pure, alimentée par du moût stérilisé, et à faire produire à cette cuve toute une série de pieds de cuve tant que la levure se conserve suffisamment pure.

La levure employée pour l'ensemencement des appareils doit être convenablement choisie. Cette levure doit conserver son activité aux températures élevées des climats chauds, en poussant la fermentation jusqu'à son terme sans ralentissement sensible. Elle doit pouvoir faire fermenter les moûts à haute densité, 1 085 par exemple. On peut se procurer aujourd'hui, dans les laboratoires, des levures spéciales de rhum qui remplissent toutes ces conditions.

Pratique de la fermentation. — Chaque cuve doit être mise en levain avec environ 1/20 de sa capacité de levain pur. Sur ce levain ainsi envoyé dans la cuve, on coule lentement le moût de mélasses, comme dans le travail de la mélasse de betteraves. Quand la fermentation est terminée, le jus a encore une densité de 1 030 à 1 035, si on a employé de la vinasse pour la préparation du moût, à cause de la densité élevée de cette vinasse. La durée moyenne des fermentations est de quarante-huit heures, chargement compris.

La cuverie, qui est souvent défectueuse dans les rhummeries, doit être établie d'après les principes que nous avons exposés plus haut. Le sol de l'atelier doit être cimenté, et l'écoulement des liquides de lavage doit se faire facilement au dehors. Les cuves doivent être placées sur des piliers en maçonnerie : pour la production des rhums, on peut leur donner sans inconvénients une capacité de 100 à 120 hectolitres. Si on dispose d'eau relativement fraîche, l'installation d'un serpentin réfrigérant mobile à la surface des cuves est très recommandable.

Les accidents de fermentation qui se produisent en distillerie de mélasses de cannes sont dus le plus souvent à la contamination des moûts par les microbes nuisibles. On réduit au minimum les dangers d'infection en employant les méthodes scientifiques et raisonnées que nous avons indiquées plus haut.

VI. — FERMENTATION DES MOUTS DE MATIÈRES AMYLACÉES.

Le travail de la fermentation n'est pas le même avec les moûts provenant de matières amylacées qu'avec les moûts fabriqués avec les matieres sucrées ; en outre les caractères extérieurs de la fermentation sont assez différents. La fermentation des moûts de matières amylacées se divise en trois périodes : la fermentation préliminaire, la fermentation tumultueuse et la fermentation complémentaire. Avec les matières sucrées, la fermentation est régulière d'un bout à l'autre et cesse presque brusquement quand le sucre a disparu.

Mise en fermentation et préparation des levains.

La préparation des levains pour les moûts de matières amylacées peut se faire par plusieurs méthodes. On utilise le plus souvent la levure artificielle préparée en multipliant sous forme de levain une levure cultivée pure. Quelques usines emploient cependant la levure de bière ou la levure pressée mais la régularité du travail laisse souvent à désirer et le rendement en alcool est plus faible qu'avec les levains.

Le problème de la préparation des levains en distillerie de matières amylacées est assez complexe. La stérilisation du moût de levain est impossible, car elle entraînerait la destruction de la diastase qui doit saccharifier les dextrines, et la coagulation d'une certaine quantité de matières azotées utiles pour la bonne prolifération de la levure. On ne peut donc pas chauffer le moût à une température suffisante pour le stériliser, et d'autre part, la température de saccharification n'est pas assez élevée pour détruire les ferments étrangers contenus dans le liquide. Pour arriver cependant à un résultat satisfaisant, on procède à une acidification du moût de levain. Cette acidification a pour but d'abord de rendre le milieu plus favorable à la levure, cet organisme préférant les milieux acides aux milieux neutres, ensuite de gêner le développement des microbes étrangers qui redoutent l'acidité. En outre, certains acides exercent sur la cellule de levure une action excitante qui détermine une augmentation soit dans la multiplication, soit dans la production de zymase. Enfin les acides favorisent plus ou moins la dégradation des matières azotées complexes, qui se transforment en substances plus assimilables pour la levure. Tous les acides n'agissent pas de la même manière : l'action de certains acides se manifeste surtout sur la cellule de levure ou par des propriétés antiseptiques vis-à-vis des microbes nuisibles ; tel est le cas de l'acide fluorhydrique. D'autres acides, comme l'acide lactique, semblent agir surtout en favorisant la dégradation des matières azotées nécessaires à la nutrition de la levure.

L'acidification du moût de levain peut être obtenue soit par voie bactérienne au moyen du ferment lactique, soit par voie chimique. On peut, en outre, employer les antiseptiques et les levures acclimatées pour la production des levains à l'abri du développement des microbes nuisibles. Nous examinerons successivement ces divers cas.

Préparation des levains par acidification bactérienne. — Cette méthode, souvent appelée méthode allemande, consiste à produire l'acidification nécessaire en faisant subir au levain un commencement de fermentation lactique. L'opération s'effectue alors de la façon suivante.

Préparation du moût de levain. — La première condition à remplir pour obtenir un levain qui donne de bons résultats après ensemencement dans le moût principal consiste à placer la levure, pour la multiplier, dans des conditions de milieu analogues à celles qu'elle doit rencontrer dans le moût principal. En outre, le moût de levain doit être riche en matières nutritives pour la levure, de manière à assurer sa multiplication active. Pour atteindre ce double but, on emploie ordinairement, pour la préparation du moût de levain, dans les distilleries de pommes de terre, du moût saccharifié mélangé à une certaine proportion de malt ; certaines usines emploient cependant le moût saccharifié seul. Dans les distilleries de grains et dans les fabriques de levure pressée, on emploie le plus souvent un mélange de 50 p. 100 de malt avec 50 p. 100 de seigle.

La concentration du moût doit être élevée : on sait, en effet, que l'alcool est un antiseptique puissant contre les bactéries ; la levure se conserve donc beaucoup plus pure dans un milieu assez riche en sucre pour pouvoir donner, après fermentation, un liquide riche en alcool. Une concentration de 22 à 24° Balling, qui conduit normalement à un levain contenant 10 à 11 p. 100 d'alcool, paraît être la plus favorable. Cette forte concentration a, en outre, l'avantage d'éliminer du levain les races de levures étrangères qui ne peuvent pas supporter les hautes richesses alcooliques, et de permettre une élévation plus considérable de la température de saccharification sans nuire à la diastase.

Dans les petites distilleries, la macération s'effectue dans des cuviers en chêne, à parois très épaisses, et placés sur des wagonnets. Ces cuviers doivent être maintenus très propres au moyen de lavages à l'eau chaude additionnée d'antiseptiques, et de traitements à la vapeur prolongés au moins pendant dix minutes. On place dans le vase quelques litres d'eau à 90°, on ajoute peu à peu le malt vert parfaitement broyé, en agitant énergiquement à la main. Quand toute la masse est à l'état de lait, on achève de remplir le cuvier avec du moût frais saccharifié.

La température adoptée pour la saccharification du moût de levain est ordinairement de 65°. Cette température peut être maintenue aisément à l'aide d'un mouvron à vapeur, constitué par un tuyau de cuivre portant à son extrémité un cadre percé de trous. Le tuyau porte à la partie supérieure une bague de caoutchouc qu'on relie à la canalisation de vapeur : un manchon de bois permet de saisir l'appareil pendant le passage de la vapeur et de le maintenir dans le moût. Si les matières premières employées sont de bonne qualité, la température de 65° est suffisante, et il est inutile de l'élever da-

Fig. 54. — Macérateur à levains. (Venuleth et Ellenberger, constructeurs, à Darmstadt.)

vantage ; mais quand le malt ou les pommes de terre laissent à désirer, il est préférable de porter la température à 75° pendant quinze minutes, à l'aide du mouvron à vapeur, à la fin de la saccharification. On obtient ainsi une bien meilleure stérilisation ; mais dans ce cas, l'acidification lactique ultérieure peut laisser à désirer, car on détruit, avec les bactéries nuisibles, les ferments lactiques indispensables, et il est nécessaire d'amorcer ensuite fortement ces levains par une culture de ferment lactique pur ou par une addition d'un levain lactique antérieur.

La préparation du moût de levain peut se faire également dans des appareils spéciaux qui constituent de petits macérateurs, munis d'un agitateur et d'une double enveloppe qui peut recevoir de l'eau ou de la vapeur. Ces appareils permettent donc à la fois le chauffage et le refroidissement du levain et on peut y effectuer la saccharification, l'acidification, le refroidissement et l'ensemencement de la levure, c'est-à-dire tout le travail de préparation des levains jusqu'à la fermentation alcoolique. D'après Heinzelmann, l'emploi de ces macérateurs est avantageux quand on les utilise ainsi pour tout le travail, mais il est peu recommandable pour la seule préparation du moût, à cause des canalisations qu'entraîne cette installation. La figure 54 représente un macérateur à levains de Venuleth et Ellenberger : il se compose en principe d'une auge à double fond, munie d'un agitateur. On y place le malt avec le moût ou l'eau nécessaire, on remplit d'eau le double fond, on met l'agitateur en mouvement et on chauffe en injectant de la vapeur dans l'eau du double fond. On porte ainsi le moût à la température voulue en évitant toute altération de la diastase.

Acidification bactérienne. — Le moût ainsi préparé doit alors subir l'acidification par le ferment lactique. Cette opération est la plus importante de toute la fabrication des levains : elle est aussi la plus difficile, et les plaintes des distillateurs au sujet de la difficulté qu'on éprouve à obtenir l'acide pur en quantité voulue sont aussi anciennes que la méthode elle-même. Il est certain que les conditions locales défectueuses de quelques distilleries rendent le travail particulièrement difficile; mais il n'en est pas moins vrai que, dans la plupart des cas, les insuccès proviennent de ce qu'on ne suit pas avec assez de soin les règles indispensables d'une bonne acidification.

Le but à atteindre est le suivant : produire une acidification lactique aussi pure que possible, et assez abondante pour exercer une influence favorable sur le développement de la levure. Il faut donc donner au ferment lactique les meilleures conditions pratiques de développement. La température la plus favorable pour l'acidification bactérienne dans la pratique est comprise entre 50 et 58°. On doit, par suite, maintenir la température entre ces limites. Plus la température s'élève au-dessus de 55-58°, moins il se forme d'acide; plus elle s'abaisse au-dessous de 50°, plus l'acide produit est impur, par suite du développement d'autres bactéries. Entre 38 et 45° notamment, les ferments butyriques peuvent s'emparer rapidement du terrain. Donc, dans la pratique, pour obtenir une fermentation lactique pure et vigoureuse, il faudra choisir une température élevée, environ 56° et éviter l'abaissement de la température au-dessous de 50°.

Cette acidification doit se faire dans une salle à levains chauffée. Le moût est placé dans des cuviers en chêne et abandonné à l'acidification lactique à la température voulue. Les ferments lactiques apportés par une fraction d'un bon levain lactique antérieur, se multiplient rapidement. Cette fraction destinée à l'ensemencement doit être prélevée à la fin de l'acidification, avant le chauffage à 75°.

En général, la marche de l'acidification est conduite de telle sorte que le levain mûr possède, en distillerie de pommes de terre ou de grains, une acidité correspondant à 2 centimètres cubes de soude normale pour 20 centimètres cubes de moût, c'est-à-dire 2° ou 4gr,9 d'acide sulfurique par litre. L'acidité oscille le plus souvent entre 1°,5 et 2°,5, soit 3gr,5 à 6 grammes par litre, évalués en acide sulfuriques. Certains distillateurs travaillent cependant parfois avec une acidité de 1°, d'autres avec une acidité de 3°. Ces différences tiennent surtout à l'activité du ferment lactique cultivé. La race de ferment lactique présente donc une grande importance : cette race doit être active, se développer aux hautes températures et donner dans le temps voulu une acidité de 1°,5 à 2°,5. Ces conditions ne sont pas toujours remplies, quand on travaille sans introduction de cultures pures. Il arrive souvent qu'au début de la campagne, l'acidification laisse à désirer, faute d'un ferment approprié. Le badigeonnage des cuves au lait aigri, employé autrefois, n'est pas rationnel, car nous avons vu que les ferments lactiques du lait ne peuvent pas, en général, supporter les hautes températures de 50 à 56°.

L'introduction de cultures pures de ferments lactiques a permis d'éviter ces inconvénients et a rendu l'acidification plus régulière et plus sûre. On emploie aujourd'hui beaucoup les ferments précédemment décrits sous le nom de *Bacillus Delbrücki* ou *Bacillus acidificans longissimus* de Lafar, expédiés à l'état pur par les laboratoires. Cette application pratique des ferments purs est due aux études de Lafar et de Behrend. Une seule culture suffit pour ensemencer un premier levain, et la propagation de l'espèce se fait ensuite dans la pratique en prélevant 1 ou 2 litres de levain après acidification et avant chauffage pour transmettre la fermentation lactique à un levain suivant.

Chauffage du levain. — Quand le ferment lactique a rempli son rôle, il n'est plus d'aucune utilité et même ne peut qu'être nuisible dans le cours du travail ultérieur. Aussi Delbrück a-t-il préconisé le chauffage du levain à 75° après acidification, pendant environ une demi-heure, pour détruire les ferments lactiques. Cette pratique est aujourd'hui adoptée avec avantage dans beaucoup de distilleries.

Refroidissement du moût acidifié. — Le moût ainsi porté à 75° doit alors être refroidi à la température convenable pour l'ensemencement de la levure. On doit réduire au minimum la durée de ce refroidissement, car le moût est exposé à l'infection dès que la température descend au-dessous de 50°.

La réfrigération s'opère au moyen de serpentins plongés dans les cuves à levains et parcourus par un courant d'eau froide. Dans les anciennes installations, ces serpentins étaient fixes et on agitait le liquide pendant le refroidissement au moyen d'une palette en bois. On emploie aujourd'hui des réfrigérants mobiles qui jouent en même temps le rôle d'agitateurs et qui permettent d'obtenir un refroidissement rapide avec brassage de la masse pâteuse.

Les dispositifs employés dans ce but sont extrêmement nombreux. Dans certains appareils, le serpentin est mû par une transmission de l'usine. La figure 55 représente ainsi une installation de Paucksch pour le refroidissement des moûts de levains et du moût dans les cuves de fermentation.

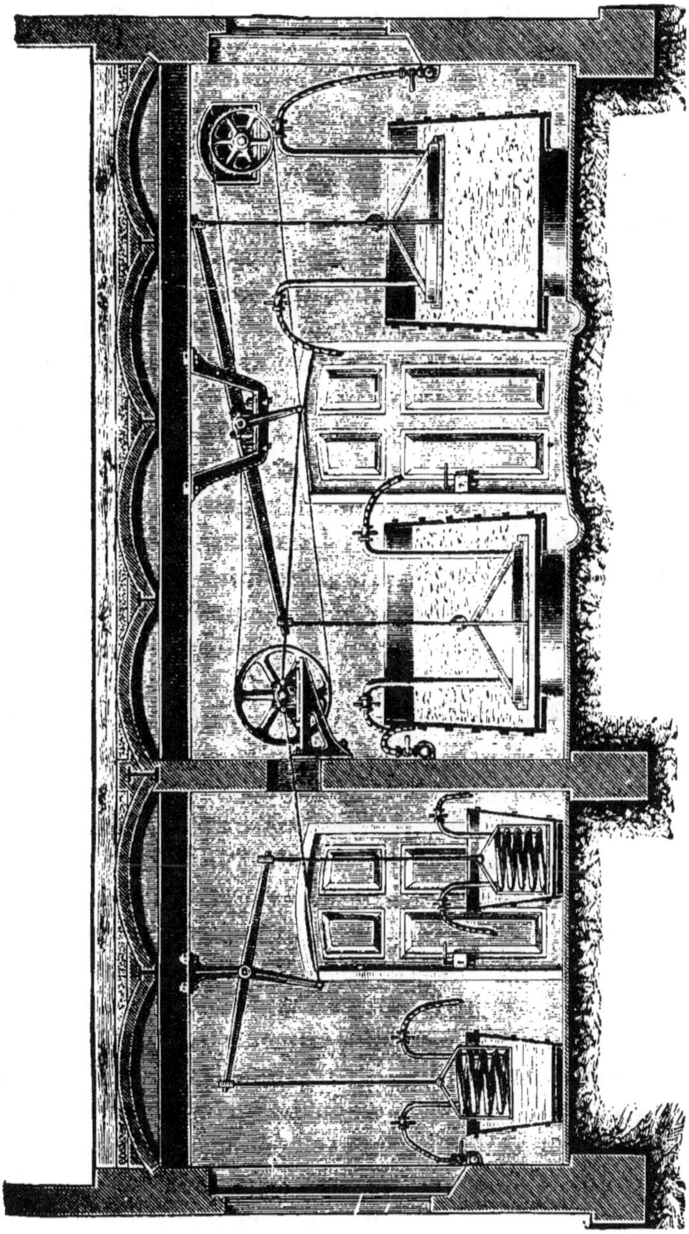

Fig. 35. — Installation de serpentins réfrigérants mobiles pour les levains et le moût principal. (H. Paucksch, constructeur, à Landsberg-s.-Warthe.)

Les serpentins mobiles sont mis en mouvement par une transmission actionnée par une petite machine spéciale, quand le moteur principal de l'usine est arrêté.

D'autres serpentins sont mis en mouvement par l'eau de réfrigération, et n'exigent par suite aucune installation spéciale pour la transmission de la force motrice. Parmi ces appareils, on peut citer ceux de Bohm et de Geyer.

Dans le système Bohm, deux caisses accolées par le fond et mobiles autour d'un axe sont maintenues horizontales par un ressort. L'eau arrive dans une des caisses ; quand cette caisse est remplie, l'appareil bascule brusquement et communique le mouvement au serpentin ; la seconde caisse vient se placer devant l'arrivée de l'eau pour se remplir à son tour, et ainsi de suite. Dans le système Geyer, l'appareil est disposé de manière à refroidir à la fois deux levains. Les deux serpentins sont suspendus aux extrémités d'un fléau de balance. Chaque extrémité de ce fléau porte un vase ; et les deux vases se remplissent et se vident alternativement de manière à entraîner le fléau, tantôt dans un sens, tantôt dans l'autre.

Dans l'appareil de Gomolka, le serpentin est fixe, et l'eau qui s'en écoule actionne une roue qui met en mouvement l'agitateur. Dans le système Piltz, l'agitation est obtenue par une vis d'Archimède verticale, mue à la main ou à la machine. Cette vis tourne dans un cylindre refroidisseur, y fait monter le moût vers la partie supérieure de la cuve ; le liquide retourne alors vers le fond à l'extérieur du cylindre en passant sur un serpentin réfrigérant.

La température à laquelle on refroidit le moût est variable, suivant qu'on travaille en moût dilué ou en moût concentré. Les moûts dilués doivent être refroidis à une température plus basse que les moûts concentrés. Cette température est en moyenne de 12 à 14° pour les levains en moûts dilués, et de 14 à 16° pour les levains en moûts concentrés.

Ensemencement de la levure. — L'ensemencement de la levure doit succéder immédiatement au refroidissement et il faut éviter soigneusement d'abandonner pendant un temps plus ou moins long le levain lactique refroidi, sans ajouter la levure. En effet, quand le levain est ainsi abandonné à lui-même, les microbes étrangers s'y développent et les dangers d'infection sont considérables.

La levure employée pour l'ensemencement est ordinairement constituée par une portion d'un levain précédent, à laquelle on donne le nom de levure mère. Au début de la campagne, on peut employer la levure pressée ou la levure de bière, mais il est bien préférable d'avoir recours à une levure cultivée pure préparée dans un appareil à l'usine ou expédiée par un laboratoire. Beaucoup de distilleries emploient aujourd'hui la levure pure avec le plus grand avantage au point de vue de la régularité de la fermentation et du rendement en alcool.

Comme la multiplicatton de la levure se fait très rapidement à 28-30°, il est bon d'ajouter la levure au liquide dès que la température est descendue à 30° pendant le refroidissement, et on continue la réfrigération sans arrêt jusqu'à ce qu'on ait atteint la température finale choisie. La fermentation se déclare activement, la température s'élève à 27-28°, et si elle a une tendance à monter au delà de ces limites, il est nécessaire de refroidir la masse.

Maturité du levain et prélèvement de la levure mère. — La question de l'appréciation de l'état de maturité du levain est très importante. Jusqu'à quel point doit-on laisser la fermentation se poursuivre pour que le levain possède l'activité la plus grande? On a l'habitude de laisser tomber le moût à 4° ou 5° Balling. Mais l'examen du degré Balling ne suffit pas et il est préférable de se rendre compte, en outre, de la marche de la fermentation en déterminant la quantité de sucre disparu. En général, on doit donner à la levure le temps qui lui est nécessaire pour qu'elle produise un titre alcoolique assez élevé pour la garantir contre les microbes nuisibles. Le degré alcoolique doit être au moins de 8 p. 100, ce qui demande environ vingt à vingt-quatre heures. C'est pourquoi on estime qu'il est moins dangereux d'employer un levain un peu trop vieux qu'un levain trop jeune. Un levain insuffisamment mûr manque d'activité dans sa multiplication ultérieure en cuve et résiste mal aux ferments étrangers. Il importe cependant de ne pas attendre le moment où toutes les matières fermentescibles ont disparu pour utiliser le levain et prélever la levure mère, car l'activité de la levure laisse également à désirer.

Quand le levain est mûr et avant la fin de la fermentation, on prélève donc une partie du levain qui sert de levure mère pour l'opération suivante. La méthode la plus rationnelle consiste à régler le travail de manière à prélever la levure mère au moment de l'utiliser pour l'ensemencement d'un nouveau levain qui vient d'être refroidi au point voulu. Ce procédé évite les dangers d'infection de la levure pendant l'attente. Quand l'ensemencement du nouveau levain ne coïncide pas avec la maturité du précédent, on doit conserver la levure dans un seau spécial, fermé et maintenu soigneusement propre. La conservation doit avoir lieu à 10 ou 12° de manière à éviter toute altération de la levure et toute destruction de zymase. Il suffit pour cela de plonger le seau dans un bain à circulation d'eau froide.

Préparation des levains par acidification chimique. — La méthode de préparation des levains par acidification bactérienne a de gros inconvénients. Elle entraîne d'abord une perte de rendement, car le sucre transformé en acide lactique est perdu pour la fermentation alcoolique. Elle constitue en outre une arme à deux tranchants en utilisant deux organismes, le ferment lactique et la levure, très différents dans leurs conditions d'existence ; aussi cette préparation est-elle extrêmement délicate : elle est la source de continuelles difficultés, et la plupart des mécomptes qu'on éprouve en fabrication proviennent de la préparation des levains. Elle occasionne enfin des dépenses de chauffage, de temps, de main-d'œuvre assez considérables. Aussi a-t-on cherché à substituer à l'acidification bactérienne l'acidification chimique. Les essais entrepris dans cette voie ont été très nombreux ; les premiers résultats obtenus ont été douteux, car nos connaissances sur l'action des acides vis-à-vis des levures et des bactéries n'étaient pas très précises à cette époque. L'application de l'acidification artificielle n'est devenue rationnelle que quand l'empirisme a pu céder le pas aux méthodes scientifiques raisonnées. Les travaux d'Effront sur l'acide fluorhydrique ont ouvert la voie ; puis Rothenbach a acclimaté les levures à l'acide chlorhydrique et a utilisé cet acide pour l'acidification artificielle. On a ensuite fait l'essai d'autres acides, notamment de l'acide sulfurique, etc. Les résultats très favorables qui ont été obtenus par ces procédés ont montré que le degré d'acidité nécessaire aux levains peut être aussi bien produit artificiellement par addition d'acides minéraux ou organiques, que par fermentation par voie bactérienne. L'acidification chimique, bien exécutée, conduit même beaucoup plus sûrement et plus économiquement au but désiré.

Les principaux acides employés dans ce but sont l'acide fluorhydrique, l'acide lactique, et l'acide sulfurique.

Travail à l'acide fluorhydrique. — Cette méthode, due à Effront, permet d'utiliser à la fois les propriétés antiseptiques de l'acide fluorhydrique vis-à-vis des bactéries, et son action favorable sur la levure et sur la diastase. On place dans un cuvier à levain 150 litres de moût principal saccharifié, on le refroidit à 28°, puis on ajoute la dose d'acide fluorhydrique convenable. Cette dose varie suivant les conditions de travail, et suivant l'acidité à laquelle la levure est acclimatée. Elle est en moyenne de 10 grammes par hectolitre de levain, mais peut s'élever notablement au-dessus. Quand la température est descendue à 24-25°, on ajoute la levure mère acclimatée à l'acide fluorhydrique. La dose de levure à ajouter est d'un litre pour 4 litres de levain. La fermentation part rapidement, et on réduit l'élévation de température de manière à ne pas dépasser 30°. Vingt à vingt-quatre heures après, le levain est mûr; le saccharomètre marque environ 5° Balling et l'acidité est environ de $1^{gr},2$ à $1^{gr},5$ évaluée en acide sulfurique. On prélève la levure mère, et le reste du levain est utilisé pour une cuve de 30 hectolitres.

Cette méthode très simple permet de produire rapidement des levains dont la pureté ne laisse pas à désirer, et de réduire sensiblement la dépense en malt, car il est inutile d'ajouter du malt pour la préparation du moût de levain.

Travail à l'acide lactique industriel. — Les premiers essais dans cette voie ont été faits par Wehmer en Allemagne dans des fabriques de levure pressée. On ajoutait au moût, après saccharification, 1 à 2 p. 100 d'acide lactique; le liquide était alors immédiatement refroidi et ensemencé avec la levure. Wehmer a ainsi obtenu un rendement en alcool et en levure plus grand qu'avec l'acidification bactérienne.

En distillerie de pommes de terre, des essais ont été faits par Lange et par Moritz. L'acide lactique était ajouté à 75°, à la fin de la saccharification du moût de levain, puis on refroidissait à 15° et on ensemençait la levure. Lange a ainsi constaté que l'échauffement qui se produit pendant la fermentation des levains acidifiés artificiellement est de 3 à 4° plus faible que celui qu'on observe avec les levains acidifiés par voie bactérienne. Il faut donc choisir pour les levains à l'acide lactique industriel une température de mise en levain plus élevée de 3 à 4°. Dans ces conditions, les levains sont mûrs au bout de vingt à vingt-quatre heures et ils donnent dans la pratique une bonne fermentation et un rendement en alcool au moins égal à celui que donnent les levains obtenus par acidification bactérienne. La dose d'acide lactique la plus convenable, pour les moûts à 22-24° Balling, paraît être de 750 centimètres cubes d'acide par hectolitre de levain.

Delbrück a préconisé d'associer à l'acide lactique l'acide butyrique en petite quantité. Nous avons vu plus haut que cet acide, ajouté à une dose qui ne dépasse pas 0,18 p. 100, favorise l'activité de la levure et gène les bactéries.

Travail à l'acide sulfurique. — Cette méthode, brevetée par Bücheler, est appliquée en Allemagne aux distilleries de pommes de terre. Elle consiste à additionner le moût d'une quantité d'acide sulfurique juste suffisante pour mettre en liberté les acides organiques qu'il contient, sans qu'il y ait d'acide sulfurique restant libre. Bücheler utilise le violet de méthyle comme indicateur de la réaction du milieu. Ce sont les acides organiques mis en liberté qui remplacent l'acide lactique, et on évite ainsi, par ce procédé très simple, l'acidification bactérienne et tous ses inconvénients, et l'emploi de levures spéciales acclimatées. L'addition de l'acide se fait en quantité voulue après la saccharification ; on refroidit alors le moût, on l'ensemence avec la levure mère à 28-30°, et on continue le refroidissement jusqu'à la température finale choisie. Le levain est mûr au bout de vingt heures.

Les essais industriels effectués avec cette méthode ont donné de très bons résultats.

Le procédé Bauer et Kues consiste à employer l'acide lactique ou sulfurique pour l'acidification et à remplacer le malt par de l'extrait de levure pour fournir au ferment alcoolique des matières azotées facilement assimilables. L'extrait de levure est obtenu par autodigestion des cellules. On utilise pour la préparation du levain le moût principal saccharifié. L'acidification se fait soit par voie bactérienne, soit par voie chimique; quand elle a lieu par voie bactérienne, elle est suivie d'une stérilisation partielle à 75-85°; quand elle a lieu par voie chimique, on porte le moût à 75-85° après saccharification. Pendant le refroidissement, on ajoute l'extrait de levure à raison de 400 à 500 grammes par hectolitre de levain, et on met en levure à 28°. Cette méthode de travail donne également de bons résultats et permet une notable économie de malt.

Il résulte de ce qui précède que les méthodes d'acidification chimique sont aujourd'hui au point et peuvent avantageusement remplacer la méthode d'acidification bactérienne. Elles rendent le travail plus simple et plus sûr, car l'acidité est toujours régulière et au degré voulu, ce qu'on obtient parfois difficilement avec le ferment lactique. Elles entraînent une forte économie de main-d'œuvre, de temps et de combustible pour le chauffage. Ces avantages doivent être mis en balance avec les frais qui viennent grever ces méthodes, notamment l'achat de l'acide lactique ou sulfurique, et le paiement des licences de ces procédés brevetés. Il est certain que ces frais seuls empêchent actuellement le développement et l'extension rapide des méthodes par acidification chimique, et le choix de la méthode est évidemment subordonné à l'étude économique de la question dans chaque cas particulier.

Emplois des antiseptiques dans la préparation des levains. — Nous avons étudié précédemment l'emploi de l'acide fluorhydrique. On a préconisé, en dehors des acides, l'emploi d'autres substances antiseptiques dans la préparation des levains, et les bons résultats qu'on a parfois obtenus avec ces substances ont montré que le bon développement de la levure dépend moins de la présence d'acide libre que de celle de produit susceptibles de jouer le rôle d'antiseptiques vis-à-vis des microbes nuisibles et d'exercer une action favorable sur l'état physiologique de la cellule de levure.

Les antiseptiques qui ont été surtout étudiés sous ce rapport sont, l'aldéhyde formique et l'acide formique. Ces substances sont ajoutées pendant le refroidissement, à 32-35°, dans le levain lactique préparé par la méthode ordinaire, à la dose de 0cc,2 d'aldéhyde formique et de 0cc,1 d'acide formique par litre de levain. Ces doses s'élèvent peu à peu, dans les passages successifs respectivement à 0cc,5 et 0cc,3 par litre, et on peut même ajouter 0cc,1 à 0cc,2 d'antiseptique en plus. Ces additions sont particulièrement avantageuses dans les cas où on emploie la levure pure et où la levure mère a une tendance à s'acidifier fortement jusqu'au moment où le levain est mûr. Quand on emploie ces antiseptiques, il est recommandable d'élever de 1 à 2° la température de mise en levain, et on observe les avantages suivants : les bactéries sont gênées, plus que dans le travail avec l'acide lactique pur, la pureté des fermentations est très grande, l'activité de la levure est augmentée, de sorte qu'elle se prête particulièrement bien à la fermentation des moûts épais. Même dans le cas où les rendements ne sont pas accrus, le travail est régularisé. Dans les fabriques de levure, on ne peut employer ces antiseptiques à cause de leur action nuisible sur la multiplication de la levure et il faut s'en tenir aux levains lactiques.

Le formol seul a été préconisé pour remplacer l'acide fluorhydrique comme antiseptique dans la préparation des levains mais les travaux de Cluss ont montré que l'aldéhyde formique est moins avantageux que l'acide fluorhydrique dans la pratique.

Pratique de la fermentation des moûts de matières amylacées.

L'ensemencement du moût de matières amylacées par le levain peut se faire soit dans la cuve de fermentation, soit, ce qui est préférable, dans le macérateur où on a préparé le moût principal. Dans ce dernier cas, on refroidit le moût à l'aide du réfrigérant du macérateur, on ajoute le levain quand la température est descendue à 30° et on continue le refroidissement jusqu'à la température favorable pour la fermentation préliminaire, soit 18 à 21°. On envoie ensuite la masse à la cuve de fermentaiton.

La fermentation des moûts de matières amylacées peut être divisée en trois périodes : la période préliminaire, la période tumultueuse et la période complémentaire.

La période préliminaire correspond au départ de la fermentation et à la multiplication de la levure. Elle est d'autant plus longue que le levain employé a été moins abondant. Pendant cette période, la levure absorbe énergiquement l'oxygène en dissolution dans le moût et se multiplie. Le dégagement d'acide carbonique est faible et la cuve est à peu près en repos. La température la plus favorable pour la multiplication de la levure est à 28°. Pedersen a montré par exemple que 100 cellules ensemencées donnent en vingt-quatre heures 476 cellules à 16° et 1759 à 28°. Plus la température est voisine de 28° au moment de la mise en levain, plus la fermentation préliminaire est courte. Dans la méthode de Bücheler à l'acide sulfurique, la mise en fermentation se fait à 26-28°, de sorte que la fermentation tumultueuse apparaît après trois ou quatre heures. Mais quand on met en levain à une température élevée, les fermentations sont parfois trop intenses, aussi choisit-on souvent une température de 18 à 21°. La température ne doit pas s'élever pendant cette période au delà de 30°, car au-dessus de 30° la multiplication de la levure est déjà beaucoup moins active. La réfrigération et l'agitation par serpentins mobiles est donc indispensable, surtout si la mise en levain a eu lieu à haute température.

A cette période préliminaire succède la fermentation tumultueuse. Le dégagement d'acide carbonique devient très abondant, le moût est sans cesse en mouvement, la densité baisse et la température s'élève. Pendant cette phase, le maltose est transformé en alcool et en acide carbonique, et, au fur et à mesure qu'il disparaît, la diastase présente dans le liquide reprend son action et saccharifie une partie des dextrines. Mais comme le travail de la levure est beaucoup plus actif que celui de la diastase, il arrive un moment où, le maltose ayant beaucoup diminué, la fermentation se ralentit faute d'aliments. Pendant cette fermentation tumultueuse, il se produit un fort dégagement de chaleur. La cuve abandonnée à elle-même s'échaufferait à 32-34°, et cette élévation de température aurait pour conséquence une perte d'alcool et une diminution de l'activité de la levure et de la diastase. Il est donc nécessaire de refroidir la cuve au moyen de serpentins parcourus par un courant d'eau froide, de manière à maintenir une température de 28 à 30°, sans jamais la dépasser.

La troisième phase de la fermentation, celle de la fermentation complémentaire, correspond à la saccharification et à la fermentation des dextrines. L'activité de la levure étant très supérieure à celle de la diastase, le ferment alcoolique a pu transformer, pendant la fermentation principale, tout le maltose avant que la diastase ait achevé la saccharification des dextrines. La fermentation complémentaire est donc lente. En outre, elle dépend essentiellement de l'état de la levure et de la diastase à ce moment. La levure ne doit pas être affaiblie, et pour que cette condition soit remplie, il faut que la température de fermentation n'ait pas dépassé 30°. La diastase elle-même doit être restée active : le travail de la saccharification a donc dû être fait avec tous les soins nécessaires pour ne pas affaiblir l'amylase, et l'acidité de la cuve ne doit pas être montée à un degré trop élevé qui arrêterait l'action diastasique. Il semble que la température la plus favorable pour la fermentation complémentaire doit être assez élevée, puisque l'optimum de la diastase est environ à 48-50°. Mais il faut tenir compte aussi du travail de la levure et du développement possible des ferments nuisibles, et les expériences de Delbrück ont montré qu'il est au contraire avantageux, au point de vue du rendement en alcool, de choisir une température relativement basse pour la fermentation complémentaire. Cette température ne doit pas dépasser 26 à 28°.

Le travail en moûts très concentrés, utilisé en Allemagne, présente beaucoup d'avantages sur le travail en moûts dilués. On peut produire avec un même matériel une quantité d'alcool beaucoup plus grande, et le rendement en alcool par 100 kilogrammes d'amidon est plus élevé. Mais la fermentation des moûts très concentrés exige l'installation de serpentins réfrigérants dans les cuves. La mise en levain doit être faite à une température plus élevée qu'avec les moûts dilués; on choisit ordinairement 18 à 20°. Comme l'élévation de température pendant la fermentation peut atteindre 20°, il est indispensable de refroidir la masse pour ne pas dépasser 30°, ou de mettre en levain à 8-10°, ce qui est impossible dans la pratique. Pour le refroidissement, on a employé d'abord des serpentins fixes, mais comme l'expulsion de l'acide carbonique se fait difficilement dans ces moûts épais, on les a remplacés par des serpentins mobiles. Il existe un grand nombre de dispositifs, analogues à ceux que nous avons décrits pour le refroidissement des levains. On peut citer notamment les appareils suivants, employés en Allemagne pour la réfrigération et l'agitation dans les cuves de fermentation principale. Le réfrigérant de Koser se compose de six tubes disposés à angle droit sur un cadre, et il est animé à la fois d'un mouvement de haut en bas et d'un mouvement pendulaire de long en large. Dans les systèmes de Hornung et de Hübel, c'est l'eau seule qui provoque le mouvement des serpentins. L'appareil de Günther se compose d'un serpentin fixe formé par deux spirales de diamètre différent, et autour duquel tournent des tringles munies de plaques métalliques perforées. Les serpentins adoptés dans la méthode de Hesse sont disposés de manière à recevoir à volonté de l'eau froide ou de l'eau chaude. Les moûts sont mis en fermentation à 15°, on maintient la fermentation préliminaire jusqu'au lendemain, et on provoque alors la fermentation principale en faisant passer de l'eau chaude dans les serpentins. On élève la température à 27°, et dès que la fermentation est bien déclarée, on remplace l'eau chaude par l'eau froide pour empêcher l'échauffement. Cette méthode, employée en Allemagne, permet de remplir plus complètement les cuves, ce qui est un avantage dans les pays où l'impôt est basé sur la capacité des appareils.

Dans la fermentation des moûts épais, Delbrück recommande de rafraîchir le moût avec de l'eau après la fermentation principale. On dilue ainsi l'alcool et les produits de la levure, et on peut plus facilement abaisser la température au point voulu pour la fermentation complémentaire. En moût dilué, cette opération est inutile.

Fermentation mousseuse. — Parfois, pendant la fermentation principale, il se forme dans la cuve des mousses très persistantes qui montent de plus en plus et finissent par déborder hors de la cuve en occasionnant des pertes importantes; on donne à cet accident le nom de fermentation mousseuse. Elle est très redoutée en distillerie à cause des pertes qu'elle entraîne. La cause principale de cet aspect de la fermentation est un excès d'activité de certaines races de levure, et cet excès d'activité est en rapport avec la nature de l'alimentation de la cellule. Seules les bonnes races de levures, très actives, peuvent donner naissance à la fermentation mousseuse, mais il existe, sous ce rapport, de grandes différences entre les diverses levures, et certaines races très actives, comme la race XII de l'Institut des fermentations de Berlin, ne produisent cependant pas une mousse exagérée. Une alimentation azotée très abondante, l'aération, l'agitation favorisent l'apparition de l'état physiologique sous lequel la levure provoque la fermentation mousseuse.

La nature des matières premières mises en œuvre a également une influence. On observe surtout la fermentation mousseuse avec les pommes de terre pauvres en amidon et récoltées avant maturité. Elle peut être aussi produite par une cuisson imparfaite.

Les remèdes à employer contre cette forme de la fermentation sont les suivants, d'après les travaux de Hesse et de Hecke : 1° utiliser des levains concentrés, à 22-24° Balling, avec forte acidification (2° à 2°,5 en soude normale); 2° faire fermenter très énergiquement le levain jusqu'à 4 à 6° Balling, la température finale étant de 30° ; 3° réduire la quantité de levure mère employée pour l'ensemencement; 4° supprimer le renforcement de la levure avec du moût saccharifié; 5° utiliser du malt long; 6° employer seulement 25 kilogrammes de malt long par 1000 litres de capacité, dont la moitié ou les deux tiers au moment de la saccharification à 60°, et l'autre moitié ou le tiers dans le moût refroidi à 20-25°, après addition de la levure; 7° ne pas abandonner la masse à la saccharification, faire marcher l'agitateur pendant dix minutes environ et refroidir aussitôt après On emploie aussi, pour abattre les mousses, l'huile ou le suif fondu. On doit employer ces substances en quantité aussi faible que possible, car elles ont le défaut de salir les colonnes à distiller et de donner mauvais goût à l'alcool.

SACCHARIFICATION ET FERMENTATION PAR LES MUCÉDINÉES

Nous avons vu précédemment que certaines mucédinées ont la propriété de produire à la fois la saccharification de l'amidon et de la dextrine et la fermentation alcoolique. L'application industrielle de ces mucédinées à la distillerie date environ d'une dizaine d'années, grâce à l'impulsion scientifique donnée par M. Calmette, le promoteur des idées nouvelles qui devaient conduire ses collaborateurs, MM. Collette et Boidin, au résultat pratique définitif.

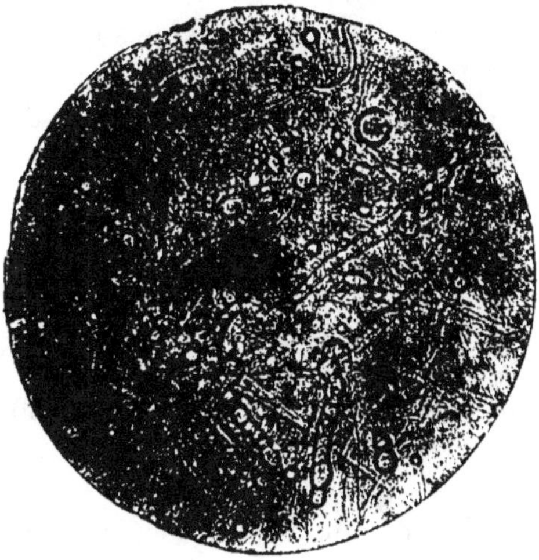

Fig. 56. — Amylomyces Rouxii. Mycélium et spores mycéliennes.

En étudiant en Indo-Chine les procédés de fabrication de l'alcool de riz, M. Calmette fut frappé de voir les indigènes fabriquer cet alcool sans se servir de malt ni d'acide pour la saccharification et pensa que la *levure chinoise*, dont se servent les distillateurs du pays, devait contenir une mucédinée saccharifiante analogue à l'*Eurotium Orizæ* précédemment découverte par Atkinson. En procédant à l'analyse bactériologique de cette levure chinoise, qui se présente sous la forme de petits gâteaux aplatis, M. Calmette reconnut bientôt qu'à côté d'un certain nombre de levures, on rencontrait sans cesse une moisissure particulière qui se multipliait à l'aide d'un mycélium rameux en envahissant rapidement toute la surface des milieux de culture. M. Calmette a donné à cette espèce le nom d'*Amylomyces Rouxii* (fig. 56) : elle a été classée ultérieurement par Wehmer dans le groupe des Mucors. Cette mucédinée, cultivée en surface, brûle le sucre qu'elle forme aux dépens de l'amidon. Mais si on la fait vivre en profondeur, elle saccharifie l'amidon avec énergie et transforme le sucre en alcool et en acide carbonique. On ne peut cependant pas priver complètement la plante d'oxygène, et pour obtenir l'effet utile, il faut cultiver l'Amylomyces dans une atmosphère confinée, et cette condition est réalisée inconsciemment en Extrême-Orient par les distillateurs indigènes qui placent pendant trois jours un couvercle sur les jarres, après avoir pris soin de ne remplir celles-ci qu'aux deux tiers avec le riz cuit mélangé de levure pilée.

Le travail de M. Calmette sur l'Amylomyces a été le point de départ des études industrielles pour l'application des mucédinées à la fabrication de l'alcool de grains. Ces études, effectuées à la distillerie de Seclin par MM. Collette et Boidin, ont conduit à l'établissement du procédé *Amylo*, permettant d'effectuer la saccharification de l'amidon par les mucédinées et la fermentation alcoolique en milieu stérile. Tel qu'il était encore appliqué il y a quelques années, ce procédé comprenait d'abord une cuisson des grains sous pression, suivie d'une liquéfaction de l'empois par 2 p. 100 de malt afin d'éviter une prise en masse par le refroidissement. Le liquide obtenu était stérilisé à 128° sous pression de $1^{kg},5$ de vapeur, envoyé dans des cuves closes et stérilisables et ensemencé à l'état stérile par l'Amylomyces pour produire la saccharification de l'amidon et des dextrines, puis par une levure pure pour accélérer la fermentation alcoolique. Le procédé Amylo a subi dans ces dernières années d'importantes modifications qui l'ont rendu beaucoup plus avantageux. Au lieu de l'*Amylomyces Rouxii*, on a employé d'abord une autre mucédinée saccharifiante, le mucor β qui est lui-même remplacé aujourd'hui par un autre mucor, le mucor Delebart. Ce mucor présente sur l'Amylomyces l'avantage de pouvoir saccharifier des moûts plus concentrés, de donner une acidité moindre, un rendement plus élevé et un travail plus rapide. En outre, si l'emploi d'une quantité de malt de 2 kilogrammes par 100 kilogrammes de grains constituait un progrès considérable sur les procédés antérieurs (qui exigent 5 à 7 fois plus de malt), il n'en fallait pas moins conserver dans chaque usine une petite malterie, et les distilleries des pays chauds devaient encore, à grands frais, importer d'Europe leur malt sec. MM. Collette et Boidin ont pu réaliser aujourd'hui pour le travail du maïs et du riz, la suppression totale du malt, et remplacer l'ancienne liquéfaction par une liquéfaction à l'acide. En outre, la stérilisation du moût à 128° entraînait une consommation supplémentaire de 25 à 30 kilogrammes de charbon par hectolitre d'alcool. Cet inconvénient a disparu depuis que l'abaissement de la température à 65° pour la liquéfaction n'est plus nécessaire ; la masse amylacée sort stérile du cuiseur, et on utilise les vapeurs qui s'échappent de la matière lors de la cuisson pour chauffer et stériliser l'eau employée pour la dilution du moût.

Le procédé Amylo comprend donc aujourd'hui les opérations suivantes : 1° la cuisson du grain et la liquéfaction de l'empois ; 2° la saccharification et la fermentation simultanées.

Cuisson du grain et liquéfaction. — La matière première employée en France est ordinairement le maïs. Le grain concassé est d'abord trempé pendant une ou deux heures dans l'eau acidulée. La quantité d'acide ajoutée n'a pas pour but de produire la saccharification de l'amidon, mais de liquéfier simplement la masse afin de pouvoir, après cuisson, diriger le moût dans les cuves de saccharification aseptiques sans craindre qu'il obstrue les tuyauteries ou qu'il ne se prenne en masse après refroidissement. Nous avons vu plus haut que pour obtenir ce résultat, il suffit de faire passer les phosphates polybasiques contenus dans le grain à l'état de phosphates monobasiques. La quantité d'acide à ajouter varie suivant la proportion de phosphates alcalins et de magnésie contenus dans le grain et suivant la durée de la cuisson et la pression choisie. La dose de 150 à 200 grammes d'acide chlorhydrique, comptée à l'état gazeux, est généralement suffisante pour liquéfier 100 kilogrammes de grains, à condition de maintenir ce grain pendant cinquante minutes à une heure sous pression et d'avoir au préalable fait tremper pendant une ou deux heures dans l'eau acidulée le grain concassé, de façon à déplacer les phosphates. Par ce mode opératoire, l'acide a disparu avant l'introduction du grain dans le cuiseur, de sorte qu'on peut sans inconvénient employer les cuiseurs en fer. On cuit alors sous pression pendant une heure seulement, et on réduit par suite de moitié la durée normale de la cuisson. Dans ces conditions, on obtient un moût qui reste fluide d'une façon permanente et renferme de l'amidon soluble, des dextrines et un peu de glucose (au maximum 1 p. 100). Ce moût est alcalin à l'alizarine et à l'orangé, et son acidité exprimée en acide sulfurique n'est que de $0^{gr},3$ à $0^{gr},4$ par litre, c'est-à-dire égale à l'acidité apparente des moûts de grains cuits sans acide et liquéfiés par le malt. Il n'y a donc pas lieu de saturer par la chaux la petite quantité d'acide ajoutée pour produire la liquéfaction. Le traitement par l'acide a en outre pour résultat de réduire la caramélisation au cuiseur. Quand on cuit le grain avec de l'eau calcaire, le carbonate de chaux réagit sur les phosphates neutres du grain pour former du phosphate de chaux et du carbonate de potasse, et sous l'action de la température, il y a destruction des matières sucrées et production de caramel. Dans le travail à l'acide, le carbonate de chaux passe à l'état de chlorure de calcium qui réagit sur les phosphates alcalins pour donner du phosphate calcique et du chlorure de potassium. L'alcalinité est donc moindre et la coloration des moûts diminue.

La masse liquéfiée sortant du cuiseur est envoyée dans un récipient clos intermédiaire où elle se détend brusquement à 0,7 kilogramme de pression, ce qui fait éclater toutes les cellules. La vapeur qui se dégage est utilisée pour porter à l'ébullition et stériliser ainsi l'eau qui va servir à la dilution du moût. On monte de nouveau à 2 kilogrammes, puis la matière amylacée, qui a été stérilisée par la cuisson, est envoyée dans une cuve de fermentation dans laquelle on fait arriver en même temps l'eau bouillante nécessaire.

Sacharification et fermentation. — La saccharification et la fermentation s'opèrent dans de grandes cuves en tôle de 1 000 à 1 500 hectolitres, hermétiquement closes et stérilisables par la vapeur. A la partie supérieure de chaque cuve se trouve une ouverture de chargement par laquelle arrivent l'eau bouillante et la matière amylacée, à la partie inférieure se trouve le robinet d'évacuation du moût fermenté. Un tuyau débouche dans le fond de la cuve et permet l'injection de vapeur dans le moût pour le maintenir en ébullition pendant toute la durée du chargement. Par une manœuvre très simple, on peut remplacer la vapeur par de l'air comprimé qui se débarrasse de tout germe en traversant un filtre à coton flambé au préalable à 165°. La cuve porte en outre un puissant agitateur dont l'arbre, à son point de jonction avec la paroi supérieure, est muni d'un calfat qui rend toute infection impossible. Cet agitateur permet le mélange intime de la masse lors du refroidissement, empêche la vie en surface de la mucédinée et la force à vivre en profondeur de manière à éviter toute combustion du sucre. Un tuyau de dégagement des gaz part de la partie supérieure de la cuve et va s'ouvrir dans un barboteur rempli d'eau et placé au niveau du sol. Les ensemencements de cultures pures de mucédinées et de levures s'opèrent par une petite tubulure située dans le dôme de la cuve et bien à portée de la main. Sur cette tubulure s'engage un tuyau de caoutchouc d'environ 20 centimètres, bouché par un manchon métallique mobile qui l'obture hermétiquement. Une autre tubulure analogue, placée sur les côtés de la cuve, permet de prendre aseptiquement des échantillons du moût pour le contrôle. Un thermomètre indique la température du liquide. Enfin un tuyau percé de trous entoure la cuve à la partie supérieure et permet de faire ruisseler de l'eau sur les parois extérieures pour opérer le refroidissement.

On injecte de la vapeur, pendant tout le remplissage, par la valve inférieure de la cuve, de manière à maintenir l'ébullition. La vapeur sort bientôt par tous les orifices, stérilisant les tubulures d'échantillon et d'ensemencement, qu'on ferme successivement avec des manchons métalliques flambés. Quand la cuve est remplie, la vapeur n'a plus comme issue que le tuyau du barboteur, et il s'agit de refroidir ce moût stérile en évitant toute infection. On ferme la vapeur qu'on remplace immédiatement par un fort courant d'air stérile. Cet air produit dans la cuve un excès de pression qui empêche toute rentrée de l'air extérieur impur. On met ensuite l'agitateur en mouvement, et on procède au refroidissement du moût en faisant ruisseler de l'eau froide sur les parois extérieures de la cuve. L'agitateur amène constamment de nouvelles couches de moût chaud au contact de la paroi froide; l'air comprimé qu'on injecte empêche le vide que produirait la condensation et aère en même temps la masse. Dans ces conditions, le refroidissement est assez rapide et les 1000 hectolitres de liquide sont bientôt amenés à 40-39°.

On obtient ainsi, en cuve stérile, un moût stérile dans lequel on ensemence le mucor Delebart. Cet ensemencement s'effectue au moyen de cultures pures de ce mucor obtenues sur 20 grammes de riz cuit répartis au fond de ballons d'un litre. Un seul ballon suffit pour l'ensemencement et cette minime quantité de semence, qui ne représente à l'état sec que quelques centigrammes, est délayée dans un peu de moût stérile et sert à ensemencer, par la tubulure du dôme, l'énorme cuve de 1000 hectolitres. On met alors l'agitateur en mouvement et on aère énergiquement la masse. Dans ces conditions très favorables, le mucor se multiplie rapidement et au bout de vingt-quatre heures toute la masse est envahie par ses filaments mycéliens. L'agitation continue empêche la vie de la mucédinée en surface et supprime, par suite, toute perte par combustion directe. On prend aseptiquement des échantillons du liquide, on en contrôle la pureté au microscope et on suit la marche de la saccharification. La mucédinée saccharifie l'amidon restant et les dextrines ; il se forme au début du maltose, qui s'hydrolyse ensuite quand 40 p. 100 des hydrates de carbone sont saccharifiés. Le travail du mucor remplace donc ici celui de la diastase du malt dans la fermentation complémentaire, mais il est beaucoup plus considérable puisque le moût, qui a 16 à 17° Balling, ne contient que 1 p. 100 de produits réducteurs ; en outre il permet de réaliser l'asepsie parfaite pendant toute cette phase de la fabrication, ce qui est impossible par les méthodes ordinaires où la nécessité de conserver la diastase intacte empêche toute stérilisation.

La transformation de l'amidon et de la dextrine en sucres

est accompagnée d'une fermentation alcoolique sous l'action du mucor. Mais cette fermentation est lente et il est préférable d'utiliser surtout les propriétés saccharifiantes de la mucédinée et de confier à la levure, vivant en symbiose, le travail de la transformation du sucre en alcool. Trente-six à quarante heures après l'ensemencement du mucor, on ensemence donc, avec toutes les précautions ordinaires d'asepsie, la cuve avec un ballon de 500 centimètres cubes d'une culture pure de levure en pleine fermentation. La race de levure employée est une race spéciale, qui peut travailler à haute température, de sorte qu'il n'est plus nécessaire aujourd'hui de refroidir le moût jusqu'à 33° avant l'ensemencement de la levure, comme on le faisait autrefois. Cette minime quantité de semence assure, en se multipliant, la fermentation alcoolique du liquide. Au bout de vingt-quatre heures toute la masse est peuplée de cellules de levures. Le travail symbiotique du mucor et de la levure s'effectue ; la mucédinée saccharifie les dernières traces de dextrines et d'amidon et la levure transforme le sucre en alcool et en acide carbonique. Pendant toute la durée de l'opération, on prend toutes les douze heures des échantillons de moût qu'on examine au point de vue chimique et microbiologique. Environ trois jours après l'ensemencement de la levure, la réaction à l'iode devient négative, le Balling tombe au-dessous de zéro, la saccharification et la fermentation alcoolique sont terminées et la cuve est envoyée à la distillation.

Avantages du procédé Amylo. — Les avantages de cette méthode de travail sont très nombreux. D'abord, il devient possible d'opérer en milieu stérile et de supprimer ainsi tous les inconvénients qui résultent de l'impossibilité de faire subir au moût la stérilisation dans les autres méthodes où on doit conserver la diastase intacte. Les principes scientifiques se trouvent appliqués dans le procédé Amylo d'une façon tout à fait rationnelle, et toutes les phases du travail sont suivies et contrôlées au point de vue bactériologique et chimique. Si un accident se produit, le contrôle permettra toujours de reconnaître sa cause et le moment où il s'est manifesté.

La malterie est supprimée, ainsi que les dépenses en main-d'œuvre et en force motrice qu'elle entraîne. La préparation si aléatoire des levains est remplacée par le travail rigoureux du laboratoire où on prépare les ballons de culture pure pour ensemencer les cuves. L'eau nécessaire à la dilution du moût étant chauffée par les vapeurs d'échappement de la cuisson, le procédé n'entraîne plus aujourd'hui aucune dépense supplémentaire de combustible. Bien au contraire, le travail à l'acide employé actuellement est d'une simplicité surprenante, et comme il réduit de moitié la durée de la cuisson, supprime toute la force nécessaire pour le broyage du malt et pour la saccharification en cuve matière, tout le travail du maltage et de la préparation des levains, il devient évident que ce procédé réalise à la fois une économie de main-d'œuvre et réduit la consommation de charbon à son strict minimum.

Le procédé Amylo conduit en outre à un rendement moyen en alcool très supérieur à celui qu'on obtient par les autres méthodes. Ce rendement est au minimum de 37 à 39 litres d'alcool pur par 100 kilogrammes de maïs, au lieu de 34 litres que donnent, comme maximum, les procédés les plus perfectionnés. Les savants chimistes anglais H. Rosce, H. T. Brown et A. Macfadyen, qui ont soumis au contrôle le plus rigoureux une cuve de 1017 hectolitres, ont constaté que le rendement en alcool était de $37^{lit},81$ par 100 kilogrammes de maïs, le rendement théorique maximum déduit de l'analyse du grain étant de $38^{lit},76$. Le rendement en alcool atteignait donc, dans cette opération, 97,5 p. 100 du rendement théorique. Dans la plupart des distilleries qui travaillent le maïs par cette méthode, le rendement est voisin de 39 litres d'alcool par 100 kilogrammes de matière première. Ces chiffres montrent les beaux résultats que peut donner la pratique industrielle quand elle se conforme rigoureusement aux conditions théoriques dictées par la science pure.

La qualité de l'alcool produit est également supérieure. La quantité de moyens et mauvais goûts est beaucoup moindre; en outre les flegmes renferment beaucoup moins d'alcools supérieurs que les flegmes produits par les méthodes ordinaires.

La filtration des drèches devient très facile grâce à la présence des filaments mycéliens de la mucédinée qui exercent une action très favorable. Les drèches peuvent être séparées au filtre-presse saus difficultés, et les tourteaux ainsi obtenus sont soumis à la dessiccation, puis épuisés de leur huile dans les appareils Donard et Boulet, sur lesquels nous reviendrons en étudiant les résidus de la distillerie. On obtient ainsi, par 100 kilogrammes de maïs, environ 3 kilogrammes d'huile, et 20 kilogrammes de drèches sèches qui se conservent très bien et qui sont vendues pour l'alimentation des animaux.

Plusieurs usines qui travaillent par le procédé Amylo récupèrent aussi l'acide carbonique de fermentation. Les grandes cuves closes laissent échapper des torrents de gaz carbonique qu'on recueille à sa sortie des barboteurs, qu'on purifie et qu'on comprime dans des cylindres pour le vendre à l'état liquide. Ce sous-produit est très rémunérateur, principalement dans les pays chauds.

Le point délicat du procédé Amylo réside dans l'emploi de quantités de semence très minimes. Pendant les vingt-quatre heures que dure le développement de la mucédinée, le moût est maintenu à 38°, température très favorable pour le développement des ferments de maladie. Une infection au moment de la fermeture de la cuve ou de l'ensemencement peut donc avoir des conséquences graves. Mais il est, en réalité, très facile de rendre les infections tout à fait exceptionnelles, quand le travail est convenablement conduit. Si on considère une période de six mois de travail par exemple, on constate que le rendement moyen reste excellent et n'est influencé que dans des proportions très faibles par les infections toujours possibles, mais extrêmement rares dans la pratique.

Nous voyons par l'étude qui précède que l'application des méthodes scientifiques à l'industrie de la distillerie permet d'obtenir des résultats pratiques très supérieurs à ceux que donnent les méthodes ordinaires les plus perfectionnées. Il est incontestable que le procédé Amylo, tel qu'il est employé aujourd'hui, constitue le procédé le plus avantageux et le meilleur pour la fabrication de l'alcool de grains en France et dans les colonies et il deviendra certainement peu à peu, au fur et à mesure que les conditions économiques de la distillerie de grains le permettront, le procédé général de fabrication des grandes usines françaises.

FABRICATION SPÉCIALE DE LA LEVURE PRESSÉE

La fabrication de la levure pressée a pour but la production de la levure pour la boulangerie et la pâtisserie. Cette levure doit être blanche, active et riche en azote. Les expériences de Briant ont montré en effet que la qualité de la levure en boulangerie croît avec la richesse de cette levure en matières azotées.

Les méthodes employées pour cette fabrication peuvent se diviser en deux groupes : les méthodes à moûts troubles et les méthodes à moûts clairs. Parmi les procédés à moûts troubles, un des plus anciens et des plus appréciés est le procédé viennois qui est très répandu en France, en Allemagne et en Autriche.

Parmi les procédés à moûts clairs, le plus important est le procédé de fabrication de la levure avec aération (aérolevure) répandu surtout en Allemagne et en Belgique, mais qui n'a pas pris d'extension en France, par suite des conditions économiques différentes du marché de l'alcool.

Nous ne reviendrons pas en détail sur la préparation des moûts qui se font d'après les principes exposés dans le chapitre consacré aux moûts de matières amylacées, et nous indiquerons simplement, dans ce qui va suivre, les principales particularités du travail spécial de la levure. Cette fabrication sera d'ailleurs exposée d'une façon sommaire, car elle n'est agricole que par les produits qu'elle met en œuvre.

Procédé viennois à moûts troubles.

Ce procédé a l'avantage de fournir de la levure d'excellente qualité, mais certaines de ses parties sont encore mal connues au point de vue scientifique et assez empiriques. Il en résulte que s'il donne de bons résultats quand il est conduit par un praticien expérimenté, il amène souvent aussi des mécomptes. Il consiste en principe à préparer un moût de grains à un état de concentration et de viscosité suffisant pour que l'acide carbonique, en se dégageant, entraîne la levure à la surface, où elle est recueillie. L'ensemencement du moût se fait par levains lactiques.

Préparation du moût. — *Matières premières.* — Les matières premières employées pour cette fabrication sont l'orge maltée à l'état de malt vert ou de malt sec, le seigle et le maïs, parfois le sarrasin, le riz, le lupin, les fèves et la vesce. Le travail du maltage doit être dirigé de manière à favoriser le plus possible lá dissolution des matières azotées du grain, afin d'augmenter la richesse du moût en azote, mais la dégradation ne doit pas être trop profonde, car les matières albuminoïdes solubles complexes jouent un rôle important dans l'état de viscosité du moût. On doit donc malter longtemps et à basse température. Quand on emploie le malt sec, la dessiccation doit se faire à température peu élevée pour altérer le moins possible ces matières azotées.

Le seigle est le grain le plus employé ; il doit être riche en azote et nous avons vu que les seigles à petits grains sont les meilleurs sous ce rapport.

Le maïs est souvent utilisé aussi : il a l'avantage d'être riche en amidon, et d'augmenter le rendement en alcool. En outre les drèches sont lourdes et ne remontent pas à la surface, ce qui permet de recueillir une levure plus pure. Mais il ne donne pas des rendements en levure aussi élevés que le seigle.

Le sarrasin fournit un moût relativement fluide et facilite la montée de la levure à la surface, mais il ne faut pas en employer de trop fortes proportions, car le moût monte trop dans les cuves. Aussi doit-on toujours utiliser le sarrasin en mélange avec d'autres grains.

Le riz ne peut être employé qu'en faible quantité à cause de sa pauvreté en matières azotées : il augmente le rendement en alcool par suite de sa richesse en amidon, mais il est peu favorable au rendement en levure.

Le moût est préparé avec ces diverses matières premières, mélangées dans des proportions convenables pour assurer à la fois la concentration voulue, l'état de viscosité, la montée de la levure et un rendement suffisant en alcool. Un moût de seigle et de malt est épais et visqueux, l'addition de maïs le rend plus liquide : aussi emploie-t-on fréquemment un mélange de ces trois grains.

Le sarrasin, ajouté en petite proportion, diminue la viscosité et facilite la montée de la levure. On doit donc utiliser ces divers grains en proportions judicieuses, de manière à obtenir le résultat voulu dans les conditions de travail de l'usine et de matières premières dont on dispose.

Nettoyage du grain. — Les grains doivent d'abord être soigneusement nettoyés et triés, car la stérilisation du moût étant impossible dans le travail de la levure pressée, il est nécessaire d'employer des matières premières aussi propres que possible. Ce nettoyage s'effectue dans les appareils que nous avons décrits dans notre ouvrage consacré à la brasserie (1).

Mouture. — Les grains sont ensuite moulus soit par des meules, soit par des moulins à cylindres. Dans le procédé viennois, il est nécessaire d'avoir une mouture fine. Pour le malt vert, on se sert des broyeurs de malt précédemment décrits. Pour le malt sec et les grains, on utilise souvent les meules et aussi les moulins à cylindres. Ces moulins se composent ordinairement d'une ou deux paires de cylindres maintenus à écartement constant, entre lesquels passe le grain à broyer. La surface des cylindres porte de fines cannelures en hélice, un aspirateur agit à l'intérieur de l'appareil pour enlever l'air chaud et humide et réduire ainsi l'échauffement.

Saccharification. — Les matières azotées présentes dans les grains jouent un rôle important dans le rendement en levure. Il importe donc de ne pas altérer, dans le travail de la préparation du moût, les matières albuminoïdes solubles très abondantes dans certains grains comme le seigle. Nous savons que l'action de ces matières azotées est variable avec leur nature : les amides favorisent surtout l'activité de la levure; les matières albuminoïdes peu dégradées, les albumoses et les

(1) Voir E. Boullanger, *Brasserie, Hydromels*, p. 143 et suivantes (Encyclopédie agricole).

peptones interviennent dans la tenue de la mousse : elles diminuent la tension superficielle du liquide et se rassemblent à la surface des bulles pour leur donner de la solidité, comme l'a montré Ramsden. Ces colloïdes favorisent donc l'établissement d'un état de viscosité convenable et influent ainsi sur le rendement en levure. Ces phénomènes se traduisent aussi dans la pratique par les caractères que présentent les levures suivant les matières azotées qui leur sont offertes. Les levures d'amides sont poussiéreuses, se déposent lentement, et leur force fermentative est grande. Les levures de peptones sont floconneuses, se déposent vite et leur force fermentative est plus faible.

On évitera donc la cuisson à haute température pour les grains dont l'amidon peut être attaqué suffisamment par la diastase au-dessous de la température d'empesage. Tel est le cas du seigle, car nous savons, par les expériences de Lintner, que l'amidon de ce grain peut être dissous par le malt dans la proportion de 93,70 p. 100 à la température de 60°, bien que la température d'empesage ne soit atteinte qu'à 80°. Il en est de même pour l'amidon du malt vert ou touraillé, du blé, de l'avoine. Par contre, l'amidon du maïs et du riz ne peut être attaqué fortement qu'après transformation en empois, à la température de 70-75°. Il est donc nécessaire de procéder à une cuisson de ces matières premières pour avoir un rendement en alcool suffisant, mais ce rendement n'est atteint qu'aux dépens du rendement en levure. Dans tous les cas, il est préférable d'opérer la cuisson à une température aussi basse que possible, et de recourir par suite à un simple chauffage à la température d'empesage plutôt qu'à la cuisson sous pression.

La saccharification s'opère soit dans une cuve matière munie d'un vagueur, soit dans un macérateur à réfrigérant analogue à ceux que nous avons décrits pour la préparation des moûts de matières amylacées. On place d'abord dans l'appareil le malt broyé et l'eau nécessaire, puis on y fait arriver la farine de seigle hydratée à l'avance. Quand on emploie une certaine proportion de maïs ou de riz, on le transforme à part en empois à la température de 85-90° et on se sert de cet empois au lieu d'eau chaude pour réchauffer la masse. On peut également cuire ces matières premières sous pression : cette méthode augmente le rendement en alcool, mais au détriment du rendement en levure. La saccharification doit avoir lieu environ à 50°, qui est la température la plus favorable à la dégradation des matières azotées à l'état d'amides, et on maintient cette température pendant une demi-heure ou une heure en brassant énergiquement la masse. On monte ensuite jusqu'à 60° pour favoriser la saccharification et l'attaque de l'amidon du seigle et du malt. Il est évident qu'avec un tel mode de travail, la transformation de l'amidon ne peut pas être complète, et en effet il reste toujours une certaine proportion d'amidon non saccharifié. Mais ce résidu non saccharifié se transforme en grande partie pendant la fermentation, le moût étant très riche en amylase.

Préparation des levains. — L'ensemencement du moût se fait au moyen de levains lactiques préparés le plus souvent par acidification bactérienne, mais les conditions de préparation de ces levains sont assez différentes de celles que nous avons exposées en distillerie de grains et de pommes de terre. Il importe surtout, en fabrique de levure, de préparer des levains susceptibles de donner ultérieurement une grande multiplication de levure, et les particularités principales de cette fabrication des levains sont la très forte concentration du moût et la température relativement élevée de la fermentation.

Les matières premières employées sont constituées par un mélange de malt et de seigle, généralement en parties égales. Dans les petites usines, on empâte à la main dans des cuviers en bois, en agitant à l'aide de pelles en bois évidées en forme de grille pour bien briser les grumeaux. Dans les grandes usines, on emploie les macérateurs à levains précédemment décrits. Le mélange doit avoir finalement la température de 63° et la durée de la saccharification est environ de deux heures.

Le moût obtenu, très concentré, accuse 27 à 30° Balling. On l'envoie dans des cuviers à levains en bois, montés sur chariots : on préfère ordinairement les cuviers de forme plate et basse, qui assurent une aération meilleure. L'acidification bactérienne se fait dans les conditions que nous avons exposées précédemment en étudiant les levains en distillerie de matières amylacées. La température la plus favorable est comprise entre 50 et 58°, et il ne faut pas descendre au-dessous de 50°. L'ensemencement par les ferments lactiques purs rend aussi, en fabrique de levure, le travail de l'acidification plus sûr et plus régulier. Il se forme à la surface des levains une croûte épaisse, sèche et ferme qui protège la masse contre le refroidissement et l'infection. Cette croûte doit être unie ; la présence de tissures par lesquelles on voit s'échapper des gaz et de la mousse indique une infection et un mauvais travail. Il en est de même quand la croûte reste molle et se recouvre de voiles gaufrés causés par des microbes nuisibles. En trente ou quarante heures, si le ferment lactique est actif, on obtient une forte acidité de 7 à 10 grammes par litre, évaluée en acide sulfurique. Cette grande acidité est nécessaire en fabrique de levure si on veut obtenir des levains de bonne qualité.

L'acidification artificielle par l'acide lactique a été étudiée en Allemagne par Wehmer. En ajoutant au moût de levain, après saccharification, 1 à 2 p. 100 d'acide lactique, Wehmer a obtenu une quantité de levure plus grande qu'avec l'acidification bactérienne. La levure fabriquée était d'une qualité irréprochable. En France, l'emploi de l'acide lactique industriel ne s'est pas répandu, à cause du prix assez élevé de cet acide et des résultats inférieurs qu'il donne souvent au point de vue de la qualité des levains.

Après acidification bactérienne, le moût de levain est porté à 75° pour détruire les ferments lactiques, puis refroidi rapidement à 17° au moyen des serpentins agitateurs précédemment décrits. La mise en levain se fait le plus souvent en France avec la levure même de la fabrique : on obtient ainsi des rendements plus élevés qu'avec la levure mère et le travail est moins délicat. La fermentation part très rapidement. La température s'élève très vite à 32-33° et au bout de neuf à dix heures le bourgeonnement de la levure s'arrête. Effront a montré que pour avoir de la levure très énergique, il faut qu'elle soit arrêtée rapidement dans sa multiplication à la fois par l'alcool formé qui atteint 6 à 7 p. 100, par la température élevée de 32-33° et par la forte acidité du levain. Dans ces conditions, on ne produit qu'un petit nombre de cellules de levures, mais ces cellules sont extrêmement actives et susceptibles de se multiplier abondamment par la suite. A ce moment, on prélève, s'il y a lieu, la levure mère pour le levain suivant, on la met à part et on la refroidit à 10-12°. Quelques heures plus tard, le levain est mûr et bon à être employé.

La qualité du levain a une influence considérable sur le rendement en levure. Si le levain manque d'acidité, la levure se développe peu et sa force fermentative est faible. Si la température ne s'est pas suffisamment élevée pendant la fermentation du levain, la montée de la levure est peu abondante et le rendement s'en ressent. Enfin, si la température a dépassé 34-35°, la consistance de la mousse laisse à désirer.

Fermentation du moût principal. — Le moût principal, après saccharification, doit être refroidi et dilué. Ce refroidissement s'effectuait autrefois au contact de l'air dans les réfrigérants plats : ces appareils sont aujourd'hui abandonnés et la réfrigération s'opère, soit dans le macérateur lui-même, soit dans un réfrigérant multitubulaire comme le réfrigérant de Paucksch précédemment décrit. Quand le refroidissement se fait dans le macérateur, on abaisse la température du moût jusqu'à ce qu'elle soit égale à celle du levain d'ensemencement et on fait arriver ce levain. On ajoute alors une proportion de clairs de vinasses égale environ au tiers du volume du moût, et on achève le refroidissement à 22-25° avant d'envoyer en cuve. Quand on emploie un réfrigérant tubulaire, il est bon de refroidir d'abord le moût à la température du levain, d'ajouter ce levain, puis d'achever le refroidissement au degré voulu. On le répartit alors dans les cuves où on l'additionne de la quantité de clairs de vinasse nécessaire pour obtenir la concentration choisie.

Les clairs de vinasses donnent au moût une certaine acidité qui le protège contre les ferments nuisibles et apportent, en outre, des matières nutritives pour la levure et des hydrates de carbone qui ont échappé à la fermentation précédente. L'addition de ces clairs de vinasse ne suffit pas pour donner au moût une acidité assez forte, et on ajoute dans les cuves la quantité d'acide sulfurique nécessaire pour protéger la levure contre les bactéries, sans nuire cependant à la marche de la diastase pour la fermentation complémentaire. Il y a là un point assez délicat à saisir, car il faut autant que possible favoriser par l'acide sulfurique le rendement en levure sans trop nuire au rendement en alcool et sans rendre mauvaises les chutes de fermentation. Dans certaines usines, on ajoute l'acide sulfurique au moment de la saccharification. Cette manière d'opérer est avantageuse, si la dose d'acide est bien rigoureusement déterminée pour agir favorablement sur la diastase saccharifiante et sur la diastase peptique du malt. Nous savons qu'il faut pour cela que cette quantité d'acide se borne à déplacer les acides organiques et à transformer les phosphates neutres en phosphates acides, sans qu'il reste une acidité minérale libre qui paralyserait les actions diastasiques. Il faut donc être très prudent quand on emploie ce mode de travail et déterminer très rigoureusement la quantité d'acide à adopter pour ne pas atteindre le point où cet acide devient nuisible.

Montée de la levure. — La cuve mise en fermentation est aérée pour favoriser la multiplication de la levure, puis abandonnée au repos : les drèches montent en partie à la surface et constituent un chapeau. Au bout de trois heures environ, ce chapeau se fendille sous l'action de l'acide carbonique et la mousse apparaît. Elle monte alors de plus en plus et au bout de douze à quinze heures, on constate que les bulles perdent leur transparence et deviennent laiteuses par suite des nombreuses cellules de levures qui sont ramenées à la surface par le dégagement gazeux. En même temps, la mousse commence à redescendre. C'est à ce point précis que la levure est mûre et doit être récoltée. Si on récolte trop tôt, on perd beaucoup de moût, la levure est peu active et se presse mal ; si on récolte trop tard, une partie de la levure retombe au fond de la cuve et se trouve perdue. Examinée au microscope, la levure mûre se présente sous l'aspect de cellules isolées, bien développées et exemptes de bourgeonnement. L'appréciation de l'état de maturité se fait, en outre, au moyen des caractères extérieurs de l'écume : l'apparence laiteuse et le début de la chute de la mousse sont les deux meilleurs points de repère.

Ce phénomène de la montée de la levure est lié d'abord intimement à l'état de viscosité du moût et tous les efforts du fabricant doivent tendre à obtenir le moût à l'état voulu. Cette constitution particulière du liquide dépend de la nature du grain mis en œuvre, de la concentration du moût, de la saccharification, etc. Nous avons vu que le sarrasin diminue aussi la viscosité du liquide et facilite la montée. L'orge et le maïs diminuent aussi la viscosité, mais ils sont sans action sur la montée.

Si le moût est trop concentré, sa consistance pâteuse gène le phénomène : la meilleure concentration paraît être de 10 à 12° Balling. La dextrine agit également sur l'état du moût. Quand la saccharification est mauvaise et quand il se forme beaucoup de dextrines, il arrive souvent que les cuves moussent fortement : dans ce cas, le rendement en levure est généralement bon, mais cette levure manque d'activité. La qualité du levain influe enfin beaucoup sur la mousse : si le levain est insuffisamment acide, les mousses sont très abondantes, sans consistance et débordent facilement; le développement de la levure est incomplet et la force fermentative laisse à désirer. Les mêmes inconvénients se manifestent avec les levains dont la maturité est imparfaite.

Récolte de la levure. — La récolte de la levure se fait avec des palettes en fer blanc, munies d'un long manche. On écume le moût jusqu'à ce que la surface du liquide apparaisse, puis on laisse se former une nouvelle couche qu'on enlève à son tour. Quand on est arrivé au niveau du moût, on repousse, au moyen d'une planchette flexible, ce qui reste d'écume dans un coin de la cuve où on la récolte. Dans les cuves carrées, on rend souvent mobile le haut de la cuve sur un côté et on fait écouler les hautes mousses par ce déversoir.

On doit avoir soin d'enlever l'écume et de laisser le moût, car la présence du moût rend la levure très altérable et le pressurage difficile.

Traitement de la levure récoltée. — La levure recueillie doit être immédiatement lavée à l'eau froide. A cet effet, on la place dans une rigole où coule de l'eau et la levure se trouve ainsi entraînée dans une cuve de décantation. On lui fait subir d'abord un tamisage qui la débarrasse des drèches et des matières étrangères. Ce travail se fait mécaniquement sur les tamiseurs à secousses qui donnent d'excellents résultats. Ces appareils comprennent ordinairement deux tamis. Le tamis supérieur est double : le dessus est formé de toile métallique et retient les grosses particules et les drèches; le dessous est en soie très serrée et ne laisse passer que la levure. Les drèches retenues sur le tamis supérieur sont délayées et passent ensuite sur un second tamis métallique. Les drèches sont de nouveau séparées et la levure qui traverse est renvoyée sur le tamis supérieur.

La levure réunie dans la cuve de décantation doit alors être lavée. On utilise pour cette opération des bacs dans lesquels on place la levure et de l'eau très froide. La température la plus favorable paraît être de 9 à 12°; quand elle est plus basse, la décantation se fait difficilement; quand elle est plus élevée, l'activité de la levure se réveille. La levure ne doit pas être en trop grande quantité, afin que le dépôt puisse se faire rapidement. Au bout de quelques heures de dépôt dans ces cuves, on décante la couche surnageante et on élimine ainsi les particules restées en suspension, composées surtout de fins débris de drèches, de cellules mal développées, etc. On désigne ces matières sous le nom de *levure grise*. Cette couche est décantée avec soin et envoyée à la distillation pour extraire l'alcool qu'elle contient. On procède alors à un deuxième lavage de la levure restée dans le bac, et, après dépôt, on décante, on enlève la partie supérieure qui constitue la levure grise, et on recueille la couche inférieure de bonne levure pour la soumettre au pressurage.

Le pressurage s'effectuait autrefois dans les petites usines en enfermant la levure dans des sacs qu'on pressait au moyen de presses à vis. Le travail se fait aujourd'hui au filtre-presse. On utilise en fabrique de levure le filtre-presse sans cadres. Cet appareil se compose en principe de plateaux serrés les uns contre les autres, et reposant par des oreilles latérales sur deux montants parallèles sur lesquels ils glissent. Ils sont placés entre deux sommiers, l'un fixe et l'autre mobile. Le serrage se fait par une vis centrale ou par deux vis placées sur chacun des tirants. Chaque plateau est placé contre son voisin de manière que deux plateaux forment avec leurs bords une cloison étanche. La partie intérieure de chaque plateau est moins large que les bords, et il se forme ainsi entre deux plateaux juxtaposés une poche dans laquelle s'accumule la matière à filtrer. La surface interne des plateaux est cannelée et chacun porte, à cheval sur lui, une toile qui vient s'appliquer contre ses parois. La levure est envoyée entre les plateaux au moyen d'une pompe qui peut comprimer la masse jusqu'à 6 ou 7 atmosphères : le liquide filtre à travers les toiles et s'écoule par le robinet de chaque plateau, tandis que la levure s'accumule entre les toiles en formant un gâteau. Quand le filtre est plein, on desserre, on fait tomber les tourteaux de levure et on recommence une nouvelle opération.

Cette filtration au filtre-presse est parfois très difficile. Pour la rendre plus aisée, on ajoute souvent à la levure une certaine proportion de fécule ou d'amidon après l'écoulement de la dernière eau de lavage. L'amidon absorbe énergiquement l'eau de la levure, et le pressurage devient beaucoup plus facile.

Les tourteaux de levure sortant du filtre-presse sont tassés très fortement dans des cuvelles et mis ensuite en sacs ou en pains. Quand on place la levure en sacs, on la tasse fortement dans des sacs en toile et on passe les sacs à la presse. Pour la débiter en paquets, on se sert de machines à briquettes spéciales qui font sortir la levure sous forme de pains qu'on coupe à la longueur voulue. On les emballe dans un premier papier assez perméable pour permettre la dessiccation superficielle de la levure, puis dans un second papier plus résistant.

Traitement des vinasses. — La drèche qui sort de la colonne à distiller est ordinairement traitée de la façon suivante, quand on doit faire rentrer dans le travail les clairs de vinasses. On l'envoie dans des cuves de décantation, après lui avoir parfois fait subir une cuisson sous pression de vingt minutes pour la stériliser et faciliter le dépôt. Quand la clarification s'est produite, on décante les parties claires dans d'autres cuves où le dépôt s'achève, et les clairs de vinasses ainsi obtenus sont refroidis pour rentrer dans le travail. Il est très important, pour avoir une bonne montée de levure, et un produit bien blanc, d'avoir des clairs parfaitement décantés et cette partie du travail doit être spécialement surveillée dans le procédé viennois.

Procédés de fabrication de la levure en moûts clairs.

Procédé hollandais. — Le moût est préparé par une des méthodes ordinaires et ensemencé avec une quantité donnée de levure. On décante alors le liquide clair qui recouvre la drèche et on fait fermenter séparément le liquide et le dépôt. La levure de surface fournie par la fermentation du liquide clair est seule récoltée; quand cette récolte est faite, on réunit le liquide avec les dépôts précédemment séparés et on poursuit le travail pour la production de l'alcool.

Procédé aéro-levure. — Pasteur nous a montré, dans son expérience classique sur la culture de la levure en large surface dans une cuvette et en profondeur dans un ballon rempli complètement, que l'aération augmente considérablement la production de levure en diminuant le rendement en alcool. On peut donc prévoir qu'en préparant un moût clair et en aérant abondamment ce moût, il doit être possible de faire de la levure le produit principal de cette fabrication, l'alcool n'étant plus qu'un sous-produit. Si donc les considérations fiscales engagent le fabricant de levure à réduire au minimum la quantité d'alcool formé et à porter au maximum la production de levure, la méthode viennoise doit être considérée comme tout à fait défectueuse. En outre, cette méthode présente, comme nous l'avons vu, de gros inconvénients et de grandes difficultés pratiques : aussi a-t-on recherché pour cette fabrication des méthodes plus rationnelles, permettant d'augmenter beaucoup le rendement en levure.

Le procédé d'aéro-levure, adopté aujourd'hui dans un grand nombre de fabriques de levure d'Allemagne et dans presque toutes les usines belges, consiste en principe à préparer un moût clair et acide, à y produire une levure de dépôt très abondante par aération intense et à séparer la levure produite au moyen du filtre-presse. On obtient ainsi la totalité de la levure formée sans avoir recours à la montée et à l'écumage.

Préparation du moût. — Les matières premières utilisées sont les mêmes que pour la méthode viennoise, mais il est nécessaire d'employer une proportion de malt plus forte pour pouvoir filtrer plus facilement le moût. On utilise notamment l'orge à l'état de malt vert, le seigle, le maïs, les vesces, etc. Ces matières premières sont souvent additionnées de matières nutritives, notamment de radicelles de malt ou touraillons, pour enrichir le moût en matières azotées.

Le seigle est d'abord trempé pour faciliter le broyage au degré voulu. On emploie à cet effet de l'eau à 15° ou 16° dans laquelle on laisse séjourner le grain pendant environ vingt heures. On l'étale ensuite en couches pendant une journée et une nuit environ, afin de provoquer un commencement de germination. Le malt vert et le seigle ainsi trempé sont alors broyés dans des broyeurs à cylindres. Il importe de ne pas faire une mouture trop fine qui rendrait la filtration difficile et de ne pas abîmer les pailles qui font l'office de matière filtrante, surtout quand la séparation du moût clair doit avoir lieu sur le faux-fond d'une cuve.

L'empâtage se fait à 40° dans le macérateur, puis on monte lentement à 52-53°. On maintient cette température pendant une demi-heure pour favoriser la solubilisation des matières azotées, puis on fait arriver le maïs empesé à part à 90° ou cuit sous pression et on élève ainsi la température à 62°, où la saccharification s'achève. On ajoute parfois avant la saccharification une petite dose d'acide sulfurique. L'action de cette acidification est encore mal connue; il est probable que la dose faible employée favorise l'action de l'amylase et des diastases peptiques : la saccharification est ainsi meilleure et la dissolution des matières azotées plus parfaite. Le développement des organismes nuisibles peut être aussi retardé.

Acidification. — On fait alors subir à toute la masse une acidification lactique par voie bactérienne. On abaisse la température à 52-56° et on laisse acidifier jusqu'au point voulu. On a souvent recours en même temps à l'acidification artificielle en ajoutant au liquide, après saccharification et avant acidification bactérienne, une faible quantité d'acide lactique ou d'acide sulfurique dans le but de favoriser la dissolution des matières azotées. Mais le rôle de cette acidification n'est pas encore bien établi. En effet, les récentes recherches de M. Lecocq ont montré que dans l'acidification bactérienne, il se produit bien une solubilisation des matières azotées, mais les acides ajoutés avant acidification ne semblent pas avoir une influence favorable sur cette solubilisation. Bien au contraire, les matières azotées semblent insolubilisées par cette addition d'acide. En outre, la marche de l'acidification bactérienne est toujours retardée par l'addition des acides lactique et sulfurique. M. Lecocq a constaté, d'autre part, que l'addition de ces acides avant acidification bactérienne a une influence très marquée sur la solubilisation de la potasse et de l'acide phosphorique. Ces matières minérales favorables à la levure sont dissoutes en beaucoup plus grandes proportions et peut-être est-ce là une des causes de l'action bienfaisante des acides lactique et sulfurique.

Filtration du moût. — Après acidification, on réchauffe à 68° pour produire une stérilisation partielle, et on filtre à clair.

La filtration peut se faire soit sur faux-fond dans une cuve à filtrer, soit par filtre-presse. La filtration sur faux-fond se fait soit dans la cuve matière elle-même disposée spécialement à cet effet, soit dans une cuve à filtrer spéciale. A la partie supérieure de la cuve se trouve la croix écossaise qui sert au lavage des drèches. Le soutirage s'effectue comme en brasserie, au moyen des robinets de mise en perce et des tuyaux qui aboutissent sous le faux-fond. Les premières portions qui passent troubles sont renvoyées dans la cuve, puis on recueille le liquide clair. L'épuisement des drèches se fait par lavages à la croix écossaise, suivis de soutirage.

Cette méthode a l'inconvénient d'être longue, et elle a été remplacée dans beaucoup d'usines par la filtration au filtre-presse. Le moût saccharifié et acidifié est alors envoyé par des pompes dans le filtre-presse; les gâteaux de drèches ainsi obtenus sont lavés et on obtient ainsi un moût clair. Ce moût est ordinairement additionné de sulfate d'ammoniaque ou de phosphate d'ammoniaque. Le rôle de cette addition est encore mal élucidé : on admet généralement qu'elle favorise l'activité de la levure. Les expériences de M. Lecocq ont montré que ces sels diminuent le rendement en levure; le phosphate d'ammoniaque employé seul ou en présence d'acide sulfurique augmente l'activité et la diminue en présence d'acide lactique; le sulfate d'ammoniaque seul est sans action; il augmente l'activité de la levure en présence d'acide lactique et la diminue en présence d'acide sulfurique. Cette addition de sels nutritifs peut donc être parfois utile, parfois nuisible, suivant les conditions de fabrication.

Fermentation du moût. — Le moût refroidi à 28-29° est ensemencé avec 3 kilogrammes de levure pressée par 100 kilogrammes de grains, et on commence à injecter l'air aussitôt. Les cuves de fermentation ne doivent être remplies qu'à moitié à cause de la mousse énorme qui se produit. L'injection d'air comprimé se fait par un tuyau perforé, et cet air passe au préalable à travers un filtre à coton qui le débarrasse de ses germes.

Sous l'influence de cette aération intense, la levure se multiplie rapidement. La température s'élève, mais on la maintient à 30° pendant toute la durée de la fermentation au moyen d'un serpentin réfrigérant placé dans la cuve.

Récolte de la levure. — Au bout de douze à quatorze heures, la fermentation est généralement assez avancée pour qu'on puisse récolter la levure. On refroidit rapidement le liquide à 12 ou 15°, et on l'envoie dans des bacs plats de dépôt, où la levure se précipite. La levure déposée est séparée par décantation : le liquide fermenté qui surnage est envoyé à la distillation, et le dépôt de levure est soumis aux lavages comme dans la méthode viennoise, puis au pressurage au filtre-presse.

Résultats fournis par ce mode de travail. — Le procédé aérolevure a l'avantage de fournir des rendements en levure beaucoup plus considérables que la méthode viennoise. Avec cette dernière méthode, on obtient en moyenne en levure 10 à 12 p. 100 du poids du grain mis en œuvre, et 26 à 30 p. 100 d'alcool. Dans le procédé aéro-levure, on obtient généralement 20 à 24 p. 100 de levure et 14 à 20 p. 100 d'alcool. La proportion de levure obtenue est donc plus forte, mais le rendement en alcool s'abaisse, car nous savons que les deux phénomènes de la multiplication de la levure et de la formation de l'alcool sont solidaires, et qu'il n'est pas possible, avec une même quantité de matière première, de favoriser le rendement maximum en levure sans diminuer le rendement en alcool, ou inversement.

Le procédé aéro-levure a en outre l'avantage d'être plus simple, moins empirique et plus facile que le procédé viennois. Cependant certaines de ses parties sont encore assez mal connues et demandent de nouvelles études.

Conservation de la levure.

La levure pressée se conserve très difficilement à l'état humide. Quand on veut l'expédier à de grandes distances et la conserver longtemps, il est nécessaire de la dessécher. Beaucoup de méthodes ont été préconisées dans ce but. Le procédé Kieselwalter consiste à mettre la levure en contact avec de l'alcool pendant quelques heures, puis à presser cette levure et à la dessécher dans un courant d'air. La poudre obtenue est conservée dans des bouteilles bien fermées. Dans le procédé Reinke, on enveloppe la levure dans du papier buvard stérile, et on passe la masse au rouleau entre des feuilles d'amiante desséchées et stérilisées. L'humidité est ainsi absorbée; on complète la dessiccation sur des plaques de plâtre et on enferme la levure dans des boîtes en fer-blanc.

On a également tenté de dessécher la levure pressée en la mélangeant avec des substances qui absorbent l'humidité et en desséchant ensuite la masse à basse température. Balling mélange la levure avec de la farine et du noir animal; on peut également employer le plâtre (Pasteur), le houblon, le charbon de bois pulvérisé, etc. MM. Boidin et Collette ont préconisé l'emploi de la fécule anhydre. La levure est réduite en petites boules, mélangée d'abord de fécule ordinaire et placée ensuite dans des sacs en coton qu'on soumet à la dessiccation par la fécule anhydre dans des tambours rotatifs. On obtient ainsi une levure tout à fait sèche, qui se conserve parfaitement et garde pendant très longtemps son pouvoir fermentescible.

VII. — FERMENTATION DES MOUTS DE CANNES A SUCRE, DE FRUITS, DE MIELS ET DE MATIÈRES DIVERSES.

Fermentation des moûts de cannes à sucre. — La canne à sucre porte à sa surface un grand nombre de levures et de ferments étrangers. Le jus de cannes abandonné à lui-même entre donc en fermentation spontanée. Aussi, très fréquemment, les moûts de cannes préparés comme nous l'avons exposé plus haut ne sont pas ensemencés par les producteurs de rhum de vesou. Parfois la fermentation débute franchement; les ferments de maladie ne peuvent se multiplier que faiblement par suite de la vigueur de la fermentation alcoolique, et on obtient un bon rendement en alcool. Mais il arrive souvent que les microbes nuisibles prennent possession du moût avant que la levure se soit développée, le liquide s'acidifie et le rendement diminue souvent de moitié en même temps que la qualité du produit s'abaisse.

Quand la fermentation est bonne, elle dure de trois à quatre jours. Le départ a généralement lieu à la température de 28°, mais par suite de l'activité de la fermentation, cette température s'élève rapidement à 38-40°, ce qui présente de gros inconvénients au point de vue du rendement. On ne peut pas songer à refroidir les cuves artificiellement à cause du manque d'eau froide : le meilleur moyen de lutter contre l'élévation de température consiste à employer des cuves de petites dimensions, contenant, par exemple, seulement 20 à 30 hectolitres. Quand la fermentation est mauvaise, elle dure six ou huit jours, l'acidité augmente et le rendement en alcool est d'autant plus faible que la fermentation a été plus longue. Les deux exemples suivants, empruntés à M. Pairault, indiquent les caractères du moût en bonne et en mauvaise fermentation.

Bonne fermentation.

	CHARGEMENT.	APRÈS			
		12 heures.	24 heures.	48 heures.	60 heures.
Densité	1.047	1,043	1.038	1.000	0,995
Acidité en SO^4H^2 p. 100	0.22	0.25	0.26	0.42	0.44
Alcool en vol. p. 100.	0	1.65	2,2	6,6	7.1
Sucre total p. 100.	13,1	10.5	10.0	1,08	0.25
Extrait sec p. 100.	14,2	11.4	11.2	3.01	2.1
Température	29°	32°	34°	38°	39°

Rendement théorique : $8^{lit},200$ d'alcool pur par hectol. de moût.
— obtenu : $7^{lit},100$ — —
Perte à la fermentation : $1^{lit},100$. — —

Mauvaise fermentation.

	JOURS							
	1°	2°	3°	4°	5°	6°	7°	8°
Densité	1,050	1.035	1,015	1.009	1,007	1,005	1,005	1,005
Acidité en SO^4H^2 p. 100	0,25	0,58	0,70	0.74	0,78	0,79	0,81	0,83
Alcool en volumes p. 100	traces.	2,0	4.1	4.8	5,4	4,9	4,9	4.7
Sucre tot. p. 100.	11,6	6,70	2,63	0,99	0,71	0,32	0.25	traces.
Extrait sec p. 100.	13,6	10,4	6,1	5,02	4,67	3,50	3.60	»

Rendement théorique : $7^{lit},077$ d'alcool pur par hectol. de moût.
— obtenu : $4^{lit},700$ — —
Perte à la fermentation : $2^{lit},307$ — —

Ces chiffres montrent l'importance de la bonne marche de la fermentation au point de vue du rendement.

L'ensemencement des moûts de cannes au moyen de levures sélectionnées bien appropriées peut rendre, sous ce rapport, de très grands services. Mais il est indispensable d'employer des levures de cannes qui seules peuvent donner l'arome qui fait la valeur du produit. Il est facile de sélectionner ces levures en isolant, par les méthodes bactériologiques usuelles, les ferments alcooliques d'une cuve de vesou dont la fermentation a été très bonne. Les laboratoires scientifiques peuvent d'ailleurs fournir des semences de levures excellentes sous ce rapport. Voici comment M. Pairault conseille d'opérer. La multiplication de la levure envoyée en petite quantité par le laboratoire se fait d'abord dans une dame-jeanne en verre remplie de moût de cannes stérilisé par ébullition, et refroidi dans la bouteille. Au bout de vingt-quatre heures, ce premier levain est à point, et on l'utilise pour ensemencer une petite cuve en bois, d'un volume dix fois plus grand, et remplie de moût stérilisé. Vingt-quatre heures après, ce deuxième levain est prêt et sert à ensemencer la cuve-mère. Cette cuve est en bois; elle est munie d'un couvercle métallique, et elle est placée au-dessous d'une autre cuve semblable dite cuve à stériliser portant un tuyau pour l'injection de la vapeur et un serpentin réfrigérant. On prépare dans cette cuve du moût stérilisé, on le refroidit au point voulu; puis on fait arriver le levain dans la cuve-mère, et on fait couler peu à peu le moût stérilisé sur le levain. Au bout de vingt-quatre heures, le liquide de la cuve-mère est en pleine fermentation, et on le distribue dans les cuves à raison de 10 litres par hectolitre de moût. La capacité de la cuve-mère doit donc être légèrement supérieure au dixième de la capacité totale de l'atelier, afin qu'il reste après usage, dans cette cuve, un pied de cuve d'environ 200 litres sur lequel on fait arriver de nouveau du moût stérilisé. La cuve-mère fournit ainsi une série de levains. Tous les huit ou quinze jours, on la liquide et on recommence une opération en partant d'une nouvelle semence de levure pure.

Cette méthode est applicable aux petites distilleries agricoles qui ne peuvent pas faire l'achat d'un appareil coûteux pour la production des levains. Dans les grandes rhummeries, l'emploi des appareils de Barbet ou de Fernbach, précédemment décrits, serait évidemment préférable, mais l'importance des rhummeries de vesou est ordinairement trop faible pour permettre ce mode de travail.

Fermentation des moûts de fruits. — La fermentation des cerises peut se faire différemment suivant le mode de préparation du moût. Parfois les fruits entiers, simplement malaxés, sont abandonnés à la fermentation spontanée. Les levures qui se trouvent à la surface des fruits se développent, et la fermentation alcoolique est terminée au bout d'une quinzaine de jours. Quand on foule les fruits au moyen de cylindres en bois, on arrose la pulpe avec un peu d'eau tiède, et on abandonne à la fermentation spontanée à 20-25°, soit dans des cuves ouvertes, soit dans des cuves fermées. Au bout de quinze à vingt jours, on soutire le jus, on presse le marc, et on procède à la distillation du liquide alcoolique. Fréquemment, pour améliorer le produit, on conserve le liquide fermenté pendant un certain temps : le goût de noyau devient plus accentué, et le kirsch obtenu est plus aromatique.

La fermentation des prunes se fait de la même manière que celle des cerises. La masse est abandonnée à la fermentation spontanée dans des cuves ou dans des fûts. Il arrive fréquemment qu'on conserve le moût en tonneaux fermés pendant plusieurs mois avant de le distiller. Certains fabricants attendent même deux ou trois ans, et prétendent qu'on obtient, par cette méthode, des eaux-de-vie beaucoup plus claires et plus fines. Mais dans ce cas, il est important de laisser les tonneaux hermétiquement clos, pour éviter l'altération des moûts fermentés.

Les mûres, les myrtilles, les framboises, les groseilles, les figues, etc., fermentent comme les cerises et les prunes.

Dans le mode de travail décrit plus haut, on utilise la fermentation spontanée produite par les levures qui se trouvent à la surface des fruits mûrs. Ces levures sont souvent peu actives; la fermentation est par suite paresseuse, et les mauvais ferments s'emparent facilement du moût. Il reste toujours une proportion plus ou moins grande de sucre non fermenté, et le rendement en eau-de-vie reste faible. Aussi est-il très utile d'employer, dans cette fabrication des eaux-de-vie de fruits, les levures sélectionnées. Les levures de vin sont particulièrement recommandables, ou les levures de fruits isolées de fermentations actives de moûts de fruits. Si on ne fabrique qu'une très faible quantité d'eau-de-vie, il suffit de mélanger la levure pure fournie par un laboratoire avec les premiers fruits écrasés, et, dès que la fermentation est bien établie, on ajoute le reste des fruits. Si on doit fabriquer beaucoup d'eau-de-vie, on doit procéder à la préparation d'un levain. Pour 10 hectolitres de moût de fruits, on prépare un moût de levain composé de 10 litres d'eau, 1 kilogramme de sucre, 20 grammes d'acide tartrique et 20 centimètres cubes de maltopeptone. La maltopeptone peut être remplacée par une des formules nutritives que nous avons indiquées dans notre ouvrage consacré à la brasserie et aux hydromels (1). On fait bouillir pendant quelques minutes dans un récipient muni d'un couvercle, puis on laisse refroidir à 25°, et on ensemence avec le flacon de levure pure sélectionnée. Au bout de trois ou quatre jours, le liquide est en pleine fermentation, on le déverse alors dans la cuve, et on l'incorpore aux fruits ou au jus de fruits à faire fermenter. On obtient ainsi une fermentation plus rapide et plus régulière, un rendement plus élevé en eau-de-vie, et une meilleure qualité de produit.

Fermentation des moûts de miels. — Le miel renferme très peu de levure; le pollen en renferme davantage, mais ces levures manquent souvent d'activité. Aussi si on abandonne le moût de miel à la fermentation spontanée, le départ de la fermentation est lent et la transformation du sucre reste le plus souvent incomplète. En outre les microbes nuisibles se développent, augmentent l'acidité et diminuent la qualité du produit. Il est donc indispensable d'introduire dans le moût de miel une levure active et vigoureuse. Les levures qui conviennent le mieux sont les levures sélectionnées de vin, ou les bonnes levures de pollen, préalablement isolées et étudiées au laboratoire. On opère, pour la préparation du levain, comme pour les moûts de fruits, en utilisant un moût de

(1) Voy. E. Boullanger, *Industries de fermentation : Brasserie, Hydromels*, p. 514 (Encyclopédie agricole).

levain contenant 250 grammes de miel par litre d'eau et additionné d'une formule nutritive convenable (1). Après stérilisation par ébullition et refroidissement à 20-25°, on ensemence ce moût avec la levure sélectionnée ; au bout de trois jours, la fermentation est généralement très active, et on déverse ce levain dans le moût principal, préparé comme nous l'avons vu précédemment. Il est bon d'employer une proportion de levain assez forte et d'utiliser par exemple 5 litres de levain par hectolitre de moût. La fermentation est ainsi plus active, et l'invasion du moût par les microbes nuisibles est moins à craindre.

Dans ces conditions, la fermentation dure environ une huitaine de jours. Le liquide est alors soumis à la distillation.

Dans les pays où on possède quelques vignes, on peut préparer le levain au moyen du jus de raisins. On écrase une certaine quantité de raisins frais, et quand la fermentation est en pleine activité, on se sert de ce liquide pour ensemencer le moût de miel. La même méthode peut être employée avec les pommes. Il suffit de préparer du moût de pommes à raison de 10 p. 100 du moût de miel, de laisser la fermentation partir dans le moût de pommes et de le mélanger ensuite au moût de miel.

Fermentation des moûts de matières alcoolisables diverses. — Les moûts de dattes doivent être ensemencés, car les levures sont peu abondantes sur ces fruits; on peut utiliser la levure de bière, mais il est préférable de multiplier au préalable, sous forme de levain, une levure sélectionnée, en suivant la méthode indiquée ci-dessus pour les moûts de fruits et de miels. La fermentation n'est pas très active, et dure une dizaine de jours; on peut l'abréger en additionnant le moût de dattes de matières nutritives azotées (maltopeptone, sulfate d'ammoniaque, etc.).

Les moûts de caroubes fermentent avec difficulté à cause de la présence de l'acide butyrique. Il est nécessaire d'ensemencer le moût par levains préparés avec du jus stérilisé. Le

(1) Voy. E. Boullanger, *Brasserie, Hydromels* (Encyclopédie agricole), p. 314.

travail des tiges de sorgho, des tiges vertes de maïs ne présente pas de particularités : l'emploi de levains de levures sélectionnées est ici particulièrement recommandable.

La fermentation des moûts de patates douces est analogue à celle des moûts de pommes de terre.

VIII. — EXAMEN DES LEVAINS ET DES LEVURES. ANALYSE DES JUS FERMENTÉS.

Examen des levains et des levures.

Les levains préparés soit avec la levure pure pour la distillerie de betteraves ou de mélasses, soit par la méthode d'Effront à l'acide fluorhydrique, doivent être examinés au point de vue microbiologique et au point de vue chimique. L'examen microscopique est indispensable pour se rendre compte de la pureté de la levure. Il se fait en examinant une gouttelette du liquide soit avec l'objectif 8, soit avec l'objectif à immersion. Si une faute a été commise lors de la préparation du levain et si une infection s'est produite, le microscope la révèle et le levain ne doit pas être utilisé. En outre l'aspect de la levure renseigne sur son état physiologique : les cellules doivent être bien développées, régulières et homogènes. L'examen chimique porte surtout sur l'acidité et sur la densité. L'acidité se dose sur 20 centimètres cubes de moût, au moyen d'une solution de soude normale : elle ne doit pas sensiblement augmenter pendant la préparation du levain. La densité se prend au densimètre : elle doit être descendue au point voulu, et, en général, elle doit avoir au moins diminué de moitié, en distillerie de betteraves et de mélasses, pour que le levain soit mûr. Ordinairement, on se contente de ces caractères et on ne procède pas à une analyse chimique complète du moût de levain fermenté. Le dosage de l'alcool peut cependant dans certains cas rendre des services : il s'effectue par une des méthodes que nous indiquerons plus loin.

L'examen des levains lactiques doit se faire après acidification et après fermentation. Après acidification, on détermine le degré de concentration du moût, l'acidité volatile, et le degré de saccharification : on doit y joindre un examen microscopique.

La concentration se détermine au moyen du saccharomètre Balling, comme nous l'avons vu pour les moûts sucrés. L'acidité se dose sur 20 centimètres cubes de moût, au moyen d'une solution de soude normale, en employant la méthode indiquée précédemment pour les moûts de betteraves. On désigne sous le nom de degré d'acidité le nombre de centimètres cubes de soude normale nécessaires pour saturer 20 centimètres cubes de moût. On peut également évaluer l'acidité en acide sulfurique, sachant que 1 centimètre cube de soude normale correspond à 49 milligrammes d'acide sulfurique.

Le dosage des acides volatils se fait pratiquement sur 100 centimètres cubes de moût filtré, qu'on évapore dans une capsule de porcelaine jusqu'à 20 centimètres cubes. On ramène à 100 centimètres cubes et on dose l'acidité sur 20 centimètres cubes en employant la solution de soude normale. On obtient ainsi l'acidité fixe, et cette acidité, retranchée de l'acidité totale, donne l'acidité volatile. Cette méthode n'est évidemment qu'approchée, car il reste des acides volatils dans le résidu et en outre une partie de l'acide lactique disparaît par ébullition, mais elle fournit des renseignements suffisants pour la pratique. Il n'est pas recommandable de procéder ici à plusieurs évaporations successives pour éliminer complètement les acides volatils, car l'entraînement de l'acide lactique cause une erreur encore plus grande.

Le degré de saccharification s'observe au moyen de la solution d'iode qu'on fait agir séparément sur les pailles et sur le liquide filtré, comme nous l'avons vu pour les moûts saccharifiés. On ne fait pas ordinairement le dosage de l'amidon restant, du maltose et de la dextrine, mais s'il y a lieu de le faire, on emploie les méthodes que nous avons exposées à l'analyse des moûts.

L'examen microscopique permet enfin de se rendre compte du développement du ferment lactique et de la pureté de ce ferment.

Après fermentation alcoolique, le levain doit être examiné sous le rapport de la concentration, de l'acidité, de la teneur en maltose, en dextrines et en alcool. On y joint souvent le dosage de l'azote soluble, et les déterminations de la force fermentative et de l'activité de poussée de la levure. Enfin on fait l'examen microscopique.

Le degré d'atténuation se prend au moyen du saccharomètre qu'on plonge dans le moût filtré. L'acidité se dose, comme nous l'avons vu plus haut, sur 20 centimètres cubes de moût, avec la solution de soude normale. Le maltose et les dextrines se déterminent par les méthodes indiquées à l'analyse des moûts sucrés, et l'alcool se dose par un des procédés que nous indiquerons plus loin. L'azote soluble est dosé sur le moût filtré par la méthode de Kjeldahl précédemment décrite.

Les déterminations de la force fermentative et de la force de poussée se font ordinairement sur la levure pressée, mais on peut également les effectuer sur les levains à maturité.

On détermine la force fermentative de la levure ou du levain en délayant 5 grammes de levure pressée ou 50 grammes de levain dans une capsule de porcelaine avec quelques centimètres cubes d'une solution de saccharose à 10 p. 100 dans l'eau distillée. On introduit la masse dans un flacon en lavant avec la solution sucrée, de manière à utiliser en tout 400 centimètres cubes de cette solution. Le flacon est bouché par un bouchon de caoutchouc à un trou, portant un tube de dégagement muni d'un petit barboteur à acide sulfurique pour dessécher l'acide carbonique qui se dégage. On pèse l'appareil, on le place dans une étuve à 30°, et on pèse de nouveau après vingt-quatre heures. La perte de poids donne l'acide carbonique dégagé, qui sert de mesure pour la force fermentative de la levure.

La force de poussée de la levure, désignée sous le nom d'activité, correspond à l'activité de départ de la fermentation mesurée par le dégagement d'acide carbonique dans un temps relativement court. Cette détermination se fait au moyen des appareils d'Hayduck ou de Kusserow. Dans l'appareil d'Hayduck, on place dans un flacon 10 grammes de levure avec 400 centimètres cubes d'une solution de saccharose à 10 p. 100. Le flacon est mis au bain-marie à 30°. Au bout d'une heure, on ferme le flacon avec un bouchon qui communique par l'intermédiaire d'un tuyau de caoutchouc avec un tube gradué dans lequel on peut faire arriver de l'eau jusqu'au trait supérieur marqué zéro, au moyen d'un réservoir formant vase communicant avec ce tube. L'acide carbonique qui se dégage refoule peu à peu l'eau dans le tube gradué ; on évite l'augmentation de pression en abaissant peu à peu le réservoir de manière à maintenir toujours le liquide au même niveau dans le tube et dans le réservoir avec lequel il communique. Au bout d'une demi-heure, on arrête l'expérience, et on mesure l'acide carbonique dégagé.

Dans l'appareil de Kusserow, le flacon où on place la levure et la solution sucrée est relié à la partie supérieure avec une boule de verre remplie partiellement avec de l'eau distillée. La pression de l'acide carbonique vient agir sur la surface de cette eau qui s'écoule, par un tube recourbé en siphon, dans une éprouvette graduée. Il s'échappe ainsi autant de centimètres cubes d'eau qu'il s'est dégagé de centimètres cubes d'acide carbonique : le volume d'eau écoulé dans la troisième demi-heure mesure l'activité de la levure.

Les bonnes levures dégagent dans ces conditions 250 à 300 centimètres cubes d'acide carbonique ; les levures de qualité et de force supérieures dégagent 350 à 450 centimètres cubes.

Enfin l'examen microscopique du levain permet de se rendre compte de la pureté de la levure, de son état de développement et du nombre de cellules formées. Cette dernière détermination se fait dans un porte-objet à cavité sur lequel on a collé un couvre-objet très mince, dans le milieu duquel on a pratiqué une ouverture. Le couvre-objet est divisé en carrés de 50 μ de côté et représentant une surface de $0^{mmq},0025$. La hauteur de la chambre étant de $0^{mm},2$, chaque carré est la base d'un prisme de $0^{mmc},0005$ de volume.

Pour effectuer l'opération, on prélève 50 centimètres cubes du liquide à examiner, bien agité, on le dilue au dixième ; on mélange intimement, on prend une goutte du liquide qu'on introduit dans la petite chambre du porte-objet. On compte le nombre de globules contenus dans douze carrés, et on répète cette opération quatre ou cinq fois. On prend la moyenne des résultats ainsi obtenus, et on ramène le chiffre à un litre de moût en tenant compte du volume du prisme et de la dilution.

Analyse des jus fermentés.

Analyse des vins de betteraves. — Les principales analyses à effectuer sur les vins de betteraves sont la prise de densité, le sucre restant, l'acidité totale, l'acidité volatile et l'alcool. On doit y joindre l'examen microscopique du liquide fermenté.

La densité se prend au densimètre ou au saccharomètre. Mais il faut remarquer qu'ici le saccharomètre ne donne pas la proportion exacte d'extrait resté dans le vin. Celui-ci contient en effet de l'alcool, qui vient abaisser la densité du liquide. On n'obtient donc qu'un degré apparent, faussé par la présence de l'alcool. Le degré saccharométrique réel s'obtient en chassant l'alcool par distillation et en ramenant le liquide au volume primitif avant d'y plonger le saccharomètre. Avec le densimètre, on obtient ainsi la densité réelle.

Le dosage du sucre restant est particulièrement important. Il se fait au moyen de la liqueur cupropotassique, après inversion Clerget, par une des méthodes que nous avons précédemment indiquées à propos de l'analyse des jus de betteraves. L'acidité totale se dose par le même procédé que celui que nous avons exposé à l'analyse des moûts. L'acidité volatile se détermine en titrant l'acidité après plusieurs ébullitions successives et concentrations au quart. On obtient ainsi l'acidité fixe, qui, retranchée de l'acidité totale, donne l'acidité volatile. Quand on veut connaître non seulement la quantité d'acides volatils présents dans le vin, mais aussi leur nature, il faut recourir à la méthode de distillation fractionnée de Duclaux (1).

(1) Voy. E. Duclaux, *Traité de Microbiologie*, t. III, p. 384.

Dosage de l'alcool dans les liquides fermentés. — Le dosage de l'alcool peut se faire soit par distillation, soit par l'ébullioscope, soit par la comparaison de la densité du vin avant et après départ de l'alcool. Les méthodes du vaporimètre et du compte-gouttes ne sont pas recommandables pour le dosage de l'alcool dans les vins; elles sont au contraire excellentes pour le contrôle des vinasses et nous les étudierons plus loin.[1]

Pour doser l'alcool par distillation, on mesure 250 centimètres cubes de jus fermenté, on les place dans un ballon qu'on relie à un réfrigérant de Liebig, et on distille environ 150 centimètres cubes de liquide. On ramène exactement à 250 centimètres cubes le liquide distillé, à la température de 15°; on le place dans une éprouvette en verre de 30 centimètres de hauteur et de 36 millimètres de diamètre et on prend le titre alcoolique à 15° au moyen de l'alcoomètre divisé en 1/5 de degré. On peut également déterminer la densité du liquide distillé, par la méthode du flacon, et en déduire le titre alcoolique au moyen de tables qui donnent le degré alcoolique correspondant à la densité.

Le dosage à l'ébullioscope est basé sur ce fait que plus un liquide est riche en alcool, plus le point d'ébullition de ce liquide s'abaisse au-dessous de 100° pour se rapprocher de 78°,5, point d'ébullition de l'alcool pur. L'appareil se compose d'un vase en laiton portant un couvercle muni de deux ouvertures, l'une pour le thermomètre et l'autre pour le réfrigérant destiné à condenser les vapeurs alcooliques. Le thermomètre est coudé et la plaque qui le maintient porte une réglette mobile sur laquelle sont gravés les titres alcooliques de 0^d à 25^d. Pour faire le dosage de l'alcool avec cet appareil, on prend d'abord le point d'ébullition de l'eau pure, correspondant à la pression barométrique au moment de l'expérience. Pour cela, on verse un peu d'eau dans la chaudière, de manière que le thermomètre ne plonge pas dans l'eau et on porte à l'ébullition, sans utiliser le réfrigérant. Le thermomètre monte et se fixe bientôt à un point déterminé qui correspond à la température d'ébullition de l'eau pure. On amène le zéro de la réglette mobile en coïncidence avec ce point marqué par l'extrémité de la colonne de mercure. On vide alors la chaudière, on remplace l'eau par une certaine quantité de jus fermenté, on porte à l'ébullition en utilisant le réfrigérant et en faisant plonger le thermomètre dans le liquide. Le niveau auquel se fixe la colonne mercurielle donne immédiatement sur la réglette le degré alcoolique du liquide essayé.

Cette méthode est très rapide, mais les résultats sont variables avec la teneur en extrait du jus fermenté, de sorte qu'ils ne sont pas rigoureusement exacts et comparables.

On peut enfin doser l'alcool en comparant la densité du jus avant et après départ de l'alcool. La densité est en effet d'autant plus faible que le liquide est plus alcoolique. Soit D la densité du jus fermenté. Après ébullition et concentration à moitié, on ramène au volume primitif et on prend la densité D'. En prenant 1 pour la densité de l'eau, on a :

$$\frac{D'}{D} = \frac{1}{x} \qquad \text{d'où} \qquad x = \frac{D}{D'}.$$

x étant la densité du liquide distillé. Il suffit de se reporter aux tables signalées plus haut, pour avoir aussitôt l'alcool correspondant.

La méthode n'est pas très exacte, à cause de la présence de l'acide carbonique qu'il est difficile d'éliminer complètement, et de la coagulation de certaines substances pendant l'ébullition et la concentration.

Examen microscopique du liquide fermenté. — Cet examen se fait sur une goutte du liquide qu'on place sur un porte-objet, qu'on recouvre d'un couvre-objet et qu'on examine au microscope, soit avec l'objectif 8, soit avec l'objectif à immersion. On contrôle ainsi la fermentation et l'aspect des levures. Les cellules de levures doivent être régulières et homogènes, bien développées et présenter à l'intérieur un protoplasma peu granuleux. Les bactéries doivent être aussi peu nombreuses que possible. Si le microscope révèle une infection, il est nécessaire de désinfecter la cuverie et de rechercher quelles sont, dans le travail, les causes de l'infection afin d'y porter aussitôt remède.

Analyse des vins de mélasses et de topinambours. — L'analyse des vins de mélasses comprend les mêmes déterminations que celle des vins de betteraves et s'effectue par les mêmes méthodes.

Il en est de même de l'analyse des vins de topinambours. Toutefois, par suite de la nature des hydrates de carbone de cette matière première, le dosage du sucre doit être légèrement modifié et l'inversion, au lieu de se faire par la méthode de Clerget, doit être faite à l'ébullition pendant trois heures au bain-marie avec 5 grammes d'acide sulfurique par litre. On dose ensuite les sucres réducteurs au moyen de la liqueur cupropotassique par une des méthodes précédemment indiquées. Le dosage n'est jamais bien exact, à cause de la destruction partielle du lévulose pendant l'inversion.

Analyse des vins de matières amylacées. — Cette analyse comprend les mêmes déterminations que l'analyse des moûts de matières amylacées et s'effectue par les mêmes méthodes. On doit notamment procéder à l'examen du degré saccharométrique, à l'essai à l'iode, à la recherche de la force diastasique, au dosage du maltose, de la dextrine, de l'amidon non désagrégé et de l'acidité. On y joint le dosage de l'alcool et l'examen microscopique du liquide, qui s'effectuent comme nous l'avons vu plus haut pour les vins de betteraves.

Le saccharomètre ne donne, ici encore, qu'un degré apparent, faussé par la présence de l'alcool. Le degré réel s'obtient en plongeant le saccharomètre dans le liquide débarrassé d'alcool par ébullition et concentration et ramené ensuite à son volume primitif. On peut également le déterminer de la façon suivante. Soit D le degré saccharométrique réel du vin supposé privé d'alcool et d la densité correspondante, D' le degré saccharométrique apparent du vin et d' la densité correspondante, donnée par les tables de Balling, enfin d_1 la densité d'un mélange d'alcool et d'eau de la même richesse que le liquide fermenté. On a :

$$d = d' + (1 - d_1).$$

La valeur d' est donnée par les tables de Balling, la valeur d_1 se déduit de la richesse alcoolique du liquide distillé et des tables qui donnent la densité correspondante du liquide. On obtient ainsi *d*, et les tables de Balling font connaître le degré saccharométrique réel D correspondant.

Des tables spéciales ont été ainsi dressées et donnent le degré saccharométrique réel connaissant le degré apparent et la richesse en alcool. En retranchant ce chiffre du degré saccharométrique du moût après ensemencement par le levain, on obtient la quantité de sucre qui a disparu par fermentation.

Delbrück a recommandé avec juste raison l'essai de fermentation de l'extrait restant dans le jus fermenté, car ce liquide peut encore réduire la liqueur cupropotassique par suite de la présence de pentoses ou d'autres substances, sans contenir cependant de sucre fermentescible. Pour effectuer cet essai, on mesure 300 centimètres cubes de jus, on les neutralise de manière à laisser une acidité sulfurique d'environ $0^{gr},75$ par litre, on chasse l'alcool par ébullition et concentration à moitié, puis on refroidit et on ramène à 300 centimètres cubes.

On prend 100 centimètres cubes de ce liquide, on les fait fermenter pendant vingt-quatre heures avec 2 grammes de levure et on dose l'alcool formé. Cent autres centimètres cubes sont additionnés de 10 centimètres cubes d'extrait de malt et traités de la même manière. On doit enfin faire un troisième dosage sur 100 centimètres cubes d'extrait de malt afin de faire la correction des matières alcoolisables apportées par les 10 centimètres cubes d'extrait de malt dans le deuxième essai. On obtient ainsi, par le premier dosage, l'alcool provenant du sucre fermentescible, et par le second dosage, l'alcool provenant de ces sucres et des hydrates de carbone saccharifiables par la diastase. Si le premier chiffre est beaucoup plus faible que le second, on doit en conclure que la saccharification complémentaire est mauvaise et qu'il reste des dextrines non transformées.

VI. — DISTILLATION, RECTIFICATION ET ÉPURATION DE L'ALCOOL

Le liquide fermenté renferme, à côté de l'alcool, un certain nombre d'autres produits. Parmi ceux-ci, quelques-uns sont volatils, par exemple les acides acétique, butyrique, les éthers de ces acides, les alcools supérieurs tels que les alcools isopropylique, propylique, isobutylique, butylique, isoamylique, amylique, enfin l'aldéhyde éthylique. D'autres produits sont fixes, par exemple les sucres, les sels minéraux, les matières albuminoïdes, les particules de drèche, etc. En outre le liquide renferme au maximum 12 à 14 p. 100 d'alcool, avec les moûts les plus concentrés.

Il est nécessaire de séparer d'abord l'alcool plus ou moins concentré de la majeure partie de ces produits, et on emploie dans ce but la distillation. Cette simple opération suffit pour la préparation des eaux-de-vie. Pour obtenir les alcools neutres d'industrie, il est nécessaire de concentrer le liquide jusqu'à un titre alcoolique très élevé, et de le débarrasser des produits volatils qui l'accompagnent encore. On arrive à ce résultat par la rectification qui est un raffinage de l'alcool brut destiné à le rendre tout à fait pur.

Ce double travail de la distillation et de la rectification peut se faire soit en une, soit en deux opérations. Dans le premier cas, on procède d'abord à la distillation du vin pour obtenir un alcool brut ou flegme, à titre alcoolique plus ou moins élevé, qui renferme encore un certain nombre d'impuretés volatiles. Ce flegme est ensuite soumis à la rectification qui l'épure et en extrait l'alcool bon goût Dans le second cas, on rectifie directement les vins dans un seul appareil, de manière à produire à la fois dans cet appareil la séparation et la purification de l'alcool.

Enfin, pour compléter l'épuration et débarrasser les alcools des odeurs tenaces, on a souvent recours à la filtration sur charbon ou à des procédés spéciaux de purification.

I. — GÉNÉRALITÉS SUR LA DISTILLATION ET LA RECTIFICATION DE L'ALCOOL

La distillation a pour but la séparation de l'alcool, à un degré de concentration plus ou moins élevé, des matières fixes et d'une partie des matières volatiles qui l'accompagnent dans le vin.

On peut avoir recours soit à la distillation simple, soit à la distillation méthodique. La distillation simple est particulièrement employée pour la préparation des eaux-de-vie. Dans ce mode de travail, le liquide à distiller est placé dans une chaudière reliée à un serpentin ou à un faisceau tubulaire réfrigérant; les vapeurs alcooliques dégagées dans la chaudière sont immédiatement condensées dans le réfrigérant et fournissent ainsi un liquide plus riche en alcool que le vin primitif. Le produit de cette première distillation n'a généralement pas le degré voulu, et on le distille une seconde fois pour atteindre ce degré. Pour obtenir ainsi un alcool à très haut degré, il serait nécessaire de procéder à un grand nombre de distillations successives, et pour éviter la dépense de vapeur et de temps qu'entraînerait un tel mode de travail, on a recours à la distillation méthodique adoptée aujourd'hui partout pour la préparation des alcools d'industrie. La méthode la plus simple de distillation méthodique consiste à munir les appareils de distillation simple de boules ou de lentilles refroidies qui jouent le rôle de condenseurs et permettent d'obtenir ainsi en une seule opération un liquide alcoolique plus concentré. Cette méthode est employée pour la distillation des eaux-de-vie sans repasse. Pour la production des alcools d'industrie, on a recours à la véritable distillation méthodique qui consiste en principe à superposer en colonne les appareils de distillation simple, le liquide alcoolique de chaque appareil étant chauffé par les vapeurs du liquide moins alcoolique placé dans l'appareil situé immédiatement au-dessous.

L'étude théorique précise des phénomènes de la distillation et de la rectification sortirait du cadre de cet ouvrage. Elle exige en effet une connaissance approfondie des lois physiques telles que les tensions de vapeur des liquides en mélange, la solubilité des corps les uns dans les autres, les chaleurs de vaporisation, les chaleurs spécifiques, etc. L'établissement des formules mathématiques exige en outre l'emploi de méthodes de calcul auxquelles nous ne pouvons avoir recours dans cet ouvrage élémentaire. Nous nous bornerons donc, dans ce qui va suivre, à indiquer les principaux résultats fournis par la théorie et par l'expérience.

Principes théoriques de la distillation.

Distillation simple d'un mélange d'alcool et d'eau. — Nous envisagerons le cas simple de la distillation à l'alambic d'un mélange d'alcool éthylique et d'eau de titre moyen. Dans ce cas, la théorie et l'expérience montrent que si on désigne par P le taux d'alcool du liquide et par Q le taux de l'eau, par p et q les quantités d'alcool et d'eau contenues dans la vapeur, on a :

$$\frac{P}{Q} < \frac{p}{q}.$$

Le mélange va donc en s'appauvrissant en alcool et les vapeurs émises sont plus riches en alcool que le liquide. Au fur et à mesure que celui-ci s'épuise, la température s'élève, et finalement le résidu se trouve complètement privé d'alcool. Si toutefois le titre alcoolique du liquide soumis à la distillation atteint 97,6 p. 100, le mélange bout à une température plus basse que les mélanges d'alcool et d'eau plus riches ou moins riches en alcool, de sorte qu'un tel mélange ne peut être décomposé par la distillation à la pression ordinaire.

Gröning a dressé des tables qui indiquent le degré alcoolique des vapeurs émises par un liquide bouillant, étant donné le degré alcoolique de ce liquide. Ces chiffres ont été déterminés en distillant les liquides alcooliques dans une cornue rayonnant librement à l'air : les condensations qui se produisent sur les parois de la cornue ont pu constituer une cause d'erreur. Aussi M. Sorel a-t-il dressé une table analogue, mais en opérant la distillation dans une grande cornue métallique complètement immergée dans un bain. Les résultats de Gröning et de Sorel sont réunis dans le tableau des pages 321 et 322.

Des chiffres de Gröning on peut déduire le titre alcoolique d'un liquide distillé à l'alambic, et le volume de liquide à distiller pour avoir l'épuisement complet.

Soit P le poids d'un mélange d'alcool et d'eau, R sa richesse alcoolique pondérale p. 100, le poids M d'alcool contenu dans le liquide primitif est $M = \frac{PR}{100}$.

Dans le laps de temps où la richesse alcoolique pondérale p. 100 du liquide descend de la valeur a_1 à une valeur très voisine a_2, on peut admettre approximativement que la composition moyenne des vapeurs alcooliques qui se forment se rapproche de celle des vapeurs qui seraient produites par un mélange contenant $\frac{a_1 + a_2}{2} = a$ d'alcool p. 100 en poids. La table de Gröning nous donne r, richesse alcoolique pondérale p. 100 de la vapeur émise à l'ébullition par ce liquide de concentration a. Si p est le poids du liquide distillé, la quantité Q d'alcool vaporisé sera $\frac{pr}{100}$. Enfin, le poids du liquide restant dans l'alambic à la richesse alcoolique pondérale a_2 p. 100, est évidemment P-p, et le poids d'alcool restant est $(P-p)\frac{a_2}{100}$. En écrivant que le poids d'alcool contenu dans le liquide primitif est égal à la somme des poids de l'alcool vaporisé et de l'alcool restant dans le liquide, on a la relation :

$$M = Q + [P - p]\frac{a_2}{100} = \frac{pr}{100} + [P - p]\frac{a_2}{100}.$$

On en tire aisément le poids du liquide distillé :

$$p = \frac{100\,M - Pa_2}{r - a_2}$$

et le poids d'alcool vaporisé

$$Q = \frac{pr}{100} = \frac{100\,Mr - Pa_2r}{100(r - a_2)}.$$

DEGRÉ DU LIQUIDE		TEMPÉRATURE d'ébullition. C.	RICHESSE DES VAPEURS			
			d'après GRÖNING		d'après SOREL	
en volumes p. 100.	en poids p. 100.		en volumes p. 100.	en poids p. 100.	en volumes p. 100.	en poids p. 100.
1	0,8	99,0	13,0	10.5	9,9	8,0
2	1,6	98,2	28,6	23,5	17.7	14,4
3	2.4	97,4	35,0	29.0	25.2	20,6
4	3,2	96.6	39.9	33.3	31.3	25,7
5	4.0	95.9	43,4	36.5	35,7	29.6
6	4.8	95,2	46,7	39,5	39.3	32,7
7	5,6	94,5	49,8	42.3	42,6	35,7
8	6,4	93.9	52,3	44.7	45.5	38,4
9	7,2	93,3	54,5	46.8	48.4	41.0
10	8,0	92,6	57,2	49,4	51,0	43,5
11	8,9	92,1	59.0	51,2	53,4	45.8
12	9,7	91,5	60,8	53,0	55.7	48.0
13	10,5	91,1	62,4	54,6	57,4	50,1
14	11,3	90.6	64,0	56,2	59,8	52,0
15	12,2	90,2	65,4	57,7	61,5	53,7
16	13,0	89,7	66,8	59,1	62.9	55,2
17	13,8	89,3	68,0	60,4	64,0	56.3
18	14,6	89,0	69.2	61,6	64,9	57,2
19	15,4	88,6	70,3	62,8	65,6	57,9
20	16,3	88,3	71,3	63,9	66,2	58,5
21	17,1	87,9	72,1	64,8	66,6	58,9
22	17,9	87,7	73,0	65,7	67,0	59,3
23	18,8	87,4	73,7	66,5	67,4	59,7
24	19,6	87,1	74,4	67,3	67,7	60,1
25	20,5	86,9	75,1	68,1	67,9	60,3
26	21,3	86,6	75,8	68,8	68,2	60,6
27	22,1	86,4	76,4	69,5	68,5	60,9
28	23,0	86,2	77,0	70,2	68,7	61,2
29	23,8	86,0	77,6	70,8	69,0	61,4
30	24,7	85,7	78,1	71,4	69,3	61,7
31	25,6	85,5	78,7	72,1	69,5	62,0
32	26,4	85,3	79,2	72,7	69,8	62,2
33	27,3	85,1	79,7	73,2	70,0	62,5
34	28,1	85,0	80,1	73,7	70,3	62,8
35	29,0	84,8	80,5	74,1	70,6	63,2
36	29,9	84,7	80,9	74,6	70,9	63,4
37	30,7	84,5	81,2	75,0	71,1	63,7
38	31,6	84,4	81,6	75,5	71,4	64,0
39	32,5	84,2	82,0	75,9	71,7	64,3
40	33,4	84,1	82,3	76,3	71,9	64,6
41	34,3	83.9	82,7	76,7	72,2	64,9
42	35,2	83,8	83,0	77,1	72,5	65,2
43	36,1	83,7	83,3	77,4	72,8	65,5
44	37,0	83,5	83,6	77,8	73,1	65,8
45	37,9	83,4	83,8	78,1	73,4	66,2
46	38,8	83,3	84,1	78,4	73,7	66,5
47	39,7	83,1	84,3	78,7	74,0	66,9
48	40,7	83.0	84,6	79,0	74,3	67,2
49	41,6	82,9	84,8	79,3	74,6	67,5

DEGRÉ DU LIQUIDE		TEMPÉRATURE d'ébullition. C.	RICHESSE DES VAPEURS			
			d'après GRÖNING		d'après SOREL	
en volumes p. 100.	en poids p. 100.		en volumes p. 100.	en poids p. 100.	en volumes p. 100.	en poids p. 100.
50	42,5	82,8	85,1	79,6	74,9	67,9
51	43,5	82,7	85,3	79,9	75,3	68,2
52	44,4	82,6	85,5	80,2	75,6	68,6
53	45,4	82,5	85,7	80,4	75,9	68,9
54	46,3	82,4	86,0	80,7	76,2	69,3
55	47,3	82,3	86,2	81,0	76,5	69,6
56	48,3	82,1	86,4	81,2	76,9	70,0
57	49,2	82,0	86,6	81,5	77,2	70,4
58	50,2	81,9	86,9	81,8	77,5	70,7
59	51,2	81,8	87,1	82,0	77,8	71,1
60	52,2	81,7	87,3	82,3	78,2	71,5
61	53,2	81,6	87,5	82,5	78,5	71,9
62	54,2	81,5	87,6	82,7	78,9	72,3
63	55,2	81,4	87,8	83,0	79,2	72,7
64	56,2	81,3	88,0	83,2	79,6	73,1
65	57,2	81,2	88,2	83,4	79,9	73,5
66	58,3	81,2	88,3	83,6	80,3	73,9
67	59,3	81,1	88,5	83,8	80,6	74,4
68	60,4	81,0	88,6	84,0	81,0	74,8
69	61,4	80,9	88,8	84,2	81,4	75,3
70	62,5	80,8	89,0	84,4	81,8	75,8
71	63,6	80,7	89,1	84,6	82,3	76,3
72	64,6	80,6	89,3	84,8	82,7	76,9
73	65,7	80,5	89,4	85,0	83,2	77,4
74	66,8	80,5	89,6	85,2	83,6	77,9
75	67,9	80,4	89,8	85,5	84,1	78,4
76	69,0	80,3	90,0	85,7	84,5	79,0
77	70,2	80,2	90,1	85,9	85,0	79,5
78	71,3	80,1	90,3	86,1	85,5	80,1
79	72,4	80,0	90,4	86,3	86,0	80,7
80	73,6	79,9	90,6	86,6	86,5	81,3
81	74,7	79,8	90,8	86,8	87,0	81,9
82	76,0	79,7	91,0	87,0	87,5	82,6
83	77,2	79,7	91,1	87,2	88,0	83,2
84	78,3	79,6	91,3	87,4	88,5	83,8
85	79,5	79,5	91,5	87,7	89,0	84,5
86	80,7	79,4	91,6	87,9	89,6	85,2
87	81,9	79,3	91,8	88,1	90,1	85,9
88	83,2	79,2	92,1	88,5	90,7	86,6
89	84,5	79,2	92,3	88,8	91,2	87,4
90	85,8	79,1	92,6	89,2	91,8	88,1
91	87,1	79,0	»	»	92,5	89,1
92	88,4	79,0	»	»	93,2	90,0
93	89,7	78,9	»	»	93,8	90,7
94	91,0	78,8	»	»	94,5	91,7
95	92,5	78,7	95,4	93,0	95,3	92,9
96	93,9	78,7	»	»	96,2	94,2
97	95,3	78,6	»	»	97,1	95,5
98	96,8	78,6	98,0	96,8	98,0	96,8

On voit que pour $a_2 = o$, on a $Q = M$, ce qui est évident.

Prenons un exemple. On a 100 kilogrammes d'un alcool à 50 p. 100 en volumes, c'est-à-dire 42,5 p. 100 en poids, donc $M = 42,5$. On distille de manière à amener la richesse alcoolique volumétrique à 48 p. 100, c'est-à-dire à 40,7 p. 100 en poids. On a $a = \frac{42,5 + 40,7}{2} = 41,6$. La table de Gröning nous donne aussitôt $r = 79,3$ p. 100 en poids. On a d'autre part $a_2 = 40,7$. On en tire :

$$p = \frac{100 \times 42,5 - 100 \times 40,7}{79,3 - 40,7} = 4^{kg},663.$$

d'où $Q = 0,04663 \times 79,3 = 3^{kg},697$. Il reste donc dans le ballon $95^{kg},337$ de liquide à 48^d en volumes.

Dönitz a étendu le calcul précédent à toutes les périodes de la distillation de 2 en 2 degrés et a dressé ainsi le tableau suivant qui permet de résoudre toutes les questions pratiques de la distillation simple.

POINT d'ébulli-tion.	POIDS du résidu.	RICHESSE en alcool		POINT d'ébulli-tion.	POIDS du résidu.	RICHESSE en alcool	
		en volumes p. 100.	en poids p. 100.			en volumes p. 100.	en poids p. 100.
degrés.	kg.			degrés.	kg.		
79,1	1000,0	90	85,8	83,5	39,2	44	37,0
79,2	536,0	88	83,2	83,8	37,6	42	35,2
79,4	355,0	86	80,7	84,1	36,0	40	33,4
79,6	264,0	84	78,3	84,4	34,6	38	31,6
79,7	208,0	82	75,9	84,7	33,3	36	29,9
79,9	172,0	80	73,6	85,0	32,0	34	28,1
80,1	146,0	78	71,3	85,3	30,8	32	26,4
80,3	127,0	76	69,1	85,7	29,7	30	24,7
80,5	111,0	74	66,8	86,2	28,6	28	23,0
80,6	99,3	72	64,6	86,6	27,6	26	21,3
80,8	89,9	70	62,5	87,1	26,7	24	19,1
81,0	82,0	68	69,4	87,7	25,9	22	17,9
81,2	75,3	66	58,3	88,3	24,7	20	16,3
81,3	69,5	64	56,2	89,0	24,0	18	14,6
81,5	64,7	62	54,2	89,7	23,2	16	13,0
81,7	60,4	60	52,2	90,6	22,3	14	11,3
81,9	56,6	58	50,2	91,5	21,5	12	9,7
82,1	53,3	56	48,3	92,6	20,7	10	8,1
82,4	50,2	54	46,3	93,9	19,9	8	6,4
82,6	47,6	52	44,4	95,2	19,0	6	4,8
82,8	45,2	50	42,5	96,6	18,1	4	3,2
83,0	43,1	48	40,7	98,2	17,1	2	1,6
83,3	41,1	46	38,8	100,0	14,5	0	0,0

L'usage de cette table est très simple. Supposons qu'on ait soumis à la distillation 1 kilogramme d'un liquide à 10 p. 100 d'alcool en volume, soit 8,1 p. 100 en poids, jusqu'à ce que le liquide ne contienne plus que 2 p. 100 d'alcool en volume, soit 1,6 p. 100 en poids. Combien a-t-on distillé et quelle est la richesse du liquide ? La table précédente indique que dans la distillation d'un liquide à 10^d jusqu'à 2^d, on obtient sur $20^{kg},7$ un résidu de $17^{kg},1$. Pour 1 kilogramme, il restera donc $\frac{17,1}{20,7} = 0^{kg},826$. Le poids du liquide distillé est donc de $0^{kg},174$ et la richesse en alcool du liquide est $\frac{8,1 \times 1 - 1,6 \times 0,826}{0,174} = 38,9$ p. 100 en poids, soit $46^d,1$ en volumes.

Pour épuiser complètement en alcool le liquide, il aurait fallu abaisser le poids du résidu jusqu'à 14^{kg},5 au lieu de 17^{kg},1, pour 20^{kg},7. Il serait donc resté sur 1 kilogramme de liquide alcoolique $\frac{14,5}{20,7}$ = 0^{kg},700, et on aurait obtenu 300 grammes de liquide à $\frac{8,1}{0,300}$ = 27 p. 100 d'alcool en poids, soit 32^{d},7 en volumes.

D'autre part, M. Duclaux, en étudiant la distillation simple d'un mélange d'eau et d'alcool éthylique, a trouvé que pour avoir l'épuisement complet, il faut distiller environ :

40	p. 100 d'un	liquide de	2^{d} à 5^{d}
60	—	—	10^{d} à 15^{d}
70	—	—	20^{d} à 30^{d}
80	—	—	40^{d}
90	—	—	50^{d}

Ces chiffres sont notablement différents de ceux qu'on obtient par le calcul précédent basé sur les tables de Gröning. Ces différences proviennent de ce fait que les chiffres obtenus par les auteurs ne sont vrais que dans les conditions spéciales d'expérimentation où ils se sont placés. L'intensité du chauffage et le volume du liquide en ébullition ont en effet une influence considérable sur la richesse des vapeurs. Plus l'ébullition est violente et rapide, moins l'alcool obtenu est concentré. Si nous envisageons par exemple un alambic vide et surchauffé dans lequel on introduit un liquide alcoolique en quantité telle que ce liquide soit instantanément vaporisé, il est évident que la richesse alcoolique des vapeurs sera la même que celle du liquide. Si au contraire on procède à une ébullition très lente du liquide préalablement placé dans l'alambic, on pourra épuiser totalement un liquide à 10^{d} en distillant seulement 30 p. 100, comme l'indiquent les tables de Gröning.

Ces tableaux et ces chiffres n'ont donc qu'une valeur relative et nullement une valeur absolue. Cependant ils constituent les seuls documents qui servent de base actuellement aux problèmes de la distillation, bien qu'ils soient difficilement applicables aux conditions des appareils actuels.

Quoi qu'il en soit, il résulte des tables de Gröning comme de celles de Duclaux qu'en partant d'un liquide à 10^d d'alcool, il est impossible d'obtenir par un seul épuisement de l'alcool à fort degré par distillation simple.

Dans les alambics, on doit donc avoir recours à un artifice pour obtenir en premier jet un liquide distillé plus riche en alcool. Dans ce but, on procède à une condensation partielle des vapeurs en faisant ruisseler de l'eau sur le couvercle de l'alambic, ou sur une lentille qui surmonte le tuyau de dégagement de l'appareil, comme nous le verrons plus loin en étudiant les alambics.

La théorie de la distillation dans ce cas a été faite par M. Sorel et elle montre qu'on doit, pour avoir un résultat satisfaisant, faire circuler l'eau de refroidissement et les vapeurs en sens contraire, augmenter la surface de contact de manière à réduire le plus possible la quantité de liquide réfrigérant, et disposer l'appareil de façon que les reflux aient sensiblement le même titre que le liquide de la chaudière. Mais la théorie montre en outre que la quantité de chaleur à céder à un tel condenseur devient énorme pour les derniers kilogrammes d'alcool, à mesure que le liquide de la chaudière s'appauvrit, quand on tient à recueillir un produit alcoolique d'un titre constant et relativement élevé. Le problème devient même pratiquement irréalisable en fin de travail et on doit renoncer à pousser l'opération jusqu'au bout et recourir à la distillation simple pour recueillir un alcool pauvre qu'on réunit à l'alcool à travailler dans les opérations suivantes (1).

Pour éviter cette augmentation dans la consommation de chaleur au fur et à mesure de l'appauvrissement du liquide de la chaudière, on a construit des appareils à chaudières multiples dans lesquels la chaudière inférieure est seule chauffée par un foyer ou par la vapeur et envoie ses vapeurs barboter dans la deuxième chaudière placée au-dessus et qui est munie du condenseur. Quand la chaudière inférieure est épuisée, on la vide et on la charge avec le liquide partiellement épuisé, venant de la deuxième chaudière qu'on

(1) E. Sorel, *La Distillation* (Encyclopédie des Aide-mémoire Léauté).

remplit de nouveau avec du liquide à distiller. On réalise ainsi une économie de combustible en utilisant une grande partie de la chaleur des vapeurs dégagées à la distillation du liquide alcoolique de la deuxième chaudière, au lieu de l'abandonner à l'eau qui alimente le condenseur.

Distillation méthodique d'un mélange d'alcool et d'eau. — La distillation méthodique dérive directement du principe que nous venons d'exposer pour les appareils à chaudières multiples. Considérons un vase contenant un mélange d'alcool et d'eau renfermant 1^{d} d'alcool ; portons le liquide à l'ébullition : il se mettra à bouillir à 99° et nous obtiendrons des vapeurs qui, d'après les tables de Gröning, auront environ 13^{d}. Supposons maintenant que nous fassions barboter ces vapeurs alcooliques dans un mélange d'alcool et d'eau plus riche en alcool que le liquide primitif et contenu dans un deuxième vase placé au-dessus du premier. Ce deuxième liquide aura un point d'ébullition inférieur à 99° puisqu'il est plus riche en alcool que le premier, la vapeur qui arrive est donc plus chaude que la température d'ébullition de ce liquide ; celui-ci va donc pouvoir jouer le rôle de condenseur, être bientôt porté à l'ébullition par la chaleur abandonnée par les vapeurs qui se condensent et se vaporiser par suite à son tour en produisant des vapeurs plus riches en alcool que les premières. Faisons barboter ces vapeurs dans un troisième vase contenant un mélange d'alcool et d'eau encore plus riche en alcool que le précédent ; les mêmes phénomènes vont se reproduire, et ainsi de suite.

Le liquide le moins riche peut être constitué par le liquide primitif le plus riche qui arrive d'abord dans le vase supérieur, et descend ensuite de vase en vase jusqu'au vase inférieur en s'appauvrissant en alcool. Le liquide le plus riche commence donc à s'épuiser dans le vase supérieur, descend dans le vase situé en dessous et fait alors bouillir le liquide chargé à sa place dans le vase supérieur ; il passe ensuite dans le troisième vase et fait bouillir le vin moins affaibli qui se trouve à sa place dans le second, et ainsi de suite, le vase inférieur renfermant le liquide épuisé et contenant par suite de l'eau pure, le vase supérieur recevant le mélange d'eau et d'alcool à distiller. Dans ces conditions, les vapeurs d'eau à 100° émises par le vase inférieur échauffent peu à peu le liquide pauvre en alcool du vase situé immédiatement au-dessus, l'amènent à la température d'ébullition et il se produit bientôt dans ce vase un barbotage et une ébullition simultanés. Les vapeurs plus riches émises par ce liquide vont barboter dans le liquide plus alcoolique du vase situé au-dessus, et les mêmes phénomènes se reproduisent ainsi jusque dans le vase supérieur.

Ce vase est alimenté avec le mélange d'eau et d'alcool à distiller; mais ce mélange n'y arrive pas à la température d'ébullition. Le vase d'alimentation doit donc fournir instantanément la quantité de chaleur nécessaire pour amener le liquide à l'ébullition, afin de permettre à la distillation de continuer. Cette quantité de chaleur est fournie par la vapeur venant du plateau situé immédiatement au-dessous. Cette vapeur va d'abord se condenser jusqu'à ce que la température d'ébullition soit atteinte, et il en résulte que le liquide du plateau supérieur s'enrichit en alcool, en condensant ainsi des vapeurs alcooliques. Le liquide du vase d'alimentation sera donc plus riche que le mélange introduit, et d'autant plus riche que ce mélange sera plus éloigné de son point d'ébullition. Cet enrichissement se communiquera aux vases inférieurs. Il en résulte que la vapeur qui se dégage du vase supérieur possède un degré alcoolique plus élevé que celui qui correspond, d'après les tables de Gröning et de Sorel, au mélange alcoolique introduit, à condition toutefois que la distillation soit bien conduite et qu'on n'injecte pas dans le vase inférieur beaucoup plus de vapeur qu'il n'en faut, car cette vapeur viendrait évidemment diluer le liquide. Ainsi, en alimentant avec un liquide à 4^d d'alcool, au lieu d'obtenir des vapeurs alcooliques à 40^d environ, on obtiendra, avec une bonne marche, des vapeurs à 50^d qui correspondent, d'après les tables de Gröning, à un liquide à 7^d d'alcool.

Dans tout ce qui précède, nous avons supposé que le liquide à distiller est un mélange d'alcool et d'eau. La théorie reste applicable au cas où le mélange à distiller est un liquide fermenté. Dans ce cas, les matières fixes restent évidemment dans le résidu épuisé, et l'alcool est séparé par distillation d'après les principes que nous venons d'exposer. Quant aux autres produits volatils, ils accompagnent plus ou moins l'alcool suivant le mode de distillation, comme nous allons le voir maintenant.

Principes théoriques de la rectification.

Distillation d'un mélange d'alcool et d'impuretés volatiles. — Le flegme obtenu par distillation à un degré plus ou moins élevé renferme, en dehors de l'alcool, de nombreuses impuretés volatiles, et notamment des aldéhydes, des alcools supérieurs, des éthers, des acides gras tels que l'acide acétique, l'acide butyrique, et des bases telles que l'ammoniaque. La rectification a pour but de séparer par voie physique l'alcool de ces impuretés.

Nous avons vu que quand on distille un mélange d'alcool et d'eau de richesse moyenne, les vapeurs émises par le mélange sont plus riches en alcool que le liquide générateur, et la richesse de ces vapeurs alcooliques est donnée par les tables de Gröning et de Sorel. Dans la distillation de mélanges d'eau avec un autre produit volatil miscible à l'eau, les vapeurs peuvent avoir une richesse en produit volatil tantôt supérieure, tantôt égale, tantôt inférieure à celle du mélange, suivant la substance volatile considérée, et on pourrait, pour chaque mélange de produit volatil et d'eau, de produit volatil et d'alcool, de produits volatils entre eux, dresser des tables analogues à celles de Gröning. Cette étude, extrêmement complexe à cause du nombre considérable d'impuretés que contient le flegme, n'a pas été entièrement faite. Les travaux les plus importants dont nous disposons pour établir la théorie de la rectification de l'alcool sont dus à M. Sorel, et à M. Barbet.

Théorie de M. Sorel. — D'après M. Sorel, le mécanisme de la rectification repose sur ce que les vapeurs de la plupart des impuretés qui accompagnent l'alcool dans les flegmes sont diversement solubles dans l'alcool concentré et bouillant (1).

(1) Nous empruntons les documents nécessaires à l'exposé de la

Si un produit déterminé est peu soluble dans l'alcool concentré et bouillant, il est clair qu'un kilogramme de vapeur dégagée par le mélange en contiendra plus qu'un kilogramme de liquide bouillant ; si donc on distille le mélange, le taux du produit considéré ira en décroissant rapidement dans la chaudière, et finalement il n'en restera plus qu'une quantité indosable. Mais on conçoit aussi qu'on aura dû sacrifier une notable proportion du liquide mis en œuvre pour arriver à cette élimination. Au contraire, si la solubilité est très notable, il est clair qu'un kilogramme de la vapeur dégagée contiendra beaucoup moins de l'impureté considérée qu'un kilogramme du liquide bouillant ; il passera donc au début peu de cette impureté dans le produit condensé ; mais l'impureté se concentrant dans la chaudière, les vapeurs dégagées s'en chargeront de plus en plus ; d'autre part, le liquide s'épuisant d'alcool, la température s'élèvera, la solubilité diminuera et l'impureté envahira les vapeurs. Il pourra même arriver qu'elle soit entraînée en totalité avant que tout l'alcool soit extrait. Ainsi, par distillation simple d'un liquide riche en alcool, on peut, en sacrifiant une notable proportion d'alcool, éliminer du liquide restant et accumuler dans les *têtes* les produit peu solubles dans l'alcool concentré bouillant, mais on ne peut retenir complètement les *queues*. Donc la distillation simple d'alcool déjà fort ne résout pas le problème de la purification absolue.

Ceci posé, la vraie rectification industrielle repose sur les principes suivants.

La solubilité d'une impureté volatile dans un liquide bouillant peut être représentée d'une façon simple, d'après M. Sorel, par la loi :

$$s = KS.$$

s étant le poids, relativement petit, d'une impureté considérée, contenu dans un kilogramme de la vapeur, S le poids de la même impureté contenu dans un kilogramme du liquide générateur, et K un coefficient constant pour chaque mélange.

théorie de M. Sorel, à son ouvrage : *Rectification de l'alcool* (Encyclopédie des Aide-mémoire Léauté).

Il y a donc une relation constante K entre le poids s d'une impureté contenue dans un kilogramme de vapeur et le poids S de la même impureté contenu dans un kilogramme du liquide générateur. Le coefficient K est fonction de la composition du liquide générateur : il varie donc avec la richesse de ce liquide en alcool. Cette variation peut être très considérable, comme le montre le tableau suivant, dû à M. Sorel :

DEGRÉ GL de l'alcool.	CORPS AJOUTÉ A L'ALCOOL.							
	Alcool iso-amylique.	Formiate d'éthyle.	Acétate de méthyle.	Acétate d'éthyle.	Isobutyrate d'éthyle.	Isovalérate d'éthyle.	Acétate d'iso-amyle.	Isovalérate d'iso-amyle.
95	0,23	5,1	3.8	2,1	0,95	0,8	0,55	0,30
90	0.30	5,8	4,1	2,4	1,1	0,9	0,6	0,35
80	0.34	7,2	4,6	2,9	1,4	1,3	0,8	0,50
70	0,54	8,5	5,4	3,6	2,3	1,7	1,1	0,82
60	0,80	10,4	6,4	4,3	4,2	2,3	1,7	1,30
50	1,20	»	7,9	5,8	»	»	2,8	»
40	1.92	»	10,5	8,6	»	»	»	»
30	3,00	»	»	12,6	»	»	»	»
20	»	»	»	18,0	»	»	»	»
Température d'ébullition du corps ajouté.	132°	54°,3	56°	77°,1	110°,1	134°,3	137°,6	196°

On voit que le coefficient K est toujours nettement supérieur à 1 pour certains corps tels que le formiate d'éthyle et les acétates de méthyle et d'éthyle. Pour les autres corps, il est inférieur à 1 tant que la richesse alcoolique n'est pas descendue à un chiffre suffisamment bas, puis il devient supérieur à 1. La richesse alcoolique pour laquelle K devient inférieur à 1 est de 54^d pour l'alcool amylique, 92^d pour l'isobutyrate d'éthyle, 87^d pour l'isovalérate d'éthyle, 73^d pour l'acétate d'isoamyle et 67^d pour l'isovalérate d'isoamyle.

Si on distille dans une chaudière un flegme contenant une quantité S d'une impureté par kilogramme, jusqu'à ce que le titre en alcool soit descendu de T″ à T′, le calcul permet de démontrer que la quantité d'impureté S′ contenue dans la chaudière quand le titre est devenu T′ est plus petite que S, si K est plus grand que 1. Au contraire si K est plus petit que 1, S' est plus grand que S. Donc, dans le premier cas, $K < 1$, l'impureté reste dans la chaudière : dans le second cas, $K > 1$, l'impureté s'échappe de la chaudière.

Ceci posé, considérons ce qui se passe dans un rectificateur théorique. Un courant de vapeurs alcooliques produit par l'ébullition d'un mélange d'eau et d'alcool impur contenu dans une chaudière s'élève dans une colonne verticale. A la partie supérieure de cette colonne, une partie de la vapeur mixte se condense et redescend de haut en bas, en se divisant au contact des vapeurs ascendantes, de manière à se mettre en équilibre de température et de tension avec elles ; une autre partie s'échappe et va à un réfrigérant où on recueille le liquide condensé. Dans ces conditions, le calcul permet de démontrer les propositions suivantes. Si on envisage seulement la partie de la colonne occupée par de l'alcool au maximum de concentration, et si on désigne par V le poids des vapeurs et par P le poids des liquides passant dans l'unité de temps d'un étage à l'étage suivant, le rapport $\frac{V}{P}$ est sensiblement constant, et la différence des impuretés de deux plateaux consécutifs varie en progression géométrique, et cette variation ne dépend que du rapport $\frac{KV}{P}$. Pour un plateau quelconque de cette partie de la colonne, si le rapport $K\frac{V}{P}$ est supérieur à 1, K étant très grand, l'impureté traverse sans être retenue ; si K est moins grand, le rapport $K\frac{V}{P}$ étant toujours supérieur à 1, le calcul montre que le premier plateau au-dessous du condenseur a la charge d'impureté maxima, et que si le nombre des plateaux chargés au maximum de concentration croît en proportion arithmétique, la quantité d'impuretés passant dans le dernier plateau considéré est égale à la quantité qui passe à l'éprouvette, augmentée d'une quantité qui décroît en progression géométrique, d'autant plus rapidement que K est plus grand. Les différents plateaux ont des titres croissant en progression géométrique vers le haut.

Si le rapport $K\frac{V}{p} = 1$, il passe à travers chaque plateau la même quantité d'impuretés dans un sens et dans l'autre ; le titre de l'impureté croît lentement d'un plateau à l'autre en progression arithmétique, il faut donc un nombre très considérable de plateaux et une rétrogradation très grande pour retenir l'impureté considérée dans le bas de la colonne.

Si $K\frac{V}{p}$ est inférieur à 1, K étant très petit, le taux de l'impureté considérée va en croissant en progression géométrique lorsque le nombre des plateaux croît en progression arithmétique, du haut en bas de la colonne.

Enfin entre ces deux cas extrêmes où K est très grand ou très petit, et où les différents plateaux ont des titres en impuretés croissant en progression géométrique vers le haut ou vers le bas, il se présente forcément le cas intermédiaire où la distribution de l'impureté est la même sur tous les plateaux et où la colonne ne retient rien, quel que soit le nombre des plateaux. La valeur de K qui correspond à ce cas est la valeur critique, qui augmente lorsque le titre de la colonne s'élève.

Si nous envisageons maintenant ce qui se passe dans les plateaux inférieurs où la richesse alcoolique diminue, on constate que la valeur de K augmente ainsi que celle de $\frac{V}{p}$ dès que la richesse alcoolique baisse. Il en résulte que pour les corps pour lesquels la valeur de $K\frac{V}{p}$ reste toujours supérieure à l'unité, l'épuisement des plateaux inférieurs sera rapide. Les impuretés pour lesquelles la valeur de $K\frac{V}{p}$ est toujours inférieure à l'unité sont encore retenues, mais de plus en plus faiblement à mesure que la concentration diminue et que $K\frac{V}{p}$ augmente. On a donc intérêt à empêcher l'augmentation de ce coefficient pour éviter l'entraînement de ces impuretés à l'éprouvette, ce qui exige la présence, à la partie supérieure de la colonne, d'un grand nombre de plateaux chargés d'alcool concentré. Enfin, il existe des corps, comme l'alcool amylique, pour lesquels la valeur de $K \frac{V}{P}$ est notablement plus petite que 1 en présence d'alcool concentré, et devient notablement plus grande, dès que l'alcool commence à être étendu. Ces corps se comportent donc, dans la partie supérieure de la colonne, où l'alcool est concentré, comme les corps pour lesquels $K \frac{V}{P}$ est inférieur à l'unité, et y sont par suite retenus; dans la partie inférieure où la richesse alcoolique s'abaisse, ils se comportent comme les corps pour lesquels $K \frac{V}{P}$ est supérieur à l'unité, c'est-à-dire traversent sans être retenus. Il en résulte que ramenés de haut en bas dans les plateaux inférieurs, ils tendent à s'accumuler dans une région déterminée de la colonne où l'alcool fort les retient; c'est la partie occupée par eux, et non la chaudière, qui constitue la zone dangereuse, et il n'y a que la portion de la colonne située au-dessus de cette zone qui soit réellement utile pour la rectification.

Théorie de M. Barbet. — Au lieu d'envisager, comme M. Sorel, le coefficient K, rapport du taux d'impureté dans la vapeur au taux d'impureté dans le liquide, M. Barbet envisage un coefficient K', rapport de l'impureté de l'alcool en vapeur à l'impureté de l'alcool liquide générateur. Ce rapport n'est plus le même que K. En effet, si nous prenons de l'alcool à 25^d et contenant 1 p. 100 d'alcool amylique par rapport à l'alcool éthylique seul, soit $0^{cc},25$ p. 100 du liquide générateur, le tableau de M. Sorel donné plus haut indique pour la valeur de K le chiffre 5,5, c'est-à-dire que la vapeur alcoolique engendrée, au lieu d'avoir 0,25 p. 100 d'alcool amylique, en aura $0,25 \times 5,5 = 1,375$ p. 100. Mais il ne faut pas oublier que la vapeur est plus riche en alcool que le liquide générateur. Les tables de Sorel indiquent qu'un liquide à 25^d donne une vapeur à $67^d,95$. L'impureté de la vapeur, c'est-à-dire le taux de l'alcool amylique par rapport à l'alcool éthylique, sera $1,375 \times \frac{100}{67,95} = 2,02$. Le taux d'impureté est donc monté de 1 à 2,02 et non pas à 5,5.

M. Barbet appelle ce coefficient K′ coefficient de purification. Voici par exemple les valeurs de K′ pour l'alcool amylique, et celles de K, suivant la richesse de l'alcool générateur.

	Valeur de K (Sorel).	Valeur de K′ (Barbet).
Alcool générateur à 95°........	0,22	0,22
— 90°........	0,27	0,26
— 80°........	0,39	0,344
— 70°........	0,52	0,41
— 60°........	0,80	0,55
— 53°........	1,00	0,618
— 50°........	1,20	0,70
— 40°........	1,90	0,92
— 30°........	3,00	1,15
— 25°........	5,5	1,83
— 1°........	33,2	2,50

Ceci posé, M. Barbet a calculé la valeur de ce coefficient K′ pour un certain nombre d'impuretés telles que le formiate d'éthyle, les acétates de méthyle et d'éthyle, l'isobutyrate et l'isovalérate d'éthyle, l'acétate et l'isovalérate d'isoamyle, l'alcool amylique. Il a constaté que pour les trois premières la valeur de K′, est toujours supérieure à l'unité ; pour les autres, elle est supérieure à l'unité tant que la concentration en alcool n'atteint pas une valeur donnée variable avec le corps considéré, et elle devient inférieure à l'unité quand la concentration en alcool dépasse cette valeur. Par exemple, avec l'alcool amylique, pour tous les degrés alcooliques inférieurs à 42[d] K′ est plus grand que l'unité, la vapeur distillée est donc plus impure que le liquide qui reste, tandis qu'au-dessus de 42[d], K′ devien plus petit que l'unité ; c'est la vapeur qui devient plus pure et que l'industriel a intérêt à sélectionner. En un mot, la purification par distillation change de signe au point où $K' = 1$. Toutes les impuretés qui ont $K' > 1$ (vapeur plus impure que le liquide) se comportent comme des *produits de tête*. Tous les parasites de l'alcool pour lesquels on a $K' < 1$ (vapeur plus pure que le liquide) sont au contraire victorieusement retardés par la rétrogradation et constituent l'ensemble des *produits de queue*. Nous aurons à rappeler ces faits en étudiant la rectification continue.

Pour M. Barbet, les variations de K′ sont la résultante expérimentale d'une certaine quantité de propriétés physiques parmi lesquelles la température d'ébullition propre à chaque impureté joue un rôle généralement prépondérant, surtout lorsque l'alcool est à un haut degré de concentration. La présence de l'eau en diverses proportions apporte des perturbations notables et telles que le coefficient K' peut changer de signe, ainsi qu'on l'a vu pour l'alcool amylique. Cette eau agit-elle en augmentant ou en diminuant les solubilités des impuretés dans le liquide ? C'est assez probable, mais elle agit aussi en changeant les proportions des tensions de vapeur, en modifiant les chaleurs latentes de vaporisation, etc. En somme, comme une fois la rectification faite on constate que les produits compris dans les impuretés de tête ont tous une température d'ébullition inférieure à celle de l'alcool, tandis que les produits de queue ont tous une température supérieure, il semble incontestable, d'après M. Barbet, que c'est aux températures d'ébullition et non aux coefficients de solubilité qu'il faut attribuer l'action prédominante (1).

Cette thèse est donc très éloignée, comme on le voit, de celle de M. Sorel, qui est basée sur les différentes solubilités des impuretés dans l'alcool concentré et bouillant.

Quoi qu'il en soit, il résulte nettement des théories qui précèdent que pour obtenir un alcool très pur et bien débarrassé d'alcool amylique et en général d'huiles de fusel, il y a nécessité de produire l'alcool à très haut degré. On y parvient, comme nous le verrons, en multipliant le nombre des plateaux et par l'emploi d'un puissant condenseur.

II. — DISTILLATION SIMPLE.

La distillation simple est employée pour la préparation des eaux-de-vie et des rhums. Nous avons vu qu'elle ne permet pas d'obtenir par un seul épuisement, de l'alcool concentré aux dépens des vins à 10 ou 12 degrés d'alcool. Toutefois, l'adjonction à ces appareils de déflegmateurs permet d'élever notablement le degré alcoolique du liquide distillé et d'obtenir

(1) E. Barbet, *La rectification et les colonnes rectificatrices.*

sans repasse, c'est-à-dire en une seule opération, de l'eau-de-vie à 55-70^{d}.

Appareils de distillation simple.

On peut distinguer parmi ces appareils les alambics simples et les alambics munis de rectificateurs.

Alambics simples. — L'alambic simple (fig. 57) se

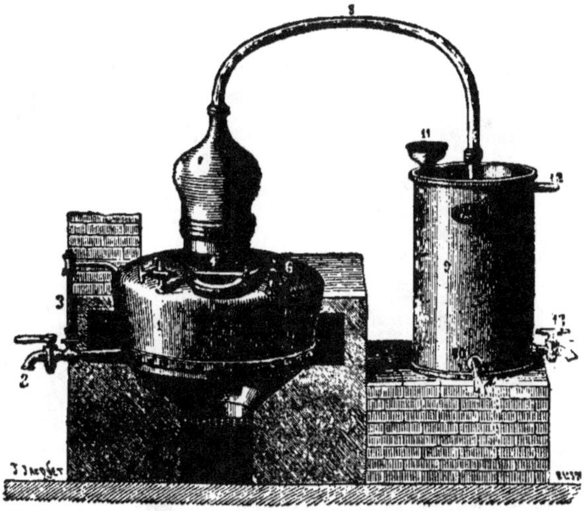

Fig. 57. — Alambic simple, ancien appareil à rhum. (Deroy, constructeur, à Paris.)

compose d'une chaudière, de forme large et basse, ordinairement en cuivre, destinée à recevoir le liquide à distiller. Elle est placée sur un massif de maçonnerie de manière à pouvoir être chauffée à feu nu. Cette chaudière est surmontée par un large chapiteau, qui se continue lui-même par un long tuyau de cuivre recourbé, qui conduit au réfrigérant. Ce réfrigérant est constitué par un long serpentin métallique, placé dans un réservoir où circule un courant d'eau froide. L'eau froide arrive par la partie inférieure, s'échauffe par les vapeurs alcooliques qui se condensent dans le serpentin et s'écoule par le trop-plein supérieur.

Certains appareils de ce genre sont munis d'un chauffe-vin.

Dans ce cas, les vapeurs alcooliques qui se dégagent de la chaudière se condensent dans un serpentin placé dans un vase où se trouve le liquide à distiller.

La chaleur abandonnée par la condensation de ces vapeurs échauffe le vin qu'on fait entrer ensuite dans la chaudière pour l'opération suivante. On économise ainsi le combustible. Le liquide alcoolique condensé dans le serpentin du chauffe-

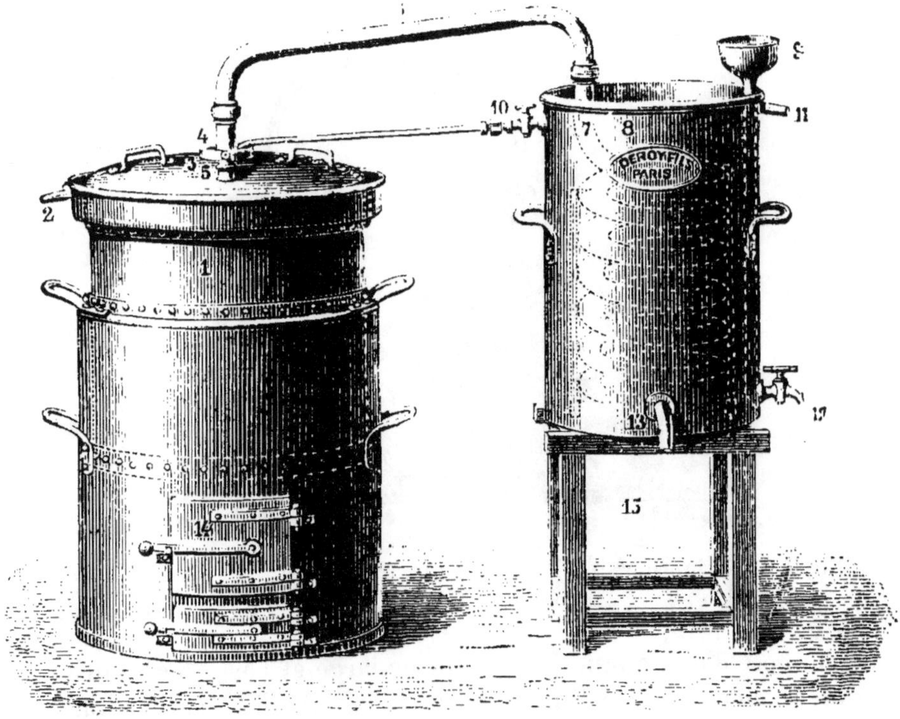

Fig. 58. — Alambic à chapiteau rectificateur et double joint hydraulique. (Deroy, constructeur, à Paris.)

vin et les vapeurs non condensées se rendent alors dans le serpentin du refrigérant où la condensation et le refroidissement s'achèvent.

Alambics à rectificateurs. — On emploie aujourd'hui de plus en plus les alambics munis d'appareils de rectification, car ces alambics peuvent fonctionner soit comme alambics simples à repasse, quand on ne fait pas usage du rectificateur, soit comme alambics à rectificateur sans repasse, produisant en une seule opération l'eau-de-vie au degré voulu.

Dans l'alambic Deroy à chapiteau rectificateur (fig. 58), le chapiteau se place comme un simple couvercle et s'emboîte

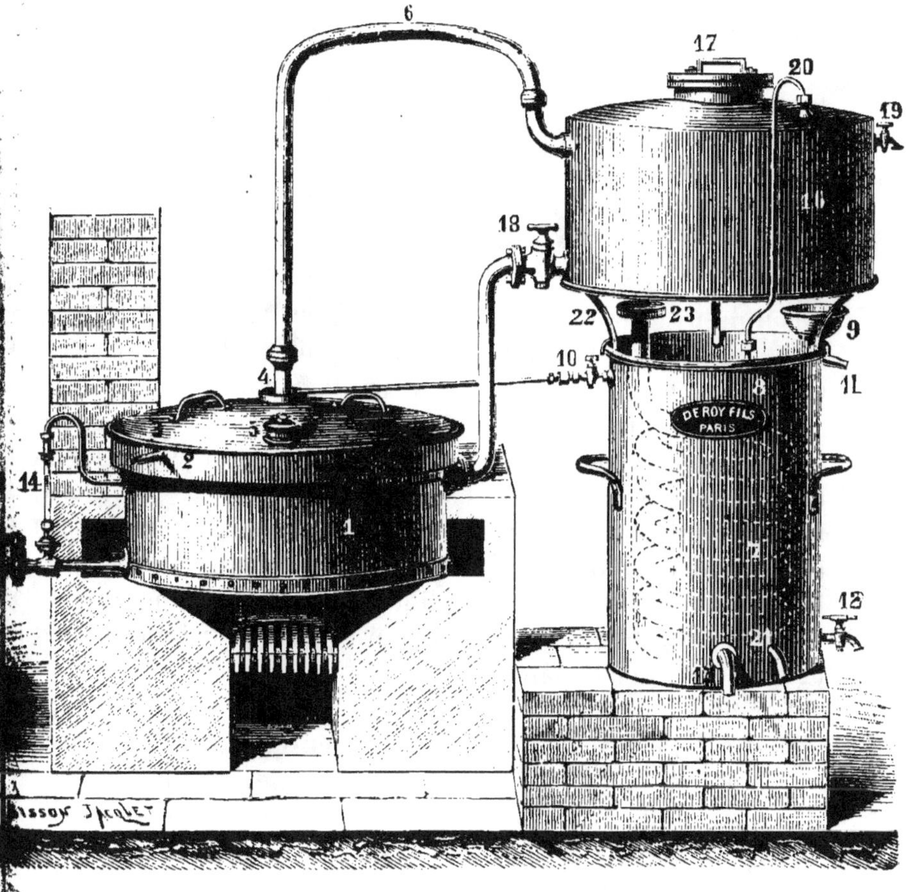

Fig. 59. — Nouvel appareil à rhum avec chapiteau rectificateur à double joint hydraulique et chauffe-vin. (Deroy, constructeur, à Paris.)

librement dans la gouttière ou rebord supérieur de la chaudière. Une partie de l'eau de trop-plein du réfrigérant se déverse au centre du chapiteau, s'écoule dans la gouttière et constitue un premier joint hydraulique. Un second joint intérieur est formé par les condensations des vapeurs d'eau, qui, suivant les parois du chapiteau, tombent dans une seconde gouttière et empêchent les vapeurs alcooliques de se condenser dans l'eau du premier joint, comme cela a lieu dans les appareils à joint unique. Toute perte d'alcool est ainsi évitée, et la fermeture est aussi hermétique qu'avec un lut à la pâte ou au caoutchouc. La chaudière, dont la forme est cylindrique, convient à tous les usages domestiques et industriels d'une ferme, d'un vignoble ou d'une propriété. La marche de l'appareil est très simple : on charge la chaudière du liquide à distiller, on replace le chapiteau 3 qui se relie au serpentin 7 par le col de cygne 6 et on allume le feu après avoir rempli d'eau le réfrigérant 8; puis, quand la distillation commence, on règle l'ouverture du robinet régulateur 10 suivant le degré qu'on désire obtenir. Les vapeurs riches et concentrées se dirigent vers le serpentin 7 du réfrigérant 8 où elles se condensent pour être recueillies par le tuyau 13.

La figure 59 représente un alambic semblable au précédent mais muni d'un chauffe-vin 16, placé au-dessus du réfrigérant 8. Le fonctionnement est le même que dans le cas précédent, mais les vapeurs alcooliques traversent le chauffe-vin 16 et en échauffent le contenu avant d'arriver au serpentin réfrigérant. La chaudière 1 se charge du liquide à distiller, ainsi que le chauffe-vin 16, dont la capacité, au niveau du robinet 19, est égale à celle de la chaudière 1.

Lorsque le liquide de la chaudière est épuisé de ses parties alcooliques, on vide par le robinet 15, puis on ouvre le robinet 18 pour remplir de nouveau avec le liquide chaud contenu dans le chauffe-vin. On recharge celui-ci et les opérations se succèdent ainsi. Cet appareil est surtout utilisé pour la fabrication des rhums.

L'alambic Simplex Deroy (fig. 60) convient aux petits producteurs qui désirent distiller pour leur consommation de famille certains produits de leur récolte. Le mode de rectification consiste ici en l'application sur le chapiteau, d'une toile grossière, qu'on humecte plus ou moins pendant la distillation, suivant le degré à obtenir. Le joint du chapiteau est fait au moyen d'un cercle de caoutchouc comprimé par un serre-joint mobile.

Pour la distillation des moûts épais tels que les fruits fermentés, on munit parfois les alambics d'un agitateur. Cet agitateur est tantôt mécanique, tantôt automatique. L'agitateur mécanique se compose d'une manivelle fixée sur une tige horizontale traversant un presse-étoupe et communiquant le mouvement, par deux engrenages d'angle, à un arbre vertical portant deux palettes. L'agitateur automatique Deroy (fig. 61) se compose d'un faux-fond mobile 16 portant au

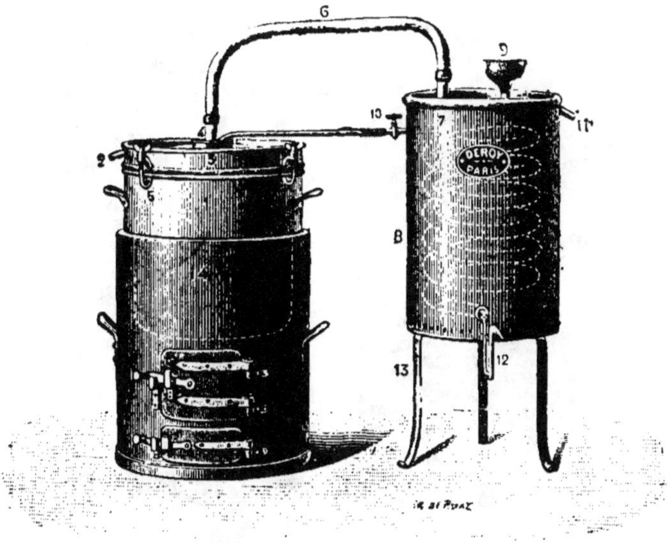

Fig. 60. — Alambic Simplex. (Deroy, constructeur, à Paris.)

centre un tuyau d'éjection 17, lequel est muni à sa partie supérieure d'une calotte ou brise-jet 18. La grille 19, reconnue inutile dans la plupart des cas, a été supprimée. Cette disposition spéciale permet une circulation rapide et continue du liquide soumis à la distillation. On peut ainsi maintenir l'ébullition sans craindre que les particules solides ne se brûlent au fond.

En ajoutant aux alambics précédemment décrits une lentille de rectification, on peut obtenir sans repasse des eaux-de-vie de 50 à 75^d et avec repasse, jusqu'à 90^d, en distillant des jus faibles. La figure 62 représente un appareil à rhum muni de cette lentille. La lentille 3 se place directement sur le chapiteau ; son but est d'augmenter la surface d'analyse des vapeurs en distillation et de permettre aux vapeurs d'eau qui auraient franchi le chapiteau 5 de venir se condenser avant leur arrivée au col de cygne. Cet organe est muni d'un dispositif particulier permettant d'humecter d'une façon parfaitement uniforme sa surface externe, au moyen d'un filet d'eau qui provient du réfrigérant et arrive par le robinet 10 dans la

Fig. 61. — Alambic à agitateur automatique. (Deroy, constructeur, à Paris.)

collerette 4. Le degré s'élève ou s'abaisse par la quantité d'eau qu'on donne à la surface de la lentille : celle-ci peut au besoin se retirer quand on distille des jus riches en alcool.

Dans les alambics construits par la maison Egrot, le rectificateur (fig. 63) se compose de deux sphères creuses concentriques. A l'intérieur de la sphère interne arrive un courant d'eau froide qui sort à la partie supérieure en se répandant sur la surface de la sphère extérieure, qui est recouverte d'un tissu à mailles peu serrées. L'espace annulaire compris entre les deux sphères est donc doublement refroidi par la sphère interne et par la surface de la sphère externe. C'est dans cet espace que circule la vapeur alcoolique venant de la chaudière; il s'y produit une condensation énergique qui ramène dans le liquide les parties les plus aqueuses, tandis que les vapeurs riches en alcool s'échappent de l'espace annulaire et vont se condenser dans le serpentin. On règle facilement la puissance

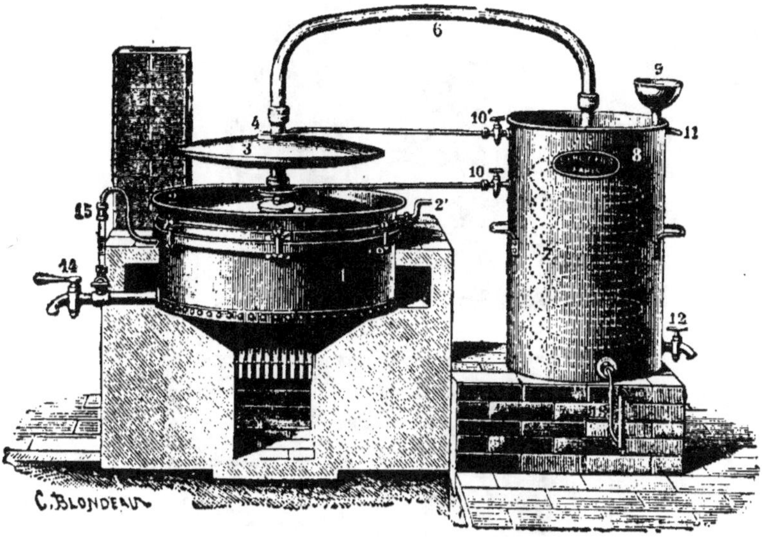

Fig. 62. — Nouvel appareil à rhum avec chapiteau rectificateur. joint à serrage et lentille de rectification. (Deroy, constructeur, à Paris.)

de la rectification en faisant circuler plus ou moins rapidement l'eau froide.

La figure 64 représente un alambic Egrot muni de ce rectificateur sphérique. La chaudière A reçoit le liquide à distiller; elle est placée sur un fourneau B et elle est munie d'un appareil de bascule. En détachant le joint *m* et en agissant sur le levier H, on peut faire basculer l'appareil pour le vider facilement. Les vapeurs alcooliques se rendent par le tuyau F dans le rectificateur sphérique U. Les vapeurs les plus aqueuses refluent à la chaudière tandis que les vapeurs riches et épurées distillent, se rendent dans le serpentin placé dans le réfrigérant R, s'y condensent et s'écoulent par le tuyau S.

Les alambics sont chauffés tantôt à la vapeur, tantôt au moyen d'un bain-marie. Les alambics à bain-marie sont utilisés pour la distillation des matières pâteuses quand on ne dispose pas d'agitateur mécanique ou automatique.

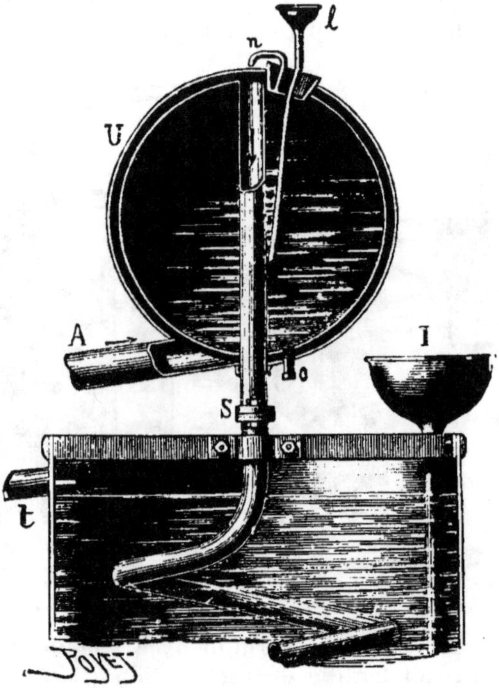

Fig. 63. — Coupe du rectificateur sphérique Egrot. (Egrot et Grangé, constructeurs, à Paris.)

Enfin pour les bouilleurs ambulants et les grands propriétaires qui ont à distiller dans des endroits éloignés les uns des autres, on construit spécialement des alambics montés sur chariots.

Usage des appareils à distillation simple.

Distillation des fruits. — Quand on fait fermenter les fruits simplement foulés dans une cuve, la distillation ultérieure de cette masse pâteuse demande quelques précautions. Il faut avoir soin de mettre d'abord dans l'alambic une certaine quantité d'eau, ce qui rend la masse moins épaisse, et de porter cette eau à l'ébullition avant d'y introduire le moût fermenté. On évite ainsi l'adhérence des pulpes au fond de la chaudière et le goût de brûlé qui l'accompagne. L'emploi d'une grille en cuivre qu'on place au fond de l'alambic réduit encore le danger : dans ce cas, on dispose une couche de paille dessus ou

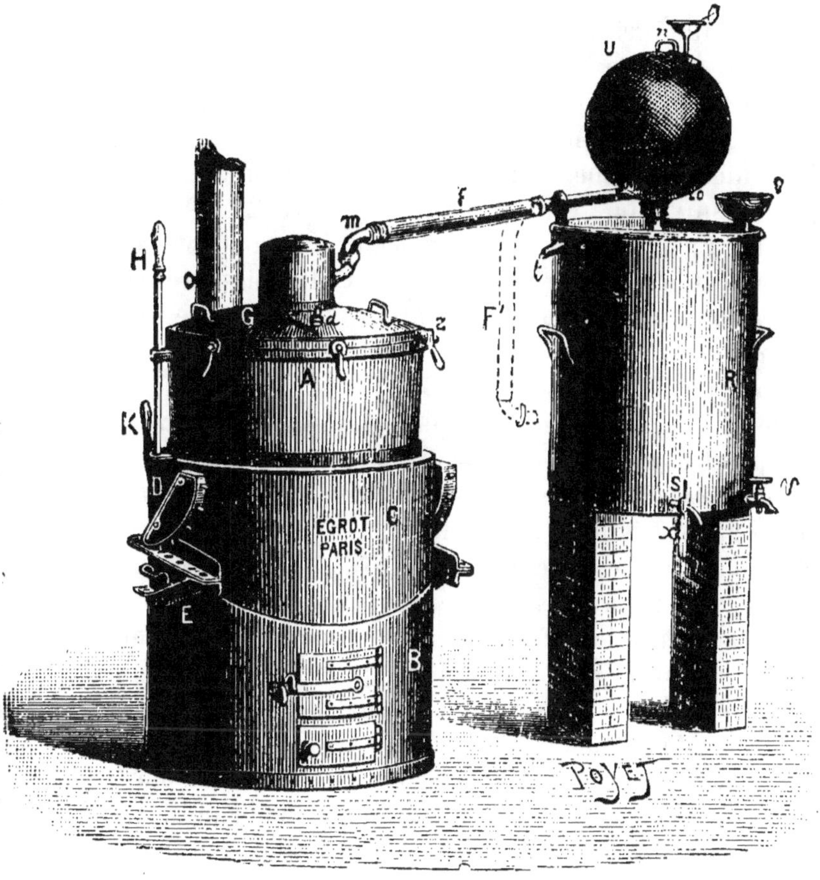

Fig. 64. — Alambic à bascule et à rectificateur sphérique. (Egrot et Grangé, constructeurs, à Paris.)

dessous, puis on verse la quantité d'eau nécessaire, et quand elle bout, on ajoute les fruits. On empêche également la matière de s'attacher en se servant d'un appareil muni d'un agitateur.

Quand les fruits ont été pressés de manière à en extraire le jus qu'on soumet à la fermentation, on place le jus fermenté dans la chaudière de manière à la remplir aux trois quarts et on procède à la distillation.

Les appareils particulièrement recommandables pour cette distillation des fruits sont les alambics représentés par les figures 58, 60, 61 et 64. Les deux premiers doivent être munis d'une grille de fond.

La distillation doit être conduite lentement. On sépare d'abord les produits de tête, puis on recueille l'eau-de-vie qui coule en moyenne à 50^d. Quand le degré commence à diminuer, on recueille à part les queues qu'on mélange à l'opération suivante. Avec les appareils à rectificateur, on peut obtenir ainsi des eaux-de-vie concentrées, sans qu'il soit nécessaire de faire de repasse ; avec les alambics ordinaires, on fait d'abord une première opération pour produire un *brouillis* à bas degré, puis on soumet le brouillis à une seconde opération appelée repasse, qui donne l'eau-de-vie au degré voulu. Dans la première opération, on fait tout couler dans le même récipient et ce n'est qu'à la deuxième opération qu'on fractionne le produit en séparant les têtes et en recueillant à part les liquides distillés quand le titre tombe au-dessous de 50^d. Les têtes et les queues sont distillées de nouveau avec le liquide de la chauffe suivante.

La conservation du kirsch s'effectue dans des bonbonnes en verre, afin que le produit ne possède aucune coloration. Pour les autres eaux-de-vie, on peut employer les fûts en bois de frêne. Le rendement est en moyenne de 10 à 12 litres de kirsch à 50^d par 100 kilogrammes de cerises, de 8 à 10 litres de quetsch à 50^d par 100 kilogrammes de prunes, de 4 litres d'eau-de-vie à 50^d par hectolitre de myrtilles, de mûres ou de framboises. Les figues fraîches donnent un rendement moyen de $4^l,7$ d'alcool par 100 kilogrammes, les figues sèches peuvent donner 30 à 32 litres d'alcool.

La distillation des vins de miel ne présente aucune particularité. Elle se fait parfaitement dans l'alambic représenté par la figure 58, auquel on adjoint une lentille de rectification. Un kilogramme de miel fournit environ 800 centimètres cubes d'eau-de-vie à 50^d. Cette eau-de-vie entre dans la préparation de plusieurs liqueurs fines; elle est surtout importée de Hongrie, et il est à souhaiter que les apiculteurs français puissent fournir à la distillerie les quantités d'eaux-de-vie de miels nécessaires. Le produit doit, dans ce cas, posséder une forte odeur de miel.

Distillation des rhums. — La distillation des vins de cannes ou de mélasses de cannes se fait encore dans un certain nombre de rhummeries agricoles des Antilles, au moyen de l'alambic intermittent du père Labat. Cet appareil, dit M. Pairault, se compose d'une chaudière plate chauffée à feu nu, surmontée d'un chapiteau volumineux et assez haut, en forme de poire. La partie large de ce chapiteau se raccorde avec la chaudière, la partie allongée communique par un col de cygne avec une sorte de cuve en bois close et munie de deux tubulures à la partie supérieure. Ce récipient de bois est placé à un niveau plus élevé que celui de la chaudière: un tube de trop-plein, placé à 15 centimètres de la base et communiquant avec la chaudière, au fond de laquelle il plonge, permet la rétrogradation dans celle-ci du liquide fermenté, lorsqu'il dépasse le niveau voulu. Les deux tubulures de la partie supérieure de ce récipient reçoivent: l'une le col de cygne amenant les vapeurs alcooliques (ce tube plonge jusqu'au fond), l'autre, un tuyau conduisant ces vapeurs à un serpentin réfrigérant. Au début de l'opération, on verse du moût fermenté dans le récipient de bois jusqu'à la hauteur du trop-plein. Pour les distillations suivantes, on remplace le moût par de l'eau alcoolisée provenant d'une opération précédente (1).

L'appareil Privat, également employé aux Antilles, se compose d'une chaudière moins plate, dont le couvercle surélevé est surmonté d'une sorte de courte colonne contenant seulement 2 plateaux qu'on peut, au moyen d'un tube latéral à entonnoir et robinet, remplir jusqu'à une hauteur voulue. La colonne se termine par une section plane à bords un peu relevés, du centre de laquelle part un tube se rendant au serpentin refroidisseur. Le sommet de la colonne est refroidi par un

(1) E.-A. Pairault, *Le rhum et sa fabrication.*

courant d'eau qui se déverse sur les parois où il est arrêté à 20 ou 25 centimètres du sommet, par une gouttière circulaire munie d'un tube de déversement.

Avec ces appareils intermittents, il passe au début un alcool à haut titre, environ 80^d^, puis ce titre s'abaisse peu à peu jusqu'à 30^d^. A ce moment les parties distillées mélangées donnent du rhum à 60^d^. On continue la distillation en recueillant à part les petites eaux qui ont moins de 30^d^, et on se sert de ces liquides pour charger l'appareil dans une opération suivante.

On possède aujourd'hui des alambics beaucoup plus parfaits, tels que ceux qui sont représentés par les figures 59 et 62. L'appareil à lentille de rectification permet d'obtenir en premier jet le titre de 90^d^. Si au lieu de rhum, on veut obtenir de l'alcool à 85-90^d^, il est préférable d'avoir recours aux appareils continus que nous étudierons plus loin. Les appareils intermittents donnent plus d'arome que les appareils continus bien qu'ils soient bien moins économiques. La grandeur de l'appareil intervient également ; un même vin distillé dans une grande et dans une petite chaudière donne deux produits à arome différent.

Pour la production des rhums de vesou, on emploiera toujours les appareils intermittents. Le produit obtenu est à peu près inconnu en Europe ; il est en effet entièrement consommé sur place dans les pays de production. Ce rhum est mis ordinairement dans des fûts en chêne après avoir été coloré avec une certaine quantité de caramel. Il est souvent consommé aussitôt, mais il n'acquiert toutes ses qualités qu'après avoir été conservé pendant au moins deux ans.

Pour la production des rhums de mélasses, on emploie soit les appareils intermittents, soit les appareils continus. On obtient ainsi les rhums d'exportation consommés en France, ou des tafias très colorés qui sont expédiés en Europe et servent pour les coupages avec les alcools d'industrie destinés à donner des rhums de qualité inférieure.

III. — DISTILLATION MÉTHODIQUE.

C'est vers la fin du XVIIe siècle qu'Adam appliqua le premier l'épuisement méthodique aux liquides fermentés. Il plaça en gradins un certain nombre de vases. La vapeur produite dans le vase inférieur venait barboter dans le vase placé immédiatement au-dessus. Le liquide de ce vase se mettait bientôt à bouillir et sa vapeur allait de même barboter dans le vase supérieur, et ainsi de suite. On plaçait le vin dans le vase supérieur, et au bout d'un certain temps on le faisait descendre dans le vase au-dessous, et ainsi de suite jusqu'à ce qu'il arrive au vase inférieur après s'être complètement épuisé d'alcool. La vapeur produite par l'ébullition passait de vase en vase de bas en haut, en s'enrichissant de plus en plus. L'appareil était discontinu, et à intervalles réguliers, on vidait le vase inférieur épuisé, on faisait descendre le liquide de chaque vase dans le vase immédiatement inférieur et on remettait du vin dans le vase supérieur vide.

Les appareils à chaudières multiples, dans lesquels la vapeur émise par l'alambic inférieur vient barboter dans le liquide de l'alambic placé au-dessus, de manière à porter ce liquide à l'ébullition, dérivent directement de ce principe.

Trente ans après la découverte d'Adam, Cellier Blumenthal construisit un appareil analogue à celui d'Adam, mais dans lequel le vin arrivait d'une façon continue dans le vase supérieur pour descendre de vase en vase jusque dans la chaudière en s'épuisant de plus en plus en alcool. Les vases d'épuisement, dans l'appareil de Cellier Blumenthal, sont placés les uns au-dessus des autres dans une colonne. Ces vases sont constitués en principe par un grand nombre de capsules, à la surface desquelles coule le vin à distiller. Celui-ci arrive à la partie supérieure de la colonne, cascade de capsule en capsule en s'appauvrissant en alcool et arrive à la chaudière. Cette chaudière est chauffée par la vapeur d'une deuxième chaudière placée en contre-bas. La vapeur produite circule en sens inverse du vin, c'est-à-dire de bas en haut : elle se charge de plus en plus d'alcool. L'enrichissement de l'alcool se fait à la partie supérieure de la colonne dans six vases constitués par des plateaux à cheminée centrale recouverte par une calotte. Les vapeurs alcooliques passent alors dans un chauffe-vin, puis dans un réfrigérant où elles se condensent.

Cet appareil réalise donc la continuité de la distillation, et présente évidemment sur les appareils discontinus, pour la production des alcools, de très grands avantages : rapidité plus grande, économie de combustible, concentration plus forte, pureté supérieure. Il a été le point de départ de la plupart des colonnes à distiller actuelles, que nous allons étudier maintenant.

Principaux organes d'une colonne à distiller.

On peut distinguer dans une colonne à distiller les principaux organes suivants : les plateaux ou organes d'épuisement méthodique, l'appareil de chauffage, le régulateur de vapeur, le chauffe-vin et le réfrigérant, le récupérateur de chaleur des vinasses, l'éprouvette de contrôle.

Plateaux. — Dans les colonnes modernes, les vases d'épuisement sont constitués par des plateaux placés les uns au-dessus des autres et assemblés de manière à former une colonne (fig. 65). Ces plateaux communiquent entre eux par des tuyaux de trop-plein qui établissent sur chacun d'eux un niveau constant en déversant l'excès de liquide sur le plateau inférieur. Pour que la vapeur puisse barboter dans le liquide et l'épuiser en alcool, l'orifice de chaque plateau est recouvert par une véritable calotte qui forme joint hydraulique avec le liquide placé sous le plateau. La vapeur s'accumule sous la calotte, et bientôt, par sa pression, refoule le liquide, dans lequel elle barbote en l'échauffant. Le vin à distiller, arrivant sur le plateau supérieur, descend de plateau en plateau par les tubes de trop-plein en s'épuisant en alcool, tandis que la vapeur monte de plateau en plateau, en barbotant dans le liquide de plus en plus alcoolique et en s'enrichissant de plus en plus en alcool.

Il existe un grand nombre de types de plateaux.

Pour favoriser l'épuisement du liquide il faut multiplier le contact du vin et de la vapeur. On y arrive en donnant aux bords des calottes une forme dentelée qui divise les bulles de vapeur en les faisant barboter sur un espace plus étendu. Les plateaux de la colonne Champonnois (fig. 66) répondent tout à fait à cette condition. Ces plateaux sont munis d'une ouverture centrale recouverte par une calotte dentelée, portant une étoile à six ou dix branches. Chacune de ces branches

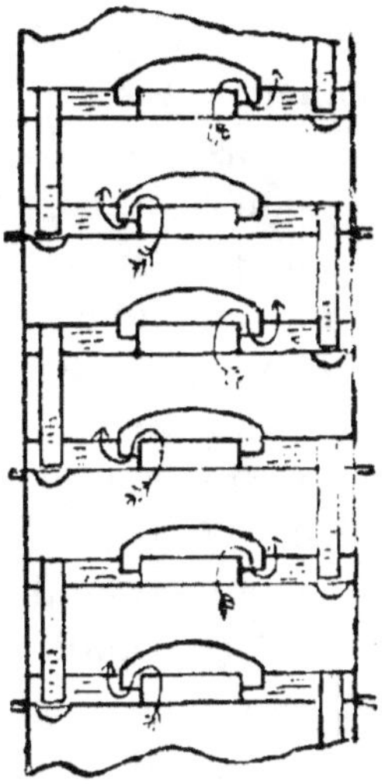

Fig. 65. — Schéma de la colonne à plateaux.

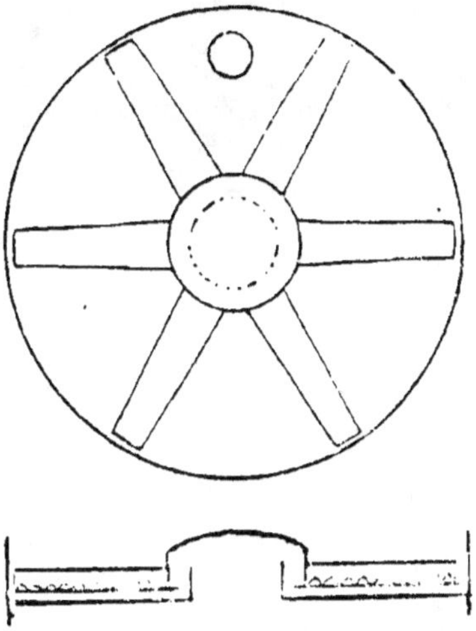

Fig. 66. — Schéma des plateaux de la colonne Champonnois. (Barbier, constructeur, à Paris.)

est maintenue à quelques centimètres du plateau par des cales. Toutes ces branches sont dentelées, et le contact de la vapeur avec le liquide est parfait.

Les plateaux à calottes-peignes de M. Barbet ont également une grande puissance d'épuisement. Ces plateaux portent un très grand nombre de petites calottes en cuivre embouti (fig. 67), équidistantes, autour desquelles le vin se divise et circule avec facilité. La longueur développée de la ligne de barbotage de la vapeur se trouve ainsi considérablement augmentée. En outre, le pourtour de toutes ces petites calottes est divisé par une infinité de traits de scie assez profonds, qui font ressembler ces organes à des sortes de peignes à longue denture. La vapeur emprisonnée sous chaque calotte se lamine finement à travers tous ces peignes, en donnant des jets horizontaux qui s'entrechoquent. L'utilisation est ainsi maxima, il n'y a pas de projection verticale contre le plateau supérieur et l'émulsion de la vapeur est beaucoup plus tranquille, plus régulière et sans entraînements. Pour éviter que dans les colonnes de grandes dimensions, la longueur de la circulation du liquide entre les nombreuses calottes n'engendre une certaine dénivellation depuis la chute du trop-plein jusqu'au trop-plein opposé, M. Barbet divise les plateaux par des chicanes en un certain nombre de biefs successifs, réglés par autant de déversoirs. Il en résulte que d'un déversoir à l'autre le liquide n'a qu'un faible chemin à parcourir et que les dénivellations deviennent nulles.

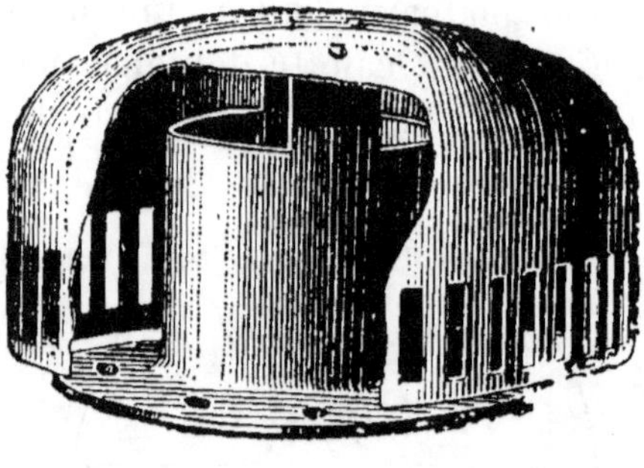

Fig. 67. — Calotte-peigne. (Barbet, constructeur, à Paris.)

Les plateaux Savalle sont rectangulaires. Le liquide s'accumule sur ces plateaux jusqu'à hauteur du trop-plein et descend sur les plateaux inférieurs par le tube de trop-plein. Le plateau porte deux longs orifices rectangulaires, recouverts de calottes en forme de toits, dont les bords plongent dans le liquide, et par lesquels se fait le barbotage de la vapeur. Cette disposition a l'avantage de rendre les obstructions très rares.

Les plateaux Egrot (fig. 68) présentent une forme très particulière. Le vin arrive par le tuyau de décharge *a*, venant du plateau placé au-dessus, et pour s'écouler par le trop-plein *o* situé au centre du plateau, il doit parcourir un très long chemin dans le sens des flèches. Le liquide suit d'abord l'anneau extérieur jusqu'en *b* où il rencontre une paroi qui le force à changer de sens et à prendre la direction *bc*. Il parcourt ainsi le deuxième cercle en sens inverse. Arrivé en *d*, la paroi le renvoie dans la direction *de*, et le vin passe ainsi dans le troisième cercle qu'il parcourt de même en sens inverse du deuxième. Arrivé en *f*, la paroi le dirige dans le quatrième cercle suivant *fg* ; le vin parcourt le cercle en sens inverse du

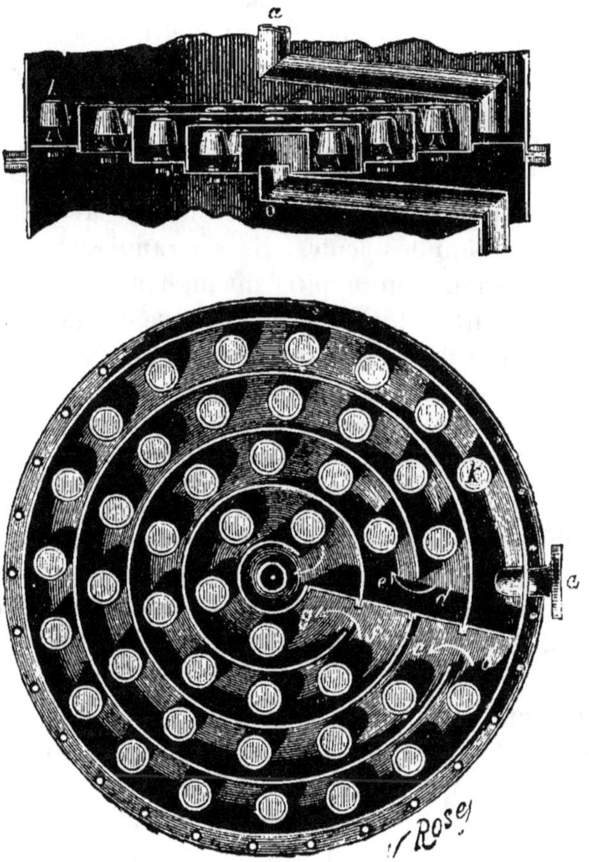

Fig. 68. — Plateaux Egrot. (Egrot et Grangé, constructeurs, à Paris.)

troisième et il arrive ainsi au centre *o* où il s'écoule par le trop plein qui le conduit sur le plateau situé au-dessous. La même circulation se produit sur ce plateau, et ainsi de suite jusqu'au bas de la colonne. Tout le long de ce parcours, le vin reçoit la vapeur par un grand nombre de petites calottes *k*, ce qui assure un contact intime entre la vapeur de barbotage et le liquide alcoolique. Cette disposition permet d'épuiser le vin méthodiquement sur un nombre de plateaux très faible, quatre ou cinq par exemple. L'appareil est par suite moins volumineux, la pression à surmonter est plus faible et le travail est très régulier.

On emploie également pour la rectification des plateaux simplement perforés de nombreux petits trous, à travers lesquels la vapeur passe et barbote dans le liquide. Ces plateaux sont théoriquement les meilleurs au point de vue de l'utilisation de la vapeur. Malheureusement ils ne peuvent pas être employés avec tous les liquides et présentent de gros inconvénients pratiques. Les trous se bouchent avec les moûts épais; avec les liquides acides, ils s'agrandissent peu à peu et l'appareil ne fonctionne plus normalement. En outre ces plateaux risquent à tout moment de se décharger pour la moindre variation de la pression, et ces variations se produisent chaque fois qu'on modifie l'alimentation.

Pour éviter les obstructions par les moûts épais soumis à la distillation, certaines colonnes ne portent pas de plateaux et l'épuisement s'y fait au moyen de dispositions spéciales que nous étudierons plus loin. Telles sont les colonnes d'Ilgès, de Guillaume, de Sorel, etc.

Chauffage de la colonne. — On emploie toujours aujourd'hui le chauffage à la vapeur pour les colonnes à distiller, dans l'industrie de l'alcool. Le chauffage à feu nu n'est utilisé que pour les petites colonnes et dans les fabriques d'eaux-de-vie de vin, de fruits, ou dans les rhummeries.

Le chauffage à la vapeur peut avoir lieu par barbotage, par serpentin ou par faisceau tubulaire. L'emploi de la vapeur par barbotage a l'avantage d'être simple, mais présente l'inconvénient de diluer les vinasses. Cet inconvénient est peu important en distillerie de betteraves ou de grains, mais il est grave en distillerie de mélasses où on doit évaporer les vinasses pour en récupérer les sels. Aussi donne-t-on, dans ce cas, la préférence au chauffage par serpentin ou par faisceau tubulaire.

L'introduction d'un serpentin parcouru par la vapeur permet un chauffage très économique de la colonne, mais le serpentin a l'inconvénient d'occuper une place assez considérable, de nécessiter l'agrandissement de la chaudière et de s'encrasser fréquemment. Il a l'avantage de permettre le chauffage sans dilution du liquide et de recueillir la vapeur condensée qui peut servir de nouveau à alimenter le générateur.

Le chauffage tubulaire adopté par la maison Savalle se compose d'un faisceau de tubes à l'intérieur desquels circule la vinasse chaude sortant de la colonne. La vapeur entre dans la caisse et vient échauffer la paroi extérieure des tubes ; elle abandonne sa chaleur et s'écoule condensée à la partie inférieure. La vinasse qui circule dans les tubes s'échauffe et les vapeurs produites passent dans la colonne distillatoire par un tuyau situé en haut de l'appareil tubulaire. La vinasse s'écoule sans interruption par un robinet et un tuyau placés au bas de la caisse de chauffage. Cet appareil permet d'utiliser la vapeur d'échappement des machines ; il donne un chauffage économique et se nettoie aisément.

Dans les appareils Guillaume, que nous décrirons plus loin, quand le chauffage ne peut avoir lieu par barbotage, la colonne est chauffée par l'intermédiaire d'une surface au moyen d'un évaporateur, représenté par la figure 69. Les vinasses s'écoulent, en sortant de la colonne de distillation A, dans l'évaporateur J, où elles sont portées à l'ébullition par l'intermédiaire d'une surface tubulaire chauffée elle-même par la vapeur. La vinasse qui n'a pas été vaporisée sort automatiquement réglée en quantité par le siphon *e* grand ouvert. La vapeur de chauffage est admise par le robinet *d* et son débit est réglé par la valve qui suit ce robinet et qui est actionnée par le régulateur à régime variable O.

Pour employer la vapeur d'échappement des machines à vapeur, la maison Egrot et Grangé installe un récipient dit *ballon d'échappement* d'un volume en rapport avec l'importance de l'appareil. Toute la vapeur de chauffage de l'appareil à distiller est prise sur ce ballon d'échappement ; un régulateur d'admission de vapeur directe dans ce dernier assure l'alimentation au cas où la vapeur d'échappement serait insuffisante ou en cas d'arrêt de la machine. Ce ballon d'échappement est muni d'une soupape chargée qui permet l'évacuation de la vapeur d'échappement en excès lorsque la pression intérieure dépasse 500 grammes par centimètre carré, et le régulateur d'arrivée de vapeur directe est disposé pour que cette dernière ne puisse entrer dans le ballon que quand la pression y descend à 450 grammes, et cela dans la mesure juste nécessaire au maintien de cette dernière pression.

Par cette disposition, la colonne à distiller utilise bien d'abord toute la vapeur d'échappement, et elle ne prend

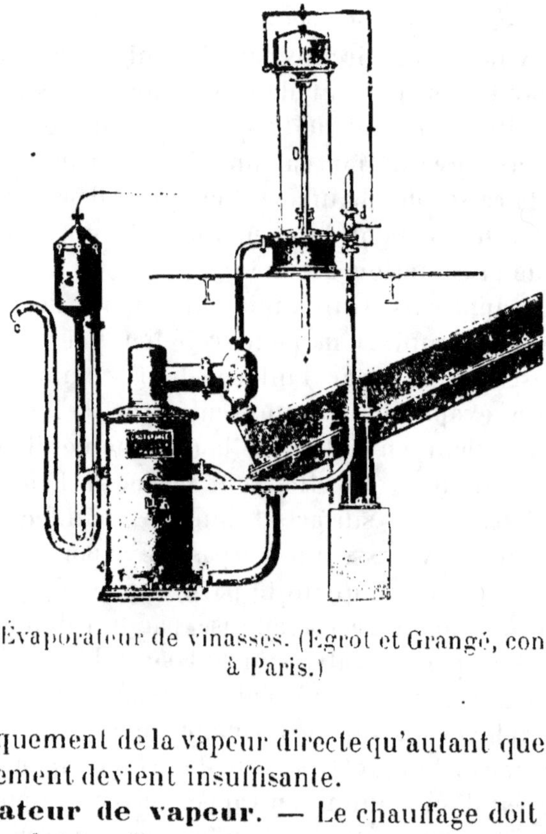

Fig. 69. — Évaporateur de vinasses. (Egrot et Grangé, constructeurs, à Paris.)

automatiquement de la vapeur directe qu'autant que la vapeur d'échappement devient insuffisante.

Régulateur de vapeur. — Le chauffage doit être réglé par un régulateur de vapeur automatique. Il est très important en effet que la quantité de vapeur introduite dans l'appareil soit bien régulière. Si cette quantité est trop forte, on dilue le liquide et le degré de l'alcool produit s'abaisse ; si elle est trop faible, l'épuisement est imparfait.

Le régulateur le plus employé est celui de Savalle (fig. 70). Il se compose de deux récipients qui communiquent ensemble par un tube qui plonge jusqu'au fond du récipient inférieur. Ce récipient inférieur contient de l'eau et communique par un tube avec le compartiment inférieur de la colonne à distiller. La pression qui règne dans l'appareil vient s'exercer sur le niveau du liquide dans le récipient inférieur, et fait monter l'eau par le tube central dans le récipient supérieur

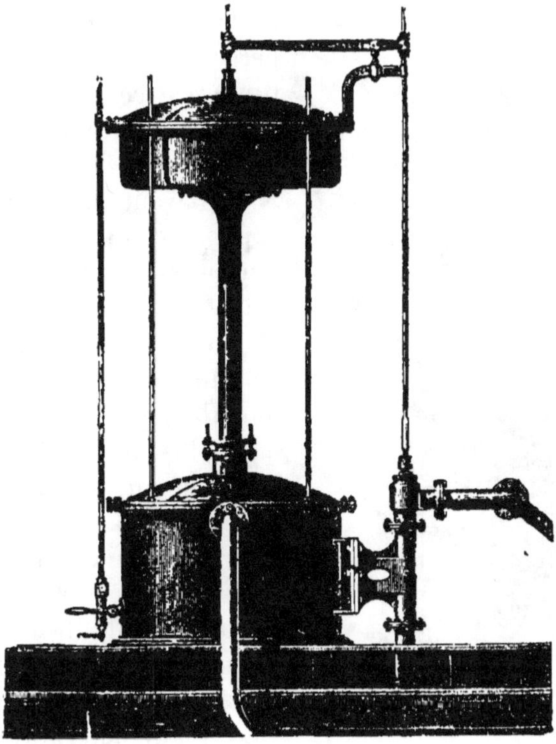

Fig. 70. — Régulateur de vapeur Savalle, à régime constant. (Lepage, Urbain et Cie, constructeurs, à Paris.)

où se trouve un flotteur. Ce flotteur actionne une soupape conique équilibrée de façon qu'une variation minime de pression, de quelques centimètres d'eau, suffit pour modifier complètement l'admission de vapeur.

Pour faire varier la marche de la colonne, il faut pouvoir augmenter ou diminuer la pression de régime au bas de l'appareil. On y arrive, dans l'appareil précédent, en élevan ou en abaissant plus ou moins la bâche supérieure. Mais il est nécessaire d'arrêter l'appareil pour exécuter ce travail.

Pour éviter cet inconvénient, on construit aujourd'hui des régulateurs de vapeur à régime variable. Dans le régulateur Savalle à régime variable, on adjoint au régulateur précédent un vase communicant dans lequel se meut un tube passant en bas par un presse-étoupes et percé en haut de deux longues lumières : ce tube est commandé de l'extérieur par une vis que l'on actionne à la main. Si on veut donner plus de vapeur, ce qui se traduit par une pression plus élevée dans la colonne, il suffit de baisser ce tube, l'eau s'écoule et le flotteur ne peut agir sur la soupape que lorsqu'une pression plus forte s'est établie. Inversement, si on veut diminuer le passage de vapeur, on relève le tube et on verse dans la bâche supérieure de l'eau jusqu'à ce que le niveau devienne constant dans la bâche inférieure (1).

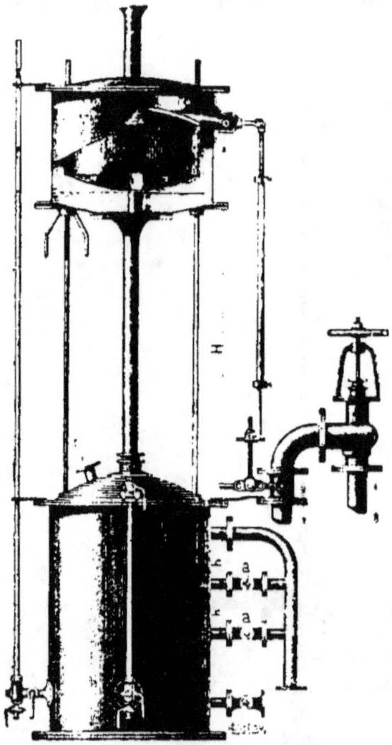

Fig. 71. — Régulateur de vapeur à régime variable. (E. Barbet, constructeur, à Paris.)

Le régulateur à régime variable de M. Barbet (fig. 71) est également un régulateur Savalle à régime constant perfectionné et rendu à régime variable. L'addition de deux robinets *a* donne la facilité de modifier l'allure d'un appareil à tout instant en pleine marche. Lorsque les deux robinets *a* sont fermés, l'appareil fonctionne avec une pression de régime H. En ouvrant le premier robinet, la pression devient $H+h$; en ouvrant le second, elle devient $H+h+h'$. Le

(1) E. Sorel, *La Distillation* (Encyclopédie des Aide-mémoire Léauté).

chauffage étant de plus en plus énergique, l'appareil peut suffire à un débit de plus en plus élevé. Dans ce régulateur, la soupape équilibrée de Savalle est remplacée par un papillon dont la manœuvre demande moins de force. Enfin les débordements de liquide sont rendus impossibles.

Dans les appareils de la maison Egrot, le réglage se fait automatiquement par le régulateur automatique de vapeur à régime variable système Guillaume si l'appareil est chauffé à vapeur, ou par un régulateur automatique qui agit sur l'entrée du vin si l'appareil est chauffé à feu nu. Pour les appareils de petite dimension, chauffés à la vapeur, on emploie le régulateur O, représenté sur la figure 83, qui agit directement sur la valve d'entrée de la vapeur et permet de faire varier à la main, sans arrêter la distillation, la pression de régime dans le bas de la colonne à distiller. Pour les gros appareils, on adopte le régulateur S représenté figure 101. Ce régulateur est analogue à celui de Savalle, mais le récipient supérieur est supporté par des tiges filetées par l'intermédiaire d'écrous qu'on peut faire tourner ensemble au moyen d'un volant. On peut ainsi faire varier à volonté la hauteur qui sépare les deux récipients. Le levier qui agit sur le robinet de vapeur est extensible : on peut ainsi lui donner la longueur qui correspond à la hauteur choisie. Enfin dans les appareils à feu nu, le régulateur se compose d'un récipient en cuivre communiquant par un tuyau avec le liquide contenu dans la chaudière à distiller. La pression qui s'établit dans la chaudière, pendant la marche, fait élever la vinasse dans le récipient du régulateur, dans lequel est placé un flotteur, qui se trouve soulevé. Les déplacements de ce flotteur sont transmis par une tige articulée au robinet d'admission du vin, de sorte que les variations de la pression de la chaudière agissent sur la quantité de vin qui entre dans l'appareil, en le modérant ou en l'augmentant, selon l'activité plus ou moins grande du feu.

Chauffe-vin et réfrigérant. — Les appareils destinés à condenser les vapeurs alcooliques sont constitués par des réfrigérants tubulaires ou à serpentin.

Il est évidemment économique d'utiliser la chaleur rendue.

libre par la condensation des vapeurs alcooliques pour le chauffage du vin qui alimente la colonne. La dépense en combustible est moins grande et la marche de la colonne plus régulière. On utilise, pour chauffer le vin, soit la chaleur abandonnée par les flegmes qui se condensent, soit la chaleur des vinasses qui s'échappent de la colonne, comme nous le verrons plus loin.

Le chauffe-vin est constitué par un faisceau tubulaire dans lequel arrive le vin. Celui-ci passe dans les tubes de l'appareil, tandis que la vapeur alcoolique circule autour des tubes et se condense en échauffant le vin.

La solution la plus économique paraît être évidemment celle dans laquelle le vin seul suffit à la réfrigération et à la condensation des vapeurs alcooliques ; on récupère ainsi le maximum de chaleur. Mais comme l'admission du vin dans le chauffe-vin se fait à une température d'environ 25-30°, il est impossible d'abaisser le flegme condensé au-dessous de 30-35°, et il en résulte des pertes sensibles en alcool. Pour éviter cet inconvénient, on ajoute au chauffe-vin un deuxième réfrigérant à eau qui achève de refroidir le flegme. La récupération de chaleur est ainsi moins parfaite, mais la perte en alcool est évitée. Ce réfrigérant à eau est constitué soit par un système tubulaire, soit par un serpentin.

Récupérateur de chaleur des vinasses. — Les vinasses épuisées qui sortent du bas de la colonne sont bouillantes, et on a intérêt, dans certains cas, à utiliser la chaleur qu'elles renferment pour échauffer le vin à distiller. Cette récupération de chaleur est impossible en distillerie de mélasses, où on doit évaporer la vinasse et où il serait absurde de la refroidir pour la réchauffer ensuite avec du combustible. On ne peut pas non plus utiliser le récupérateur de chaleur des vinasses dans le travail des grains à moûts troubles, quand on veut séparer les drèches au filtre-presse, car la vinasse doit être aussi chaude que possible pour que la filtration s'effectue bien. Les distilleries de betteraves qui travaillent par macération à la vinasse ne peuvent employer que partiellement la récupération.

Au contraire, il est avantageux de se servir d'un récupérateur de chaleur des vinasses dans la fabrication de l'alcool de grains à moûts clairs, dans la distillerie de mélasses de cannes, dans la distillerie de betteraves par râpes et presses et même par diffusion.

Le récupérateur de chaleur des vinasses peut être constitué par un faisceau tubulaire ou par un serpentin. L'appareil tubulaire est le plus fréquemment employé. La vinasse chaude arrive à la partie supérieure, passe entre les tubes et s'écoule froide à la partie inférieure. Le vin entre dans l'appareil par le bas, circule dans les tubes où il s'échauffe et sort chaud en haut du récupérateur.

Éprouvette de contrôle. — Il est nécessaire de pouvoir contrôler à tout instant le degré alcoolique du liquide distillé, et on emploie souvent pour cela une éprouvette en cuivre dans laquelle plonge un alcoomètre et un thermomètre. Le liquide entre par le bas de l'éprouvette et s'écoule à la partie supérieure.

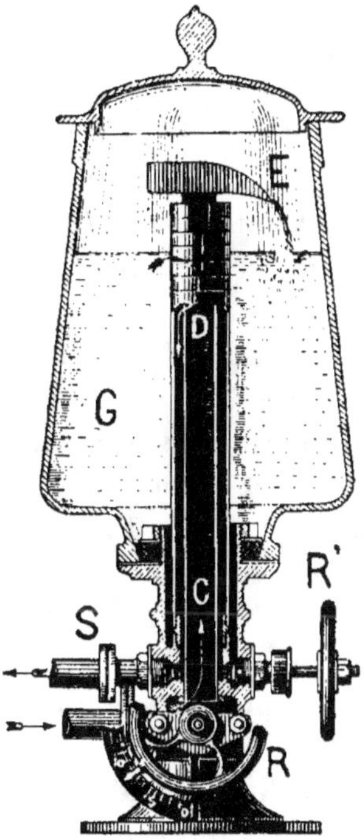

Fig. 72.—Éprouvette-jauge. (Barbet, constructeur, à Paris.)

Ce dispositif très primitif a été perfectionné par Savalle dans son éprouvette-jauge, qui permet au distillateur de se rendre compte à tout instant de la température, du degré alcoolique et de la vitesse d'écoulement du liquide distillé. A cet effet, cet appareil porte un tube sur lequel se trouve une graduation dont chaque division indique la quantité d'alcool écoulé par heure. Le niveau du liquide dans l'éprouvette indique directement le volume du flegme produit par heure, et en plongeant dans l'éprouvette un alcoomètre et un thermomètre, on peut contrôler, quand on le désire, la température et le degré alcoolique du flegme.

La figure 72 représente une éprouvette de la maison Barbet. Elle est en bronze poli avec globe de verre. Un robinet très sensible à cadran R, placé à l'avant, règle l'entrée de l'alcool. Une soupape latérale R' permet la vidange totale. Pour mesurer le débit, on vide l'éprouvette, puis on ferme R'. On ouvre R en plaçant l'indicateur sur un point du cadran. Le liquide coule par le bec E, ce qui permet de juger immédiatement de l'importance du coulage.

Le niveau de l'alcool monte dans le globe G qui est jaugé en litres. Lorsque le niveau atteint le trait inférieur de jauge, on note l'heure. On attend que le liquide atteigne le trait supérieur et à ce moment on note également l'heure exacte. La différence donne le temps nécessaire pour fournir le nombre de litres indiqué par la jauge du globe. On en déduit le coulage horaire.

Réglage invariable des coulages. — M. Barbet a muni ses appareils de distillation et de rectification d'un dispositif, représenté par la figure 73, qui rend le coulage des appareils absolument invariable, malgré les variations de niveau du bac à eau. Ce dispositif est surtout avantageux pour bien régler la marche des colonnes distillatoires à haut degré.

Le flegme, sortant de la colonne A, se rend d'abord au condenseur E, puis au réfrigérant F placé sur le même plancher et à la même hauteur que le condenseur. L'alcool froid sort par la tubulure L qui est munie d'une trompette d'air K ; de là il descend à l'éprouvette T, mais on interpose à l'entrée de celle-ci un robinet de réglage N. La trompette d'air K porte un tuyau de trop-plein R qui laisse retourner à la rétrogradation B du condenseur l'excès d'alcool. Si le robinet N est totalement fermé pendant la marche, l'alcool monte dans le tuyau K et passe par le tuyau R pour rentrer dans la colonne en B. En ouvrant plus ou moins le robinet N on peut tirer à l'éprouvette T la proportion voulue. On peut aussi arrêter instantanément tous les appareils de distillation, rien que par la fermeture des robinets de chaque éprouvette, en cas d'alerte ou d'accident grave dans la salle distillatoire. Le robinet H, le réfrigérant G, l'éprouvette P et le robinet M se rapportent à l'alcool *pasteurisé* que nous étudierons plus loin.

Régulateurs d'eau. — On utilise également des régulateurs d'arrivée de l'eau aux condenseurs et aux réfrigérants. Dans les appareils Guillaume que nous étudierons plus loin,

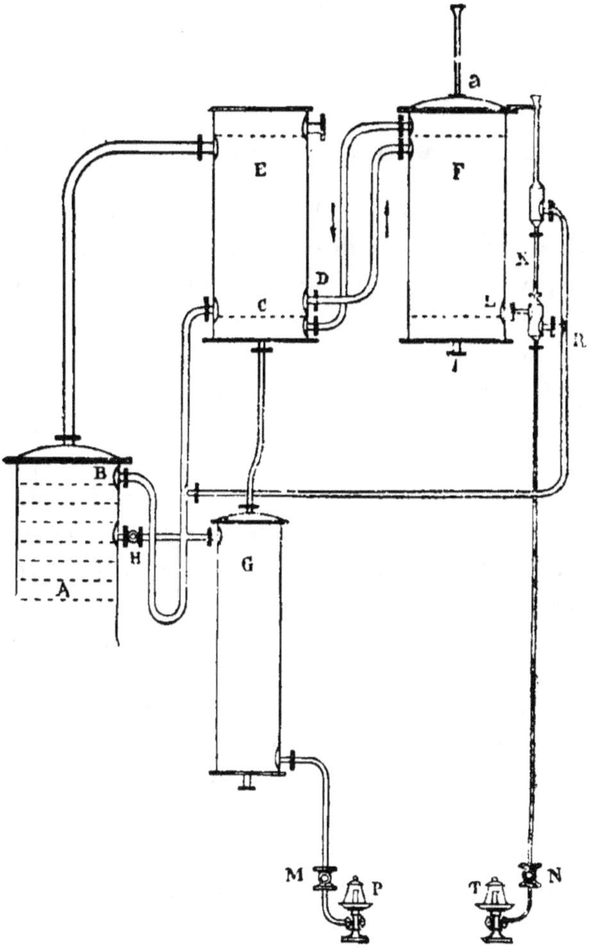

Fig. 73. — Réglage invariable des coulages. (Barbet, constructeur à Paris.)

le régulateur d'eau se compose de deux récipients qui communiquent par un tuyau. Un des récipients porte un trop plein et on remplit les vases d'eau jusqu'au niveau de ce trop-plein. Sur ce récipient agit la pression du condenseur ; plus cette pression est élevée, plus la distillation marche vite et plus il faut d'eau au condenseur. La pression qui agit sur le niveau de l'eau refoule le liquide plus ou moins dans l'autre récipient qui porte un flotteur. Ce flotteur agit sur le robinet d'arrivée de l'eau au condenseur, et la quantité d'eau admise au condenseur se trouve ainsi parfaitement réglée suivant la marche de la distillation.

Description de quelques colonnes à distiller.

Les colonnes peuvent être disposées pour produire soit des flegmes à bas degré, soit des flegmes à haut degré. Dans le dernier cas, il est nécessaire de concentrer les vapeurs alcooliques en les faisant barboter dans un liquide riche en alcool qu'elles épuisent en s'enrichissant. On place donc à la partie supérieure de la colonne d'épuisement un tronçon supplémentaire appelé tronçon de rectification ; on condense partiellement les vapeurs alcooliques dans le chauffe-vin, et le liquide riche condensé alimente le tronçon de rectification, dans lequel les vapeurs s'enrichissent beaucoup en alcool.

Colonnes à bas degré. — ***Colonne Champonnois.*** — Cette colonne, représentée par la figure 74, se compose d'une série de plateaux à étoiles, du type décrit plus haut (fig. 66). Le chauffage se trouve à la base de la colonne ; il est constitué par un faisceau tubulaire qui reçoit de la vapeur. A la partie supérieure de la colonne se trouve un chauffe-vin formé par un faisceau tubulaire placé immédiatement au-dessus du plateau supérieur de l'appareil. Les vapeurs alcooliques passent à l'intérieur des tubes, tandis que le vin circule à l'extérieur.

La marche de l'appareil est la suivante : le vin entre à la partie inférieure du réfrigérant, s'échauffe au contact des vapeurs alcooliques qui se condensent et sort à la partie supérieure. Il se rend alors au récupérateur de chaleur des vinasses où il s'échauffe au contact de la vinasse bouillante qui sort de la colonne. Le vin chaud remonte par un tuyau vertical au chauffe-vin supérieur ; il entre par le bas, passe entre les tubes du chauffe-vin et sort par le haut pour s'écouler par un tube en siphon sur le plateau d'alimentation. Le liquide à distiller cascade de plateau en plateau en passant par les tubes

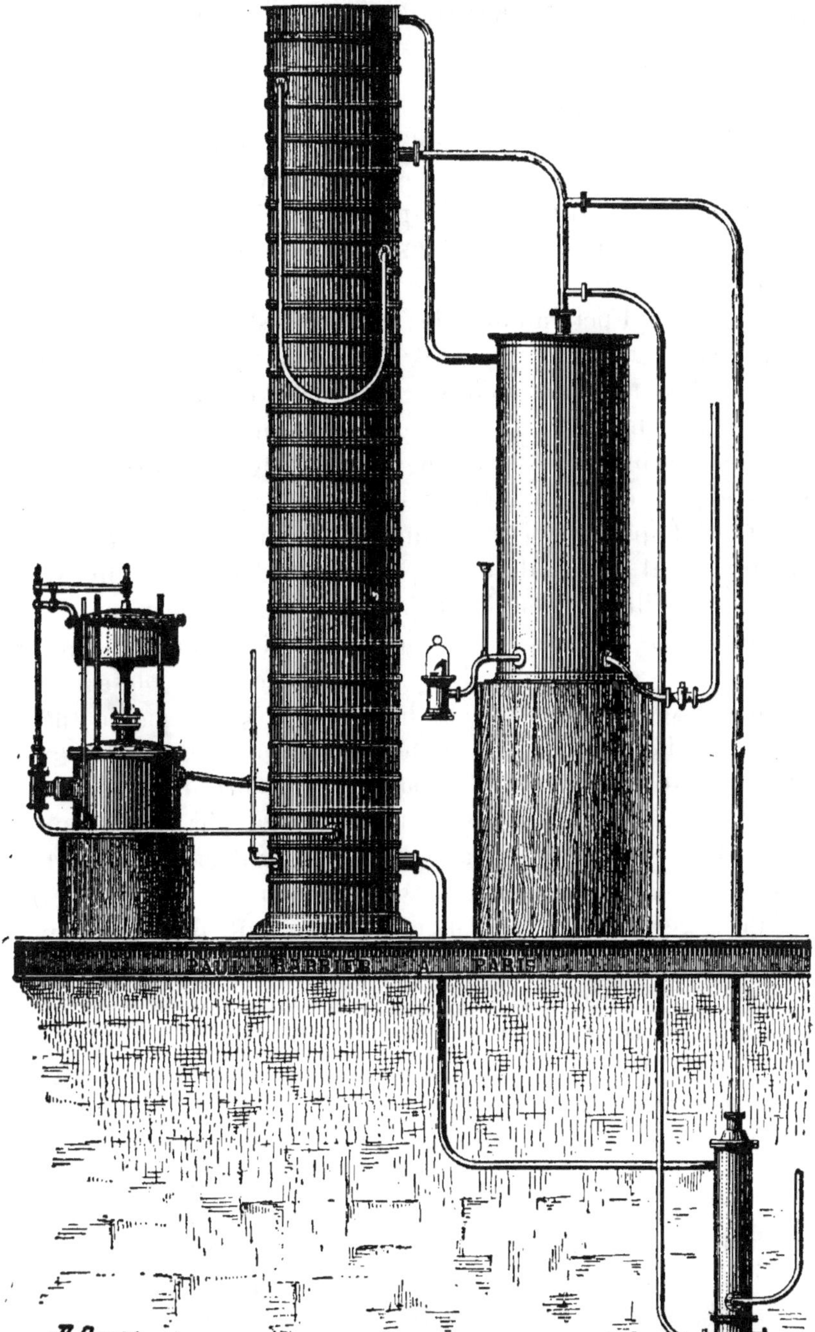

Fig. 74. — Colonne à distiller Champonnois.
(P. Barbier, constructeur, à Paris.)

de trop-plein, et arrive épuisé d'alcool à la partie inférieure. Les vapeurs produites par l'ébullition des vinasses montent dans la colonne, s'enrichissent de plus en plus en alcool en barbotant dans le liquide qui descend, arrivent au chauffe-vin, passent dans les tubes de cet appareil où elles rétrogradent en partie. Les parties non condensées vont au réfrigérant et coulent à l'éprouvette.

Cet appareil peut donner des flegmes à 85ᵈ.

Colonnes Savalle. — Les appareils Savalle sont assez variés ; les uns sont chauffés par barbotage de vapeur, les autres par chauffage tubulaire. Les colonnes Savalle à bas degré sont constituées par une colonne de plateaux rectangulaires précédemment décrits, un chauffe-vin, un réfrigérant, un régulateur de vapeur et une éprouvette-jauge. Certaines colonnes sont munies d'un récupérateur de chaleur des vinasses. Le vin à distiller s'échauffe d'abord dans le chauffe-vin ou, s'il y a lieu, dans le récupérateur de chaleur des vinasses ; puis il pénètre dans la colonne, descend de plateau en plateau en s'épuisant de plus en plus en alcool et arrive à la partie inférieure à l'état de vinasse. Les vapeurs alcooliques suivent une marche inverse. Arrivées à la partie supérieure de la colonne, elles passent dans un brise-mousse qui renvoie à la colonne les particules de vin entraînées et elles entrent à la partie supérieure du chauffe-vin. Elles s'y condensent partiellement et la réfrigération s'achève dans le réfrigérant, d'où le flegme se rend à l'éprouvette.

Ces colonnes produisent de l'alcool brut à 45^d-60^d.

Colonne Barbet. — Dans la colonne Barbet à bas degré, le vin traverse d'abord un récupérateur de chaleur des vinasses, puis un chauffe-vin de petite dimension où il achève de se réchauffer pour entrer enfin dans la colonne à plateaux. Les vapeurs alcooliques qui s'en dégagent se rendent au chauffe-vin où elles se condensent en partie. La portion condensée, peu volumineuse, rétrograde dans la colonne, tandis que les vapeurs non condensées se rendent au réfrigérant, placé au même niveau que le chauffe-vin. On obtient ainsi un flegme à 60^d environ, qui coule à l'éprouvette en quantité exactement déterminée, l'appareil étant muni du réglage invariable des

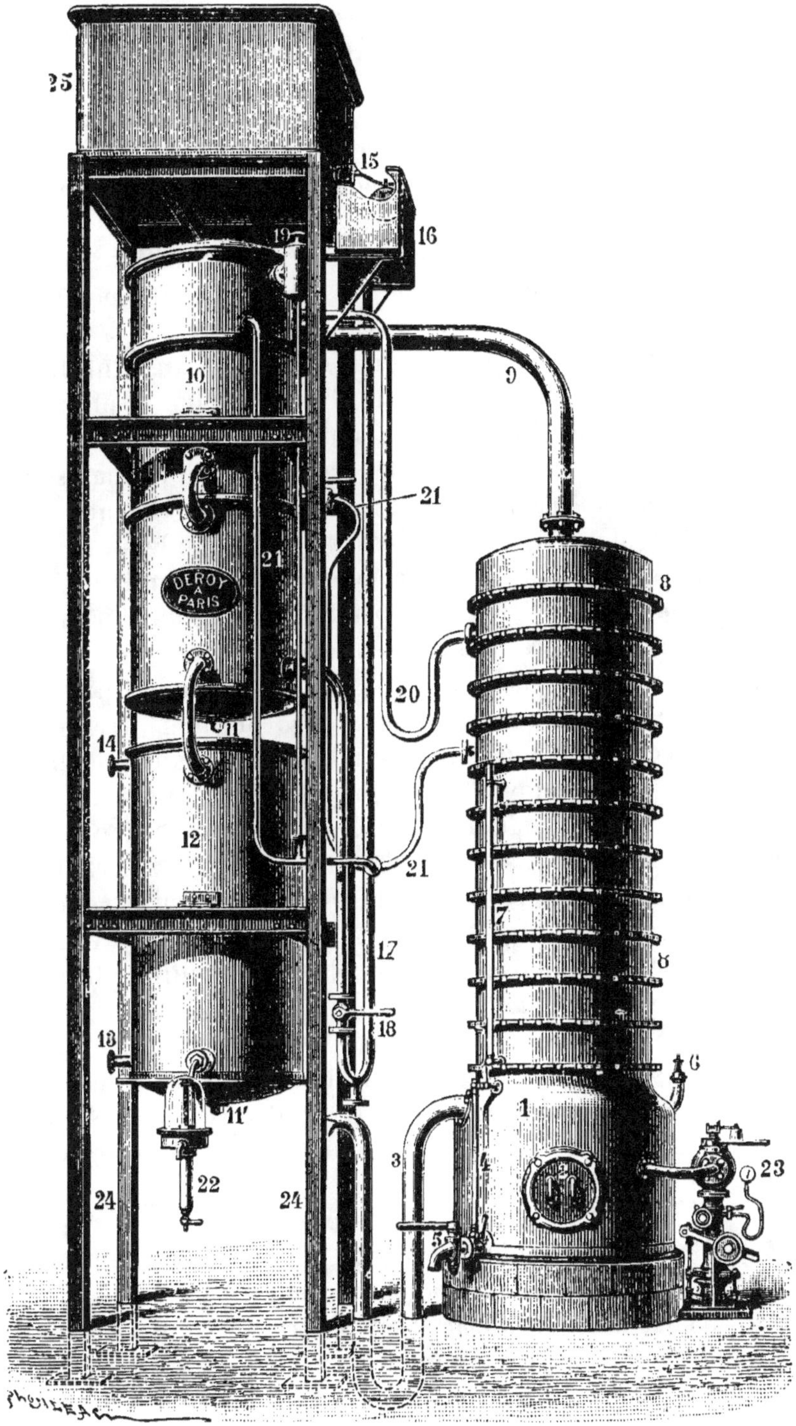

Fig. 75. — Appareil à distillation continue des rhums. (Deroy.)

coulages précédemment décrit. Un régulateur à vapeur à régime variable assure la marche régulière de l'appareil ; l'épuisement des vinasses est contrôlé par une éprouvette spéciale.

Colonnes à distiller les rhums. — La distillation des rhums dans les rhummeries industrielles se fait fréquemment au moyen des appareils continus.

D'après M. Pairault, les colonnes employées aux Antilles se composent le plus souvent d'une série de 12 ou 15 plateaux, munis chacun de 5 calottes très simples ; ces appareils sont munis de deux chauffe-vins superposés et d'un analyseur. Le vin ou *grappe* passe d'abord dans le chauffe-vin inférieur, puis dans le deuxième chauffe-vin où il s'échauffe au contact des vapeurs alcooliques qui se condensent, et enfin dans l'analyseur chauffé extérieurement par les vapeurs qui sortent de la colonne. Il entre alors sur le plateau d'alimentation et descend de plateau en plateau tandis que la vapeur suit un trajet inverse comme dans tous les appareils continus. Arrivée au bas de la colonne, la grappe se rend dans la chaudière placée en contre-bas, au moyen d'un tube plongeant jusqu'au fond de celle-ci. Cette chaudière est le plus souvent double, la chaudière la plus basse étant chauffée à feu nu. Les chauffe-vins sont assez grands, 100 hectolitres chacun environ : de cette façon la grappe reste longtemps à une température assez élevée avant de pénétrer dans la colonne, ce qui contribue à donner plus de bouquet au rhum (1).

La figure 75 représente un appareil à distillation continue pour rhums et tafias, construit par la maison Deroy. Cet appareil se compose d'une colonne à 12 plateaux, chauffée à la vapeur ou à feu nu : il est muni d'un chauffe-vin 10 et d'un réfrigérant 12. Son fonctionnement est identique à celui de tous les appareils opérant en continuité.

La colonne Crépelle-Fontaine (fig. 76) comprend le plus souvent un soubassement recevant le serpentin pour le chauffage à la vapeur, mais cet appareil se construit également pour le chauffage à feu nu. Il comprend une colonne d'épuisement

(1) Pairault, *loc. cit.*

surmontée d'un tronçon de concentration, un condenseur et un réfrigérant. On peut séparer ainsi les produits de tête et obtenir des rhums bien dépouillés de ces produits et des produits de queue. Si on veut obtenir la totalité des parfums, on emploie l'appareil muni d'un condenseur placé directement au-dessus

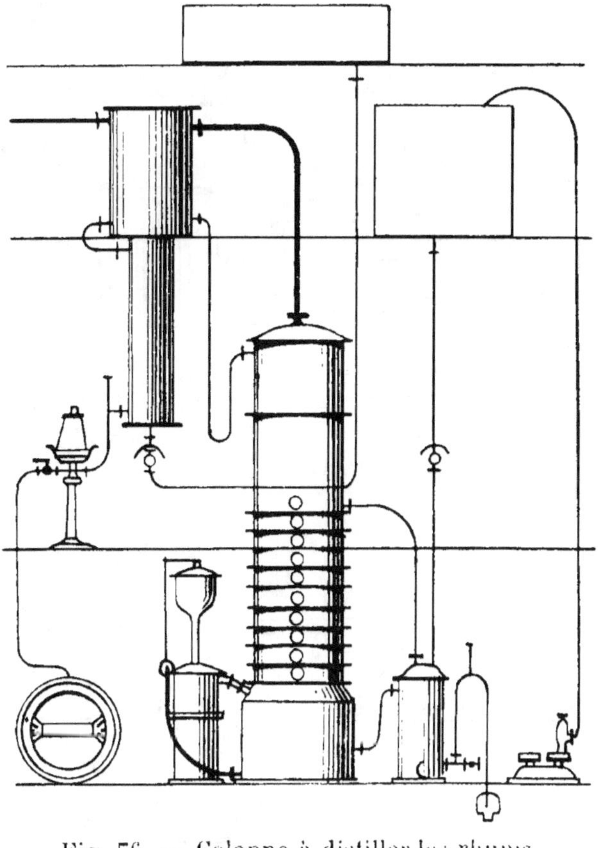

Fig. 76. — Colonne à distiller les rhums.
(Crépelle-Fontaine, constructeur, à La Madeleine-lez-Lille.)

du réfrigérant et on recueille à l'éprouvette la totalité des produits distillés sans fractionnements.

La figure 77 représente une installation complète d'une distillerie de rhums, faite par la maison Crépelle-Fontaine.

Colonne à bas degré Crépelle-Fontaine. — Les figures 78 et 79 représentent deux colonnes Crépelle-Fontaine, une à bas degré, l'autre à haut degré. La colonne à bas degré se

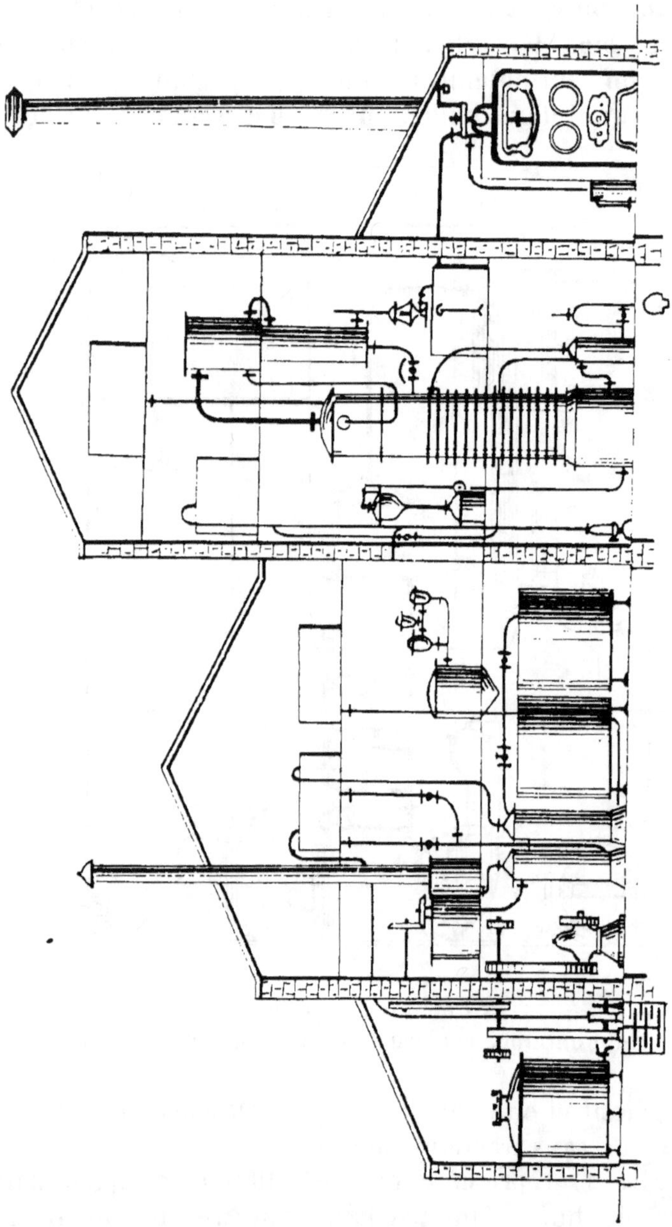

Fig. 77. — Installation d'une distillerie de rhums.
(Crépelle-Fontaine, constructeur à La Madeleine-lez-Lille.)

compose de plateaux en fonte dont le nombre varie entre 18 et 22. Ces plateaux sont disposés sur un soubassement en fonte recevant le chauffage qui se fait le plus souvent par la vapeur d'échappement. La colonne comprend en outre un réfrigérant, une éprouvette de coulage et un régulateur de vapeur à régime variable.

La colonne à haut degré diffère de la précédente par l'adjonction de plateaux de concentration, au nombre de 18 environ,

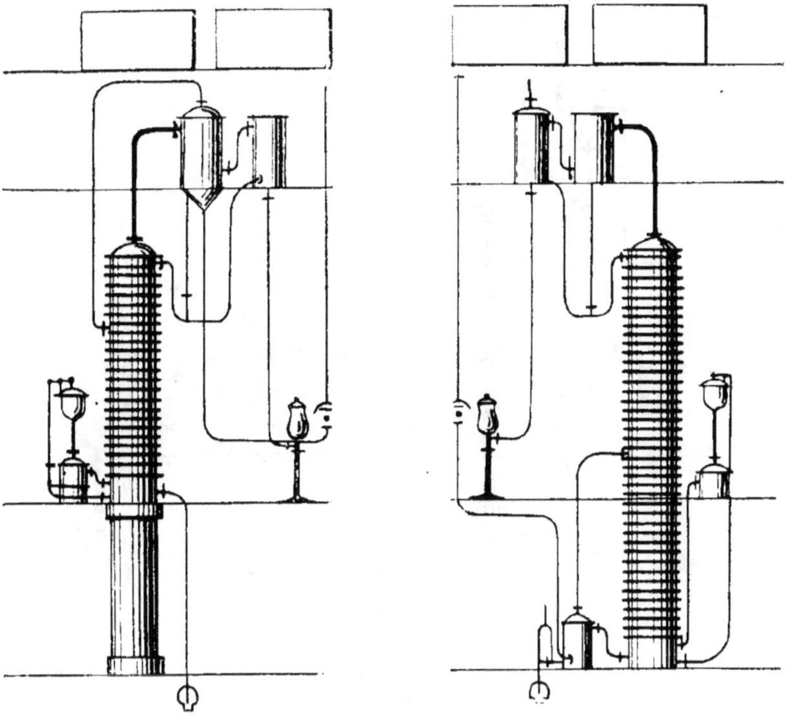

Fig. 78 et 79. — Colonnes à bas degré et à haut degré. (Crépelle-Fontaine, constructeur, à La Madeleine-lez-Lille.)

alimentés par la rétrogradation du condenseur. Cette colonne est munie d'un récupérateur de chaleur des vinasses, d'un réfrigérant et d'un régulateur de vapeur à régime variable. Son fonctionnement est identique à celui des colonnes à distiller précédemment décrites.

La figure 80 représente une colonne de la maison Crépelle-Fontaine, pour les vins de mélasses, avec chauffage tubulaire et appareil à double effet. Cette disposition permet d'obtenir les vinasses plus concentrées à la sortie de l'appareil et de réduire ainsi la dépense en combustible pour l'évaporation de ces vinasses. Le vin, introduit d'abord dans le chauffe-vin, passe ensuite dans la colonne distillatoire. Les vinasses qui sortent du faisceau tubulaire sont refoulées par une pompe dans un

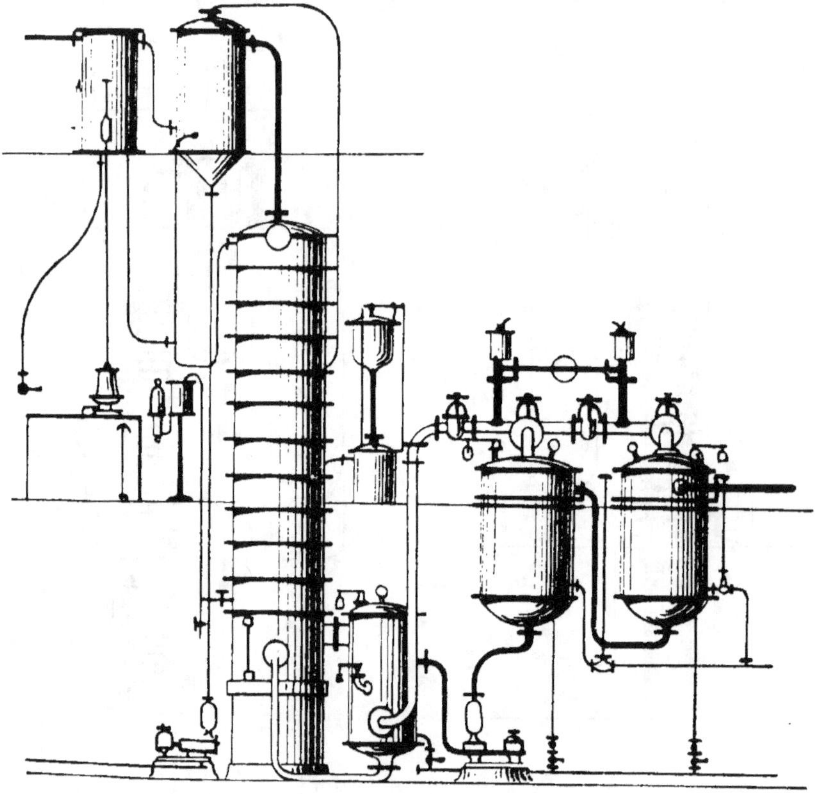

Fig. 80. — Colonne en cuivre pour les vins de mélasses, avec chauffage tubulaire et appareil à double effet (Crépelle-Fontaine, constructeur, à La Madeleine-lez-Lille).

appareil à double effet sous pression, dont les vapeurs sont utilisées pour le chauffage du tubulaire; l'excédent est rejeté au dehors par des soupapes bien réglées. Les eaux condensées dans le faisceau tubulaire servent à l'alimentation des générateurs.

Colonne Guillaume. — La colonne à distiller inclinée de

Guillaume diffère complètement de toutes les colonnes que nous avons décrites jusqu'ici.

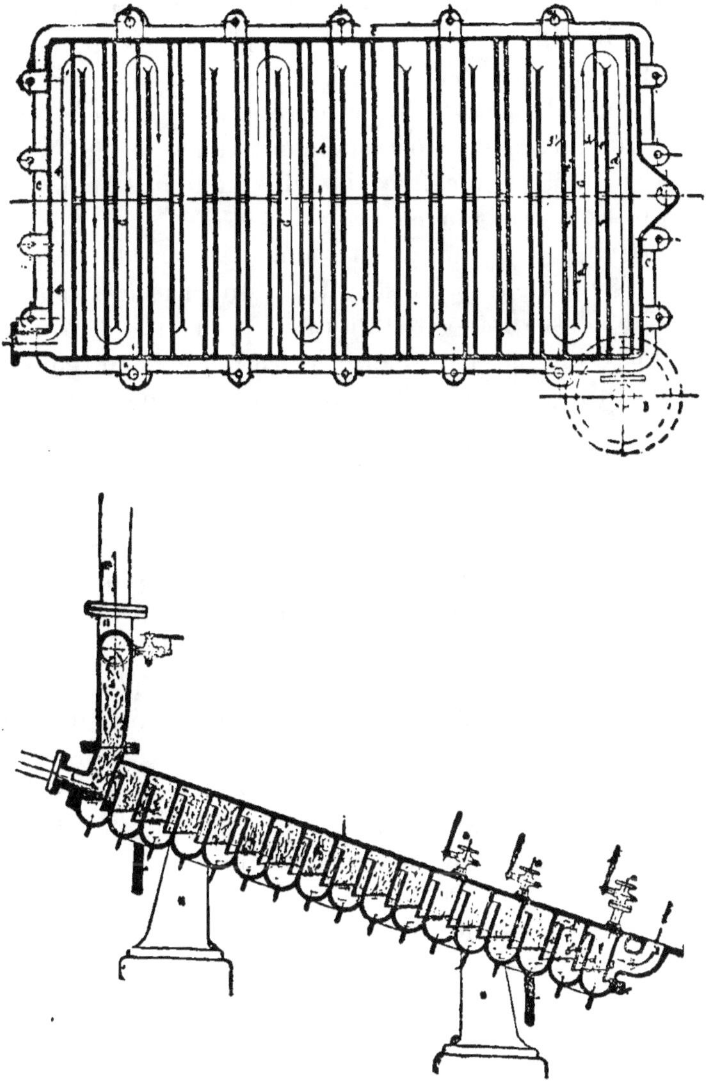

Fig. 81 et 82. — Plan et coupe d'une colonne inclinée de Guillaume. (Egrot et Grangé, constructeurs, à Paris.)

Elle se compose (fig. 81 et 82) d'un fond incliné formant caniveau continu dans lequel les vins à distiller circulent librement, suivant une section et une pente continue, alternativement de droite à gauche et de gauche à droite, en descendant, la pression hydrostatique s'exerçant de haut en bas sans aucune perte de charge ni interruption, pour forcer cette circulation. Le vin arrive à la partie haute de ce caniveau et la sortie des vinasses se fait dans le bas au moyen du régulateur d'extraction B. La partie supérieure de la colonne est divisée en compartiments qui correspondent aux diverses branches du caniveau, et qui forment ainsi des chambres de détente et des calottes de barbotage.

L'appareil représenté par la figure 83 se compose de la colonne A qui vient d'être décrite, d'un chauffe-vin B, d'un extracteur des vinasses D, d'une éprouvette de sortie de l'alcool G, d'une éprouvette de vérification de l'épuisement G'', d'une cuvette régulatrice K, d'un régulateur de vapeur O et d'un réfrigérant R. Cet appareil est destiné à la production des eaux-de-vie ou flegmes bruts à 60-70^{d}.

Le fonctionnement de la colonne est le suivant : le vin, qui provient d'un bac placé au-dessus de l'appareil, est introduit par un robinet à flotteur dans la cuvette régulatrice K, d'où un tuyau le conduit au robinet *m* qui règle le débit de l'appareil. Le vin remonte pour entrer dans le chauffe-vin où il s'élève en s'échauffant ; un tuyau le conduit ensuite dans le haut de la colonne inclinée ; il y circule en s'épuisant, et il est rejeté au dehors par le tube siphon C, après avoir traversé l'extracteur D. L'épuisement de la vinasse est vérifié constamment au moyen de l'éprouvette G'', par laquelle on voit couler le liquide provenant de la condensation de la vapeur des vinasses, vapeur prélevée par le robinet *b*.

La vapeur de chauffe pénètre au bas de la colonne inclinée par 2 (fig. 81), passe par-dessous les cloisons 3, 3', etc., de chambre en chambre, pour barboter méthodiquement dans le vin à distiller; elle se détend, après chaque barbotage, dans une chambre qui retient les parties liquides entraînées, et elle arrive finalement dans la chambre supérieure 4 et dans le dôme 5. Les vapeurs alcooliques qui sortent de la colonne inclinée vont se condenser dans le chauffe-vin B, puis dans le réfrigérant R placé au-dessous. L'alcool terminé est recueilli à l'éprouvette G.

Pour visiter tout l'intérieur de la colonne, il suffit de

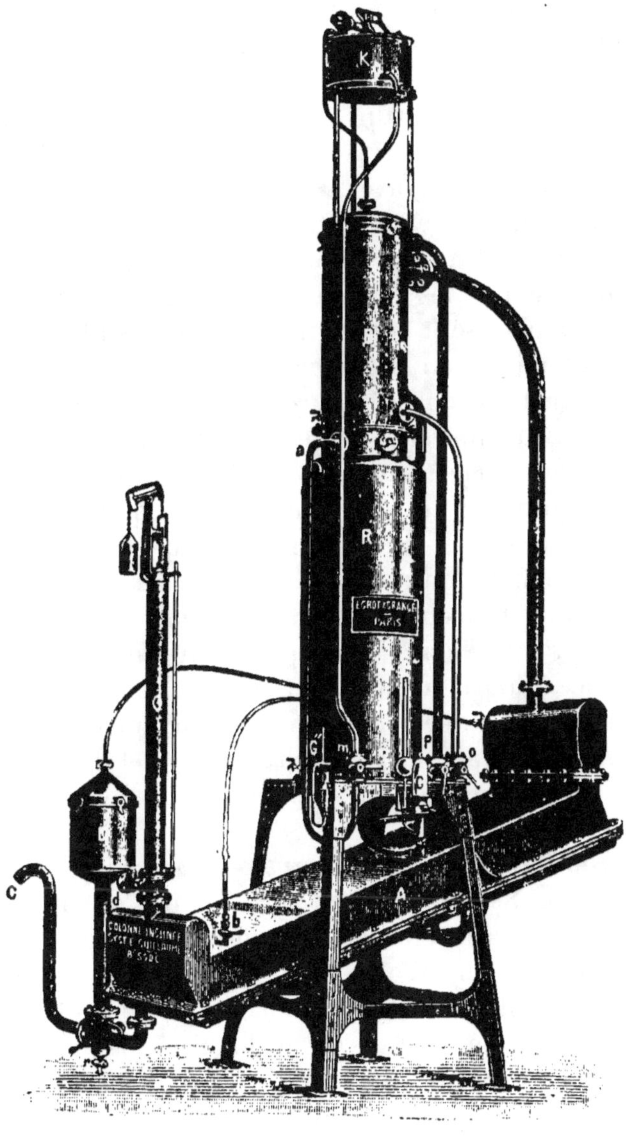

Fig. 83. — Appareil à distillation continue à colonne inclinée, système Guillaume; type M^a à bas degré. (Égrot et Grangé, constructeurs, à Paris.)

desserrer le joint principal unique *c* et de descendre, pour l'y laisser suspendu, le fond sur les tiges verticales filetées *a*. Le démontage et le remontage se font ainsi très rapidement.

L'emploi de cette colonne, dite « inobstruable », est particulièrement avantageux pour distiller les moûts épais de pommes de terre, de grains, etc. Cette colonne présente aussi des avantages pour le travail des moûts clairs tels que vins de mélasses, de betteraves, piquettes, cidre, etc., à cause de sa grande simplicité et de la facilité de son démontage.

Colonnes à haut degré. — Quand les distilleries rectifient elles-mêmes les flegmes sur place, les colonnes à bas degré qui fournissent des flegmes à 45^d-60^d, suffisent parfaitement. Cependant, en présence des débouchés qui s'ouvrent aujourd'hui à l'alcool dénaturé pour l'éclairage et la force motrice, il y a intérêt à produire du premier coup l'alcool brut à haut degré. Cet objectif est tout particulièrement indiqué pour les distilleries agricoles qui ne possèdent pas de rectificateurs ou qui vendent leurs flegmes aux raffineurs d'alcool, car on réduit dans ce dernier cas considérablement les frais de transport et de logement.

Pour élever le degré alcoolique du flegme, nous avons vu qu'on place à la partie supérieure de la colonne d'épuisement une colonne de concentration qui est alimentée par le liquide alcoolique condensé dans le chauffe-vin et que la vapeur alcoolique qui vient de la colonne d'épuisement traverse en s'enrichissant.

Colonne Savalle à haut degré. — La figure 84 représente une colonne Savalle à haut degré : elle ne diffère de la colonne à bas degré précédemment décrite que par l'adjonction du tronçon de rectification à la partie supérieure de la colonne, tronçon alimenté par la rétrogradation du chauffe-vin placé au-dessus. Le vin, après s'être échauffé dans le chauffe-vin, pénètre dans la colonne d'épuisement où il cascade de plateau en plateau. Les vapeurs alcooliques, arrivées à la partie supérieure de la colonne d'épuisement, entrent dans le tronçon de rectification où elles barbotent dans le liquide alcoolique condensé par le chauffe-vin et s'enrichissent beaucoup en alcool. Elles passent alors dans le chauffe-vin : les vapeurs qui s'y condensent rétrogradent au haut de la colonne de rectification ;

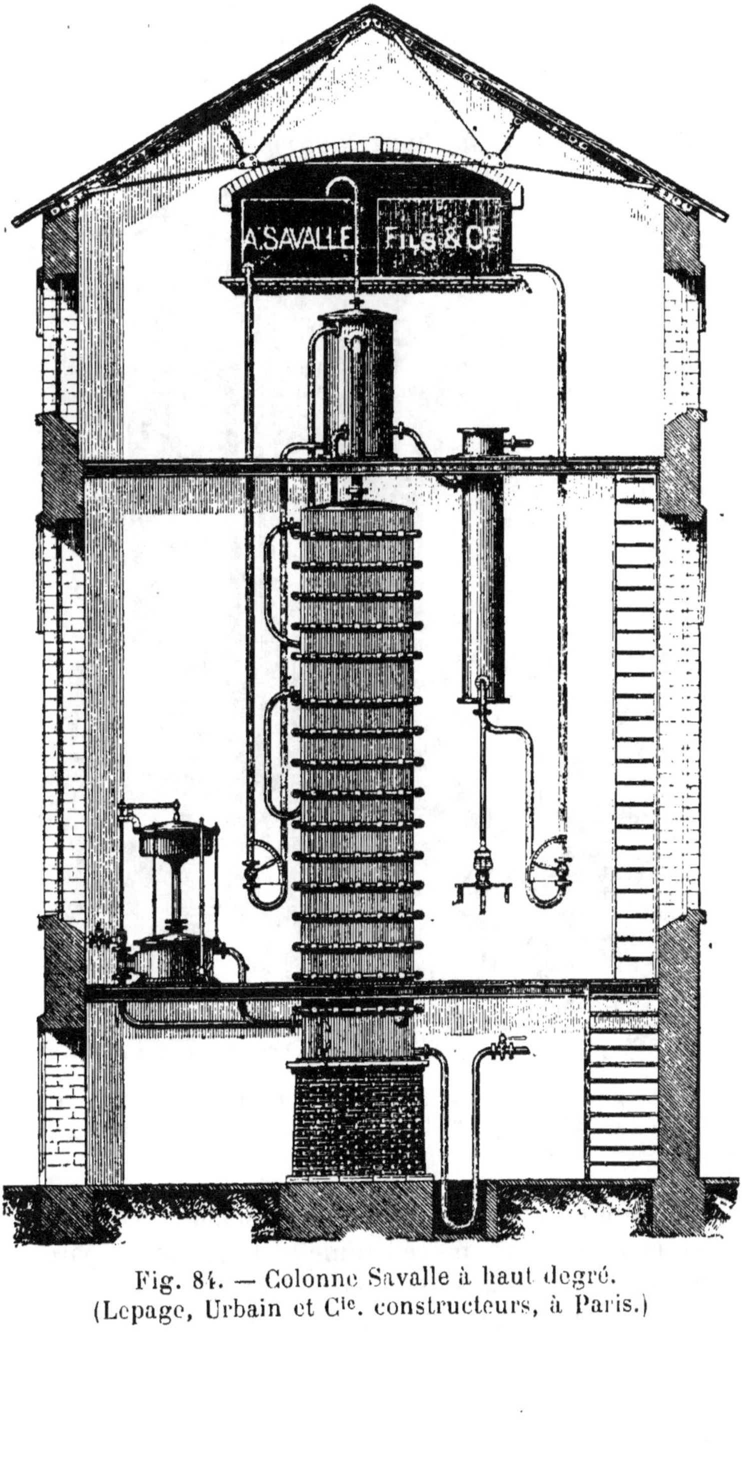

Fig. 84. — Colonne Savalle à haut degré.
(Lepage, Urbain et Cie. constructeurs, à Paris.)

les vapeurs non condensées vont au réfrigérant, et coulent à l'éprouvette. On obtient ainsi des alcools à 90-93d et les appareils peuvent être construits de manière à donner des alcools à 94-95d.

Colonne Egrot à haut degré. — La colonne Egrot

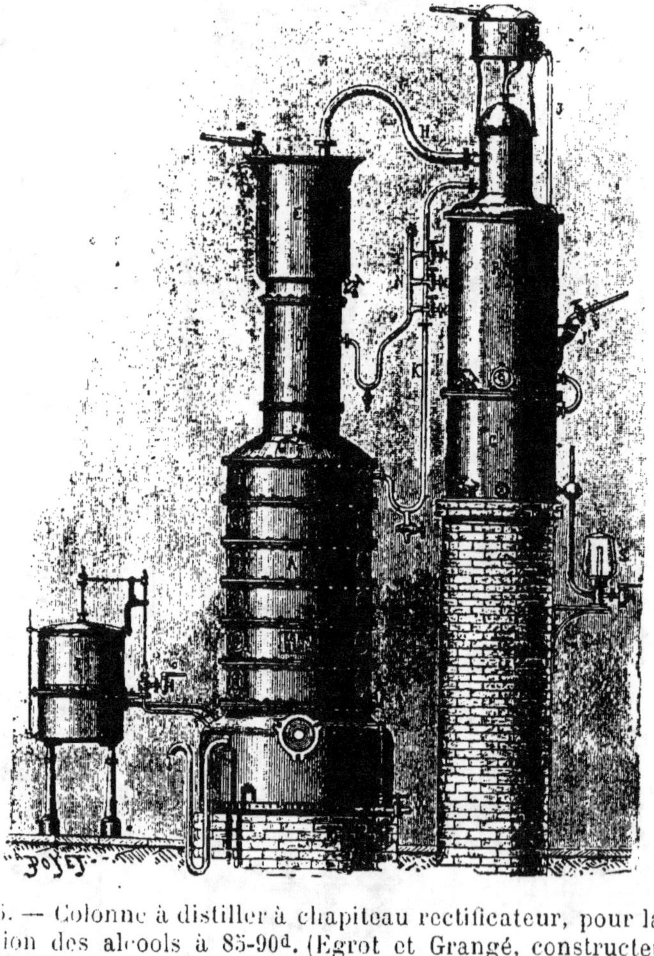

Fig. 85. — Colonne à distiller à chapiteau rectificateur, pour la production des alcools à 85-90d. (Egrot et Grangé, constructeurs, à Paris.)

(fig. 85) comprend une colonne d'épuisement constituée par six plateaux du type précédemment décrit, si l'appareil doit fournir des alcools à 85-90d, et par huit plateaux, s'il doit fournir des alcools à 90-95d. Au-dessus se trouvent la colonne

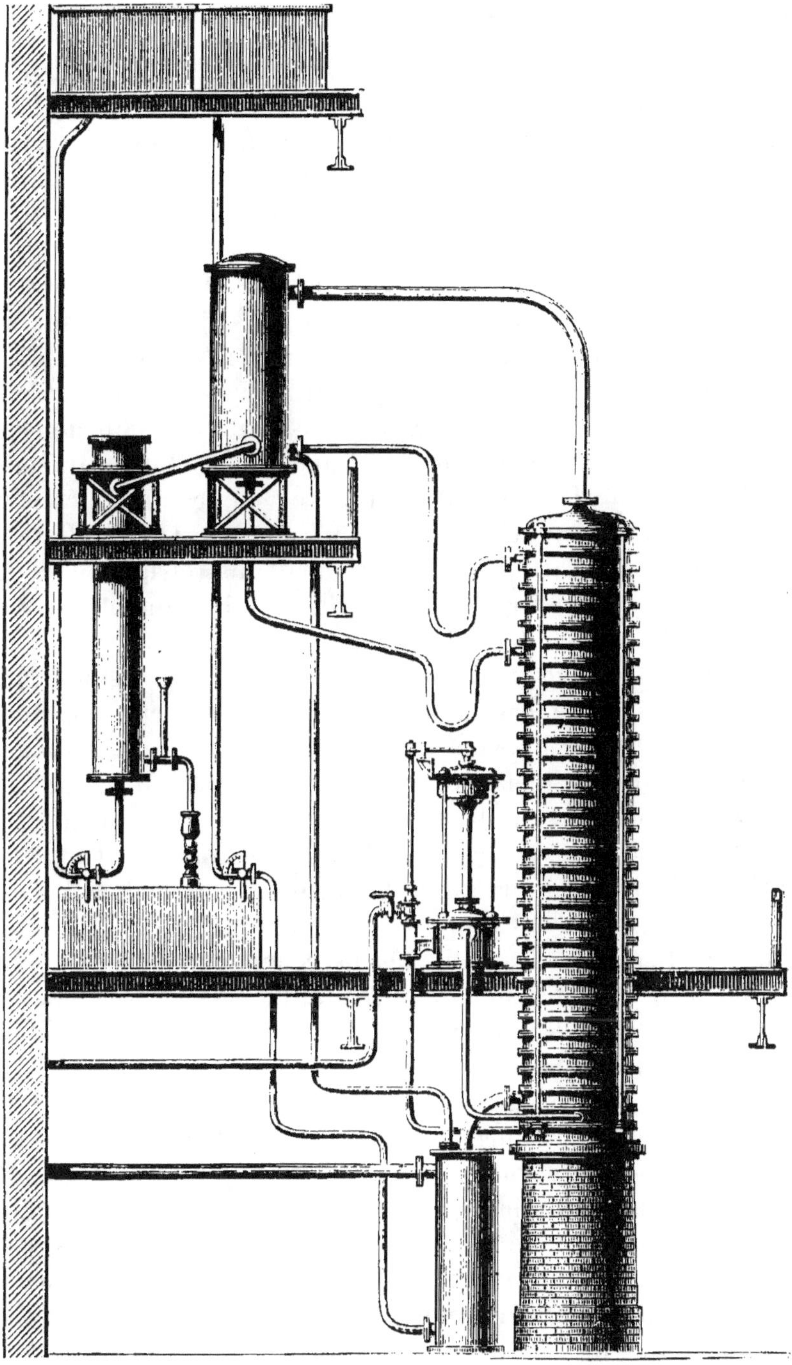

Fig. 86. — Colonne à distiller.
(Wauquier et Cie, constructeurs, à Lille.)

de rectification D et le chapiteau rectificateur E. Un robinet à cadran *e* amène le filet d'eau nécessaire au fonctionnement de ce chapiteau. L'appareil comprend enfin un chauffe-vin F, un réfrigérant G, une éprouvette S, un régulateur automatique de vapeur P, et une cuvette régulatrice R pour l'arrivée du vin à distiller.

Le vin est introduit dans la cuvette régulatrice, d'où un tuyau le conduit dans le chauffe-vin, puis il se rend sur le premier plateau de la colonne d'épuisement par le tuyau K, circule sur les plateaux et descend ainsi jusqu'à la chaudière où il arrive à l'état de vinasse. Il s'écoule alors au dehors en *b* par un tube en siphon. Les vapeurs alcooliques traversent la colonne de rectification, puis le chapiteau rectificateur où elles s'enrichissent, passent dans le chauffe-vin où elles se condensent en partie, puis se rendent au réfrigérant et à l'éprouvette. La rétrogradation du chauffe-vin alimente par le tuyau N la colonne de rectification D.

Colonne Wauquier. — La figure 86 représente une colonne construite par la maison Wauquier. Cette colonne est en fonte pour les vins de betteraves et en cuivre rouge pour les vins de mélasses ou les grains. Elle est munie de plateaux à calottes multiples, et le nombre de ces plateaux varie avec la richesse des vins et le degré à obtenir. On peut ainsi avoir des colonnes qui produisent soit des flegmes à 45^d, soit des flegmes à 90^d propres à la dénaturation. La colonne comprend, comme les colonnes précédemment décrites, un condenseur chauffe-vin, un réfrigérant à eau, un régulateur de vapeur, et, s'il y a lieu, un récupérateur de chaleur des vinasses, comme dans la colonne représentée par la figure 86.

Colonnes Guillaume à haut degré. — L'appareil Guillaume décrit avec les colonnes à bas degré, peut être disposé de manière à produire soit des alcools à $90\text{-}92^d$, soit des alcools à 95^d, avec une épuration partielle qui sépare à volonté une certaine proportion de produits de queue et, selon les cas, de produits de tête, qui sont recueillis à part. Ces colonnes à haut degré se différencient des colonnes à bas degré par l'adjonction d'une colonne de concentration placée au-dessous du chauffe-vin, à la place occupée par le réfrigérant dans la figure 83, et d'un

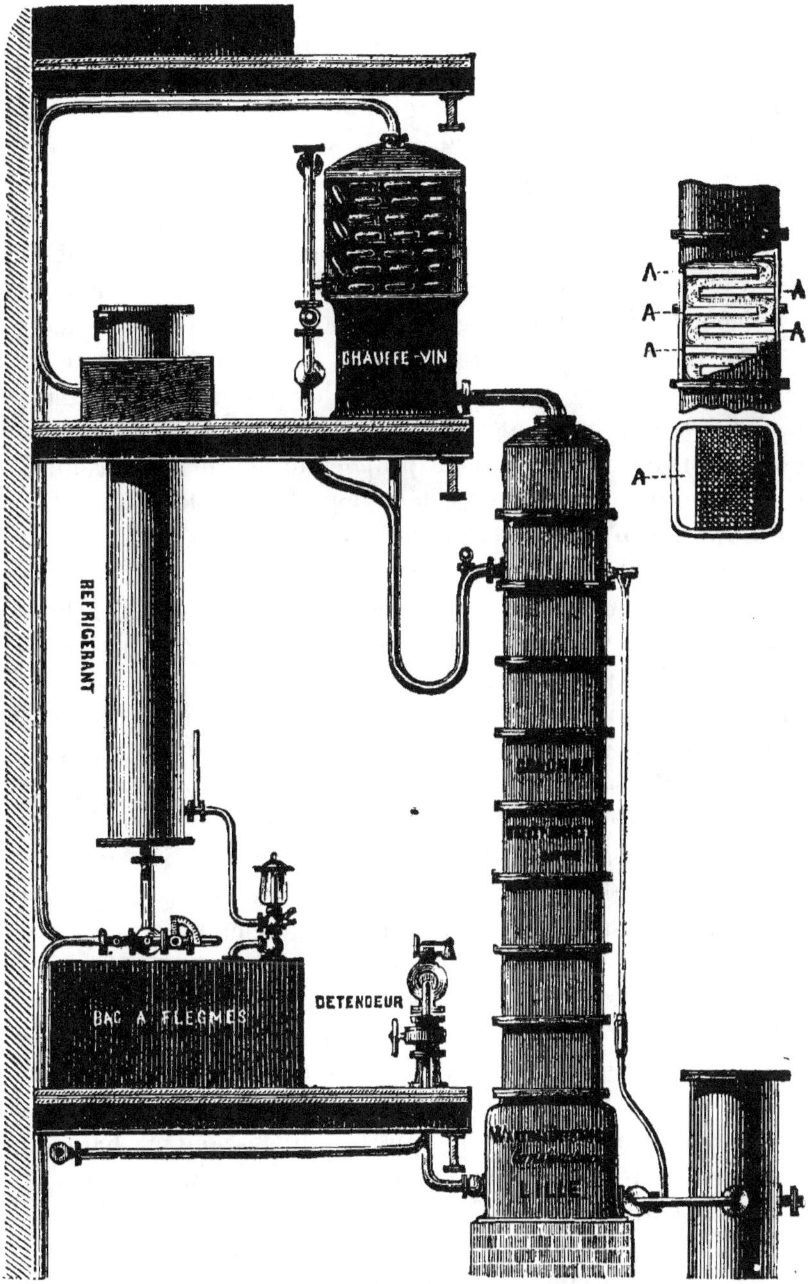

Fig. 87. — Colonne à moûts épais, système Collette.
(Warein fils et Defrance, constructeurs, à Lille.)

condenseur placé au-dessus du réfrigérant et formant avec lui une deuxième colonne placée à côté de celle qui est formée par le chauffe-vin et la colonne de concentration. Le vin, introduit dans la cuvette régulatrice située au-dessus du condenseur, traverse d'abord le chauffe-vin et se rend dans la colonne inclinée. Les vapeurs alcooliques qui sortent de la colonne inclinée se rendent dans la colonne de concentration où une série de puissants plateaux classe méthodiquement cet alcool en élevant son degré, puis dans le chauffe-vin et dans le condenseur dont la rétrogradation alimente la colonne de concentration. Les vapeurs sont finalement condensées dans le réfrigérant et coulent à l'éprouvette. Des robinets spéciaux permettent d'extraire, dans la proportion voulue, les produits de queue qui sont recueillis dans deux éprouvettes spéciales.

Colonne Collette à distiller les moûts épais. — La colonne Collette n'est plus à proprement parler une colonne à plateaux, car elle fonctionne pleine du vin à distiller. Elle se compose d'une colonne (fig. 87) munie de chicanes constituées par des tôles perforées AA, dont le bord est rabattu de manière à former en dessous une petite chambre de vapeur. L'appareil est muni d'un chauffe-vin à tubes horizontaux, dont le soubassement est formé par une caisse remplie de billes de porcelaine et en communication par un tube de rétrogradation avec l'avant-dernier tronçon de la colonne. Le chauffage se fait par barbotage de vapeur dont la tension est maintenue constante au moyen d'un détendeur.

La colonne fonctionne complètement pleine, le moût presse du haut en bas directement sur toute la masse liquide en circulation et sur la sortie de la vinasse, cette sortie étant réglée par un régulateur qui assure la permanence du niveau du vin dans le haut de la colonne. Les vapeurs traversent la masse de bas en haut, tandis que le vin descend de haut en bas, après s'être échauffé au préalable en circulant dans les tubes du chauffe-vin. Les vapeurs alcooliques qui sortent de la colonne à la partie supérieure se rendent dans le soubassement du chauffe-vin, puis entre les tubes ; elles se condensent partiellement, et la partie non condensée se rend au réfrigérant et à l'éprouvette. Le liquide condensé dans le chauffe-vin ruisselle sur les billes au contact des vapeurs alcooliques qui s'enrichissent ainsi en alcool, et rétrograde dans l'avant-dernier tronçon de la colonne.

Cette colonne est excellente pour la distillation des moûts épais, car sa disposition rend les obstructions extrêmement rares ; mais elle consomme plus de vapeur que les colonnes à plateaux, parce que l'émulsion produite par la vapeur dans cette masse ne permet pas une méthodicité parfaite pour l'épuisement du moût et l'enrichissement des vapeurs.

Appareil horizontal Sorel. — Cet appareil (fig. 88) est

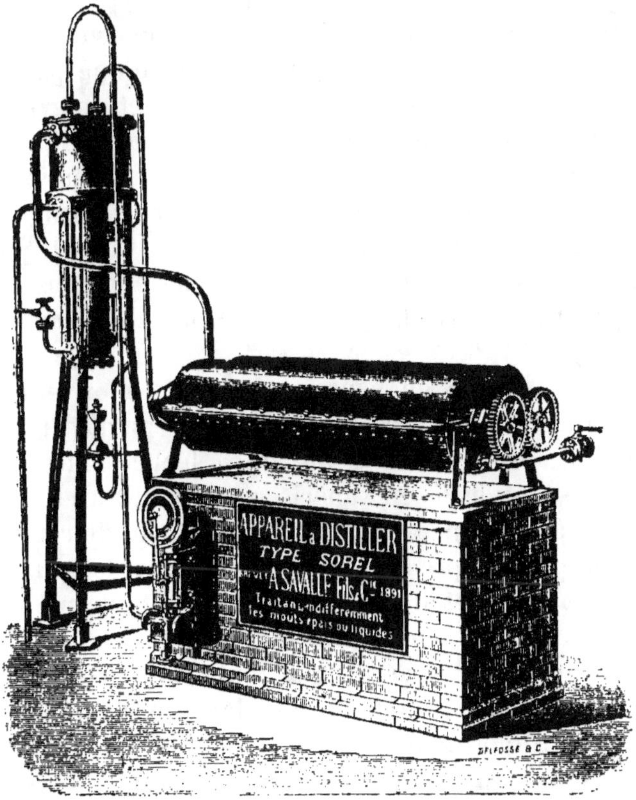

Fig. 88. — Appareil horizontal à distiller, système Sorel.
(Lepage et Cie, constructeurs, à Paris.)

horizontal, ce qui permet de réduire beaucoup l'élévation des bâtiments de la distillerie. Son fonctionnement est basé sur ce qu'un liquide chaud, étalé en couche mince, en contact avec un courant de vapeur alcoolique, se met instantanément en équilibre avec elle et la vapeur du courant prend la composition de celle qui se dégage du liquide.

Un cylindre horizontal est divisé en deux parties par un joint horizontal passant par l'axe. Chaque moitié est subdivisée en une vingtaine de compartiments par des cloisons transversales formant, une fois l'appareil monté, autant de chambres. Les cloisons inférieures sont munies alternativement à droite et à gauche d'échancrures permettant la circulation des liquides, et d'orifices ronds pour le passage des arbres. Un ou plusieurs arbres parallèles à l'axe portent chacun un disque dans chaque chambre : ce disque est muni d'une palette qui passe à une distance très faible des cloisons et du cylindre de façon à empêcher tout dépôt. De plus, chaque fois que la palette sort du liquide, elle détermine la formation d'une petite vague qui oblige le liquide à passer par-dessus l'échancrure de la cloison dans le compartiment suivant. Il y a donc circulation d'un bout à l'autre sans que les contenus de deux compartiments successifs puissent se mélanger accidentellement.

La vapeur circule en sens contraire du mouvement des liquides ; les obstacles présentés alternativement par les cloisons et par les disques la forcent à lécher leurs surfaces imbibées de liquide, à en vaporiser l'alcool et à en produire par suite l'épuisement. Comme le mouvement de rotation est lent, il ne peut se produire d'émulsion, et grâce au mouvement des raclettes, toutes les matières sont maintenues en suspension et finalement expulsées.

On voit que cet appareil évite toute obstruction et toute formation de croûtes adhérentes dans la distillation des moûts épais. Supprimant le barbotage, il ne peut donner lieu à la formation de mousses et aux entraînements mécaniques ; présentant un cloisonnement, il permet l'épuisement régulier et continu de l'alcool avec les mêmes quantités de vapeur que l'appareil vertical à plateaux et a l'avantage de ne créer en outre aucune pression dans l'appareil ; aussi l'alcool obtenu entraîne-t-il moins de produits de queue.

Colonnes Barbet à haut degré. — Ces colonnes sont de plusieurs types. Pour les distilleries agricoles qui ne possèdent pas de rectificateurs, M. Barbet construit des colonnes à haut degré basées sur le principe exposé précédemment, c'est-à-dire sur l'emploi d'un tronçon de rectification placé à la partie supérieure de la colonne d'épuisement et alimenté par la rétrogradation du chauffe-vin. Dans les distilleries industrielles, cette colonne est complétée par la pasteurisation dont nous devons donner les principes.

1° Quand une vapeur très volatile barbote dans un liquide moins volatil qu'elle et bouillant, cette vapeur ne peut se condenser dans ce liquide bouillant, car elle ne pourrait le faire qu'en évaporant à sa place un corps moins volatil qu'elle : elle traverse donc le liquide sans s'y arrêter. En particulier si les plateaux supérieurs d'une colonne sont chargés d'alcool concentré bouillant, les vapeurs d'éthers ou d'aldéhydes qui les traversent par barbotage passent sans s'y arrêter, comme si les plateaux n'existaient pas.

2° Nous verrons plus loin, en étudiant la rectification, que les condenseurs ne font pas l'analyse des vapeurs alcooliques qu'ils reçoivent, quand on opère sur des vapeurs alcooliques à haut degré : la partie liquéfiée dans le condenseur conserve donc une composition presque identique à celle des vapeurs non condensées qui se rendent au réfrigérant.

Ceci posé, il est évident que le liquide de rétrogradation, comme celui qui coule à l'éprouvette renferment les produits de tête condensés dans le condenseur. La rétrogradation rentre dans la colonne à plateaux et là elle est soumise à une violente ébullition qui en expulse presque instantanément les produits les plus volatils; puisque les produits de tête partent, le liquide qui reste sur les plateaux n'en possède plus. Le liquide qui reste sur les plateaux au bout de quelques instants n'est plus que de l'alcool beaucoup plus pur que la rétrogradation, c'est-à-dire bien plus pur que l'alcool de l'éprouvette, puisque les vapeurs alcooliques ne s'analysent pas d'une façon sensible dans le condenseur. Il est vrai qu'il arrive continuellement, par le fait même de l'alimentation ininterrompue de l'appareil en vin qui contient des produits de tête,

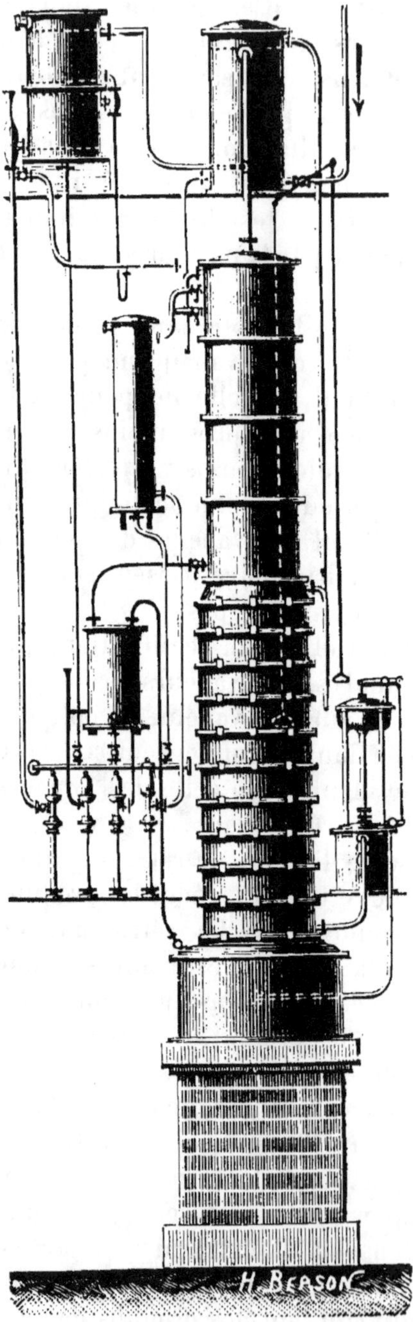

Fig. 89. — Colonne à haut degré, rectificatrice à pasteurisation et extraction des huiles amyliques. (Barbet, constructeur, à Paris.)

une certaine quantité de ces produits de tête qui souillent la vapeur alcoolique ascendante. Mais, d'après le premier principe exposé plus haut, ces impuretés très volatiles ne peuvent être arrêtées et traversent le liquide des plateaux comme si ce liquide n'existait pas. Donc il suffira de faire une extraction continue du liquide des plateaux supérieurs pour avoir de l'alcool particulièrement pur. M. Barbet a donné à cet alcool le nom d'alcool pasteurisé. L'opération de la pasteurisation est représentée sur la figure 73. L'extraction se fait par le robinet H, et l'alcool pasteurisé, après s'être refroidi dans le réfrigérant G, coule à l'éprouvette P. Un robinet M permet de régler à volonté le coulage du pasteurisé.

La colonne à haut degré pour alcools bruts à dénaturer possède ainsi deux coulages continus simultanés : en T (fig. 73) les pro-

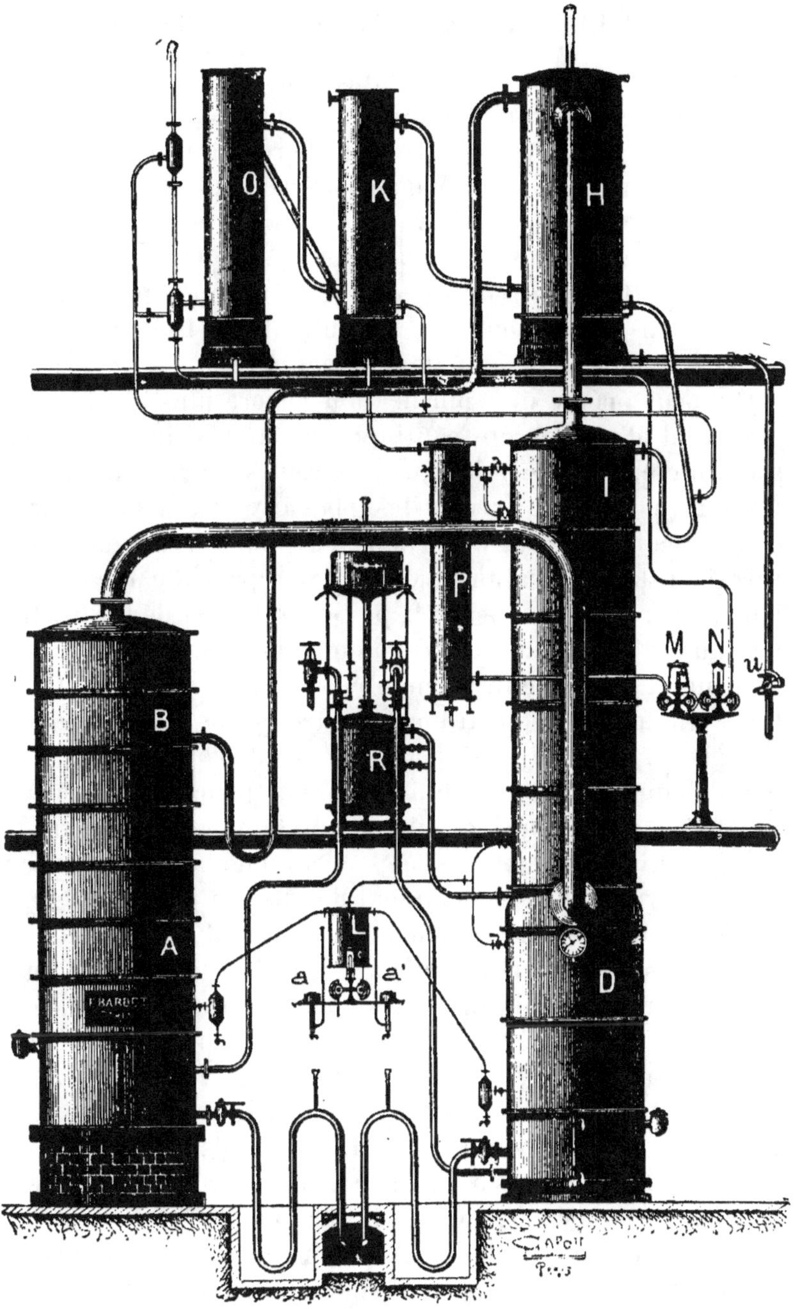

Fig. 90. — Colonnes rectificatrices jumelles à hauteur réduite à pasteurisation et extraction des huiles amyliques. (Barbet, constructeur, à Paris.)

duits de tête, pour la dénaturation, à 93-95ᵈ, en P le flegme pasteurisé complètement dépouillé de ses aldéhydes par la réébullition dans le tronçon de rectification. Ce flegme épuré garantit l'obtention d'alcools de haute finesse par la rectification ultérieure. Suivant les besoins en alcool à dénaturer, on peut prendre 25, 50, 75 et même 100 p. 100 en tête à l'éprouvette T, ou réduire cette proportion à 5 p. 100 seulement. Dans ce dernier cas, on obtient un très bon flegme purifié, pour les 95 p. 100 complémentaires.

On peut opérer une purification encore plus complète en extrayant d'une façon continue les huiles amyliques qui s'accumulent sur les plateaux inférieurs de la colonne, car elles ne peuvent traverser les plateaux supérieurs chargés d'alcool concentré, comme nous l'avons vu en étudiant la théorie de la rectification. La figure 89 représente une colonne à haut degré munie ainsi de la pasteurisation et de l'extraction des huiles amyliques. Cette colonne comprend une série de plateaux d'épuisement, surmontée d'un tronçon de rectification. Au-dessus de ce tronçon se trouve le condenseur. Le réfrigérant des têtes est placé à côté du condenseur. L'appareil comporte en outre un réfrigérant pour l'alcool pasteurisé et un autre pour les huiles amyliques; il est muni du réglage invariable des coulages et du régulateur de vapeur à régime variable précédemment décrits. La première éprouvette en partant de la gauche de la figure est l'éprouvette des têtes; la seconde, celle des huiles; la troisième, celle de la vérification de l'épuisement des vinasses; la quatrième, celle du flegme pasteurisé. Ce dernier flegme est presque neutre et sa rectification ultérieure donne un alcool présentant, d'après M. Barbet, tous les caractères de pureté et de finesse d'un produit de double rectification. Les mauvais goûts de tête et de queue sont extraits à l'état très concentré et par suite le rendement en alcool bon goût est très élevé.

Lorsque la hauteur des bâtiments ne permet pas de placer, dans la distillerie, une colonne comme la précédente, on peut adopter les colonnes jumelles représentées par la figure 90. Cet appareil comprend une colonne d'épuisement B alimentée par le vin venant du chauffe-vin. Les vapeurs alcooliques qui sortent de cette colonne se rendent dans la colonne de rectification I : l'extraction du flegme pasteurisé se fait à la partie supérieure de cette colonne. Ce flegme est refroidi dans le réfrigérant P et coule à l'éprouvette M. Les vapeurs alcooliques passent au condenseur H, et aux réfrigérants K et O ; le liquide condensé coule à l'éprouvette des têtes N. L'extraction des huiles amyliques se fait à la base de la colonne I : ces huiles coulent au réfrigérant. Des robinets d'extraction placés à la base des colonnes A et D conduisent au réfrigérant L et aux éprouvettes *a* et *a'*, les vinasses pour la vérification de l'épuisement. Dans cet appareil, les reflux des plateaux rectificateurs ne se mélangent plus, comme dans la colonne précédente, au moût fermenté. De cette façon, les drèches, s'il s'agit de distillation des grains, ne sont pas en contact avec les zones concentrées d'huiles et n'en prennent pas l'odeur spéciale qui les rend désagréables pour la consommation par le bétail.

Dépenses en vapeur des colonnes à distiller. — Certains auteurs, notamment M. Barbet, ont fait des calculs théoriques pour déterminer la consommation de vapeur des diverses colonnes à distiller, en supposant, ce qui n'est évidemment pas exact dans la pratique, que les chauffe-vins et les récupérateurs de chaleur sont parfaits, et que les vapeurs alcooliques qui se dégagent du plateau d'alimentation ont la richesse indiquée par les tables de Gröning. Le tableau suivant résume les résultats des calculs de M. Barbet, pour la distillation de vins à $8^d,5$.

DIVERS CAS.		DEGRÉ du flegme à 15°.	CALORIES récupérées par hectolitre de vin.	CALORIES DÉPENSÉES par hectolitre de vin.	CALORIES DÉPENSÉES par hectolitre d'alcool à 100d.	VAPEUR DÉPENSÉE par hectolitre de vin.	VAPEUR DÉPENSÉE par hectolitre d'alcool à 100d.
						kg.	kg.
Colonnes sans chauffe-vin, mais munies d'un récupérateur de chaleur parfait.							
Flegme à bas degré.	Chauffage par serpentin....	53,4	6.750	8.956	105.300	16,47	191,3
	— par barboteur....	53,4	7.700	8.006	94.190	12,7	149,5
Flegme à haut degré.	Chauffage par serpentin.. ..	94,0	7.346	4.918	57.800	8,92	105,0
	— par barboteur....	94,0	8.011	4.253	50.030	7,72	90,8
Colonnes sans récupérateur, mais munies d'un chauffe-vin parfait.							
Serpentin ou barboteur.	Flegme à bas degré........	53,4	8.011	7.695	90.530	13,96	164,3
	— à haut degré........	94,0	0	10.242	120.500	18,56	218,6

Ce tableau permet de classer les types de colonnes suivant leur degré d'économie. Si nous prenons pour base par exemple les kilogrammes de vapeur par hectolitre de vin, nous obtenons les résultats suivants (1) :

La plus économique..	7kg,71	haut degré,	récupérateur,	barboteur.
La 2e — ..	8kg,91	—	—	serpentin.
La 3e — ..	12kg,70	bas degré,	—	barboteur.
La 4e — ..	13kg,96	—	chauffe-vin,	—
La 5e — ..	16kg,27	—	récupérateur,	serpentin.
La moins — ..	18kg,58	haut degré,	chauffe-vin,	—

On voit qu'il n'est pas indifférent de choisir un type de colonne plutôt qu'un autre, quand on le peut ; mais dans beaucoup de cas, l'industriel ne peut pas choisir son appareil. La colonne à récupérateur ne peut pas être adoptée en distillerie de mélasses ou en distillerie de grains à moûts troubles quand on doit séparer les drèches au filtre-presse, et on ne peut l'utiliser qu'en distillerie de betteraves par diffusion ou par presses, en distillerie de mélasses de cannes ou de grains à moûts clairs.

La dépense pratique des appareils peut différer très notablement de la dépense théorique indiquée ci-dessus. Pour connaître cette dépense pratique, on peut se livrer à des recherches expérimentales directes. S'il s'agit d'une colonne chauffée par serpentin, on recueille l'eau de condensation et on la pèse ; on obtient ainsi le poids P de vapeur condensée en un temps donné. Si P′ est le poids de vin entré dans la colonne pendant le même temps, la consommation de vapeur par kilogramme de vin est $\frac{P}{P'}$. S'il s'agit d'une colonne chauffée par barbotage, on recueille les vinasses produites pendant un certain temps, on en détermine le poids P ; on détermine également le poids P′ du vin entré dans la colonne et le poids P″ du flegme sorti pendant le même temps. Le poids de vapeur condensé est alors égal à la somme $P + P''$ des vinasses et du flegme, diminuée du poids P′ de vin.

D'après M. Barbet, les chiffres théoriques du tableau ci-

(1) Barbet et Arachequesne, *Manuel des fabricants d'alcool*, p. 361.

dessus sont inférieurs aux chiffres pratiques ainsi déterminés de moins de 20 p. 100, dans les appareils bien construits et bien conduits. En appliquant aux chiffres du tableau cette majoration de 20 p. 100, on obtient donc des chiffres pratiques qui peuvent servir de guide pour le réglage des colonnes.

Pratique de la distillation. — Pour mettre en marche une colonne à distiller, on met d'abord de l'eau chaude dans la colonne jusqu'à ce que le serpentin de chauffage ou le barboteur de vapeur soient recouverts; puis on porte cette eau à l'ébullition. Quand le liquide distillé coule à l'éprouvette, on commence à alimenter la colonne en évitant d'introduire le vin froid, pour ne pas produire une condensation abondante de vapeur dans le haut de la colonne. Le réglage de l'alimentation du vin se fait d'après le degré du liquide qui coule à l'éprouvette, et le contrôle de l'épuisement des vinasses se fait dans une petite colonne distillatoire spéciale, discontinue, dans laquelle on distille une dizaine de litres de vinasses, plusieurs fois par jour. L'épuisement doit être complet, et l'alcoomètre plongé dans les 100 premiers centimètres cubes provenant de la distillation des dix litres de vinasses doit marquer de $0^d,5$ à 0^d.

La pression de régime de la colonne ne doit pas dépasser 1 mètre à $1^m,25$ d'eau. Les expériences de M. Sorel ont montré en effet que pour les titres inférieurs à 50^d, l'augmentation de la pression diminue la richesse des vapeurs, et que pour les titres supérieurs à 50^d il y a au contraire augmentation de la richesse des vapeurs quand la pression croît. Il en résulte que dans les colonnes à bas degré, une pression assez élevée est favorable à l'épuisement; dans les colonnes à haut degré, on augmente la pression dans la partie d'épuisement en interposant un disque perforé sur le passage de la vapeur qui se rend dans la partie de concentration.

La distillation des vins de betteraves et de mélasses ne présente rien de particulier. En distillerie de betteraves par macération à la vinasse, comme on doit conserver la vinasse chaude, on ne peut employer la colonne à récupérateur. Quand l'extraction du jus a lieu par diffusion ou par presses continues, la colonne à récupérateur peut être parfaitement utilisée. La récupération est évidemment impossible en distillerie de mélasses de betteraves à cause de l'évaporation ultérieure des vinasses pour l'extraction des salins. Elle est au contraire très recommandable pour les distilleries de mélasses de cannes.

Pour la distillation des vins épais de matières amylacées, on doit choisir les appareils spécialement agencés pour éviter les obstructions. Les colonnes Collette, Guillaume, etc., précédemment décrites, sont excellentes pour le traitement de ces vins. Quand on emploie les colonnes ordinaires, la construction des plateaux doit être aussi simple que possible pour diminuer les dangers d'obstruction et faciliter le démontage. On ne peut employer le récupérateur que dans les distilleries qui travaillent à moûts clairs. Quand on veut faire des décantations, séparations ou filtrations de drèches, il est impossible de récupérer, car la drèche doit rester chaude. D'ailleurs, avec les moûts troubles, les récupérateurs s'encrassent rapidement et leur fonctionnement laisse à désirer.

Contrôle de l'épuisement. — Recherche de petites quantités d'alcool. — Nous avons vu précédemment comment peut s'effectuer à l'usine le contrôle de l'épuisement des vinasses. Quand on dispose d'un grand volume de liquide, le meilleur appareil à employer est un petit rectificateur de laboratoire. MM. Lepage et Cie construisent de petites colonnes distillatoires, continues ou discontinues, qui conviennent parfaitement pour cet essai. La figure 91 représente un petit rectificateur de laboratoire construit par M. Barbet. Cet appareil, dont le fonctionnement est excellent, peut servir à de multiples usages. Il permet d'effectuer la distillation continue de tous les vins, avec sélection des diverses impuretés, d'obtenir en une seule opération de l'alcool à 96d, de faire de l'épuration continue des flegmes bruts, de procéder à la rectification continue ou discontinue. L'appareil est muni du réglage invariable du coulage, d'un régulateur de gaz à régime variable et de quatre thermomètres spéciaux pour le contrôle de la marche et des fractionnements. Il se fait en quatre grandeurs, dont les coulages sont de 100 centimètres cubes, 300 centimètres cubes, 1 litre et 5 litres à l'heure.

Quand on fait un contrôle d'épuisement au moyen de ces appareils, on recueille le centième du volume du liquide mis

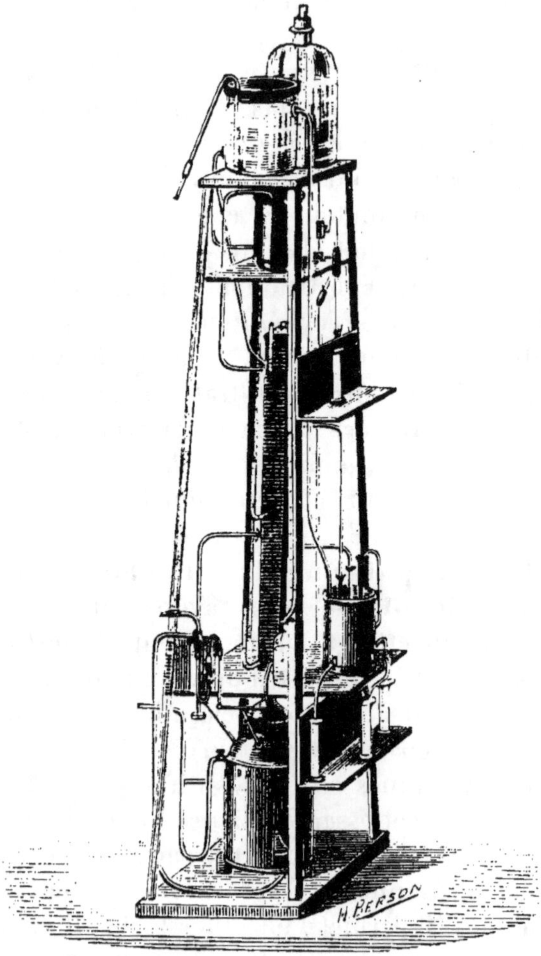

Fig. 91. — Rectificateur de laboratoire.
(Barbet, constructeur, à Paris.)

en expérience, et on prend le degré alcoolique à l'alcoomètre. Mais il est préférable quand le liquide ne contient que de très petites quantités d'alcool, ce qui est généralement le cas, de doser l'alcool sur le liquide distillé, soit au moyen du vaporimètre, soit au moyen du compte-gouttes.

Le vaporimètre de Geissler est basé sur la différence qui existe entre la tension de la vapeur d'eau et celle de la vapeur d'alcool. La tension de la vapeur d'alcool étant plus élevée que celle de la vapeur d'eau, un mélange de ces deux vapeurs soulève une colonne de mercure d'autant plus grande que l'alcool est plus abondant. On place donc une fraction du liquide à analyser dans une petite fiole, de telle sorte qu'en chauffant, la vapeur ne puisse s'échapper et vienne agir sur une colonne de mercure. Le chauffage se fait au moyen d'une petite chaudière à eau dont les vapeurs viennent échauffer le liquide alcoolique contenu dans la fiole. Une échelle graduée placée le long de la colonne de mercure, fait connaître la richesse alcoolique du liquide.

Le compte-gouttes de M. Duclaux est basé sur ce fait que les mélanges d'eau et d'alcool ont des tensions superficielles plus faibles que l'eau pure. En faisant couler par gouttes, sous un volume donné, un mélange alcoolique à travers un orifice de dimensions constantes, le nombre des gouttes correspondant à chacun des mélanges est constant d'abord, puis d'autant plus grand que la proportion d'alcool est plus grande (1).

Il suffit, par conséquent, de remplir avec le liquide alcoolique distillé une petite pipette compte-gouttes de 5 centimètres cubes, donnant exactement sous ce volume cent gouttes avec de l'eau distillée à 15°. On compte le nombre des gouttes qui s'échappent de la pipette avec les 5 centimètres cubes de liquide alcoolique, on note la température, et on se reporte à la table suivante, dressée par M. Duclaux, qui donne directement le degré alcoolique du liquide.

(1) E. Duclaux, *Traité de microbiologie*, t. III, p. 7.

	TEMPÉRATURES :							
	5°	7°,5	10°	12°,5	15°	17°,5	20°	22°,5
	Nombre de gouttes obtenues :							
Eau distillée....	98	98,5	99	99,5	100	100,5	101	102
Alcool en volumes à 0,5 p. 100...	102	102,5	103	103,5	104	104,5	105	106
1 — ...	105	105,5	106	106,5	107	107,5	108	109
2 — ...	111	111,5	112	112,5	113	113,5	114,5	115,5
3 — ...	116	116,5	117	117,5	118	118,5	119,5	120,5
4 — ...	120,5	121	121,5	122	122,5	123,5	124,5	125,5
5 — ...	124	124,5	125	125,5	126,5	127,5	128,5	130
6 — ...	127	127,5	128,5	129,5	130,5	131,5	132,5	134
7 — ...	130	131	132	133	134	135,5	136,5	138
8 — ...	133	134	135,5	136,5	137,5	139	140	141,5
9 — ...	136	137	138,5	139,5	140,5	142	143	144,5
10 — ...	139	140,5	141,5	142,5	144	145	146,5	147,5
11 — ...	142	143,5	144,5	145,5	147	148	149,5	150,5
12 — ...	145	146,5	148	149	150,5	151,5	153	154,5
13 — ...	148,5	150	151	152,5	154	155	156	157,5
14 — ...	152	153,5	154,5	155,5	157	158	159	160,5
15 — ...	155	156,5	157,5	158,5	160	161,5	163	164,5

Cette méthode, beaucoup plus sensible que la méthode à l'alcoomètre pour les mélanges alcooliques faibles, est très simple et n'est pas assez répandue dans l'industrie.

IV. — RECTIFICATION DES FLEGMES.

Le flegme obtenu par distillation renferme, en dehors de l'alcool, un certain nombre de substances volatiles qu'on doit séparer pour obtenir l'alcool neutre. Ces impuretés contenues dans l'alcool brut sont très nombreuses et très variables ; on les classe ordinairement en deux catégories : les *impuretés de tête* qui passent dans les premières portions du liquide distillé, et les *impuretés de queue* qui se rencontrent au contraire surtout à la fin de la distillation.

Les principaux produits qu'il s'agit de séparer de l'alcool par rectification, rangés par ordre d'élévation du point d'ébullition, sont les suivants :

Ammoniaque	volatile.
Éthylamine	18°,7
Aldéhyde éthylique	21°,0
Oxyde d'éthyle ou éther ordinaire	34°,9
Aldéhyde propionique	48°,8
Aldéhyde acrylique ou acroléine	52°,4
Formiate d'éthyle	54°,4
Acétate de méthyle	57°,2
Aldéhyde isobutylique	63°-64°
Acétate d'éthyle	74°,3
Alcool butylique tertiaire	82°,5
— isopropylique ou secondaire	83°
Acétate d'isopropyle	91°,3
Aldéhyde isovalérique	92°,5
Acétate de butyle tertiaire	96°
Alcool allylique	96°,6
— propylique primaire	97°
Acétate d'allyle	97°
Alcool butylique secondaire	99°
Acétate de propyle	101°
Acide formique	101°
Alcool isobutylique primaire	108°
Isobutyrate d'éthyle	110°
Acétate de butyle secondaire	111°
Alcool butylique normal	116°
Acétate d'isobutyle primaire	116°
Acide acétique	118°
Butyrate d'éthyle	121°
Acétate de butyle normal	125°
Alcool isoamylique actif primaire	128°
— — primaire	131°
Isovalérate d'éthyle	134°
Acétate d'isoamyle primaire	138°
— — actif	144°
Acide butyrique normal	163°
Butyrate d'isoamyle	176°
Isovalérate d'isoamyle	196°

Le flegme contient donc des aldéhydes, des éthers, des alcools supérieurs, des acides gras volatils et des bases volatiles. Les éthers proviennent de l'éthérification des divers alcools par les acides gras. Les acides gras sont produits soit par la levure (acide acétique), soit par les ferments secondaires (acides acétique, butyrique, formique, etc.). Les alcools supérieurs proviennent, comme nous l'avons vu précédemment en exposant les récents travaux d'Ehrlich, de la décomposition de certaines matières azotées telles que la leucine et l'isoleucine, par la levure. Les ferments secondaires donnent également naissance à ces alcools supérieurs, et M. Lindet a constaté que la proportion de ces alcools augmente rapidement lorsque la fermentation est achevée. Donc, plus on laisse les jus fermentés séjourner en cuve avant de les distiller, plus on s'expose à avoir des alcools supérieurs et à augmenter la perte à la rectification. Enfin les bases volatiles proviennent de la décomposition des matières azotées au cours du travail : on les rencontre surtout dans les flegmes de betteraves et de mélasses.

La rectification a pour but la séparation de l'alcool pur des impuretés qui l'accompagnent. Elle peut s'effectuer par deux méthodes : la méthode discontinue dans laquelle on rectifie dans un appareil rectificateur un volume déterminé de flegme, en séparant successivement les produits de tête, l'alcool et les produits de queue, et la méthode continue dans laquelle on rectifie le flegme dans un appareil continu spécial où on extrait régulièrement et sans arrêt les impuretés qu'amène l'alimentation continue du flegme.

Rectification discontinue.

Rectificateurs discontinus. — Le rectificateur discontinu Savalle (fig. 92) se compose d'une chaudière chauffée par un serpentin de vapeur, surmontée d'une colonne de rectification à plateaux en cuivre rouge. Les plateaux sont rectangulaires et munis des longues calottes de barbotage précédemment décrites. A la partie supérieure se trouve un puissant condenseur qui reçoit les vapeurs alcooliques qui sortent de la colonne. Ces vapeurs s'y scindent en deux parties : une partie condensée qui rétrograde dans le haut de la colonne à plateaux, et une partie non condensée qui se rend au réfrigérant où elle se condense pour couler à l'éprouvette.

Le rectificateur discontinu de Egrot est basé sur le même principe. Il se compose d'une chaudière en tôle forte qui reçoit le flegme à rectifier et d'une colonne de rectification

Fig. 92. — Rectificateur, système Savalle perfectionné.
(Lepage et Cie, à Paris.)

composée d'un très grand nombre de plateaux dont la disposition spéciale assure une très grande puissance d'épuration. L'appareil est complété par un condenseur, un réfrigérant, une éprouvette de coulage et un régulateur de vapeur.

Le rectificateur discontinu à basse pression de Pampe (fig. 93) se compose d'une chaudière chauffée par un serpentin de vapeur. A la partie supérieure de cette chaudière se trouve un dispositif qui retient, même pendant l'ébullition la plus violente, les parties qui pourraient être entraînées dans la colonne et qui, en outre, fait subir au liquide refluant dans la chaudière une rectification par surface avant son retour. La colonne proprement dite est construite de façon à n'avoir qu'une pression de 500 à 700 millimètres dans la chaudière. Le condenseur D est à contre-courant, c'est-à-dire disposé de manière à faire circuler en sens inverse la vapeur alcoolique et le liquide condensé, contrairement aux condenseurs ordinaires, ce qui produit, d'après Pampe, une rectification par surface et une augmentation du degré. Il y a de même contre-courant entre la vapeur et l'eau qui alimente le condenseur. L'appareil est complété par un réfrigérant E, un régulateur de vapeur à membrane F, un régulateur d'eau G, et une éprouvette H. Le régulateur de vapeur à membrane diffère de celui de Savalle en ce qu'au lieu d'un flotteur, on emploie une membrane métallique ondulée très sensible. Une tige fixée sur la membrane actionne directement la soupape équilibrée de vapeur. Une pression de 0,15-0,20 atmosphère agit en dessous de la membrane, tandis que sa partie supérieure supporte la pression de la vapeur qui afflue dans l'appareil. La pression d'eau soulève la membrane et ouvre la soupape d'admission, tandis que la pression de la vapeur abaisse la membrane et ferme la soupape.

Rôle du condenseur. — On a considéré pendant longtemps que le rôle du condenseur est de faire rétrograder dans la colonne les vapeurs les plus aqueuses, de sorte que les vapeurs alcooliques non condensées se trouvent enrichies. Le condenseur serait donc un analyseur qui donne naissance à une vapeur plus riche en alcool que la vapeur primitive, et à une rétrogradation moins riche que cette vapeur.

Cette théorie, qui est exacte pour l'alcool à bas degré, n'est

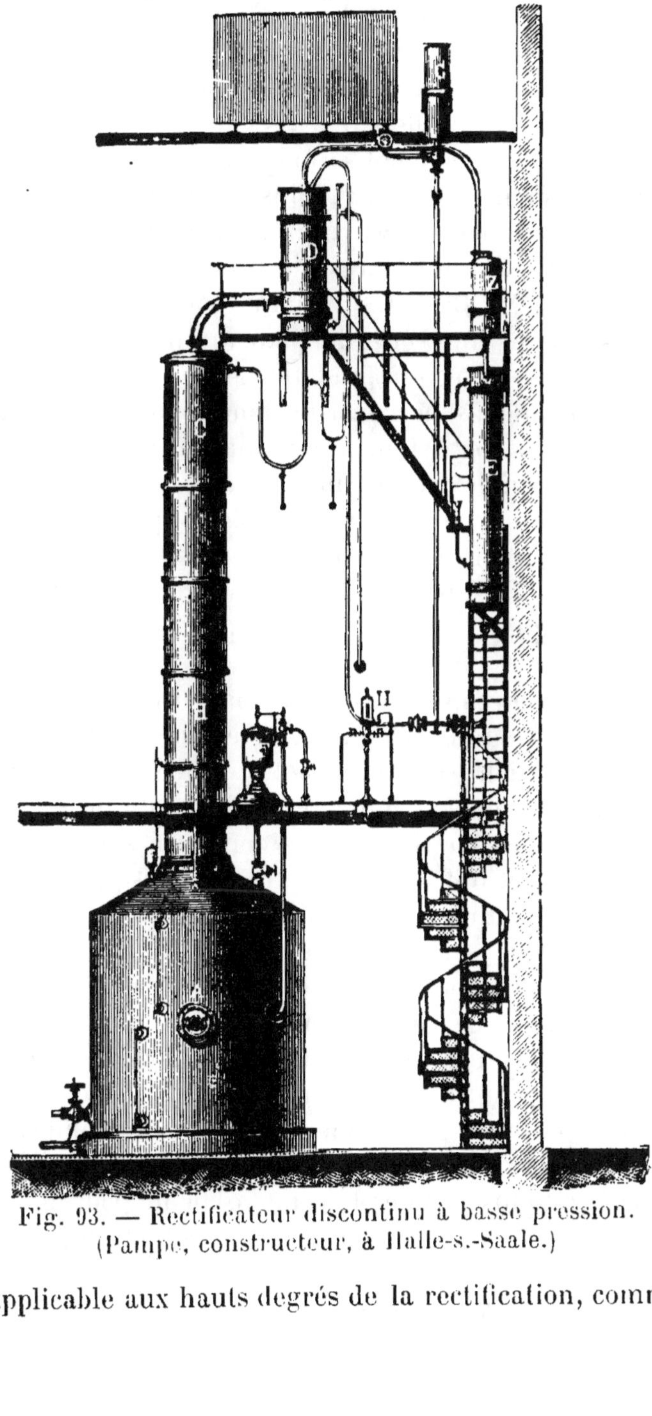

Fig. 93. — Rectificateur discontinu à basse pression.
(Pampe, constructeur, à Halle-s.-Saale.)

pas applicable aux hauts degrés de la rectification, comme l'a montré M. Barbet. Il est facile de s'en assurer en prélevant en même temps un échantillon du liquide qui rétrograde et un échantillon du liquide qui coule à l'éprouvette : les différences ne sont pas appréciables, aussi bien au point de vue du degré alcoolique que de la teneur en impuretés. Le raffinage et la rectification de l'alcool se font donc dans la colonne et non pas au condenseur, ou du moins en très faible proportion et grâce à des artifices spéciaux qui n'existent presque jamais dans les condenseurs ordinaires. Un condenseur ne peut avoir d'effet utile, dit M. Barbet, qu'autant que sa rétrogradation soit analysée dans une série de plateaux ne recevant aucun autre liquide que cette rétrogradation (1).

Le rôle du condenseur consiste donc uniquement, d'après la théorie de M. Barbet, à fournir automatiquement et en abondance un bon liquide laveur, une *clairce* pour raffiner méthodiquement dans la colonne à plateaux les vapeurs alcooliques impures qui montent. Le condenseur prélève cette clairce sur l'alcool produit ; c'est une dîme nécessaire et on n'obtient une grande pureté que si la clairce alcoolique est elle-même très pure.

M. Sorel estime également que le condenseur n'est pas un analyseur. En effet, il n'a pas à aider la colonne directement comme enrichisseur en alcool, puisque l'alcool est déjà dans les plateaux de la colonne au voisinage du maximum de concentration : dès lors les parties condensées et les parties restant en vapeurs ont une concentration presque identique. Le condenseur ordinaire des appareils à rectifier n'est pas davantage un analyseur si on se place au point de vue de l'élimination des impuretés qui y arrivent avec la vapeur d'alcool, au moins en ce qui concerne les produits de tête. En effet, l'alcool condensé a une concentration presque identique à celle des vapeurs qui échappent au refroidissement ; d'autre part, puisqu'il s'est condensé, il est à une température un peu plus basse dans la colonne ; par suite la solubilité des impuretés y est plus grande : le condenseur ne peut donc que ramener à la colonne une quantité de ces impuretés d'autant

(1) E. Barbet, *Les appareils de distillation et de rectification.*

plus considérable que son action est plus énergique, c'est-à-dire que l'eau qui y entre est plus froide et sa surface utile plus grande (1).

Pour améliorer le rôle du condenseur comme agent d'épuration, M. Sorel a conseillé de procéder à des condensations progressives à température constante, en isolant au fur et à mesure les produits liquéfiés. Les calculs de M. Sorel, concernant l'action de 10 condenseurs successifs à la même température ou *homothermes*, au point de vue soit des produits de tête, soit des produits de queue, montrent en effet que les corps de tête s'échappent plus vite de l'appareil et que les corps de queue sont retenus plus longtemps dans la colonne. En outre, au lieu de renvoyer en bloc toutes les rétrogradations du condenseur au plateau supérieur de la colonne à rectifier, on peut ajouter à celle-ci quelques plateaux, renvoyer la moitié la plus chargée de corps de tête, au début de l'opération, au plateau le plus élevé, la moitié la moins chargée à l'ancien dernier plateau, et en fin d'opération faire inversement arriver la moitié la moins chargée de queues au plateau le plus élevé, la moitié la plus chargée à l'ancien dernier plateau (2).

Enfin, d'après Pampe, l'enrichissement des vapeurs alcooliques dans le condenseur dépend de la construction et du fonctionnement de cet appareil. Dans les condenseurs ordinaires, les vapeurs alcooliques pénètrent dans le condenseur par le haut, le liquide condensé coule dans le même sens que les vapeurs ; en outre l'eau chaude provenant du réfrigérant pénètre dans le condenseur par le bas, de sorte que les vapeurs qui descendent rencontrent un liquide de moins en moins chaud. Dans ces conditions le condenseur ne produit aucune augmentation de degré, et son seul rôle est celui de fournir l'alcool concentré pour alimenter la colonne. Pour obtenir un condenseur qui agisse en même temps comme analyseur, il faut, d'après Pampe :

1° Faire circuler lentement les vapeurs dans le condenseur;
2° Opérer bien progressivement le refroidissement, c'est-à-

(1) E. Sorel, *La rectification de l'alcool* (Encyclopédie Léauté).
(2) E. Sorel, *Loc. cit.*

dire réduire la différence de température qui existe entre la surface refroidissante et la vapeur alcoolique ;

3° Faire circuler la vapeur alcoolique et l'eau de réfrigération du condenseur en sens inverse ;

4° Faire circuler à contre-courant, c'est-à-dire dans deux sens opposés, les vapeurs alcooliques et le liquide condensé, de manière à laisser couler ce liquide sur une paroi de plus en plus chaude.

Dans ces conditions, le liquide condensé, qui circule d'un endroit plus froid à un endroit plus chaud, est constamment maintenu à sa température d'ébullition, ce qui empêche les vapeurs d'éthers et d'aldéhydes de se redissoudre dans le liquide. En outre, il se produit un échange très actif entre la vapeur qui monte et le liquide qui descend, de sorte que la richesse des vapeurs augmente dans le condenseur. Mais cette augmentation de richesse ne provient pas du refroidissement dans le condenseur, mais bien des réévaporations successives qui se produisent dans l'appareil à contre-courant.

Cette théorie de Pampe a trouvé son application, comme nous l'avons vu, dans le rectificateur Pampe à basse pression précédemment décrit.

Pratique de la rectification discontinue. — La chaudière est chargée d'abord avec le flegme ramené à 35^d-45^d, et neutralisé exactement avec du carbonate de soude, puis on fait arriver la vapeur dans le serpentin de chauffage. Quand l'ébullition commence, on modère le chauffage et on ouvre en plein le robinet d'eau du réfrigérant et du condenseur. Les vapeurs alcooliques s'élèvent dans la colonne en portant successivement à l'ébullition le liquide des divers plateaux et elles arrivent finalement au condenseur qui est énergiquement refroidi. Toutes les vapeurs s'y condensent et rétrogradent dans la colonne ; elles y repassent à l'état de vapeurs et fournissent des vapeurs alcooliques plus riches qui viennent se condenser de nouveau dans le condenseur, et les plateaux se chargent ainsi de haut en bas d'alcool concentré.

Quand les plateaux sont faits, la résistance croît dans la colonne, le niveau de l'eau s'élève dans le récipient supérieur du régulateur de vapeur qui entre en action. L'opération commence alors : on diminue l'arrivée de l'eau au refrigérant, la rétrogradation devient moins forte, le condenseur s'échauffe, et une partie des vapeurs va se condenser au réfrigérant et coule à l'éprouvette. On règle l'arrivée de l'eau de manière à avoir une rétrogradation convenable pour que la colonne soit toujours chargée d'alcool concentré dans sa plus grande partie.

Les impuretés les plus volatiles s'échappent tout d'abord. Elles tendent à gagner le haut de la colonne et l'appauvrissement de la chaudière, puis des plateaux est rapide. Ces premières parties recueillies sont constituées par les mauvais goûts de tète, d'odeur forte et piquante, et contiennent surtout de l'aldéhyde éthylique et de l'éther acétique. On les envoie dans un bac spécial. Cette première phase dure en moyenne une heure à une heure et demie.

Cette période est suivie de celle des mauvais goûts de tète à repasser, puis des moyens goûts de tète, constitués par un mélange d'alcool et d'impuretés moins entraînables. On recueille à part les mauvais goûts à repasser qu'on traite dans un rectificateur à mauvais goûts pour en extraire des mauvais goûts de tète et des moyens goûts de tète qu'on joint aux moyens goûts ordinaires. Les moyens goûts de tète sont recueillis également dans un bac spécial, et redistillés en mélange avec d'autres flegmes. Cette période des moyens goûts de tète dure environ sept heures.

On arrive alors à la période de cœur pendant laquelle passent successivement l'alcool fin de tète, l'alcool extra-fin, le cœur, et l'alcool fin de queue. On recueille ces divers alcools qui sont vendus pour la consommation ; les alcools fins peuvent cependant être soumis à une seconde rectification. Cette période dure environ vingt-quatre heures, et elle se termine généralement quand le thermomètre placé sur la chaudière accuse 99° à 100° ; en même temps le degré alcoolique à l'éprouvette baisse légèrement.

En continuant l'opération, la période de cœur est suivie de celle des moyens goûts de queue, composés d'alcool et de produits de queue les plus entraînables, puis des mauvais goûts de queue à repasser. On recueille séparément ces deux lots. Le dernier est traité à part et fournit des mauvais goûts de queue et des moyens goûts de queue qu'on joint au premier lot pour les redistiller.

Enfin les mauvais goûts de queue et les huiles arrivent à l'éprouvette : le liquide devient laiteux. On purge alors l'appareil en diminuant la rétrogradation, et les produits recueillis sont envoyés au bac des huiles. La période des goûts de queue est courte et dure environ deux heures.

On vide alors la chaudière, on nettoie l'appareil à l'eau chaude, et on recommence une nouvelle opération.

Les théories que nous avons exposées précédemment au sujet de la rectification permettent de comprendre ce qui se passe dans cette opération de la rectification discontinue. Les impuretés de tête, pour lesquelles les coefficients K ou K' sont supérieurs à l'unité, pour toutes les richesses alcooliques comprises entre 35^{d} et 100^{d}, s'échappent peu à peu de la chaudière et gagnent les plateaux supérieurs, puis l'éprouvette, de sorte que l'expulsion de ces corps est intégrale après une durée suffisante d'ébullition. Au contraire, les corps pour lesquels les coefficients K ou K' sont inférieurs à l'unité sont retenus dans les plateaux et retardés par la rétrogradation. Ces corps peuvent bien s'élever dans la colonne tant que leur coefficient est supérieur à l'unité pour les richesses alcooliques plus faibles des plateaux inférieurs, mais quand la richesse alcoolique des plateaux devient plus forte, leur coefficient devient inférieur à l'unité (voir plus haut, Alcool amylique, isobutyrate et isovalérate d'éthyle, etc.), et ces corps se trouvent retenus progressivement dans les plateaux chargés d'alcool fort. Donc, tant que la colonne sera chargée d'alcool concentré, ces impuretés se trouveront arrêtées dans une zone déterminée de la colonne, zone qu'elles ne peuvent franchir, et pendant toute cette période on recueillera à l'éprouvette de l'alcool pratiquement pur. Mais bientôt la chaudière s'épuise peu à peu d'alcool, le degré alcoolique des plateaux inférieurs diminue, la zone dans laquelle se trouvent retenues les impuretés de queue s'élève de plus en plus. Au fur et à mesure que le degré alcoolique s'abaisse par épuisement sur les plateaux, la valeur de K ou de K' s'élève et les impuretés gagnent de plus en plus les plateaux supérieurs et bientôt les plus entraînables arrivent à l'éprouvette. C'est la période des moyens goûts de queue qui commence, et qui est suivie aussitôt de celle des mauvais goûts de queue, l'augmentation du coefficient K étant très rapide, comme nous l'avons vu, quand l'alcool des plateaux s'appauvrit. Donc, au moment où commence la période des moyens goûts de queue, la chaudière et un grand nombre de plateaux inférieurs sont épuisés d'alcool. Les plateaux situés au-dessus sont chargés d'eau alcoolisée faible sur laquelle surnagent des huiles ; puis viennent des alcools mauvais goûts, et à la partie supérieure se trouvent les plateaux chargés des moyens goûts de queue. Aussi certains rectificateurs sont-ils munis d'appareils de vidange sur chaque plateau, de sorte que quand la période de cœur est terminée, il suffit d'ouvrir les robinets de chaque plateau pour laisser couler le produit dans le bac correspondant.

Si on remplace dans le haut de la colonne à rectifier la pression qui y règne par celle d'une quantité d'air convenable chauffé à la température du haut de cette colonne, on augmente le rapport $K \frac{V}{P}$, ce qui fait dégager plus rapidement les têtes et diminue par suite les repasses.

Voici un exemple, emprunté à M. Sorel, qui montre comment se répartissent les différentes qualités d'alcool. Un rectificateur Savalle rectangulaire n° 10, dont la colonne a 49 plateaux, fut chargé de 395^{hl},87 d'alcool étendu à 39^{d}, correspondant à 154^{hl},39 d'alcool absolu. On obtint :

	Hectolitres.			
Mauvais goûts de tête	7,657	Alcool absolu :	4,96	p. 100.
Moyens goûts de tête	34,057		22,06	—
Bons goûts................	94,820		61,42	—
Moyens goûts de queue....	9,205		5,97	—
Mauvais goûts de queue....	8,198		5,31	—
Perte.....................	0,453		0,28	—
	154,390		100,00	p. 100.

La proportion d'alcool pur qu'on retire d'un flegme dans cette première opération est d'ailleurs très variable avec la nature du flegme soumis à la rectification et avec la finesse qu'on veut atteindre. Elle descend à 60 p. 100 dans certains cas et peut dépasser 70 dans d'autres.

Dépense de chaleur des rectificateurs discontinus. — La dépense de chaleur des rectificateurs discontinus a été étudiée par M. Sorel au point de vue théorique et pratique. Au point de vue théorique, en envisageant un chargement effectué à 45^d, M. Sorel arrive par le calcul à une dépense moyenne de $20^{kg},39$ de charbon, par hectolitre d'alcool à 96^d produit. La consommation de charbon, faible tant que le titre est encore élevé dans la chaudière du rectificateur, devient énorme quand le titre baisse : elle s'élève par exemple à $122^{kg},89$ par hectolitre d'alcool à 96^d pendant l'épuisement de 1^d à 0^d, tandis qu'elle n'est que de 13 kilogrammes en moyenne pendant l'épuisement de 45^d à 10^d. Mais ce ne sont là que des chiffres purement théoriques, dans lesquels on n'a envisagé le problème qu'au point de vue de la production de l'alcool à 96^d. Or pour obtenir cet alcool rectifié, il faut qu'un grand nombre de plateaux soient au maximum de concentration, et les chiffres précédents sont modifiés par la dépense supplémentaire venant de la condensation nécessaire pour maintenir la quantité convenable de plateaux à fort degré. Des essais pratiques effectués par M. Sorel sur un rectificateur discontinu du système Savalle ont conduit à une dépense de vapeur, pendant la période des bons goûts, de 207 kilogrammes par hectolitre d'alcool absolu quand on produit de l'alcool à $96^d,5$ et de 215 kilogrammes par hectolitre d'alcool absolu quand on produit de l'alcool à 97^d. Pendant la fin de l'opération, quand on cherche à obtenir les moyens et mauvais goûts par rectification au lieu de les extraire directement sur les plateaux, il y a forcément un accroissement notable de dépense. M. Sorel, dans un essai, trouve une consommation de vapeur de 278 kilogrammes par hectolitre d'alcool pendant la période des moyens et des mauvais goûts de queue.

Si nous nous basons sur les chiffres de M. Sorel, nous pouvons donc admettre une dépense moyenne pratique de 240 kilogrammes de vapeur par hectolitre d'alcool à 100^d. Il faut naturellement ajouter à ce chiffre la quantité de vapeur nécessaire pour le chauffage de la masse à l'ébullition jusqu'au moment du coulage. Cette quantité peut être évaluée et s'élève environ, d'après les calculs de M. Barbet, à 50 kilogrammes de vapeur par hectolitre d'alcool absolu. La dépense totale monte donc à 290 kilogrammes. Mais cette dépense ne correspond pas encore à l'alcool vendu. En effet, dans une rectification, on obtient, à côté d'une certaine proportion d'alcool bon goût, des moyens et mauvais goûts à repasser si on n'en a pas le placement direct. Cette proportion est assez variable, comme nous l'avons vu, avec la nature du flegme et le mode de travail de l'usine. Supposons un fractionnement qui donne 70 d'alcool bon goût pour 100 ; la dépense de 290 kilogrammes ne correspondra donc qu'à $0^{hl},7$ d'alcool vendu et la dépense par hectolitre d'alcool vendu sera donc de $\frac{290}{0,7} = 414$ kilogrammes de vapeur.

Telle est la dépense par rapport à l'alcool bon goût, mais il faut encore repasser les moyens goûts. Admettons qu'on obtienne 25 p. 100 de moyens goûts à repasser et qu'on puisse avoir avec eux le même rendement que ci-dessus, c'est-à-dire 70 p. 100, nous aurons comme rendement définitif pour l'alcool bon goût :

$$70 + 70\left[0,25 + \overline{0,25}^2 + \overline{0,25}^3 + \ldots\ldots\right]$$

c'est-à-dire

$$70\left[1 + 0,25 + \overline{0,25}^2 + \overline{0,25}^3 + \ldots\ldots\right] = 70 \times \frac{1}{1 - 0.25} = \frac{70}{0,75} = 93,33.$$

On dépensera donc pour ces $93^{hl},33$:

$$93,33 \times 414 = 38\,638^{kg},62 \text{ de vapeur.}$$

Ce chiffre donne en même temps la dépense pour les 100 hectolitres d'alcool à 100^d à l'état de flegmes, avec un fractionnement tel que celui que nous avons supposé. On dépensera donc, par hectolitre d'alcool à 100^d contenu dans le flegme brut, $386^{kg},38$ de vapeur.

Ces chiffres sont évidemment variables avec la construction des appareils, la puissance du condenseur, le fractionnement effectué, etc. En faisant un calcul analogue avec un fractionnement de 60 p. 100 de bon goût au lieu de 70 p. 100, on arriverait à une dépense de 483 kilogrammes de vapeur par hectolitre d'alcool vendu et de 435^{kg}8 par hectolitre d'alcool à 100^{d} contenu dans le flegme brut.

Rectification continue.

La méthode de rectification discontinue présente d'assez nombreux inconvénients. Le principal réside dans la nécessité de repasser une assez grande quantité de produits intermédiaires, ce qui occasionne une forte dépense de combustible. Aussi a-t-on cherché à rectifier l'alcool d'une façon continue, en extrayant également d'une façon continue les impuretés qui l'accompagnent.

Rectification continue, système Barbet. — Dans une opération préliminaire, M. Barbet débarrasse d'abord le flegme des produits de tête, et le flegme ainsi épuré est envoyé au rectificateur continu proprement dit qui l'amène à 96^{d}-97^{d} et élimine les produits de queue. Voici, d'après M. Barbet, les phénomènes qui se passent dans cette opération (1).

Fonctionnement de l'épurateur. — Les flegmes à 40^{d}-45^{d}, préalablement chauffés par le récupérateur R (fig. 94), entrent dans l'épurateur A au plateau dit d'alimentation et descendent en s'épuisant progressivement en éthers par une distillation partielle et méthodique, tout comme le vin dans une colonne à distiller s'épuise en alcool. Supposons, en effet, une colonne distillatoire quelconque, munie d'un condenseur et de quelques plateaux de déflegmation convenablement aménagés. On peut régler l'appareil pour donner à l'éprouvette 6, 8, ou 10 p. 100 de ce liquide, et ce liquide (flegme) emporte toute la partie la plus volatile du vin, c'est-à-dire l'alcool et ses congénères. De même, à l'épurateur, si on règle l'eau et la vapeur de façon à récolter à l'éprouvette, 2, 3 ou 5 p. 100 de l'alcool qui entre dans l'appareil, on peut être assuré que ce liquide emportera tout ce qu'il y a de plus volatil dans les flegmes soumis à la distillation,

(1) E. Barbet, *La rectification et les colonnes rectificatrices en distillerie.*

c'est-à-dire précisément tous les produits de tête, aldéhydes, éthers, etc. On obtient l'épuisement des flegmes en produits de tête, tout comme on obtient l'épuisement du vin en alcool. L'analogie avec la distillation du vin est complète. L'ancien rectificateur discontinu n'est, en somme, qu'un alambic ; le chauffage du flegme dans la chaudière produit progressivement l'épuisement en produits de tête, tout comme le chauffage du vin dans l'alambic amène l'épuisement en alcool. Mais cet épuisement est très lent, parce que les aldéhydes ont pour l'alcool du flegme une affinité bien plus grande que l'alcool pour l'eau, et parce que le rectificateur possède une volumineuse rétrogradation qui est un obstacle sérieux à la sortie définitive des éthers et qui oblige à les réévaporer bien des fois. Aussi l'épurateur continu a-t-il, sur l'ancien rectificateur, pour l'expulsion des éthers, une supériorité considérable, beaucoup plus remarquable encore que la supériorité de la colonne distillatoire continue sur l'ancien alambic. Si nous continuons la comparaison, nous voyons que l'ancien alambic fournissait un grand volume de produits à bas degré qu'il fallait repasser, tandis que les flegmes des alambics continus sont à degré constant, élevé et d'une pureté relative. De même, le rectificateur discontinu donne un grand volume de produits bâtards, à basse teneur éthérique, qu'il faut repasser, tandis que les éthers continus sont à degré constant (93-94) et d'une grande concentration en éthers. On supprime donc toute la gamme des moyens goûts, inévitable dans un épuisement discontinu.

Rectification continue proprement dite. — Le problème précédent étant résolu, la rectification continue est facile à réaliser, car le flegme ne contient plus désormais, comme partie la plus volatile, que l'alcool éthylique, qu'il s'agit d'obtenir à l'état de pureté.

Supposons un instant que nous fassions une rectification ordinaire discontinue et que l'opération ait déjà duré douze à quinze heures. A ce moment, le flegme de la chaudière ne contient plus que très peu de produits de tête, et l'alcool de l'éprouvette est de l'alcool surfin. Admettons que nous possédions un grand approvisionnement du flegme ainsi épuré dans la chaudière, et que ce flegme épuré serve à alimenter un deuxième appareil discontinu qui soit, lui aussi, dans la période de cœur, et dont la chaudière soit assez grande pour recevoir pendant plusieurs heures cette alimentation complémentaire.

Voilà une sorte de rectification continue réalisée, et pendant toute sa durée elle nous fournira un alcool équivalent à de l'alcool de cœur de rectification. Elle ne prendra fin que par l'encombrement de la chaudière, qui nous obligera à faire l'épuisement, afin de pratiquer l'extraction de tout l'excédent d'eau et d'huiles.

Remplaçons maintenant la chaudière unique par une série de chaudières étagées, c'est-à-dire par une colonne à plateaux. Grâce à ce sectionnement, nous pourrons introduire d'une façon continue le flegme épuré sur le plateau du haut, et faire sortir, également d'une façon continue, par le soubassement, les eaux résiduaires épuisées. La partie supérieure de l'appareil n'en continuera pas moins à nous fournir de l'alcool de cœur, tout comme dans l'hypothèse précédente. Si nous produisons le flegme épuré dans un épurateur continu, on voit que la continuité absolue de la rectification se trouve réalisée.

Examinons toutefois ce que deviennent les produits de queue. Dans un rectificateur discontinu, ces produits tendent perpétuellement à monter dans les plateaux. M. Duclaux a montré que ces produits, quoique moins volatils que l'eau, quand ils sont anhydres, distillent avant l'eau elle-même en présence de celle-ci, et un mélange de 5 p. 100 d'alcool amylique avec l'eau est plus vite épuisé à l'alambic que ne le serait un vin à 5 p. 100 d'alcool éthylique.

Donc, l'obligation où nous sommes d'épuiser complètement les eaux résiduaires en alcool éthylique nous conduit nécessairement à produire en même temps l'épuisement total en produits de queue. Par conséquent, la sortie du bas de l'appareil ne donne issue qu'à de l'eau complètement privée d'alcool et de produits de queue.

L'alimentation continue du flegme apportant sans cesse de nouvelles proportions d'huiles amyliques, et celles-ci ne sortant pas avec les vinasses, il va se former une accumulation de ces impuretés et la qualité de l'alcool s'en ressentira. L'accumulation s'opère, en effet, sur certains plateaux inférieurs d'épuisement. Si on soutire ainsi une quantité d'huiles qui corresponde au volume d'impuretés de queue qu'apporte l'alimentation continue du flegme, on comprend que, la sortie balançant l'entrée, l'accumulation devient impossible et l'appareil fonctionne exactement comme les discontinus, dans lesquels la proportion des huiles est limitée.

C'est le goût de l'alcool obtenu à l'éprouvette qui montre si l'extraction d'huiles est suffisante. La proportion de cette extraction dépend essentiellement de la qualité du flegme, et on voit sans peine qu'on a un moyen facile d'améliorer la qualité de l'alcool en extrayant de fortes proportions d'huiles. Il en est de même pour l'épuration des éthers : plus on pratique une large extraction de produits de tête à l'épurateur, plus l'alcool est fin.

Dans la plupart des usines, on règle l'extraction des éthers à environ 5 p. 100 et l'extraction des huiles amyliques à 2 ou 3 p. 100 de l'alcool à 100[d] qui entre dans l'appareil. Dans ces conditions on a environ 91 à 92 p. 100 de bon goût.

L'extraction des huiles remplit un second rôle très important : c'est elle qui règle la conduite du rectificateur continu comme alimentation en flegmes. Il faut, en effet, que l'entrée des flegmes apporte exactement autant d'alcool qu'il en sort par les diverses éprouvettes, afin que l'appareil conserve une allure invariable. Si l'alimentation est insuffisante, on s'en aperçoit au degré alcoolique des huiles qui s'affaiblit. S'il augmente, au contraire, on a la preuve que l'alimentation est exagérée. On règle donc le robinet d'alimentation de manière à avoir un degré alcoolique constant à l'éprouvette des huiles, c'est-à-dire de manière à donner à l'appareil un régime permanent invariable. L'addition d'un thermomètre à cadran, placé à l'étage d'extraction des huiles, donne un deuxième contrôle très pratique de l'alimentation.

Si nous nous reportons maintenant à la figure 94, qui représente un rectificateur continu Barbet type A 1896, ce que nous venons d'exposer permet de comprendre aisément le fonctionnement de l'appareil. La colonne A constitue l'épurateur avec son condenseur B, son réfrigérant C et l'éprouvette des éthers P. La colonne G est la colonne rectificatrice avec plateaux à calottes peignes, surmontée de son condenseur H, et de son réfrigérant K. L'éprouvette R, en communication avec le réfrigérant K est l'éprouvette de l'alcool bon goût. Les huiles, extraites de la colonne en $b\,b'$, sont refroidies dans le réfrigérant D et coulent à l'éprouvette T. Une autre éprouvette S, alimentée par les vapeurs des vinasses contenues dans le soubassement et qui viennent se condenser dans le petit réfrigérant E, donne toujours, d'une façon certaine, la preuve de l'épuisement, l'alcoomètre devant toujours y marquer zéro. Les eaux résiduaires bouillantes sortant de l'appareil passent au récupérateur R, où elles échauffent le flegme qui va alimenter l'épurateur. Le flegme entre donc d'abord dans le récupérateur R, se rend dans l'épurateur A où il s'épuise en éthers et en produits de tête. Les éthers coulent à l'éprouvette P ; le flegme épuré se rend alors dans la colonne de rectification G, les eaux épuisées s'échappent à la partie inférieure par le récupérateur. Les produits de queue sont extraits en bb' ; les vapeurs alcooliques s'enrichissent et se purifient dans les tronçons de rectification, grâce à la rétrogradation du condenseur H. L'excès de vapeur passe au réfrigérant K, puis à l'éprouvette R. L'appareil est enfin muni de la pasteurisation dont nous avons donné précédemment le principe. L'extraction de l'alcool pasteurisé se fait en P, et cet alcool, après s'être refroidi dans le réfrigérant L, vient couler à l'éprouvette Q.

La figure 95 représente un type de rectificateur continu des flegmes plus récent, de M. Barbet. Le flegme brut, emmagasiné dans le bac F, est réglé par un robinet d'alimentation très sensible r ; il s'échauffe dans le récupérateur u et entre à mi-hauteur de la colonne à plateaux EE', dont l'ébullition est douce, car il s'agit seulement d'expulser les têtes et non pas d'épuiser. Les vapeurs qui se dégagent se concentrent dans les plateaux supérieurs E, sous l'influence de la

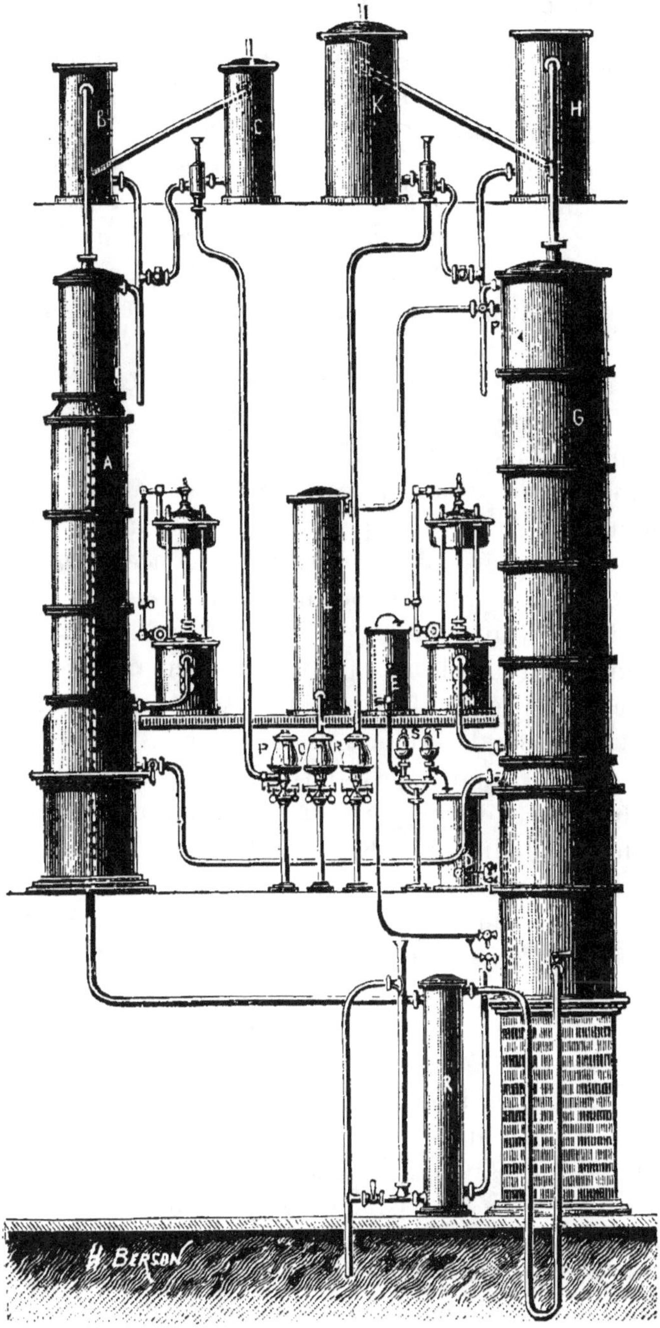

Fig. 94. — Rectificateur continu des flegmes, type A 1896.
(E. Barbet, constructeur, à Paris.)

rétrogradation du condenseur N et du réfrigérant O. Par le procédé de réglage qui lui est spécial, M. Barbet ne laisse sortir par l'éprouvette T que la quantité exacte de produits de tête qu'il désire, soit de 3 à 7 p. 100 selon l'impureté des flegmes à traiter. Grâce à un robinet de réglage très sensible à l'entrée de l'éprouvette et au réglage invariable des coulages dont nous avons exposé précédemment le principe, l'extraction reste absolument constante quand le robinet est mis au point.

Le flegme s'épuise de ses aldéhydes et éthers dans les plateaux E' et descend de là vers les plateaux C' de la colonne d'épuisement d'alcool CC' qui fait partie de la rectificatrice proprement dite G. Dans la colonne C, il y a une ébullition énergique, puisqu'il faut produire l'épuisement total. Les vapeurs alcooliques qui se dégagent se concentrent dans la colonne G par les procédés ordinaires, c'est-à-dire grâce aux rétrogradations du condenseur L et du réfrigérant M. Pour être bien dépouillé de ses produits de queue, l'alcool doit atteindre 96^d,5 ; les huiles amyliques sont refoulées dans les parties basses par les reflux, et comme elles sont expulsées du bas par l'ébullition, elles sont obligées, ainsi que M. Barbet l'a montré le premier en 1886, de se cantonner dans certains étages intermédiaires où elles arrivent à une grande concentration. Pour maintenir l'appareil en état de régime, on procède donc, comme dans le rectificateur continu des flegmes type 1896, à une extraction continue appropriée sur ces étages. Comme les différents produits de queue n'ont pas leur concentration maxima au même étage que l'alcool amylique, comme nous l'avons vu en étudiant la théorie de la rectification, M. Barbet fait deux extractions de queue : l'une, pour les huiles amyliques insolubles dans l'eau, se pratique à un étage où le degré alcoolique moyen est de 50^d (robinet *k*) ; la seconde, comprenant un ensemble de produits de queue solubles dans l'eau (alcools isopropylique, isobutylique, éthers divers), se prélève quelques plateaux plus haut, en *k'*, étage où le degré alcoolique est d'environ 76^d à 80^d. Ces deux extractions suffisent à la rectificatrice, surtout avec le perfectionnement introduit en 1901 : quelques

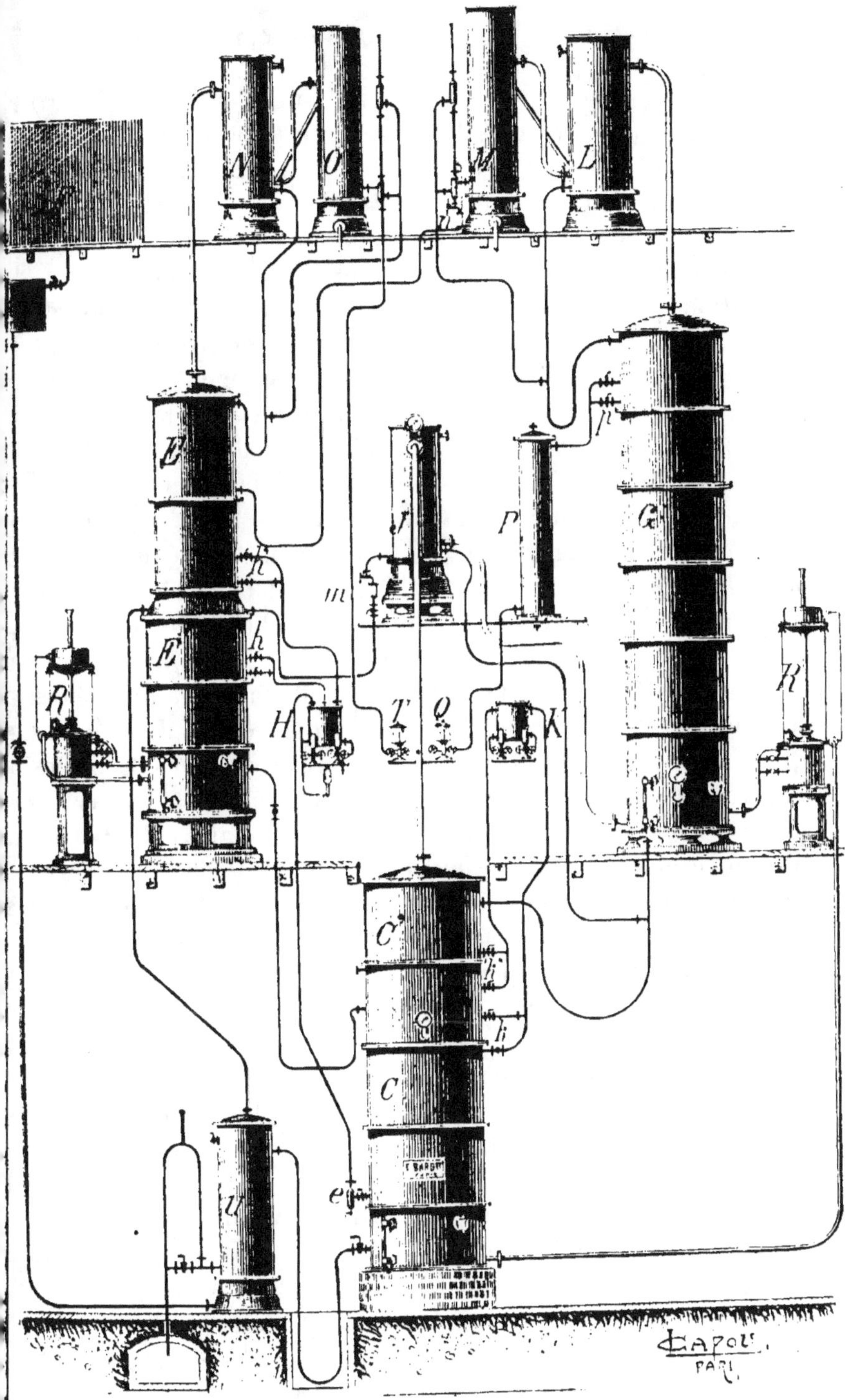

Fig. 95. — Rectificateur continu desflegmes, type A 1904.
(E. Barbet, constructeur, à Paris.)

étages au-dessus des queues solubles dans l'eau, c'est-à-dire quand on atteint 90d-92d, M. Barbet interpose un condenseur spécial J qui a pour but d'opposer une certaine barrière à l'ascension des éthers et de purifier les vapeurs avant de les laisser passer à la rectificatrice définitive G. Par l'effet de ce léger refroidissement en J, on obtient en C' des zones à concentration plus forte des impuretés, sans que le goût de l'alcool en soit affecté. Enfin M. Barbet a montré également en 1900 qu'il y a, à la base des plateaux concentrateurs des produits de tête E, une zone de concentration de certains éthers dont il peut être avantageux de faire tout de suite l'extraction par des robinets spéciaux *hh'*. Donc l'épurateur, quoique destiné principalement à l'élimination des têtes, a pourtant un rôle complémentaire très efficace pour l'enlèvement de certains produits moins volatils que l'alcool ; les uns qui passent avec les têtes elles-mêmes (isobutyrate d'éthyle, isovalérate d'éthyle, etc.), les autres qui ont leur exutoire à la base des plateaux de concentration E'. M. Barbet a appelé ces impuretés « *impuretés hybrides* », comme étant des queues qui se comportent comme des têtes. Une fois ces hybrides enlevés, ce qui reste est franchement *de queue* et la rectificatrice en vient facilement à bout. Cependant, M. Barbet a montré en 1888, qu'au haut de la rectificatrice, on trouve encore quelques traces de produits de tête, soit que ces corps aient échappé à l'épurateur, soit qu'ils aient pris naissance dans la rectificatrice même par la réaction des acides gras volatils sur l'alcool à haut degré. Pour débarrasser l'alcool rectifié de ces dernières traces d'impuretés, M. Barbet extrait l'alcool par la pasteurisation dont nous avons donné précédemment le principe. Au haut de la rectificatrice G, les vapeurs alcooliques vont au condenseur L, puis au réfrigérant M. A la sortie de M se trouve une éprouvette *n* dont on règle le débit par exemple à 6 p. 100 du débit du rectificateur au moyen du réglage invariable des coulages. Cet alcool ainsi extrait, dont la composition est presque identique à celle du reflux en G, est taché d'un peu d'éthers et il est renvoyé à mi-hauteur des plateaux E de l'épurateur. Quant à l'alcool pasteurisé, extrait en *p* et refroidi en P, il sort à l'éprouvette Q où son débit est réglé à 94 p. 100 si le non pasteurisé fait 6 p. 100. Cet alcool, qui a été soumis à deux purifications successives des têtes (par l'épurateur et par la pasteurisation), et à deux épurations successives des queues (par l'épurateur et dans les plateaux C'), est extrêmement pur et d'une finesse irréprochable (1).

La conduite de l'appareil est d'une sûreté et d'une constance absolue, grâce aux régulateurs de vapeur et au réglage invariable des coulages. Un thermomètre à cadran, placé à l'étage des huiles amyliques, permet de vérifier si l'alimentation en flegmes est convenable : si la température tend à monter, il faut alimenter plus fortement ; c'est l'inverse si la température baisse.

Rectificateur continu des flegmes Crépelle-Fontaine. — La maison Crépelle-Fontaine, dans laquelle la rectification continue a été créée grâce aux nombreuses études qui y ont été faites autrefois sous l'administration de M. Louis Fontaine, construit également un rectificateur continu des flegmes, représenté par la figure 96.

L'appareil comprend d'abord un premier épurateur de produits de tête composé d'une colonne à plateaux surmontée d'un tronçon de concentration, qui débarrasse les flegmes de la presque totalité des mauvais goûts de tête, puis une colonne rectificatrice proprement dite dans laquelle l'alcool, encore mélangé aux produits de tête qui ont échappé à la première épuration, se sépare des produits de queue et de l'eau, enfin un second épurateur dans lequel l'alcool à haut degré se sépare des produits de tête auxquels il était encore mélangé à sa sortie du rectificateur proprement dit.

Les flegmes bruts sont introduits dans le premier épurateur, après avoir été chauffés dans un récupérateur par les eaux chaudes épuisées qui sortent du rectificateur proprement dit ; ils descendent de plateau en plateau jusqu'au bas de l'appareil, en rencontrant un courant ascendant de vapeur produit par le chauffage du bas de l'appareil. Ce courant de

(1) Les renseignements relatifs au fonctionnement de cet appareil nous ont été très obligeamment fournis par M. Barbet.

vapeur volatilise et entraîne les éthers qui, lavés et concentrés par la rétrogradation du condenseur de l'épurateur,

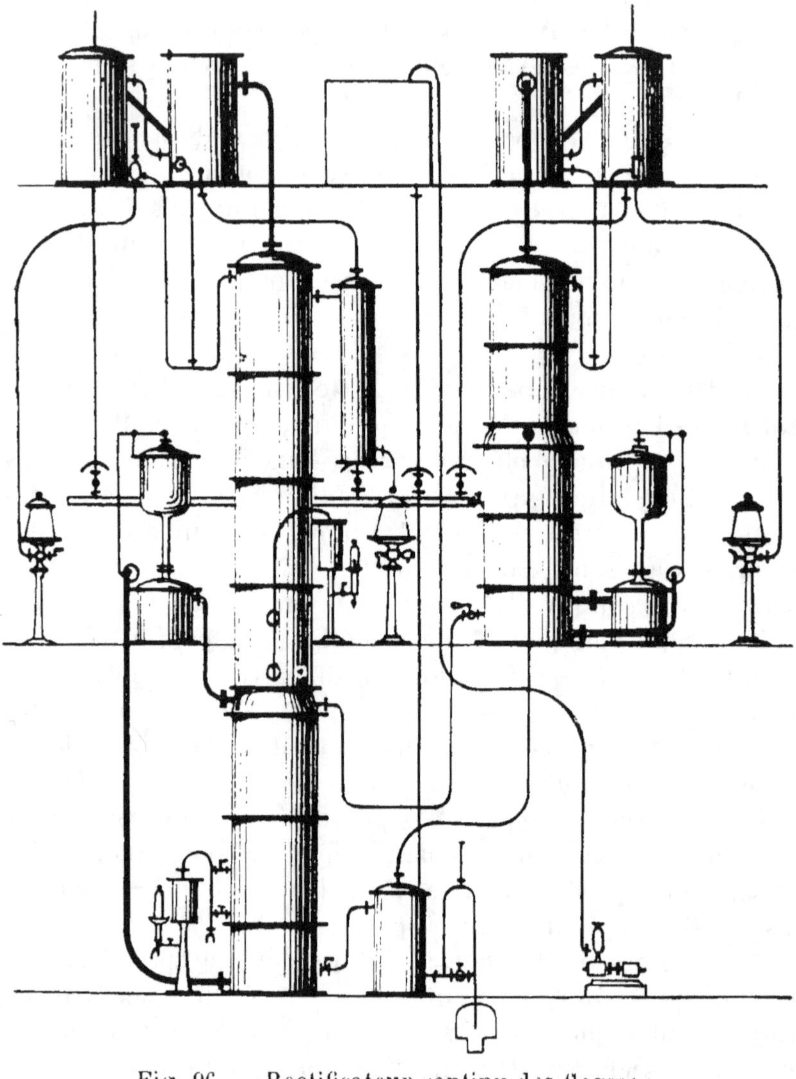

Fig. 96. — Rectificateur continu des flegmes.
(Crépelle-Fontaine, constructeur, à La Madeleine-lez-Lille.)

passent au réfrigérant et de là à l'éprouvette des éthers. Les flegmes ainsi épurés passent alors dans la colonne de rectification, descendent de plateau en plateau en s'épuisant, et les produits montent dans le haut de l'appareil où ils continuent à se classer par suite de la rétrogradation produite par le condenseur. Dans le haut se trouve l'alcool concentré, mélangé aux éthers qui ont échappé à l'action du premier épurateur. Les vapeurs non condensées par le condenseur passent alors dans le deuxième épurateur pour y abandonner les éthers qu'elles contiennent encore. Ces éthers se concentrent dans la colonne de l'épurateur et coulent à une éprouvette spéciale, tandis que l'alcool dépouillé descend dans le bas de la colonne en rencontrant un courant de vapeur d'alcool produit par un chauffage fait dans le bas de la colonne. Cette épuration à haut degré complète la rectification, et l'alcool pur, condensé dans un réfrigérant, coule à son éprouvette. Les huiles et produits de queue sont extraits dans la colonne de rectification, dans la zone où ils sont concentrés, au moyen de robinets qui en règlent le coulage.

Rectification continue, système Guillaume. — Le rectificateur continu de M. Guillaume (fig. 97) comprend d'abord une colonne B pour l'extraction des produits de tête, et une colonne B′ pour la concentration de ces produits, avec son condenseur J; puis une colonne de rectification C, une colonne d'épuisement E, un récipient accumulateur V, une colonne d'épuration finale à haut degré DD′, un condenseur K, un récupérateur H, un réfrigérant des gaz K′, un réfrigérant O des produits condensés, un réfrigérant Q des produits de queue, enfin un régulateur de vapeur T et les régulateurs d'eau précédemment décrits UU′.

Le fonctionnement de l'appareil est le suivant : les flegmes, venant du bac *a*, passent d'abord dans le récupérateur H où ils s'échauffent : un robinet *f* en règle l'arrivée. La colonne d'épuration B reçoit alors le flegme qui s'y épuise en produits de tête; ces produits sont concentrés dans la colonne B′ et recueillis à l'éprouvette Y. Les flegmes épurés font retour, par le tuyau *t*, sur le ballon accumulateur V. Ce ballon accumulateur joue d'abord le rôle de régulateur : sa capacité est telle que l'invariabilité de la marche de l'appareil reste assurée, quand bien même l'équilibre entre le volume d'alcool introduit et le volume d'alcool qui sort de l'appareil dans le même temps serait rompu. Cet accumulateur emmagasine donc en quelque sorte les excès d'alcool qui se produisent dans la colonne et les rend en temps voulu, ou *vice versa*, de manière à assurer la stabilité du régime de l'appareil. Au point où cet accumulateur agit, la richesse alcoolique du liquide peut varier de plusieurs degrés sans qu'il se produise de perturbation dans la marche de l'appareil, et si la capacité est, par exemple, de 20 hectolitres, il pourra absorber ou restituer 2 hectolitres d'alcool à 100^d pour une variation de 10^d du liquide qu'il renferme, et pourra ainsi, pendant quelques heures, compenser l'insuffisance ou l'excès d'alimentation sur le coulage. Le ballon porte un thalpotassimètres *o* qui indique la température des vapeurs, et qui fait connaître par suite s'il y a lieu de modifier le coulage à l'éprouvette pour maintenir dans le ballon le degré voulu. En outre, le récipient accumulateur sert à l'extraction des huiles par une prise spéciale ménagée à sa partie supérieure : celles-ci surnagent, en effet, à la surface du liquide. On les reçoit à l'éprouvette Y'. Le liquide qui a traversé le récipient accumulateur se rend ensuite dans la colonne d'épuisement E au bas de laquelle les eaux résiduaires dépouillées totalement d'alcool sont rejetées à l'égout.

Les vapeurs alcooliques concentrées dans la colonne de rectification C se rendent alors dans la colonne d'épuration finale DD' où elles sont débarrassées des traces de produits de tête qui se sont reformés dans le cours du travail. L'alcool bon goût coule à l'éprouvette X ; l'éprouvette Y'' reçoit les moyens goûts. Enfin une éprouvette Z permet la vérification continuelle de l'épuisement.

Dépense de vapeur des rectificateurs continus. — Dans des essais pratiques effectués par M. Barbet chez M. Dantu-Dambricourt à Steene, avec la collaboration de M. Barbion, on a trouvé, pour un rectificateur continu système Barbet, une dépense de 197^{kg},6 de vapeur pour 100 litres de flegme à 100^d entrant dans le rectificateur. Ce chiffre correspond donc environ à la moitié de celui que nous avons cité plus haut pour le rectificateur discontinu.

En soumettant la question au calcul, on trouve que la

La dépense pour la rectification proprement dite est de 210 kilo-

Fig. 97. — Rectificateur continu, système Guillaume, type S.
(Egrot et Grangé, constructeurs, à Paris.)

grammes de vapeur environ par hectolitre d'alcool pasteurisé recueilli et de 250 kilogrammes par hectolitre d'alcool pasteurisé vendu. A ce chiffre, il faut ajouter la dépense de vapeur à l'épurateur : cette dépense est variable suivant la perfection qu'on veut atteindre dans l'élimination des impuretés de tête. M. Barbet compte une dépense de 6 kilogrammes environ par hectolitre d'alcool absolu introduit dans l'appareil, ce qui est insignifiant.

On peut donc conclure que la rectification continue dépense environ la moitié de ce que consomme la rectification discontinue. Cette économie de vapeur provient surtout de la suppression des périodes de mauvais et moyens goûts, de la suppression du repassage des moyens goûts et de la récupération de la chaleur des vinasses pour échauffer les flegmes qui entrent. En outre, la chaudière qui n'existe plus dans l'appareil continu n'est plus une cause de perte par rayonnement.

Freinte à la rectification. — Il se produit pendant la rectification des pertes en alcool encore assez mal expliquées. D'après M. Barbet, les freintes ordinaires sont dues au système de rectification ; car dans la rectification continue, on ne constate pas plus de 1 p. 100 de freinte, comprenant la perte par la pompe à flegmes, et l'évaporation dans les bacs d'aspiration et de refoulement de cette pompe. Donc le rectificateur continu ne détruit pas d'alcool. Au contraire, dans le rectificateur discontinu, le flegme se trouve en contact direct, pendant trente-six à quarante-huit heures, avec le serpentin de chauffage, et il se produit ainsi une surchauffe qui doit être la cause de la destruction de l'alcool et de la freinte au discontinu. M. Sorel a combattu cette manière de voir et estime que les erreurs d'alcoométrie suffisent en grande partie pour expliquer les pertes à la rectification. Quand l'alcoomètre marque 0^d dans le liquide qui distille, le degré est faussé par la présence d'alcool amylique et l'alcoomètre donne une indication trop faible.

La théorie de M. Barbet nous paraît plus rationnelle, car une erreur de lecture, même assez forte, faite à la fin de l'opération, ne porte que sur une proportion relativement faible des produits et ne peut conduire qu'à une erreur très minime sur la totalité de l'opération, et bien inférieure aux pertes observées. Il paraît beaucoup plus probable que l'alcool peut être détruit, ou entrer en réaction avec les autres corps en présence, en raison du chauffage brutal par le serpentin. M. Barbet a constaté, en effet, que plus le flegme est impur, plus il y a de freinte, ce qui s'explique par l'abondance plus grande de ces réactions intérieures. En outre, les appareils munis de serpentins de chauffage par la vapeur d'échappement, dont la température est moins élevée, donnent une freinte moins considérable que les appareils munis de serpentins de chauffage par vapeur directe.

Dans la rectification continue, où l'alcool passe rapidement et où le chauffage par barbotage ne s'opère que dans un endroit épuisé, où il n'y a pas d'alcool, il n'y a aucune destruction possible ; la freinte de rectification est très faible et ne correspond qu'aux transvasements divers qui ne vont jamais sans une certaine évaporation.

Avantages de la rectification continue. — Nous avons vu, par ce qui précède, les nombreux avantages que présente la rectification continue et qui sont principalement : l'obtention de 90 à 94 p. 100 d'alcool bon goût en une seule opération, la suppression des moyens goûts, la grande économie de combustible, la facilité de conduite, la stabilité complète du degré de l'alcool bon goût coulant à l'éprouvette, et la suppression de la freinte de la rectification. La principale objection qui a été faite à la rectification continue est relative à la pureté de l'alcool produit. Les adversaires de la rectification continue lui reprochent de donner une épuration imparfaite et de livrer de l'alcool bon goût notablement inférieur à celui du discontinu. M. Barbet, qui a fait l'étude théorique de l'action de la rectification discontinue et de la rectification continue sur les diverses impuretés du flegme, a montré cependant que pour les produits de tête notamment, dont la valeur de K' est comprise entre 1 et 2, la purification est lente et incomplète avec le rectificateur discontinu, et intégrale soit avec l'épuration continue, soit avec la pasteurisation en rectification continue. Ces résultats sont confirmés par des expériences de M. Mohler sur la rectification discontinue d'un flegme de mélasses. En conduisant la rectification lentement et avec le plus grand soin, avec un fractionnement de 80 p. 100 de surfin et d'extra-fin. M. Mohler a obtenu, par l'analyse de ces produits de bon goût, une proportion de produits de tête qui s'élève encore au huitième des impuretés primitives de tête. Il semble donc que l'élimination de ces impuretés ne soit pas aussi parfaite qu'on le pense dans la rectification discontinue. Nous manquons malheureusement d'un travail analogue sur la rectification continue, mais il est certain que beaucoup de distillateurs, qui ont adopté aujourd'hui les rectificateurs continus, parfaitement au point, que nous avons décrits, produisent avec leurs appareils des alcools de cœur dont la pureté et la finesse sont égales à celles des alcools fournis par les rectificateurs discontinus.

V. — APPAREILS DE DISTILLATION-RECTIFICATION.

On a cherché pendant longtemps à produire directement de l'alcool rectifié en partant des jus fermentés. Cette question a été mise au point, dans ces dernières années, par M. Barbet et par M. Guillaume, par deux méthodes différentes.

La distillation et rectification en une seule opération peut se faire par deux méthodes. Dans la première, le fractionnement se fait dans la distillation même du moût, substitué au flegme, et cette méthode constitue en quelque sorte l'extension du rectificateur continu des flegmes au traitement de flegmes très dilués représentés par les vins à rectifier. C'est la rectification continue directe de M. Barbet.

Dans la seconde méthode, on produit dans une colonne des vapeurs alcooliques brutes qu'on épure ensuite d'une façon continue : c'est la distillation-rectification directe de M. Guillaume, la rectification continue directe de M. Crépelle-Fontaine, et la rectification continue indirecte de M. Barbet. En effet, d'après M. Barbet, solidariser une colonne à distiller avec un rectificateur continu des flegmes, n'est pas faire de la rectification continue directe, mais indirecte. Le cadre de cet ouvrage ne nous permet pas d'entrer dans les détails

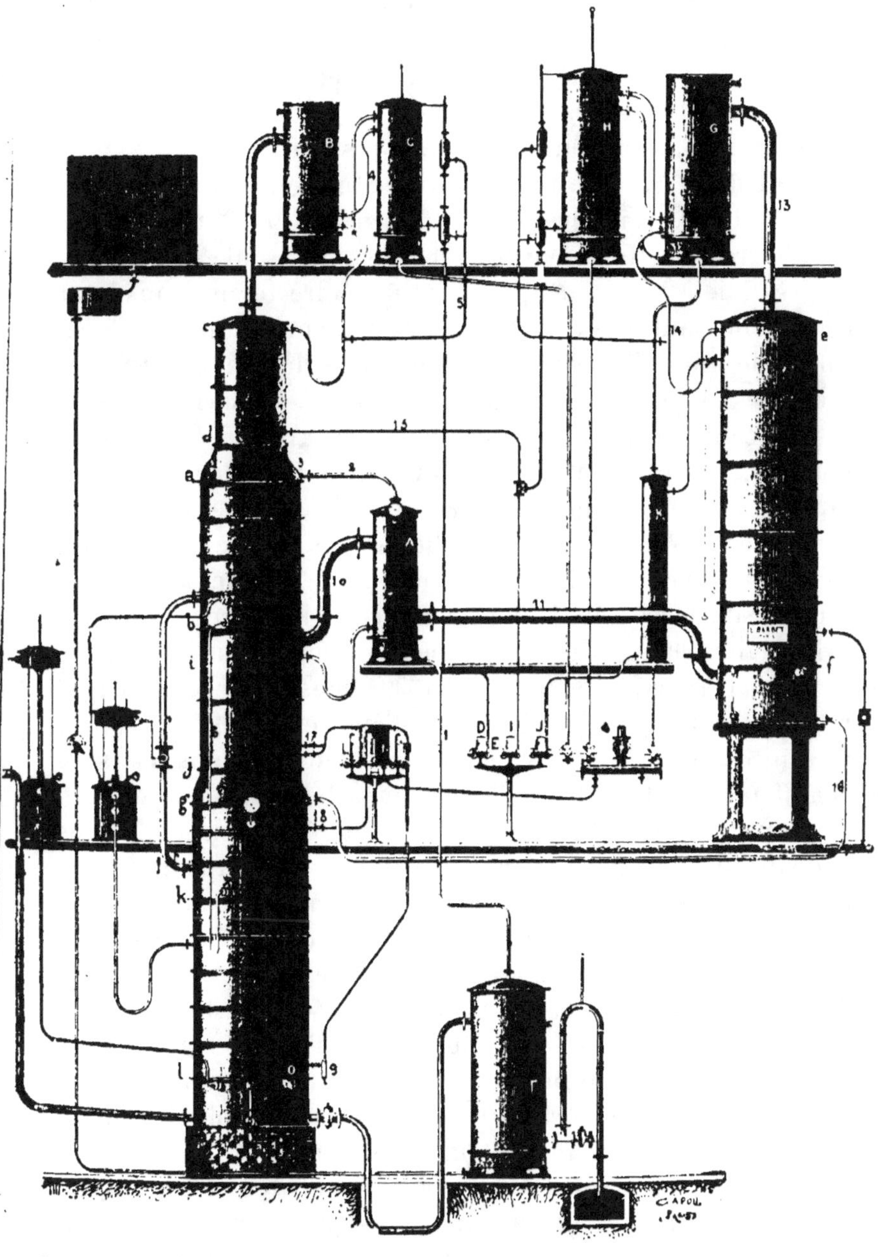

Fig. 98. — Rectificateur continu direct, système Barbet, type perfectionné B² 1900. (E. Barbet, constructeur, à Paris.)

des polémiques et des critiques soulevées par les inventeurs des deux systèmes, et nous nous bornerons, dans ce qui va suivre, au simple rôle de rapporteur, en décrivant le fonctionnement de quelques-uns de ces appareils et en donnant les conclusions sur leurs avantages respectifs.

Rectification continue directe, système Barbet. — Les mêmes principes qui ont permis à M. Barbet de réaliser la rectification continue des flegmes sont applicables, d'après lui, à la rectification continue directe des vins, car ceux-ci ne sont que des flegmes extrêmement dilués. L'opération de la rectification directe des vins demande naturellement des plateaux d'une grande puissance. M. Barbet emploie ses plateaux à calottes peignes, que nous avons décrits précédemment, et qui donnent à la vapeur de barbotage une très grande surface d'action. La grande dilution exige des dimensions spéciales des parties dans lesquelles circule le vin ; les zones de concentration des produits de queue sont légèrement déplacées, mais le principe reste identique.

La figure 98 représente un rectificateur continu direct de M. Barbet, type perfectionné B² 1900. Dans cet appareil l'épurateur est superposé aux tronçons d'épuisement du vin épuré. Le vin est chauffé dans le récupérateur F, puis dans le chauffeur A et entre à l'épurateur. Les têtes sortent de l'éprouvette de réglage D. Le vin épuré descend dans les plateaux d'épuisement par le tuyau 6-7. Les vapeurs alcooliques traversent les plateaux de concentration des queues, vont au chauffeur A et de là à la rectificatrice. Le non-pasteurisé, sortant du réfrigérant H, rentre par le tuyau 15 à l'épurateur. Le pasteurisé, refroidi en K, sort par l'éprouvette J. Quant à l'éprouvette I, elle permet d'extraire si on veut le non pasteurisé au lieu de l'envoyer à l'épurateur.

Les huiles basses sortent en 18, les queues solubles en 17 et après refroidissement coulent aux éprouvettes L, M.

Rectification continue indirecte des vins, système Barbet. — Dans cet appareil (fig. 99), une colonne à distiller à bas degré se trouve solidarisée avec un rectificateur continu des flegmes, et on obtient ainsi d'un seul jet l'alcool extra-fin rectifié sans envoi des flegmes aux réservoirs inter-

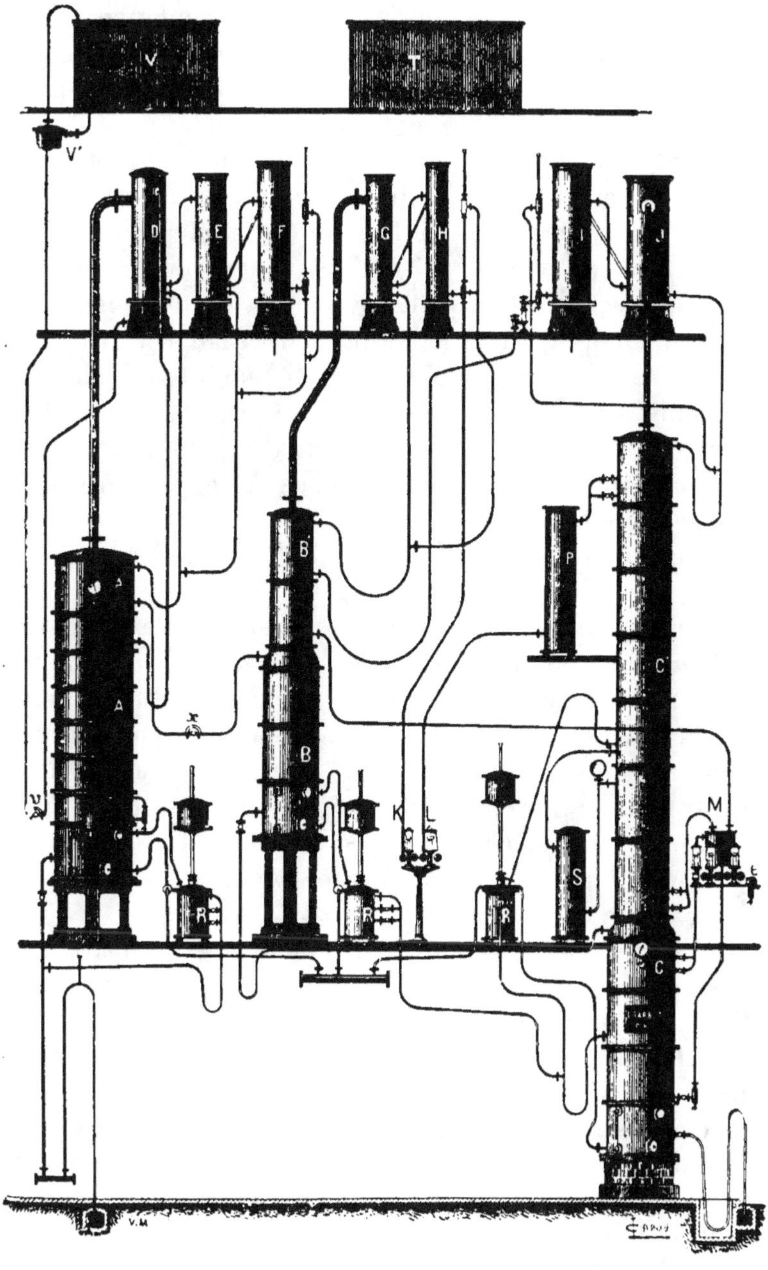

Fig. 99. — Rectification continue indirecte des vins, système Barbet, type DA 1904. (E. Barbet, constructeur, à Paris.)

médiaires. On supprime donc, avec cette combinaison, les bacs à flegmes, la pompe pour remonter le flegme en charge sur l'épurateur; le flegme n'est pas refroidi inutilement, et passe tout bouillant dans l'épurateur. Enfin, dans les pays soumis au régime du compteur, cet appareil permet de mettre les compteurs à la sortie des produits rectifiés; donc les freintes ou pertes, si faibles soient-elles, sont exemptées de l'impôt.

Les vapeurs de vin s'épuisent totalement dans une première colonne A, dont les plateaux sont à calottes-peignes. Le vin, contenu dans le bac V passe par le régulateur d'alimentation V' et par le robinet sensible *v*. Il remonte au chauffe-vin D, puis redescend à la colonne A. Les vapeurs qui se dégagent du vin traversent trois ou quatre plateaux destinés non pas à concentrer le flegme, mais à le pasteuriser au retour des tubulaires D, E, F. Le flegme perd ainsi tous les gaz de fermentation et quelques produits de tête légers qui se dissipent avec les gaz dans l'air.

Le flegme épuré par pasteurisation est envoyé dans une seconde colonne où il est soumis à une épuration complémentaire au moyen de vapeur vierge. Le produit ainsi obtenu, doublement épuré en produits de tête, est envoyé dans une colonne rectificatrice complète où il est porté à très haut degré et où se parfait l'affinage. Il en résulte, d'après M. Barbet, que l'alcool pasteurisé obtenu est d'une pureté absolue et ne possède plus aucune odeur ni aucun goût d'origine.

Grâce à des combinaisons particulières, cet appareil ne dépense guère plus de vapeur que l'ancienne rectification continue directe de M. Barbet et sa conduite est aussi facile.

Distillation rectification directe, système Guillaume. — Dans le système Guillaume, on produit dans une colonne à distiller un flegme brut qu'on soumet ensuite à l'épuration continue. Les appareils de M. Guillaume sont de plusieurs types : nous décrirons ici notamment le type C, dit agricole, et le type B, dit industriel.

L'appareil Guillaume type C (fig. 100) se compose dans son ensemble de la colonne à distiller inclinée A, de la colonne de concentration C, et de la colonne d'épuration finale à haut degré D. La colonne A peut être soit la colonne inclinée de

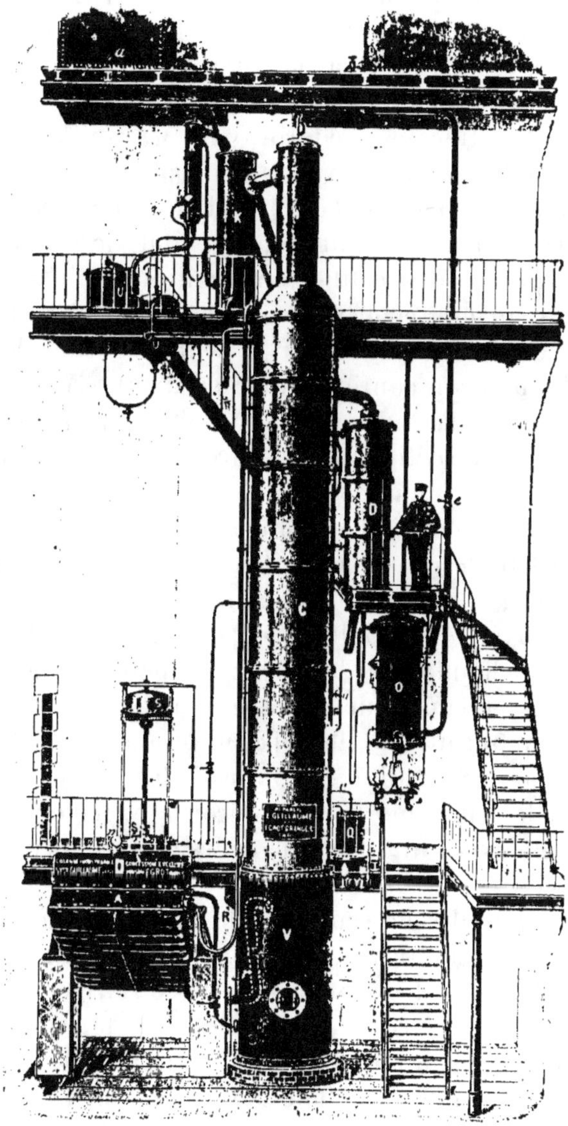

Fig. 100. — Appareil de distillation-rectification directe, système Guillaume, type C, agricole. (Égrot et Grangé, constructeurs, à Paris.)

Guillaume, soit une colonne quelconque à plateaux ; mais il

n'est pas possible, dans ce dernier cas, d'y faire revenir la rétrogradation de la colonne de rectification C, à cause de la grande hauteur que nécessiterait le bâtiment de la distillerie, et il faut prévoir dans ce cas la colonne spéciale d'épuisement pour cette rétrogradation, colonne que nous avons décrite en étudiant le rectificateur continu de M. Guillaume (Voyez figure 97, lettre E). Les vapeurs alcooliques brutes émises par la colonne se rendent dans la colonne de concentration C, munie du récipient accumulateur V, dont nous avons étudié le rôle à propos du rectificateur continu Guillaume. Cette colonne est surmontée de ses condenseurs K et I. On y opère la séparation des produits de tête, de queue et des huiles, qui coulent d'une façon continue aux éprouvettes Y, Y^1 et Y^2. Le récipient accumulateur, rempli du liquide de rétrogradation de la colonne de rectification, assure la régularité de marche et la stabilité du fonctionnement. Enfin la colonne d'épuration finale D soumet l'alcool achevé à une véritable redistillation partielle qui en extrait les dernières traces de produits de tête; après refroidissement en O, l'alcool pur coule dans l'éprouvette X. Toutes ces opérations se font automatiquement, le chauffage et le refroidissement se règlent d'eux-mêmes, par le régulateur de vapeur à régime variable S et le régulateur d'eau U. Cet appareil produit des alcools rectifiés de bonne qualité courante à 96-97^d, en une seule opération, dans la proportion d'environ 90 p. 100 de tout l'alcool produit, et avec une freinte de rectification inférieure à 1 p. 100.

Dans l'appareil représenté par la figure 100, *a* est le bac à vin, *b* le bac à eau froide, *e* le robinet d'alimentation d'eau, I le chauffe-vin, K le condenseur, K' le réfrigérant des gaz, *n* le thalpotassimètre de distillation, O le réfrigérant des bons goûts et des produits de tête, Q le réfrigérant des produits de queue, R l'extracteur des vinasses, *s* le robinet et le tuyau de conduite des flegmasses à la colonne à distiller, *u* le robinet d'extraction des produits intermédiaires, *v* le robinet d'extraction des produits de queue.

Pour la production des alcools de très haute qualité, M. Guillaume construit un autre type d'appareil de distillation directe, type B, industriel, représenté par la figure 101.

Fig. 101. — Appareil de distillation-rectification directe, système Guillaume, type B, industriel. (Egrot et Grangé, constructeurs, à Paris.)

La disposition générale de cet appareil est très sensiblement différente de celle de l'appareil précédent. A la sortie de la colonne à distiller A, les vapeurs alcooliques brutes se rendent dans une colonne d'épuration BB'. La majeure partie des produits de queue est extraite au bas de la partie B, tandis que les produits de tête sont concentrés dans la partie supérieure et extraits des condenseurs I, J. Toute la partie B de cet épurateur placée au-dessous de l'arrivée de vapeur de la colonne distillatoire, complète l'épuration en produits de tête et de queue par une véritable redistillation partielle de la rétrogradation de la partie B'.

Les liquides alcooliques épurés vont ensuite à la colonne rectificatrice proprement dite C et au récipient accumulateur V. On achève d'y enlever les produits de queue, et à la partie supérieure l'alcool concentré est envoyé à la colonne d'épuration finale DD' pour y être débarrassé des traces de produits de tête qui se sont reformés dans le cours du travail. Les régulateurs automatiques d'eau et de vapeur système Guillaume, auxquels se joint l'action du récipient accumulateur qui agit comme un volant, assurent à tout l'ensemble une fixité de marche absolue. En outre, la disposition particulière des condenseurs et réfrigérants des gaz assure une meilleure analyse des vapeurs alcooliques et la rentrée très chaude de la rétrogradation dans la colonne rectificatrice.

Dans l'appareil représenté par la figure 101, *a* est le bac à vin, *b* le bac à eau, *c* le robinet d'alimentation d'eau, *h* le robinet d'arrivée de vapeur sur la colonne à distiller, *i* l'arrivée de vapeur sur la colonne d'épuration à bas degré, I le chauffe-vin, J le condenseur, J' le réfrigérant des gaz, L le condenseur et L' le réfrigérant des gaz de la colonne d'épuration finale, O le réfrigérant de l'alcool bon goût et des produits de tête; *pp'* les indicateurs de pression, Q le réfrigérant des produits de queue, R l'extracteur des vinasses, *r* la sortie des vinasses, S le régulateur de vapeur de distillation, *s* le robinet de la conduite des flegmasses à la colonne à distiller, T le régulateur de vapeur de la rectification, UU' les régulateurs d'eau, *uu'* le retour de la rectification vers la colonne des têtes, V le récipient accumulateur, X l'éprouvette des bons goûts, Y l'éprouvette des produits de tête, Y' l'éprouvette des produits de queue, Y'' l'éprouvette des moyens goûts, et Z l'éprouvette de vérification de l'épuisement.

Cet appareil donne une proportion de bons goûts de haute qualité, obtenus du premier jet, variable selon le produit traité ; elle est souvent supérieure à 92 p. 100 de la totalité de l'alcool obtenu. Les mauvais goûts de tête et de queue séparés par l'appareil sont recueillis à part.

L'appareil type B, modifié par M. Guillaume pour économiser une quantité notable de combustible, constitue un troisième type, le type D à autochauffage. Dans le type B, la vapeur provenant de la colonne à distiller chauffe seulement l'épurateur à bas degré, qui assure l'élimination des produits de tête et de la majeure partie des produits de queue. Dans le type D, la vapeur brute provenant de la distillation est utilisée d'abord pour chauffer la colonne de rectification proprement dite C, qui concentre l'alcool à un degré maximum, et la colonne d'épuration finale ; l'excès seul de la vapeur va ensuite à l'épurateur à bas degré B, en même temps que les flegmes condensés qui résultent de ce chauffage. Il résulte de ce mode de travail une très grande économie de vapeur puisque pour un ensemble d'opérations comprenant : 1° la distillation du vin ; 2° l'épuration à bas degré des flegmes produits ; 3° l'épuisement des flegmasses et la concentration préalable des flegmes épurés ; 4° la rectification proprement dite ; 5° l'épuration finale, il n'est pas dépensé plus de vapeur que s'il s'agissait simplement de produire, par simple distillation, des flegmes bruts à haut degré, sauf seulement ce qui se dépense au bas de l'épurateur à bas degré.

Rectificateur continu direct des vins, de M. Crépelle-Fontaine. — Cet appareil, représenté par la figure 102, se compose d'abord d'une colonne de distillation dans laquelle le vin, préalablement chauffé par un chauffe-vin, est distillé et complètement épuisé. Les vapeurs alcooliques sont ensuite conduites dans un réfrigérant qui les condense en totalité. L'alcool ainsi obtenu est dirigé par un réglage spécial dans le rectificateur proprement dit. D'après M. Crépelle-Fontaine, cette disposition permet de laisser dégager les gaz avant d'introduire les liquides dans le rectificateur, ce qui donne un alcool de meilleure qualité et un fonctionnement plus régulier de l'appareil. Le flegme produit est réchauffé dans un récupérateur de chaleur, avant son entrée dans l'épurateur, par la vinasse épuisée et chaude sortant du rectificateur proprement dit. Le flegme échauffé est introduit dans l'épurateur continu qui le débarrasse des produits de tête, et l'opération de la rectification s'effectue et se termine comme dans la rectification continue précédemment étudiée.

Par suite de sa disposition même, l'appareil ne dépense pas beaucoup moins de combustible que les deux opérations de distillation et de rectification faites séparément, mais on a l'avantage de n'avoir qu'un seul appareil à conduire, et de supprimer les pompes et les bacs à flegmes. En outre, la freinte est complètement supprimée.

Avantages de la distillation-rectification. — D'après M. Barbet, la rectification continue directe permet d'obtenir immédiatement, en une seule opération, 90 à 93 p. 100 d'alcool pasteurisé extra-fin, avec une grande économie de combustible, grâce à la suppression de la dualité des deux opérations de la distillation et de la rectification. En outre la rectification directe supprime totalement la freinte et réalise le maximum de simplicité dans l'installation, car il n'y a plus qu'un seul appareil à conduire, et tous les bacs à flegmes, à moyens goûts et à fractionnements divers deviennent inutiles. Cette méthode est particulièrement avantageuse pour les distilleries industrielles qui cherchent à produire économiquement et simplement de l'alcool fin de bonne qualité, sans viser aux marques d'alcool les plus chères. D'après M. Barbet, pour produire des qualités plus fines, il est plus avantageux et plus sûr de maintenir l'ancienne distillation à bas degré, puis de faire la rectification séparément dans un rectificateur continu des flegmes, ce qui permet de saturer ou de filtrer les flegmes entre les deux opérations, ou combiner en un seul appareil la colonne à distiller à bas degré avec un rectificateur continu des flegmes, comme dans le type DA 1904. On obtient ainsi de l'alcool extra-fin rectifié, tandis que la rectification continue directe donne presque toujours des alcools qui renferment encore quelques traces d'odeurs d'origine causées par le contact trop intime de l'alcool à haut degré avec les gaz de fermentation.

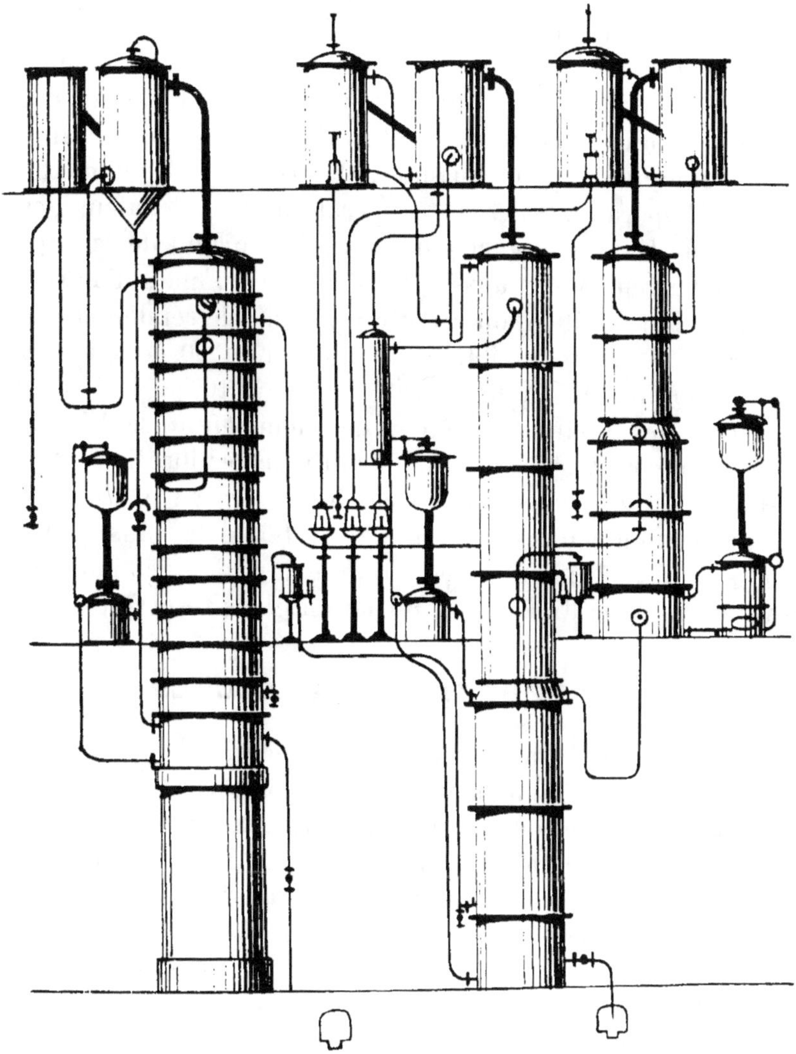

Fig. 102. — Rectificateur continu direct des vins.
(Crépelle-Fontaine, constructeur, à la Madeleine-lez-Lille.)

Les conclusions de M. Guillaume sont un peu différentes de celles de M. Barbet. D'après M. Guillaume, la distillation-rectification directe est préférable à la rectification continue des flegmes, et permet d'obtenir, notamment avec les types B et D, de l'alcool rectifié de la plus haute qualité, avec le maximum d'économie et de simplicité. L'emploi de la distillation rectification directe, type C, est la solution la plus simple pour les distilleries agricoles qui veulent obtenir des alcools de bonne qualité courante. Cette méthode entraîne une économie de vapeur considérable, résultant de la continuité de l'opération, de la récupération de la chaleur des vinasses, de la permanence du régime et surtout de la suppression des repasses, et aussi une économie de main-d'œuvre. La distillation-rectification directe augmente le rendement en alcool bon goût, car on obtient en général de 90 à 94 p. 100 d'alcool rectifié de haute pureté, et 6 à 10 p. 100 pour l'ensemble des produits de tête et de queue, en un seul jet et sans aucune repasse, avec une freinte de rectification pour ainsi dire nulle et dans tous les cas inférieure à 1 p. 100. Il y a enfin économie d'installation par suite de la plus petite dimension du bâtiment nécessaire, de la simplification des tuyauteries, de la diminution du nombre des réservoirs, etc.

VI. — ÉPURATION DES ALCOOLS.

Filtration sur charbon. — La méthode la plus employée pour l'épuration complémentaire des alcools est la filtration sur charbon. Cette opération est inutile avec les flegmes bruts d'excellente qualité, qui sont susceptibles de fournir sans filtration des alcools rectifiés très fins, mais elle constitue le meilleur moyen de débarrasser les alcools bruts des odeurs d'origine tenaces, et d'obtenir avec ces alcools des produits très fins à la rectification. Cette méthode est adoptée encore dans un grand nombre de raffineries d'alcool.

Le charbon utilisé est le charbon de bois léger et non résineux, notamment le charbon de tilleul, d'osier, de fusain, etc. L'action épurante du charbon est d'autant plus grande qu'il est plus léger et offre une surface plus considérable, par capillarité, à l'imbibition par le flegme. En outre, il ne doit donner aucune coloration à l'alcool bouillant.

L'action du charbon paraît être à la fois physique et

chimique. Au point de vue physique, il y a fixation des matières colorantes, et par suite décoloration du flegme, et absorption des substances odorantes. Au point de vue chimique, les expériences de W. Glasenapp ont montré que le rôle principal dans l'épuration doit être attribué à l'oxygène condensé dans les pores. D'après Glasenapp, il se produit une oxydation d'une petite partie de l'alcool éthylique et des alcools supérieurs, avec formation d'aldéhydes, de cétones et d'acides. Ces derniers forment en partie avec les alcools des éthers, qui viennent améliorer le goût et le bouquet de l'alcool filtré en masquant l'odeur désagréable des huiles de fusel. La teneur en aldéhydes de l'alcool filtré n'est pas beaucoup plus grande que celle de l'alcool non filtré si celui-ci était pauvre en aldéhydes; s'il était riche, la teneur en aldéhydes est moindre après filtration. Par contre, l'alcool obtenu par distillation du charbon épuisé se caractérise nettement par sa grande teneur en aldéhydes et en éthers, tandis que la teneur en huiles de fusel est à peu près identique à celle de l'alcool filtré. Il semble donc que le charbon n'a qu'une action absorbante très faible vis-à-vis des huiles de fusel, mais qu'il agit au contraire énergiquement sur les produits qu'il donne par oxydation, c'est-à-dire sur les aldéhydes et sur les éthers.

En réalité, comme la filtration sur charbon est une opération assez coûteuse, il ne semble pas rationnel de lui demander l'élimination d'un grand nombre d'impuretés qu'on peut très aisément séparer par la rectification, et il est plus logique de ne demander au noir que l'élimination des odeurs d'origine tenaces qui résistent à l'action des rectificateurs.

Le charbon est le plus souvent employé en morceaux, parfois en poudre. Autrefois, on utilisait le charbon en poudre, et on se contentait soit d'additionner le flegme de ce noir et de décanter après dépôt, soit de filtrer dans une cuve en bois sur le charbon en poudre. On emploie aujourd'hui la filtration méthodique sur le charbon en morceaux.

En pratique on ramène les flegmes à filtrer à 45^d-50^d, de manière à diminuer la solubilité des huiles et éthers lourds et à rendre ainsi l'action du charbon plus facile. L'absorption des substances odorantes est d'ailleurs beaucoup plus énergique avec l'alcool dilué qu'avec l'alcool concentré. On cherche à faire la filtration à une température basse; aussi fait-on souvent précéder la batterie de filtres d'un réfrigérant.

On utilise pour la filtration sur le charbon en morceaux une batterie de cylindres verticaux de grande hauteur (fig. 103). Chaque cylindre porte, à une faible distance du fond, un faux fond perforé et un trou d'homme pour le déchargement du charbon épuisé. Ces cylindres, remplis de charbon, communiquent entre eux au moyen de tuyaux, de sorte qu'on peut faire passer le flegme qui sort d'un des cylindres sur le cylindre suivant, et ainsi successivement dans tous les cylindres.

Les filtres étant pleins de charbon et fermés, on injecte de la vapeur dans le cylindre à remplir, jusqu'à ce qu'il soit chaud. Cette vapeur circule de haut en bas et chasse l'air. Quand l'air est chassé, on ferme et on laisse refroidir. On fait alors arriver l'alcool sur le charbon par meichage, c'est-à-dire de bas en haut. La circulation dans une batterie de filtres s'effectue alors exactement comme dans une batterie de diffusion, c'est-à-dire que chaque élément devient successivement premier, second, troisième, etc., dernier de la série. L'alcool passe d'abord sur le charbon le plus ancien, puis sur du charbon de moins en moins épuisé et finalement sur le charbon frais. La vidange se fait en refoulant dans le filtre suivant le flegme au moyen de la vapeur. Quand le flegme est évacué, on injecte de la vapeur dans le filtre par le bas, pour l'épuiser d'alcool, et les vapeurs alcooliques sont envoyées, par une canalisation spéciale, à un condenseur relié lui-même à une éprouvette. Quand tout l'alcool est enlevé, on ouvre le filtre, on enlève le charbon épuisé qu'on remplace par du charbon neuf, et on soumet le charbon épuisé à la revivification.

Cette opération peut s'effectuer de deux manières, par calcination ou par la vapeur surchauffée. La première méthode est la plus simple. On introduit le charbon à revivifier dans des cornues en tôle, analogues à celles qu'on emploie pour la distillation du bois dans les fabriques d'acide pyroligneux. On

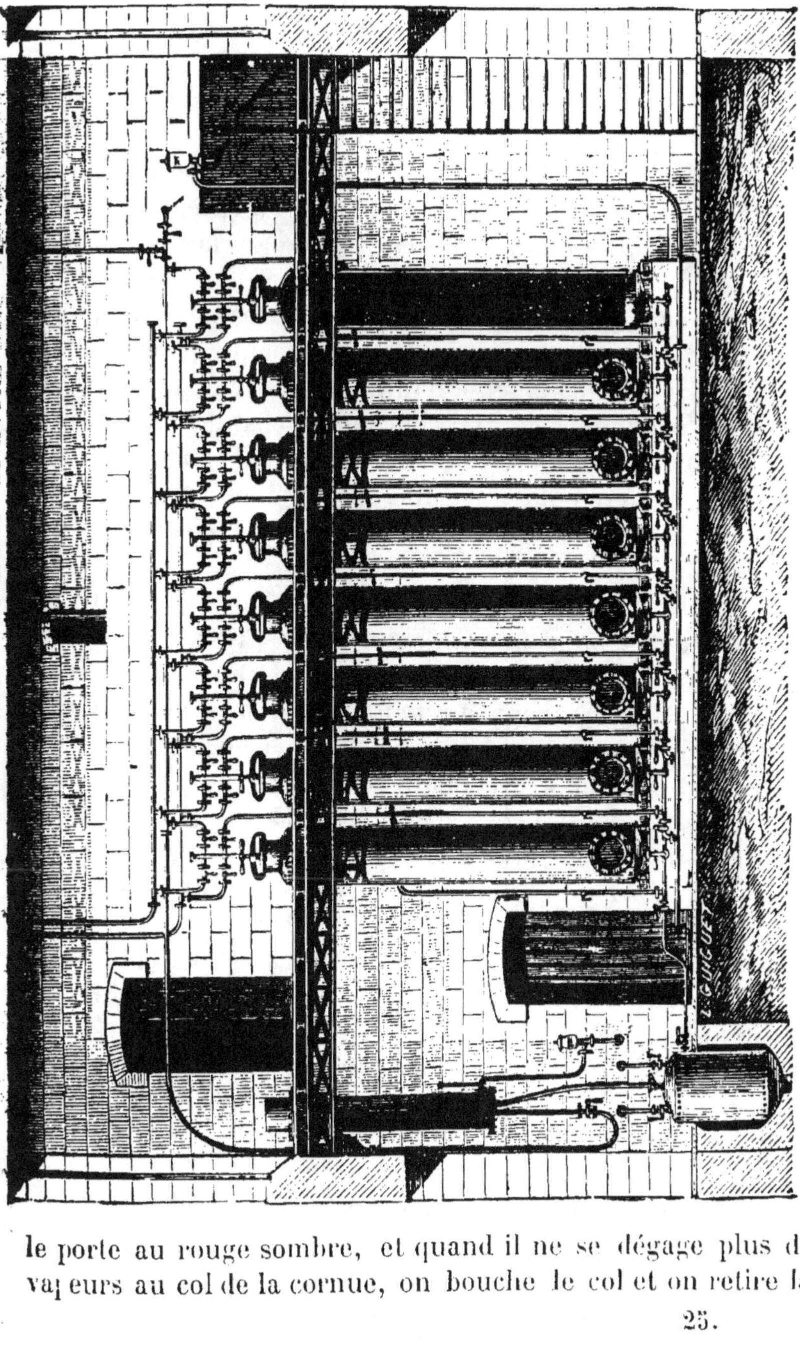

Fig. 103. — Filtres à charbon. (Lepage, Urbain et Cie, constructeurs, à Paris.)

le porte au rouge sombre, et quand il ne se dégage plus de vapeurs au col de la cornue, on bouche le col et on retire la cornue du four pour la laisser refroidir. Le refroidissement du charbon a lieu ainsi à l'abri de l'air. Il faut avoir soin de ne pas chauffer au rouge vif, pour ne pas fondre certains sels qui rendraient le charbon moins poreux et diminueraient son pouvoir absorbant.

La méthode de revivification par la vapeur surchauffée, due à J.-F. Hœper, est surtout employée en Allemagne. On introduit le charbon dans une cornue ; on y fait passer un courant de vapeur pour chasser l'air, et on fait circuler la vapeur surchauffée à 320° autour de la cornue. Quand la revivification est achevée, on arrête la vapeur, et on établit un tirage dans la cornue en ouvrant le couvercle supérieur et un robinet d'air inférieur. Le charbon surchauffé s'enflamme spontanément et, quand toute la masse est incandescente, on referme le couvercle de la cornue et le robinet d'air ; puis on fait tomber, par une porte à vis inférieure, le charbon dans des étouffoirs.

D'après Pampe, qui a introduit ce procédé de revivification dans un grand nombre d'usines allemandes, les avantages de ce mode de travail sont tels qu'il devrait être seul employé. La chaleur de la vapeur surchauffée, après avoir produit son effet dans les cornues à calciner, peut être utilisée presque complètement à échauffer l'alcool dans les appareils à rectifier. La quantité de vapeur nécessaire à l'épuisement des filtres suffit à peu près à la revivification du charbon, de sorte que la dépense de calorique est réduite au minimum. En outre, l'effet de la revivification est notablement plus grand que par l'ancien procédé. Enfin, dans l'ancien procédé, il faut retirer le charbon à intervalles très rapprochés, de sorte que la santé des ouvriers a beaucoup à souffrir des poussières de charbon. Avec la nouvelle méthode, cet inconvénient est complètement évité, et sous ce rapport la revivification par la vapeur surchauffée présente des avantages hygiéniques certains.

Toutefois M. Barbet estime que ce procédé est coûteux, d'un maniement assez délicat et que le charbon n'est pas mieux revivifié que dans les cornues en tôle à feu nu.

Hœper conseille de renforcer l'action épuratrice du charbon

en le mélangeant avec une mixture obtenue par calcination de bioxyde de manganèse, de chaux vive et d'alcalis libres ou carbonatés.

La dépense en charbon en morceaux est environ de 4 kilogrammes par hectolitre d'alcool, mais cette quantité peut être réduite quand on emploie le charbon en poudre, dont le pouvoir épurant est beaucoup plus considérable. M. Barbet a préconisé ainsi un procédé, basé sur l'emploi du charbon fin, et conduisant à une dépense de $2^{kg},45$ à 2 kilogrammes de charbon par hectolitre d'alcool. MM. R. et A. Collette ont également breveté un procédé basé sur l'emploi du charbon en poudre. Le charbon est mélangé intimement à l'alcool dans un bac malaxeur, puis la masse est filtrée dans un filtre-presse à lavage. Le charbon qui a servi tombe dans un séchoir, puis on le revivifie par calcination dans des pots en grès. L'importance de cette revivification réside, non pas dans l'économie de charbon fin qui est faible, mais dans l'amélioration que subit le charbon au fur et à mesure qu'il est recuit.

Quant à la freinte en alcool pendant la filtration, elle est variable; mais elle est ordinairement comprise entre 1 et 2,5 p. 100.

VII. — ANALYSE DES ALCOOLS ET EAUX-DE-VIE.

ANALYSE QUALITATIVE

La recherche qualitative des impuretés de l'alcool comprend principalement la recherche des aldéhydes, des alcools supérieurs et notamment du fusel, et celle du furfurol.

Recherche des aldéhydes. — Il existe un grand nombre de réactifs capables de caractériser les aldéhydes. Deux des plus sensibles sont le bisulfite de rosaniline et le chlorhydrate de métaphénylène diamine.

On obtient le premier réactif en mélangeant dans une petite fiole bouchée 200 centimètres cubes d'eau et 30 centimètres cubes d'une solution fraîche de fuchsine à 1 p. 1000 ; on ajoute 20 centimètres cubes de bisulfite de soude à 30° Baumé, puis 3 centimètres cubes d'acide sulfurique pur. La décoloration de la fuchsine se produit rapidement. Pour faire l'essai d'un alcool, on le ramène à 50^d avec de l'eau, et à 2 centimètres cubes de cet alcool dilué on ajoute 1 centimètre cube de réactif. On agite et on laisse reposer. S'il y a des aldéhydes, il se produit une coloration violette, d'autant plus intense qu'elles sont plus abondantes.

Le chlorhydrate de métaphénylène diamine, en solution fraîchement préparée, et versée goutte à goutte dans l'alcool à essayer, donne, s'il y a des aldéhydes, une coloration jaune, suivie au bout de quelque temps d'une fluorescence verte. Signalons enfin le procédé Barbet et Jandrier. Dans un tube à essai, on verse 2 centimètres cubes de l'alcool à essayer et 2 centigrammes d'un des réactifs suivants : acide phénique, naphtol α ou β, résorcine, hydroquinone, phloroglucine, pyrogallol, gaïacol, thymol ou acide gallique. Une fois le réactif dissous, on fait couler le long des parois du tube 1 centimètre cube d'acide sulfurique pur. S'il y a des aldéhydes, il se forme un anneau coloré au plan de séparation des deux liquides. Après agitation, il y a une coloration variable selon la nature des aldéhydes et du réactif.

Recherche des alcools supérieurs. — La méthode la plus pratique est celle de MM. Ch. Girard et X. Rocques, qui consiste à éliminer les aldéhydes par ébullition au réfrigérant ascendant en présence de chlorhydrate de métaphénylène diamine ou de phosphate d'aniline, puis à distiller et à faire agir sur le produit distillé l'acide sulfurique monohydraté. En chauffant il se produit une coloration brune plus ou moins forte. Nous décrirons plus loin la pratique de ce procédé en étudiant les méthodes officielles françaises.

Pour la recherche du fusel, la régie suisse utilise la réaction de Komarowsky. On additionne 10 centimètres cubes de l'alcool de 1 centimètre cube d'une solution à 1 p. 100 d'aldéhyde salicylique dans l'alcool tout à fait pur, puis on ajoute avec précaution 20 centimètres cubes d'acide sulfurique chimiquement pur et on mélange le tout par agitation. Après douze heures, les alcools purs ne donnent qu'une coloration jaune clair, les alcools qui contiennent plus ou moins de fusel donnent une coloration qui varie du jaune au rouge foncé.

Recherche du furfurol. — Ce corps est très facile à déceler. Sa présence est pour ainsi dire constante dans les produits de queue : il semble se former non pas dans la fermentation, mais dans la distillation des vins. On le reconnaît au moyen de l'acétate d'aniline. On ajoute à l'alcool quelques gouttes d'aniline et un peu d'acide acétique, et s'il y a du furfurol, on voit apparaître une belle coloration rouge.

ANALYSE QUANTITATIVE

La détermination quantitative des impuretés contenues dans les alcools et eaux-de-vie peut se faire soit en dosant en bloc toutes les matières étrangères, soit en dosant séparément les diverses substances.

Parmi les premières méthodes, il faut citer les méthodes de Rœse, de Traube, de Savalle et de Barbet.

La méthode de Rœse est basée sur ce fait que le chloroforme dissout plus fortement les homologues supérieurs de l'alcool éthylique que celui-ci. Connaissant le pouvoir dissolvant pour l'alcool pur d'un degré déterminé et l'augmentation de volume de la couche chloroformique par suite de cette dissolution, on peut, en se basant sur l'augmentation plus grande de cette couche dans le cas d'un alcool impur, déduire de cette augmentation, au moyen d'une échelle spéciale, la quantité d'impuretés que l'alcool contient. En distillant au préalable l'alcool avec une petite quantité de lessive de soude (Stutzer et Reitmayr), on élimine les aldéhydes, les éthers et les acides qui viennent influencer l'augmentation de la couche chloroformique, et celle-ci est alors due seulement au fusel. On se sert, pour faire l'essai, d'un tube gradué de forme spéciale, dit tube de Rœse; et des tables dressées par Stutzer et Reitmayr donnent directement, connaissant l'augmentation en centimètres cubes de la couche de chloroforme, les impuretés correspondantes en millièmes.

La méthode de Traube est basée sur ce fait que l'élévation d'un alcool dans un tube capillaire est d'autant plus faible que cet alcool renferme davantage d'alcool amylique. L'appareil se compose d'un tube capillaire pourvu d'une échelle divisée en demi-millimètres. Connaissant la hauteur de la colonne avec l'alcool pur, on déduit de l'abaissement de cette colonne la teneur en alcool amylique.

La méthode Savalle consiste à traiter l'alcool par un volume égal d'acide sulfurique monohydraté. En chauffant le mélange, il se produit une coloration brune plus ou moins forte, si l'alcool est impur. Avec l'alcool pur, le mélange reste incolore. On apprécie l'intensité de la teinte obtenue en la comparant avec une série de verres types progressivement colorés et allant de 1 à 10. Savalle a donné à cet appareil le nom de *diaphanomètre*; chaque numéro correspond à 1 p. 10 000 d'impuretés.

La méthode de M. Barbet est basée sur l'emploi du permanganate de potasse. Elle peut rendre de grands services pour comparer entre eux les alcools fins d'industrie. On prend 50 centimètres cubes de l'alcool à analyser, on les amène à la température de 18°, puis on y verse rapidement 2 centimètres cubes d'une solution de permanganate de potasse à 0gr,2 p. litre. On note l'heure exacte, on agite; la coloration rose disparaît peu à peu et fait place à une coloration nuance saumon, puis la teinte passe au jaune citron et finalement disparaît. On observe soigneusement l'apparition du virage à la nuance saumon, et on note exactement le temps exigé pour que la teinte devienne identique à une teinte type fournie avec le nécessaire à analyse. La décoloration est d'autant plus rapide que l'alcool est plus impur. La durée de décoloration ne doit pas être inférieure à trente minutes pour les alcools extra fins et à dix minutes pour les alcools surfins; les alcools fins descendent à une minute et même au-dessous.

Pour les flegmes, il est essentiel d'opérer toujours au même degré alcoolique de 42d,5, degré auquel M. Barbet a reconnu l'existence d'une sorte de maximum de rapidité décolorante. Il faut aussi prendre soin de saturer préalablement le flegme, car l'acidité fausse les indications. La décoloration des flegmes ou des mauvais goûts est très prompte, quelquefois instantanée.

Cette méthode, adoptée en Suisse, en Russie, en Autriche et dans beaucoup de laboratoires industriels français, est rapide, très simple et constitue un excellent moyen pour la classification et la comparaison des trois-six.

Pour les mauvais alcools, on modifie le mode opératoire. On met dans le flacon d'essai 10 centimètres cubes de la liqueur de permanganate, et on verse l'alcool, au moyen d'une burette graduée, sur le permanganate, en agitant sans cesse, jusqu'à ce que la couleur violacée soit changée en une teinte cuivre rouge déterminée par une seconde teinte type. Moins il faut d'alcool pour atteindre cette nuance, plus l'alcool analysé est impur. On peut ainsi contrôler journellement le fonctionnement des rectificateurs, le pouvoir épurant des filtres, etc.

Méthodes officielles françaises pour l'analyse des alcools et eaux-de-vie.

Titre alcoolique. — On détermine le titre alcoolique *apparent* en notant les indications données par le thermomètre et l'alcoomètre. On a amené, au préalable, le liquide à une température aussi voisine que possible de 15°. On se reporte ensuite aux tables de Gay-Lussac pour faire la correction de température.

Pour déterminer le titre alcoolique *réel*, on distille 250 centimètres cubes de liquide, mesurés à une température aussi voisine que possible de 15°. Si le titre alcoolique de l'alcool à examiner atteint ou dépasse 65ᵈ, on en prend seulement 200 centimètres cubes et on ajoute 50 centimètres cubes d'eau. Si le titre alcoolique est inférieur à 50ᵈ, on distille 275 centimètres cubes, on en recueille 250 et on retranche $\frac{1}{10}$ du chiffre trouvé. On opère la réfrigération au moyen d'un serpentin en étain pur, ayant au moins un mètre de longueur et refroidi au moyen d'un courant continu d'eau froide. Le distillat est recueilli dans un ballon jaugé de 250 centimètres cubes dans lequel on place 10 centimètres cubes d'eau. A l'extrémité du tube du réfrigérant, on ajuste, au moyen d'un caoutchouc, un tube de verre qui vient plonger dans l'eau placée au fond du ballon, de manière à assurer la condensation des produits de tête, et notamment des aldéhydes. Lorsque les premières portions sont condensées, et au fur et à mesure que le ballon se remplit, on abaisse ou on incline le ballon récepteur de manière que le tube ne plonge pas dans le liquide distillé. On pousse la distillation aussi loin que possible. On amène à 250 centimètres cubes le volume du distillat, et on prend son titre alcoolique.

Extrait sec. — 25 centimètres cubes d'eau-de-vie, placés dans un vase en verre à fond plat, sont évaporés au bain-marie. On chauffe pendant trois heures et on pèse.

On peut vérifier le titre alcoolique réel en employant la formule de M. Blarez; soit *A* le titre alcoolique réel, *a* le titre alcoolique apparent, *E* la teneur en extrait sec par litre, on a

$$A = a + E \times \alpha.$$

Voici les valeurs de α établies par M. Blarez:

Titre alcoolique.	Valeurs de α.
25	0.35
30	0.30
35	0.28
40	0.25
45	0,223
50	0.20
55	0.179
60	0.16
70	0.151
80	0,125

Si l'extrait renferme de la glycérine, il y a lieu de modifier le coefficient α en le divisant par 1,05.

On fait un examen sommaire de l'extrait et on le goûte. On se rend compte ainsi de la présence dans celui-ci des sucres, tanins, glycérine, substances diverses aromatiques, etc.

Acidité totale. — 25 centimètres cubes d'alcool ou d'eau-de-vie sont placés dans un large vase de verre à fond plat; on ajoute cinq gouttes de solution alcoolique de phénolphtaléine à 1 p. 100, et on titre au moyen de potasse $\frac{N}{20}$; soit *n* le nombre de centimètres cubes de liqueur employée, $n \times 0,12$ donne l'acidité par litre exprimée en acide acétique.

Si l'alcool ou l'eau-de-vie renferment une quantité sensible d'acide carbonique en solution, il faut, avant de faire le dosage, les faire bouillir au réfrigérant ascendant. Si le liquide est très coloré, comme c'est le cas pour les rhums, on préparera, dans un vase identique à celui où on a placé l'eau-de-vie, une solution aqueuse teintée au moyen d'une quantité convenable de brun Bismark, et on pourra ainsi, par comparaison, se rendre compte du moment où se produit le virage de l'indicateur.

Acidité fixe. — On met 25 centimètres cubes d'eau-de-vie dans un vase de verre; on évapore au bain-marie jusqu'à ce ce qu'il reste environ 5 centimètres cubes, et on termine l'évaporation dans le vide, comme pour les vins. On redissout le résidu dans l'eau, et on le titre comme dans l'essai précédent.

Dosage des impuretés par fonctions. — Ces dosages s'effectuent sur les alcools amenés à 50^d, ou les eaux-de-vie distillées et amenées également à 50^d. On se sert dans ce but du liquide provenant de la distillation et ayant servi à déterminer le degré alcoolique réel. Si le degré alcoolique de ce liquide est supérieur à 50^d, on le dilue avec de l'eau. Si au contraire il est inférieur à 50^d, on y ajoute de l'alcool pur à 95^d en quantité déterminée. Il faut, dans ce dernier cas, tenir compte ultérieurement de la proportion d'alcool ajouté.

Par exemple, une eau-de-vie marque 30^d; on en distille 275 centimètres cubes, et on recueille 250 centimètres cubes. Ce distillat marque 33^d; il faut donc ajouter à 100 centimètres cubes, $36^{cc},5$ d'alcool pur à 95^d, ce qui donnera un volume de $134^{cc},8$ (voir les tables ci-après). Tous les nombres obtenus en employant les coefficients ou les tables qu'on trouvera plus loin (et qui donnent la proportion des diverses substances en grammes par hectolitre d'alcool à 100^d), devront donc, dans ce cas, être divisés par 1,348.

Tableau donnant les volumes d'alcool à 95^d à ajouter à 100 volumes d'alcool titrant moins de 50 degrés pour obtenir de l'alcool à 50 degrés.

DEGRÉ alcoolique.	VOLUME d'alcool à 95^d à ajouter.	VOLUME final obtenu.	DEGRÉ alcoolique.	VOLUME d'alcool à 95^d à ajouter.	VOLUME final obtenu.
30	42.2	140,2	41	19.2	118,5
31	40,1	138.2	42	17,1	116,4
32	38,0	136.3	43	14.9	114,4
33	36,0	134,3	44	12,8	112,4
34	33.9	132,4	45	10,7	110,3
35	31.8	130.4	46	8,6	108,2
36	29.7	128,4	47	6.4	106,2
37	27.6	126.5	48	4,3	104.1
38	25.5	124,5	49	2.1	102,0
39	23.4	122,5	50	0,0	100,0
40	21,3	120.5			

Tableau donnant les volumes d'eau à ajouter à 100 volumes d'alcool titrant plus de 50 degrés.

DEGRÉ alcoolique.	VOLUME d'eau à ajouter.	DEGRÉ alcoolique.	VOLUME d'eau à ajouter.	DEGRÉ alcoolique.	VOLUME d'eau à ajouter.
100	107.4	83	69,5	66	33,3
99	105,6	82	67.4	65	31,2
98	102.7	81	65,2	64	29,1
97	109.5	80	63,1	63	27,0
96	98.1	79	60,9	62	25,0
95	95,9	78	58,8	61	22,9
94	93.7	77	56,7	60	20,8
93	91,4	76	54,5	59	18,7
92	89,2	75	52,4	58	16,0
91	87.0	74	50,3	57	14,5
90	84,8	73	48,1	56	12,4
89	82,6	72	46,0	55	10,4
88	80 4	71	43,9	54	8,3
87	78 2	70	41,8	53	6,2
86	76,0	69	39,7	52	4,1
85	73,8	68	37,6	51	2,1
84	71.7	67	35,4	50	0,0

Dosage des aldéhydes. — a) *Dosage colorimétrique.* — On prépare une solution titrée d'aldéhyde éthylique pur renfermant 1 décigramme de ce corps par litre d'alcool pur à 50d et une solution de bisulfite de rosaniline.

Pour la préparation de la solution titrée d'aldéhyde éthylique, on purifie d'abord de l'aldéhydate d'ammoniaque pur du commerce en le broyant, à plusieurs reprises, dans un mortier avec de l'éther anhydre et en décantant chaque fois ce dissolvant. On fait ensuite sécher l'aldéhydate à l'air libre, puis dans le vide sur l'acide sulfurique.

On pèse 1gr,386 d'aldéhydate sec (quantité qui correspond à 1 gramme d'aldéhyde); on introduit la matière dans un petit ballon jaugé de 100 centimètres cubes, et on fait dissoudre à froid dans environ 50 centimètres cubes d'alcool pur à 95d. Quand la solution est opérée, on ajoute 22cc,7 d'acide sulfurique normal dans l'alcool pur à 95d. Il se produit aussitôt un précipité de sulfate d'ammoniaque. On complète le volume à 100 centimètres cubes avec l'alcool pur à 95d; puis on ajoute 0cc,8 d'alcool pour compenser le volume occupé par le sulfate d'ammoniaque formé. On agite, on laisse déposer jusqu'au lendemain et on filtre. On a ainsi une solution d'aldéhyde à 1 p. 100 dans l'alcool pur à 95d. On la dilue ensuite avec la quantité d'eau et la quantité d'alcool pur à 50d nécessaires pour obtenir une solution à 100 milligrammes par litre d'alcool à 50d.

Pour la préparation du bisulfite de rosaniline, on verse dans un ballon jaugé de 250 centimètres cubes : 1° 30 centimètres cubes d'une solution de fuchsine à 1 p. 1000 dans l'alcool pur à 95d; 2° 15 centimètres cubes de bisulfite de soude à 36° Baumé; 3° 30 centimètres cubes d'eau. On bouche le flacon, on agite et on laisse ensuite reposer pendant une heure. Au bout de ce temps, on ajoute 15 centimètres cubes d'acide sulfurique au tiers, puis on complète à 250 centimètres cubes avec de l'alcool pur à 50d. Cette solution est légèrement colorée quand elle vient d'être préparée; elle se décolore complètement au bout de quelque temps. Le bisulfite de rosaniline se conserve mieux quand il est préparé en solution alcoolique qu'en solution aqueuse.

En possession de ces réactifs, voici comment il convient d'opérer. On emploie des tubes à essai de 20 centimètres cubes de capacité, bouchés à l'émeri et portant un trait de jauge de 10 centimètres cubes. On introduit dans un tube 10 centimètres cubes de solution d'aldéhyde type à $0^{gr},100$ par litre, et dans un autre 10 centimètres cubes de l'alcool à essayer (distillé et amené à 50^{d}). On ajoute dans chaque tube 4 centimètres cubes de réactif bisulfite de rosaniline; on agite et on attend pendant vingt minutes. Au bout de ce temps, on procède à l'essai colorimétrique. Le liquide type est examiné sur une épaisseur de 10 millimètres; on détermine l'épaisseur de l'autre liquide nécessaire pour obtenir l'égalité de teinte. Si le liquide est peu coloré, on abaisse l'épaisseur du type à 5 millimètres pour faire l'essai, puis on multiplie par 2 le chiffre lu.

L'intensité colorante obtenue n'est pas proportionnelle à la teneur en aldéhyde. Le tableau suivant permettra d'établir une courbe donnant la teneur en aldéhyde calculée par hectolitre d'alcool absolu.

Indication du colorimètre (épaisseur en dixième de millimètre).	Aldéhyde en grammes par hectolitre d'alcool à 100^{d}.
1000	4
400	9
250	12
167	15
100	20
69	25
54	30
42	35
34	40

On ne devra considérer cet essai que comme approximatif, si la teneur en aldéhyde du type est assez éloignée de celle de l'alcool examiné, et on devra se servir des indications de ce premier essai pour en faire un second dans lequel on diluera convenablement avec de l'alcool pur à 50^{d}, soit le type, soit le liquide examiné, suivant que ce dernier aura donné une coloration moins ou plus intense que le type.

b) ***Dosage volumétrique.*** — Si l'alcool ou l'eau-de-vie renferme une proportion élevée d'aldéhydes (certaines eaux-de-vie de marc, par exemple), on pourra effectuer le dosage par la méthode volumétrique. On prépare les solutions suivantes : 1° Solution S : Faire dissoudre dans 400 centimètres cubes d'eau 12gr,6 de sulfite de soude pur et sec (1), puis ajouter 100 grammes d'acide sulfurique normal et amener à 1 litre avec de l'alcool à 95d. S'il se dépose des cristaux de sulfate de soude, filtrer pour les séparer. 2° Solution I : solution décinormale d'iode dans l'iodure de potassium. Un centimètre cube de cette solution correspond à 0,0032 d'acide sulfureux ou 0,0022 d'aldéhyde éthylique.

On titre la liqueur S au moyen de la liqueur I. Si le sulfite de soude employé est pur, 10 centimètres cubes de la liqueur S exigent 20 centimètres cubes de liqueur I.

Pour doser l'aldéhyde, on introduit, dans un ballon jaugé de 100 centimètres cubes, muni d'un long col (2), la solution à titrer (10 centimètres cubes, si elle renferme de 5 à 10 p. 1000 d'aldéhyde, 20 centimètres cubes, si elle en contient de 2 à 5 p. 1000, et 50 centimètres cubes, si elle n'en contient que de 1 à 2 p. 1000) ; on ajoute 50 centimètres cubes de liqueur S ; on complète le volume de 100 centimètres cubes avec de l'alcool à 50d pur ; on agite et on bouche solidement le ballon avec un bouchon de liège.

On prépare un ballon témoin, semblable au précédent, dans lequel on introduit 50 centimètres cubes de liqueur S ; on complète également son volume à 100 centimètres cubes et on agite.

Les deux ballons sont placés dans un bain-marie chauffé à 50° ; on les y laisse pendant quatre heures, en maintenant cette température. Au bout de ce temps, on fait refroidir ; on agite de nouveau, on prélève 50 centimètres cubes de chacun

(1) Si le sulfite de soude n'était pas pur, on y doserait l'acide sulfureux et on en prendrait une quantité contenant 12gr,6 de sulfite pur.

(2) Les ballons jaugés de 100-110 conviennent bien. Le volume du col, au-dessus de la graduation à 100 centimètres cubes, est de 15 centimètres cubes environ et ce volume est nécessaire pour permettre au liquide de se dilater par la chaleur sans faire sauter le bouchon.

des deux liquides sur lesquels on effectue le titrage de l'acide sulfureux libre au moyen de la liqueur I. Pour cela, il faut ajouter environ 50 centimètres cubes d'eau, puis un peu de solution d'amidon, sans quoi, en présence de l'alcool, la coloration finale est rouge brun sale, au lieu d'être d'un beau bleu.

Soit A le nombre de centimètres cubes de liqueur I exigés par les 50 centimètres cubes de liquide du ballon témoin, et *a* le nombre de centimètres cubes exigés par le ballon contenant la solution aldéhydique ; la teneur en aldéhyde, par litre de cette dernière, sera :

$(A - a)\,0,44$ si on a opéré sur	10	centimètres cubes.
$(A - a)\,0,22$	—	20	—
$(A - a)\,0,088$	—	50	—

Dosage des éthers. — Dans un ballon de 250 centimètres cubes en verre dur, inattaquable par les solutions alcalines, on introduit 100 centimètres cubes d'alcool à 50^{d}, deux grains de pierre ponce et cinq gouttes de solution alcoolique de phénol phtaléine à 1 p. 100. On sature exactement les acides libres au moyen d'une liqueur de soude $\frac{N}{10}$ (liqueur préparée fraîchement et exempte de carbonates) ; on ajoute ensuite 20 centimètres cubes de la liqueur alcaline $\frac{N}{10}$ et on fait bouillir pendant dix heures au réfrigérant ascendant ; on laisse refroidir, puis on ajoute 20 centimètres cubes d'acide sulfurique $\frac{N}{10}$ et on titre l'excès d'acide par la soude $\frac{N}{10}$ (on vérifie bien exactement le titre de la soude par rapport à l'acide, et, s'il n'y a pas correspondance absolue, on en tient compte dans les calculs).

Soit n le nombre de centimètres cubes de liqueur $\frac{N}{10}$ employés : $n \times 17,6$ donne la teneur en éthers (évalués en éther acétique) par hectolitre d'alcool à 100^{d}.

Lorsque l'alcool à analyser renferme une proportion appréciable d'aldéhydes, on effectue la saponification par une ébullition de deux heures avec une liqueur titrée de sucrate de chaux. Le sucrate de chaux n'agit pas sur les aldéhydes comme la soude caustique.

Dosage des alcools supérieurs. — On prépare d'abord une liqueur type renfermant 0gr,667 d'alcool isobutylique pur par litre d'alcool pur à 66d,7.

On place dans un ballon de 250 centimètres cubes 100 centimètres cubes d'alcool ou d'eau-de-vie à analyser, préalablement distillé et amené exactement au titre alcoolique de 50d. On ajoute 1 centimètre cube d'aniline pure, 1 centimètre cube d'acide phosphorique sirupeux pur et quelques grains de pierre ponce, et on chauffe au réfrigérant à reflux, de manière à maintenir le liquide à une douce ébullition pendant une heure. Au bout de ce temps, on cesse de chauffer, et quand le liquide est refroidi, on le distille. Il faut avoir soin, pour effectuer cette distillation, d'incliner le ballon à 45° environ et de le relier à un serpentin de verre par un tube assez large terminé en biseau. Le réfrigérant doit être bien refroidi et avoir environ 1 mètre de longueur, de manière que le liquide distillé s'écoule à la température ordinaire. On recueille dans un petit ballon jaugé exactement 75 centimètres cubes de liquide, qui renferment la totalité de l'alcool et marquent par conséquent 66d,7 à l'alcoomètre. On rend ce mélange homogène par agitation.

On fait agir de l'acide sulfurique sur ce liquide. Pour cela, on se sert de petits matras d'essayeur d'une capacité de 100 centimètres cubes, dont on coupe le col de manière que celui-ci mesure 20 centimètres de long. Avec une pipette, on mesure exactement 10 centimètres cubes de l'alcool distillé, qu'on introduit dans un matras propre et sec. (Pour nettoyer les matras, on y fait chauffer de l'acide sulfurique, puis on les rince plusieurs fois à l'eau et on les fait égoutter). On introduit 10 centimètres cubes d'acide sulfurique monohydraté pur et incolore, qu'on fait couler le long de la paroi du matras, de manière qu'il se réunisse au fond; on mélange ensuite vivement l'alcool et l'acide et on chauffe le mélange à 120° pendant une heure dans un bain de chlorure de calcium bouillant à cette température et maintenu à un niveau constant par un ballon d'alimentation rempli d'eau.

En même temps que l'alcool ou les alcools à essayer, on met un matras contenant 10 centimètres cubes de liqueur type à 0,667 d'alcool isobutylique pur et 10 centimètres cubes d'acide sulfurique.

On remarquera que cette solution type a une composition telle qu'elle correspond au produit de la distillation d'une solution de 0gr,500 d'alcool isobutylique pur dans un litre d'alcool à 50d, la distillation étant faite dans les conditions de l'expérience, c'est-à-dire en recueillant les trois quarts du liquide distillé. De cette manière, la comparaison entre l'alcool et la liqueur type peut se faire aisément.

Quand l'alcool à essayer et la solution type ont été soumis pendant une heure à l'action de l'acide et à la température de 120°, on retire les matras du bain de chlorure de calcium et on les laisse refroidir, puis on les compare au colorimètre en donnant au type une épaisseur de 10 millimètres.

L'intensité colorante obtenue n'est pas absolument proportionnelle à la teneur en alcool isobutylique. Le tableau ci-dessous permettra d'établir une courbe donnant la teneur en alcools supérieurs évalués en alcool isobutylique, et calculés en grammes par hectolitre d'alcool à 100d.

Indications du colorimètre (épaisseur en dixième de millimètres).	Alcools supérieurs en grammes par hectolitre d'alcool à 100d.
2600	10
830	20
330	40
195	60
132	88
100	100
44	200
37	250
31	300
23	400

De même que nous l'avons dit pour les aldéhydes, si l'intensité colorante de l'alcool à examiner est très différente de celle du type, il sera bon de faire un second essai en diluant l'un ou l'autre de ces alcools avec une proportion déterminée d'alcool pur à 66d,7.

Dosage du furfurol. — On prépare d'abord, comme

liqueur type, une solution de furfurol à 0gr,010 dans l'alcool pur à 50d.

On introduit dans un tube 100 centimètres cubes d'alcool à 50d, 0cc,5 d'aniline fraîchement distillée et 2 centimètres cubes d'acide acétique cristallisable exempt de furfurol. On fait en même temps un essai comparable avec 10 centimètres cubes de liqueur type de furfurol. Au bout de vingt minutes, on examine comparativement les liqueurs au colorimètre en donnant au type une épaisseur de 10 millimètres.

Les chiffres suivants permettent d'établir une courbe donnant la teneur en furfurol en grammes par hectolitre d'alcool à 100d :

Indications du colorimètre (épaisseur en dixième de millimètre).	Furfurol en grammes par hectolitre d'alcool à 100d.
2000	0,1
1000	0,2
667	0,3
500	0,4
333	0,6
250	0,8
200	1,0
133	1,5
100	2,0
80	2,5
67	3,0
50	4,0

Manière d'exprimer les résultats d'analyse. — On exprime les divers résultats de l'analyse en grammes par hectolitre d'alcool à 100d. La somme des divers éléments (acides, aldéhydes, éthers, alcools supérieurs et furfurol) constitue ce qu'on nomme le coefficient non-alcool.

Dosage de l'acide cyanhydrique. — Ce dosage, ainsi que celui de l'aldéhyde benzoïque, ne présente d'intérêt que dans le cas d'analyse du kirsch. 200 centimètres cubes de kirsch, placés dans un ballon de 500 centimètres cubes, sont additionnés de quelques gouttes de solution alcoolique de phénol-phtaléine, puis d'une solution de soude caustique jusqu'à ce que le liquide soit très nettement alcalin. On ajoute un peu de pierre ponce et on distille jusqu'à ce qu'il ne reste plus dans le ballon que 75 centimètres cubes environ. On laisse refroidir ; on ajoute 2 centimètres cubes d'acide phosphorique à 60° Baumé et on distille de nouveau, en faisant plonger l'extrémité du serpentin dans un petit ballon contenant 5 centimètres cubes d'ammoniaque.

On pousse la distillation jusqu'à ce qu'il ne reste plus que 20 centimètres cubes dans le ballon. Le liquide ammoniacal est additionné de quelques gouttes de solution d'iodure de potassium, et on y verse une solution de nitrate d'argent $\frac{N}{20}$ jusqu'à formation d'un léger louche persistant. Soit n le nombre de centimètres cubes de liqueur d'argent : $n \times 0{,}00135$ donne la proportion d'acide cyanhydrique par litre de kirsch.

Dosage de l'aldéhyde benzoïque. — Le produit de la distillation obtenu dans l'opération précédente est placé dans un ballon de 500 centimètres cubes ; on ajoute 3 à 4 centimètres cubes de réactif de Fischer fraîchement préparé. Ce réactif est formé de : chlorhydrate de phénylhydrazine, 2 grammes ; acétate de soude cristallisé, 3 grammes ; eau, 20 centimètres cubes. On agite, puis on ajoute 250 centimètres cubes d'eau : il se précipite de la benzilidène-phénylhydrazine. On filtre, on lave à l'eau faiblement alcoolisée ; puis on redissout le précipité dans un peu d'alcool absolu en recevant le liquide dans une capsule de verre tarée. On évapore dans le vide et on pèse. Soit p le poids obtenu : $p \times 2{,}7$ donne le poids d'aldéhyde benzoïque dans un litre de kirsch.

Recherche de l'alcool méthylique. — a) *Procédé Trillat, modifié par Wolff.* — On fait dissoudre dans un ballon 15 grammes de bichromate de potasse dans 130 centimètres cubes d'eau ; on ajoute 70 centimètres cubes d'acide sulfurique au cinquième et 10 centimètres cubes d'alcool à 90-95^d ou une quantité d'eau-de-vie contenant la proportion d'alcool équivalente, et on laisse réagir pendant vingt minutes. On distille, on recueille 25 centimètres cubes qu'on rejette ; on distille ensuite un peu plus rapidement et on recueille 100 centimètres cubes. On prend 50 centimètres cubes, on les place dans un petit ballon bouché à l'émeri et on y ajoute 1 centimètre cube de diméthylaniline pure. On agite et on laisse en contact pendant vingt-quatre heures à la température ordinaire. On transvase le contenu du flacon dans un petit ballon, on ajoute quelques grains de ponce, 4 à 5 gouttes de solution alcoolique très étendue de phénol-phtaléine; on introduit rapidement 3 centimètres cubes de solution de soude (160 grammes de soude caustique par litre); puis on continue à verser la soude goutte à goutte jusqu'à coloration rose persistante, en ayant soin de ne pas dépasser ce point. On distille 30 centimètres cubes pour éliminer la diméthylaniline; on ajoute au résidu de la distillation 25 centimètres cubes d'eau, 1 centimètre cube d'acide acétique et IV à V gouttes d'eau contenant en suspension un peu de bioxyde de plomb (2 grammes de PbO^2 par litre d'eau). Si l'alcool renfermait de l'alcool méthylique, il se produit une coloration bleue résistant à l'ébullition.

M. Wolff conseille de faire un essai à blanc avec de l'alcool pur à 90-95[d] et deux autres essais : l'un avec de l'alcool renfermant 2 p. 1 000 d'alcool méthylique et l'autre avec de l'alcool contenant 5 p. 1 000 d'alcool méthylique.

b. Procédé Sanglé-Ferrière et Cuniasse. — 50 centimètres cubes d'alcool au titre maximum de 50[d] sont additionnés de 1 centimètre cube d'acide sulfurique pur, puis de 5 centimètres cubes environ de solution saturée de permanganate de potassium. On attend quelques minutes ; si au bout de ce temps, il y a un excès de permanganate, on ajoute quelques gouttes de solution concentrée de tanin. On sature avec du carbonate de soude ou du carbonate de chaux pulvérisé, on filtre, on ajoute à la solution filtrée 2 centimètres cubes d'une solution de phloroglucine à 1 gramme par litre et 1 centimètre cube de solution concentrée de potasse. En présence d'alcool méthylique, il se produit une coloration rouge franc.

VII. — CONTROLE DU TRAVAIL RENDEMENT EN ALCOOL

Nous avons vu, au cours de cet ouvrage, les principales méthodes d'analyse des matières premières, des moûts et des liquides fermentés. Ces analyses sont de la plus grande utilité pour la surveillance du travail, et elles permettent d'exercer un contrôle très efficace sur toutes les phases de la fabrication de l'alcool.

Contrôle du travail des betteraves. — Le seul moyen de connaître exactement la quantité de betteraves mises en œuvre consiste à les passer à la bascule après nettoyage, comme on le fait dans les sucreries, car le poids donné à la bascule de réception est faussé par le déchet extrêmement variable occasionné par la terre et les racines. La détermination de la densité ou de la richesse saccharine de la betterave peut fournir au fabricant une base pour l'achat de la matière première, mais cette méthode est assez rarement employée en distillerie.

Quand les betteraves sont pesées avant d'arriver aux appareils de découpage, on peut connaître très exactement le sucre entré en dosant le sucre dans les cossettes fraîches par les méthodes exposées précédemment. On prélève lors de l'emplissage de chaque diffuseur quelques cossettes qu'on place dans un récipient, et de temps à autre on procède à un dosage sur cet échantillon moyen. Dans les méthodes par râpage, l'échantillonnage est plus difficile à cause de la rentrée des petits jus au râpage, et il est préférable de faire le dosage du sucre sur un échantillon moyen des betteraves travaillées.

Le contrôle du poste de l'extraction du jus peut être très rigoureux en diffusion. On connaît en effet très exactement le sucre entré, par la méthode précédente. On mesure d'autre part le jus obtenu et on détermine sa richesse en sucre, ce qui donne le sucre sorti. La différence entre le sucre entré et le sucre sorti donne la perte, qu'on vérifie par l'analyse des cossettes épuisées et des petites eaux. Nous avons vu précédemment quel doit être l'épuisement normal par cette méthode. Le même contrôle peut se faire en macération. Dans les méthodes de traitement des betteraves à l'état de pulpe râpée, l'analyse des pulpes épuisées permet de se rendre compte aussi si l'extraction du sucre est normale. Il est utile de joindre de temps à autre au dosage du sucre un dosage d'acidité dans les pulpes et les cossettes épuisées.

Le jus envoyé en fermentation doit être contrôlé au point de vue de sa température, de sa densité et de son acidité qui doivent atteindre le degré convenable. Pour la surveillance de la cuverie on doit noter pour chaque cuve l'heure du début du coulage et de la chute de fermentation, les densités initiale, intermédiaires et finale, l'acidité initiale et finale. On doit contrôler fréquemment la température et la maintenir au degré voulu. Quand la cuve est tombée, on détermine en outre l'alcool et le sucre restant. L'augmentation de l'acidité finale sur l'acidité initiale doit être faible et ne pas dépasser 0gr,2 par litre dans un bon travail. Le dosage de l'alcool correspondant au sucre disparu montre si la fermentation est normale, et le sucre restant indique si elle a été complète. L'examen microscopique des levures et des liquides fermentés complète le contrôle de la cuverie.

Enfin le contrôle de la distillation comprend l'examen des vinasses au point de vue de leur teneur en alcool, de leur acidité, et aussi de leur richesse en sucre si ce dernier dosage n'a pas été fait dans les cuves après fermentation. La détermination de l'acidité de la vinasse est particulièrement importante dans les usines qui travaillent par macération ou diffusion à la vinasse, car la teneur en acide de ce liquide intervient évidemment pour régler la dose d'acide sulfurique à ajouter aux appareils d'extraction.

La mesure de l'alcool effectivement recueilli renseigne sur la perte de fermentation et de distillation. On peut rapporter le rendement obtenu à 1000 kilogrammes de betteraves ou à 100 kilogrammes de sucre et on a tous les éléments pour établir les diverses pertes par rapport au rendement théorique maximum, et pour maintenir ces pertes dans les limites normales.

Le contrôle du travail des topinambours se fait d'après les mêmes principes.

Contrôle du travail des mélasses. — On doit suivre des règles identiques pour le contrôle du travail des mélasses. Le sucre entré est donné par l'analyse des mélasses et des jus mis en fermentation, et le moût doit être vérifié au point de vue de sa température, de son acidité, de sa richesse en sucre et de sa densité avant d'être envoyé à la cuverie. Mais le contrôle est ici beaucoup plus simple, car il n'y a pas de surveillance à l'épuisement. La surveillance de la fermentation et de la distillation doit se faire comme celle des betteraves.

Contrôle du travail des matières amylacées.— Les matières employées sont pesées et on détermine au laboratoire leur teneur en principes fermentescibles par les méthodes que nous avons indiquées.

Le contrôle de la malterie se fait d'après les principes que nous avons exposés dans notre ouvrage consacré à la brasserie (1).

L'analyse du moût après saccharification permet de se rendre compte si le travail en cuve matière a été normal. Le dosage de l'amidon restant, celui de la dextrine et du maltose donnent des renseignements très utiles. S'il reste des quantités anormales d'amidon non saccharifié, on doit rechercher si la qualité du malt ne laisse pas à désirer au point de vue de sa force diastasique, ou s'il n'a pas été commis une fausse manœuvre qui a conduit à une température de saccharification ou d'empâtage trop élevée. Si la proportion de dextrines est élevée, on doit également en rechercher la cause par l'examen de la température de saccharification et de la qualité du malt. Il est enfin bon de déterminer le pouvoir diastasique du moût après la saccharification pour savoir si les dextrines pourront être transformées assez activement par la saccharification complémentaire.

Le levain doit être examiné avec le plus grand soin au point de vue de la concentration, de la teneur en alcool et de l'acidité. On doit également le contrôler au microscope, et vérifier s'il n'y a pas d'infection et si la levure est bien saine. On prend le degré Balling du moût avant fermentation et son acidité, et on surveille le travail de la cuverie par la méthode exposée en distillerie de betteraves. Quand la cuve est tombée, on dose dans le liquide fermenté l'alcool, l'acidité, le maltose et la dextrine. L'accroissement de l'acidité pendant la fermentation doit être faible si le travail marche bien. Les dosages du maltose et de la dextrine sont très utiles et permettent de se rendre compte si la fermentation est assez com-

(1) Voir E. Boullanger, *Brasserie* (Encyclopédie agricole).

plète. Si la quantité de maltose restant est faible, la proportion de dextrines étant élevée, on doit en conclure que l'action de la levure n'est pas en cause, mais que l'accident doit être attribué à la pauvreté du moût en amylase ou à l'affaiblissement de l'énergie de cette diastase soit par suite de l'accroissement d'acidité, soit par suite de toute autre cause. C'est donc du côté du malt ou du côté de la pureté de la fermentation que le distillateur doit chercher le remède. Au contraire, si on trouve, après fermentation, une quantité notable de maltose non transformé, l'activité de la levure est en cause et on doit porter son attention sur la qualité du moût principal, des levains, et sur la conduite de la fermentation à la cuverie.

Le contrôle des vinasses est indispensable pour se rendre compte si l'épuisement en alcool est complet. Ce dosage de l'alcool s'effectue par une des méthodes que nous avons précédemment exposées.

La quantité d'alcool obtenu à la colonne à distiller permet d'établir le rendement industriel par 100 kilogrammes de matières premières. Il est facile, en procédant aux analyses de contrôle indiquées ci-dessus, de se rendre compte des fautes qui ont pu occasionner un rendement anormal.

Rendement en alcool. — Le rendement en alcool peut s'établir soit par rapport à un poids donné de matières premières, soit, ce qui est plus exact, par rapport à un poids donné de matières fermentescibles introduites par les matières premières. Dans ce dernier cas, on compare la proportion d'alcool ainsi obtenue au rendement théorique ou au rendement idéal que nous avons défini précédemment, et on en déduit le rendement rapporté au rendement théorique ou au rendement idéal.

Betteraves. — On admet fréquemment, dans les distilleries de betteraves, que chaque degré densimétrique doit donner 1 litre d'alcool à 100^d, de sorte qu'une betterave dont la densité est 5 (1,050) doit donner 5 litres d'alcool à 100 degrés par 100 kilogrammes. On en conclut que pour faire un hectolitre d'alcool à 100^d il faut :

Avec des betteraves à 5,0	de densité....	2000	kilogr.	de betteraves.
— 5,5	—	1818		—
— 6,0	—	1666		—
— 6,5	—	1540		—
— 7,0	—	1430		—
— 7,5	—	1333		—
— 8,0	—	1250		—

Ces chiffres correspondent à un travail assez médiocre. En effet, prenons par exemple des betteraves à 5,5 de densité, et admettons que ces betteraves renferment 10,2 p. 100 de sucre, ce qui correspond à une pureté de 78 et à une richesse en jus de 95 p. 100. Nous avons vu précédemment qu'on peut, par des méthodes d'extraction appropriées, ne perdre que 2 p. 100 environ du sucre contenu dans la betterave. Il reste donc 10 kilogrammes de sucre par 100 kilogrammes de betteraves mises en œuvre. Or nous savons que, le rendement théorique maximum par 100 kilogrammes de saccharose, déduit des résultats de Pasteur, étant de 64^{lit},36 d'alcool, un rendement pratique normal est de 60 litres et un très bon rendement, de 61 litres. Si nous prenons le rendement de 60 litres, nous devrions donc obtenir 6 litres d'alcool et non pas 5^{lit},5 par 100 kilogrammes de betteraves à 5,5 de densité. Il faut évidemment déduire du chiffre de 6 litres l'alcool qui correspond au sucre non fermenté et aux pertes par distillation, mais cette quantité à retrancher est très faible dans un bon travail.

On peut, par l'examen de la chute de densité, déterminer la quantité d'alcool qui doit se former dans un travail normal. La diminution de la densité pendant la fermentation résulte en effet, pour la plus grande partie, de la disparition du sucre et de la formation d'alcool, Or, si on se rapporte aux tables de M. Barbet qui donnent le poids réel du litre à 15° d'une solution de sucre pur dont le titre pour 100 centimètres cubes est connu, on constate que la diminution de densité pour 1 p. 100 de sucre en moins est constante et égale à 0,00384 pour les richesses saccharines comprises entre 1 et 16 p. 100. La disparition de 1 p. 100 de sucre produit donc une diminution de densité de 0,00384. Or, 1 kilogramme de sucre peut donner industriellement 600 centimètres cubes d'alcool. Si nous examinons maintenant l'abaissement de densité, par rapport à celle de l'eau, provoquée par ces 600 centimètres cubes d'alcool, nous constatons que pour les richesses alcooliques comprises entre 1 et 10^d, cet abaissement est en moyenne de 0,001386 pour 1^d d'alcool. Pour $0^d,6$ correspondant à 1 p. 100 de sucre, l'abaissement sera donc de $0,001386 \times 0,6$; soit 0,0008316. Donc par la fermentation de 1 p. 100 de sucre donnant industriellement 0,6 p. 100 d'alcool en volumes, il y a une diminution de densité de $0,00384 + 0,0008316$, c'est-à-dire de 0,0046716, soit $0^o,46716$, en degrés régie. Donc un degré régie disparu correspondra à $\frac{0,6}{0,46716} = 1,28$ p. 100 d'alcool formé.

Pratiquement, le chiffre de 60 litres d'alcool par 100 kilogrammes de saccharose mis en œuvre correspond à un travail normal ; le chiffre de 61 litres correspond à un très bon travail, le chiffre de 62 litres est tout à fait exceptionnel et n'est le plus souvent obtenu que par suite d'erreurs dans le dosage du sucre mis en œuvre.

Mélasses. — Les mêmes bases peuvent être adoptées pour le travail des mélasses. Le saccharose de cette matière première doit donner pratiquement, dans un bon travail, de 60 à 61 litres d'alcool à 100^d par 100 kilogrammes et le glucose de 57 à 58 litres. Connaissant la richesse de la mélasse en saccharose et en sucre réducteur, on peut calculer quel doit être le rendement pratique normal.

Matières amylacées. — 100 kilogrammes d'amidon transformés intégralement en alcool et en acide carbonique peuvent donner théoriquement $71^{lit},61$ d'alcool pur à 100^d. Ce chiffre correspond au rendement idéal, mais si nous tenons compte des résultats de Pasteur, nous trouvons que 100 kilogrammes d'amidon peuvent donner $67^{lit},90$ d'alcool, et ce second chiffre représente le rendement théorique du laboratoire.

Ce rendement ne peut pas être atteint dans la pratique, car des causes assez nombreuses viennent diminuer le rendement pratique dans le travail. D'abord une certaine quantité d'amidon échappe à la saccharification : cette quantité est faible avec la cuisson à haute pression et elle ne dépasse guère dans un bon travail 0,5 à 1 p. 100 de la quantité d'amidon mise en œuvre. Ensuite, il reste des hydrates de carbone qui n'ont pas subi la fermentation alcoolique. Leur proportion est variable de 4 à 12 p. 100 des hydrates de carbone dissous, suivant la perfection du travail. En outre une certaine quantité de matières fermentescibles se transforme pendant le travail en donnant d'autres produits que l'alcool. La levure consomme pour la formation de ses tissus une certaine proportion de sucre, elle donne en outre de la glycérine, de l'acide succinique, des acides volatils. Les ferments secondaires consomment également une partie du sucre. Le ferment lactique, dans la préparation des levains par la méthode allemande, dépense une certaine quantité de sucre pour son développement, et en transforme une autre en acide lactique. Ces pertes sont très variables avec les distilleries et le mode de travail adopté et elles s'élèvent à 7,5-15 p. 100 du sucre mis en fermentation, en y comprenant la perte en alcool par évaporation pendant la fermentation. Cette dernière perte est sensible dans les cuves ouvertes. D'après Durin, les vins à 6-7 p. 100 d'alcool perdent 1,5 p. 100 de leur teneur en alcool par évaporation et entraînement par l'acide carbonique. En cuves fermées, la déperdition est plus faible : elle s'abaisse également quand la température devient plus basse.

Le tableau suivant, dû à Maercker, résume les diverses pertes de la fabrication suivant la qualité du travail :

	Travail bon.	Travail moyen.	Travail mauvais.
Amidon mis en œuvre........	100,0	100,0	100,0
— restant non saccharifié.	0,5	2,0	3,0
	99,5	98,0	97,0
— restant non fermenté (4 — 7 — 12 p. 100)..	4,0	6,9	11,6
	95,5	91,1	85,4
— consommé par les fermentations secondaires et pertes (7,5—12—15 p. 100).	7,2	10,9	12,8
	88,3	80,2	72,6

Si nous admettons maintenant que ces quantités qui restent se transforment intégralement en alcool et en acide carbonique et fournissent $71^{lit},61$ d'alcool pur par 100 kilogrammes d'amidon, puisque nous avons tenu compte de toutes les pertes, nous voyons qu'on obtiendra par 100 kilogrammes d'amidon mis en œuvre les rendements suivants :

	Rendement en alcool à 100^d. litres.	Proportion du rendement théorique.
Travail excellent............	63,2	88,3
— bon..................	60.0	85,0
— moyen..............	57.4	80,2
— mauvais.............	52,0	72.6

Le premier rendement est exceptionnel par les procédés ordinaires, où un rendement de 60 litres d'alcool à 100^d par 100 kilogrammes d'amidon peut être considéré comme bon. Dans le procédé Amylo, ces rendements sont notablement dépassés et on obtient couramment 66 litres d'alcool à 100^d par 100 kilogrammes d'amidon, soit 92 p. 100 du rendement idéal et 97,5 p. 100 du rendement théorique maximum déduit des résultats de Pasteur.

On voit par ce qui précède, que le maïs d'excellente qualité à 63 p. 100 d'amidon, peut donner un rendement de $32^{lit},75$ à $39^{lit},8$ par 100 kilogrammes, suivant la perfection du travail, et que le maïs ordinaire à 60 p. 100 d'amidon peut donner un rendement variant aussi, suivant les conditions de travail, de $31^{lit},2$ à $37^{lit},9$. Le dernier chiffre est exceptionnel par les méthodes ordinaires, qui fournissent en moyenne 34 litres dans un travail normal. Le procédé Amylo permet d'obtenir, comme nous l'avons vu, 38 à 39 litres d'alcool avec le maïs à 60 p. 100 d'amidon.

Par les procédés ordinaires, le seigle peut ainsi donner, d'après Maercker et Delbrück, un rendement de $32^{lit},75$ à $39^{lit},8$ d'alcool par 100 kilogrammes ; l'orge à 60 p. 100 d'amidon, de $31^{lit},2$ à $37^{lit},9$; le malt vert à 40 p. 100 d'amidon, de $20^{lit},8$ à $25^{lit},3$; le malt vert à 35 p. 100 d'amidon, de $18^{lit},2$ à $22^{lit},1$; le malt touraillé à 68 p. 100 d'amidon, de $35^{lit},35$ à $42^{lit},95$; le malt touraillé à 63 p. 100 d'amidon, de

32^{lit},75 à 39^{lit},8 ; les pommes de terre à 15 p. 100 de fécule, de 7^{lit},8 à 9^{lit},5 ; les pommes de terre à 20 p. 100 de fécule, de 10^{lit},4 à 12^{lit},65 ; les pommes de terre à 25 p. 100 de fécule, de 13^{lit},0 à 15^{lit},8. Les chiffres moyens par 100 kilogrammes de matière première sont de 36^{lit},15 pour le seigle à 63 p. 100 d'amidon, 34^{lit},45 pour l'orge à 60 p. 100 d'amidon, 23 litres pour le malt vert à 40 p. 100 et 20^{lit},1 pour le malt vert à 35 p. 100 d'amidon, 39 litres pour le malt touraillé à 68 p. 100 et 36^{lit},15 pour le malt touraillé à 63 p. 100 d'amidon ; 8^{lit},6, 11^{lit},45 et 14^{lit},25 pour les pommes de terre à 15.20 et 25 p. 100 de fécule.

VIII. — RÉSIDUS DE LA DISTILLERIE

I. — RÉSIDUS DE LA DISTILLERIE DE BETTERAVES.

Les résidus de la distillerie de betteraves sont les pulpes, les vinasses et les petites eaux.

PULPES

Les pulpes sont constituées par les cossettes épuisées ou par la râpure qui s'échappe du dernier pressurage. Elles constituent un aliment de grande valeur pour les animaux, comme nous allons le voir en étudiant leur composition.

Composition des pulpes. — La composition des pulpes est assez variable suivant le mode de travail de la distillerie. Les pulpes qui proviennent des usines qui travaillent par presses continues, ne contiennent que 75 p. 100 d'eau environ. Elles sont beaucoup moins aqueuses que celles des distilleries qui traitent la betterave à l'état de cossettes par macération ou par diffusion : ces pulpes de macération et de diffusion contiennent encore 88 à 90 p. 100 d'eau à la sortie des presses à cossettes. La pulpe de presses continues est donc au moins deux fois plus riche en matière sèche que la pulpe de macération ou de diffusion, aussi se vend-elle plus aisément et à un prix plus élevé.

La pulpe est également différente suivant qu'on travaille par diffusion à l'eau ou à la vinasse. La pulpe des distilleries qui travaillent à la vinasse est plus riche que celle des distilleries qui travaillent à l'eau. Ce fait s'explique aisément. L'extraction des éléments utiles des pulpes et notamment des matières azotées, se fait sans peine quand le liquide de diffusion, comme l'eau, est très pauvre en ces éléments. Si au contraire le liquide de diffusion est déjà chargé de ces substances (et c'est le cas pour la vinasse), la diffusion de ces éléments devient très faible et la pulpe reste donc plus riche en matières utiles. Ainsi la pulpe de sucrerie, où le travail se fait à l'eau, est moins riche en matières azotées que la pulpe de distillerie.

Les analyses de la page 470 permettent de se rendre compte de la composition des pulpes de betteraves, suivant les modes de travail.

La première analyse, due à Briem, se rapporte à une pulpe de presses continues très humide : en général ces pulpes ne renferment que 75 à 80 p. 100 d'eau et elles sont par conséquent plus riches en matière sèche que ne l'indiquent les chiffres ci-dessous (p. 470).

Conservation de la pulpe. — La pulpe fraîche s'altère rapidement; on peut réduire partiellement les pertes par l'ensilage, mais le seul moyen de conserver parfaitement la pulpe est la dessiccation.

Les dimensions des silos à pulpe sont variables avec les quantités de pulpes qu'on veut conserver et l'espace dont on dispose. En général, on donne une largeur de 4 mètres et une profondeur de 1 mètre à $1^{m}.50$, avec une longueur variable. On protège ordinairement les deux côtés du silo contre les éboulements, par des murs en maçonnerie; mais, lorsque la terre est bien ferme, cette précaution n'est pas nécessaire. Le fond doit avoir une légère pente pour assurer l'écoulement des eaux, et au point le plus bas on creuse une fosse qu'on remplit de mâchefer pour permettre aux eaux de s'y réunir et d'être absorbées par le sol sans former de flaques dans le silo.

Pour bien conserver la pulpe, on doit l'ensiler mélangée avec de la menue paille qui a pour but d'absorber les liquides qui s'échappent de la pulpe en fermentation. On place au fond

	PRESSES continues		MACÉRATION Champonnois		MACÉRATION		MACÉRATION à la vinasse		DIFFUSION à la vinasse.			DIFFUSION Boullenger.	
	fraîche.	sèche.	fraîche.	sèche.	à l'eau.	à la vinasse.	A.	B.	A.	B.	C. avec 1,5 0/0 de menue paille.	A.	B.
Eau	84,68	»	89,20	»	93,11	92,64	91,99	90,80	89,60	89,40	86,42	89,74	90,09
Matière sèche	15,32	100,00	10,80	100,00	»	»	»	»	»	»	»	»	»
Matières azotées	1,71	11,20	1,33	12,3	0,21	0,77	1,70	1,79	1,20	1,32	1,78	2,49	2,13
— grasses	0,22	1,42	0,12	1,2	»	»	0,68	0,57	0,42	0,45	0,60	0,90	0,67
Cellulose	3,63	23,7	2,42	19,6	1,48	1,44	3,12	3,20	4,80	4,60	6,48	3,64	3,80
Sucre			0,66	6,1	1,72	1,34							
Autres matières hydrocarbonées	8,95	58,44	4,47	41,2	2,93	2,97	1,71	2,28	2,90	3,03	3,15	2,06	2,18
Cendres	0,81	5,27	1,86	17,2	0,55	0,84	1,79	1,26	1,08	1,20	1,57	1,17	1,13
Substances diverses	»	»	0,24	2,4	»	»	»	»	»	»	»	»	»
Poids du litre de pulpe en grammes	»	»	»	»	»	»	972	993	950	960	»	»	»
Auteur	Briem.		Linter.		Siegel.		Sidersky.						

du silo une couche de 2 à 3 centimètres de menue paille, puis on y dispose la pulpe en une couche de 20 centimètres au maximum. On la recouvre de 3 centimètres de paille hachée, puis on fait une nouvelle couche de pulpe et on continue ainsi jusqu'au niveau du sol. A partir de là, on dispose les couches de menue paille et de pulpe en réduisant peu à peu leur largeur de manière à former finalement un toit à deux versants. On recouvre le silo de longue paille, et on tasse sur cette paille une couche de terre de 25 centimètres d'épaisseur.

La pulpe ainsi disposée fermente lentement et contracte une odeur spéciale due à la formation d'acides lactique, butyrique, acétique, etc. Pendant la conservation, il se produit donc des pertes, qui deviennent considérables quand on attend longtemps avant de faire consommer la pulpe. La perte au bout de trois mois peut atteindre 25 p. 100, au bout de six mois 50 p. 100, au bout d'un an 70 p. 100.

Pour éviter ces pertes et empêcher la formation des acides organiques et les fermentations, le seul moyen pratique est la dessiccation.

Dessiccation de la pulpe. — Plusieurs appareils ont été employés pour la dessiccation de la pulpe et nous citerons notamment les appareils de Buttner et Meyer, de Petry et Hœcking, de Huillard qui réalisent la dessiccation par les gaz chauds, et l'appareil Sperber qui réalise la dessiccation par la vapeur. Ces appareils ont été jusqu'ici utilisés surtout pour les pulpes de sucrerie et ils ne sont pas répandus dans les distilleries françaises.

Le four Buttner et Meyer se compose d'un foyer à air chaud et d'une chambre à sécher à trois étages. Les pulpes à dessécher arrivent à l'étage supérieur, sont mélangées par un arbre dont les palettes en hélice projettent en l'air la matière à sécher. Les cossettes tombent ainsi dans le second étage, puis dans l'étage inférieur. L'air chaud, aspiré par un ventilateur, suit le même chemin que la pulpe et ce courant gazeux entraîne peu à peu les particules de pulpe soulevées au fur et à mesure qu'elles se dessèchent. Les pulpes ainsi séchées ne renferment plus que 7 à 10 p. 100 d'eau, et la dépense en charbon est environ de 60 kilogrammes par 100 kilogrammes de pulpe sèche.

Le four Petry-Hoecking est basé sur le même principe : les pulpes circulent dans deux cylindres concentriques où elles sont desséchées par l'air chaud. La dépense en charbon est également de 60 à 64 kilogrammes par 100 kilogrammes de cossettes sèches. L'appareil Huillard se compose d'une tour circulaire où sont disposés horizontalement 3 ou 4 plateaux perforés cloisonnant autant de chambres superposées selon l'axe de la tour qui est un axe vertical tournant. La matière arrive sur le pourtour du plateau supérieur. Au-dessus de ce plateau est un ensemble de palettes tournant avec l'axe central, qui poussent la matière à sécher de la périphérie au centre jusqu'à un évidement circulaire. La matière tombe alors sur une plate-forme faisant partie d'un tronc de cône mobile avec l'axe central et elle se répartit sur le pourtour du second plateau où les mêmes phénomènes se reproduisent. La matière descend ainsi jusqu'au bas de la tour où elle est extraite automatiquement. Les gaz chauds, pris au carneau des générateurs, arrivent à 250-280° dans la chambre inférieure, montent d'étage en étage jusqu'en haut, appelés par un ventilateur qui les rejette au dehors à une température qui ne dépasse pas 60°.

Le four Sperber est une étuve divisée en quatre étages par des cloisons demi-cylindriques à double enveloppe. Dans chacune de ces cloisons se trouve un agitateur à bras propulseurs, qui reçoit de la vapeur. La cossette desséchée est très blanche et il n'y a ni caramélisation, ni carbonisation, mais la dépense de charbon est de 70 à 75 kilogrammes par 100 kilogrammes de cossettes sèches.

Utilisation de la pulpe. — La pulpe est utilisée pour l'engraissement et pour l'alimentation des animaux. Pour les bœufs à l'engrais, on donne une ration de 60 à 70 kilogrammes de pulpes; pour les vaches laitières, on réduit beaucoup cette dose et on donne 25 à 30 kilogrammes. Il ne faut pas dépasser la dose maxima de 40 kilogrammes. La pulpe est en effet un aliment extrêmement aqueux, et la qualité du lait devient mauvaise quand les animaux reçoivent de trop fortes rations de pulpe. On produit en quelque sorte ainsi un mouillage physiologique, en faisant absorber à l'animal des quantités d'eau considérables qu'il n'absorberait pas sans ce mode d'alimentation.

La lactation est augmentée, mais la richesse du lait en extrait et en beurre s'abaisse beaucoup. Pour réduire cet inconvénient, on mélange la pulpe avec des aliments secs tels que tourteaux, féveroles, pailles et fourrages hachés, etc.

Quant aux pulpes sèches, elles constituent un excellent aliment. Plongées dans l'eau, elles absorbent très rapidement trois ou quatre fois leur poids d'eau, et il suffit pratiquement, pour les utiliser, de les arroser avec trois à quatre fois leur poids d'eau, et de les laissser ainsi tremper quelque temps avant de les donner aux animaux.

VINASSES DE BETTERAVES

Composition des vinasses de betteraves. — Les vinasses sont constituées par le résidu de la distillation des vins de betteraves. Leur composition est très variable suivant la qualité des betteraves travaillées et le procédé de fabrication employé, aussi les chiffres donnés par les divers auteurs diffèrent-ils très notablement. En effet, en considérant uniquement les vinasses au point de vue de leur teneur en azote, acide phosphorique et potasse, divers auteurs ont trouvé qu'elles renferment, en grammes par hectolitre :

Azote	56	100	112	90
Acide phosphorique	130	130	36	20
Potasse	128	167	165	150
Auteur :	Hanicotte.	Dejonghe.	Sidersky.	Ch. Girard.

Un très intéressant travail, tout récent, de MM. P. Verbièse et Darras-Verbièse, nous a donné des renseignements utiles sur la composition des vinasses suivant les procédés de travail des usines. Voici, d'après ces auteurs, le tableau qui résume les diverses analyses moyennes des vinasses prises immédiatement à la sortie de la colonne.

NUMÉRO D'ORDRE.	2	13	17	23	20	28	29
MODE D'EXTRACTION.	MACÉRATION Champonnois.	PRESSES continues (2 pressions).	PRESSES CONTINUES (3 pressions).		DIFFUSION (Pulpes non pressées).	DIFFUSION (Pulpes pressées).	
Densité à 15°	1011,5	1010	1010	1010	1011	1007	1008
Acidité totale en grammes SO^4H^2 par litre	2,4	1,6	1,75	1,95	2,2	1,30	1,9
Matières réductrices après inversion en grammes par litre	0,174	traces.	0,322	traces.	0,195	traces.	0,390
Extrait sec en grammes par litre	21,472	24,636	22,218	19,566	18,578	14,302	18,062
Cendres en grammes par litre	7,516	6,944	6,858	6,494	6,158	3,056	3,860
Acide sulfurique total par litre	2,77	2,10	2,392	2,31	2,07	1,47	1,47
Azote par mètre cube en kilogrammes	0,971	1,114	1,243	0,485	1,012	0,591	1,043
Acide phosphorique par mètre cube en kilogrammes	0,575	0,211	0,309	0,313	0,409	0,345	0,406
Potasse par mètre cube en kilogrammes	1,595	1,690	1,724	1,668	1,811	0,905	1,344

Les cinq premières colonnes se rapportent à des usines qui traitent des betteraves pauvres à 4,4 — 5,2 de densité, les deux dernières (28 et 29, diffusion pulpes pressées) se rapportent à deux distilleries qui traitent des betteraves riches à 7,2 — 7,8 de densité.

En tenant compte du volume de vinasses produites par 1 000 kilogrammes de betteraves dans ces différents cas, MM. Verbièse et Darras trouvent pour les quantités d'azote, d'acide phosphorique, et de potasse par 1 000 kilogrammes de betteraves les chiffres suivants :

NUMÉRO D'ORDRE......	2	13	17	23	20	28	29
	kg.	kg.	kg.	kg.	kg.	kg.	kg.
Azote..............	1,554	1,894	1,616	1,379	1,366	1,064	1,283
Acide phosphorique ..	0,840	0,359	0,402	0,438	0,552	0,621	0,499
Potasse.......... ..	2,552	2,873	2,241	2,335	2,445	1,629	1,653

Par hectolitre d'alcool à 100^d, MM. Verbièse et Darras arrivent aux chiffres suivants :

NUMÉRO D'ORDRE......	2	13	17	23	20	28	29
	kg.	kg.	kg.	kg.	kg.	kg.	kg.
Azote..............	3,263	3,60	3,232	2,689	3,142	1,224	1,604
Acide phosphorique ..	1,764	0,682	0,804	0,854	1,270	0,714	0,624
Potasse.............	5,369	5,459	4,482	4,553	5,623	1,873	2,066

On peut écarter l'usine n° 2 où les rentrées de vinasses atteignent les deux tiers, de sorte que ses résultats ne sont pas comparables à ceux des autres usines où les rentrées de vinasses sont nulles (20 et 29) ou d'un dixième seulement (13, 17, 23, 28). En examinant les résultats fournis par les six autres usines, MM. Verbièse et Darras arrivent aux conclusions suivantes. Malgré la différence entre les modes de travail et les qualités de la betterave, les teneurs moyennes de la vinasse par mètre cube diffèrent moins entre elles qu'on aurait pu le supposer. L'extrait sec ne varie que de 18 à 25 kilogrammes, l'azote de 0^{kg},985 à 1^{kg},243, l'acide phosphorique de 0^{kg},211 à 0^{kg},409, la potasse de 1^{kg},811 à 1^{kg},344, en laissant de côté le n° 28 où par suite de circonstances particulières on extrayait une quantité de jus exagérée par 100 kilogrammes de betteraves (180 litres), ce qui diluait beaucoup les vinasses obtenues.

Si on se rapporte à la proportion d'éléments fertilisants contenus dans les vinasses par 1 000 kilogrammes de betteraves mises en œuvre, on voit que la proportion d'azote est nettement moins élevée en betteraves riches qu'en betteraves pauvres. En outre, pour des betteraves de même qualité, l'azote est moins élevé dans les vinasses de diffusion que dans celles de presses continues, ce qui s'explique aisément par les débris de pulpes que contiennent toujours les jus de presses, beaucoup plus sales que les jus de diffusion. La potasse est en augmentation plus marquée encore dans les vinasses de betteraves pauvres sur celles de betteraves riches. Ici le mode de travail ne paraît pas avoir d'influence. Enfin l'acide phosphorique est plus élevé en betteraves riches qu'en betteraves pauvres, où les quantités sont faibles.

Si on compte maintenant le kilogramme d'azote à 1 fr. 60, de potasse à 0 fr. 45 et d'acide phosphorique à 0 fr. 40, on peut calculer aisément, à l'aide des tableaux précédents, la valeur intrinsèque des vinasses comme engrais, et on arrive à cette conclusion que la valeur de la vinasse est environ, pour les betteraves pauvres, de 2 fr. 30 à 2 fr. 70 par mètre cube de vinasses, de 3 fr. 20 à 4 fr. 20 par 1000 kilogrammes de betteraves, 6 fr. 30 à 8 francs par hectolitre d'alcool à 100^{d}, et pour les betteraves riches, de 2 fr. 20 par mètre cube de vinasses, de 2 fr. 75 par 1 000 kilogrammes de betteraves et de 3 fr. 50 par hectolitre d'alcool. Cette dernière différence paraît énorme, mais elle provient surtout de ce qu'il faut d'un côté 2000 kilogrammes et de l'autre 1 100 à 1 300 kilogrammes de betteraves environ à l'hectolitre d'alcool.

Si nous envisageons maintenant les autres substances contenues dans les vinasses, nous trouvons des traces de sucres, de l'acide sulfurique, des matières grasses, des acides organiques divers, etc. Les vinasses renferment en outre de la glycérine, dont on a tenté l'extraction, comme nous le verrons plus loin. Les vinasses de betteraves ne peuvent donc pas être employées pour l'alimentation, et leur principale valeur est constituée d'abord par les sels qu'elles renferment et qui en font un engrais précieux, et ensuite par la glycérine qu'on peut récupérer.

Utilisation des vinasses.

Une très intéressante enquête faite en 1905 par le ministère de l'agriculture a permis de réunir des éléments suffisants pour montrer ce qui se fait avec les vinasses dans la généralité des distilleries de France.

Sur 321 distilleries en fonctionnement en 1905, 223 ont déclaré se servir de leurs vinasses en irrigation, 7 ne les utilisent que partiellement, 23 ne disposant d'aucun terrain convenable, les abandonnent à la filtration lente dans le sous-sol par des puits perdus ; enfin 68 n'ont pas cru devoir fournir de renseignements à ce sujet. Il semble donc qu'on puisse classer les distilleries en trois catégories : la première, qui est la plus importante, comprend les distilleries où l'utilisation agricole est possible et se fait couramment : la seconde comprend les usines où les vinasses ne coûtent rien, mais ne rapportent rien, l'évacuation se faisant dans des puits perdus, faute de disposition ou terrains permettant l'irrigation ; enfin la troisième comprend les distilleries pour lesquelles les vinasses constituent une source d'ennuis, car ces usines ne disposent pas de l'emplacement nécessaire pour irriguer ou pour faire l'évacuation en puits perdus, et l'administration refuse, avec raison d'ailleurs, l'autorisation de les déverser au dehors dans les cours d'eau sans être préalablement épurées.

Utilisation agricole des vinasses. — D'après l'enquête précédemment citée, la surface totale des terres de culture soumises à l'irrigation régulière par les vinasses en 1905, s'élevait à 3995 hectares ; 34 distilleries épandent moins de 1000 hectolitres par hectare et par an, 72 en épandent de 1000 à 10000 hectolitres, 45 de 10000 à 20000 hectolitres et 15 plus de 20000. Dans la majorité des cas, il semble que les terres propices à l'épandage peuvent recevoir en 100 jours, durée moyenne de chaque campagne de fabrication, environ 10000 hectolitres par hectare. Mais il convient d'observer que ce chiffre ne représente qu'une approximation se rapportant aux terrains très perméables argilo-calcaires ou terres franches. Sur les sols argileux ou silico-argileux, il ne peut guère s'élever au-dessus de 3 à 4000 hectolitres par hectare.

La plupart des distilleries indiquent que l'utilisation des vinasses en irrigation permet à la culture d'économiser de 20000 à 40000 kilogrammes de fumier de ferme par hectare et par an, suivant la nature des terrains. Elles signalent en outre, que les cultures qui s'accommodent le mieux de cet engrais sont : en premier lieu les betteraves, puis les pommes de terre, le tabac et enfin le maïs fourrager et les prairies. Mais, quelle que soit la culture adoptée, il n'est jamais recommandable d'irriguer les mêmes sols deux années de suite. Le retour de la vinasse sur les mêmes terres, malgré un assolement régulier, amène très vite soit la diminution de la pureté de la betterave, soit la verse des céréales, soit le développement intense de plantes acides (rumex, oseille sauvage, etc.). On doit donc s'efforcer de n'utiliser les vinasses, sur un même champ, que tous les trois ans environ.

Comme procédé d'épandage, le déversement dans des billons est employé de préférence à la submersion uniforme. Cette dernière n'est en usage que dans 39 exploitations qui ne disposent pas de surfaces suffisamment étendues.

Le problème de l'utilisation des vinasses par la culture est dominé par la question du prix de revient qui oscille de 5 à 100 francs par hectare, avec 40 francs comme moyenne.

Dans l'immense majorité des cas (132 sur 221 distilleries qui ont répondu à cette partie de l'enquête) les vinasses sont amenées aux champs par des conduites souterraines, 63 exploitations agricoles utilisent des canaux ouverts, et 26 sont obligées d'effectuer le transport par tonneaux.

Les canalisations le plus souvent adoptées sont en fonte (113 usines); 7 distilleries emploient des tuyaux en plomb, 8 en poterie, 2 en ciment, 7 en grès et 1 en cuivre. Plusieurs usines disposent de divers systèmes de canaux, les uns ouverts, d'autres fermés: mais la plupart signalent leur préférence pour les conduites en fonte ou en grès vernissé. Ces dernières, moins coûteuses, ont l'inconvénient de se briser, de se déplacer par suite des affouillements du sol et d'exiger de fréquentes réparations.

Les terres ne sont irriguées avec les vinasses pures que si les exploitants n'ont que des surfaces insuffisantes à leur disposition. En général, on trouve beaucoup plus avantageux de les diluer avec 2 à 5 parties d'eaux de lavage de betteraves. Les vinasses pures, dont l'acidité est très élevée (2 gr. en SO^4H^2 en moyenne par litre), sont souvent nuisibles, surtout dans les sols argileux; elles gènent l'action des microbes et notamment la nitrification.

Un assez grand nombre de distilleries (84 sur 218) laissent séjourner leurs vinasses dans de vastes fosses ou bassins de décantation pendant deux à cinq jours avant de les envoyer sur les champs. Cette pratique offre une utilité réelle, car elle a pour effet (surtout lorsque les vinasses se trouvent mélangées dans les fosses de décantation avec une certaine quantité d'eaux de lavage de betteraves) de faire disparaître très rapidement l'acidité. Lorsque l'acidité de la vinasse diluée admise dans la fosse est de 0gr,40 par litre, il suffit de quelques heures pour que cette vinasse devienne alcaline. Il s'y établit une fermentation ammoniacale très active et l'effluent de ces fosses dirigé sur les terres, s'y nitrifie avec la plus grande énergie, et son épandage sur les mêmes sols ne paraît plus offrir les inconvénients qui sont signalés partout à la suite de l'irrigation par les vinasses brutes acides. Les résidus déposés dans la fosse de décantation sont mélangés à la paille des silos et sont transportés sur les champs où l'irrigation n'est pas possible.

Dans les distilleries industrielles qui vendent leurs vinasses à la culture, la redevance est calculée soit aux 1 000 kilogrammes de betteraves travaillées, et elle est alors variable de 0 fr. 30 à 0 fr. 60, soit à l'hectare, et elle oscille alors entre 150 et 300 francs, l'agencement et l'entretien de la canalisation étant à la charge de l'usine. Il est évident que ces prix ne correspondent pas du tout à la valeur intrinsèque des vinasses comme engrais, car si nous admettons le chiffre le plus faible de 4000 hectolitres à l'hectare, nous voyons par les chiffres précédemment exposés que le mètre cube vaut en moyenne 2 fr. 50, ce qui conduirait au chiffre de 1 000 francs pour les 4000 hectolitres, soit 1 000 francs par hectare dans le cas le plus défavorable. Il est peu probable cependant que la culture consente à relever les prix qu'elle paie actuellement à la distillerie, car l'utilisation des vinasses comme engrais présente un certain nombre d'inconvénients qui diminuent la valeur de cet engrais. MM. Verbièse et Darras ont émis l'idée de la transformation des vinasses en un engrais sec facilement transportable et d'un emploi commode, dans quelques usines spécialement agencées à cet effet. L'idée est intéressante au point de vue agricole, et il est possible que l'écart existant actuellement entre la valeur payée de la vinasse et sa valeur réelle permette cette transformation tout en laissant encore un bénéfice très appréciable. Le problème a une importance considérable, car si on prend pour base la production annuelle de 1 million de litres d'alcool de betteraves, et une production de 24 hectolitres de vinasses par hectolitre d'alcool, ce qui représente la moyenne généralement indiquée par les principaux distillateurs, on voit que l'ensemble des distilleries de notre pays évacue chaque année environ 24 millions d'hectolitres de vinasses, qui, au prix moyen de 2 fr. 50 le mètre cube établi précédemment, représentent une valeur totale d'environ six millions de francs !

Épuration des vinasses en vue de leur rejet dans les cours d'eau. — L'utilisation agricole, aux doses que nous avons indiquées, avec retour tous les trois ans au plus sur les mêmes terres, exige une surface considérable de terres à irriguer. Par suite de l'accroissement des agglomérations, les terres faciles à irriguer sont souvent rares, et nous avons vu que certains distillateurs doivent évacuer leurs vinasses soit dans les puits perdus, soit dans les cours d'eau.

Le déversement dans les cours d'eau étant interdit, on a cherché les moyens d'épurer ces eaux de manière à pouvoir les déverser sans inconvénients.

Les vinasses renferment à la fois des matières en suspension et des matières en solution, et pour les épurer, il faut séparer les matières en suspension et éliminer la presque totalité des matières en solution. La précipitation chimique résout bien la première partie du problème, mais pour la seconde elle est de peu d'efficacité. La chaux en léger excès, qui est le meilleur précipitant et le plus économique, donne un liquide filtré clair, mais encore putrescible.

Les expériences de M. Rolants, à l'Institut Pasteur de Lille et dans des distilleries de la région du Nord, ont montré que les procédés biologiques sont parfaitement applicables à l'épuration des vinasses de betteraves.

Voici, d'après M. Rolants, comment il convient d'opérer. Les vinasses doivent d'abord être diluées de quatre à cinq fois leur volume d'eaux de lavage de betteraves ou autres, car sans dilution le travail d'épuration imposé aux microbes serait trop considérable et se ferait mal. Il est indispensable ensuite de laisser décanter les vinasses dans une fosse et de leur laisser subir la fermentation ammoniacale qui fait disparaître l'acidité qui empêcherait le bon fonctionnement des lits bactériens. Les vinasses diluées sont donc déversées dans un grand bassin, dont la capacité doit être telle qu'il puisse contenir les dilutions de deux jours de travail. Une usine qui évacue 400 mètres cubes de vinasses par jour devra donc prévoir une fosse de 4000 mètres cubes. Si l'espace disponible n'est pas suffisant, on peut procéder à la dilution à la sortie de la fosse, et il suffit alors de prévoir un bassin de 800 mètres cubes. Quand on dispose d'un terrain assez considérable, une excellente solution consiste à diluer les vinasses avec toutes les eaux de presses, les petites eaux, les eaux de lavage des betteraves, à se servir de la fosse qui doit être alors de très grandes dimensions, pour la décantation de toutes ces eaux, à procéder à l'épuration et à se servir des eaux épurées pour les laveurs et les transporteurs.

Il est indispensable, dans la fosse de décantation, d'amorcer au début la fermentation ammoniacale en neutralisant le liquide avec du carbonate de chaux, et en introduisant de la terre ou un peu de fumier. La fermentation se poursuit ensuite d'elle-même.

Les eaux ainsi décantées et fermentées sortent du bassin par un déversoir et tombent dans un canal qui les conduit dans la rigole de distribution qui alimente les lits bactériens. Nous n'insisterons pas ici sur le principe de cette méthode d'épuration biologique, excellemment exposée dans un autre ouvrage de cette encyclopédie (1), auquel nous renverrons le lecteur. La rigole de distribution alimente des réservoirs de chasse intermittente du type Calmette (2), de 800 litres de capacité, en nombre correspondant au volume de liquide à traiter par jour, chaque réservoir débitant par jour environ 750 hectolitres à raison d'une chasse par quart d'heure. Ces siphons à amorcage lent se vident en une minute à la surface du lit bactérien. Celui-ci doit avoir une largeur maxima de 10 mètres dans le sens du déversement des siphons, et une longueur correspondante à la quantité de liquide à traiter, la surface étant de 2 mètres carrés par mètre cube de liquide. Le lit bactérien doit avoir environ 2 mètres de hauteur, les 30 centimètres inférieurs sont constitués par des grosses scories, et le reste par des scories tout venant, débarrassées de poussières. On dispose le lit en talus pour éviter la construction de murs de soutien. Au bas du lit, un caniveau collecte les eaux épurées.

Les essais qui ont été faits dans plusieurs distilleries de betteraves ont été satisfaisants. La méthode biologique permet d'abord la suppression totale des matières en suspension. Ces matières se dissolvent presque entièrement par fermentation au bout d'un certain temps dans la fosse de décantation En outre les eaux ainsi décantées s'épurent, partiellement tout au moins, sur les lits bactériens. L'épuration est d'autant plus parfaite que la vinasse est plus diluée, mais il suffit pra-

(1) Voy. E. Kayser, *Microbiologie agricole*, p. 132 et suivantes.

(2) Pour plus de détails sur cette question, voy. *Recherches sur l'épuration biologique et chimique des eaux d'égout*, par le Dr Calmette, t. II, p. 260.

tiquement d'obtenir des eaux qui puissent être rejetées sans inconvénients dans les cours d'eau, sans chercher à atteindre des résultats qui entraîneraient des dépenses hors de proportion avec ce qu'on est raisonnablement en droit d'exiger. Or l'épuration qu'on atteint pratiquement est suffisante : diluées avec de l'eau, les eaux ainsi épurées ne se troublent pas et ne dégagent plus aucune mauvaise odeur. Dans des essais effectués à la distillerie de MM. Lesaffre à Marquette (Nord), le taux de l'ammoniaque est tombé de 84 à 57,1 milligrammes par litre; l'azote organique, qui était de 115 milligrammes par litre de vinasse diluée à l'entrée du bassin, est tombé à 20 milligrammes par litre à la sortie ; soit une épuration de plus de 80 p. 100. La perte au rouge, qui était de 1gr,832 par litre sur la vinasse diluée, n'était plus que de 730 milligrammes sur la vinasse épurée, soit une perte de 60 p. 100 environ. Les effluents épurés ne contiennent presque pas de nitrates, à cause de la dénitrification intense qui se produit dans les lits quand la vinasse n'est pas suffisamment diluée.

Ces résultats montrent que la méthode est applicable aux vinasses de distillerie, quand les conditions locales ne permettent pas l'utilisation agricole, qui est évidemment plus avantageuse quand elle est possible.

Concentration des vinasses de betteraves en vue de l'obtention d'engrais. — Nous avons signalé plus haut l'importance qu'il y aurait à transformer les vinasses de betteraves en un engrais solide et facile à manier. La concentration économique de ces vinasses nécessite l'emploi d'appareils à multiple effet.

Nous donnerons ici seulement le principe de ces appareils à multiple effet qui ont été étudiés en détail dans un autre ouvrage de cette Encyclopédie (1). Un appareil à multiple effet se compose, suivant les cas, de deux, trois ou quatre caisses d'évaporation. Chacune de ces caisses porte à la partie inférieure un faisceau tubulaire qui reçoit la vapeur dans l'espace intertubulaire, tandis que le liquide à concentrer circule dans les tubes (fig. 104). Chaque caisse est reliée, à la partie supé-

(1) Voy. E. Saillard, *Technologie agricole*.

rieure, par un large tuyau, au faisceau tubulaire de la caisse suivante, de sorte que les vapeurs émises par une caisse vont se condenser dans la chambre de chauffe de la caisse suivante

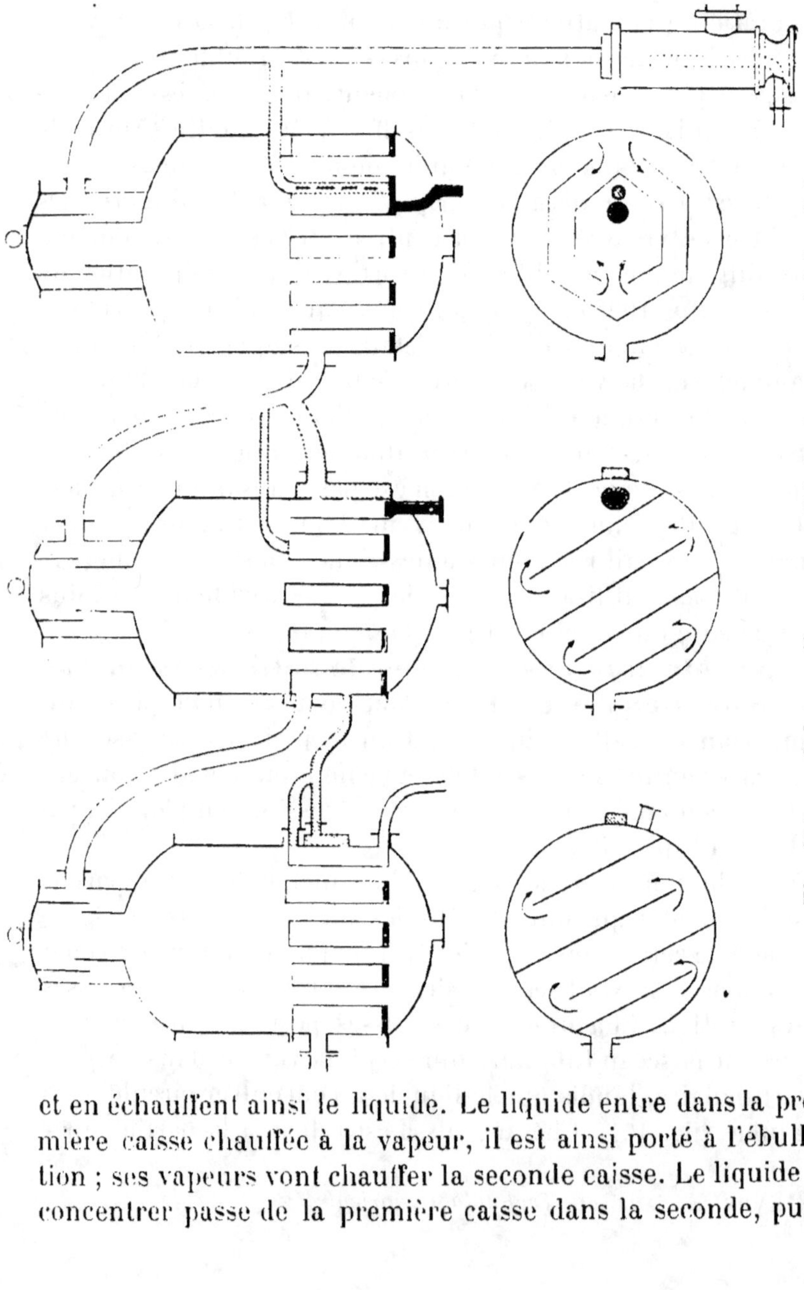

Fig. 104. — Schéma d'un appareil à évaporer par triple effet. (d'après E. Saillard, *Technologie agricole*.)

et en échauffent ainsi le liquide. Le liquide entre dans la première caisse chauffée à la vapeur, il est ainsi porté à l'ébullition ; ses vapeurs vont chauffer la seconde caisse. Le liquide à concentrer passe de la première caisse dans la seconde, puis dans la troisième, et sort concentré de la dernière caisse de l'appareil. Les vapeurs émises par la seconde caisse vont se condenser dans la chambre de chauffe de la troisième, et ainsi de suite. La première caisse seule est donc chauffée par la vapeur directe ou d'échappement. Des dispositifs spéciaux permettent l'élimination des eaux condensées dans les faisceaux tubulaires, et des gaz non condensables qui se dégagent du liquide pendant l'évaporation.

L'appareil peut fonctionner sous vide partiel : dans ce cas, on fait agir sur la dernière caisse un condenseur et une pompe à vide, le liquide se met à bouillir à une température plus basse ; les parois plus froides du faisceau tubulaire du dernier corps, condensant les vapeurs de la caisse précédente, déterminent également un vide sur cette caisse et ainsi de suite, le vide diminuant et la température d'ébullition augmentant de la dernière caisse à la première. Il est préférable, comme nous le verrons plus loin, de faire travailler l'appareil sous pression et non pas sous vide partiel, pour l'évaporation des vinasses de mélasses. On supprime alors la pompe à vide.

M. Barbet, qui a étudié la concentration des vinasses de betteraves dans un appareil à quadruple effet, envisage cette question de la façon suivante. On doit d'abord chercher à faire des vinasses aussi concentrées que possible, et employer par suite la diffusion à l'eau en ne soutirant que 105 à 110 litres de jus par 100 kilogrammes de betteraves. On opère la stérilisation totale de ces jus d'une façon très économique par l'emploi de puissants récupérateurs de chaleur, et cette stérilisation, complétée par l'emploi de levains purs actifs, permet de réduire des deux tiers la quantité d'acide sulfurique employée ordinairement, de sorte que la valeur ultérieure des salins se trouve très augmentée. Supposons alors une usine travaillant par diffusion 150000 kilogrammes de betteraves, et obtenant ainsi 1600 hectolitres de jus à 1050 contenant en moyenne 10 p. 100 de sucre et 2,5 p. 100 de non sucre. La distillation dans une colonne à bas degré à chauffe-vin, mais sans récupérateur, demandera environ 15 kilogrammes de vapeur à l'hectolitre de vin, soit 24000 kilogrammes. La colonne donnera par vingt-quatre heures 192 hectolitres de flegmes à 50^d, et il restera 1408 hectolitres de vinasses. Si le tubulaire de la colonne avait été la quatrième caisse d'un quadruple effet ordinaire, les 24000 kilogrammes auraient évaporé les 96 centièmes de leur poids, c'est-à-dire $230^{hl},4$ au lieu de 192. La différence est donc de $38^{hl},4$, et tout se passera comme si nous avions à alimenter le quadruple effet de $1638^{hl},40$.

Nous verrons plus loin que pour que la vinasse obtenue puisse achever sa concentration sans aucune dépense de charbon, la combustion des matières organiques donnant la chaleur nécessaire pour ce travail, il faut concentrer la vinasse à un degré tel qu'elle contienne environ 20 kilogrammes de non-sucre à l'hectolitre. Or nous avons introduit dans le travail $1600 \times 2,5 = 4000$ kilogrammes de non-sucre. Il faudra donc réduire le liquide à $\frac{4000}{20} = 200$ hectolitres et la quantité à vaporiser sera de $1638,4 - 200 = 1438^{hl},4$. Or, dans un quadruple effet, chaque kilogramme de vapeur mis au premier effet doit produire au minimum $3^{kg},4$ d'évaporation effective. La dépense de vapeur vive à la première caisse sera donc de $\frac{143\,840}{3,4} = 42\,305$ kilogrammes.

Dans la première caisse, le coefficient de rendement en vaporisation étant supposé égal à 90 p. 100, et dans la deuxième et la troisième caisse à 98 p. 100, on évaporera dans la première caisse $42\,305 \times 0,90 = 38\,075$ kilogrammes; dans la deuxième caisse $38\,075 \times 0,98 = 37\,314$ kilogrammes; dans la troisième caisse $37\,314 \times 0,98 = 36\,568$ kilogrammes. La quatrième caisse ne consomme, comme nous l'avons vu, que 24000 kilogrammes qui ne produisent qu'une vaporisation effective de 192 hectolitres de flegmes. Il reste par conséquent une disponibilité de 12568 kilogrammes avec lesquels on peut chauffer une grande cuve à air libre servant de réservoir aux vinasses concentrées, de façon à terminer leur réduction à 200 hectolitres par vingt-quatre heures. Ce dernier réservoir, fermé, peut chauffer la stérilisation.

Dans le travail sans concentration, on dépensera donc 24 000 kilogrammes de vapeur à la colonne à distiller,

19 200 kilogrammes au rectificateur continu (96 hectolitres à 200 kilogrammes de vapeur) et 6 000 kilogrammes pour la stérilisation des jus, soit en tout 49 200 kilogrammes de vapeur, sans compter la diffusion, la force motrice, etc., dont les dépenses sont les mêmes dans les deux cas. Dans le travail à quadruple effet, lequel chauffe la colonne et la stérilisation, la dépense est de 42 305 kilogrammes de vapeur pour le multiple effet, et de 19 200 pour le rectificateur, soit 61 505 kilogrammes au lieu de 49 200 kilogrammes, d'où une dépense supplémentaire de 12 305 kilogrammes de vapeur ou de 1 640 kilogrammes de charbon par jour. Si on double ce chiffre pour tenir compte de la main-d'œuvre pour le multiple effet et le four à potasse, on arrive à une dépense de 66 francs par jour. Or, le jus de diffusion contenant environ 0kg,8 de cendres, on extraira donc 0,8 × 1 600 = 1 280 kilogrammes de salins. En comptant ces salins à 10 francs seulement les 100 kilogrammes, on arrive à un produit de 128 francs, laissant par conséquent un bénéfice de 62 francs par jour, soit de 5 580 francs pour quatre-vingt-dix jours de campagne et 0 fr. 413 par tonne de betterave.

M. P. Kestner a étudié également le problème de la concentration des vinasses de betteraves, et il a proposé l'emploi de la tourbe dont le prix d'achat et de transport est couvert par l'azote qu'elle contient déjà. On doit concentrer les vinasses dans des appareils à effets multiples, puis à simple effet, dont nous parlerons à propos des vinasses de mélasses, jusqu'à 40 degrés Baumé; on mélange le sirop ainsi obtenu avec la tourbe et on fait sécher la masse dans des fours au moyen des chaleurs perdues des chaudières de l'usine. Nous avons vu précédemment que la valeur de la vinasse comme engrais varie de 3 fr. 50 à 8 francs par hectolitre d'alcool produit, suivant la richesse de la betterave. Or, d'après M. Kestner, la concentration à 40° Baumé demande 55 kilogrammes de charbon, soit une dépense de 1 fr. 10 par hectolitre d'alcool; si on ajoute à ce chiffre 0,50 pour la main-d'œuvre et les autres frais, on arrive à une dépense de 1 fr. 60 par hectolitre d'alcool. Ces chiffres font ressortir une marge intéressante, suffisante pour justifier des essais industriels.

Extraction de la glycérine des vinasses de betteraves. — On a également proposé l'extraction de la glycérine contenue dans les vinasses de betteraves. La valeur de la glycérine étant beaucoup plus grande que celle de l'alcool, divers procédés ont été proposés pour l'extraction de ce sous-produit rémunérateur. En effet, si nous envisageons, avec M. Barbet, une usine qui met en fermentation 1 600 hectolitres de jus à 10 p. 100 de sucre, soit 16 000 kilogrammes de sucre par jour, ces 16 000 kilogrammes peuvent donner, d'après les chiffres de Pasteur, $16000 \times \frac{3,4}{100} = 544$ kilogrammes de glycérine (100 kilogrammes de sucre donnant 3^{kg},4 de glycérine en moyenne). En extrayant 80 à 90 p. 100 de cette glycérine, soit 450 kilogrammes par jour, on aurait une recette supplémentaire d'environ 450 francs, soit 3 francs par tonne de betteraves.

Divers procédés ont été proposés pour l'extraction de la glycérine des vinasses de distillerie. Il est d'abord nécessaire de concentrer la vinasse à multiple effet jusqu'à environ 70 kilogrammes de matière sèche à l'hectolitre, ce qui peut s'effectuer sans dépense supplémentaire sensible en ajoutant deux caisses formant quintuple et sextuple effet. Les principales méthodes qui ont été brevetées dans le but de l'extraction de la glycérine sont celles de MM. Sudre et Thierry, de M. Thierry, de M. Savary, et de M. Barbet.

La méthode de MM. Sudre et Thierry consiste à évaporer la vinasse par la chaleur, en nappe mince qu'on laisse couler sur un appui animé d'un mouvement de translation de vitesse appropriée et logé dans une chambre bien close et convenablement chauffée à 200-250°. Des jets de vapeur d'eau sont dirigés sur la masse de manière à favoriser le dégagement de la glycérine, et une tubulure permet d'aspirer ainsi, pour les récupérer, l'ammoniaque, la glycérine et les goudrons qui se dégagent. La masse arrivée à l'extrémité de la table sans fin est pulvérulente, elle est raclée et envoyée sur une seconde table sans fin où elle subit la calcination, et on obtient ainsi un salin.

L'appareil de M. Thierry est basé sur le même principe, mais les organes d'évaporation sont fixes au lieu d'être mobiles, et tout raclage des résidus se trouve supprimé. La vinasse arrive assez liquide pour couler facilement sur la surface d'évaporation inclinée placée dans une enceinte où on fait le vide ; sous l'action de la chaleur et du vide, l'eau et la glycérine se volatilisent et sont aspirées par la pompe à vide pour aller se condenser dans un réfrigérant. La matière arrive à l'extrémité inférieure de la surface d'évaporation encore assez liquide pour couler dans un récipient collecteur, d'où on l'extrait de temps en temps.

La méthode de M. Savary consiste à évaporer les vinasses à 30-40° B., à les traiter par le sulfate d'ammoniaque, puis à séparer le sulfate de potasse, à réduire à 42°-44° B. et à distiller dans le vide à la vapeur surchauffée pour extraire la glycérine. Le résidu de la distillation se prend en masse par le refroidissement ; il est pulvérisé et sert comme engrais.

M. Barbet a fait breveter plusieurs méthodes d'extraction de la glycérine. Dans une première méthode, pour éviter la décomposition de la glycérine par distillation à une température de 200 à 300°, M. Barbet a eu recours à l'osmose alcoolique. A cet effet, on fait circuler à contre-courant, dans un osmoseur spécial, la vinasse et l'alcool à 95^d. Dans ces conditions, la glycérine passe plus rapidement dans l'alcool que les sels, et finalement on obtient un alcool glycérineux, contenant un peu de sels, et une vinasse qui a absorbé un peu d'alcool et perdu sa glycérine. On distille l'alcool glycérineux et on concentre l'eau glycérineuse qui reste jusqu'à 80 p. 100 de glycérine anhydre.

M. Barbet a fait breveter récemment une autre méthode qui consiste à traiter les vinasses concentrées à 40-42° B. par la chaux en poudre à moitié éteinte, dans la proportion de 1 kilogramme à $1^{kg},25$ par kilogramme de sirop de vinasses et à ajouter de l'alcool à 95^d, qui dissout la glycérine. On distille alors pour récupérer cette dernière.

PETITES EAUX

Les petites eaux comprennent, dans les procédés d'extraction du jus par diffusion, les eaux de vidange des diffuseurs et les eaux de presses. En outre, les eaux de lavage des betteraves, qu'on obtient dans tous les modes de travail, constituent aussi des eaux résiduaires.

Les eaux de lavage ainsi que celles des transporteurs hydrauliques, sont ordinairement reprises après décantation, et doivent être finalement rejetées.

Les eaux de presses sont souvent mélangées aux eaux de diffusion qui ont une composition analogue. Leur composition par litre varie entre les nombres suivants :

Matières organiques totales...	4	à	6 grammes.		
— minérales..........	1	à	2	—	
Sucre....................	2	à	3.5		
Azote total..............	0.02	à	0.035		
Ammoniaque..............	0.002	à	0.007		
Matières en suspension......	5	à	20	—	et plus.

Ces eaux fermentent facilement, en dégageant une odeur désagréable, et leur évacuation dans les cours d'eau est une source de difficultés continuelles avec l'administration. Aussi a-t-on cherché à les épurer. La précipitation par les réactifs chimiques n'a donné aucun résultat. On s'est alors tourné vers l'épandage, mais cette méthode est peu avantageuse car elle exige des superficies très considérables, qu'on n'a pas toujours à sa disposition, et la culture n'a aucun profit à retirer de l'épandage de ces eaux qui ne renferment aucun principe fertilisant.

Diverses usines ont expérimenté les procédés biologiques. Les essais effectués à la sucrerie de Pont d'Ardres et à la sucrerie et distillerie de M. Barrois Brame à Marquillies ont montré que la méthode biologique est susceptible d'épurer très suffisamment ces eaux résiduaires.

Les eaux de vidange des diffuseurs et les eaux de presses sont d'abord débarrassées de leurs pulpes folles par passage dans deux épulpeurs, puis envoyées dans un bac de dilution où elles reçoivent de l'eau décantée des laveurs et transporteurs, dans la proportion de 100 p. 100. La quantité d'eau à traiter est ainsi de 300 à 400 litres par 100 kilogrammes de betteraves. Les eaux de lavage apportent dans l'eau les ferments nécessaires pour l'épuration dans les lits bactériens. Le mélange doit être immédiatement envoyé sur les lits bactériens, sans fosse intermédiaire, pour éviter la fermentation butyrique et les eaux de diffusion et de presses ne doivent recevoir les eaux de betteraves qu'au moment où elles vont se déverser sur les lits bactériens.

Les eaux, parfaitement débarrassées de leurs pulpes folles, afin d'éviter le colmatage des lits, sont répandues à la surface des lits bactériens par un système identique à celui que nous avons décrit plus haut pour les vinasses. La dimension du lit doit être de 1 mètre carré par mètre cube d'eau à traiter journellement, et sa hauteur doit être de 2 mètres. Les grosses scories sont placées au fond sur une hauteur de 0m,30, puis on place sur une hauteur de 1m,70 des scories tout venant. La répartition de l'eau à la surface du lit se fait par des rigoles parallèles distantes de 0m,50, et dont la longueur ne doit pas être supérieure à 15 mètres.

Les eaux qui s'échappent du lit bactérien sont inodores, imputrescibles, et peuvent être rejetées sans inconvénients dans les cours d'eau (1).

II. — RÉSIDUS DE LA DISTILLERIE DE MÉLASSES.

Le seul résidu de la distillerie de mélasses est constitué par les vinasses qui s'échappent des colonnes à distiller après extraction de l'alcool. Ces vinasses possèdent une grande valeur à cause de la grande quantité d'éléments fertilisants qu'elles renferment. Un grand nombre de procédés ont été préconisés pour l'utilisation des vinasses de mélasses. La méthode ancienne, encore employée dans la plupart des distilleries, consiste à extraire par calcination les sels de potasse que renferment ces vinasses; mais beaucoup de méthodes nouvelles visent en outre à l'utilisation de l'azote qui est perdu dans l'ancienne méthode par calcination. Nous étudierons brièvement ces divers procédés, qui présentent beaucoup

(1) Pour plus de détails sur cette question, voy. Dr Calmette, *Recherches sur l'épuration biologique des eaux d'égout*, t. II, p. 235 — Dienert, *Hydrologie agricole*, 1907, p. 430 et suiv.

moins d'intérêt pour l'agriculteur que l'étude des vinasses de betteraves, les distilleries de mélasses étant des distilleries industrielles qui n'ont avec la culture que des rapports très éloignés. Toutefois, la question est utile à envisager à cause des engrais que cette industrie peut fournir à la culture.

Composition des vinasses de mélasses. — Nous avons vu que les mélasses renferment une moyenne de 11 p. 100 de matières minérales et 11 p. 100 de non-sucre constitué surtout par des acides organiques. Les matières azotées se trouvent presque entièrement sous la forme de bétaïne et d'acides amidés. Quant aux matières minérales, elles sont surtout composées, comme nous l'avons vu, de potasse et de soude. Par calcination, ces bases, qui sont combinées aux acides organiques de la betterave, donnent naissance à des carbonates dans la proportion de 80 p. 100 du poids des cendres.

Les vinasses de mélasses contiennent donc en grande partie les matières azotées, minérales et le non-sucre de la mélasse. Une certaine proportion a été consommée par la levure pour son alimentation, mais les levains peuvent apporter dans certains cas d'autres matières et surtout des matières azotées, notamment quand on utilise des levains au maïs. Ces vinasses contiennent donc les acides organiques de la mélasse partiellement déplacés par l'acide sulfurique, les sels organiques de potasse, de soude, de chaux, etc., non décomposés, les sulfates résultant du traitement par l'acide sulfurique, et les matières azotées provenant de la mélasse, de la décoction de la levure pendant la distillation et des substances nutritives ajoutées.

Voici, d'après Stammer, la composition de deux vinasses de mélasses :

Saccharomètre	9,7	13,0
Eau	90,9	88,5
Matières organiques	5,3	7,6
Cendres	3,0	3,9
Azote	0,38	0,5
Potasse en K^2O	1,31	1,94

Delbrück donne l'analyse suivante d'une vinasse examinée à

l'Institut des fermentations de Berlin, et dont le degré saccharométrique était de 10,3 :

	Par kilogramme.	Par litre.
	gr.	gr.
Cendres	27,90	29,07
Azote	4,51	4,70
Potasse	14,47	15,08
Acide phosphorique	0,32	0,33

On voit que ces vinasses sont surtout riches en potasse et en azote, et de nombreux procédés ont été employés ou préconisés pour leur traitement.

Calcination des vinasses.

Pour extraire les sels de potasse des vinasses, on les concentre et on les soumet ensuite à la calcination ; on obtient ainsi un résidu sec appelé *salin*, riche en carbonate de potasse. La concentration peut se faire soit au four Porion, soit au moyen des appareils à multiple effet, soit au moyen des deux méthodes combinées, soit au moyen des évaporateurs Kestner. Nous examinerons successivement ces différents modes de travail.

Four Porion. — L'évaporation des vinasses se fait très souvent entièrement dans le four à potasse de Porion. Ce four se compose de deux parties : une chambre de concentration et une chambre d'incinération. La chambre de concentration communique avec la cheminée. La vinasse arrive au point le plus rapproché de la cheminée et s'écoule lentement sur la sole légèrement inclinée, vers la chambre d'incinération. Des agitateurs à palettes, tournant à la vitesse de 200 tours à la minute, projettent dans l'atmosphère gazeuse la vinasse sous forme de fines gouttelettes. De petites portes latérales permettent de surveiller l'évaporation. La vinasse, concentrée par les gaz chauds qui viennent de la chambre d'incinération, arrive à l'entrée de cette chambre quand la concentration atteint environ 20° B. La chambre d'incinération est formée de plusieurs soles chauffées par des foyers. La vinasse achève de s'y dessécher, s'y enflamme ; les matières organiques sont brûlées et les gaz chauds qui se dégagent pendant cette incinération passent dans la chambre de concentration, où ils servent à l'évaporation des vinasses. On brasse constamment, au moyen de raclettes, la masse en ignition, par des portes latérales, afin de rendre la combustion régulière. Quand la calcination est suffisante, vers l'extrémité du four, on fait tomber la masse encore en combustion dans des brouettes en fer, et on vide ces brouettes à l'air libre, de manière à former des tas où la combustion et le refroidissement s'achèvent. On obtient ainsi une masse noirâtre qui constitue le salin brut et qu'on met en baril pour expédier aux raffineries de potasse.

Le four, dont la longueur peut dépasser 15 mètres, reçoit, dans les distilleries bien agencées, presque toutes les chaleurs perdues des générateurs et fours de l'usine; cette chaleur, réunie à celle de la combustion de la vinasse et de la quantité de charbon plus ou moins grande, brûlée sur les grilles, permet une concentration assez économique des vinasses. La proportion de charbon à brûler varie beaucoup suivant l'utilisation plus ou moins parfaite des chaleurs perdues dans les distilleries, et si l'usine n'a pas d'autre cheminée que celle du four Porion et possède le tirage artificiel par ventilateurs Sturtevant en queue des générateurs, la proportion de charbon dépensée par le four devient très réduite. Un four Porion ainsi installé peut donner une évaporation brute de 25 à 30 kilogrammes d'eau par kilogramme de charbon brûlé sur la grille, mais beaucoup d'usines ne dépassent pas le chiffre de 20 kilogrammes.

Les recherches de MM. Matignon et Kestner sur la valeur calorifique des vinasses ont permis de déterminer les conditions économiques que doivent atteindre les distilleries dans leur travail au four Porion. 1000 kilogrammes de vinasses brutes à 5° Baumé ont un pouvoir calorifique total de 320 830 calories. Le charbon non brûlé qui reste dans les salins représente en moyenne 38 700 calories; la matière organique disparue dans le four a donc donné 320 830 — 38 700 = 282 130 calories, qui peuvent évaporer 514 kilogrammes d'eau à 90°, la vapeur sortant du four à 90°. Or l'eau totale à évaporer étant de 900 kilogrammes par 1000 kilogrammes de vinasses, l'évaporation de 514 kilogrammes représente 56,5 p. 100 de l'évaporation totale. Donc la matière organique de la vinasse, en brûlant complètement, peut évaporer au minimum 50 p. 100 de l'eau totale, sans le secours d'aucune chaleur extérieure.

D'autre part, dans une usine bien montée, consommant pour ses générateurs environ 130 à 140 kilogrammes de charbon par hectolitre d'alcool, MM. Matignon et Kestner estiment qu'on peut évaporer, par le gaz provenant de la combustion de ce charbon, après avoir traversé des générateurs donnant une évaporation de 7 kilogrammes d'eau par kilogramme de charbon, 20 p. 100 environ de l'eau totale des vinasses, si celles-ci ont 5° Baumé. Les matières organiques des mélasses et les chaleurs perdues de l'usine peuvent donc évaporer gratuitement 50 + 20 = 70 p. 100 de l'eau des vinasses; il ne devrait donc rester à évaporer par du charbon que 30 p. 100, si l'utilisation des matières organiques de ces vinasses était complète. Une utilisation telle qu'elle existe actuellement dans les bonnes distilleries réalise seulement l'évaporation de 40 p. 100 de l'eau totale; le total de l'évaporation gratuite doit donc être 60 p. 100, laissant 40 p. 100 d'évaporation non gratuite. Les nombreuses distilleries qui n'atteignent pas au moins ce dernier résultat perdent donc, d'après MM. Matignon et Kestner, inutilement du charbon.

Concentration par effets multiples. — La concentration par effets multiples est beaucoup plus économique, comme le démontre nettement l'étude suivante, due à M. Barbet.

M. Barbet envisage d'abord le cas du travail au four à potasse, dans une distillerie travaillant environ 25 000 kilogrammes de mélasses par vingt-quatre heures. Si on fait la dilution au degré de 1075, on aura environ 1000 hectolitres de jus par jour. Au rendement de 27 litres d'alcool à 100^{d} par 100 kilogrammes de mélasses, on obtiendra 68^{hl},8 d'alcool par jour. En supposant la mélasse à 60 de pureté moyenne, on aura 29 p. 100 de non-sucre, soit 7395 kilogrammes par vingt-quatre heures. Dans ces conditions, si on suppose une colonne à distiller à bas degré à chauffe-vin et à chauffe-vinasses, la dépense de cette colonne sera de 18 kilogrammes de vapeur environ par hectolitre de vin, soit 18 000 kilogrammes par vingt-quatre heures. En supposant que l'usine rectifie le flegme à bas degré par rectification continue, on dépensera 200 kilogrammes de vapeur par hectolitre de flegme brut à 100^d, soit par vingt-quatre heures $68,8 \times 200 = 13\,760$ kilogrammes. Si on opère le dénitrage d'une façon continue avec récupération de chaleur de la mélasse bouillante, le calcul indique une consommation de vapeur de 3 000 kilogrammes. Supposons que la force motrice pour les pompes et l'électricité soit en moyenne de 10 chevaux effectifs : en comptant ces chevaux à 20 kilogrammes de vapeur par cheval et par heure à cause de la contre-pression, on dépensera donc par jour $200 \times 24 = 4\,800$ kilogrammes de vapeur. Ajoutons 15 p. 100 pour les levains purs, arrêts, pertes diverses, etc., soit 6 440 kilogrammes, la somme de toutes ces dépenses s'élèvera à 46 000 kilogrammes par vingt-quatre heures, soit environ 6 290 kilogrammes de charbon par jour, ou 90 kilogrammes par hectolitre de flegme à 100^d. Les 68^{hl},8 de flegmes, au continu, produiront 75 hectolitres d'alcool rectifié vendu à 90^d. La dépense sera donc de $\frac{6200}{75} = 82^{kg},6$ de charbon par hectolitre à 90^d. Quant au four à potasse, il brûle généralement 70 kilogrammes de charbon par hectolitre d'alcool à 90^d. La distillation consommera donc au total $82,6 + 70 = 152^{kg},6$ par hectolitre d'alcool à 90^d. Si on emploie la vapeur d'échappement de la machine au rectificateur continu, on fait une économie de 7^{kg},25 à l'hectolitre d'alcool. Il reste donc, net, 145^{kg},35 quand on évapore au four à potasse.

Voyons maintenant quelle serait la dépense de la même usine, qui concentrerait ses vinasses par multiple effet jusqu'à un point tel que le four puisse achever ultérieurement la concentration sans aucune dépense de charbon, la combustion des matières organiques donnant la chaleur nécessaire pour ce travail. L'expérience montre que la concentration à atteindre par multiple effet, pour arriver à ce résultat, est de 11° Baumé, soit environ 20 kilogrammes de non-sucre à l'hectolitre.

Dans ces conditions, dans le cas de l'usine qui nous occupe, puisqu'il entre journellement 7395 kilogrammes de non-sucre dans le travail, il faut réduire les vinasses à $\frac{7395}{20} = 370$ hectolitres pour qu'elles soient *auto-incinérables*. Les 1 000^{hl} de vin donnent 862^{hl}4 de vin sortant de la colonne, car il y a 137^{hl},6 de flegme à 50^{d}, enlevés par la distillation. Supposons que le chauffe-vinasses de la colonne constitue la troisième caisse du triple effet. Cette caisse dépensera les 18 000 kilogrammes de vapeur nécessaires à la colonne par vingt-quatre heures. Dans un triple effet ordinaire, ces 18 000 kilogrammes évaporeraient environ $18\,000 \times 0,96 = 17\,280$ litres d'eau. Or la colonne ne distille que 13 760 litres de flegmes, il y a donc un déficit d'évaporation de 3 520 litres. Tout se passe donc comme si le triple effet était normal, mais partait de $1\,000 + 35^{hl},20 = 1\,035^{hl},20$ de liquide, au lieu de 1 000 hectolitres. Il faut réduire ces 1 035^{hl},20 à 370 hectolitres de vinasses auto-incinérables ; il y a donc en réalité à évaporer 665^{hl},20 d'eau. Or le rendement moyen d'un triple effet, industriellement, est de 2^{kg},6 d'évaporation par 1 kilogramme de vapeur vive mise à la première caisse. La dépense sera donc ici de $\frac{66\,520}{2,6} = 25\,584$ kilogrammes de vapeur.

Dans la première caisse du triple effet, le coefficient de rendement en vaporisation n'est guère que de 90 p. 100 parce qu'il faut réchauffer la vinasse jusqu'à 140°, la pression étant de 2^{kg},500 ; mais, en revanche, cet excès de chaleur se retrouve quand le liquide à 140° passe dans la deuxième caisse, puis quand le liquide de celle-ci sort pour aller au réservoir de vinasses concentrées. On peut donc admettre pour la deuxième et la troisième caisse le coefficient de rendement de 96 p. 100. Donc, dans le haut de la première caisse la vaporisation sera $25\,584 \times 0,90 = 23025$ kilogrammes. Dans le haut de la deuxième caisse, elle sera $23025 \times 0,96 = 22\,100$ kilogrammes. Telle est la quantité de vapeur de vinasses disponible pour les divers chauffages ultérieurs faisant troisième effet. Si on prélève d'abord les 18 000 kilogrammes nécessaires à la colonne et les 3 000 kilogrammes du dénitrage, soit 21 000 kilogrammes, nous voyons que presque tout y passe. Admettons en somme, dit M. Barbet, 25 000 kilogrammes de vapeur vive à la première caisse, ces 25 000 kilogrammes conduisent la colonne et le dénitrage; ajoutons à ce chiffre 4 800 kilogrammes pour la machine, qui fournit 4080 kilogrammes au rectificateur, et prenons pour les autres dépenses les mêmes chiffres que plus haut, soit 13 760 — 4080 = 9 680 kilogrammes pour le rectificateur, et 6 440 kilogrammes pour les levains, pertes diverses, etc., nous arrivons à un total de 45 920 kilogrammes de vapeur, ce qui correspond à 82kg,5 de charbon à l'hectolitre à 90d. Mais toute la dépense de charbon est supprimée au four à potasse, de sorte que 82kg,5 est la dépense totale de l'usine au lieu de 145kg,35, soit une économie de 62kg,85 de charbon par hectolitre d'alcool à 90d.

M. Barbet envisage enfin le cas de l'évaporation par triple effet dans le vide. Dans ce cas, le chauffeur tubulaire de la colonne à distiller est chauffé à la vapeur vive. Il sort de ce chauffeur 862hl,4 de vinasses, de sorte que le triple effet n'a plus à évaporer que 862,4 — 370 = 492hl,4. Le rendement d'un kilogramme de vapeur entrant à la première caisse peut être conservé à 2kg,6. Donc il faudra $\frac{49240}{2,6}$ = 18 940 kilogrammes de vapeur. Pour chauffer cette caisse, on utilisera d'abord l'échappement A de la machine à vapeur, puis l'échappement B de la pompe à faire le vide; si nous admettons pour A 4 080 kilogrammes comme précédemment, et si nous prenons 4800 kilogrammes pour la dépense journalière de la pompe à vide qui fournira aussi un échappement de 4 800 — 15 p. 100, c'est-à-dire de 4 080 kilogrammes, la quantité de vapeur vive à fournir au triple effet sera de 18 940 — 4080 — 4 080 = 10 780 kilogrammes. Dans ces conditions, si nous admettons les diverses dépenses : 18 000 kilogrammes pour la colonne, 13 760 kilogrammes pour le rectificateur, 3 000 kilogrammes pour le dénitrage, 4800 kilogrammes pour la machine à vapeur, 4 800 kilogrammes pour la pompe à vide, 10 780 kilogrammes pour le triple effet, et 6 440 kilogrammes pour les levains purs, cheval alimentaire, pertes diverses, arrêts, etc., nous arrivons à un total de 61 580 kilogrammes de vapeur, soit 8 210 kilogrammes de charbon par jour

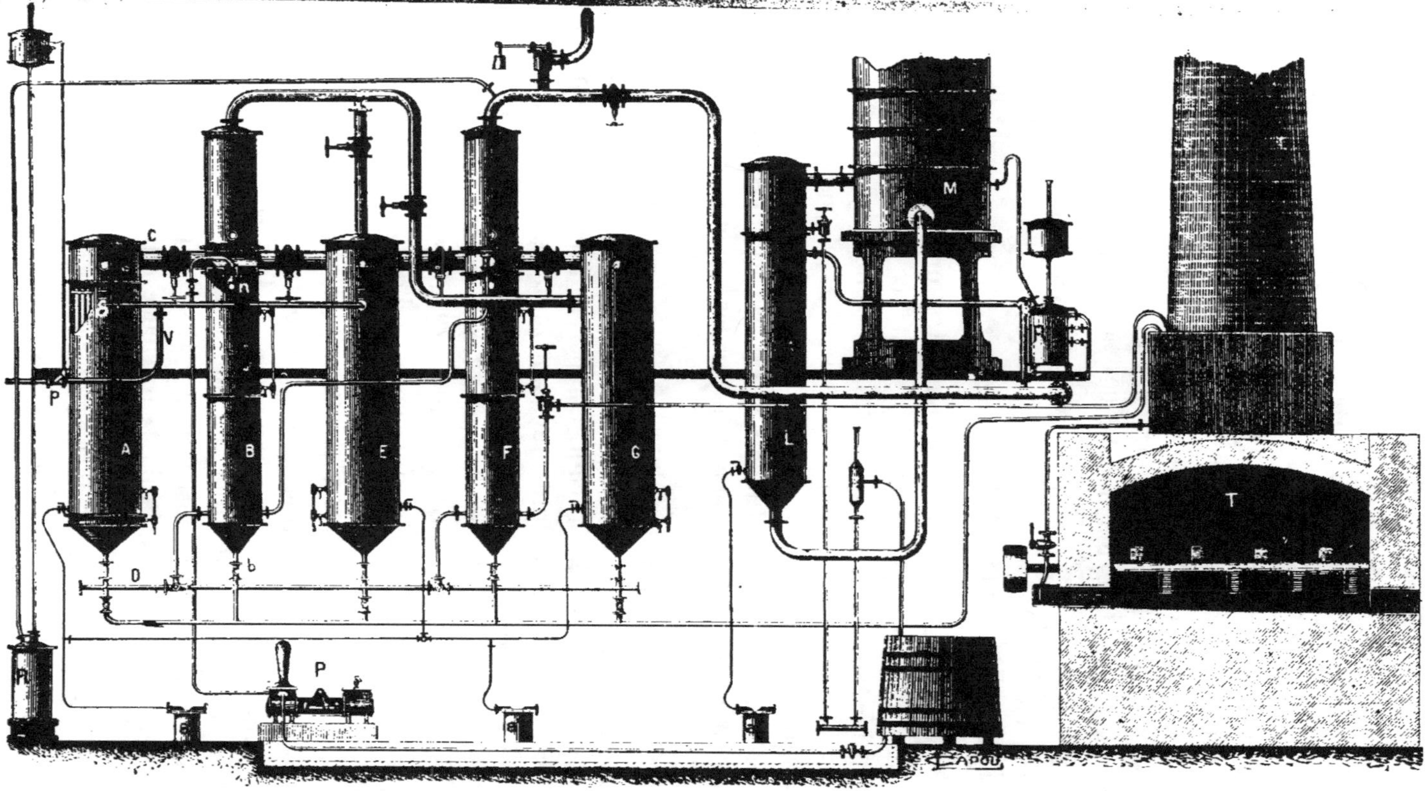

Fig. 105. — Évaporation des vinasses par triple effet sous pression avec colonne à distiller et four à potasse.
(E. Barbet, constructeur, à Paris.)

ou $\frac{8210}{75} = 109^{kg},4$ de charbon par hectolitre d'alcool à 90^d rectifié.

Méthodes et appareils employés pour la concentration des vinasses par effets multiples. — Il résulte donc de l'étude qui précède que toutes les circonstances de la fabrication proprement dite restant les mêmes, les dépenses en charbon par hectolitre d'alcool à 90^d seront les suivantes :

Ancien système, sans concentration à triple effet.	$145^{kg},35$
Triple effet sous vide..........................	$109^{kg},40$
Triple effet sous pression......................	$82^{kg},50$

On a donc intérêt à faire la concentration des vinasses par effets multiples, soit sous vide, soit, ce qui est encore préférable, sous pression. Certaines usines combinent les deux moyens. Une caisse à pression est disposée de telle sorte qu'on utilise les vapeurs qui s'en dégagent au chauffage des colonnes et des rectificateurs, et la première caisse du triple effet sous vide est chauffée par les vapeurs d'échappement des machines.

On peut employer pour l'évaporation, soit le triple effet ordinaire, fonctionnant sous vide ou sous pression, soit le multiple effet système Yarian. L'appareil Yarian se compose de 2, 3 ou 4 caisses cylindriques horizontales superposées et munies de tubes longitudinaux réunis en serpentin dans lesquels circule la vinasse à concentrer, tandis que la vapeur de chauffage arrive entre les tubes. Chaque caisse communique avec un séparateur qui sépare le liquide de la vapeur destinée à chauffer la caisse suivante. Une pompe à vide produit un vide partiel dans l'appareil, et trois pompes accessoires servent l'une pour l'alimentation, l'autre pour l'extraction des vinasses concentrées, la troisième pour l'extraction de l'eau distillée. La pompe d'alimentation envoie la vinasse dans le bas de l'appareil. Cette vinasse s'élève de caisse en caisse jusqu'à la caisse supérieure, qui reçoit la vapeur directe et où elle atteint l'ébullition. Elle entre alors dans le tube en serpentin de la caisse supérieure, le traverse d'un bout à l'autre, vient se diviser, partiellement vaporisée, dans le premier séparateur. Le liquide va alors au tube de la deuxième caisse tandis que la vapeur va chauffer cette caisse, et ainsi de suite. A la sortie du dernier séparateur, la vinasse concentrée est enlevée par la pompe. M. Kestner conseille d'utiliser les vapeurs du dernier corps pour le chauffage de la colonne.

Quand on emploie le triple effet ou le double effet ordinaire sous pression, la vinasse est refoulée, à la sortie de la colonne à distiller, dans la première caisse sous une pression de 3 atmosphères par exemple. Cette caisse est chauffée par la vapeur directe; les vapeurs qu'elle produit chauffent la deuxième caisse où la pression est moindre; et les vapeurs de la dernière caisse servent au chauffage du tubulaire de la colonne. Nous avons vu précédemment une colonne à distiller de la maison Crépelle-Fontaine, munie ainsi d'un chauffage à double effet (fig. 80).

M. Barbet emploie un multiple effet sous pression (fig. 105) dont la dernière caisse constitue le chauffeur de vinasse L de la colonne à distiller M ou du rectificateur continu direct. La vinasse sort assez concentrée pour ne plus nécessiter de charbon au four à incinérer T; elle est devenue *auto-incinérable*. Chaque caisse tubulaire AEG est reliée à un séparateur BF dans lequel se fait l'admission des liquides. Ceux-ci, portés subitement à une température très élevée, se séparent de leurs sels incrustants qui précipitent et tombent au fond. On opère de loin en loin une extraction, par le robinet *b*, de ces précipités, qu'on dirige directement vers le four T. Les liquides débarrassés des sels incrustants passent par E dans les tubes où l'évaporation est facilitée par l'élévation préalable de la température dans le séparateur. Le mélange de vapeur, liquides entraînés et mousses, passe par C dans B. Un dispositif intérieur *n* permet de séparer les liquides entraînés des vapeurs qui passent à la caisse suivante, suffisamment sèches pour ne pas salir l'extérieur des tubes évaporateurs. Un émoussage permanent et automatique complète l'effet de cette séparation. La forme allongée des faisceaux tubulaires permet une émulsion violente qui assure un rendement évaporatoire très élevé. Enfin, lorsqu'il y a lieu de nettoyer les tubes de l'une des caisses, celle-ci peut être facilement isolée par une simple manœuvre de soupapes et robinets, et on peut continuer le travail sans interrompre le fonctionnement de l'appareil, comme cela est indispensable avec les autres systèmes de multiple effet.

On peut se demander s'il y aurait avantage à pousser l'évaporation jusqu'à 33-35° Baumé, de manière à ne plus avoir d'évaporation complémentaire au four. Ce système, pratiqué dans plusieurs usines, a l'avantage de supprimer presque entièrement la mauvaise odeur. Les gaz de la combustion à température élevée, se rendent aux générateurs et engendrent ainsi une certaine vaporisation d'eau. Des essais, faits par M. Vasseux, ont montré que la vaporisation ainsi produite vient compenser l'excès de vapeur réclamé par un triple effet poussant l'évaporation jusqu'à 40° B. En examinant ce mode de travail, M. Barbet a montré qu'il est un peu moins avantageux, au point de vue de la dépense en charbon, que le mode de travail avec concentration jusqu'à 11° B. et auto-incinération. En outre, cette méthode a l'inconvénient de nécessiter une augmentation de la surface des générateurs et du triple effet, et de donner lieu à des incrustations beaucoup plus considérables dans les caisses. Elle a par contre l'avantage de supprimer les mauvaises odeurs, les fumées blanches chargées d'eau, et de permettre de faire soit des engrais composés en supprimant la calcination, soit de calciner en vase clos pour récolter l'ammoniaque et les goudrons.

Quand on veut calciner les vinasses, la meilleure solution paraît donc être la concentration jusqu'à 11° Baumé, au double ou triple effet sous pression, ce qui, pour une vinasse à 5°,5 représente une évaporation de 50 p. 100 de la quantité d'eau à évaporer. Dans ces conditions la vinasse est devenue auto-incinérable et le four fait gratuitement le reste, grâce à la chaleur de combustion des vinasses.

Évaporateurs Kestner. — M. P. Kestner a appliqué ses évaporateurs à grimpage à la concentration des vinasses de distillerie. Ces évaporateurs se composent d'un long faisceau tubulaire vertical, dont les tubes ont 7 mètres de long; la vinasse à concentrer arrive dans les tubes à la partie inférieure, s'y concentre et s'échappe à la partie supérieure.

Le chauffage a lieu par admission de vapeur dans l'espace intertubulaire. Les tubes peuvent toujours être lavés sans arrêt de l'appareil, ce qui supprime à peu près complètement les incrustations. La marche est régulière et continue, le liquide ne faisant qu'un passage à travers l'appareil.

Le gros avantage des évaporateurs Kestner est qu'ils permettent de neutraliser les vinasses pour pouvoir employer le fer à la construction, au lieu d'avoir à faire des installations extrêmement coûteuses en cuivre. Comme les vinasses neutralisées moussent beaucoup, il est difficile de procéder avec les autres appareils à cette neutralisation. Au contraire, l'évaporateur à grimpage est un véritable brise-mousses, qui fonctionne mieux encore avec un liquide mousseux. Cette neutralisation se fait avec du salin dans l'appareil lui-même ; la pompe qui refoule la vinasse dans l'évaporateur est à deux corps et le corps auxiliaire refoule la solution de salin nécessaire à la neutralisation. Les évaporateurs Kestner peuvent être combinés avec la colonne à distiller et être à simple, double ou triple effet.

Ces appareils, grâce à leur facilité de conduite, de nettoyage, à leur grande puissance d'évaporation et à leurs dispositions spéciales pour éviter les entraînements, conviennent tout particulièrement à la concentration des vinasses de betteraves et de mélasses. Comme ils permettent le travail des mélasses neutralisées, ils peuvent être construits en fer et sont ainsi beaucoup moins coûteux. Enfin, ils permettent la séparation des sels qui se déposent pendant la concentration à un degré élevé, qu'on peut recueillir d'une façon continue grâce à des dispositions spéciales. Le résidu liquide peut alors être inciné ou mieux traité pour la production d'engrais, par une des méthodes que nous étudierons plus loin.

Composition des salins. — Voici une analyse complète d'un salin, due à M. Pellet.

Eau à 200°	3,75
Matières volatiles au rouge sombre, le creuset fermé	3,05
Carbone	7,03
Insolubles	26,40
Sulfate de potasse	6,41
Chlorure de potassium	18,93
Carbonate de potasse	28,88
— de soude	4,14
Sulfure de potassium	0,30
Silicate de potasse	0,77
Chaux, acide phosphorique et pertes	0,34
	100,00

La composition est d'ailleurs extrêmement variable suivant la nature des mélasses et le mode de travail qu'on leur a fait subir : le carbonate de potasse, qui est l'élément de valeur, peut être plus ou moins abondant, le sulfate de potasse, le chlorure de potassium peuvent varier entre des limites assez étendues. L'analyse précédente représente donc un type commercial plutôt qu'une moyenne qui exprime la composition véritable.

Ces salins bruts sont vendus aux raffineurs de potasse qui, par différence de solubilités et concentration, en extraient le carbonate de soude, le sulfate de potasse et le chlorure de potassium.

Analyse des salins. — Les principaux dosages à effectuer sont l'humidité, l'insoluble, les chlorures, les composés du soufre, le titre alcalimétrique, et la potasse totale.

L'humidité se dose en chauffant 25 grammes de salins à 180° jusqu'à poids constant. Un chauffage à une température inférieure est insuffisant ; le chauffage au rouge donne des résultats trop forts.

Pour doser l'insoluble, on place la matière qui a servi au dosage de l'humidité dans un mortier, on la broie avec un peu d'eau, puis on la fait passer dans une capsule de porcelaine. On fait bouillir avec de l'eau, on laisse déposer et on décante sur un filtre taré. On recommence cette opération à 4 ou 5 reprises, et on est ainsi certain de dissoudre la totalité des sulfates (méthode de M. Lacombe). On lave le filtre à l'eau chaude, on dessèche et on pèse. Le liquide filtré est amené à un volume connu et sert pour les autres dosages. Avec 25 grammes de salins, on amène ordinairement à 500 centimètres cubes.

Pour le dosage des chlorures, on prend 40 centimètres cubes de cette liqueur, on les sature par l'acide azotique, et on ajoute ensuite de $0^{gr},5$ à $0^{gr},6$ d'acide calculé en acide monohydraté. On fait bouillir jusqu'à ce que le volume soit réduit à 25 centimètres cubes environ. Dans ces conditions, l'acide sulfhydrique, l'acide sulfureux, l'acide cyanhydrique, etc., qui proviennent des sulfures, des hyposulfites, des cyanures, etc., et qui viendraient fausser le titrage sont sûrement décomposés, éliminés et remplacés par l'acide azotique (méthode de M. Lacombe). On laisse refroidir et on titre au moyen du nitrate d'argent, en employant le chromate comme indicateur ou en appliquant la méthode par reste au moyen d'une solution titrée de sulfo-cyanure de potassium.

Pour le dosage des composés du soufre, il convient d'évaluer séparément le soufre des sulfates et le soufre total. Pour le dosage du soufre des sulfates, on prend 20 centimètres cubes de la liqueur filtrée, on les place dans un ballon de 500 centimètres cubes fermé par un bouchon percé de deux trous. Dans l'un de ces trous passe un tube à entonnoir par lequel on introduit 200 centimètres cubes d'eau bouillie; l'autre sert au dégagement des gaz. On enfonce le tube jusqu'à ce que son extrémité inférieure affleure à 1 centimètre de distance de la surface du liquide; on chauffe et quand la vapeur a expulsé l'air, on verse par le tube à entonnoir de l'acide chlorhydrique étendu, jusqu'à saturation, puis on ajoute un léger excès de chlorure de baryum. On laisse le sulfate de baryte se rassembler complètement, on le recueille, on le calcine et on le pèse.

Pour le dosage du soufre total, on fait passer tout le soufre à l'état de sulfate en traitant par le brome les 20 centimètres cubes de solution. On sature alors par l'acide chlorhydrique, et on précipite par le chlorure de baryum.

La différence entre le dosage du soufre total et le dosage du soufre des sulfates se rapporte au soufre des composés inférieurs, sulfures, hyposulfites, etc. On peut d'ailleurs apprécier ces composés approximativement d'une façon globale en les titrant simplement par l'iode et en supposant que les hyposulfites en forment la presque totalité.

Le titre alcalimétrique est le nombre de grammes d'acide sulfurique nécessaires à la neutralisation de 100 grammes de matière. On place 100 centimètres cubes de la solution dans un ballon à fond plat, on fait bouillir et on verse de la liqueur sulfurique normale jusqu'à virage du tournesol. Quand on opère ainsi, il est évident que les sulfures, sulfites et hyposulfites absorbent un certain volume de liqueur sulfurique et le titre obtenu correspond à l'alcalinité du carbonate de potasse et du carbonate de soude augmentée de celle des impuretés. Pour éviter cette erreur, on peut faire le titre alcalimétrique en évaporant d'abord à sec les 100 centimètres cubes de liquide qui correspondent à 5 grammes de salin, en fondant avec 5 grammes de chlorate de potasse qui oxyde toutes ces impuretés à l'état de sulfates, en dissolvant, filtrant, et titrant à l'acide sulfurique normal. On peut également faire le dosage de l'acide carbonique par une des méthodes ordinairement employées dans ce but, par exemple par la méthode Frésénius et Will qui consiste à expulser l'acide carbonique par l'acide sulfurique et à déterminer la perte de poids de l'appareil. L'opération doit se faire en présence de chromate neutre de potasse qui oxyde et retient les composés inférieurs du soufre. Si on cherche l'équivalent de l'acide carbonique ainsi trouvé en acide sulfurique monohydraté, on a le vrai titre alcalimétrique suivant Descroizilles, c'est-à-dire l'alcalinité totale en carbonates entièrement débarrassés de l'influence perturbatrice des sulfures et même des silicates, aluminates et phosphates s'il en existe (méthode de M. Lacombe).

Le dosage de la potasse totale se fait au moyen du chlorure de platine. A 50 centimètres cubes de la liqueur filtrée, on ajoute un léger excès de baryte caustique pure, puis on fait bouillir et on ajoute quelques centimètres cubes de carbonate d'ammoniaque pour précipiter l'excès de baryte. On filtre, on lave à l'eau chaude, on acidifie légèrement par l'acide chlorhydrique, on évapore à sec et on calcine légèrement aussi, pour détruire les sels ammoniacaux qui peuvent se trouver dans le salin. On redissout dans l'eau distillée, on filtre, on additionne de chlorure de platine et on dessèche presque complètement. On reprend par l'alcool à 80^d additionné d'un sixième d'éther et on recueille le chloroplatinate de potasse qu'on pèse (méthode de Pagnoul). On obtient ainsi la potasse totale, et on peut vérifier le résultat en réduisant le chloroplatinate de potasse par le formiate de soude. D'après le platine pesé, on a la potasse, qui doit être sensiblement la même que par le chloroplatinate.

Du chloroplatinate total, on retranche la quantité de chloroplatinate qui correspond à la potasse des chlorures et de tous les composés du soufre transformés en sulfates. La différence donne le chloroplatinate correspondant au carbonate de potasse. On calcule le titre alcalimétrique qui lui correspond, et on déduit ce titre du titre alcalimétrique total. On obtient ainsi le titre alcalimétrique dû au carbonate de soude, et par suite la proportion de ce dernier.

Méthodes de traitement des vinasses sans calcination.

La méthode de traitement des vinasses de mélasses par calcination n'est qu'un pis aller; on perd en effet entièrement, par cette méthode, les matières azotées des vinasses, dont la valeur comme engrais est considérable. Les mélasses contiennent 1,20 à 1,80 p. 100 d'azote, et la valeur du produit azoté seul est plus grande que la valeur des salins obtenus. M. Aulard, dans une communication au Congrès de Chimie appliquée de Berlin, a démontré que si la distillerie récupérait les engrais azotés des vinasses, elle conserverait à l'agriculture 324 953 tonnes de matières organiques azotées, renfermant 48226 tonnes d'azote organique qui, évaluées au prix bas de 1 fr. 30 l'unité, représentent 62693 800 francs d'azote perdus bénévolement pour l'agriculture. M. Vasseux fait de même remarquer qu'une usine travaillant seulement 15 millions de kilogrammes par an, perd en incinérant les vinasses environ 180 000 kilogrammes d'azote, soit une perte de 180 000 × 1,30 = 234 000 francs par an. Ces chiffres se passent de commentaires et justifient les nombreux efforts qui ont été faits dans ces dernières années pour la récupération de l'azote des vinasses. Plusieurs procédés ont été préconisés dans ce but et nous les signalerons brièvement.

Procédé Vincent. — M. Vincent a cherché à résoudre le problème en soumettant la masse concentrée à la distillation sèche dans des cornues en fer. On obtenait d'une part un charbon contenant les sels minéraux de la mélasse et d'autre part un liquide complexe, renfermant de l'ammoniaque, des méthylamines, des goudrons, des acides gras volatils, de l'alcool méthylique, etc. Ce procédé, autrefois employé, n'est pas entré dans la pratique courante. Le rendement en azote recueilli à l'état d'ammoniaque par rapport à l'azote traité est d'ailleurs assez faible.

Procédé Savary. — Nous avons indiqué précédemment, en étudiant la concentration des vinasses de betteraves, le principe de cette méthode et nous n'y reviendrons pas ici. Le procédé Savary est entré dans la pratique et permet d'obtenir les sels de potasse des vinasses et un engrais azoté excellent avec les résidus obtenus après concentration et distillation à la vapeur surchauffée.

Procédé Vasseux. — Ce procédé consiste à former du sulfate de potasse en traitant la masse concentrée par l'acide sulfurique en quantité suffisante pour transformer toute la potasse en sulfate, diverses réactions s'effectuant au sein de la masse et permettant la transformation complète de tous les sels, même des chlorures, par double décomposition avec les sulfates de soude ou d'ammoniaque qui se forment. Le sulfate de potasse cristallise au sein de la masse à la densité de 32 à 35° B., on le sépare par décantation, filtration et turbinage. Ce sulfate est lavé, turbiné de nouveau : il est alors blanc et pur. Les matières organiques qui forment l'égout sont desséchées ensuite dans des malaxeurs et sous vide. Quand la dessiccation est suffisante, on laisse couler la masse dans des chariots. Elle devient solide par le refroidissement. On broie le produit ainsi obtenu et on a un engrais organique en poudre, riche en azote, dont le taux varie de 5 à 7 p. 100 et ne contenant plus que 6 à 7 p. 100 de potasse. Ce produit presque entièrement soluble dans l'eau, non hygrométrique, se nitrifie très rapidement dans la terre et convient très bien à la culture.

L'addition de tourbe à la matière en dessiccation favorise sa transformation en engrais pulvérulent.

D'après M. Vasseux, on obtient par 1000 kg. de mélasses :

75 à 80 kg. de sulfate de potasse 75/80 valant...	14 fr. 00
150 kg. d'engrais organique azoté, d'une valeur de.	16 fr. 50
Total.................... ...	30 fr. 50

Si on travaille par calcination, on récupère seulement, par 1000 kilogrammes de mélasses, 90 kilogrammes de salins, d'une valeur de 13 à 14 francs et on perd tout l'azote récupérable, c'est-à-dire 75 à 80 p. 100 de l'azote total ou 11 kilogrammes à 1 fr. 50, soit 16 fr. 50. Ces chiffres montrent l'avantage de la récupération et sa nécessité même pour les distillateurs de mélasses.

Ce procédé est entré dans la pratique industrielle et donne d'excellents résultats.

Procédé Gimel. — Cette méthode consiste à concentrer la vinasse jusqu'à 35° Baumé, puis à la distiller en présence de chaux vive ; il se dégage de l'ammoniaque et des amines qu'on recueille dans une série de touries renfermant de l'acide chlorhydrique. On évapore la solution à 325° et la masse est ainsi décomposée en un mélange d'ammoniaque, de triméthylamine et de chlorure de méthyle, et les produits ultimes de la décomposition sont le chlorure de méthyle qu'on recueille et le chlorhydrate d'ammoniaque comme résidu. D'autre part, on ajoute de l'acide sulfurique dans le résidu de la distillation de la vinasse à la chaux, de manière à neutraliser à peu près complètement. On sépare le précipité formé et on concentre jusqu'à dessiccation complète. Dans ce processus, la glycérine s'est en grande partie décomposée, après séparation du liquide clair, on enlève la presque totalité de ce qui reste. On obtient ainsi un engrais non hygroscopique.

Procédé Rivière. — Ce procédé consiste à précipiter la potasse au moyen de l'acide hydrofluosilicique et il peut être appliqué soit sur les vinasses, soit sur les vins avant distillation, soit, comme nous l'avons vu en étudiant la préparation des moûts de mélasses, sur les moûts avant fermentation. Ce dernier mode de travail rend la fermentation plus facile, permet de supprimer l'acide sulfurique et les fours à potasse et donne une plus-value au salin qui est exempt de sulfate.

La potasse et la soude des mélasses sont obtenues par précipitation, au moyen de l'acide hydrofluosilicique, à l'état de fluosilicate de potassium et de sodium. Les fluosilicates obtenus sont transformés en carbonates, dans une série d'opérations qui permettent de régénérer en même temps l'acide hydrofluosilicique. A cet effet, le précipité est d'abord traité, en autoclave, par un lait de chaux, qui fait passer tout le fluor à l'état de fluorure de calcium, tandis que la potasse se transforme en silicate. Le fluorure de calcium est décomposé par l'acide sulfurique qui régénère l'acide fluorhydrique, tandis que le silicate de potasse est traité par l'acide carbonique qui précipite la silice. Cette silice est mise en digestion dans l'acide fluorhydrique pour régénérer l'acide hydrofluosilicique. Il n'y a donc qu'à parfaire la quantité d'acide hydrofluosilicique perdue au cours de la régénération. Cet acide non régénéré s'obtient à l'aide d'un appareil spécial produisant à peu de frais l'acide hydrofluosilicique nécessaire.

On peut également, sur les vinasses, procéder à l'extraction de l'azote et de la glycérine.

Procédé Effront. — D'après M. Effront, les insuccès obtenus avec les méthodes de distillation directe des vinasses viennent de ce fait qu'une grande partie des matières azotées se trouve combinée à des bases alcalines, ce qui rend la matière azotée plus stable et empêche sa transformation en ammoniaque. Cette transformation peut se faire au contraire beaucoup plus aisément quand on défait au préalable la combinaison d'alcalis avec la matière azotée. Dans le procédé Effront, on utilise, pour déplacer la matière azotée de ses combinaisons, soit les résines telles que la colophane, soit les sels acides, soit les acides minéraux. Le choix de la méthode à suivre se fait suivant les vinasses à traiter. Pour les vinasses de grains on emploie de préférence le bisulfate de soude. Pour les vinasses de betteraves et de mélasses, on a intérêt, à cause de la valeur du salin, à employer la colophane. Cette dernière forme, avec les bases fixées sur la matière azotée, des savons qui se laissent aisément transformer en carbonates.

Le procédé est appliqué de la façon suivante : les vinasses, concentrées à 40-42° B. sont additionnées de la quantité calculée de résine ou d'acide et on soumet le mélange à la dessiccation. Le liquide est maintenu à cet effet à 180-200° dans une étuve où on laisse passer un courant d'air surchauffé. On recueille le distillat dans des laveurs. Le liquide qui distille a une réaction franchement acide et contient l'ammoniaque sous forme de sels. La quantité d'ammoniaque obtenue dans cette phase est environ de 50 p. 100 de l'azote total des vinasses mises en œuvre. Comme résidu, il reste une masse fondue, poreuse, contenant tout le salin et des matières organiques azotées.

Pour récupérer l'azote de ce résidu, on le concasse en morceaux, on l'introduit dans des cornues en fer placées dans un four et chauffées au rouge sombre (700°). Pendant le chauffage, on laisse passer un courant de vapeur surchauffée en même temps que de l'air. Les produits distillés sont recueillis dans des condensateurs à acide.

Les deux phases distinctes du procédé tel qu'il vient d'être indiqué se rapportent surtout aux vinasses traitées par les sels acides ou les acides minéraux. Quand on travaille avec la colophane, on doit changer un peu le mode opératoire. Par 100 kilogrammes de vinasse concentrée on introduit 20 à 30 kilogrammes de colophane pulvérisée. On chauffe à l'étuve à 200° pendant trois quarts d'heure. Pendant ce temps on laisse passer alternativement un courant d'air et d'acide carbonique. Le liquide distillé est simplement recueilli dans l'acide. La dessiccation terminée, on traite la masse résiduaire, composée de savons résineux, résine et matières organiques, par l'eau chaude ; on décante la résine surnageante, on filtre ensuite sur une toile. Il reste dans ces conditions sur le filtre une substance azotée peu soluble dans l'eau. Cette substance est desséchée à l'étuve à 100° d'abord ; ensuite elle est traitée, comme il est dit plus haut, dans des cornues chauffées à 700°, par de la vapeur et de l'air surchauffés.

M. Effront a préconisé tout récemment une nouvelle méthode

basée sur la fermentation ammoniacale des vinasses. Cette méthode est encore trop récente pour qu'on puisse en juger les résultats.

III. — RÉSIDUS DE LA DISTILLERIE DE MATIÈRES AMYLACÉES.

Les résidus de la distillerie de matières amylacées présentent pour l'agriculture une très grande importance. Les drèches et les vinasses provenant des pommes de terre et des grains contiennent en effet une forte quantité d'éléments nutritifs : les matières azotées, les matières grasses, les sels contenus dans les matières premières se retrouvent dans les résidus, à côté d'une certaine proportion d'hydrates de carbone qui n'ont pas subi la fermentation alcoolique.

La valeur de la drèche est très différente suivant le mode de travail adopté dans la distillerie. Quand on emploie la saccharification par l'acide, il est nécessaire de soumettre les drèches à des traitements spéciaux si on veut les utiliser pour l'alimentation du bétail. En effet, l'acide chlorhydrique qu'elles contiennent, même neutralisé par la soude ou la chaux, rend ces drèches difficilement utilisables.

MM. Porion et Mehay ont appliqué le procédé suivant pour l'utilisation pratique des drèches de maïs saccharifié aux acides. La vinasse est envoyée au sortir de la colonne dans des filtres-presses pour séparer les parties solides. Les tourteaux ainsi obtenus sont délayés dans l'eau bouillante, et filtrés de nouveau aux filtres-presses. On élimine ainsi à peu près complètement les matières salines qui proviennent de la neutralisation de l'acide. Les tourteaux de deuxième lavage sont alors desséchés jusqu'à ce qu'ils ne contiennent plus que 10 p. 100 d'eau environ, puis ils sont broyés et traités par le sulfure de carbone ou l'éther de pétrole, afin d'en extraire l'huile. On obtient ainsi finalement des tourteaux qui peuvent être employés pour l'alimentation du bétail. Si les tourteaux doivent servir comme engrais et non comme aliment, le second lavage au filtre-presse devient inutile.

Il existe un certain nombre d'autres méthodes qui permettent l'utilisation des résidus qui proviennent des moûts saccha-

NATURE DE LA DRÈCHE.	TENEUR EN ÉLÉMENTS P. 100.					
	Eau.	Matières azotées.	Matières grasses.	Extractifs non azotés.	Cellulose brute.	Cendres.
Drèches fraiches.						
Drèche de pomme de terre...	91,2-97,3	0,9-1,6	0,0-0,3	2,3-3,8	0,5-1,0	0,5-2,0
— de seigle............	86,8-96,6	1,2-2,3	0,3-0,7	3,7-5,6	0,4-1,3	0,05-0,5
— de maïs............	87,7-94,3	1,6-2,3	0,4-1,4	3,2-5,8	0,5-1,4	0,3-0,8
Drèches sèches.						
Drèche de pomme de terre..	7,8-21,6	18,5-23,1	3,0-8,1	32,4-43,4	7,2-8,6	13,0-16,4
— de seigle............	5,8-18,9	19,9-26,0	4,2-10,4	36,8-58,2	7,0-13,6	3,2-19,2
— de maïs............	5,1-12,0	21,1-25,8	4,4-11,4	39,0-54,8	3,8-14,2	0,8-7,4

rifiés par les acides. Mais c'est par la saccharification au moyen du malt qu'on obtient la meilleure utilisation des matières nutritives ; c'est donc ce procédé qui doit être employé dans les distilleries agricoles, et ce qui va suivre s'applique particulièrement aux drèches obtenues par cette méthode.

Composition des drèches. — La composition des drèches de matières amylacées est variable avec la matière première employée. Le tableau de la page 513 donne, d'après Dietrich et Kœnig, la composition moyenne des drèches de pommes de terre, de seigle et de maïs.

On voit, par ce tableau, que les proportions relatives des divers éléments utiles peuvent varier beaucoup suivant les conditions de travail dans la distillerie. La drèche dépend d'abord du degré de fermentation. Si la fermentation a été poussée très loin, il ne reste plus dans le liquide que des traces de maltose, de dextrines et d'amidon non transformé. Au contraire, si la saccharification a été mauvaise, si la fermentation a été défectueuse, il peut rester dans les matières solides une proportion sensible d'amidon, et dans la vinasse de la dextrine et du maltose. La composition des matières premières employées influe également sur la qualité de la drèche, puisque cette drèche contient tous les éléments constitutifs des pommes de terre ou des grains, sauf ceux qui ont subi la fermentation alcoolique. On doit aussi tenir compte de la dilution plus ou moins grande du moût fermenté dans l'appareil à distiller, de la concentration de ce moût, etc. On voit donc que la composition et, par suite, la valeur d'une drèche de distillerie sont très variables et qu'il est nécessaire, pour apprécier cette valeur, de soumettre la drèche à l'analyse ou de connaître parfaitement les conditions de son obtention. Ce dernier cas est celui de la distillerie agricole, qui consomme ses propres drèches.

Nous pouvons envisager la composition chimique des drèches avec un peu plus de détails. La drèche de distillerie de matières amylacées est une nourriture très aqueuse, puisqu'elle renferme de 87 à 97 p. 100 d'eau. Au point de la vue de la teneur en matières azotées, il importe de remarquer que dans les drèches de maïs et de céréales, les albuminoïdes constituent la plus grande partie de ces matières, les matières azotées non albumineuses sont en quantité faible, et la digestibilité des matières azotées de ces drèches atteint 85 à 90 p. 100. Dans les drèches de pommes de terre, la teneur en albuminoïdes est moindre, et on peut admettre, avec Maercker, que sur 100 parties d'azote de la drèche, il y a 72 parties à l'état d'albuminoïdes et 28 parties à l'état d'amides. La digestibilité des matières azotées de la drèche de pommes de terre est élevée et oscille entre 80 et 85 p. 100.

Les extractifs non azotés comprennent principalement l'amidon, les sucres et les dextrines, ces dernières formant la majeure partie de ces substances. Il faut y ajouter les acides organiques, les hémicelluloses, qui possèdent une certaine valeur nutritive.

Les matières grasses sont très peu abondantes dans les drèches de pommes de terre, mais les drèches de maïs sont beaucoup plus riches et nous verrons plus loin qu'on extrait souvent ces matières grasses sur la drèche desséchée.

Enfin les matières minérales sont surtout composées de sels de potasse et de phosphates. D'après de Wolff, 100 parties de cendres de la drèche renferment 44,79 parties de potasse et 19,51 parties d'acide phosphorique. La chaux est peu abondante, et sa proportion ne dépasse pas 5,2 p. 100 du poids des cendres.

Utilisation des drèches pour l'alimentation du bétail. — L'examen de la composition chimique des drèches nous montre qu'elles constituent un aliment relativement très riche en azote, dans lequel la relation nutritive est de 1 : 1,5-2,5. Aussi est-il recommandable de mélanger la drèche avec des aliments riches en extractifs non azotés et pauvres en protéine.

Nous examinerons ici très brièvement cette question de l'utilisation des drèches pour l'alimentation du bétail, en renvoyant le lecteur à l'ouvrage spécial de l'Encyclopédie agricole consacré à cette question (1).

Pour faire consommer la drèche utilement par le bétail, on peut employer deux méthodes : 1° la consommation directe en

(1) Voy. Raoul Gouin, *Alimentation rationnelle des animaux domestiques* (Encyclopédie agricole).

mélange avec d'autres aliments secs; 2° la concentration ou la dessiccation, de manière à obtenir un aliment moins aqueux.

La première méthode est la plus avantageuse pour la distillerie agricole. En effet, le bétail se trouve en général dans le voisinage de l'usine et on peut faire consommer la drèche sur place. Dans les grandes installations industrielles, la seconde méthode est préférable, car, si elle exige une dépense supplémentaire de combustible, elle permet d'extraire l'huile qui, dans le cas de drèches de maïs, est un sous-produit important et livre des drèches sèches qui peuvent se conserver facilement et être expédiées au loin.

Quand on utilise les drèches aqueuses, il est nécessaire de prendre certaines précautions, à cause de la grande quantité d'eau qu'elles contiennent. L'absorption d'une nourriture trop aqueuse par l'animal nécessite une dépense de chaleur plus considérable, qui doit être empruntée aux éléments nutritifs; en outre, les sucs digestifs se trouvent dilués par l'eau contenue dans les drèches. On doit donc ne donner à la drèche, dans l'alimentation des animaux, qu'une place limitée, et on doit la donner mélangée à d'autres aliments secs.

D'après Maercker, il importe de faire consommer la drèche par les animaux aussi chaude que possible.

En effet, si un animal absorbe 50 kilogrammes de drèches à 15°, il faudra, pour porter cette quantité à la température du sang, c'est-à-dire à 38°,

$$50 \times 23 = 1150 \text{ calories.}$$

Ces 1150 calories doivent être fournies par 295 grammes environ d'amidon, qui sont perdus pour l'alimentation. Il est donc beaucoup plus avantageux de donner à l'animal la drèche aussi chaude que possible. En outre, cette méthode a l'avantage d'empêcher le développement des ferments nuisibles et l'altération des drèches, quand la température est assez élevée. Il est donc utile de munir le réservoir de drèches d'un tuyau de vapeur, pour pouvoir au besoin réchauffer le liquide.

Maercker a fait l'étude de la quantité de drèches qu'on peut faire prendre aux différents animaux. D'après le savant agronome allemand, on ne doit pas employer les fortes rations de

100 à 120 litres, et une ration de 60 litres est suffisante pour l'engraissement des bœufs, quand on mélange cette drèche avec des aliments convenables. Pour les vaches laitières, la dose maxima paraît être de 60 litres et la dose la plus favorable de 40 à 50 litres. Avec ces proportions, on n'a pas à craindre les troubles dans les fonctions de l'organisme, troubles qui se manifestent fréquemment avec les doses plus élevées.

Les aliments à donner en mélange avec les drèches sont le foin de prairie, de luzerne ou de trèfle, la paille hachée, et certains aliments concentrés tels que tourteaux et maïs concassé. Maercker conseille de donner une ration de 2kg,5 à 3 kilogrammes de foin par jour et par tête de gros bétail.

Voici quelques types de rations alimentaires empruntées aux travaux de Maercker, publiées par Albert après la mort de l'éminent agronome allemand et reproduites dans la huitième édition de son traité de Distillerie (1).

1o Rations riches en protéine pour animaux en croissance destinés à l'engraissement : 3 kilogr. matières azotées, 15 kilogr. matières non azotées = 1 : 5.

1

Drèche de pommes de terre	40 kilogr.
Son	3 —
Maïs concassé	4 —

a	kg.	*b*	kg.
Tourteau de coton	2,2	Tourteau de coton	3,00
Farine de riz	3,7	Mélasse	3,25

2

Drèche de pommes de terre	40 kilogr.
Betteraves fourragères	25 —
Son	3 —

a	kg.	*b*	kg.	*c*	kg.
Tourteau de coton	2,5	Tourteau de coton	2,8	Tourteau de coton	3,5
Farine de riz	4,1	Maïs concassé	3,5	Mélasse	3,5

(1) Maercker-Delbrück, Spiritus Fabrikation, P. Parey. Berlin, 1903.

3

Drèche de pommes de terre...........	40	kilogr.
Cossettes de diffusion................	30	—
Son....................................	3	—

a	kg.	*b*	kg.	*c*	kg.
Tourteau de coton...........	2,1	Tourteau de coton...........	2,5	Tourteau de coton...........	3,3
Farine de riz...	5,1	Maïs concassé...	4,5	Mélasse........	4,3

4

Drèche.................................	40	kilogr.
Pommes de terre....................	45	—
Son....................................	3	—

a	kg.	*b*	kg.	*c*	kg.
Tourteau de coton...........	2,7	Tourteau de coton...........	2,9	Tourteau de coton...........	3,4
Farine de riz....	3,0	Maïs concassé...	2,7	Mélasse........	2,6

5

Drèche de pommes de terre..........	60	kilogr.
Betteraves..............................	25	—
Son....................................	3	—

a	kg.	*b*	kg.	*c*	kg.
Tourteau de coton...........	1,7	Tourteau de coton..........	2,00	Tourteau de coton..........	2,25
Farine de riz...	4,7	Maïs concassé.	4,15	Mélasse........	2,00
				Farine de riz ou maïs concassé.	2,30

6

Drèche de pommes de terre..........	60	kilogr.
Cossettes de diffusion................	30	—
Son....................................	3	—

a	kg.	*b*	kg.	*c*	kg.
Tourteau de coton..........	1,6	Tourteau de coton...........	1,9	Tourteau de coton..........	2,15
Farine de riz....	4,6	Maïs concassé...	4,0	Mélasse........	2,00
				Farine de riz ou maïs concassé.	2,20

7

Drèche	60	kilogr.
Pommes de terre	15	—
Son	3	—

a	kg.	*b*	kg.
Tourteau de coton	2,2	Tourteau de coton	2,3
Farine de riz	2,4	Maïs concassé	2,2

2° **Rations moyennement riches en protéine pour le début de l'engraissement des animaux adultes, 2kg,5 matières azotees, 15kg,5 de matières non azotées = 1 : 6,2.**

1

Drèche	60	kilogr.
Betteraves fourragères	25	—
Mélasse	4	—

a	kg.	*b*	kg.
Tourteau de coton	1,75	Tourteau de coton	1,9
Farine de riz	2,75	Maïs concassé	2,5

2

Drèche	60	kilogr.
Cossettes de diffusion	30	—
Mélasse	4	—

a	kg.	*b*	kg.
Tourteau de coton	1,5	Tourteau de coton	1,65
Farine de riz	3,5	Maïs concassé	3,10

3

Drèche	60	kilogr.
Pommes de terre	15	—

a	kg.	*b*	kg.	*c*	kg.
Tourteau de coton	0,85	Tourteau de coton	1,1	Tourteau de coton	1,95
Farine de riz	6.20	Farine de riz	3,0	Mélasse	4,00
		Maïs concassé	2.8	Farine de riz ou maïs concassé	1,50

4

Drèche	40 kilogr.
Betteraves fourragères	25	—
Son	3	—

a	kg.	*b*	kg.	*c*	kg.
Tourteau de coton	0,9	Tourteau de coton	1,25	Tourteau de coton	2,3
Farine de riz	5,9	Maïs concassé	5,60	Mélasse	5,0

5

Drèche	40 kilogr.
Cossettes de diffusion	30	—
Son	3	—

a	kg.	*b*	kg.	*c*	kg.
Tourteau de coton	0,75	Tourteau de coton	1,3	Tourteau de coton	1,6
Farine de riz	3,00	Farine de riz	3,3	Maïs concassé	3,0
Maïs concassé	3,50	Mélasse	3,0	Mélasse	3,0

6

Drèche de pommes de terre	40 kilogr.
Pommes de terre	15	—
Son	3	—

a	kg.	*b*	kg.	*c*	kg.
Tourteau de coton	1,1	Tourteau de coton	1,4	Tourteau de coton	1,90
Farine de riz	4,3	Maïs concassé	4,2	Farine de riz	1,25
				Mélasse	3,00

3° Rations pauvres en protéine pour animaux adultes : 2 kilogr. matières azotées, 16 kilogr. matières non azotées = 1 : 8.

1

Drèche de pommes de terre	40 kilogr.
Betteraves fourragères	35	—
Son	3	—

a	kg.	*b*	kg.	*c*	kg.
Tourteau de coton	0,5	Farine de riz	4	Tourteau de coton	0,50
Farine de riz ou maïs concassé	2,0	Mélasse	2	Maïs concassé	2,75
Mélasse	3,0				

	2	3
	kg.	kg.
Drèche	40,0	40,0
Cossettes de diffusion	45,0	45,0
Son	5,8	2,0
Mélasse	4,5	4,5
Tourteau de coton	»	0,4
Farine de riz ou maïs concassé	»	2,5

4

Drèche	40 kilogr.
Pommes de terre	20 —

a	kg.	*b*	kg.	*c*	kg.
Tourteau de coton	0,5	Tourteau de coton	0,8	Tourteau de coton	1,0
Farine de riz	5,0	Maïs concassé	4,5	Farine de riz	2,7
				Mélasse	2,0

4° Rations pour vaches laitières.

a) **Rations fortes : 3 kilogr. matières azotées, 13kg,5 matières non azotées = 1 : 4.5.**

	1	2	3
	kg.	kg.	kg.
Drèche de pommes de terre	30	30	50
Betteraves fourragères	20	»	»
Son de blé	2	2	2
Tourteau de cocotier	2	2	2
Tourteau de coton	2,5	3	1,5
Touraillons	2	2	»
Mélasse	»	3	2,75
Tourteau d'arachide	»	»	1,5

b) **Rations moyennes : 2kg,5 matières azotées, 12kg,5 matières non azotées = 1 : 5.**

	1	2	3
	kg.	kg.	kg.
Drèche	30	30	50
Betteraves fourragères	20	»	»
Son de blé	2	2	2
Tourteau de cocotier	2	2	2
Tourteau de coton	2	2	2
Mélasse	»	2	1,75

5° Rations pour bœufs de trait.

a) **Fort travail, 2kg,4 matières azotées, 14kg,4 matières non azotées.**

	1	2	3	4
Drèche..............	60 lit.	60 lit.	60 lit.	60 lit.
Foin................	5 kgr.	5 kgr.	5 kgr.	5 kgr.
Paille et balles......	10 —	10 —	10 —	10 —
Farine de riz........	3 —	2 —	3 —	»
Son de seigle........	3 —	3 —	1kg,5	2 —
Son de blé.........	3 —	»	3kg,0	»
Tourteau de coton...	0kg,25	0kg,3	0kg,3	1 —
Mélasse.............	3kg,25	»	»	»
Cossettes desséchées.	»	8	»	»
Betteraves	»	»	30 kgr.	»
Pulpe sèche de pommes de terre......	»	»	»	9

b) **Travail moyen. 1kg,6 matières azotées, 12 kilogr. matières non azotées.**

	1	2	3	4
Drèche..............	10 lit	50 lit.	50 lit.	50 lit.
Foin................	5 kgr.	5 kgr.	5 kgr.	5 kgr.
Paille et balles......	13 —	13 —	13 —	13 —
Farine de riz........	2 —	»	2kg,5	1 —
Son de blé..	2 —	»	»	»
Mélasse.............	3kg,25	»	»	»
Cossettes sèches.....	»	8kg,25	»	»
Betteraves..........	»	»	30 kgr.	»
Pulpe sèche de pommes de terre......	»	»	»	6

6° Rations pour moutons et brebis à l'engraissement par 1 000 kilogr. de poids vivant, 3kg,75 matières azotées, 18 kilogr. matières non azotées.

	1	2	3	4	5	6
Drèche.........	120 lit.	120 lit.	60 lit.	60 lit.	120 lit.	60 lit.
Paille et balles.	25 kg.	25 kg.	25 kg.	25 kg.	25 kg.	20 kg.
Tourteau d'arachide.........	1	2,5	2,5	4,5	1,75	2,75
Farine de riz...	4	»	5,0	1,25	»	5
Son de blé......	7	2	7,75	3,0	3,5	5
Son de seigle...	»	2	»	»	2,0	»
Mélasse	»	5	»	6	»	»
Betteraves......	»	»	»	»	30	»
Cossettes sèches.	»	»	»	»	»	5

Ces exemples montrent comment on peut faire varier le mode d'utilisation de la drèche dans les divers cas qui peuvent se présenter en agriculture.

Dessiccation de la drèche. — La drèche contient une forte proportion d'eau et se conserve très difficilement. Aussi a-t-on songé à la dessécher, de manière à obtenir une substance aisément transportable et de conservation facile.

Pour la petite distillerie agricole, le problème ne présente pas grand intérêt. En effet, on peut arriver à faire consommer à l'état liquide les drèches produites sans forcer les animaux à en absorber des quantités trop considérables. On peut aussi donner la drèche, mélangée à d'autres aliments dans les proportions utiles, et l'utiliser ainsi parfaitement, sans qu'il soit nécessaire d'installer un matériel coûteux pour la dessiccation des produits.

Mais la question est très différente pour les grandes distilleries qui vendent leurs drèches, ou qui ne peuvent en utiliser qu'une partie pour ne pas augmenter outre mesure le nombre des animaux. Dans ce cas, la dessiccation des drèches peut être très avantageuse, car elle permet d'obtenir un produit sec, qui se transporte et se conserve facilement, et qui constitue un résidu de grande valeur nutritive. Les distilleries peuvent ainsi écouler leurs drèches à l'époque la plus favorable et les expédier dans les régions où le fourrage manque.

Il existe un assez grand nombre d'appareils à dessécher les drèches. Ordinairement, la dessiccation se fait dans des cylindres chauffés à la vapeur, et animés d'un mouvement de rotation ; des grattoirs enlèvent la drèche desséchée. Dans certains systèmes, on presse d'abord les drèches pour leur enlever la majeure partie de leur eau, mais on perd alors une certaine quantité de matières alimentaires dissoutes.

L'appareil de Buttner et Meyer, dont nous avons parlé pour la dessiccation des pulpes de betteraves, peut être également utilisé pour dessécher les drèches de grains, après séparation des parties solubles.

En France, pour la dessiccation des drèches de maïs, le principal appareil utilisé est l'appareil de Donard et Boulet. La méthode de MM. Donard et Boulet consiste à dessécher les drèches sous un vide partiel, à basse température. On évite ainsi toute altération de l'huile du maïs, et on soumet les tourteaux desséchés au traitement par l'éther de pétrole qui les dégraisse complètement.

Le procédé Donard et Boulet exige deux appareils : 1° un appareil à dessécher les drèches dans le vide, 2° un appareil à extraire l'huile.

Les vinasses sortant de la colonne à distiller sont d'abord envoyées aux filtres-presses qui séparent les matières solides. Cette filtration est très facile avec les drèches de maïs travaillé par le procédé Amylo, à cause de l'action favorable à la filtration qu'exercent les filaments mycéliens de la mucédinée. Par les autres méthodes, la filtration est souvent pénible et nécessite alors une cuisson complémentaire des drèches.

Les liquides obtenus, qui contiennent une certaine proportion de matières azotées et de sels, peuvent être travaillés par une des méthodes que nous avons étudiées à propos des vinasses de betteraves et de mélasse, soit au point de vue de l'extraction de la glycérine, soit au point de vue de la transformation en engrais.

Les gâteaux fournis par les filtres-presses sont pressés aux presses hydrauliques, puis envoyés dans l'appareil à dessécher.

Cet appareil (fig. 106) se compose d'un grand cylindre A qui peut tourner autour d'un axe horizontal. Cet axe est creux et sert à l'introduction de la vapeur de chauffage et à l'évacuation de la vapeur d'évaporation. Le chauffage est obtenu par une série de tubes de chauffe B, placés à l'intérieur du tambour. La vapeur condensée sort en P ; la vapeur d'évaporation se rend, par l'axe creux de l'autre extrémité du cylindre, dans une pompe à vide à condenseur V. Deux tubulures C, C' permettent le chargement et le déchargement de l'appareil. Le tambour est muni d'une denture E qui lui communique un mouvement de rotation de trois tours à la minute.

L'appareil est chargé de 2 500 kilogrammes de drèches provenant des presses hydrauliques ; on chauffe en maintenant une pression réduite de 40 millimètres de mercure, et en trois heures et demie la drèche est amenée à un taux d'humidité de 15 p. 100.

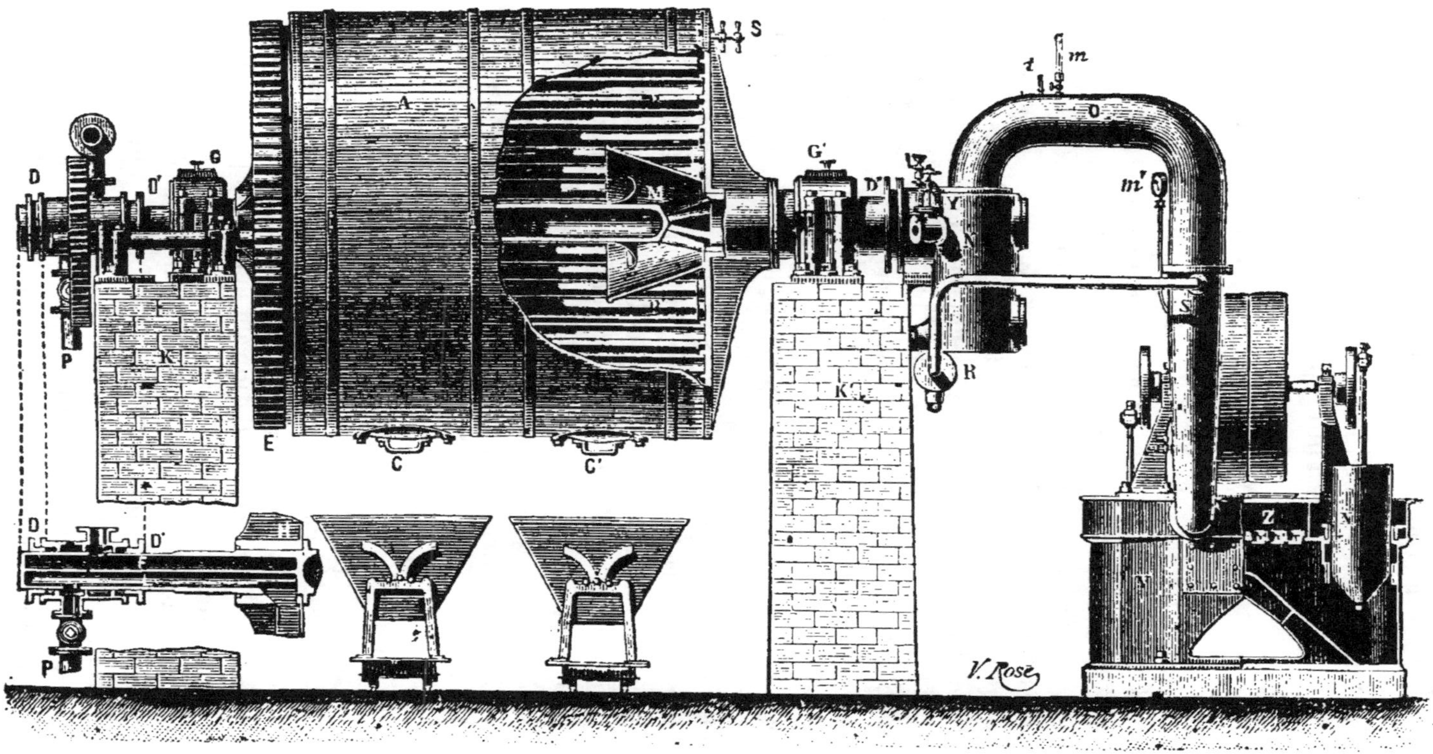

Fig. 106. — Appareil rotatif pour la dessiccation des drèches (système Donard et Boulet, de Rouen).

Les drèches sèches ainsi obtenues sont alors traitées dans l'appareil à extraction de l'huile par l'éther de pétrole, pour les dégraisser.

L'appareil utilisé dans ce but (fig. 107) est constitué de deux chaudières A, A', surmontées chacune de leur appareil extracteur B, B', auquel elles sont reliées par les tuyaux E, E'. A la partie supérieure des extracteurs se trouvent deux serpentins T, T', dans lesquels on peut à volonté envoyer de l'eau par les robinets U, U' ou de la vapeur par les robinets V, V'. Les extracteurs B, B' communiquent par leur partie inférieure avec les chaudières A, A' au moyen des tuyaux F, F' qui aboutissent tous deux au serpentin G, lequel est relié aux chaudières par les tuyaux H et H'. Au milieu de la bâche se trouve un second serpentin K, relié par la partie supérieure aux tuyaux F, F' par les conduits J, J'; il aboutit au réservoir M. Les chaudières A, A' sont chauffées par des serpentins de vapeur S, S', et peuvent être vidées en O, O'.

L'opération se fait de la façon suivante. Les extracteurs sont chargés de drèche sèche qu'on veut épuiser d'huile, et il reste dans la chaudière A de l'eau, de l'huile et de l'éther de pétrole provenant d'une opération précédente. La chaudière A' est vide. On ouvre alors les robinets F, J et H, on ferme F', J', H', et on chauffe la chaudière A en ouvrant le robinet de vapeur S. L'éther de pétrole distille, monte par le tuyau E et vient se condenser dans l'extracteur B au contact du réfrigérant T dans lequel passe de l'eau froide.

Il vient tomber en pluie chaude sur la matière, dissout l'huile, s'échappe par le tuyau F, passe dans le serpentin G, où il se refroidit, et coule dans la chaudière A'. Des thermomètres placés sur les tuyaux E, E' et à l'entrée du serpentin G permettent de suivre la distillation de l'éther de pétrole et de régler la vapeur de chauffage. Quand on atteint 85° dans le tuyau E, la chaudière A est épuisée d'éther de pétrole, et il n'y reste plus que l'huile et l'eau. En outre, l'huile de la matière contenue dans l'extracteur B est déplacée. On chauffe alors jusqu'à ce que la température atteigne 100°, en remplaçant au préalable, dans le serpentin T, l'eau par la

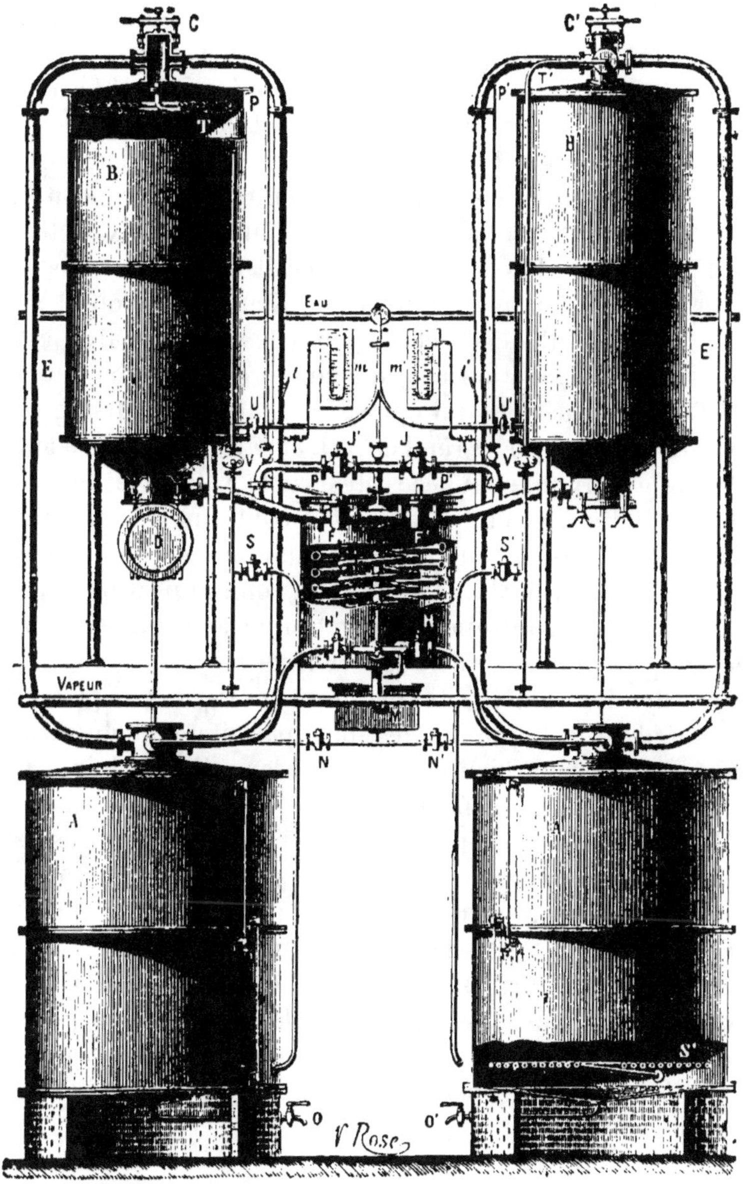

Fig. 107. — Appareil pour l'extraction de l'huile des drèches (système Donard et Boulet, de Rouen).

vapeur. La vapeur d'eau provenant de A entraîne les dernières traces d'essence, se condense dans G et va rejoindre dans A' l'huile et l'éther de pétrole. Quand le thermomètre placé à l'entrée du serpentin G marque 100°, l'opération est terminée. La chaudière A contient alors seulement de l'huile et de l'eau, on la vide, ainsi que l'extracteur B qui est rempli de drèche épuisée. L'air entraîné dans A' remonte par E', rencontre le serpentin T', traverse la matière non épuisée de l'extracteur B' où il abandonne l'essence qui ne serait pas condensée, puis traverse par J le serpentin de sûreté K et le réservoir M.

On recharge B de drèches nouvelles, et l'appareil est de nouveau prêt à fonctionner, la chaudière A' fournissant cette fois l'éther de pétrole qui épuise la matière contenue dans l'extracteur B' et qui se rend en A. L'appareil n'a donc d'autres arrêts que ceux qui sont nécessités par la vidange et le rechargement. Pour le rendre tout à fait continu, les inventeurs ont ajouté un troisième vase et, quand on veut vider une des chaudières, il suffit d'interrompre la communication avec les deux autres qui continuent à fonctionner. On augmente ainsi beaucoup la puissance de l'appareil.

Les drèches ainsi obtenues sont presque complètement épuisées d'huile. Comme elles sont parfaitement desséchées, elles se conservent bien et peuvent s'expédier au loin; aussi leur écoulement est-il facile.

M. Barbet conseille, pour la concentration des vinasses de grains et de pommes de terre à moûts troubles, l'emploi des appareils à effets multiples. Ces appareils, d'une construction spéciale, dans lesquels les surfaces de chauffe sont constamment brossées, fournissent une drèche assez épaisse pour être mise en silos dans des conditions de conservation parfaite. En outre, des séchoirs qui utilisent les chaleurs perdues des chaudières à vapeur, permettent de dessécher la drèche pour l'expédier au loin.

TABLES DE LA FORCE RÉELLE
DES LIQUIDES ALCOOLIQUES

TABLES DES RICHESSES ALCOOLIQUES

I. — Table de la force réelle des liquides alcooliques de 1 à 20 degrés.

Températures.	INDICATIONS DE L'ALCOOMÈTRE (FORCE APPARENTE)																			
	1c	2c	3c	4c	5c	6c	7c	8c	9c	10c	11c	12c	13c	14c	15c	16c	17c	18c	19c	20c
0°	1.3 1000	2.4	3.4	4.4	5.4	6.5 1001	7.5	8.6	9.7	10.9	12.2	13.4 1002	14.7	16.1	17.5	18.9 1003	20.3	21.6 1004	22.9	24.2
1	....	....	....	....	....	....	....	....	....	....	....	13.4 1002	14.7	16	17.3	18.7 1003	20	21.3	22.6 1004	23.9
2	....	....	....	....	....	....	....	....	....	....	....	13.4 1002	14.7	16	17.2	18.5 1003	19.8	21.1	22.3 1004	23.6
3	....	....	....	....	....	....	....	....	....	....	....	13.3 1001	14.6 1002	15.9	17.1	18.3	19.6 1003	20.8	22	23.3 1004
4	....	....	....	....	....	....	....	....	....	....	....	13.3 1001	14.5 1002	15.8	16.9	18.1	19.4	20.6 1003	21.8	23
5	1.4 1001	2.5	3.5	4.5	5.5	6.6	7.7	8.7	9.8	10.9	12.1	13.2	14.4	15.7 1002	16.8	18	19.2	20.4 1003	21.5	22.7
6	....	....	....	....	....	....	....	....	....	....	....	13.1 1001	14.3	15.6 1002	16.7	17.8	19	20.2 1003	21.3	22.4
7	....	....	....	....	....	....	....	....	....	....	....	13 1001	14.2	15.4	16.6 1002	17.7	18.8	20	21	22.1
8	....	....	....	....	....	....	....	....	....	....	....	13 1001	14.1	15.3	16.4	17.5	18.6 1002	19.7	20.7	21.8
9	....	....	....	....	....	....	....	....	....	....	....	12.9 1001	14	15.1	16.2	17.3	18.4	19.5	20.5 1002	21.6
10	1.4 1000	2.4	3.4 1001	4.5	5.5	6.5	7.5	8.5	9.5	10.6	11.7	12.7	13.8	14.9	16	17	18.1	19.2	20.2	21.3
11	1.3 1000	2.4	3.4	4.4 1001	5.4	6.4	7.4	8.4	9.4	10.5	11.6	12.6	13.6	14.7	15.8	16.8	17.9	19	20	21
12	1.2 1000	2.3	3.3	4.3	5.3	6.3	7.3	8.3	9.3	10.4	11.5	12.5 1001	13.5	14.6	15.6	16.6	17.6	18.7	19.7	20.7

13	1.2 1000	2.2	3.2	4.2	5.2	6.2	7.2	8.2	9.2	10.3	11.4	12.4	13.4	14.4	15.4	16.4	17.4	18.5	19.5	20.5
14	1.1 1000	2.1	3.1	4.1	5.1	6.1	7.1	8.1	9.1	10.2	11.2	12.2	13.2	14.2	15.2	16.2	17.2	18.2	19.2	20.2
15	1 1000	2	3	4	5	6	7	8	9	10	11	12	13	14	15	16	17	18	19	20
16	0.9 1000	1.9	2.9	3.9	4.9	5.9	6.9	7.9	8.9	9.9	10.9	11.9	12.9	13.9	14.9	15.9	16.9	17.8	18.7	19.7
17	0.8 1000	1.8	2.8	3.8	4.8	5.8	6.8	7.8	8.8	9.8	10.8	11.7	12.7	13.7	14.7	15.6	16.6	17.5	18.4 999	19.4
18	0.7 1000	1.7	2.7	3.7	4.7	5.7	6.7	7.7	8.7	9.7	10.7	11.6	12.5 999	13.5	14.5	15.4	16.3	17.3	18.2	19.1
19	0.6 999	1.6	2.6	3.6	4.5	5.5	6.5	7.5	8.5	9.5	10.5	11.4	12.4	13.3	14.3	15.2	16.1	17	17.9	18.8
20	0.5 999	1.5	2.4	3.4	4.4	5.4	6.4	7.3	8.3	9.3	10.3	11.2	12.2	13.1	14	14.9	15.8	16.7	17.6	18.5
21	0.4 999	1.4	2.3	3.3	4.3	5.2	6.2	7.1	8.1	9.1	10.1	11	11.9	12.8	13.7	14.6	15.5 998	16.4	17.3	18.2
22	0.3 999	1.3	2.2	3.2	4.1	5.1	6.1	7	7.9	8.9	9.9	10.8	11.7	12.6 998	13.5	14.4	15.3	16.2	17	17.9
23	0.1 999	1.1	2.1	3.1	4	4.9	5.9	6.8 998	7.8	8.7	9.7	10.6	11.5	12.4	13.3	14.1	15	15.9	16.7	17.6
24	....	1 998	1.9	2.9	3.8	4.8	5.8	6.7	7.6	8.5	9.5	10.4	11.3	12.2	13.1	13.9	14.8	15.7	16.5 997	17.4
25	....	0.8 998	1.7	2.7	3.6	4.6	5.5	6.5	7.4	8.3	9.3	10.2	11.1	12	12.8	13.6	14.5 997	15.4	16.2	17.1
26	....	0.7 998	1.6	2.6	3.5	4.4	5.4	6.3	7.2	8.1	9	9.9 997	10.8	11.7	12.6	13.4	14.2	15.1	15.9	16.8
27	....	0.5 998	1.5	2.4	3.3	4.3	5.2	6.1	7	7.9	8.8 997	9.7	10.6	11.5	12.3	13.1	14	14.8	15.6	16.5
28	....	0.3 997	1.3	2.2	3.1	4.1	5	5.9	6.8	7.7	8.6	9.5	10.3	11.2	12	12.8 996	13.7	14.5	15.3	16.1
29	....	0.1 997	1.1	2	2.9	3.9	4.8	5.7	6.6	7.5	8.4	9.2	10.1	11	11.8 996	12.6	13.4	14.2	15	15.8
30	....	0.0 997	0.9	1.9	2.8	3.7	4.6	5.5	6.4	7.3	8.1	9 996	9.8	10.7	11.5	12.3	13.1	13.9	14.7	15.5

II. — Table de la force réelle des liquides alcooliques de 21 à 40 degrés.

Températures.	INDICATIONS DE L'ALCOOMÈTRE (FORCE APPARENTE)																			
	21c	22c	23c	24c	25c	26c	27c	28c	29c	30c	31c	32c	33c	34c	35c	36c	37c	38c	39c	40c
0°	25.6 1005	27	28.4 1006	29.7	30.9 1007	32.1	33.2	34.3 1008	35.3	36.3	37.3 1009	38.3	39.2	40.2	41.1	42.1 1010	43.1	44	45	45.9 1011
1	25.3 1005	26.7	28	29.2 1006	30.4	31.6	32.7 1007	33.8	34.8	35.8 1008	36.8	37.8	38.8	39.8	40.8 1009	41.8	42.7	43.7	44.6 1010	45.5
2	24.9 1004	26.3 1005	27.5	28.8	30 1006	31.2	32.3	33.3	34.4 1007	35.4	36.4	37.4	38.4 1008	39.4	40.4	41.4	42.3	43.3 1009	44.2	45.1
3	24.6 1004	25.9 1005	27.1	28.4	29.6	30.8 1006	31.9	32.9	33.9 1007	34.9	36	37	38	39	40	41 1008	42	42.9	43.9	44.8
4	24.3 1004	25.6	26.8 1005	28	29.2	30.4	31.4	32.5	33.5 1006	34.5	35.5	36.5	37.5	38.5 1007	39.5	40.5	41.5	42.5	43.5	44.4 1008
5	24 1003	25.2	26.4 1004	27.6	28.8	30	31 1005	32.1	33.1	34.1	35.1	36.1 1006	37.1	38.1	39.1	40.1	41.1 1007	42.1	43.1	44
6	23.6 1003	24.9	26 1004	27.2	28.4	29.6	30.6 1005	31.6	32.6	33.6	34.7	35.7	36.7	37.7	38.7	39.7 1006	40.7	41.6	42.6	43.6
7	23.3 1002	24.6 1003	25.7	26.9	28	29.2	30.2 1004	31.2	32.2	33.2	34.2	35.2	36.2	37.2 1005	38.2	39.2	40.2	41.2	42.2	43.2
8	23 1002	24.2	25.3 1003	26.5	27.6	28.8	29.8	30.8	31.8	32.8	33.8 1004	34.8	35.8	36.8	37.8	38.8	39.8	40.8	41.8	42.8 1005
9	22.7 1002	23.9	25	26.1	27.2	28.4 1003	29.4	30.4	31.4	32.4	33.4	34.4	35.4	36.4	37.4 1004	38.4	39.4	40.4	41.4	42.4
10	22.4 1001	23.5 1002	24.6	25.7	26.8	27.9	29	30	31	32	33	34	35 1003	36	37	38	39	40	41	42
11	22.1 1001	23.2	24.3	25.4	26.5 1002	27.6	28.6	29.6	30.6	31.6	32.6	33.6	34.6	35.6	36.6	37.6	38.6	39.6	40.6 1003	41.6
12	21.8 1001	22.9	24	25.1	26.1	27.2	28.2	29.2	30.2	31.2	32.2	33.2	34.2 1002	35.2	36.2	37.2	38.2	39.2	40.2	41.2

13	21.5 1001	22.6	23.6	24.7	25.7	26.8	27.8	28.8	29.8	30.8	31.8	32.8	33.8	34.8	35.8	36.8	37.8	38.8	39.8	40.8
14	21.2 1000	22.3	23.3	24.3	25.3	26.4	27.4	28.4	29.4	30.4	31.4	32.4	33.4 1001	34.4	35.4	36.4	37.4	38.4	39.4	40.4
15	21 1000	22	23	24	25	26	27	28	29	30	31	32	33	34	35	36	37	38	39	40
16	20.7 1000	21.7	22.7	23.7	24.7	25.7	26.6	27.6	28.6	29.6	30.6	31.6	32.5 999	33.5	34.5	35.5	36.5	37.5	38.5	39.5
17	20.4 999	21.4	22.4	23.4	24.4	25.4	26.3	27.3	28.2	29.2	30.2	31.2	32.1	33.1	34.1	35.1	36.1	37.1	38.1	39.1
18	20.1 999	21.1	22	23	24	25	25.9	26.9	27.8	28.8	29.8	30.8	31.7 998	32.7	33.7	34.7	35.7	36.7	37.7	38.7
19	19.8 999	20.8	21.7	22.7	23.6 998	24.6	25.5	26.5	27.4	28.4	29.4	30.4	31.3	32.3	33.3	34.3	35.3	36.3	37.3 997	38.3
20	19.5 999	20.5 998	21.4	22.4	23.3	24.3	25.2	26.1	27.1	28	29	30	30.9 997	31.9	32.9	33.9	34.9	35.9	36.9	37.9
21	19.1 998	20.1	21.1	22.1	23	23.9	24.8	25.7	26.7 997	27.6	28.6	29.6	30.5	31.5	32.5	33.5	34.5	35.5 996	36.5	37.5
22	18.8 998	19.8	20.7	21.7 997	22.6	23.6	24.4	25.3	26.3	27.2	28.2	29.2	30.1 996	31.1	32.1	33.1	34.1	35.1	36.1	37.1
23	18.5 998	19.5 997	20.4	21.4	22.3	23.2	24.1	25	25.9	26.8	27.8 996	28.8	29.7	30.7	31.7	32.7	33.7	34.7 995	35.7	36.7
24	18.3 997	19.2	20.1	21.1	21.9	22.8	23.7	24.6 996	25.5	26.4	27.1	28.4	29.3 995	30.3	31.3	32.3	33.3	34.3	35.3	36.3 994
25	18 997	18.9	19.8	20.7	21.6 996	22.5	23.3	24.3	25.2	26.1	27 995	28	28.9	29.9	30.9	31.9 994	32.9	33.9	34.9	35.9
26	17.7 997	18.6 996	19.5	20.4	21.3	22.2	23	23.9	24.8 995	25.7	26.6	27.6	28.5	29.5 994	30.5	31.5	32.5	33.5	34.5 993	35.5
27	17.4 996	18.3	19.2	20.1	20.9	21.8	22.7	23.6	24.4 995	25.3	26.2	27.2 994	28.1	29.1	30.1	31.1 993	32.1	33.1	34.1	35.1
28	17 996	18	18.9	19.7 995	20.6	21.5	22.3	23.2	24	24.9 994	25.8	26.8	27.7	28.7 993	29.7	30.7	31.7	32.7	33.7 992	34.7
29	16.7 996	17.6	18.5 995	19.4	20.3	21.1	21.9	22.8 994	23.7	24.5	25.4	26.4 993	27.3	28.3	29.3	30.3 992	31.3	32.3	33.3	34.3
30	16.4 995	17.3	18.2	19.1	19.9	20.8 994	21.6	22.5	23.3	24.2	25.1 993	26	26.9	27.9	28.9 992	29.9	30.9	31.9 991	32.9	33.9

III. — Table de la force réelle des liquides alcooliques de 41 à 60 degrés.

Températures	INDICATIONS DE L'ALCOOMÈTRE (FORCE APPARENTE)																			
	41c	42c	43c	44c	45c	46c	47c	48c	49c	50c	51c	52c	53c	54c	55c	56c	57c	58c	59c	60c
0°	46.9 1014	47.9	48.8	49.8	50.7	51.7	52.6 1012	53.5	54.5	55.4	56.4	57.3	58.3	59.2	60.2	61.2	62.1	63.1 1013	64.1	65
1	46.5 1010	47.5	48.4	49.4	50.3	51.3 1011	52.2	53.2	54.2	55.1	56	57	57.9	58.9	59.9	60.9	61.8	62.8 1012	63.8	64.7
2	46.1 1009	47.1	48.1	49	49.9 1010	50.9	51.8	52.8	53.8	54.7	55.7	56.6	57.6	58.5	59.5	60.5 1011	61.5	62.4	63.4	64.4
3	45.8 1008	46.7 1009	47.7	48.6	49.6	50.5	51.5	52.4	53.4	54.3	55.3	56.3	57.2	8.2 1010	59.2	60.2	61.1	62.1	63.1	64.1
4	45.4 1008	46.4	47.4	48.3	49.2	50.2	51.1	52.1	53	54 1009	55	56	56.9	57.9	58.9	59.8	60.8	61.7	62.7	63.7
5	45 1007	45.9	46.9	47.9	48.8	49.8	50.7	51.7 1008	52.7	53.6	54.6	55.6	56.6	57.5	58.5	59.5	60.4	61.4	62.4	63.4
6	44.6 1006	45.5	46.5	47.5 1007	48.4	49.4	50.4	51.4	52.4	53.3	54.3	55.2	56.2	57.1	58.1	59.1	60.1	61 1008	62	63
7	44.2 1005	45.1 1006	46.1	47.1	48.1	49.1	50.1	51	52	52.9	53.9	54.9	55.9	56.8	57.8	58.8	59.8 1007	60.7	61.7	62.7
8	43.8 1005	44.8	45.8	46.8	47.7	48.7	49.7	50.6	51.6	52.6	53.6	54.6	55.5 1006	56.5	57.5	58.5	59.5	60.4	61.4	62.4
9	43.4 1004	44.4	45.4	46.4	47.3	48.3	49.3 1005	50.2	51.2	52.2	53.2	54.2	55.1	6.1	57.1	58.1	59.1	60	61	62
10	43 1003	44 1004	45	46	46.9	47.9	48.9	49.9	50.9	51.8	52.8	53.8	54.8	55.8	56.8	57.8	58.8	59.7	60.7	61.7
11	42.6 1003	43.6	44.6	45.6	46.6	47.6	48.6	49.5	50.5	51.5	52.5	53.5	54.4	55.4	56.4	57.4	58.4	59.4	60.4	61.4
12	42.2 1002	43.2	44.2	45.2	46.2	47.2	48.2	49.2	50.2	51.1	52.1	53.1	54.1	55	56	57	58	59	60	61

13	41.8 1001	42.8	43.8	44.8 1002	45.8	46.8	47.8	48.8	49.8	50.8	51.8	52.7	53.7	54.7	55.7	56.7	57.7	58.7	59.7	60.7
4	41.4 1 01	42.4	43.4	44.4	45.4	46.4	47 4	48.4	49.4	50 4	51.4	52.3	53.3	54.3	55.3	56.3	57.3	58.3	59.3	60.3
15	41 1000	42	43	44	45	46	47	48	49	50	51	52	53	54	55	56	57	58	59	60
16	40.6 999	41.6	42.6	43.6	44.6	45.6	46.6	47.6	48.6	49.6	50.6	51.6	52.6	53.6	54 6	55.6	56.6	57.6	58.6	59 6
17	40 2 999	41.2	42.2	.3.2 998	44.2	45.2	46.2	47.2	48.3	49.3	50.3	51.3	52.3	53.3	54.3	55.3	56.3	57.3	58.3	59.3
18	39.8 998	40.8	41.8	42.8	43.8	44.9	45.9	46.9	47.9	48.9	49.9	50.9	51.9	52.9	53.9	54.9	55.9	56 9 997	57.9	58.9
19	39.4 997	40.4	41.4	42.5	43.5	44.5	45.5	46.5	47.5	48.5	49.5	50.6	51.6	52.6	53.6	54.6	55.6	56.6	57.6	58.6
20	39 997	40	41	42.1	43.1 996	44.1	45.1	46.1	47.2	48.2	49.2	50.2	51.2	52.2	53.2	54.2	55.2	56.2	57.2	58.2
21	38.6 996	39.6	40.6	41.7	42.7	43.7	44.8	45.8	46 8 995	47.8	48.8	49.8	50.8	51.8	52.9	53.9	54.9	55.9	56.9	57.9
22	38.2 996	39.2 995	40.2	41.3	42.3	43.3	44.3	45.3	46.4	47.4	48.4	49.4	50.4	51.4 994	52.5	53.5	54.5	55.5	56.5	57.5
23	37.8 995	38.8	39.8	40.9 994	41.9	42.9	43.9	44.9	46	47	48	49.1	50.1	51.1	52.1	53.1	54.1 993	55.1	56.1	57.1
24	37.4 994	38.4	39.4	40.5	41.5	42 5	43.6	44.6	45.6 993	46.6	47.6	48.7	49.7	50.7	51.8	52.8	53.8	54.8	55.8	56.8 992
25	37 994	38	39 993	40.1	41.1	42.2	43.2	44.2	45.2	46.3	47.3	48.3	49.3	50.3 992	51.4	52.4	53.4	54.4	55.5	56.5
26	36.5 993	37.6	38.6	39.7	40.7 992	41.8	42.8	43.8	44.9	45.9	46.9	47.9	49	50 991	51	52	53	54	55.1	56.1
27	36.1 992	37.2	38.2	39.3	40.3	41.4	42.4	43 4 991	44.5	45.5	46.5	47 6	48.6	49 6	50.7 990	51.7	52.7	53.7	54.8	55 8
28	35.7 992	36.8	37 8	38.9 991	39.9	41	42	43	44.1	45.1 990	46.1	47.2	48.2	49.2	50.3	51.3	52.3	53.3 989	54.4	55.4
29	35.3 991	36.3	37.4	38.5	39.5	40.6 990	41.6	42.6	43 7	44.7	45.7	46.8 989	47.8	48.9	49.9	51	52	53	54	55 988
30	34.9 991	35.9	37 990	38.1	:9.1	40.2	41.2	42.3 989	43.3	44.3	45.4	46.4	47.5	48.5 988	49.6	50.6	51.6	52.6	53.6	54.7

IV. — Table de la force réelle des liquides alcooliques de 61 à 80 degrés

Températures	INDICATIONS DE L'ALCOOMÈTRE (FORCE APPARENTE)																			
	61ᶜ	62ᶜ	63ᶜ	64ᶜ	65ᶜ	66ᶜ	67ᶜ	68ᶜ	69ᶜ	70ᶜ	71ᶜ	72ᶜ	73ᶜ	74ᶜ	75ᶜ	76ᶜ	77ᶜ	78ᶜ	79ᶜ	80ᶜ
0°	66 1013	67	68	68.9	69.9	70.8	71.8	72.7	73.7 1014	74.7	75.6	76.6	77.6	78.6	79.5	80.5	81.5	82.4	83.3	84.3
1	65.7 1012	66.7	67.7	68.6	69.6	70.5	71.5	72.4	73.4 1013	74.3	75.3	76.3	77.3	78.3	79.2	80.2	81.2	82.1	83.1	84
2	65.3 1011	66.3	67.3	68.3	69.3	70.2	71.2	72.1 1012	73.1	74	75	76	77	78	78.9	79.9	80.9	81.9	82.8	83.7
3	65 1010	66	67	68	68.9	69.9 1011	70 8	71.8	72.8	73.7	74.7	75.7	76.7	77.7	78.6	79.6	80.6	81.6	82.5	83.5
4	64.7 1009	65.7	66.6	67.6 1010	68.6	69.5	70.5	71.5	72.5	73.4	74.4	75 3	76.3	77.3	78.3	79.3	80.3	81.3	82.2	83.2
5	64.3 1009	65.3	66.3	67.3	68.3	69.2	70.2	71.2	72.2	73.1	74.1	75	76	77	78	79	80	81	81.9 1010	82.9
6	64 1008	65	66	67	68	68.9	69.9	70.9	71.9	72 8	73.8	74.7	75.7	76.7	77.7	78.7	79.7	80.7	81.6	82.6 1009
7	63.7 1007	64.7	65.7	66.7	67.6	68.6	69.6	70.6	71.5	72.5	73.5	74 4	75.4	76.4	77.4	78.4	79.4	80.4	81.4	82.3 1008
8	63.4 1006	64.4	65.4	66.4	67.3	68.3	69.3	70.2	71.2	72.2	73.2	74.1	75.1	76.1	77.1	78.1	79.1 1007	80.1	81.1	82
9	63 1005	64	65	66	67	67.9	68.9	69.9	70.9	71.9	72.9	73.8	74.8	75.8	76.8	77.8	78.8 1006	79.8	80.8	81.7
10	2.7 1004	63.7	64.7	65.7	66.7	67.6	68.6	69.6	70.6	71.6	72.6	73.5	74.5 1005	75.5	76.5	77.5	78.5	79.5	80.5	81.5
11	62.4 1003	63.4	64.4	65.4	66.4	67.3	68.3	69.3 1004	70.3	71.3	72.3	73.2	74.2	75.2	76.2	77.2	78.2	79.2	80.2	81.2
12	62 1002	63	64	65	66	67	68 1003	69	70	71	72	72.9	73.9	74.9	75.9	76.9	77.9	78.9	79.9	80.9

13	61.7 1002	62.7	63.7	64.7	65.7	66.7	67.7	68.7	69.6	70.6	71.6	72.6	73.6	74.6	75.6	76.6	77.6	78.6	79.6	80.6
14	61.3 1001	62.3	63.3	64.3	65.3	66.3	67.3	68.3	69.3	70.3	71.3	72.3	73.3	74.3	75.3	76.3	77.3	78.3	79.3	80.3
15	61 1000	62	63	64	65	66	67	68	69	70	71	72	73	74	75	76	77	78	79	80
16	60.6 999	61.7	62.7	63.7	64.7	65.7	66.7	67.7	68.7	69.7	70.7	71.7	72.7	73.7	74.7	75.7	76.7	77.7	78.7	79.7
17	60.3 998	61.3	62.3	63.3	64.3	65.3	66.3	67.3	68.3	69.3	70.3	71.3	72.3	73.3	74.3	75.4	76.4	77.4	78.4	79.4
18	59.9 997	61	62	63	64	65	66	67	68	69	70	71	72	73	74	75.1	76.1	77.1	78.1	79.1
19	59.6 997	60.6	61.6	62.7	63.7	64.7	65.7	66.7	67.7 996	68.7	69.7	70.7	71.7	72.7	73.7	74.7	75.8	76.8	77.8	78.8
20	59.2 996	60.3	61.3	62.3	63.3	64.3	65.4	66.4	67.4	68.4	69.4	70.4	71.4 995	72.4	73.4	74.4	75.5	76.5	77.5	78.5
21	58.9 995	59.9	61	62	63	64	65	66	67	68.1	69.1	70.1	71.1	72.1 994	73.1	74.1	75.2	76.2	77.2	78.2
22	58.5 994	59.5	60.6	61.6	62.7	63.7	64.7	65.7	66.7	67.8	68.8	69.8	70.8	71.8	72.8 993	73.8	74.8	75.9	76.9	77.9
23	58.1 993	59.2	60.2	61.3	62.3	63.3	64.3	65.4	66.4	67.4	68.4	69.4	70.5	71.5	72.5 992	73.5	74.5	75.5	76.6	77.6
24	57.8 992	58.9	59.9	61	62	63	64	65	66	67.1	68.1	69.1	70.1	71.2	72.2	73.2	74.2	75.2 991	76.3	77.3
25	57.5 992	58.5	59.5	60.6 991	61.6	62.6	63.7	64.7	65.7	66.7	67.8	68.8	69.8	70.8	71.8	72.8	73.9	74.9	76	77
26	57.1 991	58.1	59.2	60.2	61.3 990	62.3	63.3	64.3	65.3	66.4	67.4	68.4	69.5	70.5	71.5	72.5	73.6	74.6	75.6	76.7
27	56.8 990	57.8	58.9	59.9	60.9	61.9	63 989	64	65	66	67.1	68.1	69.2	70.2	71.2	72.2	73.3	74.3	75.3	76.3
28	56.4 989	57.5	58.5	59.5	60.6	61.6	62.6	63.7	64.7	65.7 988	66.8	67.8	68.8	69.9	70.9	71.9	73	74	75	76
29	56 988	57.1	58.1	59.9	60.2	61.2	62.3	63.3	64.3	65.4	66.4	67.4 987	68.5	69.5	70.6	71.6	72.6	73.7	74.7	75.7
30	55.7 988	56.7 987	57.8	58.8	59.9	60.9	61.9	63	64	65	66.1	67.1	68.2 986	69.2	70.3	71.3	72.3	73.3	74.4	75.4

V. — Table de la force réelle des liquides alcooliques de 81 à 100 degrés.

Températures	INDICATIONS DE L'ALCOOMÈTRE (FORCE APPARENTE)																			
	81c	82c	83c	84c	85c	86c	87c	88c	89c	90c	91c	92c	93c	94c	95c	96c	97c	98c	99c	100c
0°	85.2 1014	86.2	87.1	88	88.9	89.9 1015	90.8	91.7	92.6	93 6	94.5	95.3	96.2	97.1	98	98.8	99.7 1016			
1	85 1013	85.9	86.8	87.8	88.7	89.6 1014	90.5	91.5	92.4	93.3	94.3	95.1	96	96.9	97.8	98.6	99 5			
2	84.7 1012	85.6	86.6	87.5	88.5	89.4 1013	90.3	91.2	92.2	93.1	94	94.9	95.8	96.7	97.6	98.5	99.3 1014			
3	84.4 1011	85.4	86.3	87.3	88.2	89.2 1012	90.1	91	91.9	92.9	93.8	94.7	95.6	96.[illegible]	97.4	98.3	99.2			
4	84.2 1011	85.1	86.1	87	87.9	88.9	89.8	90.8	91.7	92.7	93.6	94.5	95.4	96.3	97.2	98.1	99	99.9		
5	83.9 1010	84.8	85.8	86.7	87.7	88.6	89.6	90.5	91.5	92 4	93.4	94.3	95.2	96.1	97	97.9	98.8	99.7		
6	83 6 1009	84.5	85.5	86.5	87.4	88.4	89.3	90.2	91.2	92.2	3.1	94.1	95	95.9	96.8	97.8	98.7	99.6		
7	83.3 1008	84.2	85.2	86.2	87.2	88.1	89.1	90	91	91.9	92.9	93.9	94.8	95.7	96.6	97.6	98.5	99.4		
8	83 1007	84	85	85.9	86.9	87.9	88.8	89.8	90.7	91.7	92.7	93.6	94.6	95.5	96.4	97.4	98.3	99.2		
9	82.7 1006	83.7	84.7	85.7	86.6	87.6	88.6	89.5	90.5	91.5	92 5	93.4	94.4	95.3	96.2	97.2	98.1	99.1	100	
10	82.4 1005	83.4	84.4	85.4	86.4	87.4	88.3	89.3	90 2	91.2	92.2	93.2	94.2	95.1	96	97	98	98.9	99.9	
11	82.2 1004	83.1	84.1	85.1	86.1	87.1	88	89	90	91	92	92.9	93.9	94.9	95.8	96.8	97.8	98.7	99.7	
12	[illegible]1.9 1003	82.9	83.9	84 8	85.8	86 8	87.8	88.7	89.7	90.7	91.7	92.7	93.7	94.7	95 6	96.6	97.6	98.5	99.5	

13	81.6 1002	82.6	83.6	84.6	85.5	86.5	87.5	88.5	89.5	90.5	91.5	92.5	93.5	94.4	95.4	96.4	97.4	98.4	99.3	
14	81.3 1001	82.3	83.3	84.3	85.3	86.3	87.3	88.2	89.2	90.2	91.2	92.2	93.2	94.2	95.2	96.2	97.2	98.2	99.2	
15	81 1000	82	83	84	85	86	87	88	89	90	91	92	93	94	95	96	97	98	99	100
16	80.7 999	81.7	82.7	83.7	84.7	85.7	86.7	87.7	88.7	89.7	90.8	91.8	92.8	93.8	94.8	95.8	96.8	97.8	98.8	99.8
17	80.4 998	81.4	82.4	83.4	84.4	85.4	86.4	87.4	88.4	89.5	90.5	91.5	92.6	93.6	94.6	95.6	96.6	97.6	98.7	99.7
18	80.1 997	81.1	82.1	83.1	84.1	85.2	86.2	87.2	88.2	89.2	90.2	91.3	92.3	93.3	94.3	95.4	96.4	97.4	98.5	99.5
19	79.8 996	80.8	81.9	82.9	83.9	84.9	85.9	86.9	87.9	88.9	90	91.1	92.1	93.1	94.1	95.2	96.2	97.3	98.3	99.3
20	79.5 995	80.5	81.6	82.6	83.6	84.6	85.6	86.6	87.7	88.7	89.7	90.8	91.8	92.9	93.9	95	96	97.1	98.1	99.1
21	79.2 994	80.2	81.3	82.3	83.3	84.3	85.3	86.4	87.4	88.4	89.5	90.5	91.6	92.6	93.7	94.7	95.8	96.9	97.9	99
22	78.9 993	79.9	81	82	83	84	85	86.1	87.1	88.2	89.2	90.2	91.3	92.4	93.4	94.5	95.6	96.7	97.7	98.8
23	78.6 992	79.6	80.7	81.7	82.7	83.8	84.8	85.8	86.8	87.9	89	90	91.1	92.1	93.2	94.3	95.4	96.5	97.5	98.6
24	78.3 991	79.3	80.4	81.4	82.4	83.5	84.5	85.5	86.5	87.6	88.7	89.7	90.8	91.9	93	94.1	95.2	96.2	97.3	98.4
25	78 991	79	80.1 990	81.1	82.1	83.2	84.2	85.2	86.3	87.4	88.4	89.5	90.6	91.6	92.7	93.8	94.9	96	97.1	98.2
26	77.7 990	78.7 989	79.8	80.8	81.8	82.9	83.9	84.9	86	87.1	88.2	89.2	90.3	91.4	92.5	93.6	94.7	95.8	96.9	98.1
27	77.4 989	78.4 988	79.5	80.5	81.5	82.6	83.6	84.7	85.7	86.8	87.9	89	90.1	91.1	92.2	93.4	94.5	95.6 987	96.7	97.9
28	77.1 988	78.1	79.2 987	80.2	81.2	82.3	83.3	84.4	85.4	86.5	87.6	88.7	89.8	90.9	92	93.1	94.3	95.4 986	96.5	97.7
29	76.7 987	77.8	78.9	79.9 986	80.9	82	83	84.1	85.1	86.2	87.3	88.4	89.5	90.6	91.7	92.9	94.1	95.2	96.3 985	97.5
30	76.4 986	77.5	78.6	79.6	80.6 985	81.7	82.7	83.8	84.9	86	87.1	88.2	89.3	90.4	91.5	92.7	93.8	95	96.1 984	97.[illegible]

Table des richesses alcooliques.

1° De 1 à 25 degrés.

Degrés de l'alcoomètre.

	1	2	3	4	5	6	7	8	9	10	11	12	13	14	15	16	17	18	19	20	21	22	23	24	25
0	1.3	2.4	3.4	4.4	5.4	6.5	7.5	8.6	9.7	10.9	12.2	13.4	14.7	16.1	17.5	19	20.4	21.7	23	24.3	25.7	27.1	28.5	29.9	31.1
1	»	»	»	»	»	»	»	»	»	»	»	13.4	14.7	16	17.3	18.7	20.1	21.4	22.7	24	25.4	26.8	28.1	29.4	30.6
2	»	»	»	»	»	»	»	»	»	»	»	13.4	14.7	16	17.2	18.6	19.9	21.2	22.4	23.7	25	26.4	27.6	28.9	30.2
3	»	»	»	»	»	»	»	»	»	»	»	13.3	14.6	15.9	17.1	18.3	19.7	20.9	22.1	23.4	24.7	26	27.3	28.6	29.8
4	»	»	»	»	»	»	»	»	»	»	»	13.3	14.5	15.8	16.9	18.1	19.4	20.7	21.9	23.1	24.4	25.7	26.9	28.1	29.3
5	1.4	2.5	3.5	4.5	5.5	6.6	7.7	8.7	9.8	10.9	12.1	13.2	14.4	15.7	16.8	18	19.2	20.5	21.6	22.8	24.1	25.3	26.5	27.7	28.9
6	»	»	»	»	»	»	»	»	»	»	»	13.1	14.3	15.6	16.7	17.8	19	20.3	21.4	22.5	23.7	25	26.1	27.3	28.5
7	»	»	»	»	»	»	»	»	»	»	»	13.0	14.2	15.4	16.6	17.7	18.8	20	21	22.1	23.4	24.7	25.8	27	28.1
8	»	»	»	»	»	»	»	»	»	»	»	13.0	14.1	15.3	16.4	17.5	18.6	19.7	20.7	21.8	23	24.2	25.4	26.6	27.7
9	»	»	»	»	»	»	»	»	»	»	»	12.9	14	15.1	16.2	17.3	18.4	19.5	20.5	21.6	22.7	23.9	25	26.2	27.3
10	1.4	2.4	3.4	4.5	5.5	6.5	7.5	8.5	9.5	10.6	11.7	12.7	13.8	14.9	16.0	17.0	18.1	19.2	20.2	21.3	22.4	23.5	24.6	25.8	26.9
11	1.3	2.4	3.4	4.4	5.4	6.4	7.4	8.4	9.4	10.5	11.6	12.6	13.6	14.7	15.8	16.8	17.9	19.0	20.0	21.0	22.1	23.2	24.3	25.4	26.5
12	1.2	2.3	3.3	4.3	5.3	6.3	7.3	8.3	9.3	10.4	11.5	12.5	13.5	14.6	15.6	16.6	17.6	18.7	19.7	20.7	21.8	22.9	24.0	25.1	26.1
13	1.2	2.2	3.2	4.2	5.2	6.2	7.2	8.2	9.2	10.3	11.4	12.4	13.4	14.4	15.4	16.4	17.4	18.5	19.5	20.5	21.5	22.6	23.7	24.7	25.7
14	1.1	2.1	3.1	4.1	5.1	6.1	7.1	8.1	9.1	10.2	11.2	12.2	13.2	14.2	15.2	16.2	17.2	18.2	19.2	20.2	21.2	22.3	23.3	24.3	25.3
15	1	2	3	4	5	6	7	8	9	10	11	12	13	14	15	16	17	18	19	20	21	22	23	24	25
16	0.9	1.9	2.9	3.9	4.9	5.9	6.9	7.9	8.9	9.9	10.9	11.9	12.9	13.9	14.9	15.9	16.9	17.8	18.7	19.7	20.7	21.7	22.7	23.7	24.7
17	0.8	1.8	2.8	3.8	4.8	5.8	6.8	7.8	8.8	9.8	10.8	11.7	12.7	13.7	14.7	15.6	16.6	17.5	18.4	19.4	20.4	21.4	22.4	23.4	24.4
18	0.7	1.7	2.7	3.7	4.7	5.7	6.7	7.7	8.7	9.7	10.7	11.6	12.5	13.5	14.5	15.4	16.3	17.3	18.2	19.1	20.1	21.1	22.0	23.0	24.0
19	0.6	1.6	2.6	3.6	4.5	5.5	6.5	7.5	8.5	9.5	10.5	11.4	12.4	13.3	14.3	15.2	16.1	17.0	17.9	18.8	19.8	20.8	21.7	22.7	23.6
20	0.5	1.5	2.4	3.4	4.4	5.4	6.4	7.3	8.3	9.3	10.3	11.2	12.2	13.1	14.0	14.9	15.8	16.7	17.6	18.5	19.5	20.5	21.4	22.4	23.3
21	0.4	1.4	2.3	3.3	4.3	5.2	6.2	7.1	8.1	9.1	10.1	11.0	11.9	12.8	13.7	14.6	15.5	16.4	17.3	18.2	19.1	20.1	21.1	22.1	22.9
22	0.3	1.3	2.2	3.2	4.1	5.1	6.1	7.0	7.9	8.9	9.9	10.8	11.7	12.6	13.5	14.4	15.3	16.2	17.0	17.9	18.8	19.8	20.7	21.6	22.5
23	0.1	1.1	2.1	3.1	4.0	4.9	5.9	6.8	7.8	8.7	9.7	10.6	11.5	12.4	13.3	14.1	15.0	15.9	16.7	17.6	18.5	19.4	20.3	21.3	22.2
24	0.0	1.0	1.9	2.9	3.8	4.8	5.8	6.7	7.6	8.5	9.5	10.4	11.3	12.2	13.1	13.9	14.8	15.7	16.5	17.4	18.2	19.1	20.0	21.0	21.8
25	0.0	0.8	1.7	2.7	3.6	4.6	5.5	6.5	7.4	8.3	9.3	10.2	11.1	12.0	12.8	13.6	14.5	15.4	16.2	17.1	17.9	18.8	19.7	20.6	21.5
26	0.0	0.7	1.6	2.6	3.5	4.4	5.4	6.3	7.2	8.1	9.0	9.9	10.8	11.7	12.6	13.4	14.2	15.1	15.9	16.7	17.6	18.5	19.4	20.3	21.2
27	0.0	0.5	1.5	2.4	3.3	4.3	5.2	6.1	7.0	7.9	8.8	9.7	10.6	11.5	12.3	13.1	13.9	14.8	15.6	16.4	17.3	18.2	19.1	20.0	20.8
28	0.0	0.3	1.3	2.2	3.1	4.1	5.0	5.9	6.8	7.7	8.6	9.5	10.3	11.2	12.0	12.8	13.6	14.4	15.2	16.0	16.9	17.9	18.8	19.6	20.5
29	0.0	0.1	1.1	2.0	2.9	3.9	4.8	5.7	6.6	7.5	8.4	9.2	10.1	11.0	11.7	12.5	13.3	14.1	14.9	15.7	16.6	17.5	18.4	19.3	20.2
30	0.0	0.0	0.9	1.9	2.8	3.7	4.6	5.5	6.4	7.3	8.1	9	9.8	10.7	11.5	12.3	13.0	13.8	14.6	15.4	16.3	17.2	18.1	19.0	19.8

Degrés du thermomètre.

2° De 26 à 50 degrés.

Degrés de l'alcoomètre.

	26	27	28	29	30	31	32	33	34	35	36	37	38	39	40	41	42	43	44	45	46	47	48	49	50
0	32.3	33.4	34.5	35.6	36.6	37.6	38.6	39.6	40.6	41.5	42.5	43.5	44.4	45.4	46.4	47.4	48.4	49.3	50.3	51.3	52.3	53.2	54.1	55.1	56.1
1	31.8	32.9	34	35.1	36.1	37.1	38.1	39.1	40.1	41.2	42.2	43.1	44.1	45	46	47	48	48.9	49.9	50.8	51.8	52.8	53.7	54.7	55.7
2	31.4	32.5	33.5	34.6	35.6	36.7	37.7	38.7	39.7	40.7	41.7	42.7	43.7	44.6	45.5	46.5	47.5	48.5	49.5	50.4	51.4	52.3	53.3	54.3	55.3
3	31	32.1	33.1	34.1	35.2	36.2	37.3	38.3	39.3	40.3	41.3	42.3	43.2	44.2	45.2	46.2	47.1	48.1	49	50	51	52	52.9	53.9	54.8
4	30.6	31.6	32.7	33.7	34.7	35.7	36.7	37.7	38.8	39.8	40.8	41.8	42.8	43.8	44.8	45.8	46.7	47.7	48.7	49.6	50.6	51.5	52.5	53.5	54.5
5	30.1	31.2	32.3	33.3	34.3	35.3	36.3	37.3	38.3	39.3	40.3	41.4	42.4	43.4	44.3	45.3	46.2	47.2	48.2	49.2	50.2	51.1	52.1	53.1	54
6	29.7	30.8	31.8	32.8	33.8	34.9	35.9	36.9	37.9	38.9	39.9	40.9	41.9	42.9	43.9	44.9	45.8	46.8	47.8	48.8	49.8	50.8	51.7	52.7	53.7
7	29.3	30.3	31.3	32.3	33.3	34.3	35.4	36.4	37.4	38.4	39.4	40.4	41.4	42.4	43.4	44.4	45.4	46.4	47.4	48.4	49.4	50.4	51.3	52.3	53.2
8	28.9	29.9	30.9	31.9	32.9	33.9	34.9	35.9	36.9	38	39	40	41	42	43	44	45	46	47	47.9	48.9	49.9	50.9	51.9	52.9
9	28.5	29.5	30.5	31.5	32.5	33.5	34.5	35.5	36.5	37.5	38.6	39.6	40.6	41.6	42.6	43.6	44.6	45.6	46.6	47.5	48.5	49.5	50.5	51.5	52.5
10	28.0	29.1	30.1	31.1	32.1	33.1	34.1	35.1	36.1	37.1	38.1	39.1	40.1	41.1	42.1	43.1	44.1	45.1	46.1	47.1	48.1	49.1	50.1	51.1	52
11	27.7	28.7	29.7	30.7	31.7	32.7	33.7	34.7	35.7	36.7	37.7	38.7	39.7	40.7	41.7	42.7	43.7	44.7	45.7	46.7	47.7	48.7	49.7	50.7	51.7
12	27.2	28.2	29.2	30.2	31.2	32.2	33.2	34.3	35.3	36.3	37.3	38.3	39.3	40.3	41.3	42.3	43.3	44.3	45.3	46.3	47.3	48.3	49.3	50.3	51.2
13	26.8	27.8	28.8	29.8	30.8	31.8	32.8	33.8	34.8	35.8	36.8	37.8	38.8	39.8	40.9	41.9	42.9	43.9	44.9	45.9	46.9	47.9	48.9	49.9	50.9
14	26.4	27.4	28.4	29.4	30.4	31.4	32.4	33.4	34.4	35.4	36.4	37.4	38.4	39.4	40.4	41.4	42.4	43.4	44.4	45.4	46.4	47.4	48.4	49.4	50.4
15	26	27	28	29	30	31	32	33	34	35	36	37	38	39	40	41	42	43	44	45	46	47	48	49	50
16	25.7	26.6	27.6	28.6	29.6	30.6	31.6	32.5	33.5	34.5	35.5	36.5	37.5	38.5	39.5	40.6	41.6	42.6	43.6	44.6	45.6	46.6	47.6	48.6	49.6
17	25.4	26.3	27.3	28.2	29.2	30.2	31.2	32.1	33.1	34.1	35.1	36.1	37.1	38.1	39.1	40.1	41.1	42.1	43.1	44.1	45.2	46.2	47.2	48.2	49.2
18	25.0	25.9	26.9	27.8	28.8	29.8	30.8	31.7	32.6	33.6	34.6	35.6	36.6	37.6	38.6	39.7	40.7	41.7	42.7	43.7	44.8	45.8	46.8	47.8	48.8
19	24.6	25.5	26.4	27.3	28.3	29.3	30.3	31.2	32.2	33.2	34.2	35.2	36.2	37.2	38.2	39.3	40.3	41.3	42.4	43.4	44.4	45.4	46.4	47.4	48.4
20	24.3	25.2	26.1	27.0	27.9	28.9	29.9	30.8	31.8	32.8	33.8	34.8	35.8	36.8	37.8	38.9	39.9	40.9	42	43	44	45	46	47	48
21	23.9	24.8	25.6	26.6	27.5	28.5	29.5	30.4	31.4	32.4	33.4	34.4	35.4	36.4	37.4	38.4	39.4	40.4	41.5	42.5	43.5	44.6	45.6	46.6	47.6
22	23.5	24.3	25.2	26.2	27.1	28.1	29.1	30	31	32	33	34	35	36	36.9	38	39	40	41.1	42.1	43.1	44.1	45.1	46.1	47.1
23	23.1	24.0	24.9	25.8	26.7	27.7	28.7	29.6	30.6	31.6	32.6	33.5	34.5	35.5	36.5	37.6	38.6	39.6	40.6	41.6	42.6	43.6	44.6	45.7	46.7
24	22.7	23.6	24.5	25.4	26.3	27.3	28.3	29.2	30.2	31.1	32.1	33.1	34.1	35.1	36.1	37.2	38.2	39.2	40.2	41.2	42.2	43.3	44.3	45.3	46.3
25	22.4	23.2	24.2	25.1	26.0	26.9	27.9	28.8	29.7	30.7	31.7	32.7	33.7	34.7	35.7	36.7	37.7	38.7	39.8	40.8	41.9	42.9	43.9	44.9	46
26	22.1	22.9	23.8	24.7	25.6	26.5	27.5	28.4	29.3	30.3	31.3	32.3	33.3	34.3	35.3	36.3	37.3	38.3	39.4	40.4	41.5	42.5	43.5	44.5	45.5
27	21.7	22.6	23.5	24.3	25.2	26.1	27.1	27.9	28.9	29.9	30.9	31.9	32.9	33.9	34.8	35.9	36.9	37.9	39	40	41.1	42.1	43.1	44.1	45.1
28	21.4	22.2	23.1	23.9	24.8	25.7	26.6	27.5	28.5	29.5	30.5	31.5	32.5	33.5	34.4	35.4	36.5	37.5	38.6	39.6	40.6	41.6	42.6	43.7	44.7
29	21.0	21.8	22.7	23.6	24.4	25.2	26.2	27.1	28.1	29.1	30.1	31.1	32.1	33.1	34	35	36	37.1	38.1	39.1	40.2	41.2	42.2	43.3	44.3
30	20.7	21.5	22.4	23.2	24.0	24.9	25.8	26.7	27.7	28.7	29.7	30.7	31.6	32.6	33.6	34.6	35.6	36.6	37.7	38.7	39.8	40.8	41.8	42.8	43.8

Degrés du thermomètre.

Table des richesses alcooliques.

3° De 51 à 75 degrés.

Degrés de l'alcoomètre.

	51	52	53	54	55	56	57	58	59	60	61	62	63	64	65	66	67	68	69	70	71	72	73	74	75
0	57.1	58	59	59.9	60.9	61.9	62.9	63.9	64.9	65.8	66.8	67.8	68.8	69.8	70.8	71.7	72.7	73.7	74.7	75.7	76.6	77.6	78.6	79.6	80.6
1	56.7	57.6	58.6	59.6	60.6	61.6	62.5	63.5	64.5	65.5	66.5	67.5	68.5	69.4	70.4	71.3	72.3	73.3	74.3	75.3	76.2	77.2	78.2	79.2	80.2
2	56.3	57.2	58.2	59.2	60.2	61.2	62.1	63.1	64.1	65.1	66.1	67.1	68.1	69.1	70.1	71	71.9	72.9	73.9	74.9	75.9	76.9	77.9	78.9	79.9
3	55.8	56.8	57.8	58.8	59.8	60.8	61.7	62.7	63.7	64.7	65.6	66.6	67.6	68.6	69.6	70.6	71.6	72.6	73.6	74.5	75.5	76.5	77.5	78.5	79.5
4	55.5	56.5	57.4	58.4	59.4	60.3	61.3	62.3	63.3	64.3	65.3	66.3	67.3	68.3	69.3	70.2	71.2	72.2	73.2	74.1	75.1	76.1	77.1	78.1	79.1
5	55	56	57	58	59	60	60.9	61.9	62.9	63.9	64.9	65.9	66.9	67.9	68.9	69.8	70.8	71.8	72.8	73.8	74.8	75.7	76.7	77.7	78.7
6	54.7	55.6	56.6	57.5	58.5	59.5	60.5	61.5	62.5	63.5	64.5	65.5	66.5	67.5	68.5	69.5	70.5	71.5	72.5	73.4	74.4	75.3	76.3	77.3	78.3
7	54.2	55.2	56.2	57.1	58.1	59.1	60.1	61.1	62.1	63.1	64.1	65.1	66.1	67.1	68.1	69.1	70.1	71.1	72	73	74	75	76	77	78
8	53.9	54.9	55.8	56.8	57.8	58.8	59.8	60.8	61.8	62.8	63.8	64.8	65.8	66.8	67.7	68.7	69.7	70.6	71.6	72.6	73.6	74.6	75.6	76.6	77.6
9	53.5	54.5	55.4	56.4	57.4	58.4	59.4	60.4	61.4	62.4	63.4	64.4	65.4	66.4	67.3	68.3	69.3	70.3	71.3	72.3	73.3	74.2	75.2	76.2	77.2
10	53	54	55	56	57	58	59	60	61	62	63	64	65	66	67	67.9	68.9	69.9	70.9	71.9	72.9	73.9	74.9	75.9	76.9
11	52.7	53.7	54.6	55.6	56.6	57.6	58.6	59.6	60.6	61.6	62.6	63.6	64.6	65.6	66.6	67.6	68.6	69.6	70.6	71.6	72.6	73.5	74.5	75.5	76.5
12	52.2	53.2	54.2	55.2	56.2	57.2	58.2	59.2	60.2	61.2	62.2	63.2	64.2	65.2	66.2	67.2	68.2	69.2	70.2	71.2	72.2	73.1	74.1	75.1	76.1
13	51.9	52.8	53.8	54.8	55.8	56.8	57.8	58.8	59.8	60.8	61.8	62.8	63.8	64.8	65.8	66.8	67.8	68.8	69.8	70.8	71.8	72.8	73.8	74.8	75.8
14	51.4	52.4	53.4	54.4	55.4	56.4	57.4	58.4	59.4	60.4	61.4	62.4	63.4	64.4	65.4	66.4	67.4	68.4	69.4	70.4	71.4	72.4	73.4	74.4	75.4
15	51	52	53	54	55	56	57	58	59	60	61	62	63	64	65	66	67	68	69	70	71	72	73	74	75
16	50.6	51.6	52.6	53.6	54.6	55.6	56.6	57.6	58.6	59.6	60.6	61.6	62.6	63.6	64.6	65.6	66.6	67.6	68.6	69.6	70.6	71.6	72.6	73.6	74.6
17	50.2	51.2	52.2	53.2	54.2	55.2	56.2	57.2	58.2	59.2	60.2	61.2	62.2	63.2	64.2	65.2	66.2	67.2	68.2	69.2	70.2	71.2	72.2	73.2	74.2
18	49.8	50.8	51.8	52.8	53.8	54.8	55.8	56.8	57.8	58.8	59.8	60.8	61.8	62.8	63.8	64.8	65.8	66.8	67.8	68.8	69.8	70.8	71.8	72.8	73.8
19	49.4	50.4	51.4	52.4	53.4	54.4	55.4	56.4	57.4	58.4	59.4	60.4	61.4	62.5	63.5	64.5	65.5	66.5	67.5	68.5	69.5	70.5	71.5	72.5	73.5
20	49	50	51	52	53	54	55	56	57	58	59	60	61	62	63	64	65.1	66.1	67.1	68.1	69.1	70.1	71.1	72.1	73.1
21	48.6	49.6	50.6	51.6	52.6	53.6	54.6	55.6	56.6	57.6	58.6	59.6	60.7	61.7	62.7	63.7	64.7	65.7	66.7	67.7	68.7	69.7	70.7	71.7	72.7
22	48.1	49.1	50.1	51.1	52.2	53.2	54.2	55.2	56.2	57.2	58.2	59.2	60.3	61.3	62.3	63.3	64.3	65.3	66.3	67.3	68.3	69.3	70.3	71.3	72.3
23	47.7	48.8	49.8	50.8	51.8	52.8	53.8	54.8	55.8	56.8	57.8	58.8	59.8	60.9	61.9	62.9	63.9	64.9	65.9	66.9	67.9	68.9	70	71	72
24	47.3	48.4	49.4	50.4	51.4	52.4	53.4	54.4	55.4	56.4	57.4	58.4	59.4	60.5	61.5	62.5	63.5	64.5	65.5	66.5	67.5	68.5	69.6	70.6	71.6
25	47	48	49	50	51	52	53	54	55	56	57	58	59	60.1	61.1	62.1	63.1	64.1	65.1	66.1	67.1	68.1	69.2	70.2	71.2
26	46.5	47.5	48.5	49.5	50.5	51.5	52.5	53.5	54.5	55.6	56.6	57.6	58.6	59.6	60.7	61.7	62.7	63.7	64.7	65.7	66.7	67.7	68.8	69.8	70.8
27	46.1	47.1	48.1	49.1	50.2	51.2	52.2	53.2	54.2	55.2	56.2	57.2	58.3	59.3	60.3	61.3	62.3	63.3	64.3	65.3	66.3	67.3	68.4	69.4	70.4
28	45.7	46.7	47.7	48.7	49.8	50.8	51.8	52.8	53.8	54.8	55.8	56.8	57.8	58.8	59.9	60.9	61.9	62.9	63.9	64.9	66	67	68	69.1	70.1
29	45.3	46.3	47.3	48.4	49.4	50.4	51.4	52.4	53.4	54.4	55.4	56.4	57.4	58.5	59.5	60.5	61.5	62.5	63.5	64.5	65.6	66.6	67.7	68.7	69.7
30	**44.9**	**45.9**	**47**	**48**	**49**	**50**	**51**	**52**	**53**	**54**	**55**	**56**	**57.1**	**58.1**	**59.1**	**60.1**	**61.1**	**62.1**	**63.1**	**64.1**	**65.2**	**66.2**	**67.3**	**68.8**	**69.8**

Degrés du thermomètre.

4° De 76 à 100 degrés.

Degrés de l'alcoomètre.

	76	77	78	79	80	81	82	83	84	85	86	87	88	89	90	91	92	93	94	95	96	97	98	99	100
0	81.6	82.6	83.6	84.5	85.5	86.4	87.4	88.3	89.2	90.2	91.2	92.2	93.1	94	95	95.9	96.8	97.7	98.6	99.5	»	»	»	»	»
1	81.2	82.2	83.2	84.2	85.1	86.1	87	88	89	89.9	90.8	91.8	92.8	93.7	94.6	95.6	96.5	97.4	98.3	99.2	100	»	»	»	»
2	80.9	81.9	82.9	83.8	84.7	85.7	86.6	87.6	88.6	89.6	90.5	91.5	92.4	93.4	94.3	95.2	96.1	97	97.9	98.9	99.8	»	»	»	»
3	80.5	81.5	82.5	83.4	84.4	85.3	86.3	87.3	88.3	89.2	90.2	91.2	92.1	93	94	94.9	95.8	96.7	97.7	98.6	99.5	»	»	»	»
4	80.1	81.1	82.1	83	84	85	86	87	88	88.9	89.9	90.8	91.8	92.7	93.7	94.6	95.5	96.4	97.4	98.3	99.2	»	»	»	»
5	79.7	80.7	81.7	82.7	83.7	84.7	85.6	86.6	87.6	88.5	89.5	90.5	91.4	92.4	93.3	94.3	95.2	96.2	97.1	98	98.9	99.8	»	»	»
6	79.3	80.3	81.3	82.3	83.3	84.3	85.3	86.3	87.3	88.2	89.2	90.1	91	92	93	93.9	94.9	95.9	96.8	97.7	98.7	99.6	»	»	»
7	79	80	81	82	82.9	83.9	84.9	85.9	86.9	87.9	88.8	89.8	90.7	91.7	92.6	93.6	94.6	95.6	96.5	97.4	98.4	99.3	»	»	»
8	78.6	79.6	80.6	81.6	82.6	83.6	84.6	85.6	86.5	87.5	88.5	89.4	90.4	91.3	92.3	93.3	94.3	95.3	96.2	97.1	98.1	99	99.9	»	»
9	78.2	79.2	80.2	81.2	82.2	83.2	84.2	85.2	86.2	87.1	88.1	89.1	90	91	92	93	94	95	95.9	96.8	97.8	98.7	99.7	»	»
10	77.9	78.9	79.9	80.9	81.9	82.8	83.8	84.8	85.8	86.8	87.8	88.7	89.7	90.7	91.7	92.7	93.7	94.7	95.6	96.5	97.5	98.5	99.4	»	»
11	77.5	78.5	79.5	80.5	81.5	82.5	83.4	84.4	85.4	86.4	87.4	88.4	89.4	90.4	91.4	92.4	93.3	94.3	95.3	96.2	97.2	98.2	99.1	»	»
12	77.1	78.1	79.1	80.1	81.1	82.1	83.1	84.1	85	86	87	88	89	90	91	92	93	94	95	95.9	96.9	97.9	98.8	99.8	»
13	76.8	77.8	78.8	79.8	80.8	81.8	82.8	83.8	84.8	85.7	86.7	87.7	88.7	89.7	90.7	91.7	92.7	93.7	94.6	95.6	96.6	97.6	98.6	99.5	»
14	76.4	77.4	78.4	79.4	80.4	81.4	82.4	83.4	84.4	85.4	86.4	87.4	88.3	89.3	90.3	91.3	92.3	93.3	94.3	95.3	96.3	97.8	98.3	99.3	»
15	76	77	78	79	80	81	82	83	84	85	86	87	88	89	90	91	92	93	94	95	96	97	98	99	100
16	75.6	76.6	77.6	78.6	79.6	80.6	81.6	82.6	83.6	84.6	85.6	86.6	87.6	88.6	89.6	90.7	91.7	92.7	93.7	94.7	95.7	96.7	97.7	98.7	99.7
17	75.2	76.2	77.2	78.2	79.2	80.2	81.2	82.2	83.2	84.2	85.2	86.2	87.2	88.2	89.3	90.3	91.3	92.4	93.4	94.4	95.4	96.4	97.4	98.5	99.5
18	74.9	75.9	76.9	77.9	78.9	79.9	80.9	81.9	82.9	83.9	84.9	85.9	86.9	87.9	88.9	89.9	91	92	93	94	95.1	96.1	97.1	98.2	99.2
19	74.5	75.5	76.5	77.5	78.5	79.5	80.5	81.6	82.6	83.6	84.6	85.6	86.6	87.6	88.6	89.6	90.7	91.7	92.7	93.7	94.8	95.8	96.9	97.9	98.9
20	74.1	75.1	76.1	77.1	78.1	79.1	80.1	81.2	82.2	83.2	84.2	85.2	86.2	87.2	88.2	89.2	90.3	91.3	92.4	93.4	94.5	95.5	96.6	97.6	98.6
21	73.7	74.7	75.8	76.8	77.8	78.7	79.7	80.8	81.8	82.8	83.8	84.8	85.9	86.9	87.9	88.9	90	91	92	93.1	94.1	95.2	96.3	97.3	98.4
22	73.8	74.3	75.4	76.4	77.4	78.4	79.4	80.4	81.4	82.4	83.4	84.4	85.5	86.5	87.6	88.6	89.6	90.7	91.8	92.8	93.9	94.9	96	97	98.1
23	73	74	75	76	77	78	79	80.1	81.1	82.1	83.1	84.1	85.1	86.1	87.2	88.3	89.3	90.4	91.4	92.4	93.5	94.6	95.7	96.7	97.8
24	72.6	73.6	74.6	75.6	76.6	77.6	78.6	79.7	80.7	81.7	82.7	83.7	84.7	85.7	86.8	87.9	88.9	90	91.1	92.1	93.2	94.3	95.3	96.4	97.5
25	72.2	73.2	74.2	75.3	76.3	77.3	78.3	79.3	80.3	81.3	82.3	83.4	84.4	85.4	86.5	87.5	88.6	89.7	90.7	91.8	92.9	93.9	95	96.1	97.2
26	71.8	72.8	73.8	74.8	75.9	76.9	77.9	78.9	79.9	80.9	81.9	82.9	84	85	86.1	87.2	88.2	89.3	90.4	91.5	92.5	93.6	94.7	95.8	97
27	71.4	72.4	73.4	74.4	75.5	76.5	77.5	78.5	79.5	80.5	81.6	82.6	83.6	84.7	85.7	86.8	87.9	89	90	91.1	92.2	93.3	94.4	95.5	96.7
28	71.1	72.1	73.1	74.1	75.1	76.1	77.1	78.2	79.2	80.2	81.3	82.3	83.3	84.3	85.4	86.5	87.5	88.6	89.7	90.8	91.9	93	94.1	95.2	96.4
29	70.7	71.7	72.7	73.7	74.7	75.7	76.8	77.8	78.8	79.8	80.9	81.9	83	84	85	86.1	87.2	88.2	89.3	90.4	91.6	92.7	93.8	94.9	96.1
30	70.3	71.3	72.3	73.3	74.3	75.3	76.4	77.4	78.4	79.4	80.5	81.5	82.6	83.6	84.7	85.8	86.9	87.9	89	90.1	91.2	92.4	93.5	94.6	95.8

Degrés du thermomètre.

Quantité d'eau à ajouter à un alcool de titre donn

	98	97	96	95	94	93	92	91	90	85	80
97	1,25	»					»	»	»	»	»
96	2,53	1,26			»		»	»	»	»	»
95	3,80	2,51	1,24	»				»	»	»	»
94	5,09	3,79	2,50	1,24				»	»	»	»
93	6,38	5,07	3,77	2,50	1,24			»	»	»	»
92	7,70	6,38	5,06	3,78	2,50	1,25		»	»	»	»
91	9,03	7,69	6,37	5,07	3,78	2,51	1,24	»	»	»	»
90	10,39	9,04	7,70	6,39	4,97	3,80	2,52	1,26	»	»	»
85	17,54	16,11	14,6	13,31	11,94	10,59	9,23	7,89	6,56	»	»
80	25,41	23,90	22,40	20,94	19,49	18,06	16,62	15,20	13,79	6,82	»
75	34,23	32,63	31,03	29,48	27,94	26,28	24,88	23,38	21,87	14,46	7,48
70	44,19	42,49	40,80	39,15	37,40	35,88	[illegible]	32,64	31,03	23,11	15,33
65	55,59	53,78	51,98	50,29	48,44	46,70	44,95	43,23	41,51	33,00	24,63
60	68,77	66,82	84,88	62,97	61,28	59,20	57,32	55,47	53,62	44,43	35,39
55	84,27	82,16	80,06	78,00	75,94	73,91	71,87	69,86	67,84	57,87	48,04
50	102,71	100,42	98,13	95,88	93,63	91,41	89,18	86,98	84,76	73,87	63,10
45	125,05	122,33	120,03	117,54	115,06	112,61	110,16	107,73	105,30	93,25	81,34
40	152,81	150,01	147,21	144,44	141,69	138,96	136,24	133,51	130,79	117,32	104,00
35	188,17	185,00	181,84	178,72	175,60	172,51	169,41	166,33	163,25	147,99	132,86
30	234,97	231,33	227,90	224,09	220,50	216,93	213,35	209,80	206,25	188,59	171,07
25	300,16	295,85	291,56	287,25	283,03	278,79	274,55	270,33	266,11	245,13	224,28
20	397,83	392,53	387,23	381,97	376,71	371,48	366,74	361,03	358,15	329,84	304,02
15	560,57	553,60	546,64	539,72	532,80	525,91	519,01	512,13	505,26	470,99	436,86
10	886,41	876,12	865,84	855,59	845,35	835,13	824,91	814,71	804,51	753,61	702,86

…ur le ramener à un autre titre donné, d'après E. GUILLEMIN.

75	70	65	60	55	50	45	40	35	30	25	20
»	»	»	»	»	»	»	»	»	»	»	»
»	»	»	»	»	»	»	»	»	»	»	»
»	»	»	»	»	»	»	»		»	»	»
»	»	»	»	»	»	»	»	»	»	»	»
»	»	»	»	»	»	»	»	»	»	»	»
»	»	»	»	»	»	»	»	»	»	»	»
»	»	»	»	»	»	»	»	»	»	»	»
»	»	»	»	»	»	»	»	»	»	»	»
»	»	»	»	»	»	»	»	»	»	»	»
»	»	»	»	»	»	»	»	»	»	»	»
»	»	»	»	»	»	»	»	»	»	»	»
7,63	»	»	»	»	»	»	»	»	»	»	»
16,38	8,15	»	»	»	»	»	»	»	»	»	»
26,44	17,55	8,87	»	»	»	»	»	»	»	»	»
38,31	28,63	19,02	9,49	»	»	»	»	»	»	»	»
52,42	41,80	31,25	20,78	10,35	»	»	»	»	»	»	»
69,52	57,76	46,07	34,46	22,89	11,40	»	»	»	»	»	»
90,76	77,59	64,48	51,45	38,47	25,56	12,74	»	»	»	»	»
47,82	102,84	87,93	73,10	58,31	43,60	28,96	14,43	»	»	»	»
53,64	136,28	118,98	101,76	84,58	67,48	50,47	33,53	16,72	»	»	»
03,53	182,84	162,21	141,67	121,16	100,74	80,40	60,14	40,00	19,95	»	»
78,28	252,61	226,99	201,47	175,98	150,58	125,25	100,01	74,88	49,85	24,91	»
02,82	368,84	334,93	301,10	267,31	233,60	266,64	166,43	133,00	99,67	66,43	33,28
52,19	601,59	551,05	500,60	459,18	399,85	349,60	299,45	249,37	199,42	149,55	99,71

TABLE ALPHABÉTIQUE

B

C

D

E

F

O

P

Q

R

TABLE DES MATIÈRES

FIN DE LA TABLE DES MATIÈRES.

3703-03. — Corbeil. Imprimerie Éd. Crété.

Chimie du Distillateur, *matières premières et produits de fabrication*, par P. GUICHARD, ancien chimiste de distillerie. 1895, 1 vol. in-16 de 408 pages, avec 85 figures, cartonné.... 5 fr.

Ce volume a pour objet l'étude chimique des matières premières et des produits de fabrication de la distillerie.

Les matières premières comprennent les sucres et les produits susceptibles de se transformer en sucre (saccharoses, glucosides, matières amylacées, cellulose, etc.), certaines matières azotées qui jouent un rôle considérable, quoique indirect, dans la levure; enfin, certaines matières minérales salines.

Dans une première partie, M. Guichard étudie les éléments chimiques de la distillerie : propriétés générales des alcools et propriétés des alcools et des sucres en C^5 et en C^6 et de leurs dérivés.

Dans la 2e, il passe en revue leur composition et leur essai industriel, soit les procédés généraux (analyse qualitative et quantitative), soit les procédés particuliers à l'eau, aux charbons, à l'amidon, aux céréales et aux matières saccharigènes.

Microbiologie du Distillateur, *ferments et fermentations*, par P. GUICHARD. 1895, 1 vol. in-16, de 392 pages, avec 106 figures et 38 tableaux, cartonné........................ 5 fr.

Historique des fermentations; matières azotées; matièèes albuminoïdes; albumines, globulines, peptones, matières gélatineuses et glutineuses, caséines; ferments solubles, diastases, zymases ou enzymes; ferments figurés, moisissures et levures; fermentations alcoolique, acétique, lactique, butyrique, panaire, etc.; composition et analyse industrielle des matières fermentées, malt, moûts, drèches, etc. Tableaux de la force réelle, des spiritueux, du poids réel d'alcool pur, des richesses alcooliques, etc.

L'Industrie de la Distillation, *levures et alcools*, par P. GUICHARD. 1897, 1 vol. in-16 de 415 pages, avec 138 figures, cartonné.. 5 fr.

Fabrication des liquides sucrés par le malt et par les acides. — Fermentation de grains, pommes de terre, mélasses, etc. — Industrie de la levure de brasserie, de distillerie et levure pure. — Fabrication de l'alcool; grains, pommes de terre, mélasses. — Distillation et purification de l'alcool. — Applications : levures, alcools, résidus.

Placé pendant longtemps à la tête du laboratoire d'une fabrique de levure, M. Guichard a pu apprécier les besoins de cette grande industrie et le traité qu'il publie aujourd'hui y donne satisfaction, en mettant à la portée des industriels, sous une forme simple, quoique complète, les travaux les plus récents des savants français et étrangers.

Le Sucre et l'Industrie sucrière, par PAUL HORSIN-DÉON, ingénieur-chimiste. 1895, 1 vol. in-16 de 495 pages, avec 83 figures, cartonné........................ 5 fr.

Ce livre passe en revue tout le travail de la sucrerie, tant au point de vue pratique de l'usine, qu'au point de vue purement chimique du laboratoire; c'est un exposé au courant des plus récents perfectionnements.

Voici le titre des différents chapitres :

La betterave et sa culture. — Travail de la betterave et extraction du jus par pression et par diffusion, travail du jus, des écumes et des jus troubles, filtration, évaporation cuite. — Appareils d'évaporation à effets multiples. — Turbinage. — Extraction du sucre de la mélasse. — Analyses. — Sucre de canne ou saccharose. — Glucose, lévulose et sucre interverti. — Analyse de la betterave, des jus, des écumes, des sucres, des mélasses, etc. — Le sucre de canne, culture et fabrication. — Raffinage des sucres.

ENVOI FRANCO CONTRE UN MANDAT POSTAL

www.ingramcontent.com/pod-product-compliance
Lightning Source LLC
LaVergne TN
LVHW010603180726
843502LV00001B/121